Ingrid Stephan, Horst Neuhaus, Nicole Panus, Manfred Parchettka

Herausgeberin: Ingrid Stephan

Unser Büro

Vielseitige Kompetenzen – praxisnah vermittelt

Band 2

Bestellnummer 94102

Bildungsverlag EINS

Die in diesem Produkt gemachten Angaben zu Unternehmen (Namen, Internet- und E-Mail-Adressen, Handelsregistereintragungen, Bankverbindungen, Steuer-, Telefon- und Faxnummern und alle weiteren Angaben) sind i. d. R. fiktiv, d. h., sie stehen in keinem Zusammenhang mit einem real existierenden Unternehmen in der dargestellten oder einer ähnlichen Form. Dies gilt auch für alle Kunden, Lieferanten und sonstigen Geschäftspartner der Unternehmen wie z. B. Kreditinstitute, Versicherungsunternehmen und andere Dienstleistungsunternehmen. Ausschließlich zum Zwecke der Authentizität werden die Namen real existierender Unternehmen und z. B. im Fall von Kreditinstituten auch deren IBANs und BICs verwendet.

Die in diesem Werk aufgeführten Internetadressen sind auf dem Stand zum Zeitpunkt der Drucklegung. Die ständige Aktualität der Adressen kann vonseiten des Verlages nicht gewährleistet werden. Darüber hinaus übernimmt der Verlag keine Verantwortung für die Inhalte dieser Seiten.

service@bv-1.de
www.bildungsverlag1.de

Bildungsverlag EINS GmbH
Ettore-Bugatti-Straße 6-14, 51149 Köln

ISBN 978-3-427-**94102**-6

Vorwort

Dieses Lehrbuch deckt die Lernfelder 5 bis 8 des KMK-Rahmenlehrplans für den Ausbildungsberuf „Kaufmann für Büromanagement und Kauffrau für Büromanagement" im 2. Ausbildungsjahr ab. Ziel des Lernens in der Berufsschule ist die Entwicklung einer umfassenden Handlungskompetenz. Die Auszubildenden sollen die Fähigkeit und Bereitschaft erwerben, komplexe Aufgaben- und Problemstellungen in beruflichen und gesellschaftlichen Handlungssituationen zu bewältigen. Diese Handlungskompetenz wird im Berufsschulunterricht durch die Bearbeitung von Lernsituationen gefördert.

Vor jedem Lernfeld steht ein Advanced Organizer. Damit können sich die Lernenden einen Überblick über das relevante Wissen und die Zusammenhänge verschaffen. Jedes Kapitel beginnt mit einer Lernsituation, die eine betriebliche Handlungssituation abbildet. Die aus der jeweiligen Situation abgeleiteten Handlungsaufträge erfordern in der Regel von den Lernenden – entsprechend einer vollständigen Handlung – das Erstellen eines Handlungsergebnisses. Zur erfolgreichen Bewältigung ihrer Lernhandlung können die Lernenden auf die sich anschließenden informativen Ausführungen des Lehrbuches zurückgreifen. Eine Zusammenfassung bringt das in der Lernsituation erworbene Wissen auf den Punkt. Abschließend können die Lernenden ihr erworbenes Wissen und ihre Kompetenzen in angemessenen Aufgaben- und Problemstellungen anwenden.

Zum Lernfeld 6 gibt es ein Arbeitsheft. Dieses Arbeitsheft enthält neben der jeweils kompletten Aufgabenstellung vorbereitete Grundbücher und T-Konten, die alle die jeweilige Kontenbezeichnung und die Kontenziffer enthalten.

Die Verwendung des Arbeitsheftes soll helfen, das System des Kontenrahmens schneller zu erfassen, die Lösung der jeweiligen Aufgabenstellung durch die Vorlagen zu erleichtern, eine chronologische Sammlung aller Aufgaben mit den im Unterricht kontrollierten Lösungen zu schaffen.

Den Lehrkräften kommt in einem kompetenzorientierten Lernfeldunterricht vor allem die Aufgabe zu, die Lernenden in ihrem eigenverantwortlichen Lernen angemessen zu begleiten. Ergänzend zum Lehrbuch werden deshalb auf der Internetplattform Lehr- und Lernmaterialien angeboten, die die Lehrenden und Lernenden in ihrer jeweils neuen Rolle unterstützen.

Der Lösungsband enthält Erklärungen zu den jeweiligen "Lernsituationen" – entsprechend einer vollständigen Handlung – und Lösungshinweise zu den Aufgaben- und Problemstellungen zum Abschluss eines jeden Kapitels.

Aufbau des Buches im Überblick

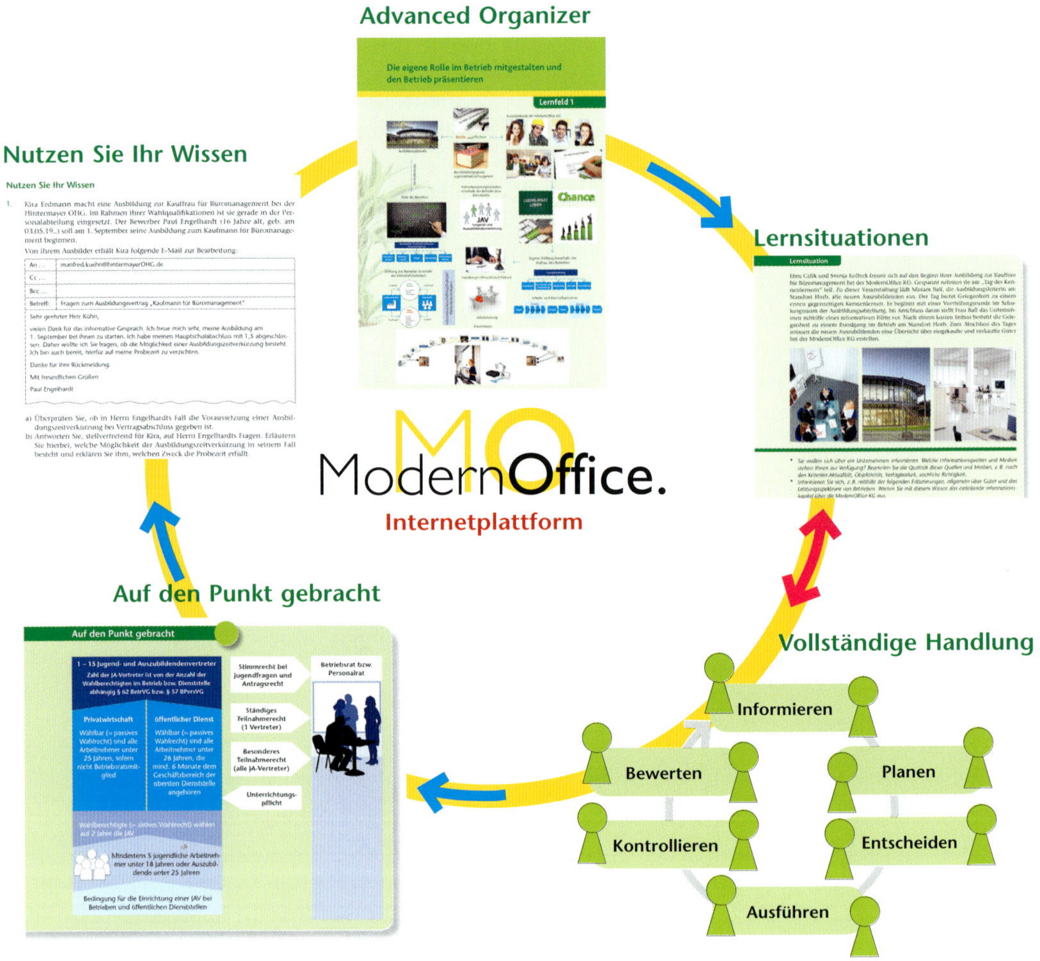

Wir wünschen allen Schülerinnen und Schülern mit dem vorliegenden Buch viel Freude und Erfolg.

Die Autoren

Inhaltsverzeichnis

ModernOffice KG – Ein Unternehmen gestaltet Büroszenarien

Die ModernOffice KG ist ein Komplettanbieter für den Arbeits- und Lebensraum „Büro".

Angebots-Portfolio

Sparte Factory

Produktion von Büromöbeln für die Bürozonen Empfang, Arbeitsplatz, Konferenz, Management, Stauraum, Kantine/Großraum:

- **Produktgruppe (1): Arbeitsplatzsysteme** (Schreibtische, Arbeitstische, Counter, kombinierte Steh-Sitzlösungen)
- **Produktgruppe (2): Sitzmöbel** (Bürodrehstühle, Großraumstühle, Besucherstühle, Empfangssessel)
- **Produktgruppe (3): Konferenz/Management** (Besprechungstische, Konferenztische, Rednerpults)
- **Produktgruppe (4): Stauraum** (Aktenschränke, Beistellmöbel, Container, Racks)
- **Produktgruppe (5): Raumsysteme** (Schrankwände, Trennwände)

In allen Produktgruppen:

- Verschiedene Design-Linien von klassisch bis innovativ
- Verwendung hochwertiger Materialien (Holz, Metall, Kunststoffe, Glas)

Sparte Service

Erbringung von Dienstleistungen:

- **Planung** und Umsetzung ganzheitlicher **Raumkonzepte und Büroszenarien**
- **Seminare/Schulungen** zum Lebensraum Büro (BüroAkademie)
- **Entsorgung** von Altmöbeln

Sparte Trading

Verkauf von **Handelswaren**:
Beamer und Projektionsleinwände, Beleuchtungssysteme, Schreibtisch- und Stehleuchten, Lautsprechersysteme, Flipcharts, Pinnwände

Produktionsprogramm (Auszug)

Produktgruppe (1): Arbeitsplatzsysteme

Produktgruppe (3): Konferenz/Management

Produktgruppe (4): Stauraum

Produktgruppe (5): Raumsysteme

Wichtige Unternehmensdaten

Firma	ModernOffice KG
Geschäftssitz	Industriestraße 10 – 14, 72160 Horb am Neckar
Registergericht	Amtsgericht Stuttgart HRA 722079
Steuernummer	220/360/2842 (Finanzamt Freudenstadt, Außenstelle Horb)
Umsatzsteuer-Identifikations-Nr.	DE 258034416
Betriebs-Nr. Sozialversicherung	99965677
Gesellschafter	Dr. Anja Tischler (Komplementärin) Dipl.-Kfm. Jens Tischler (Komplementär) Anton Tischler (Kommanditist) Dr. Christine Tischler (Kommanditistin)

Kontakt

Telefon	+49 (0)7451 801-0
Telefax	+49 (0)7451 801-100
Homepage im World Wide Web	www.mo-modernoffice.com
E-Mail	info@mo-modernoffice.com
Facebook	www.facebook.com/mo-modernoffice
Twitter	https://twitter.com/mo-modernoffice

Bankverbindungen

Institut	Postbank Stuttgart	Kreissparkasse Freudenstadt
Kontonummer	813600010	1701802244
Bankleitzahl (BLZ)	600 100 70	642 510 60
IBAN	DE53 6001 0070 0813 6000 10	DE68 6425 1060 1701 8022 44
SWIFT-BIC	PBNK DE FF600	SOLA DE S1FDS

Fertigungsverfahren	Einzel- und Serienfertigung (Factory in Germany) Die Einführung der neuen automatischen Einzelteilfertigung „Single-Setting" ermöglicht eine effiziente Produktion bei kleineren Auftragsvolumina. Dadurch kann die ModernOffice KG flexibel reagieren: auf sich ändernde Markterfordernisse und auf immer individuellere Kundenwünsche.
Materialien	**Rohstoffe** Holzwerkstoffe, Edelstahlwerkstoffe, Aluminiumwerkstoffe, Glasteile, Bezug- und Polsterstoffe u. Ä. **Hilfsstoffe** Farben, Leime, Lacke, Schrauben, Nägel u. Ä. **Betriebsstoffe** Strom, Wasser, Gas, Schmierstoffe u. Ä. **Fremdbauteile** Kunststoffbauteile, Schlösser, Beschläge u. Ä. (siehe dazu auch Auszug aus der Liefererdatei)
Zertifizierungen	Zertifizierung nach DIN EN ISO 9001 Zertifiziertes Umweltmanagement-System nach DIN EN ISO 14.001

Mitarbeiter/-innen	
Anzahl der Beschäftigten	650 gewerbliche und kaufmännische Mitarbeiter/-innen
Anzahl der Auszubildenden	12 Holzmechaniker/-innen 6 Mechatroniker/-innen 3 Technische Produktdesigner/-innen 3 Industriekaufleute 11 Kaufleute für Büromanagement
Arbeitnehmervertretung	Klärle Bader, Vorsitzende Gesamtbetriebsrat Stephan Dachser, stellv. Vorsitzender Gesamtbetriebsrat
Jugend- und Auszubildenden-vertretung	Hauptsitz Horb: Ebru Celik, Auszubildende Büromanagement Tom Wildermuth, Auszubildender Büromanagement Martin Enderle, Auszubildender Holzmechaniker Weitere Vertretungen in den Niederlassungen

Auszubildende im Beruf „Kauffrau/Kaufmann für Büromanagement" am Standort Horb

Diese drei Auszubildenden begleiten Sie in zahlreichen Handlungssituationen dieses Lehrbuches.

Ebru Celik

Tom Wildermuth

Svenja Kolleck

Inklusionsbeauftragte	Nina Gerstmayer
Datenschutzbeauftragter	Anton Geringer

Standorte

Hauptsitz
ModernOffice KG, Industriestraße 10 – 14, 72160 Horb am Neckar

Das ist die Postanschrift des Stammsitzes. 1925 gründet Johann Tischler an diesem Standort einen Betrieb zur Herstellung von Büromöbeln. Das Betriebsgrundstück wird kontinuierlich vergrößert. In verschiedenen Bauabschnitten kommen immer neue Produktionsanlagen hinzu. Heute befinden sich auf dem 150.000 m² großen Betriebsgelände moderne Werkhallen, die Hauptverwaltung sowie ein neuzeitliches Informations- und Ausstellungszentrum.

Niederlassungen

Werk Ostwestfalen, Ludwig-Erhard-Allee 25 – 27, 33719 Bielefeld

1990 übernimmt die ModernOffice KG die Bürowerke Ostwestfalen in Bielefeld. In kurzer Zeit wird diese Produktionsstätte zu einem leistungsfähigen Fertigungsbetrieb entwickelt.

Büromöbelwerk Thüringen, Mühlhäuserstraße 10, 99867 Gotha

Mit der Wiedervereinigung Deutschlands im Jahre 1990 eröffnen sich neue Märkte. Die ModernOffice KG reagiert darauf und baut im Gewerbegebiet Gotha-Ost (Thüringen) ein modernes Büromöbelwerk.

Showrooms

Zum 75-jährigen Jubiläum wird am Hauptsitz in Horb am Neckar das erste Informations- und Ausstellungszentrum mit modernem Ambiente und neuzeitlichen Raumkonzepten eröffnet. Hier finden Veranstaltungen zur Aus- und Weiterbildung im engen Dialog mit den Fachhandelspartnern und Kunden statt. Bis heute sind weitere Showrooms in Berlin, Hamburg, Köln und München hinzugekommen. Diese Beratungszentren garantieren die Nähe der ModernOffice KG zum Kunden.

Organigramm

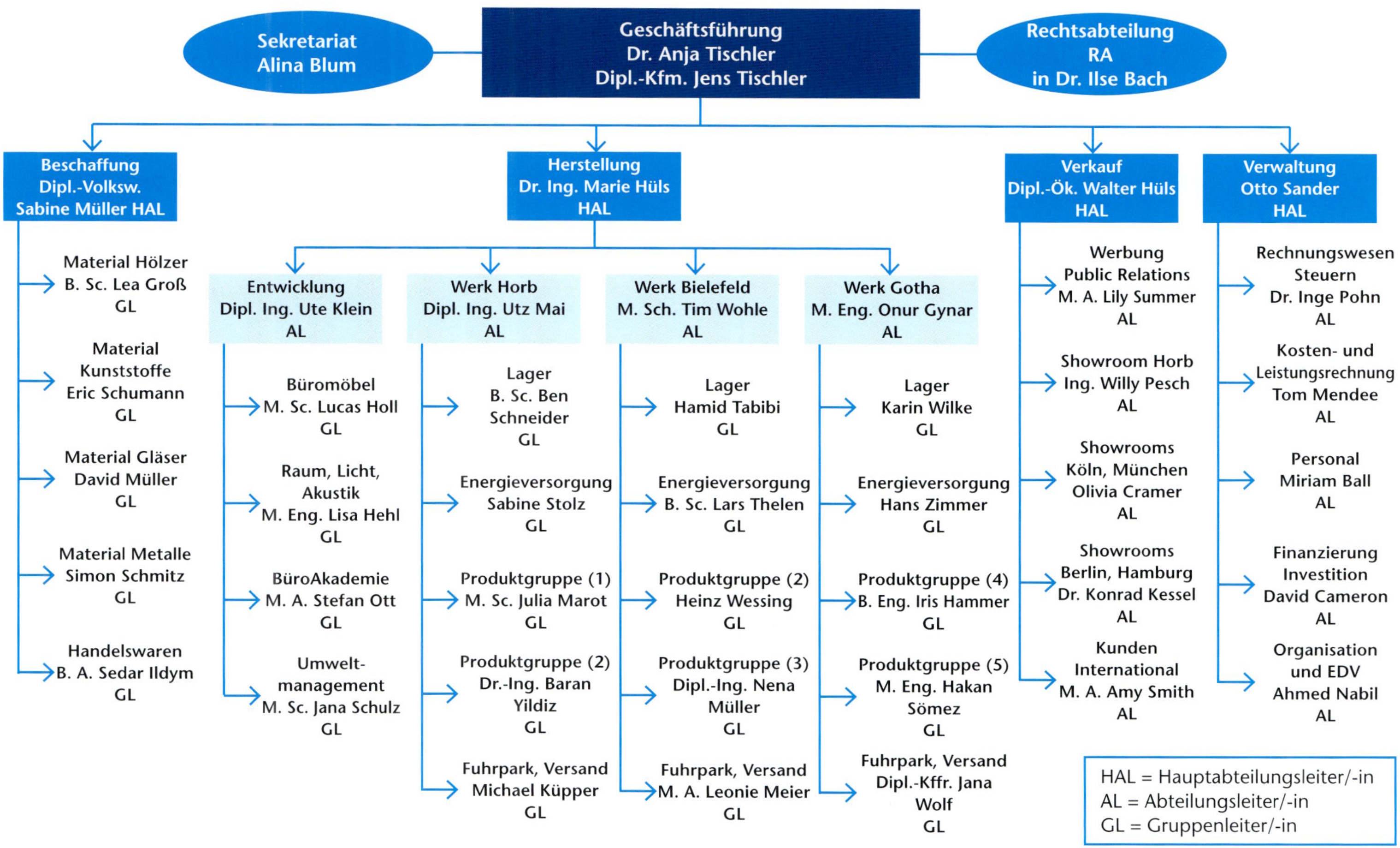

Leitbild der ModernOffice KG

Wir gestalten Areas in Office-Welten.
Ein Büro ist wie eine Stadt. In beiden gibt es Zonen mit unterschiedlichen Aufgaben:
- Areas zum Arbeiten
- Areas zum Zusammenarbeiten
- Areas zum Kommunizieren
- Areas zum Entscheiden
- Areas zum Relaxen

Jeder Bereich muss genau auf seinen Zweck und auf die Bedürfnisse der Mitarbeiterinnen und Mitarbeiter abgestimmt sein. Das ist die Voraussetzung für effizientes Arbeiten.

Wir gestalten Freiräume für Leistung, auch für Menschen mit Handicaps.
Das Büro ist ein Lebensraum. Rund 80.000 Stunden seines Lebens verbringt der Mensch an seinem Arbeitsplatz „Büro". Das erfordert ganzheitliche Lösungen. Die Interessen aller Beteiligten sind zu berücksichtigen. Ein besonderes Anliegen sind uns die Arbeitsplatzanforderungen der Menschen mit Handicaps.
- **Ergonomie:** Unsere Produkte entsprechen dem aktuellsten Stand der Ergonomieforschung. Sie bieten ein Höchstmaß an Funktionalität und Qualität.
- **Akustik:** Lärmpegel und Arbeitsleistung stehen in engem Zusammenhang. Wenn die Raumakustik nicht stimmt, sinkt die Leistungsfähigkeit. Durch schalldämmende und dämpfende Materialien sowie durch eine akustische Raumplanung optimieren wir das Akustikprofil in Büroräumen.
- **Inspiration und Motivation:** Formen, Farben, Lichtakzente und das Ambiente unserer Büroeinrichtungen und unserer Bürowelten vermitteln ein Wohlfühlerlebnis.

Wir gestalten maßgeschneiderte Bürolösungen und begleiten Anpassungsprozesse.
Maßnehmen bedeutet für uns die Ausrichtung auf alle Anforderungen unserer Kunden. Unsere Kunden können auf Lösungen vertrauen, die zu ihrer Unternehmenskultur sowie zu ihrer Aufbau- und Ablauforganisation passen.

Arbeits-, Büro- und Organisationsstrukturen wandeln sich in immer kürzeren Zeitabständen. Darauf reagieren wir mit flexiblen und zukunftsfähigen Office-Konzepten.

Wir denken verantwortungsbewusst und handeln nachhaltig.
Verantwortung gegenüber der Natur und nachkommenden Generationen ist für uns eine Selbstverständlichkeit.

Wir verpflichten uns zur kontinuierlichen Verbesserung des Umweltschutzes in unserer gesamten Wertschöpfungskette. Ressourcenschonende Produktionsverfahren und eine ökologische Logistik sind die Leitziele unserer innovativen Investitionspolitik.
- Energieerzeugung durch modernste Fotovoltaik-Anlagen
- Wertstoffverwertung zur Wärmeversorgung
- Wasseraufbereitungsanlagen für Lackierabwässer
- Elektrofilteranlage zur Rauchgasentstaubung
- Verwendung ökologischer Materialien (umweltschonende Lacke, Holzwerkstoffe mit geringem Formaldehydanteil, alternative Kunststoffe ohne PVC)
- Kennzeichnung von Kunststoffteilen für die Wiederverwertung
- Umstellung der Lkw auf AdBlue-Technologie zur Reduzierung des NO_x-Ausstoßes
- Umstellung der Kartonagen auf Mehrwegverpackungen
- Ersatz von Kartons und Luftpolsterfolienverpackungen durch Möbeldecken zum Transportschutz

Auszug aus dem Handelsregister

Amtsgericht Stuttgart					Blatt 1 **HRA 3815**
Nr. der Eintragung	a) Firma b) Ort der Niederlassung (Sitz der Gesellschaft) c) Gegenstand des Unternehmens (bei juristischen Personen)	Geschäftsinhaber Persönlich haftende Gesellschafter Geschäftsführer	Prokura	Rechtsverhältnisse	a) Tag der Eintragung b) Bemerkungen
1	2	3	4	5	6
1	a) Modern-Office KG b) Horb am Neckar	Dr. Anja Tischler, Horb a. N. Jens Tischler, Stuttgart	Prokura zusammen mit einem anderen Prokuristen: Dr. Marie Hüls, Tübingen Walter Hüls, Tübingen	Kommandit-gesellschaft, Kommanditisten: Anton Tischler, Baden-Baden, 2.000.000,00 € Dr. Christine Tischler, Stuttgart, 10.000,00 €	a) 02.05.1978 Eberle

Showroom Berlin der ModernOffice KG

Gesellschaftsvertrag (Auszug)

Die Gesellschafter

- Dr. Anja Tischler, Fichtenwaldstraße 2, 72160 Horb am Neckar
- Jens Tischler, Zaunwiesen 5, 70597 Stuttgart
- Anton Tischler, Sophienstraße 12, 76530 Baden-Baden
- Dr. Christina Tischler, Zaunwiesen 7, 70597 Stuttgart

verbinden sich zu einer Kommanditgesellschaft und schließen zu diesem Zweck den folgenden Gesellschaftsvertrag.

§ 1 Zweck der Gesellschaft

(1) Die Gesellschafter gründen eine Kommanditgesellschaft.
(2) Zweck der Gesellschaft sind die Herstellung und der Vertrieb von Büroeinrichtungen.

§ 2 Firma und Sitz der Gesellschaft

(1) Die Gesellschaft führt die Firma ModernOffice KG.
(2) Der Sitz der Gesellschaft ist: Industriestraße 10 – 14, 72160 Horb am Neckar

§ 3 Beginn, Dauer der Gesellschaft

(1) Die Gesellschaft beginnt mit dem Eintrag in das Handelsregister.
(2) Ihre Dauer ist unbestimmt.

§ 4 Gesellschafter/Einlagen

(1) Persönlich haftende Gesellschafter (Komplementäre) sind die Gesellschafter Dr. Anja Tischler und Jens Tischler. Kommanditisten sind die Gesellschafter Anton Tischler und Dr. Christina Tischler.

(2) Die Gesellschafter erbringen folgende Einlagen:

Einlage der Komplementärin Dr. Anja Tischler	2.500.000,00 Euro
Einlage des Komplementärs Jens Tischler	1.500.000,00 Euro
Einlage des Kommanditisten Anton Tischler	2.000.000,00 Euro
Einlage der Kommanditistin Dr. Christina Tischler	1.000.000,00 Euro

(3) Die Kapitalanteile sind Festkapitalanteile, die auf einem Kapitalkonto I zu buchen sind. Die in das Handelsregister einzutragende Haftsumme des Kommanditisten Anton Tischler entspricht seinem Festkapitalanteil. Die in das Handelsregister einzutragende Haftsumme der Kommanditistin Dr. Christina Tischler beträgt 10.000,00 Euro.

§ 5 Geschäftsführung und Vertretung

(1) Zur Geschäftsführung und Vertretung sind die Komplementäre berechtigt und verpflichtet. [...]

§ 6 Gesellschafterversammlungen, Gesellschafterbeschlüsse, Stimmrecht

(1) Die Gesellschafter entscheiden über die ihnen nach Gesetz oder Gesellschaftervertrag zugewiesenen Angelegenheiten durch Beschlüsse, die in Gesellschafterversammlungen gefasst werden.
(2) Eine Gesellschafterversammlung wird durch die Komplementäre einberufen und geleitet. Sie ist mindestens einmal im Jahr einzuberufen. [...]

(3) Die Gesellschafterbeschlüsse werden mit einfacher Mehrheit der abgegebenen Stimmen gefasst. Je 100.000,00 Euro des Kapitalkontos I gewähren eine Stimme. Stimmenthaltungen zählen nicht als abgegebene Stimme. Bei Stimmengleichheit gilt der Antrag als abgelehnt. [...]
(4) Jeder Kommanditist ist berechtigt, eine Ausfertigung des Jahresabschlusses zu verlangen und dessen Richtigkeit unter Einsicht in die entsprechenden Unterlagen zu prüfen. [...]

§ 8 Buchführung, Bilanzierung

(1) Geschäftsjahr ist das Kalenderjahr. Die Gesellschaft hat unter Beachtung der steuerlichen Vorschriften Bücher zu führen und jährliche Abschlüsse zu erstellen.
(2) Für jeden Gesellschafter wird ein bewegliches Kapitalkonto (Kapitalkonto II) geführt, über das laufende Entnahmen und Einlagen (mit Ausnahme der in § 4 aufgeführten) sowie Gewinn- und Verlustanteile gebucht werden.

§ 9 Verteilung von Gewinn und Verlust

(1) Die Komplementäre erhalten für ihre Tätigkeit – unabhängig davon, ob ein Gewinn erzielt worden ist – eine monatliche Vergütung, deren Höhe von der Gesellschafterversammlung festgesetzt und die dem Umfang der Tätigkeit entsprechend angepasst wird.
(2) An dem danach verbleibenden Gewinn oder Verlust der Gesellschaft sind die Gesellschafter entsprechend ihrer Beteiligung am Gesellschaftsvermögen gem. § 4 Abs. (2) beteiligt.
(3) Über die Entnahme der Gewinnanteile beschließt die Gesellschafterversammlung mit einfacher Mehrheit.
[...]

§ 10 Schlussbestimmungen

(1) Änderungen und Ergänzungen dieses Vertrages bedürfen der Schriftform.
(2) Sollten einzelne Bestimmungen dieses Vertrages unwirksam oder undurchführbar sein oder werden, wird hierdurch die Wirksamkeit des Vertrages im Übrigen nicht berührt.

Horb am Neckar, den 15. April 1978

Dr. Anja Tischler	*Jens Tischler*	*Anton Tischler*	*Dr. Christine Tischler*
Dr. Anja Tischler	Jens Tischler	Anton Tischler	Dr. Christine Tischler

Auszug aus der Lieferdatei (Kreditoren)

Lieferer-Nr. Konto-Nr.	Lieferer	Bankverbindung	Produkte	Konditionen	Umsatz in € (Vorjahr)
K 50003 44003	**Holzwerkstoffe Gaildorf GmbH** Aalener Straße 100 74405 Gaildorf-Bröckingen Tel. +49 7971 555-50 Fax +49 7971 555-99	Sparkasse Schwäbisch Hall Konto-Nr. 608050444 BLZ 622 500 30 IBAN DE23 6225 0030 0608 0504 44 SWIFT-BIC SOLA DE S1SHA	**Holzwerkstoffe:** Massivholzplatten Spanplatten Furnierholzplatten Akustikelemente Holzfaserprodukte	frei Haus netto Kasse	1.200.000,00
K 50005 44005	**Edelstahlwerk Witten AG** Hans-Böckler-Straße 15 – 19 58455 Witten Tel. +49 2302 30-0 Fax +49 2302 30-400	Deutsche Bank AG Witten Konto-Nr. 2002500566 BLZ 430 700 61 IBAN DE89 4307 0061 2002 5005 66 SWIFT-BIC DEUT DE DE431	**Aluminium- und Edelstahl-werkstoffe:** Edelstahlbleche Aluminiumstangen, -rohre Aluminiumprofile	ab Werk 30 Tage Ziel, 10 Tage 3 % Skonto	2.500.000,00
K 50008 44008	**Schraubentechnik KG** Postfach 2050 74665 Ingelfingen Tel. +49 7940 127-0 Fax +49 7940 127-50	Volksbank Hohenlohe eG Konto-Nr. 666552020 BLZ 620 918 00 IBAN DE24 6209 1800 0666 5520 20 SWIFT-BIC GENO DE S1VHL	**Qualitätsschrauben:** Edelstahl-, Messing-, Aluminiumschrauben Holz- und Spanplattenschrauben Kunststoffverschraubungen	frei Haus 14 Tage Ziel	180.000,00
K 50009 44009	**Kunststofftechnik GmbH** Otto-Hahn-Straße 50 34253 Lohfelden Tel. +49 561 95839-00 Fax +49 561 95839-21	Kasseler Sparkasse Konto-Nr. 100200555 BLZ 520 503 53 IBAN DE24 5205 0353 0100 2005 55 SWIFT-BIC HELA DE F1KAS	**Kunststoffbauteile:** Rollen Kantenschutz Sichtschutzblenden Kabelkanäle Tisch- und Stuhlverbindungen	ab Werk 30 Tage Ziel, 10 Tage 2 % Skonto	450.000,00
K 50016 440016	**Luxo Lichtdesign AG** Von-Thünen-Straße 28 28307 Bremen Tel. +49 421 58860-0 Fax +49 421 58860-44	Commerzbank AG Bremen Konto-Nr. 214666988 BLZ 290 400 90 IBAN DE65 2904 0090 0214 6669 88 SWIFT-BIC COBA DE FF290	**Leuchten:** Downlights Strahler Arbeitsplatzleuchten Lichtsteuerungselemente Notlichtelemente	ab Werk 60 Tage Ziel, 14 Tage 2 % Skonto	680.000,00

Auszug aus der Kundendatei (Debitoren)

Kunden-Nr. Konto-Nr.	Kunde	Bankverbindung	Ansprechpartner/-in	Konditionen	Umsatz in € (lfd. Jahr)
D 80003 24003	**Allgemeine Versicherung AG** Gereonshof 50 – 52 50670 Köln Tel. +49 221 155-1 Fax +49 221 155-10 info@avag.com	Deutsche Bank AG Köln Konto-Nr. 4002500813 BLZ 370 700 24 IBAN DE24 3707 0024 4002 5008 13 SWIFT-BIC DEUT DE BKKOE	Herr Lars Beckmann	frei Haus 60 Tage Ziel, 10 Tage 3 % Skonto 20 % Rabatt	2.100.000,00
D 80005 24005	**International Air Cargo GmbH** Flughafenstraße 1 – 3 22335 Hamburg Tel. +49 40 5075-0 Fax +49 40 5075-15 service@aircargo.com	Postbank Hamburg Konto-Nr. 2479635001 BLZ 200 100 20 IBAN DE26 2001 0020 24796 3500 1 SWIFT-BIC PBANK DE FF200	Frau Hamida Pejanovic	frei Haus 30 Tage Ziel, 10 Tage 3 % Skonto 15 % Rabatt	1.500.000,00
D 80008 24008	**Stadt Oberhausen** Rathaus Oberhausen Schwartzstraße 72 46045 Oberhausen Tel. +49 208 825-10 Fax +49 208 825-50	Stadtsparkasse Oberhausen Konto-Nr. 10002000 BLZ 365 500 00 IBAN DE24 3655 0000 0010 0020 00 SWIFT-BIC WELA DE D1OBH	Frau Beigeordnete Britta Schulze	frei Haus 30 Tage Ziel, 7 Tage 3 % Skonto 10 % Rabatt	280.000,00
D 80009 24009	**Bürowelt GmbH & Co. KG** Möbelgroßhandlung Loschwitzer Straße 66 – 68 01309 Dresden Tel. +49 351 900-10 Fax +49 351 900-20 einkauf@buerowelt.de	Dresdner Volksbank Raiffeisenbank eG Konto-Nr. 1501605544 BLZ 850 900 00 IBAN DE58 8509 0000 1501 6055 44 SWIFT-BIC GENO DE F1DRS	Herr Adam Nowak	ab Werk 30 Tage Ziel, 10 Tage 2 % Skonto 25 % Rabatt	1.450.000,00
D 80016 240016	**office4you OHG** Landsberger Straße 161 80687 München Tel. +49 89 102030-1 Fax +49 89 102030-15 kontakt@office4you.com	Commerzbank AG München Konto-Nr. 214666988 BLZ 290 400 90 IBAN DE65 2904 0090 0214 6669 88 SWIFT-BIC COBA DE FF290	Frau Zümra Canavar	ab Werk 30 Tage Ziel, 14 Tage 2 % Skonto 5 % Rabatt	150.000,00

Kunden akquirieren und binden

Lernfeld 5

Den Markt erforschen

- Methoden der Marktforschung
  - Primärforschung
    Field research (Feldforschung)
  - Sekundärforschung
    Desk research (Schreibtischforschung)

- Instrumente der Primärforschung
  - Befragung
  - Beobachtung
  - Experiment

- Marktforschung als
  Marktanalyse – Marktbeobachtung – Marktprognose
  - Bedarfsforschung
  - Absatzforschung
  - Konkurrenzforschung
  - Konjunkturforschung

Snob-Effekt?

Ein Marketingkonzept planen

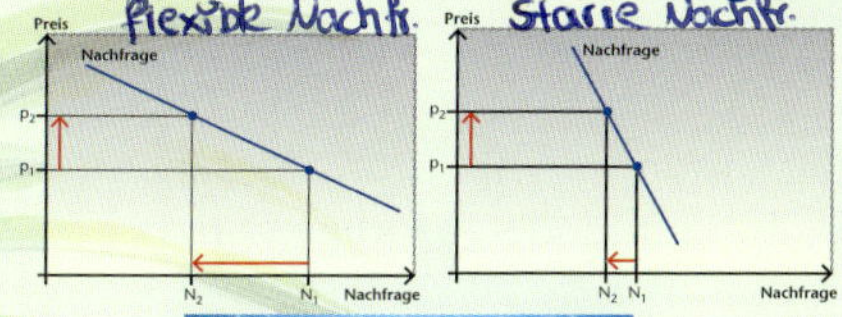

- Instrumente der Kommunikationspolitik
  - Werbung
  - Sales Promotion (Verkaufsförderung)
  - Public Relations (Öffentlichkeitsarbeit)
  - Sponsoring

Einen Marketingmix umsetzen

Prüfen des Briefumschlags → erstes Erfassen des Inhaltes → genaueres Lesen → Reagieren, z. B. Antwort

- Direktwerbung
  - persönlicher Werbebrief
    - postalische Zustellung
    - elektronische Zustellung, z. B. E-Mail, SMS
  - Telefonmarketing
    - Telefongespräch mit dem Kunden über ein Callcenter

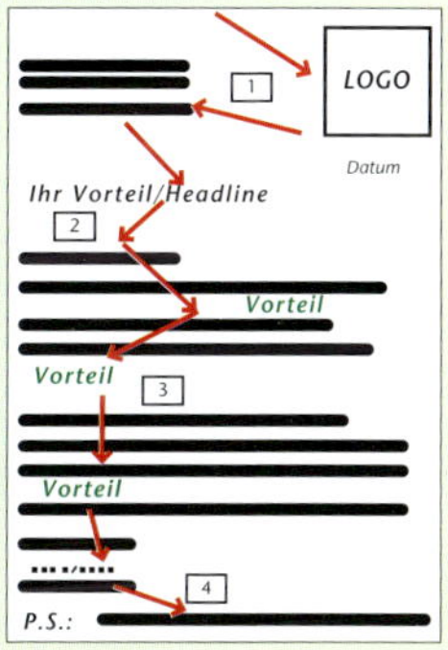

Den Marketingerfolg kontrollieren

- Erfolgs- und Wirkungsbeurteilung von Marketingmaßnahmen
  - Beurteilung des ökonomischen Erfolgs
  - Beurteilung der gesellschaftlichen Wirkungen

- Werte und Kennzahlen zur Werbeerfolgskontrolle
  - Absatz, Umsatz
  - Marktanteil
  - Bekanntheitsgrad
  - Wiederkäuferrate
  - Wirtschaftlichkeit

$$\text{Wirtschaftlichkeit} = \frac{\text{Werbeertrag}}{\text{Werbeaufwand}} \cdot 100$$

1 Die Marktsituation durch Marktforschung analysieren

1.1 Bereiche der Marktforschung unterscheiden

Lernsituation

Foto: Steelcase

In ihrer Sparte Factory konzentriert sich die ModernOffice KG auf die Herstellung von Büromöbeln für Geschäfts- und Privatkunden mit gehobenen Ansprüchen. In allen Design-Linien werden deshalb hochwertige Materialien verwendet. Der Vertrieb erfolgt in erster Linie über den Fachhandel sowie über die eigenen exklusiven Showrooms. Walter Hüls, Hauptabteilungsleiter Verkauf, will die Sparte Factory „breiter aufstellen“. Denkbar ist für ihn die Produktion von einfachen Büromöbeln, die dann z.B. über Möbeldiscounter und Verbrauchermärkte vertrieben werden.

Zu dieser grundsätzlichen Entscheidung findet eine erste Abteilungsbesprechung statt. Svenja Kolleck und Tom Wildermuth, Auszubildende der ModernOffice KG, bitten darum, an der Besprechung teilnehmen zu dürfen. Für sie ist diese Besprechung besonders deswegen interessant, weil sie im Berufsschulunterricht die Aufgabe bekommen haben, die aktuelle Marktsituation ihres Ausbildungsunternehmens zu analysieren.

Zum Abschluss der Besprechung stellt Jens Tischler, Geschäftsführer der ModernOffice KG, fest:

„Die Entscheidung über eine Sortimentserweiterung können wir nur ‚vom Markt her‘ treffen. In dieser Hinsicht wissen wir noch zu wenig. Daher müssen wir zuvor intensiv Marktforschung betreiben.“

Svenja Kolleck und Tom Wildermuth fragen sich, wie diese Aussage zu verstehen ist und welche Bedeutung sie für ihre Lernaufgabe hat.

Ausführliche Informationen zur ModernOffice KG

- *Analysieren Sie die Feststellung des Geschäftsführers Jens Tischler.*
  - *Auf welchen Märkten ist die ModernOffice KG aktiv? Welche Märkte könnte der Geschäftsführer gemeint haben?*
  - *Welche Marktinformationen sind für eine begründete Entscheidung über die Sortimentserweiterung wichtig?*
  - *Wie ist die Behauptung zu verstehen, dass ein Unternehmen „vom Markt her“ geführt werden muss?*
  - *Was ist unter Marktforschung zu verstehen?*
- *Informieren Sie sich mithilfe der Erläuterungen dieses Kapitels über die Bereiche der Marktforschung.*

- *Analysieren Sie mit diesem Wissen die aktuelle Marktsituation der ModernOffice KG. Gehen Sie dabei auf die Kundenstruktur (Bedarfsforschung), auf die Konkurrenz (Konkurrenzforschung) sowie auf die aktuelle allgemeine Wirtschaftslage (Konjunkturforschung) ein. Berücksichtigen Sie bei Ihrer Analyse die allgemeinen Informationen über die ModernOffice KG.*
- *Erstellen Sie, stellvertretend für Svenja Kolleck und Tom Wildermuth, mit Ihren Analyseergebnissen einen Lagebericht zur aktuellen Marktsituation der ModernOffice KG.*
- *Präsentieren Sie Ihren Lagebericht vor Ihrer Berufsschulklasse.*

Marketing – vom Markt her denken

In Zeiten von Marktsättigung, intensivem Wettbewerb, aufgeklärten, kritischen und anspruchsvollen Kunden sowie ständiger Veränderung der Märkte müssen sich Unternehmen konsequent an den Erfordernissen der Märkte orientieren. Jedes Unternehmen ist dabei Teilnehmer auf verschiedenen Märkten.

Beispiel •

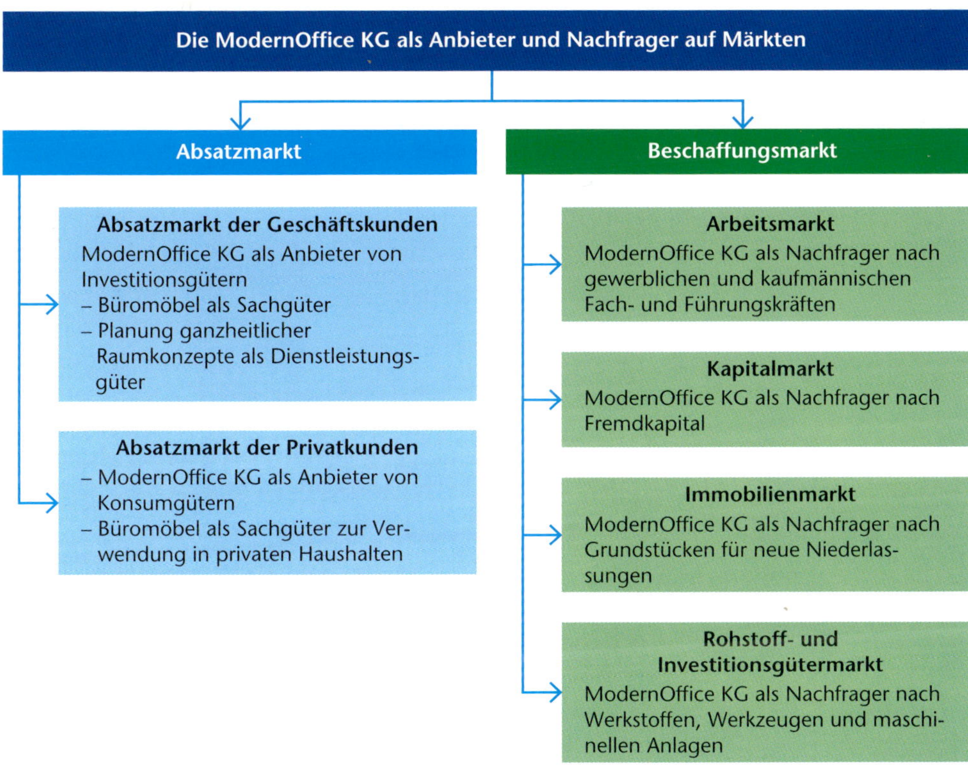

Marketing ist ein Konzept marktorientierter Unternehmensführung. Alle Aktivitäten der Unternehmung werden an den Gegebenheiten der Märkte ausgerichtet, auf denen das Unternehmen als Anbieter oder Nachfrager agiert. Ziel ist es, die eigene Marktposition abzusichern und auszubauen sowie neue Märkte zu erschließen.

Marketing ist damit ein ganzheitliches Konzept der Unternehmensführung, das sich nicht nur auf den Absatzmarkt (Absatzmarketing) bezieht. Auch alle Maßnahmen auf den anderen Märkten richten sich an den gegebenen oder erwarteten Marktdaten aus (Personalmarketing, Finanzmarketing, Beschaffungsmarketing).

Marktforschung als Basis des Marketings

Voraussetzung für eine marktorientierte Unternehmensführung ist die genaue Kenntnis der relevanten Märkte. Die erforderlichen Informationen werden durch Marktforschung beschafft.

Marktforschung ist die systematische Beschaffung, Aufbereitung und Interpretation von Marktinformationen (Marktdaten).

In Abhängigkeit von der zeitlichen Ausrichtung sind drei Arten der Marktforschung zu unterscheiden.

Beispiel • *Die ModernOffice KG praktiziert alle drei Arten der Marktforschung.*

Arten der Marktforschung

Marktanalyse (zeitpunktbezogen)	**Marktbeobachtung** (zeitraumbezogen)	**Marktprognose** (zukunftsbezogen)
Die ModernOffice KG ermittelt zu Beginn des neuen Geschäftsjahres, wie viele Konkurrenten auf dem europäischen Markt ganzheitliche Bürokonzepte planen, entwickeln und liefern.	Die ModernOffice KG befragt regelmäßig in der letzten Woche eines Quartals ihre Kooperationsunternehmen im Groß- und Einzelhandel hinsichtlich neuer Nachfragetrends seitens der Kunden.	Die ModernOffice KG stellt durch Marktbeobachtung fest, dass Büromöbel aus umweltverträglichen Materialien verstärkt nachgefragt werden. Walter Hüls, Hauptabteilungsleiter im Verkauf, prognostiziert, dass dieser Trend zukünftig zunimmt.

Markforschung kann verschiedene Untersuchungsgegenstände in den Blick nehmen. In Abhängigkeit davon sind verschiedene **Bereiche der Marktforschung** zu unterscheiden.

Bedarfsforschung zur Analyse der Kundenstruktur

Die Bedarfsforschung richtet sich auf die Person des Kunden. Sie ermittelt Informationen über die tatsächlichen und potenziellen Kunden. Der Kunde steht im Mittelpunkt aller Aktivitäten einer Unternehmung. Diese Kundenorientierung setzt eine genaue Kenntnis der Kunden voraus.

Kundentypen

Die Bedarfsforschung betrachtet verschiedene Kundentypen.

Kundentypen

- **Rechtsstellung der Kunden**
  - **Geschäftskunden**
    Gewerbetreibende, die Güter für die eigene Produktion nachfragen
  - **Privatkunden**
    Personen, die Güter für den Ge- und Verbrauch in ihrem privaten Haushalt nachfragen
- **Bedeutung der Kunden**
  - **A-Kunden**
    Kunden mit hohem Jahresumsatz
  - **B-Kunden**
    Kunden mit mittlerem Jahresumsatz
  - **C-Kunden**
    Kunden mit geringem Jahresumsatz
- **Dauer der Kundenbeziehung**
  - **Bestandskunden** (Stammkunden)
    Kunden mit langjähriger Geschäftsbeziehung
  - **Neukunden**
    Kunden im Rahmen eines geschäftlichen Erstkontakts

Tatsachenforschung und Motivforschung

Die ermittelten Daten über Kunden sollen Rückschlüsse auf die Absatzchancen für bestimmte Produkte ermöglichen. Bedarfsforschung kann Tatsachenforschung oder Motivforschung sein.

Die **Tatsachenforschung** erhebt objektive Kundendaten, z. B. über:
- **Privatkunden** (Endverbraucher): Alter, Geschlecht, Einkommen, Beruf, soziale Stellung, Schulbildung, Ausbildung, Familienstand, Haushaltsgröße, Religionszugehörigkeit, Wohnort u. a.
- **Geschäftskunden:** Unternehmensgröße, Mitarbeiterzahl, Geschäftssitz, geschäftliche Aktivitäten u. a.

Die **Motivforschung** untersucht Einstellungen und Beweggründe der Kunden. Dafür werden u. a. Daten erhoben über:
- Kaufgewohnheiten (Wo, wann, wie oft, in welchen Mengen wird das Produkt gekauft?)
- Beurteilung des eigenen Produkts sowie der Produkte von Mitbewerbern durch die Kunden
- vorherrschende Kaufmotive
- Nutzen des Produkts für den Kunden (Grundnutzen und Zusatznutzen)
- Einstellungen der Kunden zu Trends

Identifizierung der Kaufmotive

Insbesondere bezogen auf Privatkunden müssen Unternehmen deren Beweggründe kennen, um erfolgreiche absatzpolitische Entscheidungen treffen zu können.

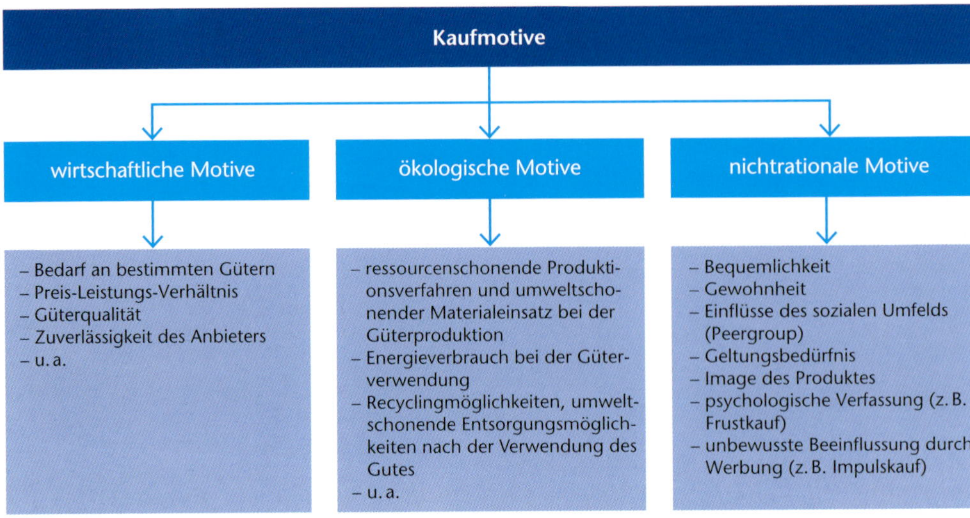

Ermittlung des Kundennutzens (Grund- und Zusatznutzen)

Kunden entscheiden sich in der Regel für den Anbieter, dessen Produkt ihnen den höchsten Nutzen bietet. Deshalb ist im Zusammenhang mit der Erforschung der Kaufmotive die Ermittlung des Kundennutzens bedeutsam.

Kundennutzen (Customer Value): von einem Kunden mit dessen Kaufentscheidung tatsächlich wahrgenommener Nutzen

Güter sind Mittel zur Bedürfnisbefriedigung. Kunden erwerben ein Produkt, weil sie einen bestimmten Nutzen erwarten. Neben dem eigentlichen **Grundnutzen** motivieren oft im Unterbewusstsein liegende weitere Kaufmotive zum Erwerb des Produktes. Werbemaßnahmen sprechen häufig gerade diesen **Zusatznutzen** an.

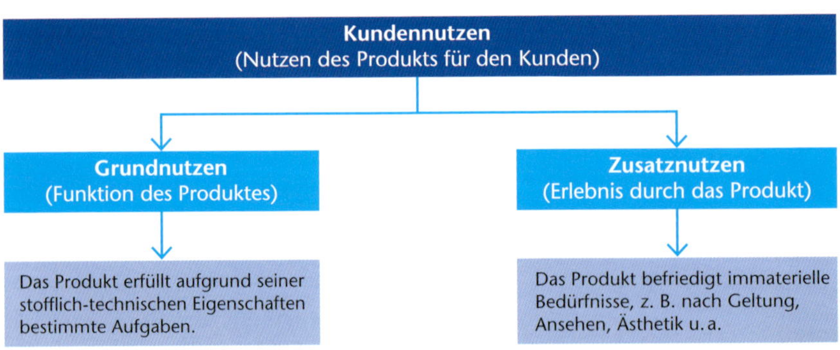

Beispiel • *Die ergonomischen Bürodrehstühle der Modern Office KG erfüllen z. B. die Funktion, eine Bürotätigkeit im Sitzen verrichten zu können. Parallel zu diesem Grundnutzen verschaffen sie dem Verwender verschiedene Zusatznutzen. Die ergonomische Gestaltung der Stühle befriedigt das Bedürfnis nach Gesundheitsförderung am Arbeitsplatz. Das moderne Design entspricht dem Wunsch nach Wohlbefinden im Arbeitsalltag.*

Foto: Steelcase

Wahrnehmung des Kunden als Partner

Erfolgreiche Unternehmen nehmen ihre Kunden im Zusammenhang mit der Nutzenanalyse als wichtige Partner wahr. Insbesondere bei neuartigen Produktentwicklungen (Innovationen) beziehen sie die Kunden aktiv in den Entwicklungsprozess ein. Frühzeitig werden Meinungen und Anregungen der Kunden eingeholt, um das Produkt für den Markt zu optimieren. Diese Strategie erhöht die Wahrscheinlichkeit, dass Produktinnovationen nicht am Markt vorbei produziert werden. Im Rahmen dieser sogenannten **Nutzerintegration** kann der Kunde verschiedene Rollen einnehmen.

- **Impulsgeber:** Kunden beschreiben ihre Bedürfnisse, Anforderungen und Probleme. Das Unternehmen entwickelt Produkte als Lösungen für diese Kundenansprüche.
- **Ideengeber:** Kunden liefern Ideen für zukünftige Produkte. Das Unternehmen setzt diese Anregungen in neuen Produkten um.
- **Ko-Entwickler:** Kunden wirken aktiv an der Produktentwicklung mit. Sollten Probleme auftreten, beteiligen sie sich an der Lösungssuche.
- **Tester:** Kunden erproben Prototypen von Produkten und berichten von ihren Erfahrungen. Aufgrund dieser Kundenbewertungen werden die Produkte verbessert, mögliche Fehler werden behoben.
- **Vermarkter:** Kunden unterstützen als Erstbesteller, Referenzkunden und Berater für weitere Kunden den Markteinführungsprozess.

Beispiel • *Walter Hüls, verantwortlich für den Verkauf bei der ModernOffice KG, erläutert den Auszubildenden Svenja Kolleck und Tom Wildermuth das Konzept der Nutzerintegration der Modern Office KG. Ute Klein, Leiterin der Entwicklungsabteilung, steht im ständigen Informationsaustausch mit dem Fachhandel, über den die ModernOffice KG ihre Produkte verkauft. Die Fachhändler sind Impuls- und Ideengeber bei der Weiterentwicklung, z.B. von Bürodrehstühlen. Bevor ein neuartiger Stuhl in Serie produziert wird, werden Prototypen der Stühle durch Kunden auf Funktionalität und Ergonomie getestet. Im Rahmen von Wochenendseminaren besprechen die Tester ihre Erfahrungen mit den Entwicklungsingenieuren der ModernOffice KG.*

Auf der Homepage der ModernOffice KG führt ein Link zu Referenzkunden. Dabei handelt es sich um sogenannte Meinungsführer (bekannte Großunternehmen, staatliche Behörden), denen in der öffentlichen Meinung eine besondere Fachkompetenz in Angelegenheiten der Bürogestaltung zugesprochen wird. In ihren kurzen Statements kommentieren diese Referenzkunden ihre positiven Erfahrungen in der Zusammenarbeit mit der ModernOffice KG.

Aufbau eines Alleinstellungsmerkmals als Marketingstrategie

Von einer partnerorientierten Ermittlung des Kundennutzens kann im Idealfall die Schaffung eines Alleinstellungsmerkmals ausgehen.

Alleinstellungsmerkmal (Unique Selling Point – USP): mit einem Produkt verbundener einzigartiger Kundennutzen

Mit einem Alleinstellungsmerkmal hebt sich das eigene Produkt deutlich von den Erzeugnissen der Wettbewerber ab. Der herausragende Vorteil für den Kunden kann sich auf verschiedene Leistungsmerkmale des Produkts beziehen:

- besondere technische Eigenschaften
- neuartige Materialien
- zukunftsweisende Energieeffizienz
- innovative Formgebung
- herausragender Service
- usw.

Ein Alleinstellungsmerkmal ist ein entscheidender Wettbewerbsvorteil. Auch die Werbung für das Produkt wird durch ein Alleinstellungsmerkmal sehr wirkungsvoll. Die Werbebotschaft kann auf wenige Aspekte des Alleinstellungsmerkmals konzentriert werden.

Beispiel • *In ihrer Sparte Service bietet die ModernOffice KG die Planung und Realisierung ganzheitlicher Bürokonzepte an. Hinsichtlich dieses Leistungsangebots für Geschäftskunden der A-Kategorie steht die ModernOffice KG im Wettbewerb mit zwei anderen Büromöbelproduzenten. Diese Unternehmen sind ebenfalls in der Lage, für Großunternehmen Bürolösungen unter Berücksichtigung von Akustik, Klimatisierung, Beleuchtung und Energieversorgung zu planen und einzurichten. Im Vergleich dazu weisen die Bürolandschaften der ModernOffice KG ein Alleinstellungsmerkmal auf. Sie sind nicht nur ganzheitlich angelegt, sondern sie sind auch flexibel ausgerichtet. Das heißt, die maßgeschneiderten Raumkonzepte der ModernOffice KG passen nicht nur zur aktuellen Aufbau- und Ablauforganisation des Auftraggebers, sondern sie können sich wandelnden Arbeits-, Büro- und Organisationsstrukturen anpassen. Diese Zukunftsfähigkeit ist ein Alleinstellungsmerkmal der Office-Konzepte der ModernOffice KG.*

Marktsegmentierung als Marketingstrategie

Unternehmen, die auf ihrem Absatzmarkt sehr unterschiedlichen Kundentypen und Kaufmotiven gegenüberstehen, setzen das Konzept der **Marktsegmentierung** ein.

Marktsegmentierung ist die Aufteilung eines Gesamtmarktes in voneinander abgegrenzte **Teilmärkte***, z. B. für unterschiedliche Kundentypen. Ziele sind vor allem eine optimale Befriedigung der Kundenansprüche sowie ein gezielter Einsatz der Marketinginstrumente (z. B. Werbeaktionen).*

Beispiel • *Die ModernOffice KG segmentiert ihren Absatzmarkt in die Teilmärkte „Geschäftskunden" und „Privatkunden". Der Verkaufsleiter Walter Hüls erklärt den Auszubildenden Svenja Kolleck und Tom Wildermuth die wesentlichen Begründungen. So gelten für das* ***Konsumgütermarketing (Consumer Marketing)*** *ganz andere Rahmenbedingungen als für das* ***Investitionsgütermarketing (Industrial Marketing)****.*

Absatzforschung zur Analyse der Verhältnisse auf dem Absatzmarkt

Kennzahlen der Absatzforschung

Die Absatzforschung nimmt den Absatzmarkt und die auf ihm angebotenen Produkte in den Blick. Sie ermittelt Informationen über die Verhältnisse am Markt. Dazu werden z. B. folgende wichtige Kennzahlen erhoben, die sich jeweils auf einen bestimmten Zeitraum (z. B. ein Quartal) und auf eine bestimmte Region (z. B. ein Bundesland als regionaler Absatzmarkt) beziehen.

- *Marktpotenzial: von allen Anbietern maximal erreichbarer Absatz eines Produktes (maximale Aufnahmefähigkeit des Marktes)*
- *Marktvolumen: von allen Anbietern tatsächlich realisierter Absatz eines Produktes (tatsächlicher Gesamtabsatz)*
- *Absatzpotenzial: von einem Anbieter maximal erreichbarer Absatz eines Produktes*
- *Absatzvolumen: von einem Anbieter tatsächlich realisierter Absatz eines Produktes*

Zur Beurteilung der eigenen Marktstellung und der zukünftigen Entwicklungsmöglichkeiten werden diese Kennzahlen miteinander in Beziehung gesetzt.

$$\text{Marktanteil} = \frac{\text{Absatzvolumen}}{\text{Marktvolumen}} \cdot 100$$

$$\text{Marktsättigung} = \frac{\text{Marktvolumen}}{\text{Marktpotenzial}} \cdot 100$$

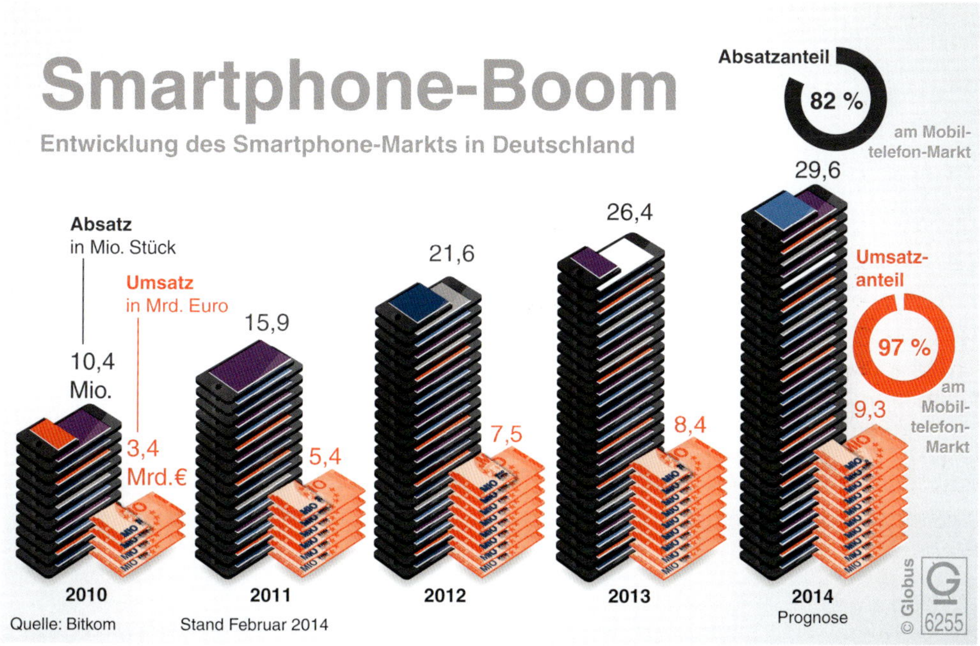

Fragestellungen der Absatzforschung

Die gesammelten Daten sollen Rückschlüsse auf die gegenwärtigen Stärken und Schwächen des Unternehmens ermöglichen. Wichtige Fragen der Absatzforschung sind z. B.:

- Wie kommen meine Produkte oder Produktveränderungen bei den Kunden an?
- Wie intensiv reagieren die Kunden auf Änderungen der Preise oder der Lieferungs- und Zahlungsbedingungen?
- Welchen Erfolg bringen Werbemaßnahmen?

Beispiel • *Auf dem Absatzmarkt für ganzheitliche Bürolösungen für Geschäftskunden hat die ModernOffice KG einen Marktanteil von 60 Prozent. Das heißt, 60 Prozent aller im letzten Jahr am Markt verkauften Bürolandschaften sind Bürokonzepte der ModernOffice KG gewesen. Die übrigen 40 Prozent verteilen sich im Wesentlichen auf die beiden Mitbewerber in diesem Marktsegment.*

Ganz anders stellt sich die Situation in der Sparte Trading bei den Handelswaren dar. Der Artikel „Pinnwände" gehört zum Zusatzsortiment der ModernOffice KG. Sie verfügt nur über einen Marktanteil von 5 Prozent.

Konkurrenzforschung zur Analyse der Wettbewerber

Fragestellungen der Konkurrenzforschung

Die Konkurrenzforschung richtet sich auf die Mitbewerber. Sie erhebt Informationen zu den Konkurrenzprodukten und zum Verhalten der Konkurrenten. Zentrale Fragen der Konkurrenzforschung sind:

- Welche Konkurrenzprodukte werden auf dem Markt angeboten?
- Gibt es neben gleichartigen Konkurrenzprodukten auch Anbieter von ähnlichen Produkten, die die eigenen Produkte ersetzen können **(Substitutionsgüter)**?

- Welche Vor- und Nachteile hinsichtlich Qualität, Design und Preis weisen die Konkurrenzprodukte im Vergleich mit den eigenen Produkten auf?
- Wie entwickelt sich das Absatzvolumen der Konkurrenten?
- Welchen Marktanteil haben die Konkurrenten?
- Welche Konkurrenten sind auf dem Markt aktiv und was kennzeichnet sie aus (z. B. Gesamtsortiment, Unternehmensgröße, Kapitalkraft, Personalbestand)?
- Welche absatzpolitischen Maßnahmen führen die Konkurrenten durch (z. B. Werbemaßnahmen, preispolitische Maßnahmen, Produktenwicklungen)?
- Welche Vertriebswege nutzen die Konkurrenten (z. B. Vertrieb über Internetplattformen, Großhandel, eigene Verkaufsstudios)?
- Wie reagieren die Konkurrenten auf Marktänderungen oder auf Aktionen anderer Marktteilnehmer (z. B. zurückhaltend oder aggressiv, schnell oder langsam reagierend)?

Anzahl der Wettbewerber als Indikator der Wettbewerbsintensität

Die Anzahl der Mitbewerber beeinflusst entscheidend die Wettbewerbsintensität. Es sind drei grundsätzliche Konstellationen zu unterscheiden:

Beispiele für Marktformen

- **Polypol:** Viele Anbieter agieren auf dem Markt.
- **Oligopol:** Wenige Anbieter agieren auf dem Markt.
- **Monopol:** Nur ein Anbieter agiert auf dem Markt.

In Verbindung mit der Anzahl der Nachfrager ergeben sich neun typische **Marktformen.**

Anbieter / Nachfrager	viele kleine	wenige mittlere	ein großer
viele kleine	Polypol	Angebotsoligopol	Angebotsmonopol
wenige mittlere	Nachfrageoligopol	zweiseitiges Oligopol	beschränktes Angebotsmonopol
ein großer	Nachfragemonopol	beschränktes Nachfragemonopol	zweiseitiges Monopol

(griechisch monos = allein, oligos = wenige, pollos = viele)

Beispiel

Walter Hüls, Hauptabteilungsleiter im Verkauf der ModernOffice KG, schätzt die Wettbewerbsintensität unterschiedlich ein.

In der Sparte Trading (Verkauf von Handelswaren, wie Projektionsleinwänden, Flipcharts, Pinnwänden, Schreibtisch- und Stehleuchten) steht die ModernOffice KG einer Vielzahl von Nachfragern und Wettbewerbern gegenüber. In diesem Polypol besitzt die ModernOffice KG nur einen geringen Marktanteil und wenig Marktmacht. In der Folge ist sie, vergleichbar mit den Anbietern der Lebensmittel- und Drogeriebranche, einem intensiven Wettbewerb ausgesetzt.

Völlig anders stellt sich die Situation in der Sparte Service (Planung und Umsetzung ganzheitlicher Raumkonzepte und Büroszenarien) dar. Neben der ModernOffice KG gibt es bundesweit nur zwei weitere Anbieter, die über das Know-how verfügen, ganzheitliche, maßgeschneiderte Bürolösungen für Unternehmen zu entwickeln und zu realisieren. Entsprechend hoch sind der Marktanteil und die Marktmacht der ModernOffice KG.

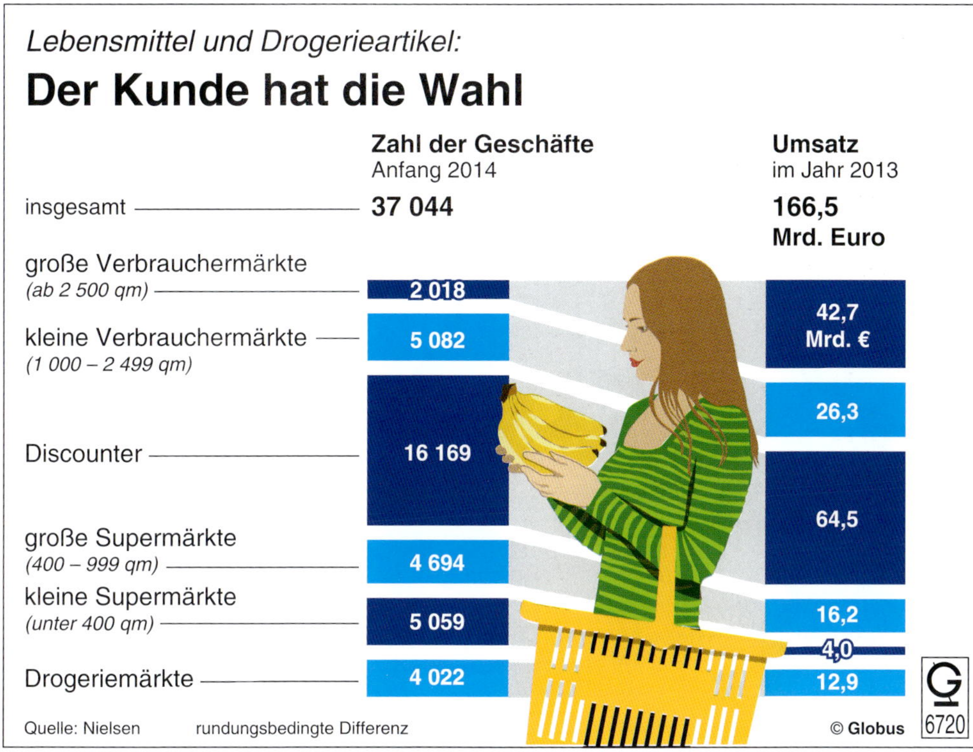

Konjunkturforschung zur Analyse der allgemeinen Wirtschaftslage

Konjunktur – das Auf und Ab in der Wirtschaft

Jeder kennt es aufgrund eigener Erfahrung: Die persönliche Lebenssituation ändert sich im Zeitablauf. Es gibt Zeiten, in denen gelingt einfach alles. Und dann folgen Phasen, da läuft alles schief. Ein ähnliches Auf und Ab ist in der Wirtschaft zu beobachten.

Die allgemeine Wirtschaftslage bezeichnet man als Konjunktur. Auch sie unterliegt einem ständigen Veränderungsprozess. Wichtige gesamtwirtschaftliche Größen steigen und fallen, z. B. Produktion und Beschäftigung, Preise und Umsätze, Importe und Exporte, Löhne und Zinsen.

Konjunkturphasen und Arten von Wirtschaftsschwankungen

Der Konjunkturzyklus und seine Phasen

Erscheinungen, die sich regelmäßig wiederholen, nennt man Zyklus. Aus diesem Grunde bezeichnet man das sich regelmäßig wiederholende Auf und Ab in der Entwicklung der allgemeinen Wirtschaftslage als **Konjunkturzyklus**. Er wird in **vier Phasen** untergliedert:

1. **Phase: Aufschwung (Expansion)**
2. **Phase: Boom (Hochkonjunktur)**
3. **Phase: Abschwung (Rezession)**
4. **Phase: Tiefstand (Depression)**

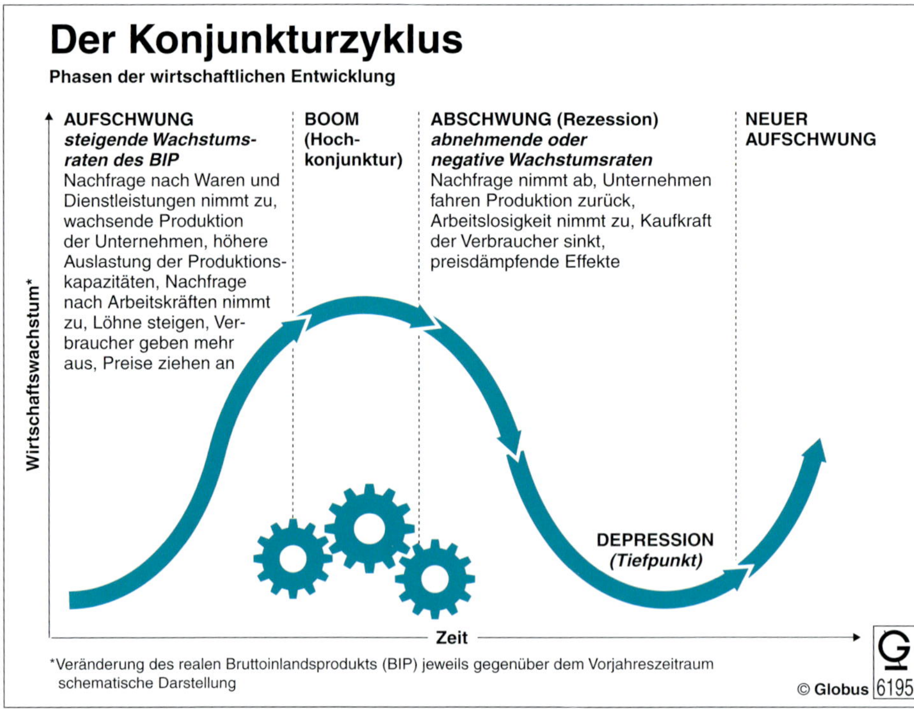

Beispiel • *Auch die Geschäftsführung der ModernOffice KG musste in der Vergangenheit immer wieder auf Umsatzschwankungen reagieren, die in erster Linie durch Schwankungen in der gesamtwirtschaftlichen Aktivität verursacht wurden. Die Geschäftsführerin Dr. Anja Tischler erinnert sich noch gut an das schwierige Jahr 2009. Bedingt durch die internationale Wirtschaftskrise schrumpfte die gesamte Güterproduktion in Deutschland (Bruttoinlandsprodukt) um über 5 %. Viele Geschäftskunden der ModernOffice KG verzeichneten starke Umsatz- und Gewinnrückgänge. Sie verzichteten deshalb auf geplante Neuanschaffungen von Büroausstattungen. In der Folge brachen Umsatz und Gewinn auch bei der ModernOffice KG ein.*

Konjunkturdiagnose und Konjunkturprognose

Für die **Konjunkturdiagnose** (Beschreibung der gegenwärtigen wirtschaftlichen Lage) und für die **Konjunkturprognose** (Vorhersage zukünftiger konjunktureller Entwicklungen) benötigt man geeignete wirtschaftliche Kennzahlen. Diese müssen den Zustand und die möglichen Entwicklungen zutreffend und rechtzeitig anzeigen. Diese Messgrößen nennt man **Konjunkturindikatoren**. Es sind drei grundsätzliche Arten von Indikatoren zu unterscheiden.

- **Frühindikatoren:** Sie kündigen sehr frühzeitig die sich anbahnenden Veränderungen der gesamtwirtschaftlichen Lage an. Frühindikatoren sind daher besonders **geeignet für die Konjunkturprognose** und ermöglichen das rechtzeitige Einleiten notwendiger Maßnahmen.
- **Präsenzindikatoren:** Sie signalisieren den aktuellen Zustand der **Konjunktur**. Das heißt, diese Messgrößen ermöglichen die Konjunkturdiagnose. Zentraler Präsenzindikator ist die **Veränderungsrate des Bruttoinlandsprodukts**.
- **Spätindikatoren:** Sie sind eigentlich Folgeerscheinungen vorangegangener Veränderungen in der gesamtwirtschaftlichen Situation. Daher sind sie für die Konjunkturprognose und -diagnose ungeeignet. So reagiert z. B. der Arbeitsmarkt erst mit einer zeitlichen Verzögerung auf gesamtwirtschaftliche Veränderungen.

Konjunkturindikatoren:
wirtschaftliche Größen (Daten)
zur Beurteilung der aktuellen Wirtschaftslage (Konjunkturdiagnose) und
zur Einschätzung von Entwicklungstendenzen (Konjunkturprognose)

Frühindikatoren
vorlaufende Größen und Messreihen:
- Auftragseingänge
- Geschäftserwartung
- Baugenehmigunen
- Kreditzusagen
- Aktienkurse
- u. a.

Präsenzindikatoren
gleichlaufende Größen und Messreihen:
- Produktion
- Kapazitätsauslastung
- Zahl der Kurzarbeiter
- Zahl der Überstunden
- Zahl der offenen Stellen
- u. a.

Spätindikatoren
nachlaufende Größen und Messreihen:
- Zahl der Arbeitslosen
- Preisindizes
- Steuereinnahmen
- u. a.

Konjunkturforschung durch wissenschaftliche Institute

Für den Erfolg von Unternehmen ist es sehr wichtig, dass sie die Konjunktur und die Konjunkturentwicklung zutreffend einschätzen und entsprechende geschäftspolitische Entscheidungen treffen. Zahlreiche wissenschaftliche Institute stellen dazu Informationen zur Verfügung.

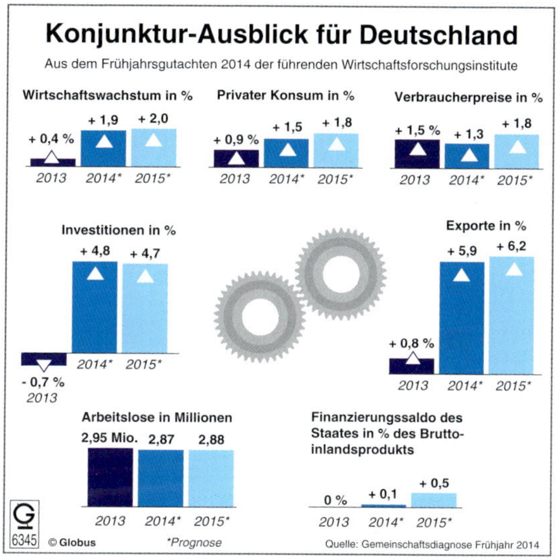

Beispiel •

Lily Summer, zuständig für Werbung und Public Relations bei der ModernOffice KG, geht von einer stabilen Konjunktur in der Bundesrepublik Deutschland aus. Im Gegensatz zu vielen südeuropäischen Ländern wird die gesamtwirtschaftliche Güterproduktion (Bruttoinlandsprodukt) kontinuierlich um ca. 2 % wachsen. Bedingt durch positive Umsatz- und Gewinnentwicklungen, werden viele inländische Unternehmen auch in neue Büroausstattungen investieren. Lily Summer erwartet deshalb auch für die ModernOffice KG eine gute Geschäftsentwicklung.

Sie begründet ihre Auffassung mit dem ***ifo-Geschäftsklima-Index****. Er wird vom Institut für Wirtschaftsforschung (ifo) an der Universität München ermittelt und ist ein viel beachteter Frühindikator. Dabei gilt die „Faustformel“: Steigt der Index drei Monate in Folge, ist das ein Signal für einen zukünftigen Aufschwung. Sinkt er drei Monate hintereinander, ist das ein Anzeichen für eine baldige Konjunkturabkühlung.*

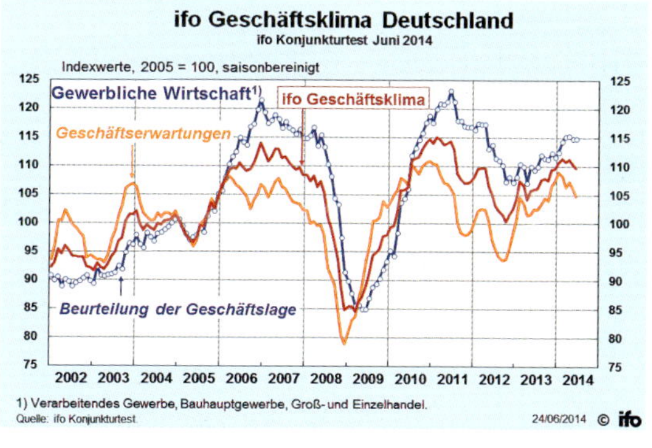

Konjunkturforschung

Deutschland (Indexwerte, 2005 = 100, saisonbereinigt)

Monat/Jahr	05/14	06/14	07/14	08/14	09/14	10/14	11/14	12/14	01/15	02/15	03/15	04/15	05/15
Klima	109,8	109,5	108,1	106,5	105,5	103,6	108,8	105,6	106,7	106,8	107,9	108,6	108,5
Lage	114,5	114,7	113,4	110,9	110,8	108,2	109,3	109,9	111,8	111,4	112,1	114,0	114,3
Erwartungen	105,4	104,4	103,0	102,2	100,5	99,2	100,4	101,4	101,9	102,5	103,9	103,4	103,0

Quelle: CESifo GmbH: ifo Konjunkturtest, Zugriff am 30.05.2015 unter: www.cesifo-group.de/de/ifoHome/facts/Survey-Results/Business-Climate/Geschaeftsklima-Archiv/2015/Geschaeftsklima-20150522.html

Auf den Punkt gebracht

Marketing
Konzept einer marktorientierten Unternehmensführung

↓

Voraussetzung:
detaillierte Kenntnis der Situation auf allen relevanten Märkten

↓

Marktforschung als
Marktanalyse – Marktbeobachtung – Marktprognose

↓

Bedarfsforschung
Erforschung der Kundenstruktur

Grundeinstellung: Der Kunde als Partner
- Kundentypen
- Kaufmotive
- Kundennutzen
- Zielsetzung: Alleinstellungsmerkmal
- Zielsetzung: Marktsegmentierung

Absatzforschung
Erforschung der Verhältnisse auf dem Absatzmarkt

Kennzahlen der Absatzforschung:
- Marktpotenzial
- Marktvolumen
- Absatzpotenzial
- Absatzvolumen
- Marktanteil
- Marktsättigung

Konkurrenzforschung
Erforschung der Wettbewerbssituation

Verhalten der Wettbewerber:
- Angebot
- Vertriebswege
- Reaktionen
- u. a.

Anzahl der Wettbewerber:
- Polypol
- Oligopol
- Monopol

Konjunkturforschung
Erforschung der allgemeinen Wirtschaftslage

Konjunkturdiagnose und -prognose durch Konjunkturindikatoren:
- Wachstumsrate des BIP
- Geschäftsklima
- Auftragslage
- Arbeitslosenquote
- Preisentwicklung
- usw.

Nutzen Sie Ihr Wissen

1. Marketing bedeutet, dass ein Unternehmen „vom Markt her denkt“. Erläutern Sie, wie diese Definition zu verstehen ist. Gehen Sie bei Ihrer Erläuterung auch darauf ein, dass die Marktorientierung sich nicht nur auf den Absatzmarkt bezieht.
2. Erklären Sie, was unter Marktanalyse, Marktbeobachtung und Marktprognose zu verstehen ist.

3. Aus der Kundendatei der ModernOffice KG können folgende Umsatzdaten entnommen werden.

Kd.-Nr.	Kunde	Jahr 1	Jahr 2	Jahr 3
D 80003	Allgemeine Versicherung AG	2.100.000,00 €	580.000,00 €	250.000,00 €
D 80005	International Air Cargo GmbH	1.500.000,00 €	2.400.000,00 €	900.000,00 €
D 80008	Stadt Oberhausen	280.000,00 €	-	45.000,00 €
D 80009	Bürowelt GmbH & Co. KG (Möbelgroßhandlung)	1.450.000,00 €	1.900.000,00 €	1.250.000,00 €
D 80016	office4you OHG (Möbeleinzelhandlung)	150.000,00 €	140.000,00 €	80.000,00 €
D 80040	Dr. Ilse Schneider (Zahnärztin)	25.000,00 €	1.500,00 €	-
D 80099	Gerda Lehmann (Lehrerin)	-	-	2.100,00 €

a) Die Bedarfsforschung unterscheidet verschiedene Kundentypen, z. B. Geschäfts- und Privatkunden, Bestandskunden und Neukunden sowie Kunden der A-B-C-Kategorie. Erläutern Sie allgemein, wie sich diese Kundentypen jeweils unterscheiden.
b) Ordnen Sie die obigen Kunden diesen Kundentypen zu. Begründen Sie jeweils Ihre Entscheidung.
c) Wählen Sie drei Kunden aus der obigen Tabelle aus. Erläutern Sie, bezogen auf diese Kunden, welche besonderen Maßnahmen der Kundebetreuung die Modern Office KG im vierten Jahr ergreifen sollte.
d) Erläutern Sie, was unter Marktsegmentierung zu verstehen ist.

4. Auch im Rahmen ihrer Bedarfsforschung versteht die ModernOffice KG ihre Kunden als Partner. Erläutern Sie, wie sich diese grundsätzliche Einstellung zum Kunden in der Bedarfsforschung niederschlägt.

5. Ein wichtiger Untersuchungsaspekt der Bedarfsforschung sind die Kaufmotive der Kunden.

a) Erklären Sie zwei grundsätzliche Arten von Kaufmotiven.
b) Erläutern Sie an einem Produkt Ihrer Wahl, was unter Grund- und Zusatznutzen zu verstehen ist.
c) Im Zusammenhang mit der Erforschung des Kundennutzens versuchen Unternehmen, bezogen auf ihr Produkt, ein Alleinstellungsmerkmal aufzubauen. Erklären Sie, was darunter zu verstehen ist. Verfügt Ihr Ausbildungsunternehmen über Produkte mit Alleinstellungsmerkmal?

6. Die Absatzforschung liefert für ein Produkt der Möbelfabrik AG folgende Daten:

Absatzvolumen	Stück
Möbelfabrik AG	70.000
Wettbewerber A	40.000
Wettbewerber B	10.000
Wettbewerber C	20.000

Das Marktpotenzial beträgt 200.000 Stück. Im Folgejahr kann die Möbelfabrik ihr Absatzvolumen um 10 % steigern. Das Absatzvolumen von Wettbewerber C verringert sich um 20 %. Das Absatzvolumen der Wettbewerber A und B bleibt jeweils unverändert.

a) Ermitteln Sie für die zwei aufeinanderfolgenden Jahre
   - das Marktvolumen,
   - den Marktanteil der Möbelfabrik AG und
   - die Marktsättigung.

b) Veranschaulichen Sie die Verhältnisse auf diesem Absatzmarkt mithilfe von zwei Diagrammen nach Ihrer Wahl.

7. Die Konkurrenzforschung stellt Untersuchungen bezüglich der Wettbewerber eines Unternehmens an.

a) Listen Sie fünf Fragestellungen der Konkurrenzforschung auf.

b) Nach der Anzahl der Mitbewerber unterscheidet man die Marktformen Polypol, Oligopol und Monopol. Erklären Sie diese Marktformen.

c) Wählen Sie ein Produkt (Sachgut oder Dienstleistung) Ihres Ausbildungsunternehmens aus. Beschreiben Sie, bezogen auf dieses Produkt, die Konkurrenzsituation.

8. Die Konjunktur beeinflusst entscheidend die Geschäftslage und -entwicklung eines jeden Unternehmens.

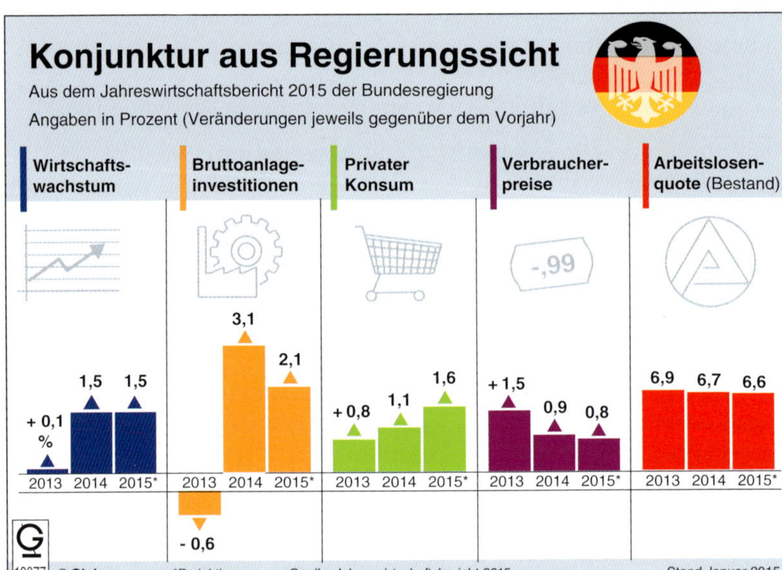

a) Erklären Sie, was unter der Konjunktur zu verstehen ist. Beschreiben Sie die typischen Phasen in einem Konjunkturzyklus.

b) Erklären Sie, was unter Konjunkturindikatoren zu verstehen ist. Nennen Sie fünf Indikatoren und erläutern Sie, inwiefern mit ihrer Hilfe Rückschlüsse auf die Konjunktur möglich sind.

c) Schätzen Sie die aktuelle konjunkturelle Situation in Deutschland und ihre zukünftige Entwicklung ein. Begründen Sie Ihre Einschätzung anhand von drei Indikatoren. Welche Auswirkung hat die aktuelle konjunkturelle Situation auf die Geschäftslage der ModernOffice KG und auf Ihr Ausbildungsunternehmen.

1.2 Informationen durch primäre und sekundäre Marktforschung beschaffen

Lernsituation

Walter Hüls, Hauptabteilungsleiter Verkauf der ModernOffice KG, verfolgt weiterhin das Ziel, ein neues Marktsegment zu erschließen: einfache Büromöbel für die Zielgruppe der Privatkunden, Vertrieb über Möbeldiscounter und Verbrauchermärkte.

Ihm ist bewusst, dass er im Vorfeld genaue Informationen über die neue Zielgruppe benötigt. Deshalb erteilt er Svenja Kolleck und Tom Wildermuth folgenden betriebsinternen Auftrag.

ModernOffice.

Hausmitteilung

Von Walter Hüls, Dipl.-Ök.	**Abteilung** Hauptabteilungsleiter Verkauf
An Svenja Kolleck, Tom Wildermuth	**Abteilung** Auszubildende, Verkauf

Betrifft

Informationsgewinnung über Zielgruppe „Privatkunden im Marktsegment einfache Büromöbel“

Nachricht

Sehr geehrte Frau Kolleck, sehr geehrter Herr Wildermuth,

für den geplanten Aufbau der neuen Produktionslinie „einfache Büromöbel“ benötigen wir entsprechende Informationen über die anvisierte Zielgruppe: Privatkunden mit Interesse an einem günstigen Preis-Leistungs-Verhältnis.

Wie können wir uns relevante Informationen über diese Zielgruppe verschaffen? Uns interessiert z. B., welche grundsätzliche Preisvorstellung diese Kunden haben.

Für welche Möglichkeiten der Informationsbeschaffung sollten wir uns entscheiden? Begründen Sie Ihre Entscheidung.

Besondere Vermerke

Bitte erstellen Sie eine Präsentation zu den Möglichkeiten der Informationsgewinnung sowie zu Ihrer begründeten Entscheidung.

Datum 20.08.20..	**Anlagen**
Unterschrift gez. Hüls	**Verteiler** Miriam Ball, Ausbildungsabteilung

- *Analysieren Sie den Arbeitsauftrag an Svenja Kolleck und Tom Wildermuth. Gehen Sie z. B. auf folgende Aspekte ein:*
  - *Warum ist die genaue Kenntnis der neuen Zielgruppe für die ModernOffice KG wichtig?*
  - *Welche weiteren Informationen, neben der Preisvorstellung, sind relevant?*
  - *Welche Informationsquellen stehen Svenja Kolleck und Tom Wildermuth zur Verfügung, um sich allgemein über die Methoden der Marktforschung zu informieren?*
- *Informieren Sie sich über die Methoden der Marktforschung.*
- *Wählen Sie geeignete Methoden für die vorliegende Problemsituation der ModernOffice KG aus. Begründen Sie Ihre Auswahl.*
- *Erstellen Sie, stellvertretend für Svenja Kolleck und Tom Wildermuth, eine Präsentation über die Methoden der Marktforschung sowie über Ihre begründete Entscheidung für bestimmte Methoden angesichts der konkreten Fragestellungen der ModernOffice KG.*
- *Präsentieren Sie Ihr Arbeitsergebnis, z. B. in Ihrer Berufsschulklasse oder vor anderen Auszubildenden Ihres Ausbildungsbetriebs.*

Großunternehmen verfügen oft über eigene Marktforschungsabteilungen. In mittleren und kleineren Unternehmen gehört die Marktforschung in der Regel zum Aufgabenbereich der Marketing- bzw. Verkaufsabteilung.

Aber selbst Großunternehmen mit eigens eingerichteten Abteilungen wickeln die Forschungsprojekte nur selten völlig eigenständig ab. Sie ergänzen vielmehr ihre **interne Marktforschung** und beauftragen spezielle Marktforschungsinstitute mit Untersuchungsaufträgen (**externe Marktforschung**).

Wegen ihrer Spezialisierung auf Marktforschung können diese externen Dienstleister auf weitreichende Erfahrungen und Methodenkenntnisse zurückgreifen. Sie haben das personelle und technische Know-how und können deshalb Projekte oft kostengünstiger durchführen. Die drei bedeutendsten Marktforschungsinstitute in Deutschland sind:

- GfK SE, Nürnberg
- TNS Infratest GmbH, München
- AC Nielsen GmbH, Frankfurt

Interne und externe Marktforscher können die gewünschten Informationen über Kunden, Marktstellung, Konkurrenz und Konjunktur auf unterschiedlichen Wegen gewinnen. Grundsätzlich sind zwei Methoden der Marktforschung zu unterscheiden:

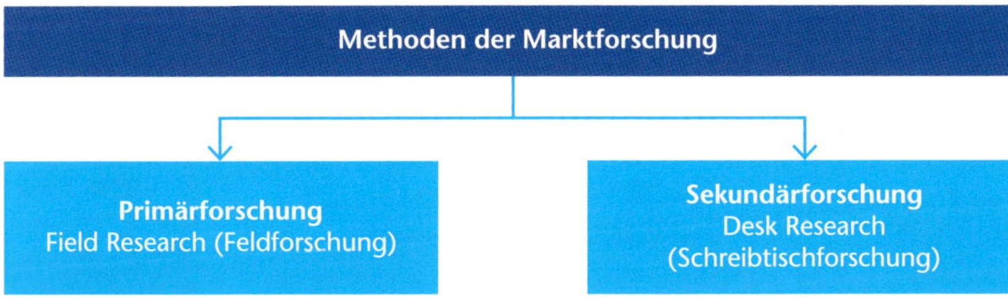

1.2.1 Primäre Marktforschung

Primärforschung ist die erstmalige Untersuchung von Marktteilnehmern oder Marktgegebenheiten unter einer neuartigen Fragestellung.

Es sollen neue, bisher noch nicht erfasste und noch nicht vorliegende Informationen erhoben werden. Primärforschung wird hauptsächlich von spezialisierten Marktforschungsinstituten oder von Forschungsabteilungen in Großunternehmen praktiziert.

Zur Gewinnung neuartiger aktueller Daten können verschiedene Instrumente eingesetzt werden. Im Wesentlichen stehen drei Erhebungsinstrumente zur Verfügung:

- Befragung
- Beobachtung
- Experiment

Befragung – klassisches Instrument der Marktforschung

Die Befragung ist ein häufig eingesetztes Erhebungsinstrument der Primärforschung. Mit ihm können Informationen über Einstellungen, Meinungen und Verhaltensweisen von Marktteilnehmern systematisch gewonnen werden.

In Abhängigkeit von bestimmten Unterscheidungskriterien sind verschiedene Formen der Befragung zu unterscheiden.

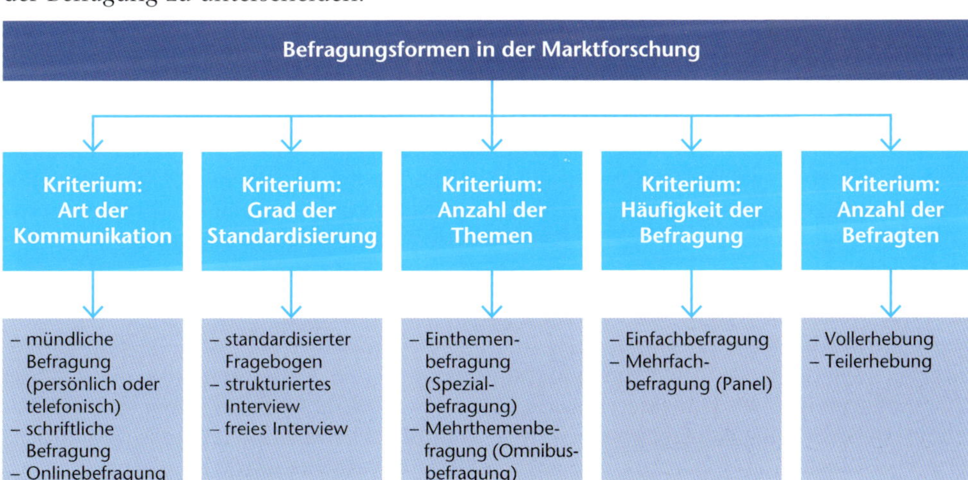

Art der Kommunikation bei einer Befragung

Mündliche Befragung

Bei einer **persönlichen Befragung** sucht ein Interviewer die zu befragende Person (**Proband**) auf. In derartigen relativ kostenintensiven Face-to-Face-Situationen können parallel zu den Fragen Hilfsmittel (z. B. Bilder, Produktbeispiele) eingesetzt werden. Außerdem können Interviewbeobachtungen (z. B. körpersprachliche Signale des Befragten) notiert werden.

Eine moderne Form der persönlichen Befragung ist das **Computer Assisted Personal Interviewing (CAPI)**. Mithilfe eines Notebooks oder Tablet-PC gibt der Interviewer die Antworten sofort in ein laufendes Fragebogenprogramm ein.

Bei einer **telefonischen Befragung** führen Mitarbeiter eines Call-Centers die Befragung relativ schnell und kostengünstig durch. Die Beschränkung auf eine rein sprachliche Kommunikation ist ein wesentlicher Nachteil der Befragung am Telefon.

Auch die telefonische Befragung wird in der Regel durch ein Computerprogramm unterstützt. Bei einem **Computer Assisted Telephone Interviewing (CATI)** gibt der Telefon-Interviewer die erhaltenen Antworten ebenfalls unmittelbar in ein laufendes Fragebogenprogramm ein. In CATI-Systemen übernimmt das Programm auch die Generierung und Verwaltung aller anzurufenden Telefonnummern.

Schriftliche Befragung

Sie wird in der Regel mit einem standardisierten Fragebogen durchgeführt. Die Rücksendung des Fragebogens erfolgt auf dem Postweg oder per E-Mail. Im Vergleich zu mündlichen Befragungen sind schriftliche Befragungen relativ kostengünstig, insbesondere weil keine Interviewer erforderlich sind. Allerdings haben schriftliche Befragungen nur eine sehr geringe Rücklaufquote (ca. 5 %). Als Anreiz für die Rücksendung wird deshalb oft die Teilnahme an einem Gewinnspiel ausgelobt.

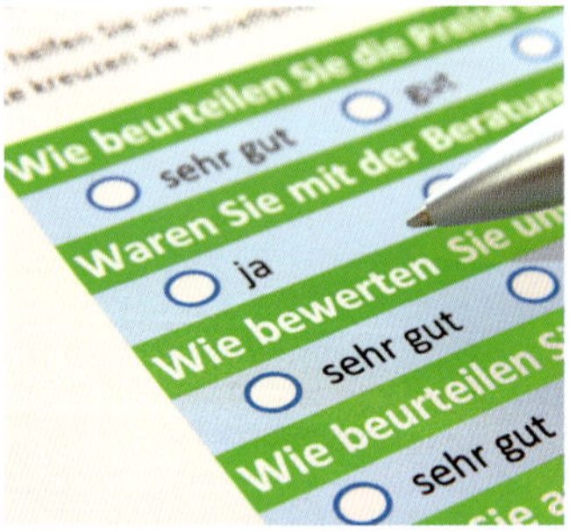

Onlinebefragung

Beim **Computer Assisted Web Interviewing (CAWI)** wird der Fragebogen auf einem Webserver hinterlegt. Nach Aufsuchen der entsprechenden Internetadresse (z. B. Link in einer E-Mail oder Link auf einer Internetseite) zeigt die Befragungssoftware dem Befragten den Fragebogen Seite für Seite an. Die eingegebenen Antworten werden unmittelbar auf dem Server gespeichert. Moderne Befragungssoftware ist darüber hinaus mit vielfältigen Zusatzfunktionen ausgestattet, z. B. Anpassung von nachgelagerten Fragestellungen an zuvor gegebene Antworten und statistische Auswertung der Befragungsergebnisse (**Onlinereporting**).

Grad der Standardisierung

In einem **standardisierten Fragebogen** sind alle Fragen einheitlich formuliert und angeordnet. Die Befragten können nur zwischen vorgegebenen Antworten auswählen. Diese Art von Fragebogen wird eingesetzt, wenn eine größere Anzahl von Personen (Stichprobe) befragt werden soll. Die Ergebnisse werden quantitativ-statistisch ausgewertet und in Form von Tabellen und Diagrammen dargestellt (**quantitative Marktforschung**).

Mündliche Befragungen können als strukturiertes oder freies Interview durchgeführt werden. Bei einem **strukturierten Interview** sind nur die übergeordneten Leitfragen vorgegeben. Der Interviewer kann situationsbedingt diese Leitfragen inhaltlich anpassen, ihre Reihenfolge ändern und Zusatzfragen ergänzen. Beim **freien Interview** ist nur das Gesprächsthema vorgegeben. Diese Art von Interview eignet sich nur für eine kleinere Anzahl von Personen (Stichprobe). Durch diese Interviews sollen insbesondere Einstellungen, Meinungen sowie bewusste oder unbewusste Motive der Probanden erfasst werden (**qualitative Marktforschung**).

Anzahl der Themen

In einer **Spezialbefragung** (**Einthemenbefragung**) beziehen sich die Fragen nur auf eine Themen- bzw. Problemstellung. Hinter einer **Spezialbefragung** steht in der Regel auch nur ein Auftraggeber.

Im Gegensatz dazu werden bei einer **Omnibusbefragung (Mehrthemenbefragung)** Fragestellungen mehrerer Auftraggeber in einem Fragebogen zusammengefasst. Dabei können sich die Fragen durchaus auf unterschiedliche Sachgebiete beziehen. Wichtig ist nur, dass die Zielgruppen der beteiligten Auftraggeber übereinstimmen. Deshalb wird bei einer Omnibusbefragung in der Regel ein repräsentativer Querschnitt der Gesamtbevölkerung befragt. Omnibusumfragen sind für die Auftraggeber kostengünstig. Denn die relativ hohen Fixkosten einer Befragung können auf die beteiligten Auftraggeber verteilt werden. Viele Marktforschungsinstitute bieten regelmäßig (z. B. wöchentlich) Omnibusbefragungen an. Unternehmen mit einer aktuellen Fragestellung können sich kurzfristig und relativ kostengünstig einer Befragung anschließen.

Beispiel • *Walter Hüls, Hauptabteilungsleiter Verkauf der ModernOffice KG, plant eine Sonderverkaufsaktion. Sie richtet sich an die Zielgruppe der privaten Haushalte (Einrichtung privater Arbeitszimmer). Dazu sollen Anzeigen in bundesweit erscheinenden Zeitschriften geschaltet werden. Es stellt sich die Frage, ob der Anzeigentext eher die ergonomischen Besonderheiten der Produkte oder lieber den ökologischen Herstellungsprozess herausstellen soll.*

Walter Hüls informiert sich im Internet über das entsprechende Angebot des Marktforschungsinstituts GfK SE (Gesellschaft für Konsumforschung) in Nürnberg:

www.gfk.com/de/loesungen/omnibus/Seiten/default.aspx

Täglich führt die GfK SE computergestützte Telefoninterviews (CATI) mit 1.000 Personen durch, die repräsentativ für die deutsche Bevölkerung sind.

Walter Hüls entscheidet sich für die Teilnahme an diesem GfK TELEFON BUS mit zwei skalierten Fragen, die sich auf sein Problem beziehen. Die Ergebnisse liegen bereits nach fünf Tagen vor. Die Kosten sind mit ca. 2.000,00 € überschaubar.

Häufigkeit der Befragung

Mit einer **Einfachbefragung** werden einmalig Marktdaten zu einer bestimmten Fragestellung erhoben. Diese Informationen gelten zum Erhebungszeitpunkt. Die Einfachbefragung ist damit ein Instrument der zeitpunktbezogenen **Marktanalyse**.

Im Gegensatz dazu ist die Panelbefragung ein Instrument der zeitraumbezogenen Marktbeobachtung.

Eine Panelbefragung (Mehrfachbefragung) ist die wiederholte Befragung desselben Personenkreises (Panel) über denselben Sachverhalt zu aufeinanderfolgenden Zeitpunkten innerhalb eines längeren Zeitraumes.

Mit Panelbefragungen lassen sich Veränderungen und Trends am Markt aufzeigen. Sie sind damit ein Instrument der zeitraumbezogenen **Marktbeobachtung**.

Alle größeren Marktforschungsinstitute führen Panelbefragungen durch, z. B.

- **Handels- und Haushaltspanel der Nielsen Company (Germany) GmbH:** Erfassung des Verbraucherverhaltens (Absatz- und Umsatztrends, Marktanteile, Distributionen, Preise und sonstige marktrelevante Informationen im Konsumgütersektor, vor allem Lebensmittel und Körperpflege)
- **Verbraucherpanel der GfK SE**: Erfassung des Kaufverhaltens, Analyse von Markentreue und Wahl der Einkaufsstätte, Auswirkung von Preisänderungen und Werbemaßnahmen, Wettbewerbsbeobachtung zur Absicherung von Marketingentscheidungen des Auftraggebers

Die Panelteilnehmer sind vertraglich an das jeweilige Marktforschungsinstitut gebunden. Insbesondere bei Verbraucherpanels sind die Verträge befristet, um dem **Paneleffekt** vorzubeugen. Dieser Effekt besteht darin, dass die Panelteilnehmer durch die ständige Selbstkontrolle zunehmend bewusstere Kaufentscheidungen treffen. Sie sind damit nicht mehr repräsentativ für den Durchschnittsverbraucher.

Anzahl der Befragten
Bei einer **Vollerhebung** werden alle Personen befragt, die für die jeweils vorliegende Fragestellung relevant sind.

Beispiel • *Die ModernOffice KG vertreibt ihre Büromöbel über den Fachhandel. In Deutschland unterhält sie dazu vertragliche Beziehungen zu 38 Fachhändlern. Mittels einer Befragung sollen zukünftige Nachfragetrends von Geschäftskunden bei der Gestaltung von Büroräumen ermittelt werden. Angesichts der relativ geringen Anzahl von 38 Fachgeschäften ist eine Vollerhebung möglich.*

In den meisten Fällen ist die Befragung der Grundgesamtheit aber praktisch nicht durchführbar, sondern es ist nur eine **Teilerhebung** möglich. Bei einer Teilerhebung wird nur eine Stichprobe der Grundgesamtheit befragt. Wichtig ist, dass die Stichprobe für die Grundgesamtheit repräsentativ ist.

Beispiel • *Zur Vorbereitung einer Sonderverkaufsaktion beteiligt sich die ModernOffice KG mit zwei Fragen an der telefonischen Omnibusbefragung der GfK SE. Für diesen GfK TELEFON BUS hat das Marktforschungsinstitut eine Stichprobe gezogen. Es werden 1.000 Frauen und Männer telefonisch befragt, die älter als 14 Jahre und repräsentativ für die deutsche Bevölkerung sind. Das heißt, diese Teilgruppe spiegelt hinsichtlich verschiedenster Merkmale (Alter, Familienstand, Einkommen usw.) die Gesamtbevölkerung wider. Aus diesem Grund sind die in der Teilerhebung gewonnenen Erkenntnisse auf die Gesamtbevölkerung übertragbar.*

Beobachtung – Instrument zur Erfassung nicht abfragbarer Sachverhalte

Neben der Befragung stellt die Beobachtung ein wichtiges Erhebungsinstrument der Marktforschung dar.

Eine Beobachtung ist die zielgerichtete, aufmerksame Wahrnehmung von Personen und deren Verhaltensweisen, gegebenenfalls unter Verwendung technischer Hilfsmittel.

Die Stärken der Beobachtung liegen in der Erfassung spontaner und nicht abfragbarer Sachverhalte, z. B. Verhaltensweisen von Kunden in einem Verkaufsraum oder beim Betrachten von Werbeanzeigen. Die Beobachtung ist, im Gegensatz zur Befragung, nicht auf die Auskunftsbereitschaft der Probanden angewiesen. Ebenso ist ein eventueller Interviewer-Einfluss ausgeschlossen. Andererseits beschränkt sich die Beobachtung auf die Erfassung äußerlicher Merkmale. Motive, Meinungen und Einstellungen entziehen sich einer Beobachtung.

Es sind verschiedene Arten der Beobachtung zu unterscheiden.

Arten der Beobachtung in der Marktforschung

Anwesenheit des Beobachters	Kenntnisstand des Probanden	Art der Beobachtungssituation
teilnehmende Beobachtung: Der Beobachter ist in der Situation anwesend. **nicht teilnehmende Beobachtung:** Die Beobachtung erfolgt mittels technischer Geräte, z. B. Videoaufzeichnungen, oder Scannerkassen usw.	**offene Beobachtung:** Der Beobachter gibt sich als solcher zu erkennen. **verdeckte Beobachtung:** Der Proband weiß nicht, dass er beobachtet wird.	**Feldbeobachtung:** Die Beobachtung erfolgt in einer realen Situation. **Laborbeobachtung:** Die Beobachtung erfolgt in einer simulierten (künstlich erzeugten) Situation.

Beispiel •

Teilnehmende Beobachtung und Laborbeobachtung:

Bevor ein neuartiger Bürostuhl bei der ModernOffice KG in Serie produziert wird, werden Prototypen der Stühle auf Funktionalität und Ergonomie getestet. Als Tester werden Mitarbeiterinnen und Mitarbeiter des Fachhandels, über den die ModernOffice KG ihre Erzeugnisse vertreibt, zu Wochenendseminaren eingeladen. Die Ingenieure der Entwicklungsabteilung der ModernOffice KG sind als stille Beobachter im Modellbüro anwesend und beobachten die Tester anhand eines Katalogs von Beobachtungskriterien.

Teilnehmende und verdeckte Feldbeobachtung:

*Martin Hartmann wird in einem Fachmarkt zum Kaufmann für Büromanagement ausgebildet. Er besucht dieselbe Berufsschulklasse wie Svenja Kolleck und Tom Wildermuth. Im Unterricht berichtet Martin Hartmann vom **Mystery Shopping** in seinem Ausbildungsbetrieb. Geschulte Testkäufer treten als normale Kunden auf. In dieser verdeckten Rolle überprüfen sie das Erscheinungsbild, das Verhalten sowie die Beratungs- und Servicequalität der Verkaufsmitarbeiter des Fachmarkts.*

Svenja Kolleck und Tom Wildermuth kontaktieren daraufhin Willy Pesch, Leiter des Showrooms der ModernOffice KG am Standort Horb. Sie wollen wissen, ob die ModernOffice KG ähnliche Beobachtungen einsetzt. Zu ihrer Erleichterung teilt ihnen Herr Pesch mit, dass die ModernOffice KG derartige, nicht unumstrittene Praktiken ablehnt.

Experiment – Test vor der Markteinführung

Die Instrumente der Befragung und der Beobachtung kommen oft in Experimenten zur Anwendung.

Ein Experiment (Versuch, Probe, Überprüfung) ist eine methodisch vorbereitete Untersuchung zur Gewinnung von Informationen über den Untersuchungsgegenstand (z. B. Marktchancen eines neuartigen Produktes).

Die Einführung eines neuartigen Produkts (**Produktinnovation**) oder die Änderung von Produkteigenschaften, des Designs, der Verpackung (**Produktvariation**) ist in der Regel mit hohen Kosten und damit einhergehend mit einem hohen Risiko verbunden. Vor der endgültigen Einführung auf dem Gesamtmarkt erfolgt deshalb eine Überprüfung der geplanten Maßnahmen in einem Experiment.

Das Haßloch-Experiment

Beispiel • *Walter Hüls informiert im Rahmen einer betrieblichen Unterweisung die Auszubildenden Svenja Kolleck und Tom Wildermuth über die* ***Testmärkte*** *des Marktforschungsinstituts GfK SE. Vor allem im Raum Rhein-Neckar testen die Marktforscher neue Produkte und neue Marketingstrategien unter realen Bedingungen. Sie nutzen dazu ein repräsentatives Haushaltspanel und ein erweitertes Handelspanel (Lebensmitteleinzelhandelsgeschäfte, Apotheken, Tankstellen, Getränkemärkte, Kioske). Die teilnehmenden Haushalte und Geschäfte liefern der GfK SE vielfältige Informationen, z.B. mittels Scannern und Datenfernübertragung. Aus diesen Daten gewinnen die Marktforscher Antworten auf folgende Fragen:*

- *Welche Verbrauchergruppen erreicht das neuartige Produkt?*
- *Wie zufrieden sind die Kunden mit dieser Innovation?*
- *Welche Verpackungsvariante kommt am besten bei den Verbrauchern an?*
- *Welche Sorte wird bevorzugt?*
- *Welche Regalplatzierung im Geschäft ist am besten?*
- *Zu welchem Preis sollte das Produkt angeboten werden?*
- *Wie wirken sich Werbemaßnahmen auf den Abverkauf aus?*

Ein besonderes Angebot der GfK SE ist in diesem Zusammenhang die Überprüfung des Erfolgs von TV-Werbung. Die zu testenden Werbespots werden nur in die teilnehmenden Haushalte des Panels ausgestrahlt. Somit sind aus dem anschließenden Kaufverhalten dieser Haushalte auch Rückschlüsse auf den Werbeerfolg möglich.

Walter Hüls macht deutlich, dass dieser Testmarkt für die ModernOffice KG nicht geeignet ist. Er richtet sich in erster Linie an Unternehmen der Konsumgüterindustrie, die Verbrauchsgüter für private Haushalte herstellen. Die ModernOffice KG hat deshalb in ihrer Entwicklungsabteilung ein modernes Testlabor eingerichtet. In ihm können mit modernster Messtechnik neu entwickelte Büromöbel unter ergonomischen Aspekten getestet werden ***(Labortest)****.*

1.2.2 Sekundäre Marktforschung

Sekundärforschung ist die Gewinnung von Informationen zu einer aktuellen Problem- bzw. Fragestellung durch Auswertung bereits vorliegenden Datenmaterials.

Die Primärforschung verursacht in der Regel hohe Kosten. Deshalb versuchen Unternehmen zunächst, aus bereits vorhandenen, in anderen Zusammenhängen ermittelten, Informationen Rückschlüsse auf die aktuelle Problem- bzw. Fragestellung zu ziehen.

Sekundärforschung kann auf vielfältige Datenquellen zurückgreifen.

Informationsquellen der Sekundärforschung

innerbetriebliche (interne) Datenquellen

in der Regel DV-gestützte Auswertung:
- Umsatzstatistiken
- Lagerkennziffern
- Renner-/Pennerlisten
- Berichte von Verkaufsmitarbeitern anlässlich von Kundenbesuchen oder Messeteilnahmen
- Schriftverkehr mit Kunden, z. B. Mängelrügen
- Retourlisten
- Archiv von Fachzeitschriften
- u. a.

außerbetriebliche (externe) Datenquellen

in der Regel internetbasierte Recherche:
- Veröffentlichungen des Statistischen Bundesamts, von Ministerien, Forschungsinstituten
- Veröffentlichungen von Verbänden, Kammern, Kreditinstituten
- Geschäftsberichte, Kataloge, Prospekte, Preislisten von Wettbewerbern
- Informationen anlässlich von Messeveranstaltungen
- Informationen von Geschäftspartnern, z. B. Lieferern, Fachhandel
- u. a.

Auf den Punkt gebracht

Methoden der Marktforschung

Primärforschung (Feldforschung, Field Research)
Untersuchung realer Marktsituationen

Grundgesamtheit
(Gesamtheit aller relevanten Personen)

Stichprobe
(repräsentative Teilmasse der Grundgesamtheit)

Untersuchung der Stichprobe
mit Instrumenten der Primärforschung

- Befragung
- Beobachtung
- Experiment

Sekundärforschung (Schreibtischforschung, Desk Research)
Auswertung bereits vorliegenden Datenmaterials

Nutzen Sie Ihr Wissen

1. Informieren Sie sich mithilfe des Internets über das Marktforschungsunternehmen GfK SE in Nürnberg.

   a) Erläutern Sie eine Dienstleistung der GfK SE, die für die ModernOffice KG relevant sein könnte.
   b) Die ModernOffice KG nimmt eine Dienstleistung der GfK in Anspruch. Betreibt die ModernOffice KG in diesem Fall externe oder interne Marktforschung? Begründen Sie Ihre Entscheidung. Welche Argumente sprechen aus Sicht der ModernOffice KG für eine Zusammenarbeit mit einem Marktforschungsinstitut wie der GfK SE.

2. Bei der Marktforschung sind die Primärforschung und die Sekundärforschung zu unterscheiden.

   a) Erklären Sie diese zwei Methoden der Marktforschung.
   b) Erläutern Sie jeweils Vor- und Nachteile der Primär- und der Sekundärforschung.

3. Ein wichtiges Instrument der Primärforschung ist die Befragung.

   a) Erklären Sie drei Formen der Befragung.
   b) Erläutern Sie jeweils Vor- und Nachteile einer mündlichen und schriftlichen Befragung.
   c) Erklären Sie, was unter einer Panelbefragung zu verstehen ist. Gehen Sie dabei auch auf den sogenannten Paneleffekt ein.

4. Hinsichtlich der Anzahl der befragten Personen sind eine Vollerhebung und eine Teilerhebung zu unterscheiden.

   a) Begründen Sie, warum im Zusammenhang mit Marktforschung Vollerhebungen in der Regel nicht möglich sind.
   b) Erklären Sie, was im Zusammenhang mit einer Teilerhebung unter Repräsentativität zu verstehen ist.

5. Erläutern Sie, was unter Mystery Shopping zu verstehen ist. Nehmen Sie persönlich Stellung zu dieser Art der Beobachtung.

6. Experimente in der Marktforschung können als Feldtest oder als Labortest durchgeführt werden.

   a) Informieren Sie sich mithilfe des Internets über den Testmarkt Haßloch der GfK SE. Fertigen Sie mit den gesammelten Informationen einen Fachbericht an.
   b) Ein Süßwarenhersteller lädt jeden Monat 20 Grundschulkinder (monatlich wechselnde Gruppen) aus der Region zum „Probeschnuppern" ein. Die Kinder sollen bereits im Handel befindliche Produkte sowie Neuentwicklungen anhand von kindgerechten Fragebögen auf ihren Wohlgeschmack hin beurteilen. Liegt ein Feld- oder Labortest vor? Begründen Sie Ihre Entscheidung.
   c) Die ModernOffice KG hat einen neuartigen Drehstuhl entwickelt. Bevor er in Serie produziert wird, soll ein Storetest durchgeführt werden. Erklären Sie, wie dieser Test abgewickelt werden könnte.

7. Erklären Sie, wie die ModernOffice KG sekundäre Marktforschung betreiben kann.

1.3 Einen Fragebogen gestalten

Lernsituation

Die ModernOffice KG will die sogenannten freien Berufe (z. B. Ärzte, Zahnärzte, Rechtsanwälte, Notare, Steuerberater) stärker als Kunden gewinnen. Zahlreiche Erzeugnisse der ModernOffice KG eignen sich gerade auch für die Einrichtung der Arbeits-, Empfangs- und Wartebereiche in Praxen und Kanzleien.

Zur Vorbereitung einer Werbeaktion soll eine Befragung dieser Kundengruppe durchgeführt werden. Lily Summer, Abteilungsleiterin Werbung, beauftragt Svenja Kolleck und Tom Wildermuth mit der Gestaltung eines Fragebogens.

- *Analysieren Sie die Ausgangssituation. Welche Vorüberlegungen sind in der Vorbereitungsphase dieser Fragebogenerstellung anzustellen?*
- *Informieren Sie sich, z. B. mithilfe dieses Kapitels, über die Gestaltung eines Fragebogens.*
- *Gestalten Sie einen digitalen Fragebogen für die Zielgruppe der freien Berufe. Nutzen Sie dazu die Spezial-Software „GrafStat" (www.grafstat.de).*
- *Die Befragung soll online durchgeführt werden. Verfassen Sie, stellvertretend für Svenja Kolleck und Tom Wildermuth, eine E-Mail, die an ausgewählte Probanden versandt wird. Integrieren Sie in Ihre E-Mail den Link zu Ihrem Fragebogen.*

Vorbereitung der Fragebogengestaltung

Der Fragebogen ist ein wichtiges Instrument der Datenerhebung. Vor der eigentlichen Gestaltung eines Fragebogens sind wichtige Vorüberlegungen anzustellen:

- Welcher Personenkreis (Zielgruppe) soll befragt werden? Wie hoch ist die Anzahl der Befragten?
- Welche Informationen sollen gewonnen werden?
- Welche Zielsetzung wird mit dem Fragebogen verfolgt?
- In welcher Form soll der Fragebogen eingesetzt werden (papiergebundene oder digitale Form)?
- Welche Fragetypen sollen eingesetzt werden?
- Welche Einleitungsfrage (Eisbrecherfrage) eignet sich, um die Probanden zur Beantwortung der weiteren Fragen zu motivieren?
- Welche Fragen sollten erst zum Schluss gestellt werden, weil die Befragten diesen Fragen eher skeptisch gegenüberstehen?
- Durch welche Maßnahmen kann die Rücklaufquote erhöht werden (Teilnahme an Verlosungen, Gewinnspielen, Präsent für die Teilnahme)?

Von der Beantwortung dieser Fragen hängt die weitere Gestaltung des Fragebogens ab.

Beispiel • *Lily Summer geht aufgrund ihrer Erfahrungen von einer Rücklaufquote von 10 % aus. Der Fragebogen soll an 3.000 zufällig ausgewählte Probanden verschickt werden. Der Rücklauf von 300 Fragebögen verbietet den Einsatz sogenannter „offener Fragen". Ihre Auswertung in 300 Fragebögen wäre zu aufwendig.*

Aufbau eines Fragebogens

Auch ein Fragebogen orientiert sich an der grundlegenden Gliederung eines jeden Textes.

Einleitung	
Einleitungstext Eisbrecherfrage	– kurze Erklärung der Befragung für den Probanden – motivierende Einstiegsfrage
Hauptteil	
Sachfragen Plausibilitätsfragen persönliche Fragen	– Erforschung der relevanten Informationen – Überprüfung zuvor gegebener Antworten, Aufdeckung von Widersprüchen – Fragen, denen gegenüber die Probanden skeptisch sind
Schlussteil	
Anreizelemente	– Dank für Teilnahme und Rücksendung des Bogens – Auslobung der Teilnahme an einer Verlosung oder an einem Gewinnspiel oder ähnliche Anreize

Fragetypen

Grundsätzlich sind zwei Typen von Fragen zu unterscheiden:

- offene Fragen
- geschlossene Fragen

Offene Fragen

Offene Fragen: Fragen ohne vorgegebene Antwortmöglichkeiten

Vorteile offener Fragen	Nachteile offener Fragen
– Die Beantwortung erfolgt unbeeinflusst. – Aus den Antworten können vielfältige Informationen gewonnen werden. – Meinungen und Einstellungen können detailliert erforscht werden. – Die Kreativität der Befragten wird nicht eingeschränkt.	– Die Auswertung ist relativ kostenintensiv. – Die Antworten sind oft sehr unterschiedlich. – Dadurch sind einheitliche Tendenzen oft nur schwer ableitbar. – Die Antworten sind oft nicht in Zahlenwerten darstellbar, in der Folge ist eine anschauliche grafische Darstellung der Antworten unmöglich. – Für die Probanden ist die Beantwortung relativ arbeitsintensiv. Offene Fragen werden deshalb in Fragebögen häufig übergangen.

Geschlossene Fragen

Geschlossene Fragen: Fragen mit vorgebenen Antwortmöglichkeiten

Geschlossene Fragen können unterschiedlich gestaltet sein.

„Das ist interessant: 70% der Befragten geben an, nicht auf Umfragen zu antworten."

Arten von geschlossenen Fragen

Alternativfrage
Die vorgegebenen Antworten schließen sich gegenseitig aus. Die Probanden können nur eine Antwortmöglichkeit wählen **(Einfachauswahlfrage)**.

Mehrfachauswahlfrage
Die vorgegebenen Antworten schließen sich nicht gegenseitig aus. Von den vorgegebenen Antwortmöglichkeiten können die Probanden mehrere wählen.

Skalenfrage
Mithilfe einer vorgegebenen Stufung (Skalierung) nehmen die Probanden ihre Einschätzung, Bewertung, Beurteilung des vorgegebenen Sachverhaltes vor.

Vorteile geschlossener Fragen	Nachteile geschlossener Fragen
– Die Auswertung ist einfach und kann schnell durchgeführt werden. – Die Antworten aller Probanden lassen sich gut zusammenfassen. – Die gewonnenen Informationen können anschaulich grafisch dargestellt werden. – Geschlossene Fragen sind schnell zu beantworten. Die Antwortbereitschaft der Probanden ist deshalb relativ hoch.	– Die vorgegebenen Antworten beeinflussen den Probanden und beschränken ihn in seinen Antwortmöglich keiten. – Die erzielbaren Informationen sind auf die vorgegebenen Aspekte begrenzt. – Meinungen und Einstellungen können nur entsprechend vorgegebener Skalierung erfragt werden.

Beispiel • *Im Zusammenhang mit ihrer Aufgabe analysieren Svenja Kolleck und Tom Wildermuth Fragebögen von anderen Unternehmen. Im folgenden Fragebogenauszug erkennen sie nacheinander eine Alternativfrage, eine Mehrfachauswahlfrage, eine Skalenfrage sowie eine offene Frage.*

Gestaltungs- und Formulierungsgrundsätze

Die Durchführung einer Befragung ist relativ kostenintensiv. Bei der Gestaltung des Fragebogens und bei der Formulierung der Fragen ist deshalb darauf zu achten, dass die Befragung auch die gewünschten Informationen liefert. Ein Fragebogen ist vor seinem Einsatz mithilfe der folgenden Fragen zu prüfen:

Überprüfung der Gestaltung

- Beginnt der Fragebogen mit einem kurzen Einleitungstext, um den Probanden über das grundsätzliche Befragungsziel aufzuklären und um ihn zur Teilnahme zu motivieren?
- Ist die erste Frage eine motivierende „Eisbrecherfrage“?
- Werden „persönliche Fragen“ erst am Ende gestellt?
- Ist der Umfang des Fragebogens für den Probanden zumutbar?

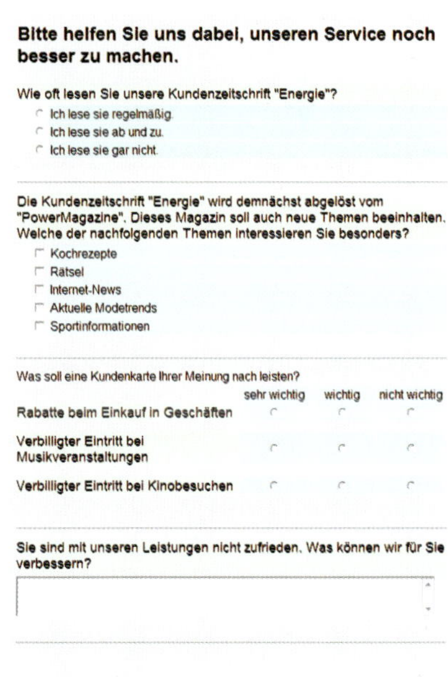
Bitte helfen Sie uns dabei, unseren Service noch besser zu machen.

Wie oft lesen Sie unsere Kundenzeitschrift "Energie"?
- Ich lese sie regelmäßig.
- Ich lese sie ab und zu.
- Ich lese sie gar nicht.

Die Kundenzeitschrift "Energie" wird demnächst abgelöst vom "PowerMagazine". Dieses Magazin soll auch neue Themen beeinhalten. Welche der nachfolgenden Themen interessieren Sie besonders?
- Kochrezepte
- Rätsel
- Internet-News
- Aktuelle Modetrends
- Sportinformationen

Was soll eine Kundenkarte Ihrer Meinung nach leisten?

	sehr wichtig	wichtig	nicht wichtig
Rabatte beim Einkauf in Geschäften			
Verbilligter Eintritt bei Musikveranstaltungen			
Verbilligter Eintritt bei Kinobesuchen			

Sie sind mit unseren Leistungen nicht zufrieden. Was können wir für Sie verbessern?

Abschicken | Eingabe loeschen

- Gibt es für den Probanden einen Anreiz (z. B. Verlosung, Gewinnspiel) zur Teilnahme?
- Ist der Fragebogen übersichtlich und ansprechend gestaltet (Layout)?

Überprüfung der Formulierung

- Sind die Fragen und die vorgegebenen Antwortmöglichkeiten verständlich formuliert (allgemein verständliche Wortwahl und einfacher Satzbau)?
- Sind die Formulierungen eindeutig und unmissverständlich?
- Sind die Fragen und Antwortmöglichkeiten inhaltlich so formuliert, dass sie relevante Informationen liefern?
- Beschränkt sich jede Frage nur auf einen Sachverhalt?
- Sind die Fragen in einer Weise formuliert, dass sie dem Befragten nicht bestimmte Antworten nahelegen (keine Suggestivfragen)?
- Sind die Antwortmöglichkeiten bei Alternativfragen so formuliert, dass sie sich nicht überschneiden (echte Alternativen)?
- Erfassen die Antwortmöglichkeiten bei Mehrfachauswahlfragen alle denkbaren Antworten?
- Werden zu persönliche und als unangenehm empfundene Fragen vermieden?

Fragebogenerstellung

Für die Fragebogenerstellung stehen vielfältige technische Hilfsmittel zur Verfügung.

Für öffentliche Bildungseinrichtungen steht die jeweils aktuelle Bildungsversion seit vielen Jahren kostenlos zum Download zur Verfügung: www.grafstat.de/bezugsquellen.htm

Formulargestaltung mit einer Spezial-Software

Zahlreiche Softwarehersteller bieten spezielle Programme an. Mit ihnen kann ein Fragebogen relativ problemlos gestaltet werden. Gleichzeitig sind mit diesen Programmen eine schnelle Auswertung und die grafische Darstellung (Diagramme) der erhobenen Daten möglich.

Formulargestaltung mit einem Textverarbeitungsprogramm

Auch Textverarbeitungsprogramme enthalten Entwicklertools, die bei der Gestaltung von Fragebögen genutzt werden können, z. B. Dropdownlisten, Kombinationsfelder, Kontrollkästchen mit Hilfetexten.

Auf den Punkt gebracht

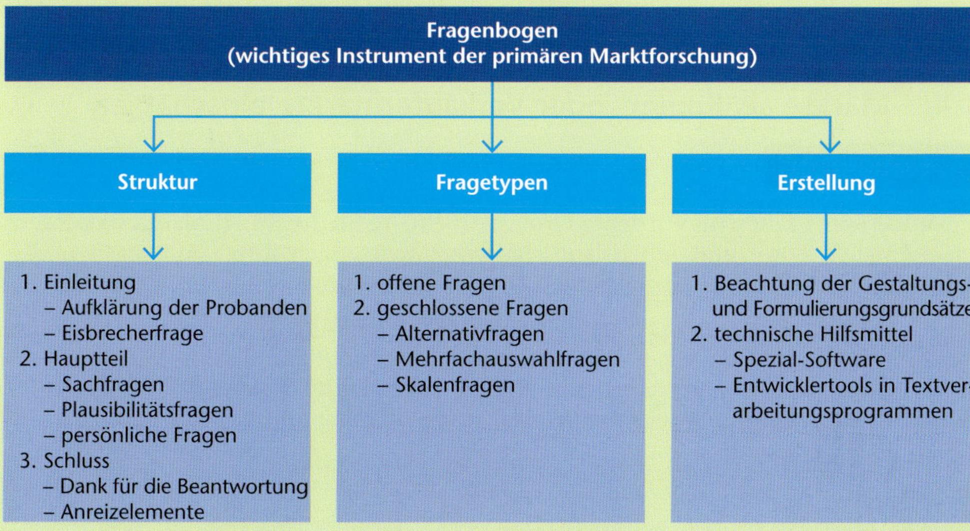

Nutzen Sie Ihr Wissen

1. Erläutern Sie Vor- und Nachteile von offenen und geschlossenen Fragen.
2. Für eine Unternehmung ist das verfügbare Einkommen ihrer Zielgruppe eine wichtige Information. Diese Information soll durch eine Befragung erhoben werden.
   a) Erläutern Sie, warum die Frage nach dem Einkommen der Befragten eine problematische Frage ist. Welche Konsequenzen hat dies auf die Einbindung der Frage in den Fragebogen?
   b) Erläutern Sie weitere Grundsätze und Aspekte, auf die bei der Gliederung eines Fragebogens zu achten ist.
3. Erläutern Sie nach Ihrer Wahl je drei Grundsätze, die bei der Gestaltung des Layouts eines Fragebogens und hinsichtlich der Formulierung der Fragen zu beachten sind.
4. Erklären Sie, was unter einer „Eisbrecherfrage" zu verstehen ist. Legen Sie nach Ihrer Wahl einen bestimmten Untersuchungsgegenstand und eine dazugehörige Zielgruppe für eine Befragung fest. Formulieren Sie für diesen Fragebogen eine „Eisbrecherfrage".
5. Klären Sie, z. B. mithilfe des Internets, was im Zusammenhang mit Marketing unter „Response" zu verstehen ist. Fassen Sie das Ergebnis Ihrer Recherche in einer kurzen Begriffserklärung zusammen. Erläutern Sie dabei auch, wie bei einer Befragung die „Response" positiv beeinflusst werden kann.
6. Der Fachhandel ist ein wichtiger Vertriebsweg für die ModernOffice KG. Ihr Händlerverzeichnis listet 50 Fachhändler auf, die die Erzeugnisse der ModernOffice KG im Sortiment führen. Die Verkaufsabteilung der ModernOffice KG will eine Befragung zur Zufriedenheit der Fachhändler mit dem Service der ModernOffice KG durchführen.
   a) Informieren Sie sich mithilfe des Kapitels 1.2 über die verschiedenen Formen einer Befragung. Entscheiden Sie begründet, welche Befragungsform Sie im vorliegenden Fall jeweils wählen, z. B. schriftliche oder mündliche Befragung.

b) Erstellen Sie mit einer Spezial-Software (z. B. GrafStat) einen Fragebogen. Setzen Sie verschiedene Fragetypen angemessen ein. Beachten Sie die Gestaltungsregeln für das Layout und die Formulierungsregeln für die Fragen.
c) Präsentieren Sie in einem Kurzvortrag Ihren Fragebogen vor den Mitgliedern Ihrer Lerngruppe. Erläutern Sie dabei Ihre Entscheidungen.

1.4 Märkte als Käufer- oder Verkäufermärkte einschätzen

Lernsituation

Open-Space-Büros gelten als effiziente Lösung für eine moderne Arbeitsplatzgestaltung. Doch die neuen Büro- und Arbeitslandschaften stoßen wegen ihres Lärmpegels und fehlender Rückzugsorte für konzentriertes Arbeiten auch immer wieder auf Kritik.

Die ModernOffice KG hat deshalb den THINK TANK entwickelt, einen Ort für konzentriertes Arbeiten. Es handelt sich um eine innovative Raum-in-Raum-Lösung. Sie ist flexibel in eine übergeordnete Büroraumgestaltung integrierbar. Ein idealer Ort für effizientes Arbeiten, schallgedämmt, mit eigener Belüftung, Beleuchtung und Elektrifizierung.

Foto: König+Neurath AG

Foto: König+Neurath AG

Im Rahmen der ORGATEC hat die ModernOffice KG eine Befragung ihrer Messestandbesucher durchgeführt. Mithilfe statistischer Methoden kann folgende Preis-Absatz-Prognose für flexible Raum-in-Raum-Lösungen ermittelt werden.

Preis (€)	2.000,00	4.000,00	6.000,00	8.000,00	10.000,00	12.000,00	14.000,00
Gesamtnachfrage (Stück)	7.000	6.000	5.000	4.000	3.000	2.000	1.000

Die ModernOffice KG geht davon aus, dass Wettbewerber zunehmend in den Markt für integrierbare Raumsysteme einsteigen, wenn sich attraktive Preise erzielen lassen. Die Geschäftsführung hat deshalb bei einem Marktforschungsinstitut eine Markt- und Wachstumsanalyse in Auftrag gegeben. Diese Studie prognostiziert folgende Angebotsmengen für den Gesamtmarkt.

Preis (€)	2.000,00	4.000,00	6.000,00	8.000,00	10.000,00	12.000,00	14.000,00
Gesamtangebot (Stück)	1.000	2.000	3.000	4.000	5.000	6.000	7.000

Svenja Kolleck und Tom Wildermuth erhalten von Walter Hüls den Auftrag, bezogen auf die neuen THINK TANKS, eine Marktexpertise zu erstellen.

- *Analysieren Sie, stellvertretend für Svenja Kolleck und Tom Wildermuth, den Markt für „Raum-in-Raum-Lösungen". Gehen Sie dabei auf folgende Aspekte ein und ziehen Sie bei Bedarf die Informationen dieses Kapitels heran.*

- *Welche Kundengruppen fragen solche Raumsysteme nach? Von welchen Bestimmungsfaktoren wird ihre Nachfrage beeinflusst?*
- *Mit welchen Wettbewerbern muss die ModernOffice KG rechnen? Welche Bestimmungsfaktoren beeinflussen deren Angebot?*
- *Wie werden Nachfrager grundsätzlich auf einen eher hohen oder eher günstigen Angebotspreis reagieren?*
- *Welcher Marktpreis müsste sich aufgrund der prognostizierten Nachfrage- und Angebotsmengen und aufgrund der Marktkräfte theoretisch bilden?*
- *Handelt es sich bei dem Markt für Raumsysteme um einen vollkommenen oder unvollkommenen Markt? Liegt ein Käufermarkt oder ein Verkäufermarkt vor? Begründen Sie Ihre Entscheidung.*

- *Entwickeln Sie denkbare Preisstrategien und absatzpolitische Ziele für die THINK TANKs aus Sicht der ModernOffice KG.*
- *Entscheiden Sie sich für eine Preisstrategie und für ein übergeordnetes absatzpolitisches Ziel. Begründen Sie Ihre Entscheidung.*
- *Fassen Sie die Ergebnisse Ihrer Marktanalyse, Ihre Überlegungen bezüglich Preisstrategien und absatzpolitischer Ziele sowie Ihre Strategie- und Zielentscheidung in einer schriftlichen Expertise zusammen. Übermitteln Sie diese Expertise als Anhang einer E-Mail an die Verkaufsabteilung der ModernOffice KG.*

Markt – Zusammentreffen von Angebot und Nachfrage

In einer Marktwirtschaft erfolgt die Abstimmung von Angebot und Nachfrage durch den Markt.

Unter Markt ist jegliches Zusammentreffen von Angebot und Nachfrage zu verstehen.

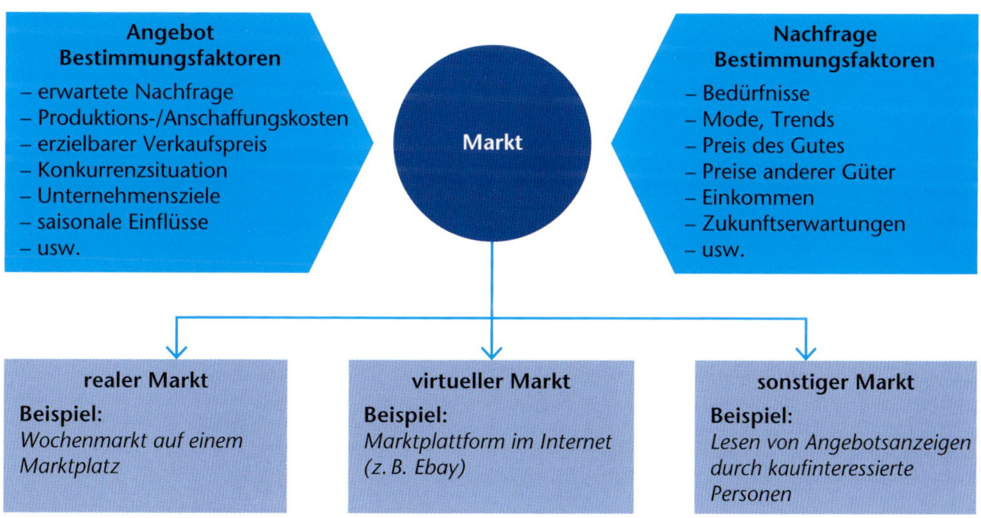

Im Rahmen der Abstimmung von Angebot und Nachfrage übernimmt der Markt verschiedene Aufgaben.

- Der Markt führt Angebot und Nachfrage zusammen.
- Der Markt versorgt die Nachfrager (Haushalte und Unternehmen) mit den benötigten Gütern.
- Der Markt bewirkt durch die Höhe von Angebot und Nachfrage die Preisbildung.

Angebots- und Nachfrageverhalten auf Märkten

Ein entscheidender Bestimmungsfaktor ist der Preis des Gutes.
Der Preis beeinflusst sowohl das Angebotsverhalten als auch das Nachfrageverhalten.

Grundsätzliches Angebotsverhalten

Die von Unternehmen produzierten Güter werden auf dem Markt angeboten. Die angebotene Menge hängt entscheidend vom erzielbaren Preis ab. Bei einem hohen Preis erhöht sich der erzielbare Gewinn. Die Unternehmen weiten ihre Produktion aus, um ihren Gewinn zu maximieren. Parallel dazu werden Unternehmen mit hohen Kosten die Produktion aufnehmen. Denn der hohe Preis sorgt auch bei ihnen nicht nur für eine Kostendeckung, sondern sogar für Gewinn.

Bei einem sinkenden Preis werden diese Unternehmen wegen mangelnder Kostendeckung ihre Produktion einstellen. Andere Unternehmen schränken ihre Produktion ein, weil der erzielbare Gewinn zurückgeht.

Gesetzmäßigkeit des Angebots: Bei einem hohen Preis ist die angebotene Menge hoch. Bei einem niedrigen Preis ist die angebotene Menge niedrig.

Beispiel • *Die ModernOffice KG führt in ihrer Sparte Trading u.a. Schreibtischleuchten. Die LED-Schreibtischleuchte „TouchOne I" kann zum Einstandspreis von 25,00 € bezogen werden. Für die Leuchte ist ein Verkaufspreis von 40,00 € erzielbar. Dieser Preis sichert der ModernOffice KG einen ausreichenden Gewinn. Deshalb bietet sie zu diesem Preis eine Menge von 3.000 Leuchten an. Bei einem höheren Preis würde die ModernOffice KG ihr Angebot an dieser Leuchte ausweiten. Sollte der Preis fallen, würde die ModernOffice KG die Angebotsmenge zugunsten anderer Leuchten mit besseren Gewinnmargen zurückfahren. Ein Verkaufspreis von 25,00 € würde nur noch den Einstandspreis decken. Es würde damit kein Gewinn erwirtschaftet werden. Allein zur Abrundung des Sortiments würde noch eine geringe Stückzahl angeboten werden. Sollte der Preis noch unter diese Preisuntergrenze fallen, würde die Leuchte aus dem Sortiment eliminiert.*

Ähnlich reagieren zwei Wettbewerber der ModernOffice KG, die diese Leuchte ebenfalls anbieten. Die folgende Übersicht informiert über die Angebotsmengen.

Preis (€)	ModernOffice KG Angebotsmenge (Stück)	Wettbewerber A Angebotsmenge (Stück)	Wettbewerber B Angebotsmenge (Stück)	Leuchte „Touch One I" Gesamtangebot (Stück)
25,00	1.200	600	200	2.000
30,00	1.800	900	300	3.000

Preis (€)	ModernOffice KG Angebotsmenge (Stück)	Wettbewerber A Angebotsmenge (Stück)	Wettbewerber B Angebotsmenge (Stück)	Leuchte „Touch One I" Gesamtangebot (Stück)
35,00	2.400	1.200	400	4.000
40,00	3.000	1.500	500	5.000
45,00	3.600	1.800	600	6.000
50,00	4.200	2.100	700	7.000
55,00	4.800	2.400	800	8.000

Gesamtangebot Schreibtischleuchte „TouchOne I"

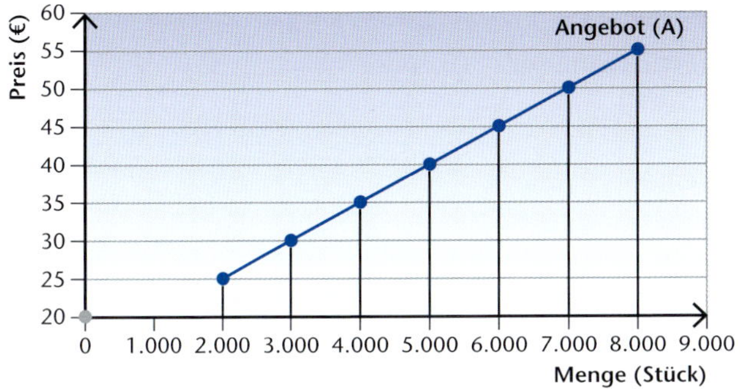

Grundsätzliches Nachfrageverhalten

Haushalte und Unternehmen fragen die Güter auf dem Markt nach. Die nachgefragte Menge hängt ebenfalls vom Preis ab. Bei einem hohen Preis ist die Nachfrage gering. Sinkt der Preis, werden Haushalte und Unternehmen ihre Nachfrage erhöhen. Haushalte können mit dem eingeplanten Budget ihren Bedarf besser befriedigen. Für Unternehmen sinken die Beschaffungskosten, damit wird das Gut rentabler. Neue Nachfrager, für die der ursprüngliche Preis zu hoch gewesen ist, kommen als Nachfrager hinzu und erhöhen die Gesamtnachfrage.

Gesetzmäßigkeit der Nachfrage: Bei einem hohen Preis ist die nachgefragte Menge gering. Bei einem niedrigen Preis ist die nachgefragte Menge hoch.

Beispiel • *Die ModernOffice KG gibt bei einem Marktforschungsinstitut eine Studie in Auftrag. Es sollen die Preisvorstellungen der Nachfrager zu beispielhaften Produkten der ModernOffice KG erforscht werden. Die Auswertung der Studie liefert bezüglich der Schreibtischleuchte „TouchOne I" folgende Daten:*

Preis (€)	Leuchte „Touch One I" Gesamtnachfrage (Stück)
25,00	8.000
30,00	7.000
35,00	6.000
40,00	5.000
45,00	4.000
50,00	3.000
55,00	2.000

Gesamtnachfrage Schreibtischleuchte „TouchOne I“

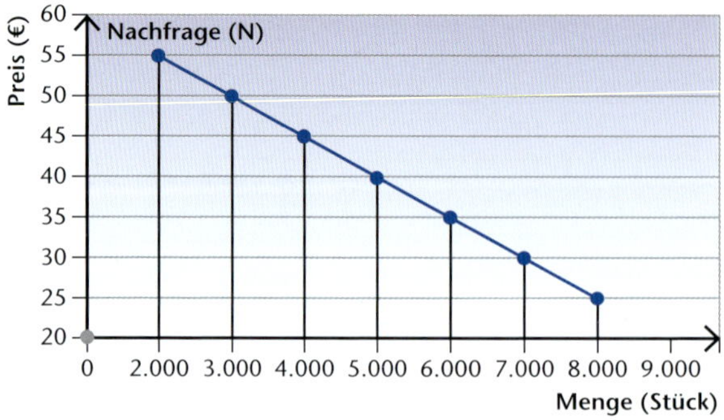

Preisbildung bei vollständiger Konkurrenz

Gleichgewichtspreis und Gleichgewichtsmenge

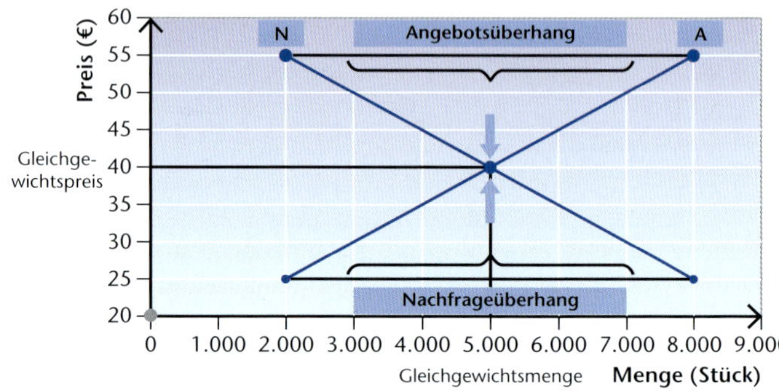

Fügt man das Angebots- und Nachfrageverhalten zusammen, erkennt man die grundsätzlichen Mechanismen der Preisbildung durch Angebot und Nachfrage auf einem Markt.

Bedingt durch Angebot und Nachfrage bildet sich auf dem Markt für die Schreibtischleute „Touch One I“ ein Preis von 40,00 €. Bei diesem Preis stimmen die angebotene und die nachgefragte Menge überein. Angebot und Nachfrage befinden sich im Gleichgewicht. Der Preis von 40,00 € wird als **Gleichgewichtspreis** bezeichnet, die Menge von 5.000 Stück als **Gleichgewichtsmenge**.

Bei Preisen über dem Gleichgewichtspreis ist das Angebot höher als die Nachfrage (**Angebotsüberhang**). Die Anbieter werden ihre Preise senken, um ihr Überangebot absetzen zu können. Das heißt, der Wettbewerb unter den Anbietern führt zu Preissenkungen, bis sich beim Preis von 40,00 € das Marktgleichgewicht einstellt.

Umgekehrt ist bei Preisen unter dem Gleichgewichtspreis die Nachfrage höher als das Angebot (**Nachfrageüberhang**). Die Anbieter werden ihre Preise erhöhen, weil sie die Begehrtheit ihres Angebots erkennen. Das heißt, der Wettbewerb unter den Nachfragern führt zu Preiserhöhungen, bis sich wieder beim Preis von 40,00 € das Marktgleichgewicht einstellt.

Vollständige Konkurrenz als Voraussetzung für die Gleichgewichtspreisbildung

Ein einheitlicher Gleichgewichtspreis stellt sich nur ein, wenn auf dem Markt vollständige Konkurrenz herrscht. Voraussetzungen für die vollständige Konkurrenz sind

- ein Polypol und
- ein vollkommener Markt.

Polypol: Auf dem Markt stehen sehr viele Anbieter sehr vielen Nachfragern gegenüber. Das heißt, der Marktanteil des einzelnen Anbieters und die Nachfragemenge des einzelnen Nachfragers sind jeweils sehr gering. In der Folge hat kein Marktteilnehmer eine große Marktmacht.

Vollkommener Markt: Ein Markt ist vollkommen, wenn bestimmte Bedingungen gegeben sind.

Bedingungen des vollkommenen Marktes

Homogenität der Güter	Markttransparenz	Fehlen von Präferenzen
Die gehandelten Güter sind in der Wahrnehmung der Nachfrager völlig gleichartig.	Alle Marktteilnehmer verfügen über alle marktrelevanten Informationen.	Kein Marktteilnehmer hat besondere Vorlieben und bevorzugt einen anderen Marktteilnehmer aufgrund – persönlicher Präferenzen, – räumlicher Präferenzen, – zeitlicher Präferenzen.

Ist eine dieser Bedingungen nicht gegeben, so ist der Markt unvollkommen. Die meisten Märkte in der Realität sind unvollkommen.

Hat ein Marktteilnehmer größere Marktmacht (z. B. bei einem Oligopol oder Monopol) oder ist der Markt unvollkommen, bildet sich kein einheitlicher Gleichgewichtspreis. Bedingt durch ihre Markmacht oder aufgrund der Unvollkommenheit des Marktes können Anbieter auch höhere Preise als den Gleichgewichtspreis durchsetzen.

Beispiel • *In der Produktgruppe „Raumsysteme" besitzt die ModernOffice KG einen relativ hohen Marktanteil. Es gibt außer ihr nur wenige Anbieter hochwertiger funktionaler Trennwände. Die ModernOffice KG ist bei diesen Produkten ein Angebotsoligopolist mit Marktmacht und hat in einem bestimmten Rahmen die Möglichkeit, ihre Preisvorstellungen am Markt durchzusetzen.*

Gefundene Ergebnisse 3 — Ergebnisse pro Seite 10

Tankstelle	Adresse	Preis	Datum
AVIA	Dammstraße 21 72160 Horb am Neckar	1.279	20.01.2015
Supermarkt-Tankstelle am real,- Markt	HAHNERSTR. 1 72160 HORB	1.279	19.01.2015
BFT	Hauptstr. 13-16 72160 Horb	-	15.11.2013

Vorherige Seite 1 | Nächste Seite

Beispiel • *Svenja Kolleck muss mit ihrer Ausbildungsvergütung wirtschaften. Sie ärgert sich stets, wenn Sie nachträglich feststellt, dass sie ein Produkt bei einem anderen Anbieter kostengünstiger hätte erwerben können. Svenja Kolleck ist deshalb über die Einrichtung der Markttransparenzstelle für Kraftstoffe erfreut. Über eine App kann sie von einem Verbraucherinformationsdienst die aktuellen Preisdaten der Tankstellen in ihrer Region abrufen. Auf dem unvollkommenen Markt für Kraftstoffe wird dadurch die Markttransparenz wesentlich erhöht.*

Wandel vom Verkäufermarkt zum Käufermarkt

Verkäufermarkt

In den ersten zwei Jahrzehnten nach dem Zweiten Weltkrieg waren viele Märkte durch einen Nachfrageüberhang gekennzeichnet. Zum einen waren die Produktionskapazitäten der Unternehmen durch Kriegsschäden noch gering, zum anderen hatten die privaten Nachfrager einen enormen „Nachholbedarf". Auch die Nachfrage von Unternehmen nach Investitionsgütern zwecks Kapazitätserweiterungen war hoch. Die Anbieter waren produktorientiert. Sie produzierten nach ihren Vorstellungen und konnten ihre Erzeugnisse problemlos absetzen. Eine Marktorientierung (Marketing) war kaum erforderlich.

Auf einem Verkäufermarkt sind die Anbieter in einer stärkeren Verhandlungsposition und bestimmen die Vertragsbedingungen.

Käufermarkt

Heute herrscht auf vielen Märkten ein Angebotsüberhang. In Zeiten der Marktsättigung, des intensiven Wettbewerbs und anspruchsvoller, aufgeklärter Kunden müssen Anbieter marktorientiert sein. Sie müssen sich in jeder Hinsicht an den Anforderungen ihrer Nachfrager ausrichten. Unter Berücksichtigung dieser Anforderungen werden die Produkte entwickelt und produziert. Dieses marktbezogene Denken ist eine zwingende Voraussetzung, um auf dem Markt bestehen zu können.

Auf einem Käufermarkt sind die Nachfrager in einer stärkeren Verhandlungsposition und bestimmen die Vertragsbedingungen.

Märkte nach Machtverteilung

Verkäufermarkt	Käufermarkt
– Nachfrageüberhang – Marktmacht der Anbieter – Produktorientierung der Anbieter – wenig Marketing – wenig Wettbewerb – nur nationaler Wettbewerb – geringe Produktvielfalt – hohe Kundentreue (Stammkunden)	– Angebotsüberhang – Marktmacht der Nachfrager – Marktorientierung der Anbieter – Marketing als übergeordnetes Prinzip – hoher Wettbewerb – internationale Konkurrenz – große Produktvielfalt – Notwendigkeit permanenter Kundengewinnung und -bindung

Absatzpolitische Ziele auf einem Käufermarkt

Auf einem Käufermarkt ist die Marktorientierung (Marketing) für jedes Unternehmen oberstes Gebot. Nur mit Marketing ist eine langfristige Positionierung auf dem Markt möglich. Die absatzpolitischen Ziele des Marketings leiten sich aus den Unternehmenszielen (z.B. Gewinnerzielung) ab.

Beispiel • *Laut einer Marktforschungsstudie beträgt das Marktvolumen bei Arbeitstischen (kombinierte Steh-Sitzlösungen) 600.000 Stück (von allen Anbietern realisierter Absatz im Jahr 2014). In 2014 hat die ModernOffice KG 210.000 Stück abgesetzt. Als absatzpolitisches Ziel gibt die Geschäftsführung vor, den Marktanteil von 35 % auf 50 % zu erhöhen.*

Die ModernOffice KG ist mit einem Stand auf der ORGATEC, der Messe für moderne Arbeitswelten im Büro in Köln, vertreten. Lily Summer, Leiterin der Abteilung Public Relations, bittet die Besucher des Messestands der ModernOffice KG um die Ausfüllung eines Fragebogens.

Die Auswertung dieser Befragung ergibt, dass die ModernOffice KG im Bewusstsein der Nachfrager primär als Hersteller von ergonomischen Büromöbeln verankert ist. Nur sehr wenige verbinden mit der ModernOffice KG einen Büromöbelproduzenten, der großen Wert auf nachhaltige Produkte und Produktionsverfahren legt. Deshalb plant Lily Summer eine Imageaktion, die den Bekanntheitsgrad der ModernOffice KG als umweltbewusstes Unternehmen steigern soll.

Wettbewerbsstrategien zur Erreichung der absatzpolitischen Ziele

Eine Wettbewerbsstrategie ist eine geplante und langfristig angelegte Verhaltensweise, mit der sich ein Unternehmen deutlich von seinen Mitbewerbern abgrenzt.

Es ist das Ziel, sich gegenüber seinen Mitbewerbern einen Wettbewerbsvorteil zu verschaffen. Dieser Wettbewerbsvorteil soll wiederum zu einer besseren Erreichung der absatzpolitischen Ziele beitragen.

Kostenführerschaft – Wettbewerbsvorteil durch geringe Kosten
Bei der Strategie der Kostenführerschaft will das Unternehmen der kostengünstigste Anbieter am Markt sein und dadurch einen Wettbewerbsvorteil erreichen.

Entscheidet sich ein Unternehmen für diese Strategie, muss es konsequent jede Möglichkeit zur Kostensenkung nutzen, z.B. durch eine permanente Kostenkontrolle und eine kontinuierliche Verschlankung der Geschäftsprozesse.

Die Strategie der Kostenführerschaft bietet sich bei Massenprodukten an, die sich nicht wesentlich von denen der Mitbewerber unterscheiden. Bei dieser Art von Produkten ist der Preis für die Kunden ein wesentliches Entscheidungskriterium. Sie reagieren sofort und intensiv auf Preisvorteile. Der Kostenführer hat also die Chance, Kosteneinsparungen an die Kunden weiterzugeben und so seinen Marktanteil auszuweiten. Es besteht allerdings die Gefahr, dass die ständigen Kostensenkungsprogramme die Mitarbeiter demotivieren.

Beispiel • *Tom Wildermuth ist froh, dass er nicht bei einem Kostenführer ausgebildet wird. In seiner Berufsschulklasse sind auch Auszubildende eines Discounters. Dieses Unternehmen will sich durch niedrigere Preise von seinen Konkurrenten absetzen und dadurch Kunden gewinnen. Die Auszubildenden dieses Discounters empfinden die ständige Verschlankung der Geschäftsprozesse als hohe Belastung. Sie haben den Eindruck, dass immer mehr Aufgaben durch immer weniger Personal erledigt werden müssen.*

Foto: Steelcase

Differenzierung – Wettbewerbsvorteil durch Alleinstellungsmerkmal

Die Strategie der Differenzierung zielt darauf ab, sich durch besondere Merkmale von den Mitbewerbern abzuheben. In der Wahrnehmung der Kunden soll der Eindruck entstehen, dass diese Merkmale etwas Einmaliges sind. Dieser Eindruck soll dann die Kaufentscheidung im Sinne des Unternehmens beeinflussen. Der Eindruck des Besonderen kann sich auf verschiedene Sachverhalte beziehen, z. B. auf

- die innovativste technische Ausstattung,
- die Einzigartigkeit der Produkte hinsichtlich Material, Verarbeitung und Qualität,
- die Einzigartigkeit des Designs,
- herausragenden Service
- usw.

Beispiel • *Die ModernOffice KG hebt sich durch Differenzierung von ihren Mitbewerbern ab. Die Kunden wissen, dass sich die Bürolösungen der ModernOffice KG durch höchste Qualität auszeichnen. Die Büromöbel entsprechen den neuesten Erkenntnissen ergonomischer Untersuchungen. Das Design ist zukunftsweisend. Die Kunden wissen, dass jeder Artikel aus dem gehobenen Sortimentsbereich der ModernOffice KG etwas ganz Besonderes ist. Gerade deshalb entscheiden sie sich immer wieder für die ModernOffice KG.*

Nischenstrategie – Konzentration auf ein begrenztes Marktsegment

Der Nischenanbieter ist nicht auf dem Gesamtmarkt vertreten. Vielmehr konzentriert er sich auf die besonderen Bedürfnisse einer bestimmten Kundengruppe oder auf einen räumlich abgegrenzten Markt. Durch diese besondere Ausrichtung erzielt er den Wettbewerbsvorteil, dass er die sehr spezifischen Anforderungen seiner Kunden besser erfüllen kann als ein Mitbewerber, der für den Gesamtmarkt produziert. Diese Strategie wird in der Regel von kleineren und mittleren Unternehmen praktiziert, die sich dadurch von Großunternehmen abgrenzen, die auf dem Gesamtmarkt aktiv sind.

Preisstrategien auf einem Käufermarkt

Auf einem Markt mit vollständiger Konkurrenz (Polypol und vollkommener Markt) bildet sich ein einheitlicher Gleichgewichtspreis durch Angebot und Nachfrage. Der einzelne Marktteilnehmer kann diesen Preis nicht beeinflussen. Er muss ihn als Marktergebnis akzeptieren.

In der Realität sind die meisten Käufermärkte jedoch unvollkommene Märkte. Die Heterogenität der Güter, fehlende Markttransparenz und Präferenzen der Marktteilnehmer ermöglichen den Anbietern Preisfestsetzungen im Rahmen von grundsätzlichen Preisstrategien.

Eine Preisstrategie ist eine geplante und langfristig angelegte Vorgehensweise bei der Preisfestsetzung zwecks Erreichung von absatzpolitischen Zielen.

Preisstrategien

Hochpreisstrategie (Festsetzung der Preise auf einem hohen Preisniveau)	**Niedrigpreisstrategie** (Festsetzung der Preise auf einem niedrigen Preisniveau)
– Markenprodukte/Premiumprodukte – Qualitätsführerschaft (Anspruch des Anbieters, sich hinsichtlich der Qualität von den Wettbewerbern abzuheben) – Anbieter mit Präferenzen – Gewinnung/Sicherung von Marktanteilen durch hohen Qualitätsstandard – Kunden mit gehobenen Ansprüchen als Zielgruppe	– No-Name-Produkte mit Mindestqualität – Kostenführerschaft (Streben des Anbieters nach kostengünstigster Produktion im Vergleich zu den Wettbewerbern) – Anbieter ohne besondere Präferenzen – Gewinnung/Sicherung von Marktanteilen durch attraktive Preise – Kunden mit einfachen Ansprüchen als Zielgruppe

Beispiel • *Der Markt für Büromöbel ist ein unvollkommener Käufermarkt. Auf der einen Seite gibt es ein Überangebot an Büroausstattungen. Auf der anderen Seite sind die angebotenen Büromöbel aber nicht homogen, sondern sehr heterogen (unterschiedlich). So unterscheiden sich die qualitativ hochwertigen Produkte der ModernOffice KG deutlich von den Erzeugnissen der Wettbewerber. Die ausgezeichnete Beratung und der umfassende Service der ModernOffice KG bewirken zusätzlich, dass Kunden mit hohen Qualitätsansprüchen die ModernOffice KG bevorzugen. Als Anbieter von Markenprodukten bzw. als Anbieter mit Präferenzen kann die ModernOffice KG für ihre Erzeugnisse ein hohes Preisniveau am Markt durchsetzen. Mit ihrer* ***Hochpreisstrategie*** *sichert und gewinnt die ModernOffice KG Marktanteile.*

Im Gegensatz dazu hat sich ein Wettbewerber der Modern Office KG für die ***Niedrigpreisstrategie*** *entschieden. Für Kunden ohne besondere Qualitätsansprüche produziert er Büromöbel einfacher Qualität, die über Verbrauchermärkte zu niedrigen Discountpreisen vertrieben werden. Das Hauptaugenmerk liegt auf Kostenminimierung in der Herstellung, auch wenn das zulasten der Qualität geht.*

Auf den Punkt gebracht

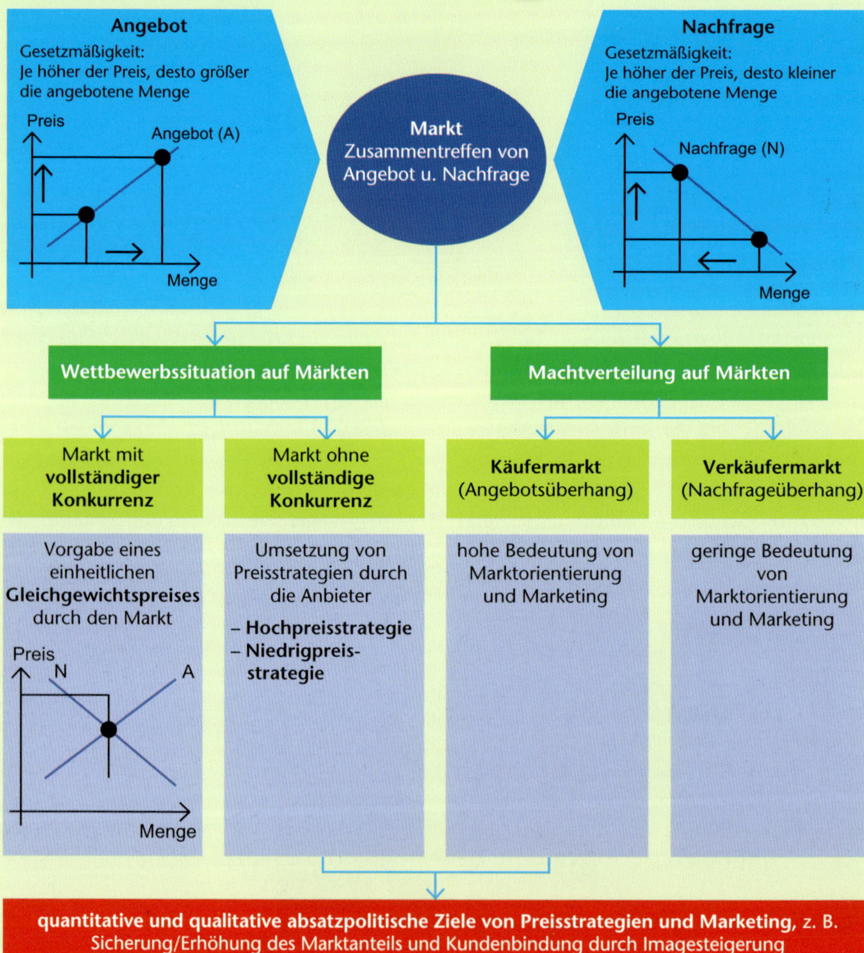

Nutzen Sie Ihr Wissen

1. In den klassischen Design-Linien der Produktgruppe „Konferenz/Management" verarbeitet die ModernOffice KG Edelhölzer. Sie bezieht diese Rohstoffe über eine Warenbörse. Eine Börse ist ein vollkommener Markt, auf dem ein Börsenmakler (Vermittler) die Verkaufs- und Kaufinteressen der Anbieter und Nachfrager vermittelt.

   Für die Holzsorte Bergahorn liegen dem Makler folgende Verkaufs- und Kaufaufträge vor:

Nachfrage			Angebot		
Käufer	Höchstpreis je m^3 (€)	nachgefragte Menge (m^3)	Verkäufer	Mindestpreis je m^3 (€)	angebotene Menge (m^3)
A	520,00	100	E	460,00	150
B	500,00	100	F	480,00	200
C	480,00	150	G	500,00	100
D	460,00	200	H	520,00	50

   a) Ermitteln Sie für jeden genannten Preis die jeweilige gesamte Angebots- und Nachfragemenge.
   b) Zeichnen Sie die Angebots- und Nachfragegerade in ein Koordinatensystem ein. Ermitteln Sie zeichnerisch den Gleichgewichtspreis und die Gleichgewichtsmenge (Preisachse: 1 cm = 10,00 €, beginnend mit 450,00 €; Mengenachse: 1 cm = 50 m^3).
   c) Der Börsenmakler hat die Aufgabe, festzustellen, bei welchem Preis die höchste Warenmenge gehandelt werden kann. Welchen Preis legt der Makler im vorliegenden Fall fest? Ermitteln Sie zu diesem Preis den Absatz und den Umsatz an Edelholz.
   d) Informieren Sie sich, z. B. mithilfe des Internets, was unter Produzenten- und Konsumentenrente zu verstehen ist. Bestimmen Sie im vorliegenden Beispiel die Marktteilnehmer, die eine derartige Rente erzielen.

2. Mit Ausnahme von Börsen sind Märkte in der Regel unvollkommen.

   a) Erklären Sie, was unter einem vollkommenen Markt und unter einem unvollkommenen Markt zu verstehen ist.
   b) Erklären Sie allgemein, was unter zeitlichen, räumlichen und persönlichen Präferenzen zu verstehen ist.
   c) Begründen Sie mit Bezug auf die Kennzeichen eines vollkommenen Marktes, warum sich in den folgenden Marktsituationen höhere Preise durchsetzen lassen.
      - Eine Autobahntankstelle bietet in ihrem Shop u. a. Getränke und Backwaren an. Die Preise sind durchschnittlich 10 % höher als in den Fachgeschäften der Region. Dennoch setzt die Tankstelle zu diesen Preisen Waren ab.
      - Eine Fachmetzgerei verkauft ihre Fleischwaren zu wesentlich höheren Preisen als die Fleischabteilung des gegenüberliegenden Supermarktes.
      - Ein Fachgeschäft im Ortszentrum verkauft seine Waren zu höheren Preisen als der am Ortsrand angesiedelte Verbrauchermarkt.

- In den Abend- und Nachtstunden erhöht der Betreiber einer Tankstelle noch einmal die Preise für Getränke in seinem Shop.
- Ein Konsument erwirbt in einem Fachgeschäft ein Smartphone zu einem höheren Preis, weil er nicht über ein entsprechendes Sonderangebot des örtlichen Elektromarktes informiert gewesen ist.

3. Informieren Sie sich, z. B. mithilfe des Internets, über die Markttransparenzstelle für Kraftstoffe.

Anbieter	Internetseite	iOS-App	Android-App	Windows-phone-App
ADAC	I→ www.adac.de/tanken	I→ zur App	I→ zur App	
Clever-Tanken	I→ www.clever-tanken.de	I→ zur App	I→ zur App	I→ zur App
Mehr-Tanken	I→ www.mehr-tanken.de	I→ zur App	I→ zur App	
Spritpreis-monitor	I→ www.spritpreismonitor.de	I→ zur App	I→ zur App	
Spritgong	I→ www.spritgong.de			

a) Fassen Sie Ihre Informationen in einem Kurzbericht zusammen.
b) Nehmen Sie Stellung zu folgender Aussage: Durch Einführung der Markttransparenzstelle für Kraftstoffe ist der ehemals unvollkommene Markt für Kraftstoffe in einen vollkommenen Markt überführt worden.
c) Schildern Sie Ihre persönlichen Erfahrungen mit Preisvergleichsportalen.

4. Immer mehr Verkäufermärkte haben sich zu Käufermärkten gewandelt.

a) Erläutern Sie die wesentlichen Merkmale eines Käufermarktes im Vergleich zu einem Verkäufermarkt.
b) Ist Ihr Ausbildungsbetrieb auf einem Verkäufer- oder Käufermarkt als Anbieter aktiv? Begründen Sie Ihre Entscheidung.
c) Begründen Sie die hohe Bedeutung der Marktorientierung (Marketing) auf einem Käufermarkt.
d) Erläutern Sie drei absatzpolitische Ziele des Marketings auf einem Käufermarkt.

5. Die ModernOffice KG hat sich für eine Hochpreisstrategie entschieden.

a) Erläutern Sie, was unter dieser Preisstrategie zu verstehen ist.
b) Erklären Sie, was in Verbindung mit einer Hochpreisstrategie unter Qualitätsführerschaft zu verstehen ist.
c) Im Gegensatz dazu übernimmt ein Unternehmen mit Niedrigpreisstrategie die Kostenführerschaft. Erläutern Sie auch diesen Zusammenhang.
d) Praktiziert Ihr Ausbildungsbetrieb eher eine Hochpreisstrategie oder eine Niedrigpreisstrategie? Begründen Sie Ihre Entscheidung. Begründen Sie auch, warum sich Ihr Ausbildungsbetrieb für die jeweilige Strategie entschieden hat.

6. „Es war schon immer etwas teurer, einen besonderen Geschmack zu haben." Erläutern Sie dieses Motto im Zusammenhang mit Preisstrategien.

2 Ein Marketingkonzept planen

2.1 Preispolitische Maßnahmen entwickeln

Lernsituation

Svenja Kolleck und Tom Wildermuth dürfen bei der wöchentlichen Leitungsbesprechung der ModernOffice KG anwesend sein. Teilnehmer der Besprechung sind u. a.:

- Dr. Anja Tischler, Geschäftsführerin
- Jens Tischler, Geschäftsführer
- Walter Hüls, HAL Verkauf
- Willy Pesch, AL Showroom Horb
- Tom Mendee, AL Kosten- und Leistungsrechnung

Letzter Tagesordnungspunkt der Sitzung sind erste Überlegungen zur Vorbereitung der neuen Preisliste. Die ModernOffice KG erstellt einmal im Jahr eine neue Preisliste. Die neuen Preise gelten ab dem 1. August eines jeden Jahres, rechtzeitig vor der im Oktober in Köln stattfindenden Fachmesse ORGATEC.

Tom Mendee: „In diesem Jahr sind die Energiekosten weiter stark gestiegen. Im neuen Geschäftsjahr werden zusätzlich die Materialkosten erheblich ansteigen. Diesen Kostendruck müssen wir über die Preise an unsere Abnehmer weitergeben."

Willy Pesch: „Nach meiner Einschätzung lassen sich Preiserhöhungen zurzeit am Markt kaum durchsetzen. Der Markt für Büromöbel ist ein Käufermarkt mit einem Überangebot. Die Privatkunden in unseren Showrooms haben dank des Internets einen guten Marktüberblick und treten entsprechend selbstbewusst auf. Wir werden in erster Linie unsere Kosten senken müssen, um rentabel zu bleiben."

Dr. Anja Tischler: „Unsere Strategie ist aber nie die Kostenführerschaft gewesen. Wir haben immer auf Qualität gesetzt. Unsere Kunden akzeptieren, dass Qualität ihren Preis hat. Für sie muss das Preis-Leistungs-Verhältnis stimmen. Und bei uns bekommen die Kunden für ihr Geld Möbel mit vielfältigem Zusatznutzen. Denken Sie nur an die ökologischen und ergonomischen Vorteile unserer Erzeugnisse. Zu niedrige Preise können sogar unser Image als Qualitätsanbieter gefährden."

Jens Tischler: „Außerdem haben wir in bestimmten Sortimentsbereichen einen Marktanteil von bis zu 60 %. Diese Marktmacht hilft uns, unsere Preisvorstellungen durchzusetzen. Unsere wenigen Wettbewerber werden sich unseren Preisentscheidungen tendenziell anpassen."

Walter Hüls: „Qualitätsführerschaft und Markmacht kennzeichnen unsere Marktsituation bei unseren hochwertigen Produkten. In den einfacheren Produktionslinien, vor allem bei unseren Handelswaren, sieht die Situation völlig anders aus. Mit Marktanteilen von nur 5 % stehen wir in einem harten Preiswettbewerb mit vielen anderen Anbietern."

Willy Pesch: „Dem kann ich nur zustimmen. In vielen Verkaufsgesprächen nehme ich eine grundsätzliche Einstellungsänderung wahr. Wenn ein Produkt seine Grundfunktion erfüllt, ist das für den Kunden oft ausreichend. Dann orientiert er sich in erster Linie am Preis. Wenn der steigt, geht die Nachfrage zurück. Angesichts der unsicheren Wirtschaftslage und der knappen Kassen in vielen Behörden gilt das zunehmend auch für viele unserer Geschäftskunden. Wir können also nur weiter an der ‚Kostenschraube' drehen."

Tom Mendee: „Bei den Fixkosten haben wir nach meiner Einschätzung bereits alle Spielräume genutzt. Frau Dr. Tischler, Sie sollten aber der Beschaffungsabteilung den Auftrag erteilen, in den anstehenden Verhandlungen über neue Rahmenverträge mit unseren Zulieferern von Material und Handelswaren mit 'harten Bandagen' zu kämpfen."

Dr. Anja Tischler: „Wir müssen das Problem in der Tat von beiden Seiten angehen. Einerseits ist noch einmal genau zu prüfen, wo wir Kosten senken können. Andererseits müssen wir bei der Preisfestsetzung für unsere Produkte alle preispolitischen Möglichkeiten nutzen. In der nächsten Leitungsrunde wird diese Problematik unser wichtigster Tagesordnungspunkt sein.

Herr Hüls, bitte bereiten Sie für dieses Treffen eine Präsentation zum Thema ‚Unsere preispolitischen Handlungsmöglichkeiten angesichts der aktuellen Markt- und Wettbewerbssituation' vor."

Walter Hüls beauftragt Svenja Kolleck und Tom Wildermuth, ihn zu unterstützen und einen ersten Entwurf dieser Präsentation zu erstellen.

- *Analysieren Sie die Markt- und Wettbewerbssituation der ModernOffice KG. Werten Sie dazu das obige Gespräch und die Beispiele im vorangegangenen Kapitel „Die Marktsituation durch Marktforschung analysieren" aus.*
  - *Wie stellt sich die Kundensituation dar?*
  - *Wie ist die Konkurrenzsituation einzuschätzen?*
  - *Wie stellt sich die Kostensituation dar?*
  - *Welche Konsequenzen ergeben sich jeweils aus der Kunden-, Konkurrenz- und Kostensituation auf die Festsetzung der Preise für die neue Preisliste?*
- *Informieren Sie sich mithilfe dieses Kapitels über die Preispolitik.*
- *Treffen Sie eine grundsätzliche Entscheidung bezogen auf die neue Preisliste der Modern Office KG.*
  - *Erhöhen Sie die Preise oder verzichten Sie auf Preiserhöhungen?*
  - *Setzen Sie besondere preispolitische Maßnahmen ein?*
  - *Begründen Sie Ihre Entscheidung.*
- *Erstellen Sie, stellvertretend für Svenja Kolleck und Tom Wildermuth, eine Präsentation mit den folgenden inhaltlichen Schwerpunkten:*
  - *Analyse der Markt- und Wettbewerbssituation der ModernOffice KG*
  - *grundsätzliche Möglichkeiten der Preispolitik*
  - *begründete Handlungsempfehlung für die Umsetzung preispolitischer Maßnahmen bezogen auf die neue Preisliste der ModernOffice KG*
- *Halten Sie die Präsentation vor Ihrer Lerngruppe und holen Sie ein Feedback ein.*

Preispolitik als Marketinginstrument

Preispolitik ist die Realisierung der absatzpolitischen Ziele (Absatzsteigerung, Sicherung und Erhöhung des Marktanteils, Erschließung neuer Märkte, Erhöhung des Bekanntheitsgrads, Imageaufbau, Kundenbindung u. a.) durch die Gestaltung der Verkaufspreise.

Bei der Festlegung der Verkaufspreise ist eine Vielzahl von Einflussfaktoren zu berücksichtigen. Drei Einflussfaktoren kommt eine besondere Bedeutung zu:

- Kostensituation
- Kundensituation
- Konkurrenzsituation

Bei der Festsetzung des Verkaufspreises für ein Produkt sind diese drei Aspekte gleichzeitig zu beachten. Dabei kann den Faktoren, je nach Produkt oder Produktgruppen, eine unterschiedlich gewichtete Bedeutung zukommen.

Kostenorientierung bei der Preispolitik

Kosten als Preisuntergrenze

Bei der Festlegung des Verkaufspreises sind zunächst die Kosten des Produktes zu berücksichtigen. Der Verkaufspreis muss die angefallenen Kosten decken. Die Kostenrechnung einer Unternehmung ermittelt diese Kosten. Als Preisuntergrenze sind die Kosten die Entscheidungsgrundlage für die Preispolitik. Das heißt, ausgehend von dieser Basis wird der Verkaufspreis in Abhängigkeit von der Kunden- und Konkurrenzsituation festgesetzt.

Preisuntergrenze: Der Verkaufspreis entspricht den Kosten des Produkts.

Langfristige und kurzfristige Preisuntergrenze

Die Kostenrechnung ordnet die ermittelten Kosten verschiedenen Kostenkategorien (Kostenarten) zu. Zwei wichtige Kategorien sind die variablen und die fixen Kosten.

Variable Kosten sind jene Kosten, die bei einer steigenden oder sinkenden Produktions- und Absatzmenge gleichzeitig ebenfalls steigen oder sinken.

Beispiele für variable Kosten sind

- Einstandspreise bei Handelswaren oder
- Kosten für das Fertigungsmaterial (Roh-, Hilfs- und Betriebsstoffe) bei eigenen Erzeugnissen.

Fixe Kosten sind Kosten, die bei einer steigenden oder sinkenden Produktions- und Absatzmenge unverändert bleiben.

Beispiele für fixe Kosten sind

- Kosten der Verkaufsräume oder Fertigungshallen oder
- der Wertverlust der Geschäftsausstattung oder der maschinellen Anlagen (Abschreibungen).

In Abhängigkeit von diesen Kostenkategorien sind zwei Preisuntergrenzen zu unterscheiden.

- **Kurzfristige Preisuntergrenze:** Der Verkaufspreis deckt nur die variablen Kosten.
- **Langfristige Preisuntergrenze:** Der Verkaufspreis deckt die gesamten Kosten (variable und fixe Kosten).

Bei der Ermittlung der kurzfristigen Preisuntergrenze berücksichtigt die Kostenrechnung nur einen Teil der Kosten, nämlich nur die variablen Kosten. Man spricht deshalb von einer **Teilkostenrechnung**.

Bei der Ermittlung der langfristigen Preisuntergrenze berücksichtigt die Kostenrechnung dagegen die gesamten Kosten. Es liegt eine **Vollkostenrechnung** vor.

Kostenrechnungssysteme

Teilkostenrechnung

	Verkaufspreis	250,00 €
–	variable Kosten	250,00 €
=	Deckungsbeitrag	0,00 €
–	fixe Kosten	200,00 €
=	Verlust	– 200,00 €

Bei der kurzfristigen Preisuntergrenze (Verkaufspreis = variable Kosten) ist der sogenannte **Deckungsbeitrag = 0.**
Das heißt, es steht **kein Beitrag zur Deckung der** noch nicht berücksichtigten **fixen Kosten** zur Verfügung. Die fixen Kosten bleiben in voller Höhe ungedeckt. Es entsteht ein Verlust in Höhe der fixen Kosten.
Der **Verkaufspreis** ist **nicht kostendeckend.**

Vollkostenrechnung

	Verkaufspreis	450,00 €
–	variable Kosten	250,00 €
=	Deckungsbeitrag	200,00 €
–	fixe Kosten	200,00 €
=	Gewinn/Verlust	0,00 €

Bei der langfristigen Preisuntergrenze (Verkaufspreis = gesamte Kosten) entspricht der **Deckungsbeitrag** der **Höhe der fixen Kosten.**
Das heißt, es steht **ein Beitrag zur Deckung der** noch nicht berücksichtigten **fixen Kosten** zur Verfügung. Die fixen Kosten können in voller Höhe gedeckt werden.
Der **Verkaufspreis** ist **kostendeckend.**

Deckungsbeitrag = Verkaufspreis – variable Kosten
(Beitrag, der nach Abzug der variablen Kosten zur Deckung der fixen Kosten zur Verfügung steht)

Erst wenn der Deckungsbeitrag die fixen Kosten übersteigt, wird Gewinn erwirtschaftet.

Entscheidungsalternativen bei einer kostenorientierten Preisfestsetzung
Auf Märkten mit intensivem Preiswettbewerb ist die langfristige und die kurzfristige Preisuntergrenze entscheidende Orientierungsgröße bei der Preisfestlegung.

Beispiel • *Die ModernOffice KG bietet in der Sparte Trading (Handelswaren) u. a. das PC-Lautsprechersystem Z 2000 an. Die Kostenrechnung ermittelt folgende Kosten (vgl. Band 1, Lernfeld 3):*

Kalkulation des PC-Lautsprechersystems Z 2000

	Listeneinkaufspreis	*225,00 €*	
(–)	*Liefererrabatt (20 %)*	*45,00 €*	
(=)	*Zieleinkaufspreis*	*180,00 €*	
(–)	*Liefererskonto (3 %)*	*5,40 €*	
(=)	*Bareinkaufspreis*	*174,60 €*	
(+)	*Bezugskosten*	*25,40 €*	
(=)	*Einstandspreis*	*200,00 €*	*variable Kosten (kurzfristige Preisuntergrenze)*
(+)	*Handlungskosten (50 %)*	*100,00 €*	*fixe Kosten*
(=)	*Selbstkostenpreis*	*300,00 €*	*gesamte Kosten (langfristige Preisuntergrenze)*

Einstandspreis als variable Kosten

Jedes verkaufte PC-Lautsprechersystem muss zuvor eingekauft werden. Die Einkaufsmenge steigt oder sinkt mit einer steigenden oder sinkenden Absatzmenge. Beim Einkauf verursacht jedes PC-Lautsprechersystem Kosten in Höhe seines Einstandspreises. Die Einkaufskosten steigen oder sinken damit parallel zur Absatzmenge. Die Einkaufskosten sind variable Kosten.

Absatz (Stück)	Einkauf (Stück)	Einstandspreis je Stück (€)	Variable Einkaufskosten (€)
0	0	200,00	0,00
1.000	1.000	200,00	200.000,00
2.000	2.000	200,00	400.000,00

Handlungskosten als fixe Kosten

Mit dem Wareneingang verursacht jedes PC-Lautsprechersystem weitere Kosten, z.B. anteilige Personalkosten bei der Warenannahme und Prüfung, anteilige Raumkosten durch die Beanspruchung von Regalfläche, anteilige Personalkosten im Verkauf. Diese sogenannten Handlungskosten verändern sich nicht mit steigenden oder sinkenden Absatzmengen. Die Personalkosten und die Raumkosten fallen in einer bestimmten Höhe an, unabhängig davon, ob 1.000 Stück oder 2.000 Stück des PC-Lautsprechersystems ein- und verkauft werden. Die Handlungskosten sind fixe Kosten.

Die ModernOffice KG bietet das PC-Lautsprechersystem Z 200 bisher zum Barverkaufspreis von 350,00 € an. Seit Kurzem werden vergleichbare Systeme von Konkurrenten in einer Preisspanne von 180,00 € bis 250,00 € angeboten. Bei der Preisfestsetzung für die neue Preisliste stellen sich der ModernOffice KG folgende kostenorientierte Alternativen:

Kostenorientierte Preisfestsetzung auf der Basis der Preisuntergrenzen

Preisfestsetzung an der langfristigen Preisuntergrenze (300,00 €)

	Verkaufspreis	300,00 €
–	variable Kosten	200,00 €
=	Deckungsbeitrag	100,00 €
–	fixe Kosten	100,00 €
=	Gewinn/Verlust	0,00 €

wahrscheinliche Folgen:
- Verlust der Wettbewerbsfähigkeit
- drastischer Absatzrückgang (evtl. auf Null)
- Wegfall der variablen Kosten (keine Notwendigkeit des Einkaufs des Artikels)
- gleichbleibende Fixkosten (Unabhängigkeit der Fixkosten vom Absatz)

Entscheidung:
Eine Preisfestsetzung an der langfristigen Preisuntergrenze oder sogar darüber ist wirtschaftlich nicht sinnvoll.

Preisfestsetzung an der oberen Grenze der Marktpreisspanne (ca. 250,00 €)

	Verkaufspreis	250,00 €
–	variable Kosten	200,00 €
=	Deckungsbeitrag	50,00 €
–	fixe Kosten	100,00 €
=	Verlust	–50,00 €

wahrscheinliche Folgen:
- Erhalt der Wettbewerbsfähigkeit
- Akzeptanz des relativ hohen Preises durch die Kunden (Image der ModernOffice KG als Qualitätsanbieter)
- evtl. leichter Absatzrückgang
- zumindest noch hälftige Deckung der ohnehin anfallenden Kosten

Entscheidung:
- Eine Preisfestsetzung im Bereich der oberen Grenze der Marktpreisspanne ist wirtschaftlich sinnvoll.
- Parallel sind Maßnahmen zur Kostensenkung einzuleiten:
  - variable Kosten (Verhandlung mit dem Lieferer über Listenpreis, Rabatte, Skonto, Lieferungsbedingungen)
  - fixe Kosten (Reduzierung der Personal- und Raumkosten usw.)

Preisfestsetzung an der unteren Grenze der Marktpreisspanne (ca. 180,00 €)

	Verkaufspreis	180,00 €
–	variable Kosten	200,00 €
=	Deckungsbeitrag	–20,00 €
–	fixe Kosten	100,00 €
=	Verlust	–120,00 €

wahrscheinliche Folgen:
- keine Deckung der variablen Einkaufskosten
- keine Deckung der fixen Handlungskosten
- Erhalt der Wettbewerbsfähigkeit bei Verlusterzielung

Entscheidung:
- Eine Preisfestsetzung im Bereich der unteren Marktpreisspanne ist wirtschaftlich nicht sinnvoll.
- Die kurzfristige Preisuntergrenze (hier 200,00 €) stellt eine absolute Preisuntergrenze dar.
- Eine Preisfestsetzung unterhalb der kurzfristigen Preisuntergrenze kann nur (kurzfristig) in besonderen Situationen sinnvoll sein.
  Beispiel: *Die Kunden kommen nur wegen dieses Artikels und kaufen dann noch andere Artikel mit hohen Gewinnspannen **(Mischkalkulation)**.*

Kundenorientierung bei der Preispolitik

Preis-Leistungs-Verhältnis

Die Kosten stellen die Preisuntergrenze dar. Die Festlegung des Verkaufspreises orientiert sich aber vor allem an der Preisvorstellung der Kunden. Für die Kunden muss der Preis dem Nutzen entsprechen, den sie dem Produkt zusprechen. In ihrer Wahrnehmung muss das Preis-Leistungs-Verhältnis stimmen. Kunden sind bereit, einen höheren Preis zu akzeptieren, wenn sie dem Produkt einen entsprechend hohen Nutzen zuweisen.

Deshalb wollen Unternehmen, z.B. durch Werbung, erreichen, dass die Kunden mit einem Produkt neben dem Grundnutzen noch einen Zusatznutzen verbinden. Je wertvoller dieser Zusatznutzen von den Kunden eingeschätzt wird, desto weiter verschiebt sich ihre Preisvorstellung nach oben.

Die Marktforschung (Bedarfsforschung) hat u.a. die Aufgabe, diese Nutzen- und Preiseinschätzung durch die Kunden sowie die damit verbundene Preisobergrenze zu ermitteln.

Preiselastizität der Nachfrage

Insbesondere bei Preisänderungen müssen Unternehmen die Reaktion der Kunden beachten. Im Normalfall sinkt die Nachfrage, wenn der Preis erhöht wird und umgekehrt. Dabei können Kunden auf Preisänderungen unterschiedlich intensiv reagieren. Diese Preissensibilität der Kunden wird mit der **Preiselastizität der Nachfrage** erfasst.

Die Preiselastizität der Nachfrage drückt aus, wie stark sich die nachgefragte Menge ändert, wenn sich der Preis ändert.

Bei der Ermittlung der Preiselastizität der Nachfrage wird die eingetretene Mengenänderung der zugrunde liegenden Preisänderung gegenübergestellt. Beide Veränderungen werden dabei als prozentuale Veränderung angegeben.

$$\textbf{Preiselastizität der Nachfrage} = \frac{\textbf{Mengenänderung in Prozent}}{\textbf{Preisänderung in Prozent}}$$

Beispiel • *Die ModernOffice KG hat bei einem Marktforschungsunternehmen eine Bedarfsanalyse in Auftrag gegeben. Das Ergebnis der Analyse ist u.a., dass die Kunden der ModernOffice KG in den verschiedenen Sortimentsbereichen unterschiedlich sensibel auf Preisänderungen reagieren.*

Elastische Nachfrage bei einfachen Büromöbeln (starke Reaktion auf Preisänderungen)

In den einfacheren Design-Linien der Sparte „Factory" reagieren die Kunden sehr stark auf Preisänderungen. Eine relativ geringe Preiserhöhung von 5 % führt zu einem relativ starken Nachfragerückgang von 25 %. Die Preiselastizität der Nachfrage hat den Wert 5.

Preiselastizität > 1:
Die Mengenreaktion ist intensiver als die zugrunde liegende Preisänderung.

$$\textit{Preiselastizität der Nachfrage} = \frac{25\ \%}{5\ \%} = 5$$

Unelastische Nachfrage bei Planung/Umsetzung ganzheitlicher Büroszenarien

Die Kunden dieser Dienstleistung reagieren weniger sensibel auf Preisänderungen. Eine Preiserhöhung von 5 % löst nur einen prozentual geringeren Nachfragerückgang von 2 % aus. Die Preiselastizität der Nachfrage nimmt den Wert 0,4 an.

Preiselastizität < 1:
Die Mengenreaktion ist schwächer als die zugrunde liegende Preisänderung.

$$\textit{Preiselastizität der Nachfrage} = \frac{2\ \%}{5\ \%} = 0{,}4$$

Die unterschiedlichen Elastizitätswerte sind auch an der Lage der Nachfragekurve deutlich erkennbar. Je flacher die Kurve verläuft, desto empfindlicher reagieren die Kunden auf Preisänderungen.

Dieselbe prozentuale Preiserhöhung löst eine unterschiedlich intensive Mengenreaktion der Kunden aus.

Elastische Nachfrage (Wert > 1)

Einfache Büromöbel

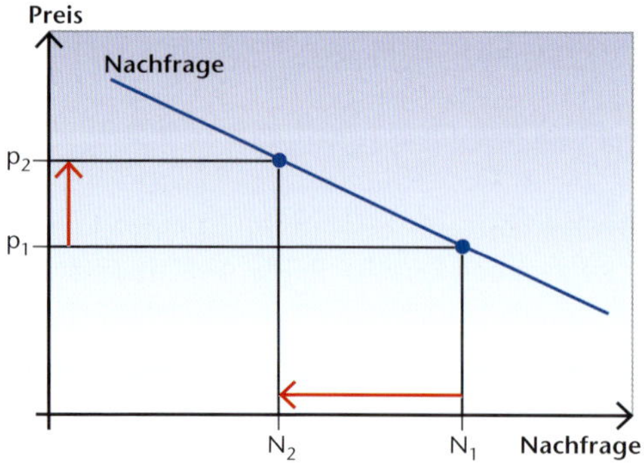

Unelastische Nachfrage (Wert < 1)

Ganzheitliche Büroszenarien

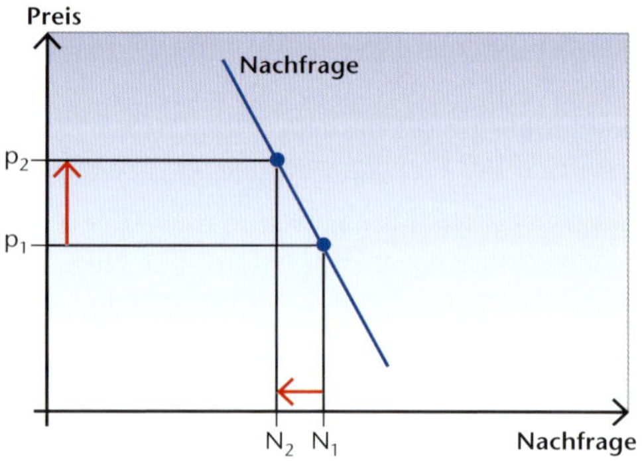

Walter Hüls, Hauptabteilungsleiter Verkauf der ModernOffice KG, ist sich über den Grund dieser unterschiedlichen Elastizitäten im Klaren.

Bei Büromöbeln in einfacher Ausstattung steht die ModernOffice KG im Preiswettbewerb mit zahlreichen anderen Anbietern. Der Qualitätsstandard dieser einfachen Büromöbel ist bei allen Anbietern ähnlich. Die Kunden haben gute Substitutionsmöglichkeiten (Ersatzmöglichkeiten). Das heißt, bei Preiserhöhungen eines Anbieters können sie problemlos gleichwertige Möbel zu günstigeren Preisen bei anderen Anbietern erwerben. Das ist im Segment ganzheitlicher Büroszenarien nicht der Fall. Hier ist die ModernOffice KG Qualitätsführer und hat nur zwei Mitbewerber mit ähnlichem Qualitätsstandard.

Walter Hüls hat die Bedarfsforschung zur Ermittlung der Preiselastizität der Kunden der Modern Office KG in Auftrag gegeben. Er weiß, wie wichtig die Kenntnis der Preiselastizität im Zusammenhang mit der Preisfestsetzung ist.

Preisfestsetzung in Abhängigkeit von der Preiselastizität der Nachfrage		
Grad der Preiselastizität	**Preisänderung und Mengenänderung**	**Auswirkung auf Umsatz und Gewinn**
Produkte mit elastischer Nachfrage (E > 1)	moderate Preissenkung: 5 %: von 100,00 € auf 95,00 € relativ starke Mengensteigerung: 20 %: von 1.000 Stück auf 1.200 Stück	Menge · Preis = Umsatz 1.000 · 100,00 € = 100.000,00 € 1.200 · 95,00 € = 114.000,00 € In der Folge: Gewinnsteigerung
Produkte mit unelastischer Nachfrage (E < 1)	moderate Preiserhöhung: 10 %: von 100,00 € auf 110,00 € relativ geringe Mengenabnahme: 5 %: von 1.000 Stück auf 950 Stück	Menge · Preis = Umsatz 1.000 · 100,00 € = 100.000,00 € 950 · 110,00 € = 104.500,00 € In der Folge: Gewinnsteigerung

Konkurrenzorientierung bei der Preispolitik

Neben den Kunden agieren auf dem Absatzmarkt auch die Wettbewerber. Die Festlegung des Verkaufspreises muss sich deshalb auch an den Preisen der Konkurrenz orientieren.

Handlungsalternativen bei der konkurrenzorientierten Preisfestsetzung

- **Orientierung am Branchenpreis**
- **Orientierung am Preisführer**
- **Abgrenzung vom Preisniveau der Konkurrenz**

Orientierung am Branchenpreis
Bei der Preisfestlegung passt sich das Unternehmen an dem in der Branche üblichen Preis (durchschnittlicher Marktpreis) an. Diese Strategie kommt vor allem auf Märkten mit relativ vollständiger Konkurrenz zur Anwendung (vgl. S. 56 f.). Diese Marktsituation ist durch folgende Kriterien gekennzeichnet.

- **Polypol**: Es gibt viele Anbieter mit jeweils relativ geringem Marktanteil und entsprechend geringer Marktmacht.
- **relativ vollkommener Markt**: Die Produkte sind weitgehend vergleichbar (homogen), die einzelnen Anbieter verfügen über keine Präferenzen und die Kunden haben einen guten Kenntnisstand über alle relevanten Informationen (Preise, Qualitäten, Anbieter u. a.).

Beispiel • *Diese Marktsituation findet die ModernOffice KG im Segment der Büromöbel mit einfachem Qualitäts- und Ausstattungsstand vor. Diese Produkte vertreibt sie in erster Linie über Möbeldiscounter und Verbrauchermärkte. Bei der Preisfestlegung muss sie sich am Branchendurchschnitt orientieren.*

Orientierung am Preisführer
Einem Anbieter mit hohem Marktanteil und entsprechender Marktposition kommt nicht selten die Rolle des Preisführers zu. Die anderen Wettbewerber schließen sich seiner Preispolitik an. Das heißt, sie übernehmen die Preisänderungen, die der Preisführer vorgibt.

Beispiel • *Auf dem Teilmarkt für ganzheitliche Bürokonzepte besitzt die ModernOffice KG einen Marktanteil von 60 %. Ihre innovativen Bürolandschaften geben auch den Qualitätsstandard vor. Von ihren zwei Mitbewerbern wird die ModernOffice KG deshalb stillschweigend als Preisführer anerkannt. Preisanpassungen, die die ModernOffice KG im Rahmen neuer Preislisten vornimmt, werden von den Konkurrenten nachvollzogen.*

Abgrenzung vom Preisniveau der Konkurrenz

Konsequente Preisüberbietung der Konkurrenz

Im Rahmen einer Hochpreisstrategie werden die Preise bewusst über dem Preisniveau der Konkurrenz festgelegt. Dies gelingt nur, wenn das Unternehmen in der Wahrnehmung seiner Kunden Qualitätsführer ist.

Beispiel • *Die hochwertigen Design-Linien der ModernOffice KG in der Produktgruppe „Konferenz/Management“ sind durch hochwertige Materialien, innovatives Design und perfekte ergonomische Gestaltung gekennzeichnet. Der ModernOffice KG ist es gelungen, ihre Kunden in diesem Segment von dieser hohen Qualität zu überzeugen. Den Kunden ist bewusst, dass Qualität ihren Preis hat. Trotz der im Vergleich zur Konkurrenz hohen Preise, kann die ModernOffice KG ihren Marktanteil halten.*

Konsequente Preisunterbietung der Konkurrenz
Ein Unternehmen kann das Ziel verfolgen, durch einen „Preiskampf“ seinen Marktanteil zu erhöhen. Durch ständiges Unterbieten der Preise der Wettbewerber sollen diese vom Markt verdrängt werden. Dieser **ruinöse Wettbewerb** führt nur dann zum Erfolg, wenn das Unternehmen Kostenführer ist, d. h., selbst zu günstigsten Kosten produzieren kann. Andernfalls besteht die Gefahr des eigenen Ruins, wenn Konkurrenten mit noch niedrigeren „Kampfpreisen“ den Angriff abwehren können.

Für die Kunden ist ein ruinöser Wettbewerb auf mittel- und langfristige Sicht selten vorteilhaft. Sie profitieren zwar kurzfristig von niedrigen Preisen, nach der „Marktbereinigung“ erhöhen die „Sieger“ aber nicht selten das Preisniveau deutlich. Darüber hinaus besteht die Gefahr, dass die Qualität der Produkte während des Preiskampfes zurückgeht.

Besondere Preisstrategien

Der Verkaufspreis für ein Produkt wird nicht durch die Kalkulation berechnet, sondern vom Markt (Kunden und Konkurrenz) wesentlich beeinflusst.

In diesem Spannungsverhältnis der Kosten-, Kunden- und Konkurrenzsituation kann ein Unternehmen bestimmte Strategien (bewusst geplante Vorgehensweisen) anwenden.

In einem ersten Schritt muss die grundsätzliche Preisstrategie festgelegt werden. Es ist zu entscheiden, an welchem generellen Preisniveau die Preisgestaltung langfristig ausgerichtet werden soll. Zwei grundsätzliche Strategien stehen zur Auswahl (vgl. S. 61):

- die Hochpreisstrategie (dauerhaft hohes Preisniveau)
- die Niedrigpreisstrategie (dauerhaft niedriges Preisniveau)

Im Rahmen dieser prinzipiellen Entscheidung für ein eher hohes oder eher niedriges Preisniveau können wiederum besondere Preisstrategien angewendet werden.

Skimming-Strategie und Penetrations-Strategie bei Produkteinführungen

Die Festsetzung eines hohen oder eines niedrigen Preises kann zeitlich befristet sein. Diese Vorgehensweise wird vor allem bei der Markteinführung von Produkten angewendet.

Skimming-Strategie (Abschöpfungsstrategie): Produkteinführung mit einem zunächst hohen Preis verbunden mit anschließender schrittweiser Preissenkung

Insbesondere für Produktinnovationen (neuartige Produkte) wird bei der Markteinführung ein hoher Einführungspreis festgesetzt. Kaufkräftige und an Neuheiten interessierte Kunden (**Early Adopter**) akzeptieren diesen Preis. Ihre Zahlungsbereitschaft wird zunächst abgeschöpft. Danach wird der Preis in Stufen gesenkt, um nacheinander die nachfolgenden Kundengruppen ebenfalls abzuschöpfen.

Beispiel • *Dr. Anja Tischler, Geschäftsführerin der ModernOffice KG, ist sich der Skimming-Strategie bei der Markteinführung innovativer mobiler Endgeräte bewusst. Deshalb entscheidet sie, die Ausrüstung der Außendienstmitarbeiter der ModernOffice KG mit neuen Smartphones bis zur Jahresmitte zurückzustellen. Der aktuell hohe Einführungspreis der neuesten Geräte-Generation wird bis zu diesem Zeitpunkt deutlich gesenkt worden sein.*

Entgegengesetzt wird bei der Penetrations-Strategie vorgegangen.

Penetrations-Strategie (Durchdringungsstrategie): Produkteinführung mit einem zunächst niedrigen Preis verbunden mit der Absicht späterer Preiserhöhungen

Durch die Festsetzung eines niedrigen Einführungspreises sollen schnell ein hoher Marktanteil und Wettbewerbsvorteile gegenüber Konkurrenten erzielt werden. Die damit einhergehende Marktmacht wird anschließend für die Durchsetzung höherer Preise genutzt. Folgende Bedingungen erhöhen die Erfolgsaussichten:

- hohe Preiselastizität der Nachfrage (Eine relative niedrige Preissenkung bewirkt eine hohe Nachfragesteigerung.)
- hohe Anbieterwechselkosten (Diese Kosten auf Kundenseite verhindern die Kundenabwanderung bei der späteren Preiserhöhung.)

Preisdifferenzierung

Preisdifferenzierung: Ein und dasselbe Produkt wird zu verschiedenen Verkaufspreisen angeboten.

Für eine Preisdifferenzierung muss es gelingen, den Gesamtmarkt in voneinander abgegrenzte Teilmärkte aufzuteilen. Nur dann können für ein identisches Produkt unterschiedliche Preise auf den jeweiligen Teilmärkten durchgesetzt werden.

Arten der Preisdifferenzierung

räumliche Preisdifferenzierung	zeitliche Preisdifferenzierung	persönliche Preisdifferenzierung	sachliche Preisdifferenzierung
Ein identisches Produkt wird an verschiedenen Orten zu unterschiedlichen Preisen angeboten.	Ein identisches Produkt wird zu verschiedenen Zeiten zu unterschiedlichen Preisen angeboten.	Ein identisches Produkt wird verschiedenen Kundengruppen zu unterschiedlichen Preisen angeboten.	Ein identisches Produkt wird in verschiedener Aufmachung zu unterschiedlichen Preisen angeboten.

Beispiel • *Die ModernOffice KG setzt alle Arten der Preisdifferenzierung um.*

Räumliche Preisdifferenzierung: *In den Metropolen (z. B. Berlin, Hamburg, Köln, Stuttgart, München) bietet der Fachhandel die Erzeugnisse der ModernOffice KG zu anderen Preisen an als in Regionen ohne städtisches Oberzentrum.*

Zeitliche Preisdifferenzierung: *Während der Messetage der ORGATEC können Messebesucher am Messestand der ModernOffice KG zu günstigeren Messepreisen bestellen.*

Persönliche Preisdifferenzierung: *Für Privat- und Geschäftskunden, A-Kunden und B-Kunden, Bestandskunden und Neukunden gelten jeweils unterschiedliche Preise.*

Sachliche Preisdifferenzierung: *Der Drehstuhl „MO AGENDA“ wird als „future-chair“ ohne Logo der ModernOffice KG (No-Name-Produkt) zu einem Sonderpreis angeboten. Der Farbton des Bezugsstoffes sowie die Beschichtung der Profile unterscheiden sich deutlich von den Varianten der „MO AGENDA“-Linie. Der Vertrieb erfolgt über Verbrauchermärkte.*

Preispolitisch ausgerichtete Konditionenpolitik

Unternehmen können verschiedene Bedingungen (Konditionen) festlegen, zu denen sie ihre Produkte zu den jeweils festgesetzten Preisen verkaufen.

Konditionenpolitik: Festlegung der Verkaufsbedingungen, unter denen die festgesetzten Verkaufspreise gelten, z. B. Preisnachlässe oder Preiszuschläge, Zahlungsbedingungen, Lieferungsbedingungen, Garantiebedingungen

Preisnachlässe und Preiszuschläge

Preisnachlässe und Preiszuschläge ermöglichen es, unter Beibehaltung eines einheitlich festgesetzten Verkaufspreises verschiedenen Kunden unterschiedliche Endpreise anzubieten. Insbesondere bestimmte Arten der Preisdifferenzierung werden oft über Preisnachlässe oder Preiszuschläge umgesetzt.

Preisnachlässe als Instrument der Konditionenpolitik

Bonus

nachträglich gewährter Preisnachlass bei Erfüllung bestimmter Bedingungen, z. B. Erreichen eines bestimmten Jahresumsatzes

Rabatt

sofortiger Preisnachlass bei Vorliegen bestimmter Kriterien, z. B.:
- Mengenrabatt
- Treuerabatt
- Neukundenrabatt
- Wiederverkäuferrabatt
- Saisonrabatt
- u. a.

Denkbar sind auch Preiszuschläge. Sie kommen z. B. in Verbindung mit Mindestabnahmemengen oder Mindestbestellwerten zur Anwendung. Unterschreitet eine Bestellung die festgesetzte Untergrenze, wird ein Mindermengenzuschlag in Rechnung gestellt.

Beispiel • *Die ModernOffice KG nutzt Preisnachlässe im Rahmen ihrer persönlichen und zeitlichen Preisdifferenzierung.*

Bonusgewährung zur persönlichen Preisdifferenzierung: *Am Jahresende erhalten A-Kunden einen Bonus von 5 % ihres jeweiligen Jahresauftragswertes bei Erreichen eines bestimmten Jahresumsatzes.*

Mengen-, Treue-, Neukunden- und Wiederverkäuferrabatt zur persönlichen Preisdifferenzierung: *Mengenrabatte werden Geschäftskunden mit hohen Auftragswerten gewährt, Stammkunden werden über Treuerabatte an das Unternehmen gebunden, Neukunden werden mittels Neukundenrabatten zusätzliche Kaufanreize geboten und die Vermittlungsleistung des Fachhandels wird über Wiederverkäuferrabatte honoriert.*

Saisonrabatt zur zeitlichen Preisdifferenzierung: *Während der Fachmesse ORGATEC erhalten Messekunden günstigere Messepreise durch den Abzug eines 20-prozentigen Messerabatts.*

Zahlungsbedingungen

Insbesondere für den Fachhandel als Wiederverkäufer, aber auch für andere Geschäftskunden sind die Zahlungsbedingungen ein wichtiges Kriterium. Nach dem Gesetz ist der vereinbarte Preis sofort bei Erhalt der Ware fällig. Der Verkäufer kann davon abweichend aber andere Bedingungen für die Zahlungsabwicklung anbieten (vgl. Band 1, S. 616 ff.).

Zahlungsbedingungen

- **Gewährung eines Zahlungsziels**
  - **Liefererkredit**
    Der Verkäufer (Lieferer) besteht nicht auf sofortige Übergabe des vereinbarten Kaufpreises zum Zeitpunkt der Warenübergabe. Er überlässt dem Käufer diesen Geldbetrag noch für eine bestimmte Zeit, d. h., der Lieferer gewährt dem Käufer einen Kredit.
- **Gewährung von Skonto**
  - **Skonto (Zinsen für den Liefererkredit)**
    Im Kaufpreis sind bereits Zinsen für den Lieferkredit (Skonto) einkalkuliert. Dieser Skonto kann abgezogen werden, wenn der Liefererkredit nicht in Anspruch genommen wird.

Beispiel • *Der Fachhandel ist für die ModernOffice KG ein sehr wichtiger Vertriebsweg. Sie gewährt deshalb ihren langjährigen Fachhändlern einen Liefererkredit. Die Allgemeinen Geschäftsbedingungen (AGB) der ModernOffice KG enthalten folgende Zahlungsbedingung:*

„Unsere Rechnungen sind 60 Tage nach Lieferung fällig. Bei Zahlung innerhalb von 10 Tagen können 3 % Skonto abgezogen werden."

Dadurch haben die Händler ausreichend Zeit, die Produkte der ModernOffice KG weiterzuverkaufen. Aus den zufließenden Verkaufserlösen können dann die ausstehenden Verbindlichkeiten gegenüber der ModernOffice KG beglichen werden. Fachhändler, die zum Zeitpunkt der Anlieferung durch die ModernOffice KG liquide (zahlungsfähig) sind und die Rechnung innerhalb von 10 Tagen bezahlen, können die im Verkaufspreis einkalkulierten Zinsen für den Liefererkredit (Skonto) abziehen.

Lieferungsbedingungen

Durch günstige Lieferungsbedingungen kann die Attraktivität des festgesetzten Verkaufspreises gesteigert werden. Nach dem Gesetz trägt der Käufer die Versandkosten (Verpackungskosten, Versicherungskosten, Transportkosten u.a.). Davon abweichend kann der Verkäufer die Übernahme dieser Kosten anbieten. Der festgesetzte Verkaufspreis wird dadurch für den Käufer kostengünstiger.

Lieferungsbedingungen

- **Übernahme der Versandkosten**
  - Der Lieferer übernimmt die Versandkosten zum Teil oder in voller Höhe.
- **Regelung der Lieferzeit**
  - Der Lieferer verpflichtet sich zu einer schnellen Lieferung oder bietet Teillieferungen auf Abruf an.

Beispiel • *In Abweichung von der generellen Regelung in ihren Allgemeinen Geschäftsbedingungen (AGB) übernimmt die ModernOffice KG in bestimmten Fällen die Versandkosten. In den Kaufvertrag mit dem Kunden wird in diesen Einzelfällen folgende Vertragsklausel aufgenommen:*

„Abweichend von den Bestimmungen in unseren Allgemeinen Geschäftsbedingungen (AGB) liefern wir die Ware zum vereinbarten Kaufpreis frei Haus."

In diesen Einzelfällen trägt die ModernOffice KG die Kosten für die Verpackung und den Transport.

Garantiebedingungen

Letztlich können besondere Garantiezusagen den festgesetzten Preis attraktiv machen. Die gesetzliche Gewährleistungsfrist beträgt zwei Jahre. Nur innerhalb dieser Frist haben Käufer Reklamationsansprüche. Im Rahmen seiner Konditionenpolitik kann der Verkäufer diese Frist verlängern.

Beispiel • *Die ModernOffice KG ist Qualitätsführer. Ihre Kunden schätzen die hochwertigen Materialien und die hochwertige Verarbeitung der Büromöbel. Diesen hohen Qualitätsstandard sichert die ModernOffice KG ihren Kunden auch durch eine fünfjährige Garantie zu. Das heißt, nach Ablauf der gesetzlichen Gewährleistungsfrist von zwei Jahren haben die Kunden drei weitere Jahre Anspruch auf kostenlose Nachbesserung oder Ersatzlieferung, falls sich nachträglich Mängel an den gelieferten Büromöbeln herausstellen sollten. Nicht zuletzt wegen dieser besonderen Garantiegewährung akzeptieren die Kunden der ModernOffice KG die im Vergleich zu anderen Büromöbelproduzenten höheren Preise.*

Psychologische Preisfestsetzung

Mit der Festlegung eines Schwellenpreises soll eine psychologische Wirkung erreicht werden.

Schwellenpreis (gebrochener Preis): Preis, der knapp unter einem runden Betrag liegt, z. B. 99,00 € statt 100,00 €

Ein Schwellenpreis vermittelt beim Käufer den Eindruck, dass der Verkäufer sehr knapp kalkuliert hat und dass es sich demzufolge um einen sehr günstigen Preis handeln muss. Darüber hinaus wirkt ein Schwellenpreis niedriger als es der tatsächlichen Differenz zum nächsten runden Preis entspricht.

MO Mischkalkulation

Beispiel • *Die ModernOffice KG vertreibt den Bürostuhl „future-chair" u. a. über Verbrauchermärkte und Möbeldiscounter. Sie empfiehlt diesen Handelsunternehmen, dieses No-Name-Produkt zum Schwellenpreis von 199,00 € anzubieten.*

Auf den Punkt gebracht

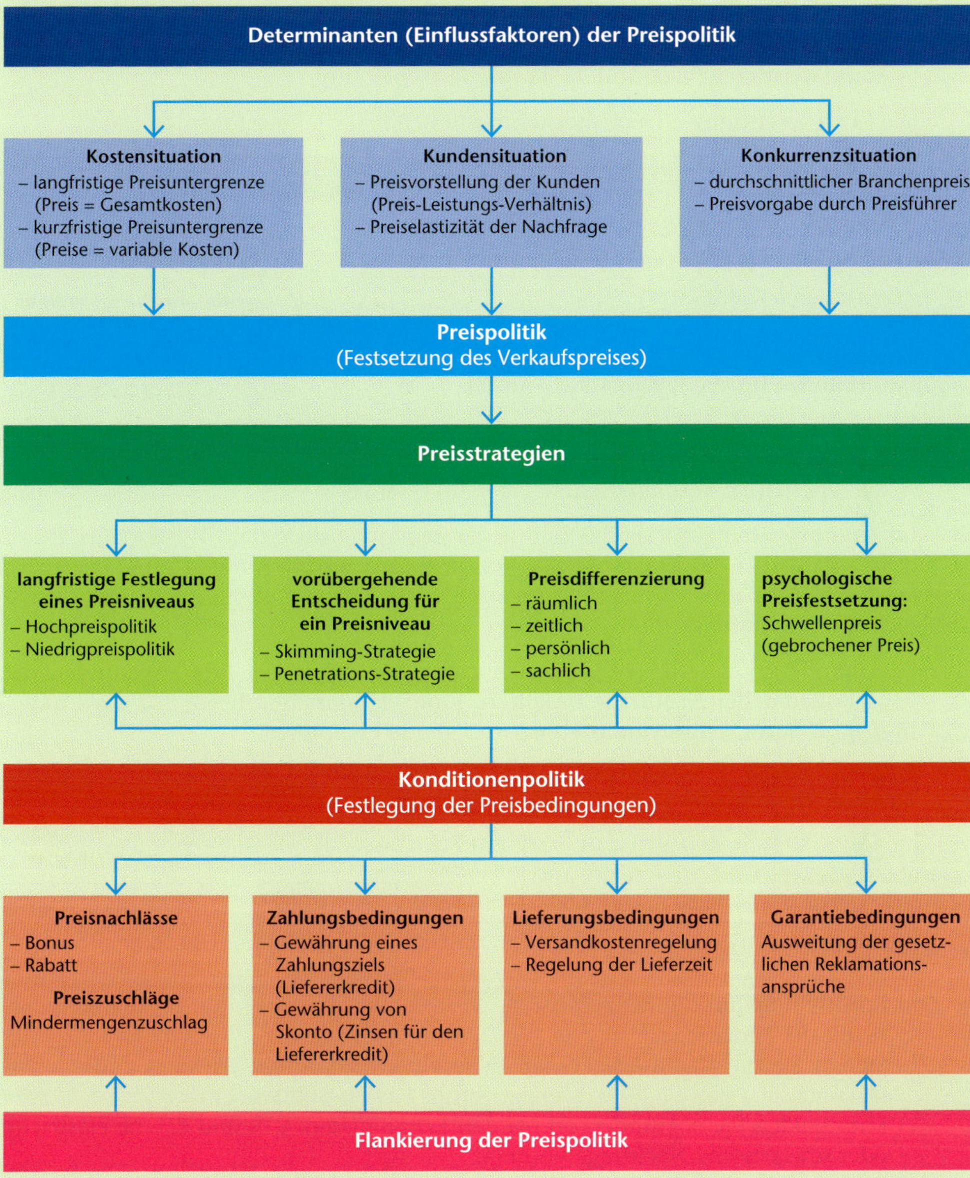

Nutzen Sie Ihr Wissen

1. Erläutern Sie folgende Aussage: „Die Festlegung des Verkaufspreises für ein Produkt erfolgt stets im Spannungsverhältnis der Kunden-, Konkurrenz- und Kostensituation des jeweiligen Unternehmens.“

2. Im Rahmen einer kostenorientierten Preispolitik sind die langfristige und die kurzfristige Preisuntergrenze eine wichtige Entscheidungsgröße.

   a) Erklären Sie diese beiden Preisuntergrenzen.
   b) Ein Unternehmen richtet die Preise für seine Erzeugnisse grundsätzlich an der langfristigen Preisuntergrenze aus. Kann dieses Unternehmen dauerhaft am Markt existieren? Begründen Sie Ihre Entscheidung.

3. Die Kostenrechnung einer Unternehmung liefert für Januar folgende Daten.

	Erzeugnis A	Erzeugnis B
Produktions- und Absatzmenge (Stück)	700	1.400
variable Kosten je Stück (€)	280,00	320,00
Barverkaufspreis je Stück (€)	450,00	360,00
fixe Gesamtkosten (€)	49.000,00	42.000,00

   Ermitteln Sie für die Erzeugnisse A und B

   a) das Betriebsergebnis im Januar,
   b) den Deckungsbeitrag je Stück,
   c) die langfristige und kurzfristige Preisuntergrenze.

4. Im Zusammenhang mit der Erstellung der neuen Preisliste stellt Walter Hüls, Leiter des Verkaufs bei der ModernOffice KG, fest: „Für unsere Kunden muss das Preis-Leistungs-Verhältnis stimmen. Dann akzeptieren Sie auch unser relativ hohes Preisniveau.“ Erläutern Sie diese Aussage.

5. Eine kundenorientierte Preispolitik muss insbesondere bei Preisänderungen die Preiselastizität der Nachfrage beachten. Eine Marktanalyse liefert für die Erzeugnisse A, B und C eines Unternehmens folgende Ergebnisse:

	Erzeugnis A		Erzeugnis B		Erzeugnis C	
	Preis (€)	Nachfrage (Stück)	Preis (€)	Nachfrage (Stück)	Preis (€)	Nachfrage (Stück)
alter Preis	40,00	4.000	40,00	4.000	20,00	5.000
neuer Preis	50,00	2.000	20,00	6.000	30,00	4.000

   a) Ermitteln Sie für die Erzeugnisse A, B und C den Koeffizienten für die Preiselastizität der Nachfrage.
   b) Stellen Sie die Nachfragegeraden in je einem Koordinatensystem grafisch dar (Preisachse: 1 cm = 5,00 €, Mengenachse: 1 cm = 500 Stück).
   c) Entscheiden Sie begründet, ob bei den Erzeugnissen A, B und C eine elastische oder unelastische Nachfrage vorliegt.
   d) Die Nachfrage nach Kraftstoffen (z. B. Super bleifrei) ist relativ unelastisch. Begründen Sie diese Tatsache. Unter welchen Bedingungen ist die Nachfrage eher elastisch?

6. Die ModernOffice KG führt in ihrem Sortiment eine Tischleuchte. Die variablen Stückkosten (Einstandspreis) betragen 60,00 €. Nach einer Senkung des Barverkaufspreises von 100,00 € auf 90,00 € erhöht sich der Absatz um 20 % auf 1.200 Stück.

   a) Ermitteln Sie die Preiselastizität der Nachfrage bezogen auf diese Tischleuchte.
   b) Ermitteln Sie den Umsatzerlös vor und nach der Preisänderung.

7. Ein Leuchtenhersteller will eine innovative LED-Tischleuchte auf dem Markt einführen. Dazu ist eine Marktanalyse durchgeführt worden. Sie liefert folgende Preis-Absatz-Daten:

Preis (€)	1.800,00	1.600,00	1.400,00	1.200,00	1.000,00	800,00
Absatz (Stück)	10.000	20.000	30.000	40.000	50.000	60.000

Die Mitarbeiter des Außendienstes vertreten den Standpunkt, den Markt mit einem Einführungspreis von 800,00 € sofort zu durchdringen. Der Marketingleiter will die Tischleuchte dagegen zum Preis von zunächst 1.800,00 € einführen. Danach soll der Preis in 200-Euro-Schritten stufenweise gesenkt werden.

a) Stellen Sie die Preis-Absatz-Funktion grafisch dar (y-Achse (Preis): 1 cm = 200,00 €, x-Achse (Absatz): 1 cm = 10.000 Stück).
b) Ermitteln Sie den gesamten Umsatzerlös bei Realisierung der beiden Preisstrategien.
c) Erklären Sie allgemein die Skimming-Strategie und die Penetrations-Strategie.
d) Welche Voraussetzungen müssen erfüllt sein, damit mittels Skimming die Kaufbereitschaft der Nachfrager optimal abgeschöpft werden kann.

8. Begründen Sie, welche Art von Preisdifferenzierung in den folgenden Fällen gegeben ist.

a) Ein Textilproduzent bietet seine Erzeugnisse, die er im Inland nicht absetzen kann, im Ausland zu niedrigeren Preisen an.
b) Eine Handelsunternehmung bietet Wintersportartikel nach der Weihnachtszeit zu niedrigeren Preisen an.
c) Ein Energieerzeuger führt in seiner Preisliste unterschiedliche Stromtarife für Privathaushalte und für gewerbliche Kunden.
d) Ein Möbelproduzent gewährt entsprechend der Bestellmenge gestaffelte Mengenrabatte.
e) Ein Markenhersteller produziert eine No-Name-Ausführung seines Erzeugnisses in einfacher Qualitätsausstattung für den Vertrieb in Abholmärkten.

9. Die ModernOffice KG bewirbt sich um einen Großauftrag der NORA Versicherungen AG. Die Versicherung hat die Ausstattung der Büros ihrer Hauptverwaltung in Karlsruhe ausgeschrieben. Die Ausschreibung umfasst die Lieferung und den Aufbau aller Einrichtungsgegenstände gemäß einem Einrichtungsplan.

a) Erläutern Sie, wie die ModernOffice KG durch eine geeignete Preisstrategie und durch Instrumente ihrer Konditionenpolitik einen Wettbewerbsvorteil erzielen und den Auftrag erhalten kann.
b) Informieren Sie sich, z. B. mithilfe des Internets, über die Servicepolitik als Marketinginstrument. Wie kann die ModernOffice KG im vorliegenden Fall die Servicepolitik zur Erreichung ihres absatzpolitischen Ziels einsetzen? Beschreiben Sie dazu drei servicepolitische Maßnahmen.

Die ModernOffice KG bietet die Ausstattung zum Zielverkaufspreis von 828.000,00 € an. Dieser Preis ist mit einem Gewinnzuschlag von 15 % kalkuliert. Das Zahlungsziel beträgt 60 Tage bei 3 % Skonto. Nach Ablauf der Ausschreibungsfrist teilt der Prokurist der NORA Versicherungen AG mit, dass das Angebot der Modern Office KG unter Qualitätsaspekten das beste sei. Allerdings müsse der Preis nachverhandelt werden.

c) Ermitteln Sie als Entscheidungsgrundlage für diese Verhandlung die Preisuntergrenze. (Die Zahlungsbedingung 60 Tage Ziel bei 3 % Skonto soll beibehalten werden.)
d) Erläutern Sie in diesem Zusammenhang, wie sich die langfristige und die kurzfristige Preisuntergrenze unterscheiden.
e) Erläutern Sie drei Möglichkeiten für die ModernOffice KG, die Preisuntergrenzen zu senken.

10. Sechs Jahre nach der Lieferung geht die Reklamation eines langjährigen Kunden der ModernOffice KG ein. Bei zehn der gelieferten Bürostühle löse sich die Kunststoffschale der Rückenlehnen.

a) Erläutern Sie, was unter Kulanz zu verstehen ist.
b) Analysieren Sie diese Situation. Welche Argumente sprechen für und welche gegen ein kulantes Verhalten gegenüber diesem Kunden?
c) Machen Sie zwei Vorschläge, die die ModernOffice KG dem Kunden aus Kulanzgründen anbieten kann.
d) Verfassen Sie eine E-Mail an den Kunden und schlagen Sie eine Lösung vor. (Weitere erforderliche Daten setzen Sie bitte nach Ihrer Wahl ein.)

11. Verfassen Sie einen Fachbericht zu dem Thema „Flankierung der preispolitischen Entscheidungen durch die Instrumente der Konditionenpolitik". Gehen Sie in Ihrem Fachbericht auf folgende Aspekte der Konditionenpolitik ein: Preisnachlässe und Preiszuschläge, Zahlungsbedingungen, Lieferungsbedingungen, Garantiebedingungen.

12. Die ModernOffice KG liefert an einen Geschäftskunden Büromöbel zum Gesamtpreis von 100.000,00 €. Im Rahmen der Konditionenpolitik ist mit dem Kunden folgende Zahlungsbedingung vereinbart worden: Das Zahlungsziel beträgt 60 Tage, bei Zahlung innerhalb von zehn Tagen können 2 % Skonto abgezogen werden.

a) Erklären Sie, inwiefern die ModernOffice KG durch diese Zahlungsbedingung ihrem Kunden einen Liefererkredit gewährt. Welche Voraussetzung muss für die Kreditgewährung erfüllt sein?
b) Begründen Sie, warum die Einräumung eines Liefererkredits gerade für Geschäftskunden ein wichtiges Entscheidungskriterium sein kann.
c) Der Geschäftskunde kann alternativ bei seiner Hausbank einen Kontokorrentkredit in Anspruch nehmen. Die Bank berechnet 8 % Sollzinsen. Erklären Sie, was ein Kontokorrentkredit ist.
d) Soll der Kunde den Kauf der Büromöbel mit dem Kredit der ModernOffice KG oder mit dem Bankkredit finanzieren? Begründen Sie Ihre Entscheidung.

13. Erläutern Sie, was unter Schwellenpreisen zu verstehen ist. Schildern Sie Ihre persönliche Erfahrung mit Schwellenpreisen. Wie ist Ihre grundsätzliche Einstellung zu Schwellenpreisen?

2.2 Kommunikationspolitische Maßnahmen entwickeln

2.2.1 Einen Werbeplan erstellen

Lernsituation

Open-Space-Büros gelten als effiziente Lösung für eine moderne Arbeitsplatzgestaltung. Doch die neuen Büro- und Arbeitslandschaften stoßen wegen ihres Lärmpegels und fehlender Rückzugsorte für konzentriertes Arbeiten auch auf Kritik.

Die ModernOffice KG hat deshalb den THINK TANK entwickelt.

Foto: König+Neurath AG

Foto: König+Neurath AG

THINK TANK – ein Raum für konzentriertes Arbeiten. Es handelt sich um eine innovative Raum-in-Raum-Lösung. Sie ist flexibel in eine übergeordnete Büroraumgestaltung integrierbar. Ein idealer Ort für effizientes Arbeiten, schallgedämmt, mit eigener Belüftung, Beleuchtung und Elektrifizierung.

Svenja Kolleck und Tom Wildermuth erhalten von Lily Summer, Leiterin Werbung/PR, die Hausmitteilung auf der folgenden Seite.

In der Anlage zu dieser Hausmitteilung befindet sich das folgende Raster:

ModernOffice.	Leitfaden „Werbeplan"
Aspekte eines Werbeplans	**Ideen, Vorschläge, Hinweise**
1. Werbeziele	
2. Werbeobjekt	
3. …	

ModernOffice.

Hausmitteilung

Von Lily Summer	**Abteilung** Werbung/Public Relations
An Svenja Kolleck, Tom Wildermuth	**Abteilung** Auszubildende, Verkauf

Betrifft
Werbeplan THINK TANK

Sehr geehrte Frau Kolleck, sehr geehrter Herr Wildermuth,

unsere THINK TANK sind erfolgreich am Markt eingeführt worden.

Leider entwickelt sich der Absatz nach der erfolgreichen Einführung jedoch nicht wie erwartet. Zu wenigen unserer Stammkunden und unserer potenziellen Neukunden ist bewusst, dass sich unser Raum-in-Raum-Konzept problemlos in bereits bestehende Großraumbüros (Open-Space-Lösungen) einfügen lässt.

Deshalb soll eine Werbeagentur mit der Entwicklung einer Werbekampagne beauftragt werden. Diese soll insbesondere die Möglichkeit der nachträglichen Integration unserer THINK TANK-Einheiten kommunizieren.

Im Rahmen der nächsten Besprechung mit der Geschäftsführung soll der entsprechende Grundsatzbeschluss für diese Beauftragung gefasst werden.

Bitte entwerfen Sie ein erstes Konzept für diese Werbemaßnahme. Das Konzept soll Überlegungen zu den wichtigsten Aspekten eines Werbeplans enthalten. Ihr Werbplan soll Grundlage für die Entscheidung der Geschäftsführung und für eventuelle erste Auftragsverhandlungen mit der Agentur sein.

Besondere Vermerke
Bitte erstellen Sie für die Besprechung mit der Geschäftsleitung einen Leitfaden zu Ihrem Werbeplan. Ein Raster für diesen Leitfaden finden Sie in der Anlage.

Datum 03.04.20..	**Anlagen** Leitfaden Werbeplan, Raster
Unterschrift gez. Summer	**Verteiler** Miriam Ball, Ausbildungsabteilung

- *Analysieren Sie die Ausgangslage. Gehen Sie dazu z. B. auf folgende Fragen ein:*
  - *Welche besonderen Eigenschaften zeichnen die THINK TANK-Einheiten aus?*
  - *Welche Marktsituation ist bei den THINK TANK-Einheiten gegeben (Absatz, Marktanteil, Kunden, Konkurrenten usw.)?*
  - *Welche Argumente sprechen für eine Werbekampagne?*
  - *Welche absatzpolitischen Ziele sollen mit einer Werbeaktion erreicht werden?*
  - *Warum empfiehlt sich die Beauftragung einer Werbeagentur?*
- *Informieren Sie sich, z. B. mithilfe dieses Kapitels, über die Erstellung eines Werbeplans.*
- *Entwickeln Sie ein Konzept für eine Werbekampagne bezogen auf die THINK TANK-Elemente der ModernOffice KG. Berücksichtigen Sie in Ihrem Konzept alle relevanten Aspekte eines Werbeplans.*

- *Erstellen Sie, stellvertretend für Svenja Kolleck und Tom Wildermuth, zu Ihrem Konzept einen Leitfaden nach dem vorliegenden Raster.*
- *Erläutern Sie vor Ihrer Lerngruppe Ihren Leitfaden im Rahmen einer Präsentation. Holen Sie von Ihren Mitschülerinnen und Mitschülern ein Feedback ein.*

Kommunikationspolitik – Informationsaustausch mit den Kunden

Allgemein ist unter **Kommunikation** der **Informationsaustausch** zwischen einem Sender (z. B. Sprecher, Schreiber) und einem Empfänger (z. B. Hörer, Leser) zu verstehen.

In diesem Sinne ist die Marketingkommunikation der Informationsaustausch zwischen einem Unternehmen und seinen Kunden.

***Kommunikationspolitik:** Realisierung der absatzpolitischen Ziele (Absatzsteigerung, Sicherung und Erhöhung des Marktanteils, Erschließung neuer Märkte, Erhöhung des Bekanntheitsgrads, Imageaufbau, Kundenbindung) durch die Gestaltung der Kommunikation (Informationsaustausch) des Unternehmens mit seinen Kunden*

Durch die planmäßige, zielorientierte Gestaltung und Vermittlung der Informationen über das Unternehmen und sein Leistungsangebot sollen das Wissen, die Einstellungen und die Verhaltensweisen der Kunden im Sinne des Unternehmens beeinflusst werden.

Zentrale Instrumente der Kommunikationspolitik

- Werbung
- Sales Promotion (Verkaufsförderung)
- Public Relations (Öffentlichkeitsarbeit)
- Sponsoring

Werbung – das klassische Instrument der Kommunikationspolitik

***Werbung:** Übermittlung von Informationen über ein bestimmtes Produkt oder über das gesamte Leistungsangebot der Unternehmung an die (potenziellen) Kunden*

Werbeziele

Ziel der Werbung ist es, die angesprochenen Kunden zum Kauf zu bewegen. Dieses übergeordnete absatzpolitische Ziel (Absatzsteigerung) strebt Werbung über drei Zwischenziele an:

1. **Produkte und Leistungen bekannt machen:** Kunden über den Grund- und Zusatznutzen informieren
2. **Bedürfnisse wecken:** Neue oder unbewusste Bedürfnisse bei den Kunden wecken oder bewusst machen
3. **Kaufentscheidungen beeinflussen:** Kunden zum Kauf veranlassen

Arten der Werbung
In Abhängigkeit von bestimmten Kriterien sind verschiedene Arten von Werbung zu unterscheiden.

Arten der Werbung

Zeitpunkt der Werbemaßnahme
- **Einführungswerbung** (Werbung zur Markteinführung eines neuen Produkts)
- **Expansionswerbung** (Werbung zur Steigerung des Marktanteils eines eingeführten Produkts)
- **Erinnerungswerbung** (Werbung zur Aktivierung von Wiederholungskäufen)

Anzahl der Adressaten
- **Massenwerbung** (gemeinsame Ansprache einer sehr hohen Anzahl von Umworbenen)
- **Direktwerbung** (persönliche Ansprache einer Einzelperson) z. B. durch:
  - Werbebrief
  - Telefongespräch
  - Werbe-E-Mail
  - Werbe-SMS

Anzahl der Werbenden
- **Einzelwerbung** (Werbung eines einzelnen Unternehmens für die eigenen Produkte)
- **Sammelwerbung** (gemeinsame Werbung mehrerer Unternehmen mit Angabe der Namen aller Beteiligten)
- **Gemeinschaftswerbung** (gemeinsame Werbung mehrerer Unternehmen ohne Angabe der Namen der Beteiligten)

Beispiel • *Die ModernOffice KG beteiligt sich an einer Gemeinschaftswerbung des HDH (Hauptverband der Deutschen Holzindustrie e.V.). Im Rahmen dieser Kampagne werden in fünf bundesweit erscheinenden Publikumszeitschriften Werbeanzeigen geschaltet.*

Werbeagenturen als professionelle Dienstleister

In der Regel beauftragen Unternehmen professionelle Werbeagenturen mit der Planung und Durchführung von Werbemaßnahmen. Eine zielgerichtete Auswahl und Beauftragung einer geeigneten Agentur setzt beim Auftraggeber aber eine klare Vorstellung von den grundsätzlichen Elementen der Werbemaßnahme voraus. In der Vorplanung sollte das beauftragende Unternehmen deshalb selbst die Prozessschritte einer Werbeplanung durchlaufen.

Bedeutende Werbeagenturen

Auflistung

Beispiel • *Die Werbeagentur „Studio Ideenreich OHG" betreut seit mehreren Jahren die Modern Office KG. Die Agentur macht Fotos von realisierten Büroszenarien und von Büromöbeln vor Ort und konzipiert Werbekampagnen zu unterschiedlichen Anlässen.*

Aktuell will die ModernOffice KG eine Sonderverkaufsaktion für elektrisch höhenverstellbare Schreibtische durchführen. Lily Summer informiert die Leitung der Agentur über diese Absicht und lädt zu einem ersten Planungsgespräch ein.

Entscheidungsverhalten von Zielgruppen als Basis der Werbeplanung

Werbung will durch Informationen über einzelne Produkte oder über das gesamte Unternehmen Kunden zum Kauf veranlassen. Menschen nehmen Informationen aber unterschiedlich wahr und reagieren darauf verschiedenartig. Sie müssen deshalb unterschiedlich angesprochen werden. Für jede Werbemaßnahme muss von Beginn an die Zielgruppe bestimmt werden, an die sich die Werbung richtet. Nur dann ist sichergestellt, dass die Werbebotschaft „richtig ankommt".

Eine Zielgruppe ist eine Teilmenge aller Kunden. Die Kunden dieser Teilmenge weisen bestimmte Gemeinsamkeiten (z. B. im Kaufverhalten) auf und reagieren auf Werbemaßnahmen oder andere kommunikationspolitische Maßnahmen (z. B. Sales Promotion, Public Relations) gleichartig.

Die Zielgruppen sind die Folge der Marktsegmentierung.

Marktsegmentierung ist die Aufteilung des Gesamtmarktes in Teilmärkte mit jeweils einer bestimmten Zielgruppe als Kunden.

Marktsegmente und ihre Zielgruppen können mithilfe verschiedener Kriterien voneinander abgegrenzt werden. Sie müssen so gebildet werden, dass die Kunden eines Marktsegmentes möglichst gleichartig auf Werbemaßnahmen oder andere Marketingaktivitäten reagieren. Nur dann kann ein Unternehmen seine Marktsegmente und Kundengruppen gezielt „bearbeiten".

Merkmale zur Bildung von Marktsegmenten (Zielgruppen)

soziodemografische Merkmale von Kunden

Kundengruppen nach:
- Geschlecht
- Alter
- Familienstand, -struktur
- Nationalität
- Migrationshintergrund
- Religionszugehörigkeit
- Haushaltsgröße
- Schulbildung
- Berufsabschluss
- berufliche Tätigkeit
- berufliche Stellung
- Einkommen
- soziale Stellung
- Gesundheitsmerkmale

geografische Merkmale von Kunden

Kundengruppen nach regionaler Zugehörigkeit zu einem/einer:
- Staat
- Bundesland
- Region
- Kreis
- Stadt, Gemeinde

Unterscheidung von Kunden nach:
- Land- und Stadtbevölkerung
- Großstadt- oder Kleinstadtbürger
- Bewohner besonderer Lebensräume (Umgebung mit besonderem Lebensstil, besonderem Sozialstatus)

verhaltensbezogene Merkmale von Kunden

Kundengruppen nach:
- Kaufverhalten/Konsumverhalten
- Vorlieben
- Einstellungen/Werten
- Statusbewusstsein
- ästhetischem Empfinden
- Kaufvolumen
- Verbrauchsintensität
- Markenwahl/Markentreue
- Einkaufsstättenwahl (bevorzugte Betriebsformen, z. B. Discounter)
- Einkaufsstättentreue
- Preisverhalten (bevorzugtes Preisniveau, Nutzung von Sonderangeboten)
- Zahlungsverhalten (Zahlungsmoral)
- Informationsverhalten
- Mediennutzung (Art der Medien, Nutzungsintensität)

Prozesskette einer Werbeplanung

Ablaufschema einer Werbeplanung

Werbeziele festlegen	Welche Ziele sollen erreicht werden? Die Formulierung überprüfbarer Ziele (Zielinhalt, Zielausmaß, Zielzeit) ist Voraussetzung für die Werbeerfolgskontrolle. **Beispiel:** *Durch eine Sonderaktion will die ModernOffice KG den Umsatz mit elektrisch höhenverstellbaren Schreibtischen im vierten Quartal um 20 % steigern, verglichen mit dem Umsatz im vierten Quartal des Vorjahres.*
Werbeobjekt festlegen	Soll ein einzelnes Produkt, eine Produktgruppe oder das gesamte Leistungsangebot beworben werden? **Beispiel:** *Im Rahmen der Sonderaktion sind die höhenverstellbaren Schreibtische der ModernOffice KG das Werbeobjekt.*
Werbesubjekt festlegen	Wer veranlasst die Werbung? **Beispiel:** *Die ModernOffice KG wirbt für elektrisch höhenverstellbare Schreibtische. Sie hat sich für die Einzelwerbung und gegen eine Sammel- oder Gemeinschaftswerbung entschieden, weil sie im Rahmen der Sonderaktion gezielt ihr Produkt bewerben will.*
Werbeetat festlegen	Welcher Geldbetrag (Budget) steht für die Werbemaßnahme zur Verfügung? **Beispiel:** *Die Geschäftsführung der ModernOffice KG hat für die Sonderaktion ein Werbebudget von 200.000,00 € vorgegeben. Lily Summer, zuständig für Werbung/Public Relations, achtet strikt auf die Einhaltung dieser Vorgabe. Sie weiß, dass andernfalls trotz steigender Umsatzerlöse Verluste durch die Werbekosten entstehen können.*
Streukreis festlegen	Welcher Personenkreis (Zielgruppe) soll beworben werden? Wer soll Empfänger der Werbebotschaft sein? **Beispiel:** *Zielgruppe der Sonderaktion sind die Fachhändler, (potenzielle) Geschäftskunden, aber auch (potenzielle) Privatkunden mit einem Interesse an gesundheitsförderlichen Arbeitsbedingungen im beruflichen oder privaten Umfeld.*
Streugebiet festlegen	In welchem geografischen Gebiet soll geworben werden? Soll die Werbung lokal, regional, bundesweit oder weltweit angelegt sein? **Beispiel:** *Für die elektrisch höhenverstellbaren Schreibtische wird im Rahmen der Sonderaktion bundesweit geworben. Mit dem Netz ihrer Showrooms sowie über ihre langjährigen Fachhandelspartner ist die ModernOffice KG bundesweit vertreten.*
Werbebotschaft formulieren	Welche Kerninformation soll an die (potenziellen) Kunden übermittelt werden? Welches Alleinstellungsmerkmal, welcher Grund- und Zusatznutzen der angebotenen Leistung sollen herausgestellt werden? Soll der Werbeinhalt eher informativ oder emotional ausgerichtet sein? **Beispiel:** *Die Sonderaktion konzentriert sich auf den primär emotionalen Zusatznutzen der Schreibtische: Rückenschonung durch abwechselndes Arbeiten in verschiedenen Positionen. Alle in der Werbekampagne eingesetzten Stilmittel (Texte, Fotos, Symbole, Farbeffekte, Slogan, Produktname usw.) dienen der Herausstellung dieser Botschaft.*

Werbemittel und Werbeträger festlegen	**Werbemittel:** In welcher Form wird die Werbebotschaft zum Ausdruck gebracht? Als Anzeige, Werbespot, Plakat, Werbebrief? **Werbeträger:** Mit welchem Medium soll das Werbemittel an die Empfänger übertragen werden? Mit einer Zeitschrift, einem TV-Sender, einer Plakatwand, einer Postkarte? **Beispiel:** *Im Rahmen der Sonderaktion schaltet die Werbeagentur auch eine Anzeige in dem Fachmagazin „dasbüro".*
Streuzeit festlegen	Wann soll die Werbemaßnahme beginnen und enden? **Beispiel:** *Die Sonderaktion wird in zeitlicher Nähe zur Fachmesse ORGATEC terminiert. Sie beginnt drei Wochen vor der Messe und endet drei Wochen danach. In diesem Zeitraum werden z. B. die verschiedenen Werbemittel über die entsprechenden Werbeträger verbreitet.*
Werbeerfolg messen	Mit welchen Instrumenten soll nach Beendigung der Kampagne der Erfolg gemessen werden? **Beispiel:** *Entsprechend dem Werbeziel (20 %ige Umsatzsteigerung) soll der Erfolg der Sonderaktion u. a. durch einen Umsatzvergleich mit dem Vorjahreszeitraum überprüft werden.*

Notwendigkeit aufeinander abgestimmter Planungsentscheidungen

Im Rahmen der Werbeplanung dürfen die einzelnen Elemente einer Kampagne nicht isoliert betrachtet werden. Insbesondere die Festlegung von Streukreis, Streugebiet, Streuzeit, Werbebotschaft, Werbemittel und Werbeträger muss aufeinander abgestimmt sein. Nur so lassen sich kostenintensive Streuverluste vermeiden.

Streuverlust:* *Empfänger von Werbebotschaften, die durch die Werbeträger zwar erreicht werden, jedoch nicht zur Zielgruppe der Werbekampagne gehören

Beispiel • *In den Planungsgesprächen mit der Werbeagentur „Studio Ideenreich OHG" macht Lily Summer den Vorschlag, bereits mehrere Monate vor der Fachmesse ORGATEC in der ADAC-Mitgliederzeitschrift „Motorwelt" eine Anzeige zu schalten. Dieser überregionale Werbeträger passe gut zur bundesweiten Präsenz der ModernOffice KG. Die sehr hohe Anzahl von ADAC-Mitgliedern garantiere, dass die Werbebotschaft Millionen von Lesern erreiche. Auch andere branchenfremde Unternehmen (z. B. Reiseveranstalter) platzierten deshalb ihre Anzeigen in der „Motorwelt".*

Die Mitarbeiter der Agentur haben ihre Bedenken. Die Streuverluste seien zu hoch. Zu viele Leser der „Motorwelt" gehörten nicht zur Zielgruppe der Kampagne für elektrisch höhenverstellbare Schreibtische. Außerdem dürfe eine Anzeige nicht zu früh vor der ORGATEC platziert werden. In den Sommermonaten befänden sich zudem viele Mitglieder der Zielgruppe im Sommerurlaub. Ein höherer Werbeerfolg sei mit einer Print-Anzeige in der Septemberausgabe des Fachmagazins „working@office" des VNR-Verlags zu erwarten.

Werbemittel und Werbeträger – zentrale Elemente eines Werbeplans
Für Werbekampagnen steht eine Vielzahl von Werbemitteln zur Auswahl. Neue Medien eröffnen fortlaufend neue Werbemittel.

Werbemittel (Darstellungsart der Werbebotschaft): Das Werbemittel ist die Art und Weise, wie die Werbebotschaft zum Ausdruck gebracht wird, z. B. in Form eines Werbespots, einer Anzeige oder eines Plakats.

Mithilfe von Texten, Begriffen (Produktbezeichnungen), Bildern, Symbolen, Farben, Tönen, Musik und anderen Stilmitteln wird die Werbebotschaft im Werbemittel (z. B. Spot) dargestellt. Ein wichtiges Stilmittel ist dabei der Werbeslogan.

Werbeslogan: einprägsamer Werbespruch, der die Werbebotschaft kurz und knapp, präzise und schlagartig vermittelt

Durch sprachliche Mittel (z. B. Reime, auffällige Wortneuschöpfungen, Wortspiele, bildhafte Vergleiche, unvollständige Sätze) wird die Einprägsamkeit erhöht.

Beispiel • *In den Mittelpunkt der Werbekampagne für die elektrisch höhenverstellbaren Schreibtische soll der emotionale Zusatznutzen dieses Produkts gestellt werden: die Rückenschonung durch Arbeiten in abwechselnden Positionen. Diese zentrale Werbebotschaft soll durch einen Slogan zum Ausdruck gebracht werden.*

Lily Summer weiß um die nachhaltige Wirkung einprägsamer Slogans, spontan fallen ihr zahlreiche Beispiele ein:

- *L´tur: Nix wie weg!*
- *Otto: Otto … find´ ich gut.*
- *Real: Einmal hin, alles drin.*
- *Sony: It´s not a trick, it´s a Sony.*

Durch diese Beispiele angeregt, fällt ihr ein Vorschlag für die Werbekampagne der ModernOffice KG ein:

Keep care of you – work different

Im Rahmen der sogenannten Mediaplanung ist nach der Entscheidung für ein Werbemittel der Werbeträger auszuwählen.

Werbeträger (Medium zur Übertragung des Werbemittels): Der Werbeträger ist das Transportmittel, mit dem das Werbemittel zum Kunden übertragen wird, z. B. TV-Sender, Zeitschrift, Litfaßsäule.

Das Werbemittel transportiert die Werbebotschaft, der Werbeträger transportiert das Werbemittel.

Werbemittel	Werbeträger
	– Printmedien (Druckmedien)
Anzeige, Prospektbeilage	Zeitungen, Zeitschriften, Anzeigenblätter, Kataloge, Flyer, Adress- und Telefonbücher u. a.
	– elektronische Medien
audiovisueller (Fernseh-)Werbespot	TV-Sender, elektronische Displays
Radiowerbespot	Rundfunksender
Kinowerbespot	Leinwand/Kinobetreiber
	– Online-Medien
Pop-up, Banner, Werbemail	Suchmaschinen, Webportale, Webkataloge, Onlinedienste u.a.
	– sonstige materielle Medien
Plakat	Plakatwand, Plakatsäule u. a.
Mailing (Werbebrief)	Briefpapier, Postkarte
Schriftzug	Kugelschreiber, Feuerzeug und andere Werbeartikel
Textildruck	Trikots, Mützen, Shirts usw.
Foliendruck	Fahrzeuge, Schaufenster usw.

Die Planung der Nutzung von Medien als Werbeträger im Rahmen der Werbeplanung wird als Mediaplanung bezeichnet.

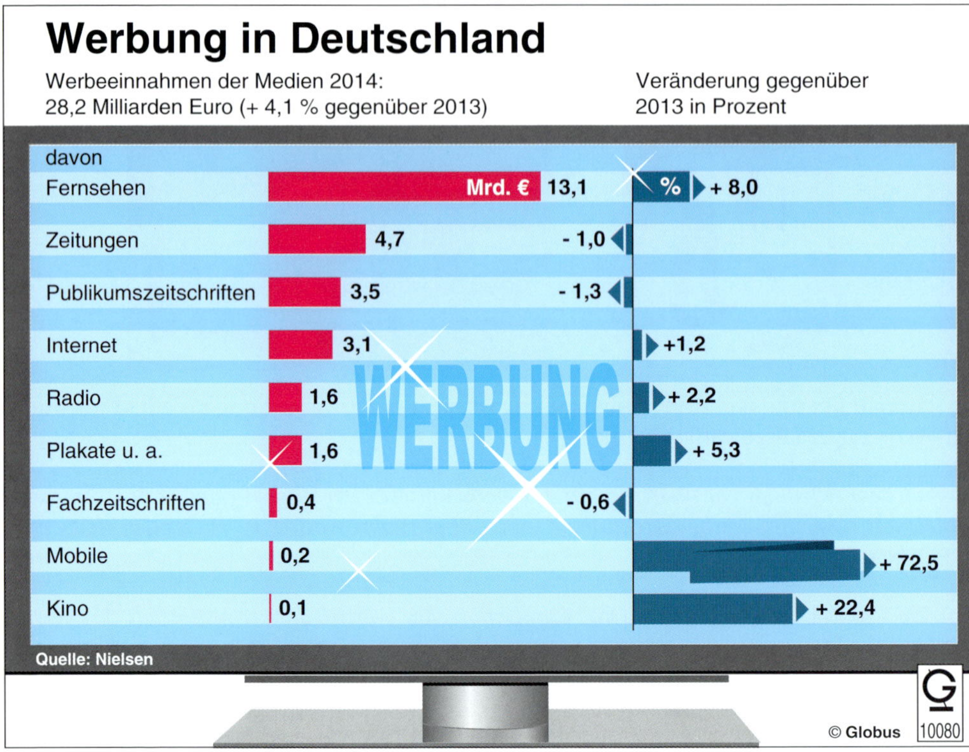

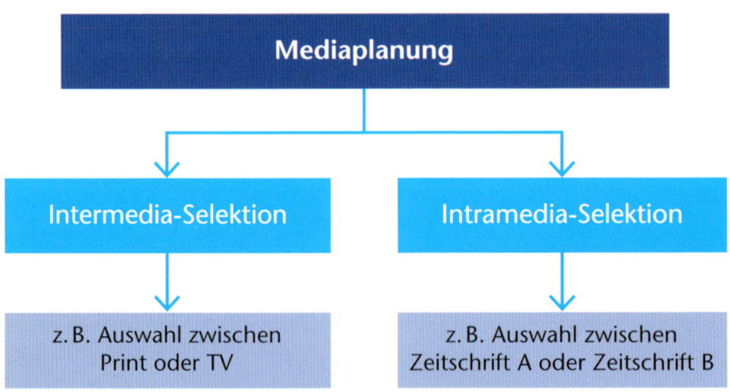

Beispiel • *Die Werbeagentur „Studio Ideenreich OHG“ hat sich für eine Anzeige als Werbemittel entschieden. Im Rahmen der Intermedia-Selektion entscheidet sie sich für die Werbeträgergruppe „Zeitungen/Zeitschriften“. Im nächsten Schritt ist innerhalb dieser Gruppe der geeignete Werbeträger auszuwählen. Die Entscheidung fällt auf das Fachmagazin „dasbüro“ und gegen die Zeitschrift „Motorwelt“.*

Auf den Punkt gebracht

Nutzen Sie Ihr Wissen

1. Erläutern Sie den Zusammenhang zwischen „Kommunikationspolitik“ und „Werbung“.
2. Nach dem Werbezeitpunkt, der Anzahl der Umworbenen und der Anzahl der Werbenden werden verschiedene Arten der Werbung unterschieden.
   a) Erklären Sie diese Werbearten.
   b) Nennen Sie für jede Art von Werbung ein aktuelles Beispiel.
3. Erläutern Sie die Prozesskette im Rahmen einer Werbeplanung.
4. Viele Unternehmen beauftragen für die Konzeption, Durchführung und Auswertung von Werbekampagnen Werbeagenturen.
   a) Informieren Sie sich, z. B. mithilfe des Internets, über drei führende deutsche Werbeagenturen. Charakterisieren Sie diese Agenturen kurz (z. B. Bedeutung/ Größe, Tätigkeitsschwerpunkt, Betreiber, bekannte Kampagnen).
   b) Erläutern Sie die Vorteile der Beauftragung einer Werbeagentur.
5. Erläutern Sie den Zusammenhang zwischen Werbemittel und Werbeträger.

6. Nennen Sie je zwei Vor- und Nachteile der folgenden Werbemittel:

   - Radiospot
   - Zeitungsinserat
   - Plakat

7. Zwei wichtige Aspekte im Rahmen der Werbeplanung sind die Marktsegmentierung und die Zielgruppenfestlegung.

   a) Erläutern Sie, was unter Marktsegmentierung und Zielgruppenfestlegung zu verstehen ist und welcher Zusammenhang zwischen diesen beiden Aspekten besteht.
   b) Welche Werbebotschaft vermitteln die folgenden Slogans? Charakterisieren Sie die jeweilige Zielgruppe, die mit diesen Slogans beworben wird. Legen Sie eine Tabelle der unten stehenden Art an und notieren Sie stichwortartig Werbebotschaft und Zielgruppenmerkmale. Informieren Sie sich bei Bedarf über das jeweilige Unternehmen/Produkt.
      - Haribo macht Kinder froh und Erwachsene ebenso.
      - eBay: 3... 2... 1, meins!
      - Media Markt: Ich bin doch nicht blöd.
      - dm: Hier bin ich Mensch, hier kauf´ ich ein.
      - Ehrmann: Keiner macht mich mehr an.
      - kik: Kleidung clever kaufen.

Slogan	Werbebotschaft	Produkt	soziodemografische Merkmale	geografische Merkmale	verhaltensbezogene Merkmale
Ikea: Wohnst du noch oder lebst du schon?	– Lebensqualität – Wohlgefühl	– Möbelhaus – Wohnmöbel, Einrichtungsgegenstände	– Alter: 14 – 49 J. – junge Erwachsene – Ein- und Mehrpersonenhaushalte – mittleres Einkommensniveau – gesicherte berufliche und soziale Stellung	keine besonderen Merkmale	– preisbewusst – trendorientiert – Akzeptanz der Verlagerung von Serviceleistungen (Selbstmontage) – motorisiert

   c) Ergänzen Sie drei Slogans nach Ihrer Wahl und nehmen Sie jeweils die entsprechende Bestimmung vor.

8. Ein örtlicher Handwerksbetrieb plant, einen Radiowerbesport über eine Mediaagentur zu buchen.

crossvertise GmbH, D-80539 München

   a) Erläutern Sie an diesem Beispiel, inwiefern die einzelnen Prozessschritte im Rahmen einer Werbeplanung aufeinander abgestimmt sein müssen.
   b) Beurteilen Sie die beiden folgenden Werbeplanungen:
      - Ein Fachgeschäft für Zweiräder (Fahrräder, Motorroller u. Ä.) plant im Januar eine Anzeigenkampagne.
      - Ein Markenhersteller von Mountainbikes plant eine Anzeige in einer Seniorenzeitschrift.

9. Wählen Sie ein Produkt/eine Leistung Ihres Ausbildungsbetriebs aus. Planen Sie für dieses Produkt eine Werbekampagne. Durchlaufen Sie dazu alle Prozessschritte der Werbeplanung und erläutern Sie Ihre jeweiligen Entscheidungen.

2.2.2 Werbemöglichkeiten im Internet prüfen

Lernsituation

Die Werbeagentur „Studio Ideenreich OHG“ gestaltet professionell die Webseiten der ModernOffice KG.

Die aktuelle Sonderverkaufsaktion für elektrisch höhenverstellbare Schreibtische ist werbewirksam in die Internetpräsenz integriert worden. Parallel hat die Agentur eine zweite Domain www.passgenaue-schreibtische.com gebucht. Auf dieser Seite wird die Sonderaktion gezielt beworben. Ein innovatives Content-Management-System (CMS) garantiert eine medienneutrale Datenhaltung. Erst bei einer Abfrage wird das Format aus der Datenbank generiert. Dieses „responsive Design“ stellt sicher, dass die Darstellung dem jeweils eingesetzten Device (Smartphone, Tablet, PC-Bildschirm) angepasst ist.

Fotos KÖNIG + NEURATH AG

Dennoch ist Lily Summer unzufrieden. Sie schreibt folgende Hausmitteilung an Svenja Kolleck und Tom Wildermuth.

- *Analysieren Sie den Auftrag an Svenja Kolleck und Tom Wildermuth.*
  - *Erklären Sie die Begriffe „Internet“, World Wide Web (WWW), „Domain“, „Content-Management-System“, „Device“.*
  - *Warum ist Lily Summer trotz der professionellen Gestaltung der Webseiten unzufrieden?*
  - *Was unterscheidet das sogenannte Web 1.0 vom Web 2.0? Welche neuen Möglichkeiten hinsichtlich Werbung ergeben sich im Zeitalter von Social Media?*
  - *Welche Chancen könnten sich für die ModernOffice KG durch die neuen Entwicklungen im World Wide Web (WWW) ergeben?*
- *Informieren Sie sich u. a. mithilfe dieses Kapitels über Werbemöglichkeiten im Internet.*
- *Entwickeln Sie Vorschläge, welche Werbemöglichkeiten die ModernOffice KG im Internet zusätzlich zu ihren Webseiten nutzen könnte. Gehen Sie dabei auch auf die neuen Chancen im Web 2.0 (Social Media) ein.*
- *Erstellen Sie, stellvertretend für Svenja Kolleck und Tom Wildermuth, eine Präsentation zu Ihren Vorschlägen.*
- *Präsentieren Sie Ihre Ideen vor Ihrer Lerngruppe und holen Sie von Ihren Mitschülerinnen und Mitschülern ein Feedback ein.*

ModernOffice.

Hausmitteilung

Von Lily Summer	**Abteilung** Werbung/Public Relations
An Svenja Kolleck, Tom Wildermuth	**Abteilung** Auszubildende, Verkauf

Betrifft
Werbung im Web 2.0

Nachricht

Sehr geehrte Frau Kolleck, sehr geehrter Herr Wildermuth,

die aktuelle Sonderaktion „elektrisch höhenverstellbare Schreibtische" ist von der Werbeagentur „Studio Ideenreich OHG" professionell in unsere Website eingepflegt worden. Auch die Reservierung einer zweiten Domain ist sicherlich keine schlechte Idee.

Dennoch habe ich den Eindruck, dass wir im Internet nicht alle Werbemöglichkeiten nutzen. In der jüngeren Vergangenheit ist es zu so vielen neuen Entwicklungen im WWW gekommen. Ich befürchte, dass wir Chancen verpassen.

In der nächsten Woche habe ich deshalb zu dieser Thematik die Leitung der „Studio Ideenreich OHG" zu einem Gespräch gebeten.

Als junge Menschen sind Sie sicherlich hinsichtlich des modernen World Wide Web auf dem Laufenden.

Bitte prüfen Sie einmal alle Werbemöglichkeiten, die das neue Web 2.0 der ModernOffice KG eröffnet. Lassen Sie Ihrer Fantasie freien Lauf.

Informieren Sie mich am kommenden Freitag, 10:00 bis 10:30 Uhr, in meinem Büro über Ihre Ergebnisse.

Besondere Vermerke
Bitte erstellen Sie eine Präsentation, die ich für mein Gespräch mit der „Studio Ideenreich OHG" nutzen kann.

Datum 12.05.20..	**Anlagen**
Unterschrift gez. Summer	**Verteiler** Miriam Ball, Ausbildungsabteilung

Dienste im Internet

Internet als weltumspannendes Rechnernetzwerk

Das Internet ist ein weltweiter Verbund von Rechnernetzwerken. In diesem Gesamtnetzwerk kann sich jeder Rechner mit jedem anderen Rechner verbinden und Daten austauschen. Dies ermöglicht vielfältige Internetdienste, z.B. das World Wide Web oder den E-Mail-Verkehr.

Internetdienst Word Wide Web (WWW oder Web)

Das World Wide Web ist eine zentrale Nutzungsmöglichkeit des Internets.

Word Wide Web (WWW): über das Internet abrufbares System von elektronischen Dokumenten, sogenannten Webseiten, die untereinander verknüpft sind

Die Webseiten enthalten Informationen in Form von Texten, oft illustriert mit Fotos und grafischen Darstellungen. Auch Videos, Tondokumente und Musikstücke können in einer Webseite eingebaut sein. Die Startseite wird als **Homepage** bezeichnet. Die Webseiten werden auf dem Webserver eines **Providers** (Internetdienstanbieter) im Internet bereitgestellt. Mithilfe eines **Webbrowsers** können Webseiten heruntergeladen, über das Internet übertragen und auf einem Endgerät (PC-Bildschirm, Tablet, Smartphone) angezeigt werden.

Webbrowser: auf einem PC, Notebook, Tablet oder Smartphone installiertes Programm zur Darstellung von Webseiten, z.B. Internet Explorer, Mozilla Firefox

Da die Webseiten durch sogenannte **Hyperlinks** untereinander verknüpft sind, kann ein Nutzer den durch Links angezeigten Webseiten folgen, unabhängig davon, auf welchem Webserver sie abgelegt sind. Dadurch entsteht ein weltweites Netz aus Webseiten, das Word Wide Web. Das Verfolgen der Hyperlinks wird als **Internetsurfen** bezeichnet.

Beispiel • *Auch die Webseiten der ModernOffice KG enthalten alle Elemente: Texte, Bilder, Videos usw.*

Internetdienst E-Mail

Eine E-Mail (Electronic Mail) ist eine über das Internet übertragene briefähnliche Textnachricht. Zusammen mit der Textnachricht können in der Anlage andere digitale Dokumente, z.B. Bilddateien oder Office-Dokumente, in Echtzeit weltweit versandt und zugestellt werden.

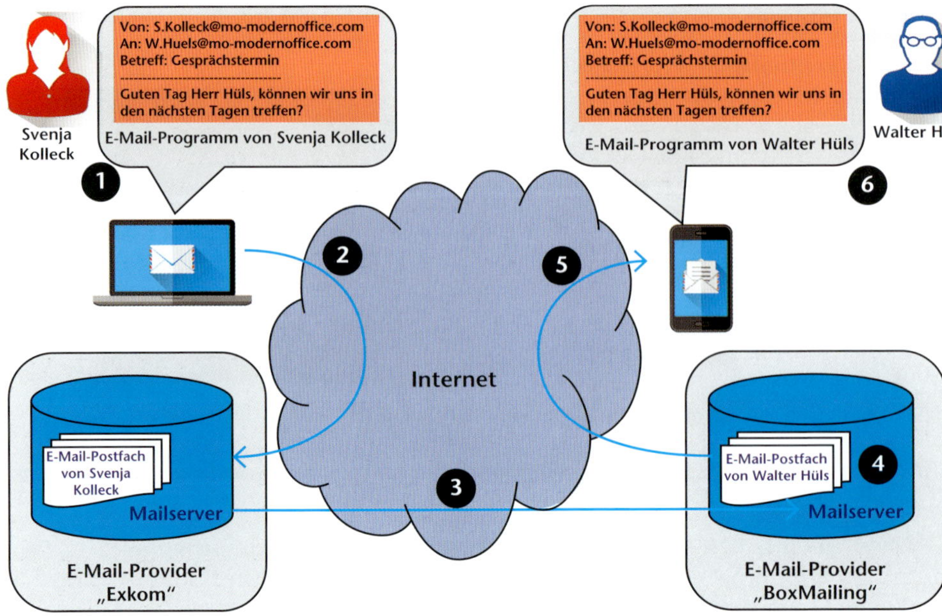

E-Mail-Provider sind Internetunternehmen, die über einen Mailserver verfügen und ihren Kunden (Unternehmen oder Privatpersonen) E-Mail-Postfächer auf ihrem Mailserver anbieten. Der Mailserver kann E-Mails entgegennehmen, senden, weiterleiten oder bereithalten.

Die Dienste des Internets (z. B. WWW, E-Mail) haben in der Gesellschaft und in der Wirtschaft zu grundlegenden Veränderungen im Kommunikationsverhalten und bei der Mediennutzung geführt. Da Werbung die Kommunikation mit den Kunden ist, sind die Auswirkungen des Internets auf die Werbung ebenfalls umwälzend.

Internet – ein bedeutender Werbeträger

Innovative Werbemittel der Internetwerbung

Das Internet ist ein wichtiger Werbeträger für zahlreiche Unternehmen geworden. Es sind vielfältige neue Werbemittel entstanden, die über das Internet verbreitet werden.

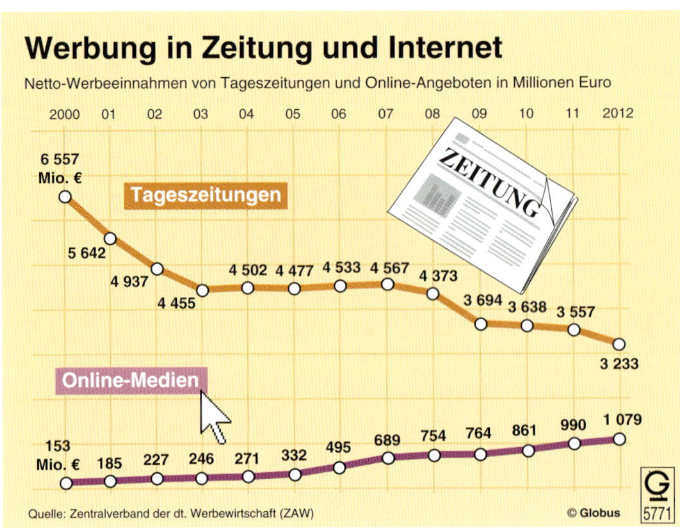

Werbemittel im Internet	
Unternehmenswebseiten	Ein Unternehmen stellt auf einem Webserver Webseiten bereit. Auf diesen Seiten informiert es über sein Leistungsangebot, z. B. mit Texten, Fotos, Videos, Grafiken, Musik. Die Startseite (**Homepage**) ist mit zahlreichen weiteren Seiten verlinkt. Produktbeschreibungen, Kataloge, Preislisten, Abbildungen u. a. stehen zum Download zur Verfügung.
E-Mail-Werbung	(Potenziellen) Kunden wird eine Werbebotschaft per E-Mail zugestellt. In den Text der E-Mail ist ein Link eingebunden. Beim Klick auf diesen Link wird der Leser zu den Webseiten des werbenden Unternehmens weitergeleitet. Parallel dazu sind diese Links an eine spezielle Software angeschlossen, die die Klicks zählt und die Kundenkontakte auswertet.
Newsletter	Newsletter sind elektronische Rundschreiben, mit denen Unternehmen ihre Kunden über Neuigkeiten informieren. Der regelmäßige Versand von neuen Unternehmensinformationen per E-Mail erfolgt an Kunden, die den Newsletter angefordert haben. Newsletter haben damit den Charakter einer elektronischen Kundenzeitschrift.
Bannerwerbung	Auf Webseiten sind bannerartige Werbeelemente (z. B. bestehend aus animierten Fotos, Grafiken, Texten) eingebunden. Ein Klick auf diese Werbebanner verlinkt zur Homepage des werbenden Unternehmens.
Videowerbung	Auf Webseiten werden Videos mit Werbecharakter integriert.
Pop-up	Beim Aufruf einer Webseite öffnet sich ein weiteres Fenster, das Werbeelemente enthält. Typischerweise „springen" Pop-ups auf und überdecken dabei Teile der eigentlich aufgerufenen Webseite.
Pop-under	Im Gegensatz zum im Vordergrund aufspringenden Pop-up wird ein Pop-under vom Webbrowser im Hintergrund geöffnet. Damit ist es zunächst unsichtbar. Es wird erst dann bemerkt, wenn die aktuell betrachtete Webseite wieder geschlossen wird.

Beispiel • *Die Werbeagentur „Studio Ideenreich OHG" veranlasst die Platzierung eines Pop-up auf der Homepage eines Fachverlags, der bürowirtschaftliche Fachzeitschriften herausgibt. Dieses Pop-up öffnet sich, wenn ein Internetnutzer die Seite des Verlags aufruft. Sollte der Nutzer dieses Pop-up „anklicken", wird er zur Homepage der ModernOffice KG weitergeleitet.*

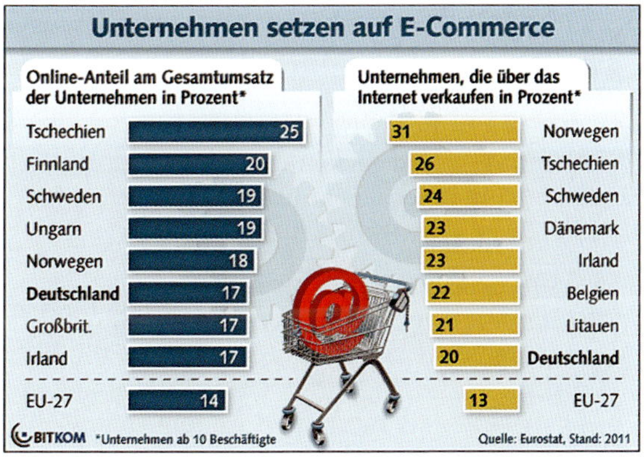

Suchmaschinen-Marketing

Ein wichtiger Bereich der Internetwerbung ist das Suchmaschinen-Marketing. Ziel des Suchmaschinen-Marketings ist die Verbesserung der Sichtbarkeit der eigenen Webseiten innerhalb der Ergebnislisten der Suchmaschinen. Das heißt, die eigenen Webseiten sollen die obersten Plätze in der Auflistung der Suchergebnisse belegen.

***Suchmaschinen-Marketing:** alle Maßnahmen, um über Websuchmaschinen Besucher für bestimmte Webseiten zu gewinnen*

Suchmaschinen sind Programme zur gezielten Suche von Dokumenten im World Wide Web. Nach Eingabe eines Suchbegriffs liefert eine Suchmaschine eine Liste von Verweisen auf möglicherweise relevante Dokumente im Web. In der Auflistung werden in der Regel der Titel und ein kurzer Inhaltsauszug des Dokuments dargestellt.

Die mit Abstand am häufigsten verwendete Suchmaschine ist Google des US-amerikanischen Unternehmens Google Inc. Über 90 Prozent aller Suchanfragen im WWW erfolgen über dieses Programm. Die Websuchmaschinen der Internetunternehmen Microsoft oder Yahoo (Bing, Yahoo) haben eine untergeordnete Bedeutung.

Auf den Ergebnisseiten der meisten Suchmaschinen gibt es zwei festgelegte Bereiche, zum einen die **Paid Listings** (bezahlte Werbeeinblendungen) und zum anderen die **Natural Listings** (unbezahlte Suchergebnisse). In Abhängigkeit von diesen beiden Bereichen sind zwei Varianten des Suchmaschinen-Marketings zu unterscheiden.

- **Suchmaschinen-Werbung**
  Die **Suchmaschinen-Werbung** erfolgt nach dem **Keyword-Advertising-Prinzip**. Das heißt, für bestimmte Suchbegriffe wird für die eigene Werbeanzeige eine bestimmte Position im Paid Listing gekauft. Die Abrechnung erfolgt dabei nach den tatsächlich verfolgten Links (Cost per Click). Dabei muss die eingesetzte Abrechnungssoftware Missbrauchsmöglichkeiten ausschließen. Zum Beispiel darf kein Mitbewerber durch massenhaftes Anklicken der Werbeanzeige seines Konkurrenten für diesen die Kosten in die Höhe treiben können. Keyword-Advertising ist die Hauptfinanzierungsquelle von Websuchmaschinen wie Google.

- **Suchmaschinen-Optimierung**
  Bei der **Suchmaschinen-Optimierung** wird der Inhalt der eigenen Webseite optimal auf gängige Suchbegriffe (**Keywords**) abgestimmt. Dazu kann man auf Keyword-Datenbanken zurückgreifen. Diese Datenbanken listen u. a. je Suchbegriff die Anzahl der monatlichen Suchanfragen und sinnverwandte Begriffe auf.

Beispiel • *Lily Summer ist mit der Platzierung der Internetpräsenz der ModernOffice KG in den Ergebnislisten der gängigen Suchmaschinen sehr unzufrieden. Weder die Webseiten noch Werbeeinblendungen erscheinen auf den ersten zehn Rangplätzen.*

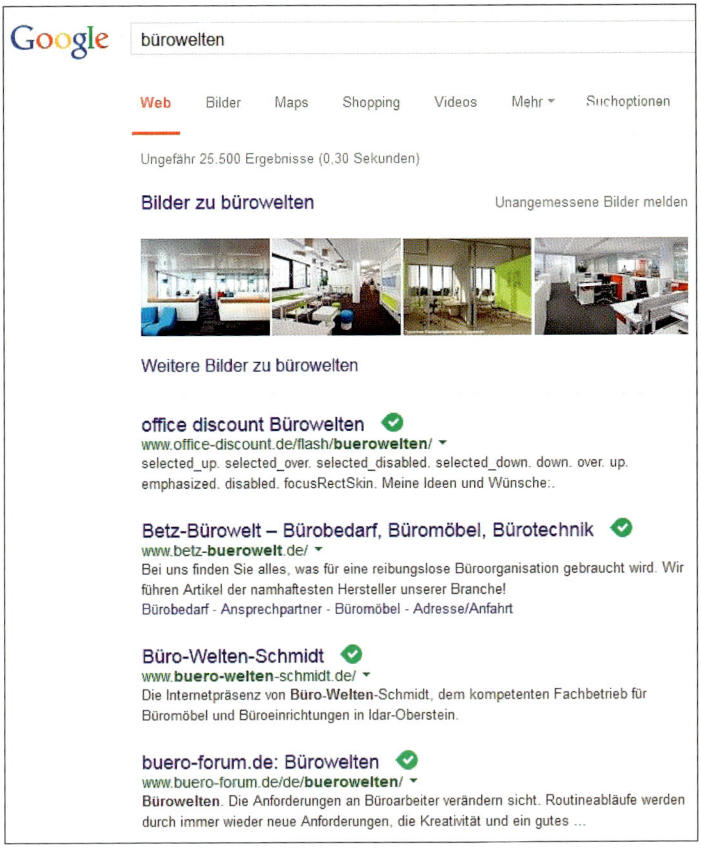

Screenshot der Google-Suche: "Bürowelten" vom 22.01.2015

Targeting

Durch Targeting soll die auf einer Webseite eingeblendete Werbung exakt auf die Person abgestimmt sein, die die Webseite aufgerufen hat.

Targeting: Einblenden von personalisierter Werbung auf Webseiten

Mittlerweile ist es technisch möglich, vielfältige Rückschlüsse auf die User (Nutzer) im Internet zu ziehen. Durch das Auslesen von Cookies kann das zurückliegende Nutzerverhalten im Web analysiert werden. Das heißt, die von einem User in der Vergangenheit aufgesuchten Webseiten lassen Rückschlüsse auf seine Interessen zu. (Zum Beispiel: Welche Produkte hat sich der User bei Onlineportalen angeschaut?) Mittels IP-Adresse kann der User geografisch eingeordnet werden. Auf dem PC installierte Schriftarten und sonstige Einstellungen sowie Plug-ins geben weitere Informationen. Die Summe all dieser Merkmale und technischen Daten ergibt ein aussagekräftiges Gesamtbild des Users. Dies ermöglicht, dass jeder User nur die für ihn relevante Werbung eingeblendet bekommt, wenn er eine Webseite aufruft.

Beispiel • *Lily Summer sieht hinsichtlich der Internetwerbung noch vielfältige Entwicklungsmöglichkeiten. Zum Beispiel könnte es das Ziel sein, jedem Internetnutzer im Umkreis von 50 km eines Showrooms der ModernOffice KG einen Werbebanner der ModernOffice KG einzublenden, wenn dieser User in beruflichen oder privaten Zusammenhängen mit Bürotätigkeiten zu tun hat. Entsprechend der persönlichen Einstellung des Nutzers soll das Werbebanner die passende Design-Linie anpreisen, z.B. klassische oder moderne Modellreihen.*

Eine Weiterentwicklung stellt das **Social-Media-Targeting** dar. Insbesondere durch die Benutzerprofile stehen sozialen Netzwerken detaillierte Informationen über ihre Mitglieder zur Verfügung. Diese Daten ermöglichen eine noch detailliertere Zielgruppenidentifikation. Jedem User wird exakt die für ihn relevante Werbung eingeblendet. Das soziale Netzwerk Facebook setzt für diese personalisierte Werbung eine speziell entwickelte Social-Media-Targeting-Technologie ein.

Mobile Marketing
Mobile Endgeräte (Smartphone, Tablet, Notebook) sind weit verbreitet. Die Möglichkeiten eines schnellen mobilen Internetzugangs nehmen kontinuierlich zu und werden für den Nutzer immer kostengünstiger. In der Folge wird sich die Werbung verstärkt auf Mobilgeräte ausrichten.

Mobile Marketing: Verwendung der drahtlosen Telekommunikation (Funktechnologien wie UMTS/HSDPA, Wireless LAN, Bluetooth und DVB-H) in Verbindung mit mobilen Endgeräten für Zwecke der Werbung und der Kommunikationspolitik

Durch **Mobile Marketing** kann der Kunde permanent und damit auch direkt in relevanten Kaufsituationen erreicht werden und zu einem bestimmten Verhalten (z. B. Kaufentscheidung) veranlasst werden.

Beispiel • *Lily Summer hat vielfältige Ideen zum Mobile Marketing. So könnte sie sich vorstellen, ausgewählte Erzeugnisse in den Showrooms der ModernOffice KG mit QR-Codes zu versehen. Kunden, die diesen QR-Code im Showroom einscannen, erhalten zum einen videoanimierte Erläuterungen zum jeweiligen Produkt. Zum anderen werden sie zu einem Link geleitet, den sie anderen Mitgliedern in ihrem sozialen Netzwerk weiterleiten können. Falls diese „Freunde" innerhalb einer bestimmten Frist ein Produkt der ModernOffice KG erwerben, erhält der Weiterleiter des Links einen Gutschein für seinen nächsten Einkauf bei der ModernOffice KG.*

Chancen des Unternehmensauftritts in sozialen Netzwerken

Vom Web 1.0 zum Web 2.0
In der klassischen Kommunikationspolitik ist das Unternehmen der „Sender" und der Kunde ist der „Empfänger" der Nachricht. In diesem Sinne übermittelt die klassische Werbung Informationen über ein Produkt oder über das gesamte Leistungsangebot an die Kunden. Die Internetdienste (z. B. World Wide Web und E-Mail) haben zu neuen Werbemitteln (z. B. Webseite, Newsletter) und Vorgehensweisen (z. B. Suchmaschinen-Marketing und Targeting) geführt.

Die Weiterentwicklung des Word Wide Web (WWW) vom Web 1.0 zum Web 2.0 eröffnet Unternehmen darüber hinaus völlig neuartige Möglichkeiten. Die einseitige Kommunikation vom werbenden Unternehmen zum empfangenden Kunden wird durch den gegenseitigen offenen Dialog zwischen Kunde und Unternehmen ergänzt.

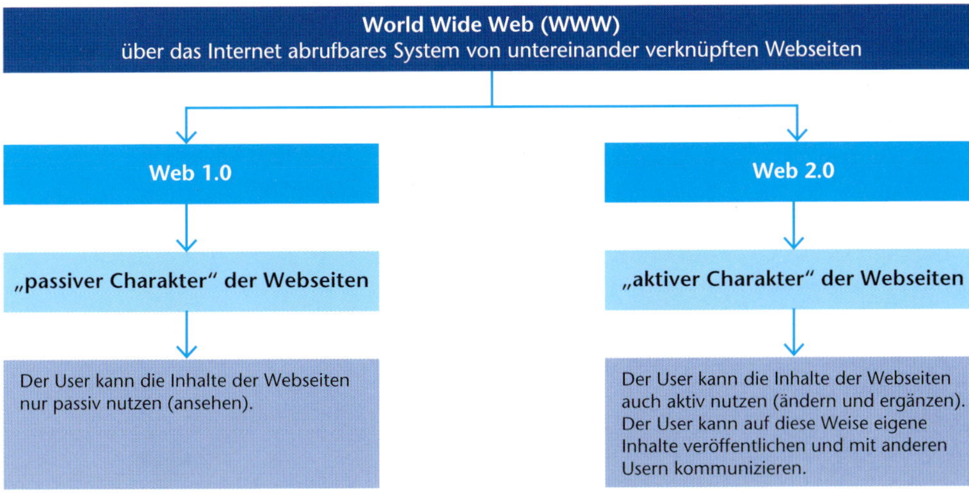

Wichtige Arten von Webseiten im Web 2.0 sind u. a.:

- **Blogs (Weblogs):** auf einer Webseite geführtes öffentlich einsehbares Tagebuch, in dem eine Person (Blogger) ihre Gedanken niederschreibt
- **Wikis:** System von Webseiten, deren Inhalte von den Usern nicht nur gelesen, sondern auch erstellt werden, verbunden mit dem Ziel, Wissen und Erfahrungen gemeinschaftlich zusammenzutragen
- **Soziale Netzwerke:** organisierte Gruppe von Menschen, die in einer Online-Community miteinander kommunizieren, d. h., Meinungen, Erfahrungen und Informationen austauschen

Soziale Netzwerke im Web 2.0

Die meisten Online-Communitys im Web 2.0 sind kommerziell organisiert. Das heißt, die Community (Gemeinschaft der Mitglieder) steht unter der Aufsicht eines Unternehmens, dem auch die Werbeeinnahmen zufließen. Das Unternehmen stellt die technische Plattform mit den grundlegenden Werkzeugen wie E-Mail, Forum, Chatsystem, schwarzes Brett oder Tauschbörse zur Verfügung.

Die Community ist ein geschlossenes Netzwerk, d. h., die Nutzung setzt die Registrierung als Mitglied mit einem Benutzerkonto voraus. Als Benutzername wird dabei oft ein Pseudonym verwendet. Diese geschlossenen Netzwerke erlauben über ihr System keine Kommunikation mit Mitgliedern anderer Communitys.

Das weltweit größte soziale Netzwerk mit über einer Milliarde Mitgliedern ist Facebook. Ein soziales Netzwerk mit beruflicher Ausrichtung ist XING. Diese Community orientiert sich in erster Linie am Berufsalltag ihrer Mitglieder.

Kunden zu „Freunden" machen

- **Unternehmensprofilierung**
  Viele Unternehmen haben Accounts (Benutzerkonten) in sozialen Netzwerken angemeldet. Sie wollen dort präsent und aktiv sein, wo (evtl. über sie und ihr Leistungsangebot) kommuniziert wird. Ein gelungener Unternehmensauftritt in einem sozialen Netzwerk fördert das Image. Das Unternehmen stellt sich als modern, offen, kundennah und sympathisch dar.
- **Kundenzufriedenheit und Kundenbindung durch Dialog mit dem Kunden**
  Zu dieser positiven Unternehmensprofilierung trägt vor allem der Kundendialog bei.

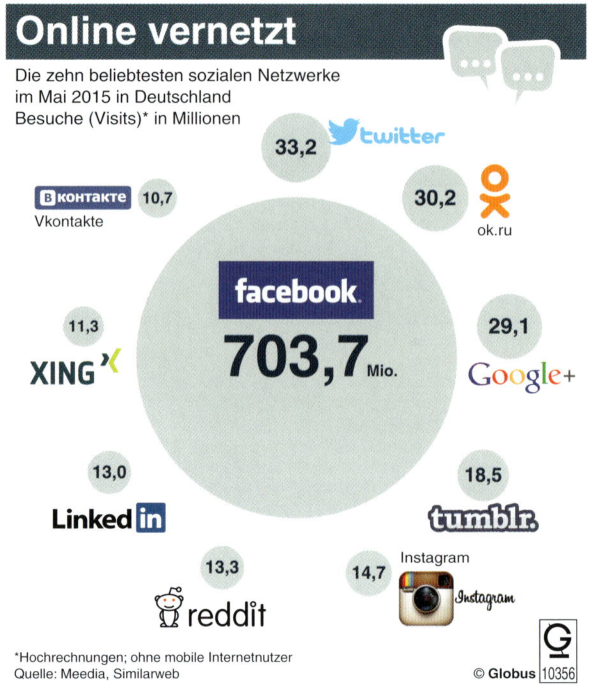

Soziale Netzwerke eröffnen Unternehmen die Chance, nicht nur über sich selbst, sondern mit dem Kunden zu sprechen. Ein erfolgreicher Dialog mit dem Kunden erhöht die Kundenzufriedenheit und festigt die Kundenbindung.

In diesem Dialog kann der Kunde

- direkt und persönlich angesprochen werden,
- Produkte des Unternehmens beschreiben und bewerten,
- seine Erfahrungen, Erlebnisse, Meinungen in Verbindung mit dem Leistungsangebot des Unternehmens äußern,
- Ideen und Anregungen zur Verbesserung und Weiterentwicklung geben und
- Karrierechancen im Unternehmen zur Kenntnis nehmen.

Durch Offenheit in der Kommunikation fühlt sich der Kunde wertgeschätzt. Sein Interesse und seine Freude an diesem Gedankenaustausch mit dem Unternehmen übertragen sich im Idealfall auf das Unternehmen und sein Leistungsangebot. Der offene Dialog mit dem Kunden in einem sozialen Netzwerk bietet also die Chance, die Kundenzufriedenheit zu verbessern und die Kundenbindung zu festigen.

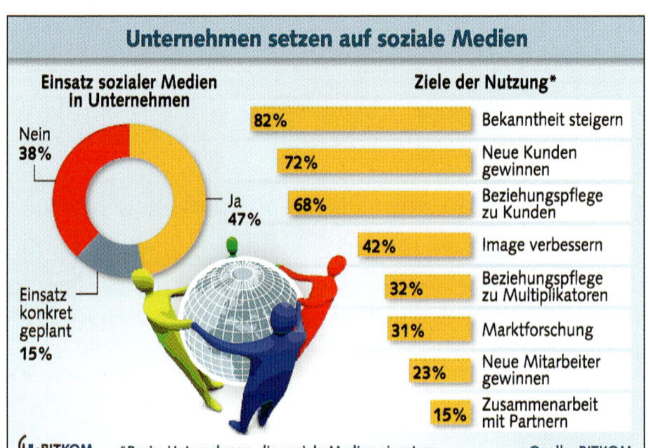

Diese positiven Effekte können in einem sozialen Netzwerk über „**Likes**“ oder „**Follower**“ multipliziert werden. Andererseits können schlecht betreute Unternehmensauftritte in einem sozialen Netzwerk (z. B. lange Reaktionszeiten auf **Postings** von Kunden) einen Shitstorm auslösen und einen immensen Imageschaden bewirken.

Shitstorm: rasant zunehmende Anzahl negativer Äußerungen und Kommentare von Nutzern auf einem Unternehmensprofil in einem sozialen Netzwerk

Community Management im Web 2.0

Ein überzeugendes **Unternehmensprofil** erfordert ein fortlaufendes **Community Management**. Damit werden in der Regel professionelle Agenturen oder eigens im Unternehmen eingerichtete Redaktionen beauftragt. Sie können bei der kontinuierlichen Profilpflege auf vielfältige inhaltliche Gestaltungsmöglichkeiten zurückgreifen.

Bereiche eines Netzwerkprofils bzw. des Community Managements	Maßnahmen/Inhalte
allgemeine Unternehmensinformationen	– Personaländerungen in Leitungsfunktionen – Vorstellung neuer Mitarbeiter/-innen – Eröffnung neuer Filialen – Stellenangebote – erhaltene Auszeichnungen/Preise in Wettbewerben – Bekanntmachung von Produktinnovationen
Zusatzinformationen zum Leistungsangebot	– Gebrauchsanleitungen – Produkterläuterungen – Linkverzeichnis wertvoller Webseiten – technische Illustrationen – Hinweise auf Waren- und Vergleichstests
Handlungsempfehlungen	– Anwendungsvideos – Best-Practise-Lösungen – Gefahrenwarnungen – Produktpflegehinweise – Kaufempfehlungen – Erläuterung von Produktalternativen – Darstellung von Produktergänzungen
Strategien der Kundenbindung	– Verlinkung zum Onlineshop – Hinweise auf Sonderangebote/Rabattaktionen – Durchführung von Gewinnspielen – Ausschreibung von Foto- oder Videowettbewerben – Auslobung von Verlosungen/Gutscheinaktionen
direkter Kundendialog	– Fragen an Kunden, z. B. zu Neuerungen – Einholen von Verbesserungsvorschlägen – Beantwortung von Kundenanfragen – Eingehen auf Kundenkritik und Beschwerden – Einholen/Weitergabe von Erfahrungsberichten – Durchführung von Abstimmungen
Aufbau persönlicher Kundenbeziehungen	– Einladung zu Unternehmensevents – Ankündigung von „Tagen der offenen Tür“ – Erinnerung an Termine, z. B. Wartungsintervalle – Bekanntmachung von Sponsoringaktivitäten

Unternehmen können auf unterschiedliche Art und Weise auf ihre Präsenz in sozialen Netzwerken aufmerksam machen:

- Schaltung von traditionellen Anzeigen
- Integration der URL (Webadresse) in anderen Werbemitteln
- Platzierung von QR-Codes
- Hinweise in Unternehmenspublikationen
- Einbau des Logos des sozialen Netzwerkes in Werbemitteln und Publikationen
- usw.

Beispiel • *Lily Summer erwägt die Anlage eines Profils der ModernOffice KG im sozialen Netzwerk XING. Dieses Portal der gleichnamigen XING AG, mit Sitz in Hamburg, ist ein geschäftliches Netzwerk im deutschsprachigen Raum. Es richtet sich vorrangig an Mitglieder, die berufliche Kontakte zu anderen organisieren und aufbauen wollen. Zahlreiche Fachgruppen in XING haben eine bürowirtschaftliche Orientierung. Das bedeutet, dass die Gruppenmitglieder häufig sogenannte „Entscheider" mit Leitungsfunktion in Unternehmen sind. In ihrer Community tauschen sie sich über berufliche Neuigkeiten und Themen aus, empfehlen Jobs und Links usw.*

In ihrem eigenen Profil könnte die ModernOffice KG ihr Leistungsangebot zielgruppenorientiert darstellen, Stellenangebote einstellen, bürowirtschaftliche Veranstaltungen und Fortbildungen organisieren und sich an bürofachlichen Diskussionen in relevanten Fachgruppen beteiligen. Auf diese Weise ist die ModernOffice KG im permanenten Dialog mit einem Personenkreis, der zu ihrer geschäftlichen Zielgruppe gehört.

Vorteile der Werbung im Internet

Das Internet als Werbeträger weist im Vergleich zu herkömmlichen Werbeträgern und Werbemitteln vielfältige Vorzüge aus Sicht des werbenden Unternehmens auf.

- **gute Messbarkeit der Verbreitung der Werbebotschaft**: Die Anzahl der User, die die Werbung erreicht hat, kann exakt erfasst werden (Messung der Klicks auf Links in Werbe-E-Mails oder Newslettern, Messung der Klicks auf Werbebanner, Pop-up, Pop-under, Werbevideos, Messung der Anzahl der Kundenkontakte über die Ergebnislisten von Suchmaschinen usw.).
- **geringe Streuverluste**: Durch Internetwerbung kann die Zielgruppe relativ exakt angesprochen werden.
- **personalisierte Werbung**: Durch Targeting kann die Werbung personalisiert werden.
- **Möglichkeit des interaktiven Kundenkontakts:** Durch den Dialog mit dem Kunden in sozialen Netzwerken kann die Kundenzufriedenheit erhöht und die Kundenbindung gefestigt werden.

Beispiel • *In einem Internetforum verfolgt Lily Summer den Dialog zwischen einem Kunden und einem Unternehmen. In seinem Posting kritisiert der Kunde die schlechte Qualität eines Produkts. Lily Summer ist von der Reaktion des kritisierten Unternehmens beeindruckt. In seiner Antwort versetzt es sich verständnisvoll in die Lage des Kunden, geht auf die Ursache der Beschwerde ein und unterbreitet einen kulanten Lösungsvorschlag. Lily Summer ist überzeugt, dass dieser Kundendialog nicht nur den Kunden gehalten hat, sondern darüber hinaus potenzielle neue Kunden positiv beeinflusst hat.*

Auf den Punkt gebracht

Internet als bedeutender Werbeträger
(Internetdienste: World Wide Web (WWW) und E-Mail)

Werbemittel im Internet
- Unternehmens-webseiten
- Werbe-E-Mail
- Newsletter
- Werbebanner
- Werbevideo
- Pop-up
- Pop-under

Suchmaschinen-Marketing
- Suchmaschinen-Werbung
- Suchmaschinen-Optimierung
- Ziel: optimale Platzierung von Werbeanzeigen und Webseiten in den Ergebnislisten

Targeting
- Ziel: optimale Abstimmung der auf Webseiten eingeblendeten Werbung auf die Person des Users
- Beispiel: Social-Media-Targeting in sozialen Netzwerken

Mobile Marketing
- Ziel: Verbesserung der Erreichbarkeit der Zielgruppe
- Technologie: mobiles Internet (z. B. Mobilfunk, WLAN) in Verbindung mit mobilen Endgeräten (z. B. Smartphone, Tablet, Notebook)

Interaktives Web 2.0:
Neue Möglichkeiten zum Dialog mit den Kunden

Strategie:
- professionelle Gestaltung eines Unternehmensprofils in sozialen Netzwerken und/oder Internetforen
- professionelles Community Management

Zielsetzung:
- Profilierung des Unternehmens in der Wahrnehmung der Kunden als kundenorientiert, offen, innovativ, sympathisch usw.
- Steigerung der Kundenzufriedenheit und Festigung der Kundenbindung durch interaktive Kommunikation mit den Kunden

Nutzen Sie Ihr Wissen

1. Die Internetdienste „World Wide Web“ und „E-Mail“ haben neue Werbemittel möglich gemacht.

   a) Erklären Sie nach Ihrer Wahl fünf Werbemittel im Internet.
   b) Beschreiben Sie drei Werbemittel/Werbemaßnahmen, die Ihr Ausbildungsunternehmen im Internet einsetzt.

2. Eine wichtige Strategie der Internetwerbung ist das Suchmaschinen-Marketing. Erläutern Sie, was unter Suchmaschinen-Werbung und Suchmaschinen-Optimierung zu verstehen ist.

3. Ein Problem herkömmlicher Werbeträger und Werbemittel sind sogenannte Streuverluste.

a) Erklären Sie, was darunter zu verstehen ist.
b) Erläutern Sie, inwiefern Internetwerbung durch sogenanntes Targeting Streuverluste minimieren kann.
c) Erläutern Sie weitere Vorteile der Internetwerbung im Vergleich zur herkömmlichen Werbung.

4. Die Weiterentwicklung des World Wide Web vom Web 1.0 zum Web 2.0 eröffnet für die Werbung völlig neuartige Möglichkeiten.

a) Erklären Sie den grundsätzlichen Unterschied zwischen dem Web 1.0 und dem Web 2.0.
b) Erläutern Sie, inwiefern das Web 2.0 neuartige Werbemöglichkeiten erschlossen hat.

5. Ihr Ausbildungsunternehmen plant den Auftritt in einem sozialen Netzwerk nach Ihrer Wahl, z. B. Facebook.

a) Konzipieren Sie für drei Bereiche des Unternehmensprofils je drei Maßnahmen/Inhalte. Stellen Sie Ihre Überlegungen übersichtlich in einer Tabelle dar. Zum Beispiel:

Bereiche des Netzwerkprofils bzw. des Community Managements	Maßnahmen/Inhalte
allgemeine Unternehmensinformationen	– Foto der Hauptverwaltung – mit Fotos illustrierte Unternehmenshistorie – u. a.
Zusatzinformationen zum Leistungsangebot	– Link zum Download von Montageanleitungen – u. a.

b) Erläutern Sie drei Möglichkeiten, die Mitgliedschaft im sozialen Netzwerk bekannt zu machen.

6. Die ModernOffice KG hat in einem sozialen Netzwerk ein Unternehmensprofil angelegt. Das Portal bietet ein Forum zum Gedankenaustausch unter den Mitgliedern an.

a) Formulieren Sie die Antwort auf das folgende Posting.
„Hallo Leute von der ModernOffice KG, eure neuen Schreibtischleuchten sind echt gut. Gerne unterstütze ich den Verkauf dieser tollen Leuchten. Wenn ich 10 % Mengenrabatt bekomme, nehme ich euch 20 Leuchten ab. Im Kreise meiner Mitstudierenden finde ich sicherlich Abnehmer. Ich würde mich freuen, wenn ihr auf meinen Vorschlag eingeht."
b) Begründen Sie, warum Sie sich für diese Antwort entschieden haben.

7. Die Bedeutung von Mobile Marketing wird weiter zunehmen.

a) Erklären Sie, was unter Mobile Marketing zu verstehen ist.
b) Fassen Sie die Informationen der beiden folgenden Grafiken in einem Kurzbericht zusammen.
c) Begründen Sie, unter Bezug auf diese Informationen, die Bedeutsamkeit von Mobile Marketing.

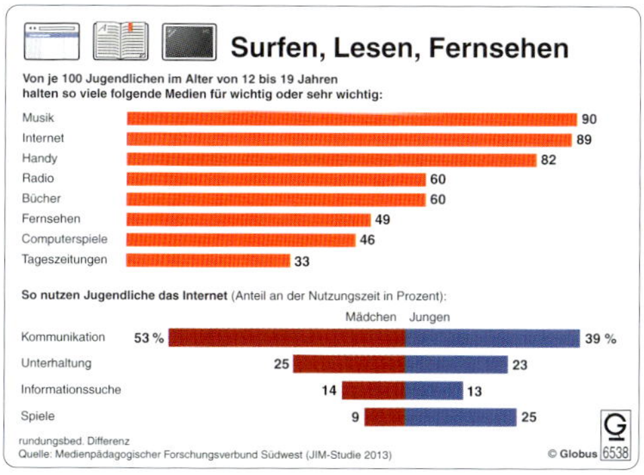

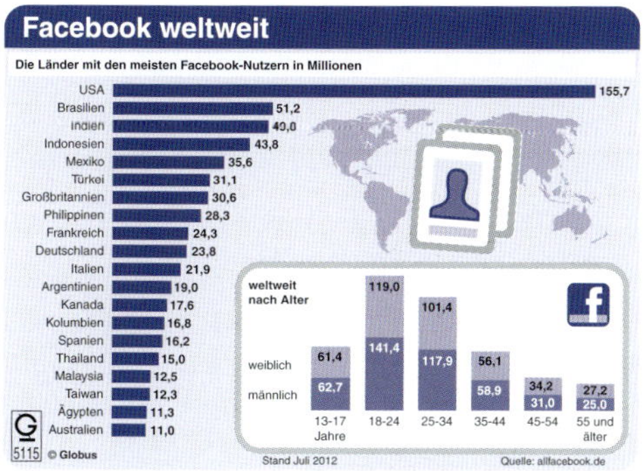

2.2.3 Sales Promotion, Public Relations und Sponsoring planen

Lernsituation

In ihrem Unternehmensleitbild verpflichtet sich die ModernOffice KG zu ihrer Verantwortung gegenüber nachkommenden Generationen. Ressourcenschonende Produktionsverfahren, eine ökologische Logistik und eine auf den Umweltschutz ausgerichtete Investitionspolitik tragen dazu bei, nachkommenden Generationen eine intakte Natur zu hinterlassen.

Die Büromöbel sowie die gestalteten Bürolandschaften der ModernOffice KG lassen Büroarbeitsplätze entstehen, die auch ein Wohlfühlerlebnis vermitteln.

Die konsequente Ausrichtung der Geschäftspolitik an diesen Leitzielen hat in der öffentlichen Wahrnehmung ein entsprechendes Image entstehen lassen. Die Modern Office KG gilt allgemein als ein Unternehmen, das sich für eine lebenswerte Umwelt engagiert.

Unter der Leitung von Lily Summer führt die Abteilung Werbung/Public Relations zurzeit **Image-Affinitätsprüfungen**, bezogen auf verschiedene Umweltschutzorganisationen, durch. Eine dieser Organisationen ist der bundesweit agierende „Verein zum Schutz deutscher Mittelgebirge e. V."

Der Verein hat den Ruf, sich für die nachhaltige Nutzung der deutschen Mittelgebirgsregionen einzusetzen. Mit dieser Zielsetzung führt er alljährlich den bundesweit organisierten „Mittelgebirgswandertag" durch. An diesem Tag wird die Bevölkerung zur Wanderung in den deutschen Mittelgebirgen eingeladen. Für jede Mittelgebirgsregion arbeitet der Verein unterschiedlich anspruchsvolle Tourenvorschläge aus. Verpflegungsstationen sorgen für das leibliche Wohl der Wanderer. Parallel dazu wird auf vielfältige Weise über die Notwendigkeit des Schutzes dieser Gebirgsregionen informiert.

Vor diesem Hintergrund beauftragt die Abteilungsleiterin Lily Summer die Auszubildenden Svenja Kolleck und Tom Wildermuth ein kommunikationspolitisches Konzept zu erstellen.

1. Analysieren Sie die beschriebene betriebliche Ausgangssituation. Gehen Sie dabei z. B. auf folgende Fragen ein:
   - *Welches Image hat die ModernOffice KG? Wie ist dieser Ruf zustande gekommen? Handelt es sich um ein positives oder problematisches Image?*
   - *Was ist unter Nachhaltigkeit zu verstehen?*
   - *Was ist unter einer Image-Affinitätsprüfung zu verstehen?*
   - *Könnte aus Sicht der ModernOffice KG eine Zusammenarbeit mit dem „Verein zum Schutz deutscher Mittelgebirge e. V." sinnvoll sein? Begründen Sie Ihre Auffassung.*
   - *Wenn ja, welche Möglichkeiten der Zusammenarbeit können Sie sich vorstellen?*
2. Informieren Sie sich u. a. mithilfe dieses Kapitels über die kommunikationspolitischen Instrumente, die unterstützend zur Werbung eingesetzt werden können.
3. Entwickeln Sie, stellvertretend für Svenja Kolleck und Tom Wildermuth, ein Konzept zur Ergänzung der Werbung der ModernOffice KG. Berücksichtigen Sie dabei auch Möglichkeiten, die sich aus der geschilderten Ausgangssituation ergeben können.
4. Erstellen Sie eine Präsentation zu Ihrem Konzept.
5. Präsentieren Sie Ihre Ideen vor Ihrer Lerngruppe und holen Sie von Ihren Mitschülerinnen und Mitschülern ein Feedback ein.

Werbung kann durch weitere Instrumente ergänzt und unterstützt werden. Im Rahmen der Kommunikationspolitik kommt es darauf an, alle Instrumente aufeinander abzustimmen.

Sales Promotion – der schnelle Verkaufserfolg

Sales Promotion (Verkaufsförderung): zeitlich befristete Aktionen zur unmittelbaren Steigerung der Verkaufsergebnisse

Die Aktionen sind zeitlich eng begrenzt und sollen schnell einen Verkaufserfolg herbeiführen. Die verkaufsfördernden Maßnahmen sind ein Anreiz, unmittelbar und direkt die Kaufentscheidung zu treffen. Dieser kurzfristige Charakter unterscheidet Sales Promotion wesentlich von Werbemaßnahmen. Werbung ist eher langfristig ausgerichtet und zielt auf die Kaufmotive des Kunden. Diese Motivation soll in der Folge die Kaufentscheidung auslösen.

Die verkaufsfördernden Aktionen können an verschiedene Personengruppen adressiert sein. Dementsprechend sind drei Arten von Sales Promotion zu unterscheiden:

- Händlerpromotion (Trade Promotion)
- Verbraucherpromotion (Consumer Promotion)
- Mitarbeiterpromotion (Staff Promotion)

Händlerpromotion

Händlerpromotion richtet sich an die Handelsbetriebe, mit denen ein Hersteller zusammenarbeitet. Die zeitlich befristeten Maßnahmen sind für den Handel ein Anreiz, die Produkte des Herstellers bevorzugt zu verkaufen. Diese Unterstützung des Handels kann durch vielfältige Aktionen erfolgen.

- **finanzielle Unterstützung** (Einführungs-, Mengen-, Aktionsrabatte, Boni für das Erreichen bestimmter Umsatzwerte, Prämien für hervorgehobene Produktplatzierung u. a.)
- **materielle Unterstützung** (Bereitstellung von Displaymaterial (besondere Verkaufsständer, Schilder, Plakate usw.), Bereitstellung von Werbegeschenken und Informationsbroschüren für Kunden u. a.)
- **immaterielle Unterstützung** (Verkaufs- und Produktschulungen)

Beispiel • *Anlässlich der Olympischen Spiele hat die ModernOffice KG einen Schreibtischstuhl für Kinder und Jugendliche produziert. Der Stuhl ist für den „Hausaufgabenbereich" in Kinder- und Jugendzimmern bestimmt. Er wird in drei modischen Farbvarianten angeboten. Dabei ist der Bezug zusätzlich mit ansprechenden sportlichen Motiven versehen. Im Rahmen ihrer Händlerpromotion prämiert die ModernOffice KG die hervorgehobene Platzierung von Ausstellungsstücken in verkaufsattraktiven Zonen der Möbeldiscounter oder Verbrauchermärkte, z. B. im Schaufensterbereich oder in der Kassenzone. Während der Olympischen Spiele stellt die ModernOffice KG zusätzlich lebensgroße Sportlerfiguren als Displaymaterial zur Verfügung.*

Verbraucherpromotion

Mit den verkaufsfördernden Aktionen werden die Konsumenten (Endverbraucher) angesprochen. Sie sollen durch die Maßnahmen zum unmittelbaren Kauf bewegt werden. Die Aktivitäten können sowohl vom Hersteller als auch vom Handel ausgehen. Sie können aber auch in Zusammenarbeit von Hersteller und Fachhandel durchgeführt werden. Zur Verbraucherpromotion gehören z. B. folgende verkaufsfördernde Maßnahmen:

- Produktvorführungen oder Produktverkostungen in den Verkaufsräumen des Fachhandels
- Preisausschreiben, Gewinnspiele
- Events, z. B. mit Prominenten, in den Verkaufsräumen des Fachhandels
- Gutscheinaktionen
- Sonderangebotsaktionen

Mitarbeiterpromotion

Mitarbeiterpromotion zielt auf die eigenen Mitarbeiterinnen und Mitarbeiter im Verkauf. Sie werden auf verschiedene Weise bei ihrer Verkaufstätigkeit unterstützt.

- **Informationsmaterial**: Die eigenen Verkaufsmitarbeiterinnen und -mitarbeiter werden mit verkaufsfördernden Informationsmaterialien ausgestattet, z. B. mit Prospekten, Modellen und Proben.
- **Schulungsmaßnahmen**: Für das eigene Verkaufspersonal werden Fortbildungen zu den Produkten oder zu allgemeinen Verkaufstechniken durchgeführt.
- **Prämiensysteme**: Für das Erreichen festgelegter Verkaufsergebnisse werden Prämien ausgelobt.

__Beispiel__ • Die ModernOffice KG vertreibt ihre Erzeugnisse u. a. über den Fachhandel. Die Reisenden der ModernOffice KG suchen in regelmäßigen Zeitabständen die von ihnen betreuten Büromöbelfachhandlungen auf. Alle Reisenden werden mit Tablets ausgestattet. Mithilfe dieser mobilen Endgeräte können die Außendienstmitarbeiter der ModernOffice KG alle Informationen zu allen Erzeugnissen abrufen, z. B. technische Daten, Lagervorräte, Lieferfristen, Rabattstaffeln. Außerdem ist auf den Tablets eine Spezialsoftware installiert. Mit ihr können in kurzer Zeit Büroraum-Szenarien mit den Möbeln der ModernOffice KG in dreidimensionaler Perspektive anschaulich dargestellt werden.

Public Relations – Gutes nicht nur tun, sondern auch darüber sprechen

Public Relations (Öffentlichkeitsarbeit): Maßnahmen zum Aufbau einer positiven öffentlichen Meinung über das Unternehmen und sein Leistungsangebot

Durch Public Relations soll eine dauerhaft gute Beziehung zwischen dem Unternehmen und der allgemeinen Öffentlichkeit gestaltet werden. In der öffentlichen Wahrnehmung sollen ein positives Image und ein guter Ruf aufgebaut werden. Das Unternehmen will von seiner Glaubwürdigkeit überzeugen, ihm soll ein allgemeines Vertrauen und eine allgemeine Sympathie entgegengebracht werden.

Abgrenzung Public Relations/Werbung

Public Relations (Öffentlichkeitsarbeit)	Werbung
1. **Ziel:** Imagepflege	1. **Ziel:** Verkaufserfolg
2. **Objekt:** Unternehmen als Ganzes	2. **Objekt:** Produkte oder Produktgruppen
3. **Zielgruppe:** gesamte Öffentlichkeit	3. **Zielgruppe:** (potenzielle) Kunden

Um diese positive Meinungsbildung zu verwirklichen, muss Public Relations alle Bezugsgruppen des Unternehmens (Stakeholder) und nicht nur die Kunden (Costumer) ansprechen.

Stakeholder: alle Bezugsgruppen, die ein Interesse an einem Unternehmen haben, z. B. Kunden, Lieferer, Gläubiger, staatliche Stellen, Eigentümer, Mitarbeiter, Anwohner, Medienvertreter

Dabei versucht Public Relations insbesondere, sogenannte Meinungsführer für sich zu gewinnen.

Meinungsführer sind Personen, die an einer bestimmten Thematik ein hohes Interesse haben und entsprechend gut informiert sind. Ihre Informationen zu dieser Thematik geben sie an andere in ihrem Umfeld weiter. Aufgrund ihres Informationsvorsprungs haben sie einen relativ großen Einfluss auf die Einstellung und das Verhalten ihrer Mitmenschen.

Ein durch Public Relations aufgebautes positives Bild des Unternehmens in der Öffentlichkeit soll in der Folge indirekt den Unternehmenserfolg verbessern.

Diese Zielsetzung kann Public Relations durch vielfältige Aktionen anstreben, z. B. mithilfe von:

- Pressekonferenzen mit dem Ziel der Berichterstattung in öffentlichen Medien (z. B. Zeitungen, Zeitschriften)
- Tage der offenen Tür
- Spendenaktionen
- Unterstützung von gemeinnützigen Einrichtungen (z. B. Kindergärten, Altenheimen)
- Unterstützung von Vereinen
- Kundenzeitschriften
- Mitarbeiterzeitschriften
- Unternehmensfeiern, z. B. anlässlich von Mitarbeiterjubiläen oder jahreszeitlichen Festen

Beispiel • *Mitarbeiterinnen und Mitarbeiter der ModernOffice KG mit entsprechendem Fachwissen besuchen Berufsschulen in räumlicher Nähe zu den Standorten der Werke und Showrooms. Als externe Experten führen sie in Zusammenarbeit mit den Berufsschullehrkräften Unterweisungen und Übungen zu einem rückenschonenden Verhalten an Büroarbeitsplätzen durch. Zu diesen Aktionen werden stets die Vertreterinnen und Vertreter der regionalen Presse eingeladen. Diese berichten in den Regionalzeitungen ausführlich über die erfolgreiche Kooperation zwischen einem Wirtschaftsunternehmen und staatlichen Schulen.*

Sponsoring – Chance auf einen positiven Imagetransfer

Sponsoring: Förderung von Personen, Organisationen oder Veranstaltungen durch Geld-, Sach- oder Dienstleistungen, verbunden mit der Erwartung des Sponsors (Förderers), vom Gesponserten eine Unterstützung bei der Kommunikationspolitik als Gegenleistung zu erhalten

Das Ziel des Sponsorings besteht darin, dass die öffentliche Aufmerksamkeit auf den Sponsor gelenkt wird. Dies wird umso besser erreicht, je medienwirksamer die unterstützte Person oder das geförderte Ereignis ist. Vor allem soll sich aber das positive Image, das dem Gesponserten in der Öffentlichkeit entgegengebracht wird, auf den Sponsor übertragen (**Imagetransfer**).

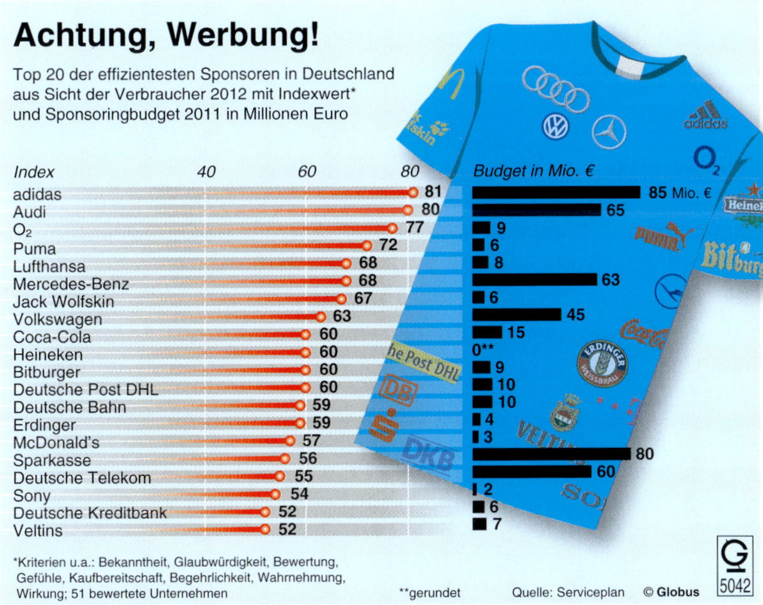

In einem Sponsoringvertrag erklärt sich der Gesponserte damit einverstanden, dass er als Person, Organisation oder Ereignis öffentlichkeitswirksam in die Kommunikationspolitik (z.B. Werbung, Sales Promotion, Public Relations) des Sponsors eingebunden wird. Dies kann auf vielfältige Art und Weise geschehen, z.B. durch

- Präsentation des Logos der Marke auf Kleidungsstücken und Gegenständen,
- Einbindung in die Werbemittel oder
- Gratiseintritt oder verbilligte Eintritte bei Veranstaltungen für Kunden, Lieferer und Mitarbeiter.

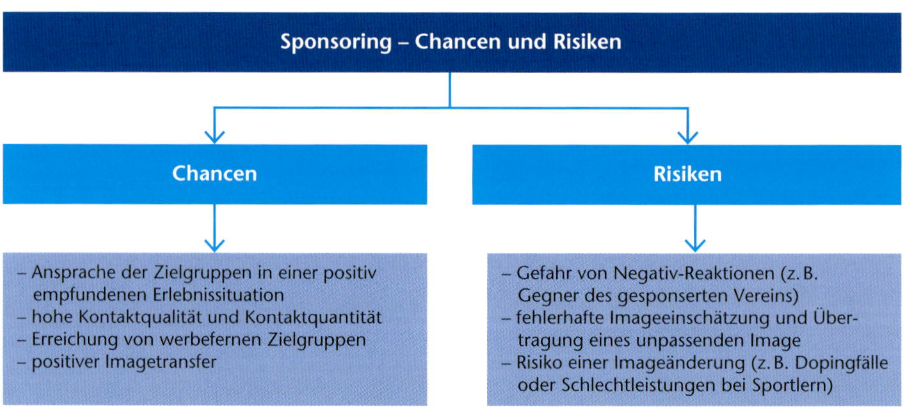

Beispiel • *Die ModernOffice KG prüft ein Ökosponsoring der Umweltschutzorganisation „Verein zum Schutz deutscher Mittelgebirge e. V.".*

Product-Placement – „versteckte" Werbung in Massenmedien

Product-Placement: Einbindung von Unternehmensnamen, Produkten, Logos u.a. in Massenmedien, ohne dass die Nutzer der Medien diese Einbindung als Werbung empfinden

Weit verbreitet ist die gezielte Platzierung von Markenprodukten in die Handlung von Filmen. Das Produkt wird entweder als Requisite im Filmgeschehen genutzt, sodass die Marke für den Zuschauer deutlich erkennbar ist oder die Marke wird in der Filmhandlung namentlich genannt.

Auf den Zuschauer soll das Erscheinen des Produkts oder die Nennung der Marke ganz natürlich wirken. Ihm wird nicht bewusst, dass für die Platzierung in der Regel ein Geldbetrag zur Finanzierung der Produktionskosten des Films geleistet wird.

Ziel ist es, den Bekanntheitsgrad von bereits eingeführten Marken zu erhöhen. Neue Produkte sollen durch Product-Placement einer breiteren Öffentlichkeit bekannt gemacht werden. Dazu soll das positive Image der auftretenden Schauspielerinnen und Schauspieler auf das platzierte Produkt übertragen werden (Imagetransfer).

Product-Placement birgt die Gefahr von Schleichwerbung.

Schleichwerbung: In TV-Programmen werden Produkte oder Unternehmen zu Werbezwecken dargestellt oder erwähnt. Für den Zuschauer ist dieser eigentliche Zweck der Einblendung nicht erkennbar. Er kann den Eindruck gewinnen, dass sich die Darstellung oder die Erwähnung notwendig aus dem Inhalt oder der Handlung ergeben. Er wird in dieser Hinsicht in die Irre geführt.

Aus diesem Grunde schränken in Deutschland die staatlichen Vorschriften zum Rundfunkrecht Product-Placement in TV-Programmen ein. Dagegen ist in Kinofilmen Product-Placement immer schon erlaubt gewesen. Der Produzent des Films und der Regisseur entscheiden, ob und in welchem Ausmaß sie ihren Film für Werbezwecke zur Verfügung stellen.

Auf den Punkt gebracht

Werbung: zentrales Instrument der Kommunikationspolitik

↓

Unterstützung und Ergänzung der Absatzwerbung

↓

Sales Promotion (Verkaufsförderung)

zentrale Zielsetzung:
unmittelbarer Verkaufserfolg

Arten:
- Händlerpromotion
- Verbraucherpromotion
- Mitarbeiterpromotion

Public Relations (Öffentlichkeitsarbeit)

zentrale Zielsetzung:
Imageaufbau/Imagepflege

Strategien:
- Stakeholder-Relationship
- Gewinnung von Meinungsführern

Sponsoring

zentrale Zielsetzung:
Imagetransfer

Arten:
- Sportsponsoring
- Kultursponsoring
- Sozialsponsoring
- Ökosponsoring

Product-Placement

zentrale Zielsetzung:
Imagetransfer

gesetzliche Regelung:
Vorschriften zur Verhinderung von Schleichwerbung in TV-Programmen

↓

Kommunikationspolitik:
Aufeinander abgestimmter Einsatz aller kommunikationspolitischen Instrumente

Nutzen Sie Ihr Wissen

1. Die Begriffe „Werbung" und „Kommunikationspolitik" werden manchmal als Synonyme verwendet. Das ist nicht zutreffend. Erläutern Sie den Unterschied.

2. Die ModernOffice KG prüft, welche Maßnahmen sie im Rahmen von Sales Promotion in ihren Showrooms durchführen sollte.

   a) Erklären Sie, was unter Sales Promotion zu verstehen ist. Grenzen Sie dabei Sales Promotion von Werbung ab. Erläutern Sie die verschiedenen Arten von Sales Promotion.
   b) Schlagen Sie der Abteilungsleiterin Lily Summer drei Aktivitäten für Sales Promotion in den Showrooms vor.

3. „Man muss nicht nur Gutes tun, man muss auch darüber sprechen."

   a) Erläutern Sie den Sinn dieser Aussage im Zusammenhang mit Public Relations.
   b) Erklären Sie, inwiefern sich Werbung und Public Relations unterscheiden.
   c) Erläutern Sie im Zusammenhang mit Public Relations, was „Stakeholder-Relationship" bedeutet und was sogenannte „Meinungsführer" sind.
   d) Schlagen Sie der ModernOffice KG fünf PR-Maßnahmen vor. Begründen Sie jeweils, warum diese Aktivitäten aus Ihrer Sicht für die ModernOffice KG sinnvoll sind.

4. Unternehmen verwenden einen Großteil Ihres Budgets für Sponsoring.

   a) Erklären Sie dieses kommunikationspolitische Instrument. Gehen Sie dabei auf die verschiedenen Arten von Sponsoring sowie auf den Effekt des Imagetransfers ein.
   b) Eine wichtige Voraussetzung für das Sponsoring einer Organisation ist die erfolgreiche Image-Affinitäts-Prüfung. Erklären Sie, was darunter zu verstehen ist.
   c) Erläutern Sie besondere Chancen und Risiken des Sponsorings für ein Unternehmen als Sponsor.
   d) Der Vorstand des Regionalliga Fußballvereins in Horb ist an die Geschäftsführung der ModernOffice KG herangetreten. Die ModernOffice KG soll Hauptsponsor des Vereins werden. Wägen Sie je zwei Argumente gegeneinander ab, die für oder gegen dieses Sponsoring sprechen.

5. Ein vielen Mediennutzern unbekanntes oder unbewusstes Instrument ist das Product-Placement.

   a) Erklären Sie dieses kommunikationspolitische Instrument.
   b) Informieren Sie sich, z. B. mithilfe des Internets, inwiefern Product-Placement in deutschen TV-Sendungen rechtlich zulässig ist. Stellen Sie das Ergebnis Ihrer Recherche in einem Fachbericht dar. Begründen Sie, warum Product-Placement in Deutschland in TV-Programmen nur eingeschränkt zulässig ist.
   c) Schildern Sie Ihre persönlichen Erfahrungen mit Product-Placement.

3 Ein Marketingkonzept innerhalb des Marketingmix umsetzen

3.1 Einen Werbebrief formulieren und gestalten

Lernsituation

Die Werbeagentur „Studio Ideenreich OHG“ hat im Auftrag der ModernOffice KG eine Werbekampagne konzipiert. Der Werbeplan enthält u. a. folgende zentrale Festlegungen:

Werbesubjekt	Einzelwerbung der ModernOffice KG
Werbeobjekt	elektrisch höhenverstellbare Schreibtische der ModernOffice KG (innovative, qualitativ hochwertige Steh-Sitz-Lösungen im Hochpreissegment)
Werbeziel	Umsatzsteigerung von 20 % im vierten Quartal verglichen mit dem entsprechenden Vorjahresquartal
Werbeetat	200.000,00 €
Streukreis	Fachhändler, Geschäftskunden, aber auch Privatkunden mit einem Interesse an gesundheitsförderlichen Arbeitsbedingungen im beruflichen oder privaten Umfeld
Streugebiet	Inlandsmarkt der ModernOffice KG
Werbebotschaft	Zusatznutzen der Schreibtische: Rückenschonung durch abwechselndes Arbeiten in verschiedenen Positionen (Alle in der Werbekampagne eingesetzten Stilmittel (Texte, Fotos, Symbole, Farbeffekte, Slogan, Produktname u. a.) dienen der Herausstellung dieser Botschaft.)
Werbeslogan	Keep care of you – work different
Werbemittel	Serie von sechs aufeinander erscheinenden Print-Anzeigen
Werbeträger	wöchentliches Fachmagazin „dasbüro“
Streuzeit	Erscheinungstermin der Anzeigenserie: jeweils drei Wochenausgaben vor und nach der im November stattfindenden Fachmesse ORGATEC

Lily Summer, Leiterin Werbung/Public Relations, will die Anzeigenserie durch den Versand von Werbebriefen unterstützen. Da die Print-Anzeigen den Werbeetat nahezu ausschöpfen, soll der Werbebrief hausintern entworfen und umgesetzt werden.
Lily Summer beauftragt Svenja Kolleck und Tom Wildermuth damit, ein Konzept für diese Werbebrief-Aktion zu erstellen. Das Konzept soll in den Marketingmix der ModernOffice KG integriert werden.

- *Analysieren Sie die beschriebene betriebliche Ausgangssituation. Gehen Sie dabei z. B. auf folgende Fragen ein:*
  - *Was ist unter einem Marketingmix zu verstehen?*
  - *An welche Empfänger sollte der Brief verschickt werden? Sind in Abhängigkeit von bestimmten Adressatengruppen verschiedene Briefvarianten erforderlich/sinnvoll?*
  - *Wie gelangt man an die entsprechenden Adressen?*
  - *Was spricht für einen postalischen Versand, was für den Versand einer E-Mail?*
  - *Zu welchem Zeitpunkt sollte der Werbebrief verschickt werden?*
  - *Welche inhaltlichen Schwerpunkte sollte der Text aufweisen?*
  - *Kann ein inhaltlicher Bezug zur Fachmesse ORGATEC, zur Anzeigenserie im Fachmagazin „dasbüro" und zur Hochpreisstrategie hergestellt werden? Wenn ja, wie können diese Bezüge im Brieftext inhaltlich aufgegriffen werden?*
  - *Wie kann der Einsatz eines Textverarbeitungsprogramms die Brieferstellung unterstützen?*
- *Informieren Sie sich mithilfe dieses Kapitels über die formale, inhaltliche und sprachliche Gestaltung eines Werbebriefes. Ziehen Sie bei Bedarf weitere Informationsquellen, z. B. das Internet, hinzu.*
- *Entwickeln Sie, stellvertretend für Svenja Kolleck und Tom Wildermuth, ein Konzept für eine Werbebrief-Aktion. Legen Sie dabei u. a. folgende Aspekte fest: Adressatenkreis, Versandzeitpunkt, Versandart und inhaltliche Schwerpunktsetzung im Brieftext.*
- *Verfassen Sie den Brieftext und gestalten Sie ihn entsprechend den formalen Anforderungen.*
- *Bereiten Sie für die Serienbrieffunktion eines Textverarbeitungsprogramms ein Hauptdokument und eine Adresstabelle vor. Erfassen Sie in der Adresstabelle drei Datensätze nach Ihrer Wahl. Verknüpfen Sie das Hauptdokument mit der Adresstabelle.*
- *Stellen Sie Ihre konzeptionellen Festlegungen und Ihren Werbebrief im Rahmen einer Kurzpräsentation vor. Begründen Sie Ihre jeweiligen Entscheidungen im Rahmen eines Marketingmix.*
- *Holen Sie von Ihren Mitschülerinnen und Mitschülern ein Feedback, vor allem zur Werbewirkung Ihres Werbebriefs, ein. Überarbeiten Sie bei Bedarf Ihr Konzept und/oder Ihren Werbebrief.*
- *Auch an Kunden in Großbritannien soll ein Werbebrief versandt werden. Die Empfänger sollen werbewirksam über das Leistungsangebot der ModernOffice KG informiert werden. Dazu soll der Brief auf die anschauliche Präsentation des gesamten Leistungsangebots im WWW (www.mo-modernoffice.com) verweisen. Außerdem soll der kostengünstige und schnelle Bezug über britische Fachhandelspartner der ModernOffice KG deutlich gemacht werden. Verfassen Sie dazu einen entsprechenden Werbebrief in englischer Sprache. Weitere erforderliche Angaben können Sie nach eigener Entscheidung ergänzen.*

Direktwerbung – der Dialog mit dem Kunden

Direktwerbung: persönliche Einzelansprache eines Kunden zwecks Übermittlung und Gewinnung gezielter Informationen

Die direkte Ansprache des Kunden soll eine unmittelbare Antwort von ihm bewirken. Im Rahmen dieses Dialogs mit dem Kunden will das Unternehmen einerseits gezielte Informationen an den Kunden übermitteln, z. B. über neue Produkte. Andererseits erhofft es sich, von dem Kunden Informationen zu erhalten, die für die Weiterentwicklung der Produkte genutzt werden können.

Direktwerbung kann auf verschiedene Art und Weise umgesetzt werden.

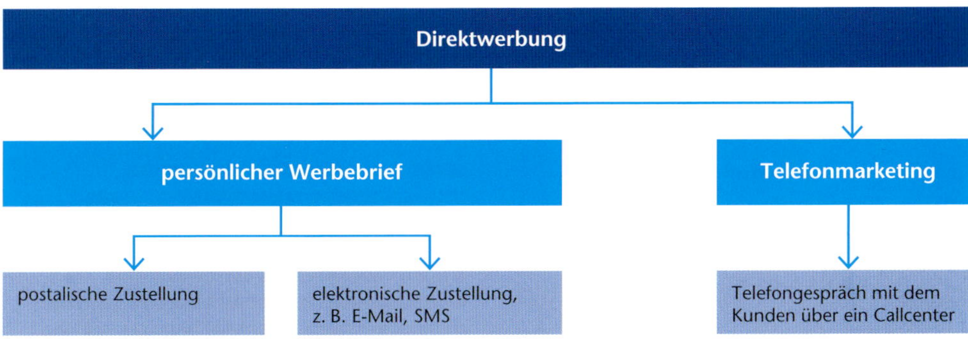

Direktwerbung richtet sich nur an bisherige Kunden oder an mögliche neue Kunden. Dadurch lassen sich Streuverluste weitgehend vermeiden.

Werbebrief – Gespräch mit dem Kunden in Schriftform

Die Kenntnisnahme eines Briefs erfolgt grundsätzlich in aufeinander folgenden Prozessschritten.

Kunden werden heutzutage mit einer Werbeflut konfrontiert. Es besteht somit die Gefahr, dass ein Werbebrief vom Empfänger nicht gelesen, sondern als unerwünschte Werbung entsorgt wird. Durch die formale, inhaltliche und sprachliche Gestaltung des Werbebriefs ist sicherzustellen, dass der Empfänger diese Prozesskette bis zum Ende durchläuft und nicht vorher abbricht. Nur dann löst der Brief die gewünschte Reaktion des Kunden (Antwort, Bestellung o. a.) aus und es kommt zum Dialog mit dem Kunden.

Formale Gestaltung eines Werbebriefs

Schon die formale Gestaltung eines Werbebriefes muss dem Empfänger das Gefühl vermitteln, dass es um ihn persönlich und um seine Interessen geht.

Neutraler Briefumschlag und persönliche Adressierung

Bereits der Briefumschlag entscheidet darüber, ob der Werbebrief gelesen wird. Eine zu werbemäßige Gestaltung des Umschlags ist oft nicht zielführend. Der Brief wird vom Empfänger dann als Massenwerbung aufgefasst und nicht selten ungeöffnet vernichtet. Daher empfiehlt sich in der Regel ein unauffälliger Briefumschlag, der den Eindruck eines sachlichen Schreibens vermittelt. Die Adressierung muss korrekt und persönlich gestaltet sein.

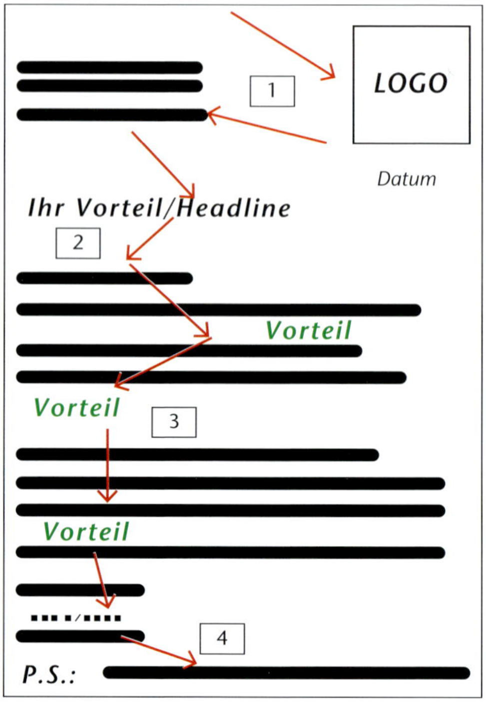

Zielführende Gestaltung der Elemente für das „überfliegende Lesen"

In der Regel wird jeder Brief vor einem sorgfältigen Lesen zunächst mit einem ersten Blick wahrgenommen und „überflogen". Nur wenn diese erste Prüfung positiv ausfällt, erfolgt eine genauere Kenntnisnahme des Textes. Der Leser erfasst mit seinem ersten „Scanner-Blick" bestimmte Elemente des Briefes:

- Briefkopf mit Absenderangaben
- Anschrift und Anrede
- Betreff als
- Headline
- Hervorhebungen und PS

Briefkopf mit Absenderangaben – Überzeugung durch professionelle Gestaltung

Bei dem ersten schlaglichtartigen Erfassen des Briefes stellt sich der Empfänger folgende Fragen:

- Ist mir der Absender bekannt?
- Interessiert mich der Absender?
- Gefällt mir die Gestaltung der Absenderangaben und/oder des Logos?

Der Briefkopf muss so gestaltet sein, dass die Antworten auf diese Fragen positiv ausfallen. Wichtig ist auch, dass das Datum aktuell und konkret ist (nicht: im Juli 2016).

Anschrift und Anrede – Grundstein für die persönliche Beziehung zum Empfänger

Der Brief muss persönlich adressiert sein. Die Anschrift darf keine Fehler aufweisen und die Anrede muss persönlich gestaltet sein. Eine allgemeine Adressierung (z.B. An alle Haushalte) und/oder eine allgemeine Anrede (z.B. Sehr geehrte Damen und Herren) erwecken den Eindruck von unpersönlicher Massenwerbung.

Betreff – Headline eines Werbebriefs

Nach dem Briefkopf, der Anschrift und der Anrede erfasst der „Scanner-Blick" den sogenannten Betreff. Dieses Briefelement hat den Charakter einer Headline (Überschrift).

Sie muss die Aufmerksamkeit des Empfängers wecken. Er muss sich angesprochen fühlen, weil er seine Gedanken, Gefühle oder Wünsche erkennt.

Hervorhebungen und Post Scriptum (PS) – Gewinnung des Kundeninteresses
Gezielte Hervorhebungen (z. B. Fettdruck oder Unterstreichung) im Brieftext wecken das Interesse des Lesers. Sie müssen aber sparsam eingesetzt werden. Hervorzuheben sind Positivbegriffe, die das Kundeninteresse und den Kundennutzen deutlich machen.

Nach der Unterschrift sollte unbedingt ein PS (Post Scriptum = nach dem Geschriebenen) eingesetzt werden. Es ist nachgewiesen, dass der erste „Scanner-Blick“ des Lesers abschließend beim PS verweilt und dieses relativ genau erfasst. Diese Chance ist bei der Formulierung des PS zu nutzen, beispielsweise in Form von:

- Wiederholung der zentralen Werbebotschaft
- Formulierung eines weiteren Zusatznutzens für den Kunden
- Hervorhebung günstiger Zahlungs- und Lieferungsbedingungen
- Hinweis auf attraktive Garantiebedingungen
- Anpreisung einer Belohnung im Falle einer Antwort des Kunden
- Motivierung zu einer schnellen Kundenantwort durch Gewinnspielteilnahme im Falle zeitnaher Antwort
- Gewinnung von Neukunden durch großzügige Widerrufsfristen in Verbindung mit einer „Geld-Zurück-Garantie“

Checkliste weiterer Empfehlungen zur formalen Gestaltung

- ✓ Überfordern Sie nicht die Geduld des Empfängers. Beschränken Sie den Umfang des Werbebriefes auf eine DIN-A4-Seite.
- ✓ Verwenden Sie eine gut lesbare Schriftart und Schriftgröße, z. B. Arial, 11 Punkt.
- ✓ Verwenden Sie keinen Blocksatz. Beim Blocksatz entstehen unterschiedliche Abstände zwischen aufeinanderfolgenden Wörtern. Dies beeinträchtigt die Lesefreundlichkeit.
- ✓ Bilden Sie Absätze entsprechend der inhaltlichen Sinnabschnitte. Trennen Sie die Absätze durch eine Leerzeile. Beschränken Sie sich auf ca. fünf Absätze.
- ✓ Setzen Sie Bild- und Grafikelemente sparsam und wirkungsvoll ein.
- ✓ Versehen Sie den Brief mit einer lesbaren handschriftlichen Unterschrift (Vor- und Nachname). Verwenden Sie für die Unterschrift die Farbe Blau im Gegensatz zum Schwarz des Brieftextes. Wiederholen Sie den Namen in Maschinenschrift.
- ✓ Beachten Sie die Schreib- und Gestaltungsregeln für die Textverarbeitung (DIN 5008).

Inhaltliche Gestaltung eines Werbebriefs

AIDA-Formel
Jede Werbemaßnahme sollte eine bestimmte Abfolge von Wirkungen auslösen. Diese Wirkungskette wird in der sogenannten AIDA-Formel zum Ausdruck gebracht.

AIDA-Formel		
A	Attention	Aufmerksamkeit erzeugen
I	Interest	Interesse an der angebotenen Leistung wecken
D	Desire	Wunsch/Verlangen nach der angebotenen Leistung auslösen
A	Action	(Kauf-)Handlung herbeiführen

AIDA-Struktur eines Werbebriefs

Die inhaltliche Gliederung eines Werbebriefs muss sich an der AIDA-Formel orientieren.

Umsetzung der AIDA-Formel in einem Werbebrief:		
A	Attention (1. Absatz)	– Betreff als Headline – evtl. zusätzlich zum Betreff: Aufmerksamkeit erzeugender Einleitungssatz des Brieftextes
I	Interest (2. Absatz)	Eingehen auf Gedanken, Gefühle, Wünsche des Kunden
D	Desire (3./4. Absatz)	prägnante und überzeugende Formulierung des Nutzens der angebotenen Leistung für den Kunden (zwei bis drei konkrete Argumente)
A	Action (5. Absatz)	konkrete Handlungsanweisung an den Kunden, d. h., höfliche Aufforderung zum/zur: – Rückruf – Rücksendung eines Antwortschreibens/einer Antwortkarte – Rücksendung einer Fax-Antwort – Anforderung von Unterlagen – Vereinbarung eines Beratungstermins – usw.

Der Werbebrief soll der Einstieg in einen Dialog mit dem Kunden sein. Das heißt, der Kunde muss auf den Werbebrief reagieren und damit eine erneute Aktion des werbenden Unternehmens ermöglichen. Insofern kommt dem letzten Absatz des Werbebriefes eine besondere Bedeutung zu. Dieses sogenannte **Response-Element** muss dem Kunden höflich, aber deutlich sagen, was er tun soll.

Durch verschiedene Maßnahmen kann die „Rücklaufquote" erhöht werden:

- Adressierung und Freifrankierung der Antwortkarte oder des Rücksendeumschlags
- deutliche Angabe der Faxnummer auf der vorbereiteten Fax-Antwort
- namentliche Benennung des Ansprechpartners und Angabe der Durchwahl für einen Rückruf

Sprachliche Gestaltung eines Werbebriefs

Empfängerorientierte Sprache
Nach seinem ersten „Scanner-Blick" entscheidet sich der Empfänger im positiven Fall, den eigentlichen Brieftext genauer zu lesen. Diese positive Entscheidung muss durch eine entsprechende sprachliche Gestaltung des Werbebriefs aufrechterhalten werden.

Wer so schreibt, dass er verstanden wird, schreibt gut.

Checkliste zur sprachlichen Gestaltun

- ✓ Ersetzen Sie den Wir-Stil durch den Sie-Stil. Das heißt, sprechen Sie den Adressaten durchgängig mit den Anredepronomen „Sie", „Ihnen", „Ihr" persönlich an.
- ✓ Formulieren Sie prägnant (knapp und treffend) ohne überflüssigen Wortballast.
- ✓ Schreiben Sie in der Sprache Ihrer Kunden. Setzen Sie Fremdwörter und fachsprachliche Formulierungen nur ein, wenn sie allgemein verständlich sind oder wenn fachkompetente Briefempfänger das erwarten.
- ✓ Setzen Sie bevorzugt Begriffe mit positiver Grundbedeutung zur Formulierung des Kundeninteresses und Kundennutzens ein.
- ✓ Formulieren Sie das Kundeninteresse und den Kundennutzen mit möglichst konkreten Angaben. (Nicht: Unsere Thermostate senken Ihre Heizkosten. Besser: Sie verringern Ihre Heizkosten um 10 %.)
- ✓ Stellen Sie negative Sachverhalte positiv dar. (Nicht: Die Gebühr beträgt 49,00 €. Besser: Für nur 49,00 € im Jahr steht Ihnen die Leistung zur Verfügung.)
- ✓ Ersetzen Sie Aufforderungen durch Fragen und/oder Bitten.
- ✓ Vermeiden Sie direkte Kaufaufforderungen. (Nicht: Erwerben Sie diesen neuartigen Artikel. Besser: Nutzen Sie diese Chance einer sinnvollen Sortimentserweiterung.)
- ✓ Verzichten Sie auf übertriebene Höflichkeitsfloskeln.
- ✓ Schreiben Sie abwechslungsreich. Vermeiden Sie monotone Wortwiederholungen, z. B. durch Einsatz von Synonymen (Begriffe mit gleicher Bedeutung).
- ✓ Bevorzugen Sie Aktivformulierungen und vermeiden Sie Passivformulierungen.
- ✓ Bevorzugen Sie einen Kurz-Satz-Stil. Formulieren Sie überschaubare Hauptsätze und einfache Satzgefüge (Verbindung von Haupt- und Nebensatz). Der Leser eines Werbebriefs nimmt sich nicht die Zeit, komplizierte Satzkonstruktionen zu entschlüsseln.
- ✓ Schreiben Sie im Präsens (Zeitform der Gegenwart).
- ✓ Beachten Sie die Regeln zur Rechtschreibung und Zeichensetzung.

Beispiel • *Lily Summer stellt Svenja Kolleck und Tom Wildermuth einen Werbebrief zur Verfügung. An diesem Beispielbrief können sich die Auszubildenden orientieren, wenn Sie für die Werbebrief-Aktion der ModernOffice KG ein Konzept entwerfen.*

Postbank

Postbank Zentrale · Postfach 4000 · 53105 Bonn
Herrn
Anton Schmitz
Heidstraße 26
53332 Bornheim

Für Rückfragen rund um die Uhr:
0180 3040444
9 Cent/Minute aus dem dt. Festnetz;
Mobilfunktarif max. 42 Cent/Minute

4. September 2015

Vergolden Sie Ihre Reisekasse mit der VISA Card GOLD: im 1. Jahr gratis!

Sehr geehrter Herr Schmitz,

auf Ihren nächsten Urlaub können Sie sich besonders freuen! Denn Ihre neue Postbank VISA Card GOLD ist die perfekte Urlaubsvorbereitung: Sie sind vielseitig abgesichert, sparen sich teure Zusatzversicherungen und können weltweit bargeldlos bezahlen!

- **Gut geschützt reisen:** Reiserücktrittskostenversicherung und Auslandsreisekrankenversicherung sind inklusive!
- **Flexible Urlaubseinkäufe:** Sie können sofort genießen – und auf Wunsch später in kleinen Teilbeträgen bezahlen!
- **Weltweit sicher bezahlen:** Bei ordnungsgemäßem Gebrauch haften Sie nicht bei Kartenverlust oder -diebstahl

Senden Sie uns einfach den beiliegenden Auftrag **bis zum 31.03.2016** zurück und genießen Sie Ihre goldwerten Reisevorteile **im 1. Jahr gratis** (danach 49 Euro jährlich). Schon innerhalb einer Woche halten Sie Ihre Postbank VISA Card GOLD in den Händen!

Schnell antworten und im 1. Jahr 49 Euro sparen!

Mit freundlichen Grüßen

Martina Brand
Kundenbetreuung

PS: Mit der Postbank VISA Card GOLD genießen Sie noch einen zusätzlichen Reise-Vorteil: **5 % Rückvergütung** des Buchungspreises bei unserem Kooperationspartner Urlaubsplus!

Postbank Zentrale
Friedrich-Ebert-Allee 114–126
53113 Bonn
www.postbank.de

Aufsichtsrat: Rainer Neske, Vorsitzender
Vorstand: Stefan Jütte, Vorsitzender
Dr. Mario Daberkow, Marc Heß, Horst Küpker,
Dr. Michael Meyer, Hans-Peter Schmid, Ralf Stemmer

Deutsche Postbank AG

Amtsgericht Bonn
HRB 6793

Bedeutung des Werbebriefs als Werbemittel

In Zeiten der „Werbeflut“ muss ein Werbebrief in formaler, inhaltlicher und sprachlicher Hinsicht professionell auf die jeweilige Zielgruppe zugeschnitten sein. Dann ist er ein sehr wirksames Werbemittel.

Vorteile des Werbebriefs als Werbemittel

- **persönliche Werbebotschaft**
  Die persönliche Ansprache des Kunden eröffnet die Chance auf einen Dialog mit dem Kunden.
- **relativ geringe Streuverluste**
  Ein Werbebrief wird ausschließlich der festgelegten Zielgruppe zugestellt.
- **relativ geringe Werbekosten**
  Durch die Serienbrieffunktion einer Textverarbeitungs-Software können persönlich gestaltete Briefe ohne größeren Aufwand erstellt werden.

Die Serienbrieffunktion eines Textverarbeitungsprogramms nutzen

Die Serienbrieffunktion wird genutzt, um einen einheitlichen Brief (Hauptdokument) an mehrere Empfänger zu verschicken. Durch die Verknüpfung mit einer Adressenliste (Datenquelle) entstehen aus dem Hauptdokument Briefe mit persönlichen Daten, z. B. Anschrift und persönliche Anrede.

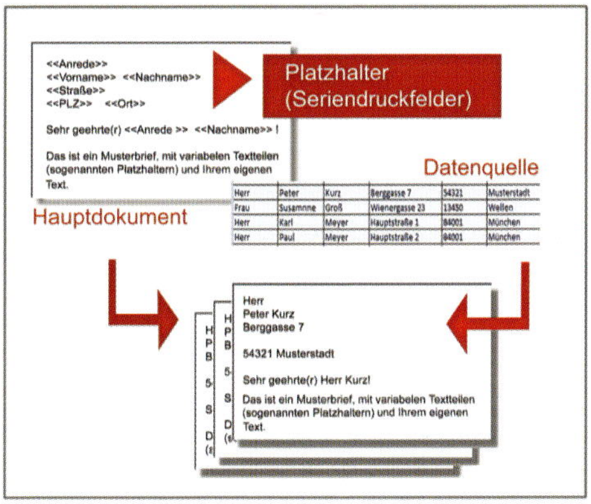

Brieftext erfassen und speichern
Bereiten Sie die Stellen vor, an denen die variablen Daten eingefügt werden sollen, z. B. die Anrede „Sehr geehrt“.

Datenquelle erstellen und speichern
(Textverarbeitungs- oder Tabellenkalkulationsprogramm)

Legen Sie eine Tabelle an. In der ersten Zeile stehen die Überschriften (Feldnamen) für die variabel einzufügenden Daten, z. B. die Anschrift, die Anrede und eventuelle. Einfügungen im Brieftext. Füllen Sie die Tabelle mit den variablen Daten aus.

Die erste Spalte „Anrede 1“ enthält für das Anschriftfeld die Bezeichnungen „Herrn“ oder „Frau“, die zweite Spalte „Vorname“ enthält die konkreten Vornamen usw.

Anrede 1	Vorname	Nachname	Straße	PLZ	Ort
Herr	Peter	Kurz	Berggasse 7	54321	Musterstadt
Frau	Susamnne	Groß	Wienergasse 23	13450	Wellen
Herr	Karl	Meyer	Hauptstraße 1	84001	München
Herr	Paul	Meyer	Hauptstraße 2	84001	München

Seriendruckassistent starten

- Sendungen
- Seriendruck starten
- Seriendruck-Assistent mit Schritt-für-Schritt-Anweisungen

Im rechten Frame erscheint die Anleitung, die Schritt für Schritt durchlaufen werden kann.

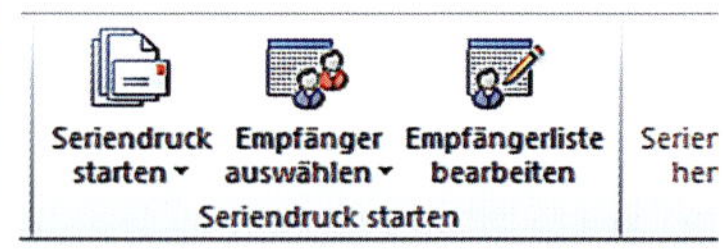

Schritt 1: Dokumenttyp festlegen

Wählen Sie die Option „Briefe".

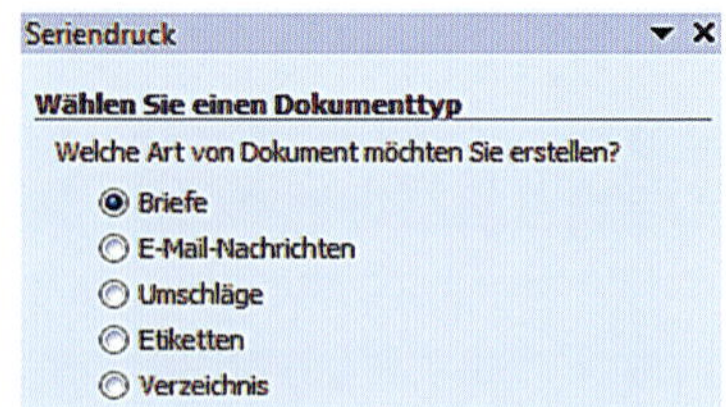

Schritt 2: Startdokument wählen

Wählen Sie die Option „Aktuelles Dokument verwenden", wenn das Hauptdokument geöffnet ist. Sonst wählen Sie „Mit vorhandenem Dokument beginnen", suchen das Dokument im Explorer und öffnen es.

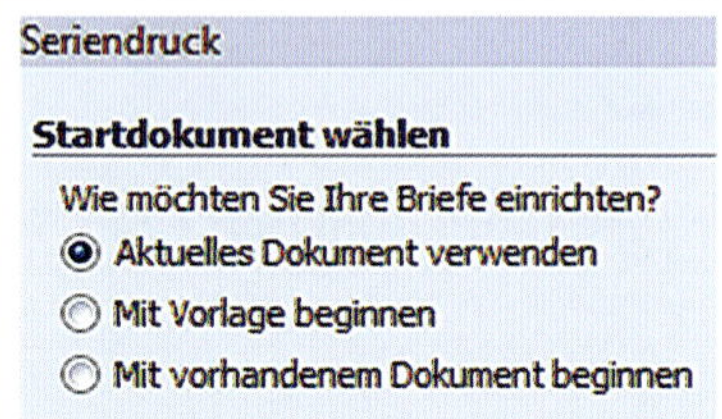

Schritt 3: Empfänger wählen

Suchen Sie die Datenquelle im Explorer.

Ein Fenster mit der gewählten Liste wird angezeigt. Entscheiden Sie, wer den Brief erhalten soll, ggfs. Häkchen entfernen. Sie können die Datenquelle bearbeiten.

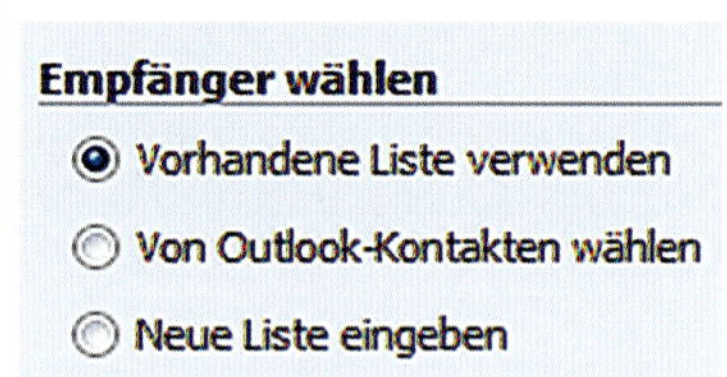

Schritt 4: Seriendruckfelder einfügen

Die Seriendruckfelder schaffen die Verbindung zu den Datensätzen der Datenquelle.

- Cursor im Brief an die richtige Stelle setzen
- „Weitere Elemente" anklicken
- Option Datenbankfelder aktivieren
- gewünschtes Feld markieren, einfügen und schließen
- Vorgang für jedes benötigte Feld wiederholen

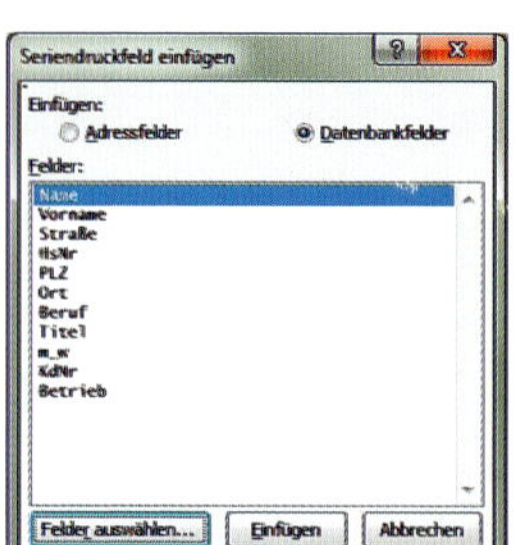

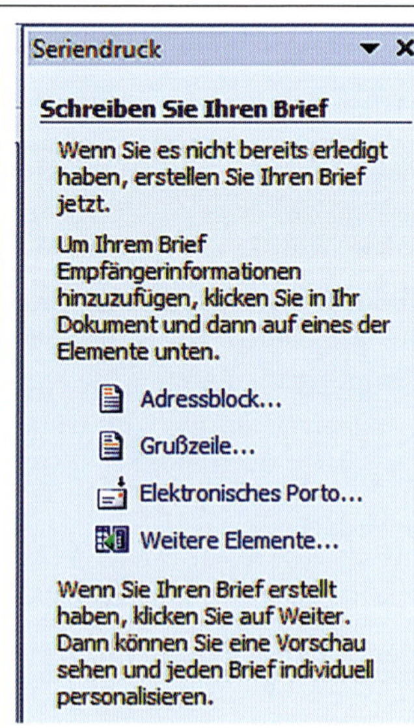

Schritt 5: Vorschau auf Ihre Briefe vornehmen
Zur Kontrolle blättern Sie mit den Pfeilsymbolen. Bei Fehlern im Hauptdokument gehen Sie zurück zu Schritt 1 und korrigieren dort.

Fehlerhafte Datenbankfelder korrigieren Sie unter Schritt 4.

Sie haben die Möglichkeit, Empfänger auszuschließen.

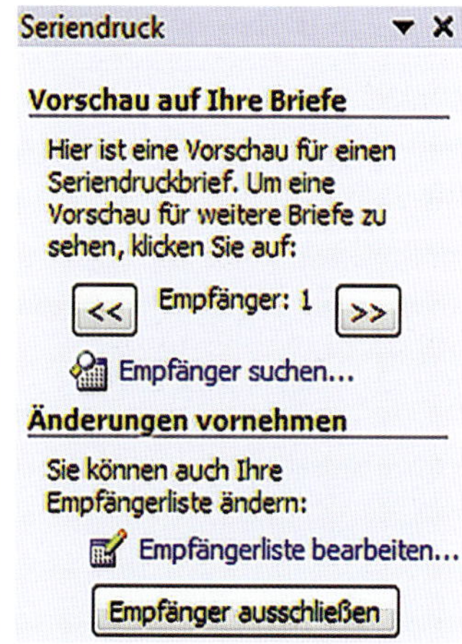

Schritt 6: Seriendruck ausführen
Sie können, wenn dies noch nicht unter Schritt 3 geschehen ist, bestimmte Briefe auswählen, sofern deren Ordnungsziffer bekannt ist. Welche Ordnungsziffer (Brief 1, Brief 2 usw.) ein Brief hat, kann bei Schritt 5 nachgesehen werden.

Unter „Individuelle Briefe bearbeiten" wird das Hauptdokument mit der Datenbank zusammengeführt und in einer druckbaren Datei zwischengespeichert. Sie können spezielle Änderungen für einzelne Briefe durchführen.

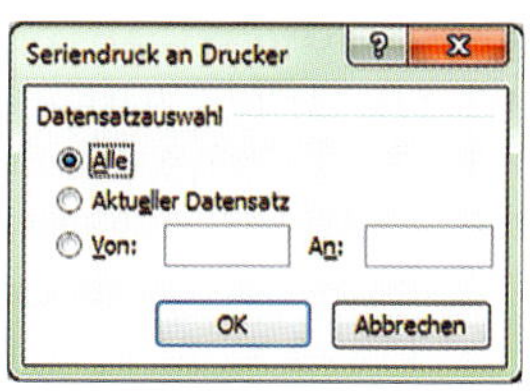

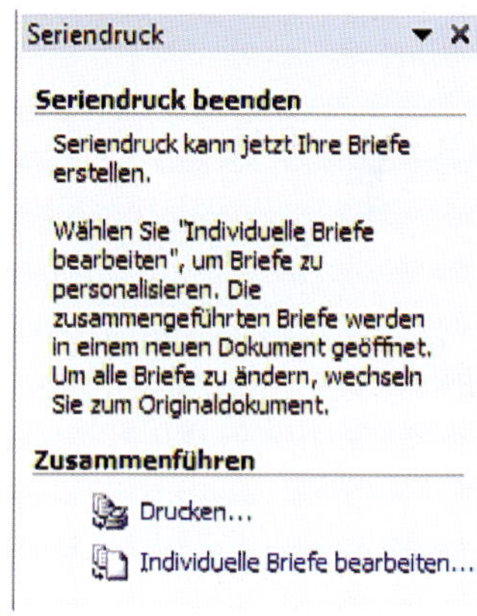

Hinweise zur Serienbrief-Funktion

Ausländische Kunden durch Direktwerbung gewinnen

Werbebriefe an ausländische Kunden sind am wirkungsvollsten, wenn sie in der jeweiligen Landessprache verfasst sind. Ist dies nicht möglich, sollte der Brief in der Weltsprache Englisch formuliert werden.

Grundsätzlich gelten für Werbebriefe in einer fremden Sprache dieselben Anforderungen wie für ein deutsches Schreiben. Dazu sind aber noch nationale Besonderheiten zu berücksichtigen.

Besondere Anforderungen an die Gestaltung englischer sales letters

- **Auslandsanschriften**
  Bei Auslandsanschriften ist die Anordnung der Bestandteile der Anschrift und deren Schreibweise nach Möglichkeit einer verfügbaren Absenderangabe des Empfängers zu entnehmen. Bestimmungsort und -land müssen in Großbuchstaben geschrieben werden. Der Bestimmungsort ist dabei nach Möglichkeit in der Sprache des Bestimmungslandes anzugeben (z. B. LIÈGE statt Lüttich, FIRENZE statt Florenz, TOKYO statt Tokio). Die Angabe des Bestimmungslandes steht dagegen in deutscher Sprache in der letzten Zeile der Anschrift.

Beispiel • *Ein Werbebrief der ModernOffice KG an einen Kunden in London wird wie folgt adressiert:*

MO ModernOffice.

ModernOffice KG • Postfach 10 15 • 72160 Horb am Neckar

Mrs A. Scott
514 Kingsbridge Road
LONDON EC1V 4QH
GROSSBRITANNIEN

Ihr Zeichen:
Ihre Nachricht vom:
Unser Zeichen: ls
Unsere Nachricht vom:

Name: Lily Summer
Telefon: +49 7451 801-50
Telefax: +49 7451 801-59
E-Mail: lily.summer@mo-modernoffice.com

Datum: 15.09.2016

- **Kalenderdaten**
  Bei englischsprachiger Handelskorrespondenz müssen Kalenderdaten unbedingt in der numerischen Form „JJJJ-MM-TT“ angegeben werden, z. B. 2015-08-10. Die Monatsangabe muss vor der Tagesangabe stehen, das Trennzeichen ist der Bindestrich. Alternativ kann auch die alphanumerische Form gewählt werden, z. B. 10 October 2015. Datumsangaben in der Form „TT.MM.JJJJ“ führen oft zu Missverständnissen, der englischsprachige Empfänger des Briefes verwechselt dann nicht selten den Tag mit dem Monat.
- **Eingangs- und Schlussformel**
  Eingangs- und Schlussformel sind in englischen Geschäftsbriefen aufeinander abgestimmt. Wird der Empfänger direkt angesprochen („Dear Mrs Larkin,“) schließt man mit dem Gruß „Yours sincerely“ (im amerikanischen Englisch: „Sincerely yours“). Bei allgemeiner Anrede („Dear Sir or Madam,“) wird im Gruß die Formulierung „Yours faithfully“ (im amerikanischen Englisch auch: „Truly yours“) erwartet. Nur im amerikanischen Englisch wird hinter Mr und Mrs ein Punkt gesetzt. Die Abkürzung Ms (auf keinen Fall die Angabe Miss) wird verwendet, wenn bei einer weiblichen Empfängerin der Familienstand unbekannt ist oder nicht hervorgehoben werden soll.
- **Verbalstil**
  Generell verwendet die englische Sprache eher Verben als Nomen. Dies muss bei der Übersetzung von deutschen Werbebriefen in englische sales letters unbedingt beachtet werden. Andernfalls fühlt sich der Empfänger nicht angesprochen.

Beispiel • *Die ModernOffice KG versendet einen Werbebrief an einen Fachhändler in Großbritannien.*

ModernOffice.

Your ref/ Ihr Zeichen:
Our ref/ unser Zeichen: LS

Mr O. Beckmann
325 Kingsbrigde Road
LONDON SW1E 6LB
GROSSBRITANNIEN

15 September 2015

Let's increase staff performance!

Dear Mr Beckmann,

Maintaining employee health is a vital issue to you. Considering the needs of both your staff and your company, you are looking for ergonomic office furniture which ideally suits their workplace requirements.

Dynamics instead of statics – with our innovative office furniture enabling you to choose between standing or sitting, you will protect your employees from serious health problems caused by bad posture or permanent sitting.

-By **simply pressing a button** you can bring more mobility into your offices, individually adjusted to each single person.

-Regular changes will relax your muscles and **improve staff performance and concentration.**

-Scientific studies haven proven: our discs need exercise. **Back disorders can be avoided** by regularly changing your working posture.

Take the chance to visit us at the ORGATEC trade fair in Cologne and get informed about our wide range of ergonomic products.

We are looking forward to seeing you there.

Yours sincerely

ModernOffice KG

Lily Summer

(Lily Summer)

PS: May we offer you **free tickets for the ORGATEC trade fair** and reserve a personal consultancy appointment exclusively for you? If so, please use the enclosed reservation form.

Marketingmix – abgestimmte Kombination der Marketinginstrumente

Jedes Unternehmen muss sich in der heutigen Zeit konsequent an den Anforderungen des Marktes orientieren, um seine absatzpolitischen Ziele zu erreichen. Im Rahmen dieses Marketings (marktorientierte Unternehmensführung) kommen verschiedene Marketinginstrumente zur Anwendung.

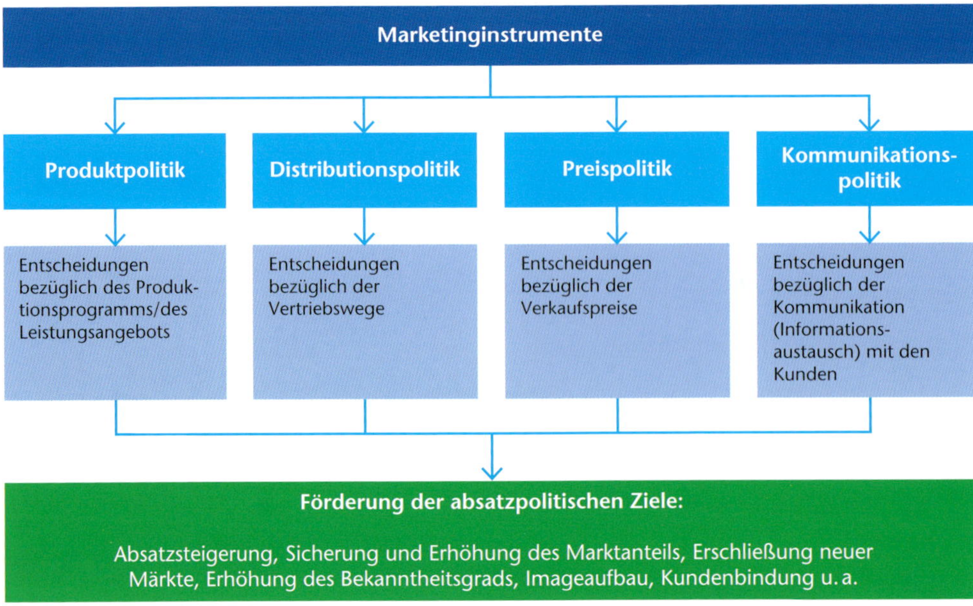

Je nach Marktsituation müssen diese vier Instrumente aufeinander abgestimmt kombiniert werden.

Marketingmix: abgestimmtes Zusammenwirken der Marketinginstrumente

Beispiel • *Marketingmix der ModernOffice KG*

*Die ModernOffice KG hat die **produktpolitische Entscheidung** getroffen, hochwertige Büromöbel mit vielfältigem Zusatznutzen (ergonomische Produktgestaltung, innovatives Design, ökologische Herstellung, hoher Qualitäts- und Imagestandard) zu produzieren. Auf diese Produktpolitik ist die **Distributionspolitik** abgestimmt. Die hochwertigen Möbel erfordern einen beratungsintensiven Verkauf. Sie werden deshalb nur über den Fachhandel sowie über die eigenen Showrooms der ModernOffice KG vertrieben. Im Bewusstsein der Kunden hat Qualität ihren Preis. Deshalb setzt die ModernOffice KG im Segment ihrer hochwertigen Erzeugnisse die Hochpreispolitik ein. Für die Kunden muss das Preis-Leistungs-Verhältnis stimmen. Eine andere **Preispolitik** könnte das Image als Qualitätsanbieter gefährden. Zur Absatzförderung der neuen elektrisch höhenverstellbaren Schreibtische schaltet die ModernOffice KG in zeitlicher Nähe zu der Fachmesse ORGATEC eine Anzeigenkampagne in der Fachzeitschrift „working@office". Die Leserschaft dieser Zeitschrift ist zu einem hohen Grad deckungsgleich mit der Zielgruppe der ModernOffice KG im Segment hochwertiger Büromöbel. Im Rahmen der **Kommunikationspolitik** muss die Anzeige hinsichtlich ihrer Gestaltung (Design, Layout, inhaltlicher Gehalt) auf diese Zielgruppe abgestimmt werden. Ein parallel geschalteter Werbebrief muss wiederum auf die Anzeigenserie und damit auf das hochwertige Produktsegment, die spezifische Zielgruppe und den Messetermin der ORGATEC abgestimmt sein.*

Alle unternehmerischen Entscheidungen im Rahmen des Marketingmix sind ständig auf ihren absatzpolitischen Erfolg hin zu überprüfen. Sollten die angestrebten absatzpolitischen Ziele nicht erreicht werden, sind entsprechende Anpassungen im Marketingmix vorzunehmen.

Auf den Punkt gebracht

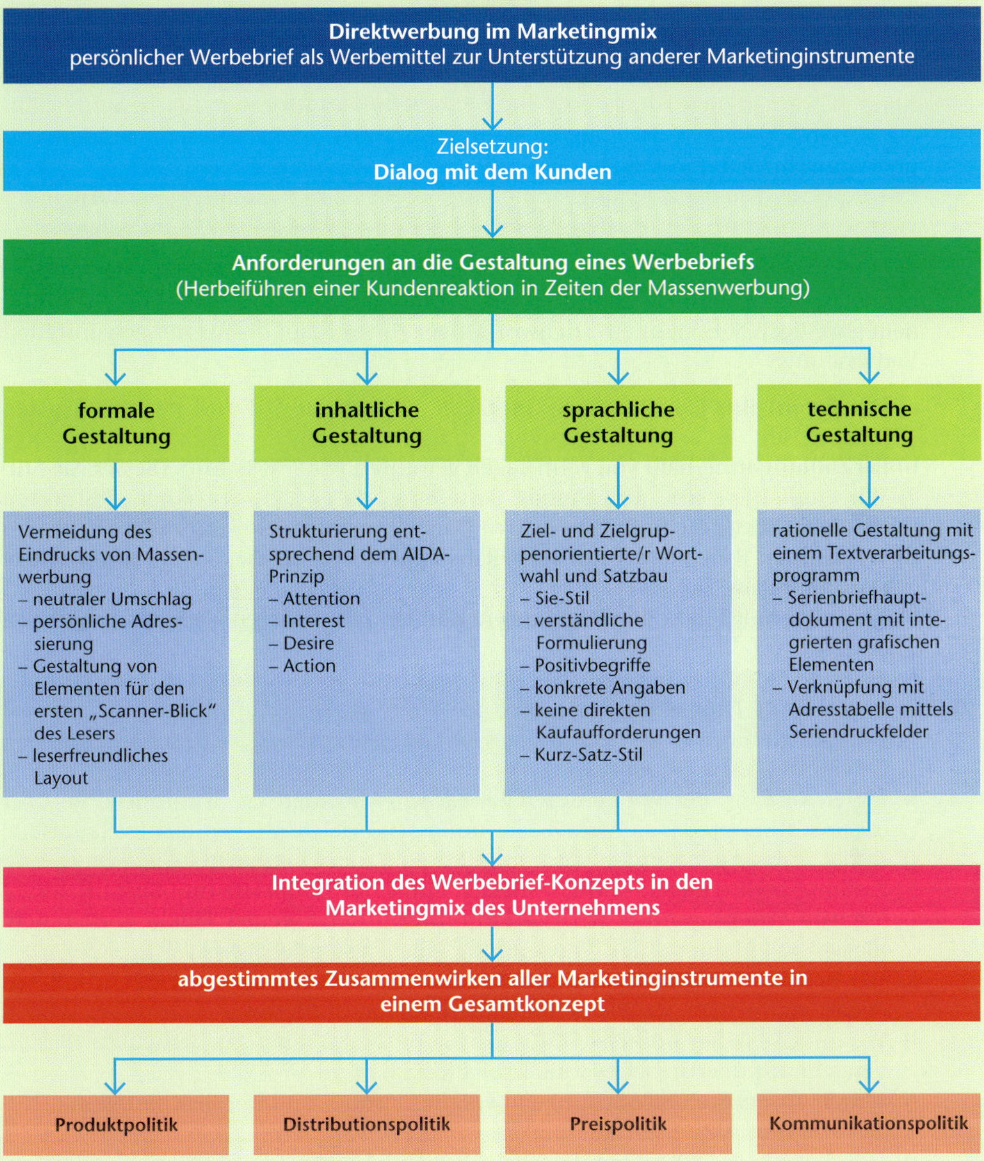

Nutzen Sie Ihr Wissen

1. Ziel der Direktwerbung ist der Dialog mit dem Kunden.

   a) Erklären Sie diese Aussage.
   b) Erläutern Sie die Vorzüge der Direktwerbung im Vergleich zu anderen Werbemitteln.

2. Kunden werden heutzutage mit einer Werbeflut konfrontiert. Es besteht somit die Gefahr, dass ein Werbebrief vom Empfänger nicht gelesen, sondern als unerwünschte Werbung entsorgt wird.
   Erläutern Sie, wie der Empfänger eines Werbebriefs durch die Briefgestaltung motiviert werden kann, den Brief genauer zu lesen und wie gewünscht zu reagieren.

3. Lesen Sie noch einmal die obige „Checkliste zur sprachlichen Gestaltung" in Werbebriefen. Verbessern Sie dann folgende Formulierungen aus Werbebriefen. Hinter dem jeweiligen Satz steht ein stichwortartiger Hinweis auf die Art der gewünschten Verbesserung.

   a) Wir liefern ihn jedoch erst in 14 Tagen. (Besser: Sie-Stil und positive Darstellungsweise)
   b) Bei Zahlung innerhalb von zehn Tagen gewähren wir 2 % Skonto. (Besser: Sie-Stil)
   c) Wir empfehlen eine umgehende Bestellung, da es sich um einen Restposten handelt. (Besser Sie-Stil und positive Darstellungsweise)
   d) Wir können Ihnen leider nur 10 % Rabatt gewähren. (Besser Sie-Stil und positive Darstellungsweise)
   e) An unserem Erfolg sollen auch unsere Kunden partizipieren. (Besser: Fremdwortersatz)
   f) Einzelne Details entnehmen Sie bitte dem beiliegenden Prospekt. (Besser: prägnanter ohne Doppelaussage)
   g) Unsere neu renovierte Niederlassung in Oberhausen wird Sie begeistern. (Besser: prägnanter ohne Doppelaussage)
   h) Unser Katalog, der vollkommen überarbeitet worden ist, informiert Sie über unser Sortiment, das sicherlich sehr umfassend ist. (Besser: einfacher Hauptsatz)
   i) In der Anlage übersenden wir einen Prospekt, der auch unsere Lieferungs- und Zahlungsbedingungen enthält. (Besser: einfacher Hauptsatz und Sie-Stil)
   j) Nächste Woche werden wir die Eröffnung unserer neuen Filiale vornehmen. (Besser: prägnanter durch Verwendung eines passenden Verbs)
   k) Wir liefern so lange der Vorrat reicht. Bestellen Sie deshalb unverzüglich diesen neuartigen Artikel. (Besser: keine direkte Kaufaufforderung)
   l) Wir möchten Sie höflichst bitten, unseren Messestand zu besuchen. (Besser: Verzicht auf übertriebene Höflichkeitsfloskel)
   m) Durch unsere Steh-Sitz-Lösungen wird die Gesundheit Ihrer Beschäftigten gefördert. (Besser: Aktivformulierung)
   n) Tests beweisen: Unsere Ventile verringern Ihre Heizkosten deutlich. (Besser: konkrete Angaben)

4. Die inhaltliche Gliederung eines Werbebriefs sollte sich an dem AIDA-Prinzip orientieren.

   a) Erklären Sie im Zusammenhang mit Werbung die sogenannte AIDA-Formel.
   b) Erläutern Sie, wie ein Werbebrief aufgebaut ist, der sich in seiner Struktur am AIDA-Prinzip orientiert.
   c) Spiegelt sich das AIDA-Prinzip in dem folgenden Werbebrief wider? Begründen Sie Ihre Auffassung.

CosmosDirekt.

Raus in den Sommer.
Aber sicher, Herr Wegener!

24 Stunden
persönlich für Sie da:

Telefon 0681-9 66 66 66
cosmosdirekt.de

CosmosDirekt · Halbergstraße 50–60 · 66101 Saarbrücken

Herrn
Max Mustermann
Musterstraße 1
12345 Musterstadt

Sehr geehrter Herr Mustermann,

Saarbrücken, 23.05.2016

Ihnen geht es doch bestimmt auch so: Das Leben macht ein klein wenig mehr Spaß, wenn die Sonne lacht und uns mit ihren warmen Strahlen verwöhnt. Urlaubspläne werden geschmiedet, ein Autokauf geplant oder wir genießen es einfach wieder draußen aktiv zu sein.

Was immer Sie vorhaben – Ihr Interesse an CosmosDirekt ist genau richtig. Wir stehen Ihnen mit **maßgeschneiderten Versicherungslösungen** zur Seite:

- Profitieren Sie **bei Ihrer Autoversicherung** von **bis zu 25 % Rabatt.**
- Sichern Sie sich **sofort weltweiten Unfallschutz und zahlen Sie nix bis Oktober.**[1)]
- Packen Sie **günstigen Reise-Schutz** ein und freuen Sie sich beruhigt auf die schönste Zeit des Jahres.

Starten Sie jetzt durch und profitieren Sie von Ihren Vorteilen. Mehr Infos unter **cosmosdirekt.de** und in beiliegendem Prospekt. Haben Sie Fragen, rufen Sie uns an: **0681-9 66 66 66.** Wir sind rund um die Uhr, 7 Tage die Woche persönlich für Sie da.

Viele Grüße aus Saarbrücken
Ihr

Uwe Braun
Uwe Braun
Leiter 24-Stunden-Beratungsservice

PS: Wir schützen Sie, wo immer Sie sind.
Mit maßgeschneiderten Versicherungslösungen.
Sicherer unterwegs mit einem Click: cosmosdirekt.de

MOB 4-5 (05.11)

1) Im Rahmen unserer Sonder-Aktion (vom 09.05. bis 30.06.2016) gewähren wir Ihnen beitragsfrei ab Antragseingang einen verlängerten vorläufigen Versicherungsschutz VVS (eingeschränkte Leistungen) bis zum 30.09.2016. Im Übrigen gelten die Allgemeinen Bedingungen für den VVS in der Unfallversicherung.

Ihr persönlicher Extra-Vorteil, Herr Wegener!

Profitieren Sie bei Ihrer Autoversicherung von bis zu

25 % Rabatt!

Einfach „Denkzettel" herausbrechen und als Merker nutzen!

CosmosDirekt.

„Denkzettel"

persönlich für:

CosmosDirekt. Die Versicherung.

5. Dem sogenannten Response-Element kommt in einem Werbebrief eine besondere Bedeutung zu.

   a) Erklären Sie, warum dieses Element so wichtig ist.
   b) Nennen Sie vier Möglichkeiten für die inhaltliche Gestaltung dieses Elements.

6. Verfassen Sie für ein Produkt oder für das gesamte Leistungsangebot Ihres Ausbildungsbetriebs einen Werbebrief. Weitere Daten ergänzen Sie bitte nach Ihrer Wahl.

   a) Erstellen Sie das Serienbriefhauptdokument. Gestalten Sie es angemessen mithilfe der grafischen Funktionen Ihres Textverarbeitungsprogramms (z. B. Einfügen von Symbolen und Bildern).
   b) Verknüpfen Sie das Serienbriefhauptdokument durch Seriendruckfelder mit einer Adresstabelle mit fünf Datensätzen.

7. Die ModernOffice KG produziert auch Büromöbel mit einfachem Qualitäts- und Ausstattungsstand, allerdings unter einer anderen Marke. Anlässlich der Olympischen Spiele wird in diesem Segment ein Schreibtischstuhl für Kinder und Jugendliche produziert. Der Stuhl ist für den „Hausaufgabenbereich" in Kinder- und Jugendzimmern bestimmt. Er wird in drei modischen Farbvarianten angeboten. Dabei ist der Bezug zusätzlich mit ansprechenden sportlichen Motiven versehen.

   a) Erklären Sie allgemein vier Marketinginstrumente.
   b) Erläutern Sie allgemein, was unter einem Marketingmix zu verstehen ist.
   c) Entwerfen Sie für den Kinder- und Jugend-Schreibtischstuhl ein Marketingmix-Konzept unter Berücksichtigung der vier Marketinginstrumente.

3.2 Wirtschaftliche, rechtliche und ethische Grenzen der Werbung beachten

Lernsituation

Die Bürowelt Heilmann GmbH, Wettbewerber der ModernOffice KG, führt eine Werbekampagne durch. An den Standorten der ModernOffice KG schaltet die Bürowelt Heilmann GmbH folgende Anzeige in den jeweiligen regionalen Zeitungen:

Bürowelt Heilmann GmbH

Modern Office – teures Office?
Woanders: ja! – Bei uns: nein!

Unsere Preise – einfach unschlagbar

ModernOffice KG
759,00 €

Zum Vergleich: Bürodrehstuhl

unser Preis
319,00 €

Unsere Zuverlässigkeit – einfach unglaublich

Wir gewähren auf alle unsere Artikel zwei Jahre Garantie.

Unsere Qualität – einfach gesund

Heilmann-Stühle helfen heilen. Ihre Rückenprobleme sind wie verschwunden.

Unser Design – einfach sexy

Das freut auch Ihr Bürohäschen.

Worauf warten Sie noch?
Verzichten Sie auf ModernOffice und gönnen Sie sich ein modernes Office.

Andere reden viel über Qualität.
Wir liefern Qualität. Und das in einem gesunden Preis-Leistungs-Verhältnis.

Bürowelt Heilmann GmbH
Ihr Partner für gesunde Arbeitsplätze

Lily Summer bittet Svenja Kolleck und Tom Wildermuth um Prüfung dieses Sachverhalts.

- *Analysieren Sie die obige Anzeige. Welche Elemente der Anzeige sind problematisch? Begründen Sie Ihre Auffassung.*

- *Informieren Sie sich mithilfe dieses Kapitels über die Grenzen der Werbung. Ziehen Sie bei Bedarf weitere Informationsquellen (z. B. das Internet) hinzu.*
- *Verfassen Sie, stellvertretend für Svenja Kolleck und Tom Wildermuth, ein Schreiben der Modern Office KG an die Bürowelt Heilmann GmbH. Legen Sie diesen Brief unterschriftsfertig vor.*
- *Erstellen Sie eine Präsentation. Informieren Sie mit dieser Präsentation Ihre Mitschülerinnen und Mitschüler über Ihren Arbeitsprozess und Ihr Arbeitsergebnis (Brief an den Mitbewerber).*
- *Holen Sie von Ihren Mitschülerinnen und Mitschülern ein Feedback zu Ihrer rechtlichen Einschätzung der Anzeige und zu Ihrem Brief ein. Passen Sie Ihren Brief bei Bedarf an zutreffende Hinweise Ihrer Mitschülerinnen und Mitschüler an.*

Wirtschaftliche Grenzen – nicht jede Werbung rechnet sich

Wie alle unternehmerischen Entscheidungen müssen auch Werbemaßnahmen wirtschaftlich sein. Das heißt, Ertrag und Aufwand müssen in einem angemessenen Verhältnis stehen.

$$\textbf{Wirtschaftlichkeit (allgemein)} = \frac{\textbf{Ertrag}}{\textbf{Aufwand}}$$

$$\textbf{Wirtschaftlichkeit (Werbung)} = \frac{\textbf{Werbeertrag}}{\textbf{Werbeaufwand}}$$

Der Werbeaufwand ist der Werbeetat, der für eine Werbemaßnahme zur Verfügung steht. Der Werbeertrag ist mit dem Umsatzzuwachs gleichzusetzen, der durch die Werbemaßnahme erzielt wird.

Eine Werbemaßnahme ist dann wirtschaftlich, wenn die Kennzahl der Wirtschaftlichkeit größer als 1 ist. Dann übersteigt der Werbeertrag den Werbeaufwand. Andernfalls ist eine Fortsetzung oder Wiederholung der Werbemaßnahme aus wirtschaftlicher Sicht problematisch.

Beispiel • *In zeitlicher Nähe zur Fachmesse ORGATEC (viertes Quartal) schaltet die Modern Office KG im Fachmagazin „working@office" eine Anzeigenserie zu ihren innovativen Steh-Sitz-Lösungen. Das Werbebudget für diese Aktion beträgt 200.000,00 €. Der Umsatz mit diesen elektrisch höhenverstellbaren Schreibtischen beträgt im vierten Quartal 400.00,00 €, verglichen mit 100.000,00 € im entsprechenden Vorjahresquartal. Damit ergibt sich folgende Kennziffer:*

$$\textbf{Wirtschaftlichkeit} = \frac{\textbf{Werbeertrag}}{\textbf{Werbeaufwand}} = \frac{\textbf{300.000}}{\textbf{200.000}} = \textbf{1,5}$$

Die Anzeigenserie ist wirtschaftlich gewesen. Svenja Kolleck und Tom Wildermuth erkennen jedoch die grundsätzliche Problematik bei der Beurteilung der Wirtschaftlichkeit von Werbemaßnahmen. Parallel zur Anzeigenkampagne sind zusätzlich entsprechende Werbebriefe verschickt worden. Die Fachmesse ORGATEC findet nur alle zwei Jahre statt, d. h., im Vorjahr konnte kein Messeeffekt wirksam werden. Der Umsatzzuwachs kann somit nicht eindeutig und ausschließlich der Anzeigenkampagne zugeschrieben werden.

Die Wirtschaftlichkeit steht im engen Zusammenhang mit anderen Werbegrundsätzen. Die Beachtung dieser Grundsätze begünstigt tendenziell die Wirtschaftlichkeit.

Werbegrundsätze

Wahrheit	Klarheit	Wirksamkeit	Wirtschaftlichkeit
Werbung soll sachlich und richtig informieren. Unwahre, täuschende und irreführende Werbung beeinträchtigt das Vertrauensverhältnis zum Kunden.	Werbung soll leicht und eindeutig verständlich sein. Fehlinterpretationen durch missverständliche Werbeaussagen gefährden den wirtschaftlichen Erfolg.	Werbung soll im Sinne des AIDA-Prinzips das Werbeziel erreichen. Die Zielgruppe soll entsprechend der geplanten Werbewirkung tatsächlich agieren (z. B. Erwerb des Produkts).	Zwischen Werbeertrag und Werbeaufwand muss ein angemessenes Verhältnis bestehen. Die Kennziffer der Wirtschaftlichkeit muss größer als 1 sein.

Rechtliche Grenzen – nicht alles ist erlaubt

In wirtschaftlicher Hinsicht begrenzt der verfügbare Werbeetat die Werbeaktivitäten eines Unternehmens. In rechtlicher Hinsicht findet die Werbung ihre Grenzen in gesetzlichen Vorschriften.

Grundvoraussetzung für das Funktionieren einer Marktwirtschaft ist ein intakter Wettbewerb. Unlauteres (unfaires) Wettbewerbsverhalten einzelner Marktteilnehmer gefährdet den Wettbewerb und damit die Wirtschaftsordnung. Es ist Aufgabe des Staates, solche Entwicklungen durch gesetzliche Bestimmungen zu verhindern.

Gesetz gegen den unlauteren Wettbewerb (UWG)

Zum Schutz des Wettbewerbs setzt das **Gesetz gegen den unlauteren Wettbewerb (UWG)** Werbemaßnahmen rechtliche Grenzen. § 1 des UWG formuliert diesen Zweck.

UWG

§ 1 Zweck des Gesetzes

Dieses Gesetz dient dem Schutz der Mitbewerber, der Verbraucherinnen und Verbraucher sowie der sonstigen Marktteilnehmer vor unlauteren geschäftlichen Handlungen. Es schützt zugleich das Interesse der Allgemeinheit an einem unverfälschten Wettbewerb.

Verbot eines unlauteren Wettbewerbs

Die §§ 3 bis 7 UWG verbieten unlautere Wettbewerbshandlungen.

§ 3 Generalklausel
Verbot unlauterer geschäftlicher Handlungen
(1) Unlautere geschäftliche Handlungen sind unzulässig, wenn sie geeignet sind, die Interessen von Mitbewerbern, Verbrauchern oder sonstigen Marktteilnehmern spürbar zu beeinträchtigen.

§ 4	§ 5	§ 6	§ 7
Beispiele unlauterer geschäftlicher Handlungen	Irreführende geschäftliche Handlungen	Vergleichende Werbung	Unzumutbare Belästigungen

§ 4 UWG Beispiele für unlautere geschäftliche Handlungen

§ 4 UWG listet beispielhaft Handlungen auf, die unlauter und damit unzulässig sind.

Unlauter und damit unzulässig sind nach ...	Beispiel
§ 4 Nr. 1 geschäftliche Handlungen, die die **Entscheidungsfreiheit** der Verbraucher oder sonstiger Marktteilnehmer durch Ausübung von Druck, in menschenverachtender Weise oder durch sonstigen unangemessenen unsachlichen Einfluss **beeinträchtigen.**	Im Rahmen einer „Kaffeefahrt" werden die Teilnehmer genötigt, an der Verkaufsveranstaltung teilzunehmen. Personen, die die angebotenen Produkte nicht kaufen wollen, werden öffentlich bloßgestellt: „Umsonst mitessen können Sie, aber kaufen wollen Sie nicht."
§ 4 Nr. 2 geschäftliche Handlungen, die geistige oder **körperliche Gebrechen**, das **Alter**, die geschäftliche **Unerfahrenheit**, die **Leichtgläubigkeit**, die **Angst** oder die **Zwangslage** von Verbrauchern **auszunutzen.**	Ein Spielzeughersteller fordert in einer Zeitschrift Kinder (Grundschulalter) auf, durch gebührenpflichtige Anrufe beim Hersteller oder Händler Neuerscheinungen von Spielzeug abzufragen.
§ 4 Nr. 3 geschäftliche Handlungen, bei denen der **Werbecharakter verschleiert** ist.	In einer Zeitschrift informiert ein Artikel über die gesundheitsfördernde Wirkung eines Naturheilmittels. Es wird nicht ersichtlich, dass es sich um eine Werbeanzeige handelt. Vielmehr hat der Leser den Eindruck, es handele sich um einen redaktionellen Beitrag.
§ 4 Nr. 7 geschäftliche Handlungen zur **Herabsetzung oder Verunglimpfung** der Kennzeichen, Waren, Dienstleistungen, Tätigkeiten oder persönlichen oder geschäftlichen Verhältnisse **eines Mitbewerbers.**	Eine Fluggesellschaft bedruckt die „Brechtüten" für ihre Fluggäste mit folgender Aufschrift: „Ganz easy hier ryan."
§ 4 Nr. 8 **unwahre Behauptungen über** die Waren, Dienstleistungen oder das Unternehmen eines **Mitbewerbers** oder über den Unternehmer oder ein Mitglied der Unternehmensleitung, die den Betrieb des Unternehmens oder den Kredit des Unternehmers schädigen.	Ein Lebensmittelmarkt behauptet wahrheitswidrig, dass die angeblichen „Bio-Produkte" eines Mitbewerbers unter Einsatz von chemischen Mitteln hergestellt worden sind.

§ 5 UWG Irreführende geschäftliche Handlungen

§ 5 Abs. (1) **Unlauter handelt, wer eine irreführende geschäftliche Handlung vornimmt.** Eine geschäftliche Handlung ist irreführend, wenn sie unwahre Angaben enthält oder sonstige zur Täuschung geeignete Angaben (...) enthält (...).

Irreführende Angaben können z. B. über folgende Sachverhalte gemacht werden:	Beispiel
§ 5 Abs. (1) Nr. 1 **wesentliche Merkmale der Ware oder Dienstleistung** (z. B. Verfügbarkeit, Art, Ausführung, Beschaffenheit, Zusammensetzung, Vorteile, Risiken, Zubehör, Verfahren oder Zeitpunkt der Herstellung, Verwendungsmöglichkeit, geographische oder betriebliche Herkunft, Ergebnisse von Tests der Waren oder Dienstleistungen)	Ein Rechtsanwalt bezeichnet sich selbst als „Spezialist für Wettbewerbsrecht", obwohl er in diesem Recht bisher wenig tätig gewesen ist und er auch nicht über Kenntnisse verfügt, die überdurchschnittlich sind.
§ 5 Abs. (1) Nr. 3 **geschäftliche Verhältnisse des eigenen Unternehmens** (z. B. Vermögen, Befähigung, Zulassungen, Mitgliedschaften, Auszeichnungen, Ehrungen)	Ein Unternehmen mit einem Marktanteil von 10 % bezeichnet sich als größter Hersteller. Ein Mitbewerber besitzt dagegen nachweislich einen Marktanteil von 25 %.
§ 5 Abs. (4) Irreführend ist die Werbung mit der Herabsetzung eines Preises, sofern der ursprünglich geforderte Preis absichtlich überhöht gewesen ist und nur für eine unangemessen kurze Zeit gefordert worden ist (**Mondpreise**).	Ein Sportfachgeschäft bietet ein Trikot drei Tage für 199,00 € an. Nach den drei Tagen wird dieser Preis rot durchgestrichen und auf 99,00 € herabgesetzt. Der reduzierte Preis wird deutlich unter dem gestrichenen Preis angegeben.

Ebenfalls irreführend sind sogenannte „**Lockvogelangebote**". Dabei wird mit besonders günstigen Preisen geworben, ohne dass ein angemessener Warenvorrat vorhanden ist. Somit können die Kunden die Ware nicht zu dem Sonderpreis erwerben. Sie werden durch die Werbung nur „angelockt". Als angemessen gilt in der Regel ein Warenvorrat für zwei Tage.

Lockvogelangebote sind gemäß § 3 Abs. (3) UWG **gegenüber Verbrauchern stets unzulässig**.

§ 6 UWG Vergleichende Werbung

> § 6 Abs. (1) Vergleichende Werbung ist jede Werbung, die unmittelbar oder mittelbar einen Mitbewerber oder die von einem Mitbewerber angebotenen Waren oder Dienstleistungen erkennbar macht.

Vergleichende Werbung ist **grundsätzlich zulässig. Unzulässig ist** aber der **unlautere Vergleich** mit dem Mitbewerber. Dies ist der Fall, wenn der Vergleich irreführend, herabsetzend oder verunglimpfend ist. Auch dürfen nur nachprüfbare und wesentliche Eigenschaften der Ware oder Dienstleistung verglichen werden.

Unlautere vergleichende Werbung liegt z. B. vor, wenn der Vergleich

- nicht auf Waren oder Dienstleistungen für den gleichen Bedarf oder dieselbe Zweckbestimmung bezogen ist,
- nicht objektiv auf eine oder mehrere wesentliche, relevante, nachprüfbare und typische Eigenschaften der Waren oder Dienstleistungen bezogen ist,
- nicht objektiv auf den Preis der Waren oder Dienstleistungen bezogen ist,

- zu einer Gefahr von Verwechslungen zwischen dem Werbenden und einem Mitbewerber führt,
- die Waren, Dienstleistungen, Tätigkeiten oder persönlichen oder geschäftlichen Verhältnisse eines Mitbewerbers herabsetzt oder verunglimpft.

Beispiel • *Svenja Kolleck ist über die unlautere vergleichende Werbung eines Billigflug-Anbieters verärgert. Dieser hat in der Werbung seine Preise mit höheren Preisen anderer Fluglinien verglichen. Aufgrund dieser Werbung bucht Svenja Kolleck ihren Urlaubsflug bei dieser Fluglinie. Im Nachhinein muss sie feststellen, dass der in der Werbung genannte Preis nicht alle Gebühren enthält. Unter Berücksichtigung dieser Zusatzkosten liegt der Gesamtpreis des Billigflug-Anbieters deutlich über den Preisen der Mitbewerber.*

§ 7 UWG Unzumutbare Belästigungen

> § 7 Abs. (1) Eine geschäftliche Handlung, durch die ein Marktteilnehmer in unzumutbarer Weise belästigt wird, ist unzulässig. Dies gilt insbesondere für Werbung, obwohl erkennbar ist, dass der angesprochene Marktteilnehmer diese Werbung nicht wünscht.

Insbesondere Direktwerbung kann eine unzumutbare Belästigung darstellen und unzulässig sein. Nach § 7 UWG gelten für die verschiedenen Arten der Direktwerbung unterschiedliche Einwilligungsvoraussetzungen.

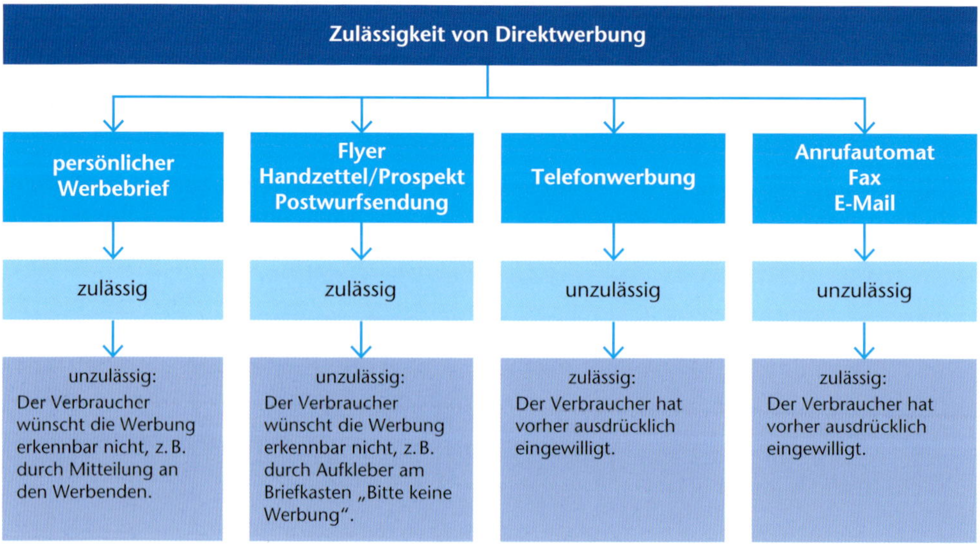

Direktwerbung per elektronischer Post (E-Mail) ist unter bestimmten Voraussetzungen auch ohne vorherige ausdrückliche Einwilligung zulässig. Es müssen folgende Voraussetzungen gleichzeitig erfüllt sein:

- Der Unternehmer hat von dem Kunden dessen elektronische Postadresse im Zusammenhang mit dem Verkauf einer Ware oder Dienstleistung erhalten.
- Der Unternehmer verwendet diese Adresse zur Direktwerbung für eigene ähnliche Waren oder Dienstleistungen.
- Der Kunde hat der Verwendung nicht widersprochen.
- Der Kunde wird bei Erhebung der Adresse und bei jeder Verwendung der Adresse klar und deutlich darauf hingewiesen, dass er der Verwendung jederzeit widersprechen kann.

Rechtsfolgen bei Verstößen gegen die Bestimmungen des UWG

Rechtsfolge	Erläuterung
§ 8 UWG Beseitigungs- und Unterlassungsanspruch	Wer unzulässige geschäftliche Handlungen vornimmt, kann auf Beseitigung und bei Wiederholungsgefahr auf Unterlassung in Anspruch genommen werden. **Anspruchsberechtig** sind **Mitbewerber**, **Interessenverbände** der Marktteilnehmer (z. B. Verbraucherverbände), **Industrie- und Handelskammern**.
§ 9 UWG Schadensersatz	Wer **vorsätzlich** oder **fahrlässig** eine unzulässige geschäftliche Handlung vornimmt, ist den Mitbewerbern zum Ersatz des daraus entstehenden Schadens verpflichtet.
§ 10 UWG Gewinnabschöpfung	Wer vorsätzlich eine unzulässige geschäftliche Handlung vornimmt und hierdurch zu Lasten einer Vielzahl von Abnehmern einen Gewinn erzielt, kann auf Herausgabe dieses Gewinns an den Bundeshaushalt in Anspruch genommen werden. Anspruchsberechtig sind Mitbewerber, Interessenverbände der Marktteilnehmer (z. B. Verbraucherverbände), Industrie- und Handelskammern.

Bei Streitigkeiten sind in erster Instanz die **Landgerichte** zuständig. Eine kostengünstige Alternative zu einem Gerichtsverfahren können die „**Einigungsstellen zur Beilegung von Wettbewerbsstreitigkeiten**" bei den Industrie- und Handelskammern sein. Scheitert das Einigungsverfahren, kann von den Parteien immer noch der Rechtsweg beschritten werden.

Datenschutzrechtliche Grenzen eines dialogorientieren Marketings

Wirtschaftliche Chancen moderner interaktiver Medien

Insbesondere die Entwicklung des World Wide Web (WWW) zum Web 2.0 eröffnet vielfältige neue Möglichkeiten des Dialogs mit dem Kunden (vgl. S. 102 ff.). Ein dialogorientiertes Marketing kann im Rahmen eines Customer Relationship Managements (CRM) diese neuen Chancen nutzen.

Customer Relationship Management (CRM): Datenbank- und softwaregestützte Erfassung, Verwaltung und Nutzung von Kundendaten zwecks Aufbau und Pflege dauerhafter und gewinnbringender Beziehungen zu den Kunden

Prozesskette CRM

Datenschutzrechtliche Gefahren moderner interaktiver Medien

Grundlage für ein Customer Relationship Management (CRM) ist eine umfangreiche Kundendatenbank. Zum ersten werden personenbezogene Kundendaten damit zu einem wichtigen „Produktionsfaktor“ und zu einer gehandelten Ware. Zum zweiten muss den im CRM eingebundenen Mitarbeiterinnen und Mitarbeitern der Zugriff auf diese Daten ermöglicht werden. Beides birgt erhebliche datenschutzrechtliche Gefahren. Das Bundesdatenschutzgesetz (BDSG) regelt deshalb den Umgang mit personenbezogenen Daten.

Wichtige Bestimmungen des Bundesdatenschutzgesetzes (BDSG)

> **§ 1 Zweck und Anwendungsbereich des Gesetzes**
>
> (1) Zweck dieses Gesetzes ist es, den Einzelnen davor zu schützen, dass er durch den Umgang mit seinen personenbezogenen Daten in seinem Persönlichkeitsrecht beeinträchtigt wird.

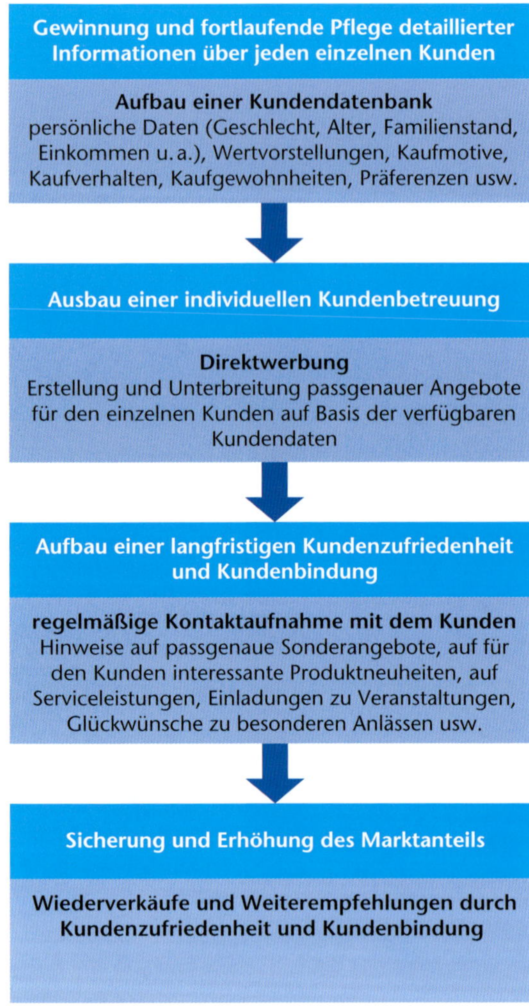

Gemäß Bundesdatenschutzgesetz (BDSG) sind personenbezogene Daten wie folgt definiert.

Personenbezogene Daten: Einzelangaben über persönliche und sachliche Verhältnisse einer bestimmten oder bestimmbaren Person

Personenbezogene Daten sind z. B.:

- Name, Geburtsdatum, Alter, Familienstand
- Anschrift, Telefonnummer, E-Mail-Adresse
- Kontonummer, Kreditkartennummer
- Personalausweisnummer, Sozialversicherungsnummer
- Augenfarbe, Schuhgröße
- Bildungsstand, Kenntnisse, Fähigkeiten, Erfahrungen
- Kfz-Kennzeichen

Grundsätzlich gilt: Sobald Daten dazu geeignet sind, auf eine bestimmte Person rückschließen zu können, sind sie personenbezogen im Sinne des BDSG.

Personaldaten von Arbeitnehmern zählen ebenso zu den personenbezogenen Daten wie Kundendaten.

Zentrale Schutzvorschriften des Bundesdatenschutzgesetzes (BDSG)

§ 4 Zulässigkeit der Datenerhebung, -verarbeitung und -nutzung

Die Erhebung, Verarbeitung und Nutzung personenbezogener Daten sind **nur zulässig, soweit** dieses Gesetz oder eine andere Rechtsvorschrift dies erlaubt oder anordnet oder **der Betroffene eingewilligt hat.**

§ 5 Datengeheimnis

Den **bei der Datenverarbeitung beschäftigten Personen** ist untersagt, personenbezogene Daten unbefugt zu erheben, zu verarbeiten oder zu nutzen (Datengeheimnis). Diese Personen sind bei der Aufnahme ihrer Tätigkeit **auf das Datengeheimnis zu verpflichten.** Das Datengeheimnis besteht auch nach Beendigung ihrer Tätigkeit fort.

§ 9 Technische und organisatorische Maßnahmen

Unternehmen müssen zur Gewährleistung des Schutzes personenbezogener Daten die erforderlichen **technischen und organisatorischen Maßnahmen durchführen,** z. B.
- Speicherkontrolle
- Übermittlungskontrolle
- Zugriffs-, Zugangskontrolle
- Benutzerkontrolle

Beispiel • *Der ModernOffice KG ist das Vertrauen ihrer Kunden und Lieferer ein besonderes Anliegen. Zu diesem Zweck hat die Rechtsabteilung unter der Leitung von Frau Dr. Ilse Bach die* ***„MO-Charta zum Schutz personenbezogener Kunden- und Liefererdaten“*** *erstellt.*

Diese Charta ist Bestandteil der Allgemeinen Geschäftsbedingungen der ModernOffice KG. Mit der Zustimmung zu den Allgemeinen Geschäftsbedingungen stimmen die Geschäftspartner den Bestimmungen dieser Datenschutz-Charta ausdrücklich zu. In der Charta behält sich die ModernOffice KG das Recht vor, personenbezogene Daten für Marketingzwecke zu nutzen. Im Einzelnen gibt die Charta u. a. Antwort auf folgende Fragen:

- *Welche personenbezogenen Daten werden gespeichert?*
- *Wann werden persönliche Daten erfasst?*
- *Zu welchem Zweck werden diese Daten eingeholt?*
- *Welche Weitergabe der persönlichen Daten findet statt?*

Ethische Grenzen – nicht alles, was erlaubt ist, ist tolerierbar

Der Staat regelt die Werbung durch Gesetze, z. B. durch das Gesetz gegen den unlauteren Wettbewerb. Er sichert damit einen fairen Wettbewerb und den Schutz der Verbraucher.

Aber auch rechtlich einwandfreie Werbung kann gegen ethische Prinzipien verstoßen und als anstößig empfunden werden. Ob eine konkrete Werbemaßnahme die ethischen Grenzen überschreitet, hängt entscheidend von den vorherrschenden Wert- und Moralvorstellungen innerhalb der Gesellschaft ab. Dieses allgemeine Wertverständnis ist im Laufe der Zeit einem ständigen Wandel unterworfen.

Deutscher Werberat – Selbstkontrolle der werbenden Wirtschaft

Werbung kann ihre Aufgabe (z. B. Verbraucherinformation und Förderung der absatzpolitischen Ziele) nur dann erfüllen, wenn sie grundsätzlich in der Gesellschaft angenommen wird. Diese gesellschaftliche Akzeptanz kann gefährdet sein, wenn Unternehmen im Wettbewerb ethische Grenzen überschreiten.

Deshalb hat die werbende Wirtschaft 1972 den Deutschen Werberat als Organ einer freiwilligen Selbstkontrolle gegründet. Über die gesetzlichen Wettbewerbsvorschriften hinausgehend, wacht er über ein geordnetes Werbeverhalten. Auf diesem Wege will er das Vertrauen der Verbraucher in Werbung stärken.

Grundregeln des Deutschen Werberats

Kommerzielle Kommunikation hat die allgemein anerkannten Grundwerte der Gesellschaft und die dort vorherrschenden Vorstellungen von Anstand und Moral zu beachten. Sie muss stets von Fairness im Wettbewerb und Verantwortung gegenüber der Gesellschaft getragen sein.

Insbesondere darf Werbung
- das Vertrauen der Verbraucher nicht missbrauchen und mangelnde Erfahrung oder fehlendes Wissen nicht ausnutzen,
- Kindern und Jugendlichen weder körperlichen noch seelischen Schaden zufügen,
- keine Form der Diskriminierung anregen oder stillschweigend dulden, die auf Rasse, Abstammung, Religion, Geschlecht, Alter, Behinderung oder sexuelle Orientierung bzw. die Reduzierung auf ein sexuelles Objekt abzielt,
- keine Form gewalttätigen, aggressiven oder unsozialen Verhaltens anregen oder stillschweigend dulden,
- keine Angst erzeugen oder Unglück und Leid instrumentalisieren,
- keine die Sicherheit der Verbraucher gefährdenden Verhaltensweisen anregen oder stillschweigend dulden.

Quelle: Deutscher Werberat: Grundregeln zur kommerziellen Kommunikation, Zugriff am 15.03.2015 unter: www.werberat.de/grundregeln

Beschwerden im ersten Halbjahr 2014

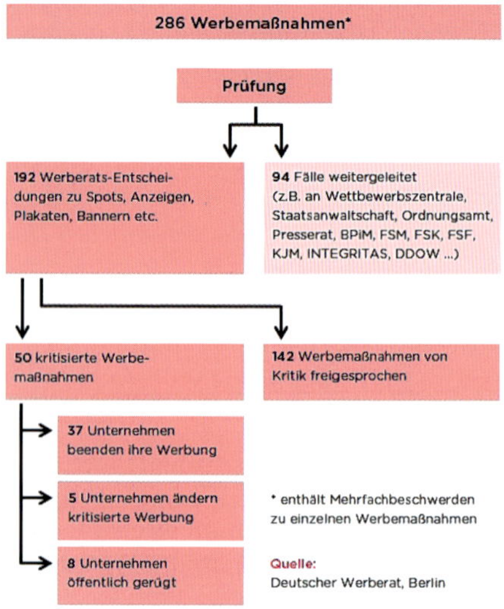

Beschwerdeverfahren

Jeder hat die Möglichkeit einer Beschwerde an den Werberat über Werbemaßnahmen von Unternehmen. Die Beschwerde kann auf dem Postweg, per Fax, per E-Mail oder telefonisch erhoben werden. Sie sollte mit Bezug auf die Grundregeln des Werberats begründet sein und das kritisierte Werbemittel dokumentieren (z. B. Original oder Kopie der Werbeanzeige, Fotografie des Werbeplakats, Sender und Sendetermin des Werbespots, Screenshot). Die Anzeige ist für den Beschwerdeführer kostenfrei.

Ist die Beschwerde nicht ganz offensichtlich unbegründet, wird das betroffene Unternehmen zur Stellungnahme aufgefordert. Ist die Gegendarstellung nicht überzeugend und wird die Werbemaßnahme unverändert fortgeführt, entscheidet der Deutsche Werberat. Stimmen die Mitglieder des Gremiums mehrheitlich für eine Beanstandung, wird das betroffene Unternehmen zur Änderung oder Einstellung der Werbung aufgefordert. Kommt es dieser Aufforderung nicht nach, wird das Unternehmen öffentlich für diese Werbung gerügt.

Bei vermuteten Gesetzesverstößen leitet der Werberat den Fall unverzüglich an die zuständigen Stellen weiter, z. B. an die Zentrale zur Bekämpfung unlauteren Wettbewerbs, an die Bundesprüfstelle für jugendgefährdende Medien oder auch an die Staatsanwaltschaft.

Die Erfahrung zeigt, dass Unternehmen den durch eine öffentliche Rüge verursachten Imageschaden fürchten. In der Regel befolgen sie deshalb die Aufforderung des Deutschen Werberats.

Beispiel • *Svenja Kolleck hat kein Verständnis dafür, dass es immer wieder Unternehmen gibt, die in ihrer Werbung sexistische Anspielungen einsetzen. Sie ist deshalb nicht überrascht, dass bei den Beschwerdegründen des Deutschen Werberats der Vorwurf der Herabwürdigung und Diskriminierung von Frauen dominiert.*

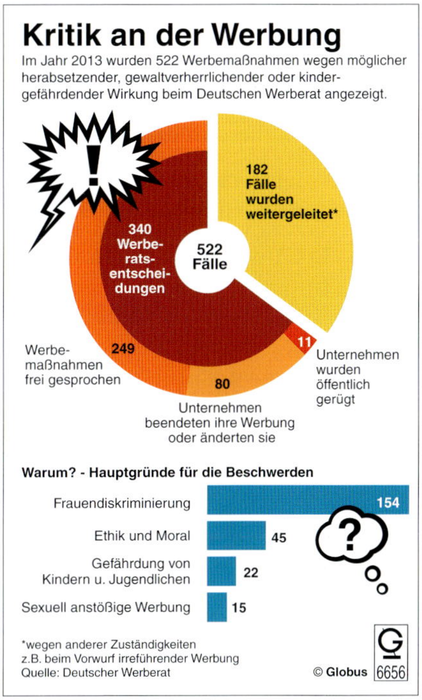

Auf den Punkt gebracht

Wettbewerb unter den Marktteilnehmern: Grundvoraussetzung für das Funktionieren einer Marktwirtschaft

↓

Schutz des Wettbewerbs durch:

- **Staat**
  → **rechtliche Grenzen** der Werbung
  - **UWG**: Verbot unlauteren Wettbewerbs
  - **BDSG**: Schutz personenbezogener Kundendaten
- **freiwillige Selbstkontrolle der werbenden Wirtschaft**
  → **ethische Grenzen** der Werbung
  - **z. B. Deutscher Werberat**: Beachtung der allgemein anerkannten Grundwerte der Gesellschaft und der vorherrschenden Vorstellungen von Anstand und Moral
- **wirtschaftliche Selbstkontrolle der einzelnen Unternehmung**
  → **wirtschaftliche Grenzen** der Werbung
  - **Werbegrundsätze**
    - Wahrheit
    - Klarheit
    - Wirksamkeit
    - Wirtschaftlichkeit

Nutzen Sie Ihr Wissen

1. Recherchieren Sie im Internet Beispiele für Verstöße gegen das Gesetz gegen den unlauteren Wettbewerb (UWG). Wählen Sie nach Ihrer Entscheidung drei Verstöße aus und beschreiben Sie sie unter Bezug auf die Vorschriften des UWG.

2. Ein Elektrofachhändler wirbt mit folgender Aussage: „Der besondere Vorteil für Sie: Bei uns bekommen Sie zwei Jahre Garantie auf alle Geräte."

   a) Erklären Sie, wie sich Garantie und gesetzliche Gewährleistung unterscheiden. Informieren Sie sich bei Bedarf mithilfe des Internets.
   b) Ist die obige Werbebotschaft gemäß UWG zulässig? Begründen Sie Ihre Entscheidung.
   c) Welche Ansprüche können evtl. vor der Einigungsstelle oder vor Gericht geltend gemacht werden? Wer ist anspruchsberechtigt?

3. Ein Lebensmittelmarkt wirbt mit folgender Werbeaussage:
   „Wir schlagen selbst die Sonderangebote von Ilda-Discount: Grami-Fruchtsaft: Ilda-Preis 0,99 € – unser Preis 0,79 €."
   Es stellt sich heraus, dass sich der Preis von 0,99 € auf eine 1-Liter-Flasche bezieht. Der Preis von 0,79 € wird dagegen für eine 0,75-Liter-Flasche gefordert.

   a) Ist die Werbeaussage zulässig? Begründen Sie Ihre Entscheidung.
   b) Martin Seiler, Facharbeiter bei der ModernOffice KG, ist über diese Werbung sehr verärgert und will den Unternehmer des Lebensmittelmarkts verklagen. Nehmen Sie zu diesem Vorhaben Stellung.

4. Der Marketingleiter eines Onlineshops trifft im Rahmen einer Besprechung folgende Feststellung:
   „Unsere Kundendatei beinhaltet zahlreiche E-Mail-Anschriften und Telefonnummern. Bei Bedarf können wir derartige Daten von anderen potenziellen Kunden noch dazukaufen. Dann versenden wir Massen-E-Mails und informieren über unsere Sonderangebote. Ältere Kunden, die per E-Mail nicht erreichbar sind, rufen wir persönlich an."

   a) Beurteilen Sie diese Aussage unter Berücksichtigung der Bestimmungen des UWG und des BDSG.
   b) Versetzen Sie sich in die Lage eines Mitarbeiters des Onlineshops. Sie erhalten vom Marketingleiter den Arbeitsauftrag, seinen Vorschlag umzusetzen. Wie verhalten Sie sich?

5. Der Lagerleiter eines Baumarkts macht folgenden Vorschlag: „Vom Testsieger ‚Sommergrill 2020' haben wir noch einen geringen Warenvorrat von 100 Stück. Wir sollten diesen Restposten in unserem nächsten Prospekt zum halben Preis anbieten. Wir verkaufen dann zwar mit Verlust, dieser Verlust ist aber wegen der geringen Stückzahl begrenzt. Und wenn die Kunden erst einmal im Markt sind, kaufen sie noch andere Sachen. Der Verlust bei den Grills wird dadurch sicherlich mehr als ausgeglichen."

   Beurteilen Sie diese Aussage unter wettbewerbsrechtlichen Bestimmungen.

6. Der Deutsche Werberat muss sehr selten zum Instrument der öffentlichen Rüge greifen. Bereits die Androhung einer Rüge bewirkt, dass nahezu alle Firmen die beanstandete Werbung vom Markt nehmen oder sie - der Kritik folgend - ändern.

Quelle: Deutscher Werberat: Zugriff am 31.03.2015 unter: www.werberat.de/deutscher-werberat

Beschreiben Sie das Beschwerdeverfahren nach der Verfahrensordnung des Deutschen Werberats.

7.

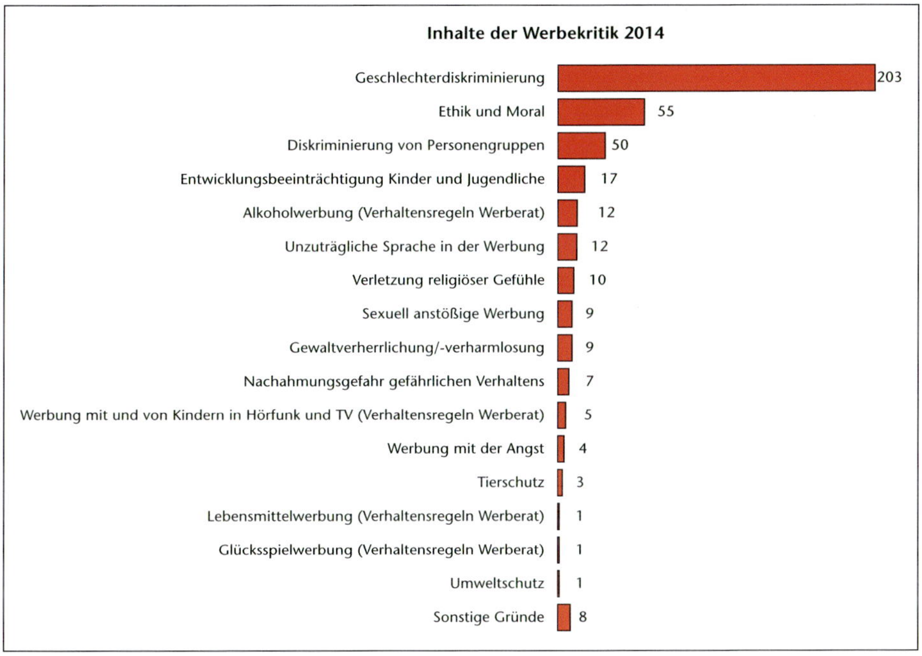

Quelle: Deutscher Werberat: Inhalte der Werbekritik 2014, Zugriff am 15.03.2015 unter: www.werberat.de/inhalte-der-werbekritik-0

Erläutern Sie die Grundregeln des Deutschen Werberats zur kommerziellen Kommunikation (Werbung). Gehen Sie dabei auf die Informationen der obigen Grafik ein.

8. Informieren Sie sich, z. B. mithilfe des Internets, über Schockwerbung (radical advertising).

a) Erklären Sie, was unter Schockwerbung zu verstehen ist.
b) Nennen Sie drei Beispiele für diese Art von Werbung.
c) Wie stehen Sie persönlich zu dieser Werbeart. Begründen Sie Ihre Einstellung.

4 Erfolg und Wirkungen von Marketingmaßnahmen beurteilen und reflektieren

Lernsituation

Die ModernOffice KG hat im **dritten Quartal** eine Werbekampagne durchgeführt. Werbeobjekt ist die Produktgruppe Sitzmöbel (z. B. Bürodrehstühle, Besucherstühle, Großraumstühle). Als Werbemittel werden Werbeanzeigen in verschiedenen Zeitschriften sowie Werbebriefe und Werbemails als Direktwerbung eingesetzt.

Im **vierten Quartal** bucht die ModernOffice KG bei dem Marktforschungsinstitut GfK SE in Nürnberg erneut eine Einfachauswahlfrage (Alternativfrage) in der wöchentlich durchgeführten Omnibusbefragung des Instituts. Mit dieser Frage will Lily Summer den Bekanntheitsgrad der ModernOffice KG messen. Mit derselben Frage hat sich die Modern Office KG bereits im ersten Quartal an der Omnibusbefragung beteiligt. Fünf Tage nach Durchführung der zweiten Befragung liefert die GfK SE folgende Information:

GfK TELEFON BUS Repräsentative Stichprobe der Bevölkerung	1. Quartal Anzahl der Antworten		4. Quartal Anzahl der Antworten	
	ja	nein	ja	nein
1.000 Personen	120	880	340	660

Zu Beginn des **fünften Quartals** liegen folgende Daten vor:

Angaben für die Produktgruppe Sitzmöbel	3. und 4. Quartal	3. und 4. Quartal (Vorjahr)
Umsatzvolumen	4.100.000,00	3.200.000,00
Marktvolumen	62.000.000,00	60.000.000,00
Werbeaufwand	500.000,00	0,00
Selbstkosten des Umsatzes	3.000.000,00	2.400.000,00

- *Analysieren Sie die obigen Daten. Gehen Sie dazu z. B. auf folgende Fragen ein:*
  - *Was ist unter Umsatzvolumen, Marktvolumen und Selbstkosten des Umsatzes zu verstehen? Wie unterscheiden sich Umsatz und Absatz?*
  - *Was ist eine Omnibusbefragung und was ist eine Einfachauswahlfrage?*
  - *Wie könnte die konkrete Frage lauten, mit der sich die ModernOffice KG an der Befragung beteiligt hat?*

- *Informieren Sie sich mithilfe dieses Kapitels über die Werbeerfolgskontrolle.*
- *Werten Sie mit diesen Kenntnissen die obigen Daten aus. Beurteilen Sie den Erfolg der Werbekampagne für die Produktgruppe Sitzmöbel.*
- *Stellen Sie Ihr Ergebnis in einem schriftlichen Bericht dar. Versenden Sie diesen Bericht als Anlage einer E-Mail an eine Mitschülerin oder einen Mitschüler und bitten Sie um ein Feedback. Nehmen Sie bei Bedarf aufgrund der Rückmeldung Korrekturen an Ihrem Bericht vor.*

Ökonomischer Erfolg von Marketingmaßnahmen

Alle Maßnahmen im Rahmen des Marketingmix dienen der Erreichung der absatzpolitischen Ziele des Unternehmens:

- Absatzsteigerung, Umsatzerhöhung
- Sicherung und Steigerung des Marktanteils
- Erschließung neuer Märkte
- Erhöhung des Bekanntheitsgrads
- Imagesteigerung

Entscheidungen im Rahmen des Marketingmix sind erfolgreich, wenn diese Ziele positiv beeinflusst werden.

Beispiel • *Laut einer Marktforschungsstudie beträgt im Jahr 2015 das Marktvolumen bei Arbeitstischen (kombinierte Steh-Sitz-Lösungen) 600.000 Stück (Marktvolumen: von allen Anbietern erzielter Jahresabsatz). 2015 hat die ModernOffice KG 210.000 Stück abgesetzt (Absatzvolumen = von einem Anbieter erzielter Jahresabsatz). Ihr Marktanteil beträgt damit 35 %.*

$$\textbf{Marktanteil} = \frac{\textbf{Absatzvolumen}}{\textbf{Marktvolumen}} \cdot 100 = \frac{210.000}{600.000} \cdot 100 = 35\ \%$$

Als absatzpolitisches Ziel gibt die Geschäftsführung vor, im Jahr 2016 den Marktanteil von 35 % auf 50 % zu erhöhen.

Dieses Ziel soll mit verschiedenen, aufeinander abgestimmten Marketingmaßnahmen erreicht werden. Im Rahmen der ***Produktpolitik*** *wird eine innovative Technik entwickelt und umgesetzt. Sie ermöglicht eine stufenlose Höheneinstellung der Arbeitsplatte. Im Rahmen der* ***Preispolitik*** *werden die Preise für diese Artikelgruppe im Jahr 2016 nicht erhöht. Gerade bei höhenverstellbaren Arbeitstischen hat die ModernOffice KG zahlreiche Mitbewerber. Folglich ist die Preiselastizität der Nachfrage relativ hoch. Es ist deshalb davon auszugehen, dass eine Preiserhöhung einen deutlichen Absatzrückgang verursacht. Im Rahmen der* ***Distributionspolitik*** *werden die Steh-Sitz-Lösungen weiterhin über die eigenen Showrooms und über den Fachhandel vertrieben. Die qualitativ hochwertigen Erzeugnisse der ModernOffice KG erfordern eine intensive Beratung. Im Rahmen der* ***Kommunikationspolitik*** *wird in zeitlicher Nähe zur Bürofachmesse ORGATEC, abgestimmt auf die anderen Marketinginstrumente, eine entsprechende Anzeige im Fachmagazin „working@office" geschaltet. Diese Werbemaßnahme wird durch den Versand von Werbebriefen und durch eine passende Gestaltung der Homepage der ModernOffice KG flankiert.*

Im Rahmen des Controllings ermittelt die Geschäftsführung für das Jahr 2016 folgende Daten:

$$\textbf{Marktanteil} = \frac{\textbf{Absatzvolumen}}{\textbf{Marktvolumen}} \cdot 100 = \frac{320.000}{640.000} \cdot 100 = 50\ \%$$

Bezogen auf die Artikelgruppe der höhenverstellbaren Arbeitstische ist der Marketingmix der ModernOffice KG ökonomisch erfolgreich gewesen.

Werbeerfolgskontrolle – Instrument zur Bewertung des ökonomischen Erfolgs der Kommunikationspolitik

Werbung ist ein wichtiges Instrument der Kommunikationspolitik. Für Werbemaßnahmen steht in der Regel ein festgelegter Werbeetat zur Verfügung. Die Werbeerfolgskontrolle bewertet den wirtschaftlichen Erfolg von Werbemaßnahmen. Das heißt, es wird erfasst, ob dem Werbeaufwand ein entsprechender Werbeertrag gegenübersteht.

Pre-Test-Verfahren – Minimierung des Risikos

Zahlreiche Werbemittel und Werbeträger (z. B. Anzeigen in überregionalen Zeitschriften, Werbespots in Rundfunk- und TV-Sendungen) verursachen hohe Kosten. Das heißt, diese Werbemaßnahmen sind mit einem hohen Risiko verbunden, wenn der erwartete Werbeertrag nicht einsetzt. Zur Minimierung dieses Risikos werden Pre-Tests durchgeführt.

Pre-Test-Verfahren: Vor dem endgültigen Einsatz des Werbemittels wird ein Test durchgeführt, um Hinweise auf den möglichen Werbeertrag zu gewinnen.

Beim Pre-Test wird eine repräsentative Stichprobe der Zielgruppe mit der Werbemaßnahme konfrontiert und der Werbeertrag wird gemessen. Ist der Test erfolgreich, wird die Werbemaßnahme auf dem Gesamtmarkt umgesetzt. Andernfalls wird der Test dahingehend ausgewertet, welche Korrekturen erforderlich sind.

Beispiel • *Die ModernOffice KG führt unter den Besuchern ihres Messestands auf der ORGATEC eine Befragung durch. Die Auswertung ergibt, dass die ModernOffice KG im Bewusstsein der Nachfrager primär als Hersteller von Büromöbeln für geschäftliche Kunden verankert ist. In der Wahrnehmung der privaten Verbraucher ist die ModernOffice KG dagegen relativ wenig präsent.*

Lily Summer plant deshalb eine Werbekampagne mit Werbespots in überregionalen TV-Sendungen. Sie ist sich des hohen Risikos bewusst und recherchiert im World Wide Web nach der Möglichkeit von Pre-Tests. Dabei stößt sie auf das Angebot des Marktforschungsinstituts GfK SE in Nürnberg.

> „Über unsere realen und simulierten Testmärkte überprüfen wir die komplette Bandbreite Ihrer Marketingmaßnahmen. Wir prognostizieren, wie hoch der Beitrag jeder einzelnen Maßnahme zu Ihrem zukünftigen Erfolg sein wird und zeigen Ihnen, wie Sie Ihren Marketingmix optimieren können.
>
> Dabei beantworten wir Fragen zu Ihren Marketingmaßnahmen
> Wie wirkt Ihre neue Fernsehwerbung, Ihre Print-, Plakat- oder Radiowerbung? Welchen Einfluss hat Ihre Online-Werbung? Was erreichen Sie mit Direktmarketing-Maßnahmen und POS-Aktivitäten? Und wie wirkt alles zusammen? (...) Kurz: Welches Potenzial hat Ihre gesamte Marketingstrategie?“

Quelle: GfK SE: Testmärkte und Prognosen, Zugriff am 05.12.2014 unter: www.gfk.com/de/loesungen/Testmaerkte/Seiten/default.aspx

Post-Test-Verfahren – quantitative Erfassung des Werbeerfolgs

Post-Test-Verfahren: Sie erfassen den Werbeerfolg nach Durchführung der Werbemaßnahme.

Die Erfassung des Werbeerfolgs erfolgt mithilfe von Zahlenwerten und Kennzahlen. Dabei wird der jeweilige Wert vor und nach der Werbemaßnahme ermittelt. Der Vergleich der beiden Werte lässt Rückschlüsse auf den Werbeerfolg zu.

Werte und Kennzahlen zur Werbeerfolgskontrolle

- Absatz, Umsatz
- Marktanteil
- Bekanntheitsgrad
- Wiederkäuferrate
- Wirtschaftlichkeit

Absatz: Verkauf in Mengeneinheiten

Umsatz: Verkauf im Euro-Wert (Menge · Verkaufspreis)

$$\text{Marktanteil} = \frac{\text{Absatzvolumen (Absatz eines Anbieters)}}{\text{Marktvolumen (Absatz aller Anbieter)}} \cdot 100$$

$$\text{Marktanteil} = \frac{\text{Umsatzvolumen(Umsatz eines Anbieters)}}{\text{Marktvolumen (Umsatz aller Anbieter)}} \cdot 100$$

$$\text{Bekanntheitsgrad} = \frac{\text{Anzahl der Befragten, die das Produkt/dieMarke/das Unternehmen kennen}}{\text{Anzahl aller Befragten}} \cdot 100$$

$$\text{Wiederkäuferrate} = \frac{\text{Anzahl der Käufer, die das Produkt wiederholt gekauft haben}}{\text{Anzahl aller, die das Produkt gekauft haben}} \cdot 100$$

$$\textbf{Wirtschaftlichkeit} = \frac{\textbf{Werbeertrag}}{\textbf{Werbeaufwand}} \cdot 100$$

Beispiel • *Die ModernOffice KG beauftragt das Marktforschungsinstitut GfK SE in Nürnberg mit einer Analyse ihres Bekanntheitsgrads bei Verbrauchern. Die GfK SE bettet diese Fragestellung in eine der wöchentlichen Omnibusbefragungen ihres Testmarkts ein. Die repräsentative Stichprobe des Testmarkts umfasst 1.000 Personen. Davon kennen nur 20 Personen die ModernOffice KG als Hersteller von ergonomischen Büromöbeln.*

$$\textbf{Bekanntheitsgrad} = \frac{20}{100} \cdot 100 = 2\ \%$$

Begleitet durch die GfK SE schaltet die ModernOffice KG eine Serie von TV-Spots in überregionalen TV-Sendern. Nach dieser Werbemaßnahme ermittelt die GfK SE einen Bekanntheitsgrad von 10 %.

Lily Summer ist sich jedoch der grundsätzlichen Problematik der Werbeerfolgskontrolle bewusst. Auch andere Ereignisse, die nicht erfasst worden sind, können Änderungen im Bekanntheitsgrad ausgelöst haben. Das heißt, die Steigerung muss nicht zwangsläufig und ausschließlich auf die Werbemaßnahme zurückzuführen sein.

Einfluss des Marketings auf gesellschaftliche Prozesse

Für den langfristigen Erfolg eines Unternehmens reichen gute Beziehungen zu den Kunden und zu den Lieferern allein nicht aus. Erforderlich ist ein intaktes Verhältnis zwischen dem Unternehmen und der allgemeinen Öffentlichkeit. Im Rahmen eines **Stakeholder-Konzepts** berücksichtigen die Marketingaktivitäten deshalb die Interessen aller Bezugsgruppen des Unternehmens.

Stakeholder: alle Bezugsgruppen, die ein Interesse an einem Unternehmen haben, z.B. Kunden, Lieferer, Gläubiger, staatliche Stellen, Eigentümer, Mitarbeiter, Anwohner, Medienvertreter, interessierte Öffentlichkeit

Über diesen Stakeholder-Ansatz beeinflusst Marketing gesellschaftliche Prozesse und Strukturen.

Marketinginstrument	gesellschaftlicher Einfluss	
	positiv	negativ
Preispolitik	Am Markt durchgesetzte faire, kostenorientierte Preisstrategien sichern die wirtschaftliche Existenz von Zulieferern, stabilisieren die wirtschaftliche Struktur eines Landes und tragen zur sozialen Gerechtigkeit bei.	Niedrigpreisstrategien verdrängen inländische Produzenten vom Markt und verlagern die Produktion ins Ausland unter problematischen sozialen und ökologischen Produktionsbedingungen.
Produktpolitik	Produktion und Angebot ökologisch ausgerichteter Erzeugnisse (z. B. langlebige Qualitätserzeugnisse, ressourcenschonende Produktionsverfahren) leisten einen Beitrag zum Umweltschutz und zur Förderung des allgemeinen Umweltbewusstseins in der Gesamtgesellschaft.	Die Produktion und das Angebot kostengünstiger Massen- und Wegwerfartikel gefährden die ökologische Stabilität der Umwelt als Lebens- und Produktionsgrundlage.
Kommunikationspolitik	Sponsoring von sozialen, kulturellen, sportlichen Personen, Einrichtungen und Ereignissen sichern den positiven gesellschaftlichen Einfluss dieser Personen, Einrichtungen und Ereignisse.	„Geiz ist geil"-Kampagnen können das Entstehen einer Gesellschaft befördern, deren Mitglieder nur auf den eigenen Vorteil bedacht sind und keine Rücksicht auf die Interessen anderer oder auf die Umwelt nehmen.

Gesellschaftliche Auswirkungen der Werbung

Werbung verfolgt drei unmittelbare Ziele:

- Produkte und Leistungen bekannt machen
- Bedürfnisse wecken
- Kaufentscheidungen beeinflussen

Positive Wirkungen

Mit der Verfolgung dieser Ziele sind vielfältige positive gesellschaftliche Auswirkungen verbunden, z. B.:

- Information der Verbraucher über neue Sachgüter und Dienstleistungen
- Verbesserung der Lebensqualität (Produktinnovationen und Qualitätsverbesserungen) durch Förderung des Wettbewerbs zwischen den Unternehmen
- Sicherung der Arbeitsplätze und des Einkommens (Absatzförderung durch Werbung)
- attraktive Beschäftigungsmöglichkeit in der Werbebranche

Problematische Wirkungen

- **Beeinflussung der Wertebildung**
  Menschen, insbesondere Kinder und Jugendliche, orientieren sich an Werten, die durch Werbung vermittelt werden. Dies geschieht oft unbewusst. Werbung gibt damit vielen Menschen vor, was richtig und was falsch ist.

Beispiel • *Svenja Kolleck ärgert sich oft über das Frauenbild in der Werbung. Insbesondere junge Mädchen wollen diesem fragwürdigen Schönheitsideal entsprechen. Dies ist ein Grund dafür, dass die Zahl der Essstörungen bei weiblichen Jugendlichen stark angestiegen ist. Auch die zunehmende Zahl von Schönheitsoperationen bei erwachsenen Frauen hat nach Svenjas Auffassung ihre Hauptursache in dem durch Werbung verbreiteten Frauenbild. Werbung gefährdet jedoch nicht nur die Gesundheit des Einzelnen. Die gesundheitlichen Folgekosten belasten dazu auch die sozialen Sicherungssysteme und damit die Gesellschaft als Ganzes.*

- **Weckung von Bedürfnissen**
  Durch Werbung inspiriert, erwerben Menschen häufig Dinge, die sie im Grunde nicht benötigen. Dies ist zum einen problematisch, wenn es sich um gesundheitsschädliche Produkte (z. B. Alkohol, Tabak, Süßigkeiten) handelt. Zum anderen stellt Werbung ein Problem dar, wenn leicht beeinflussbare Personen zu Kaufentscheidungen verleitet werden, die sich den Kauf des Produktes eigentlich nicht leisten können. Dies birgt die Gefahr der persönlichen Überschuldung.

  Daneben ist der durch Werbung ausgelöste Massenkonsum von nicht notwendigen Gütern auch gesamtgesellschaftlich problematisch. Die Produktion und der Konsum dieser Güter belasten die natürlichen Ressourcen und gefährden die Umwelt.

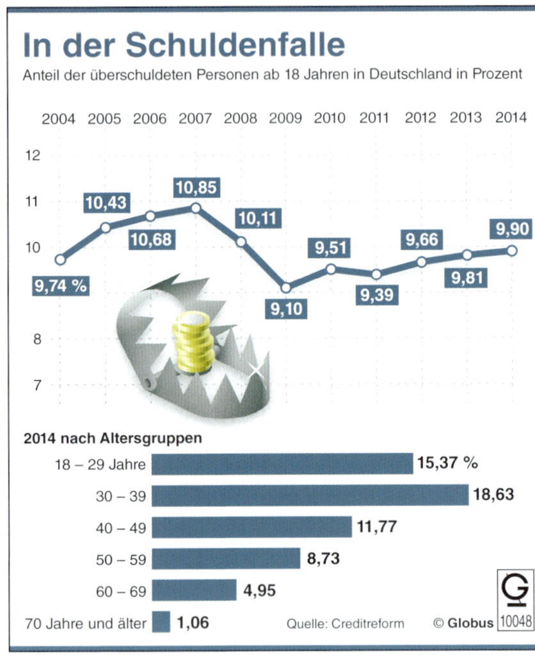

Beispiel • *Tom Wildermuth versteht nicht, warum viele seiner Mitschülerinnen und Mitschüler funktionierende Produkte (z. B. Smartphones) vorzeitig durch neue Modelle ersetzen. Nach seiner festen Überzeugung geschieht dies nur, weil die Werbung angeblich innovative Eigenschaften der Nachfolgemodelle anpreist. Millionen von intakten Geräten landen vorzeitig im Müll und belasten die Umwelt. Die Herstellung der neuen Geräte verbraucht wertvolle Rohstoffe.*

In diesem Zusammenhang wundert er sich über die Anschaffung eines neuen Kaffeeautomaten durch Mitarbeiter in der Werbeabteilung der ModernOffice KG. Für diese neuartige Kaffeemaschine hat der Hersteller mit einer aufwendigen Kampagne geworben. Unter Umweltaspekten ist dieser Kaffeeautomat aber sehr problematisch. Für jede einzelne Tasse wird das Kaffeepulver in einer Aluminiumkapsel zugeführt. Diese Kapseln müssen mit einem hohen Energieaufwand produziert werden. Werden sie nach dem Verbrauch nicht recycelt, belasten sie als Müll erneut die Umwelt. Ein besonderer Zusatznutzen des Automaten ist dagegen nicht erkennbar. Tom kann nur feststellen: „So ein Ding braucht kein Mensch und ohne Werbung wäre es niemals massenhaft produziert und verkauft worden.“

- **Beeinflussung der Massenmedien**
  Rundfunk- und TV-Werbespots sowie Werbeanzeigen sind wichtige Werbemittel der Massenwerbung. Öffentliche und private Rundfunkanstalten und Fernsehsender sowie

Zeitschriftenverlage stellen für diese Werbemittel die Werbeträger zur Verfügung. Massenmedien beziehen mittlerweile den größten Teil ihrer Einnahmen aus Werbeeinnahmen. Es besteht die Gefahr, dass die Medien von der Werbewirtschaft abhängig werden und nicht mehr unabhängig berichten. Großunternehmen mit hohen Werbebudgets könnten versuchen, eine unerwünschte Berichterstattung zu unterbinden oder zu beeinflussen.

- **Zunehmende Vereinnahmung des öffentlichen Raumes**
  Werbung ist mittlerweile allgegenwärtig: im Fernsehen, im Radio, in Zeitungen und Zeitschriften, in den sozialen Netzwerken und im World Wide Web des Internets, auf Plakatwänden und Werbetafeln in den Straßen und öffentlichen Einrichtungen, auf den Werbebanden der Fußballstadien. Diese ständige Konfrontation mit Werbung kann für den Einzelnen zu einer Belastung und damit zur Beeinträchtigung seiner Lebensqualität werden.

Auf den Punkt gebracht

Erfolgs- und Wirkungsbeurteilung von Marketingmaßnahmen

- **Beurteilung des ökonomischen Erfolgs**
  - Marketingkontrolle
  - Werbeerfolgskontrolle
  - → Überprüfung der Erfüllungsgrade der jeweiligen absatzpolitischen Ziele mithilfe von Werten und Kennziffern (Absatz, Umsatz, Marktanteil, Bekanntheitsgrad, Wiederkäuferrate, Wirtschaftlichkeit) im Rahmen von Pre-Test-Verfahren und Post-Test-Verfahren
- **Beurteilung der gesellschaftlichen Wirkungen**
  - Marketingbeurteilung
  - Wertebeurteilung
  - → vielfältige positive und negative gesellschaftliche Einflüsse und Auswirkungen des Marketings und der Werbung von Unternehmen

Nutzen Sie Ihr Wissen

1. Erläutern Sie, was im Zusammenhang mit der Werbeerfolgskontrolle unter Pre-Test-Verfahren und Post-Test-Verfahren zu verstehen ist.

2. Erklären Sie nach Ihrer Wahl drei Kennziffern, mit deren Hilfe der Erfolg einer Werbemaßnahme gemessen werden kann.

3. Im dritten Quartal schaltet die ModernOffice KG im Fachmagazin „dasbüro“ eine Anzeigenserie zu ihren ergonomischen Sitzmöbeln. Das Werbebudget für diese Aktion beträgt 100.000,00 €. Der Umsatz mit diesen elektrisch höhenverstellbaren Schreibtischen beträgt im dritten Quartal 200.000,00 €, verglichen mit 80.000,00 € im entsprechenden Vorjahresquartal.

   a) Erklären Sie, was unter der Wirtschaftlichkeit einer Werbemaßnahme zu verstehen ist.
   b) Beurteilen Sie die Wirtschaftlichkeit der Anzeigenserie. Ermitteln Sie dazu die entsprechende Kennziffer.

4. Dr. Monika Schneider, zuständig für Testmärkte und Prognosen bei der GfK SE, stellt in einem Gespräch mit Lily Summer fest: „Die Werbewirtschaft ist der Motor der Wirtschaft.“

   a) Interpretieren Sie diese Aussage.
   b) Erläutern Sie positive Auswirkungen von Marketing und Werbung auf die Wirtschaft und die Gesellschaft eines Landes.

5.

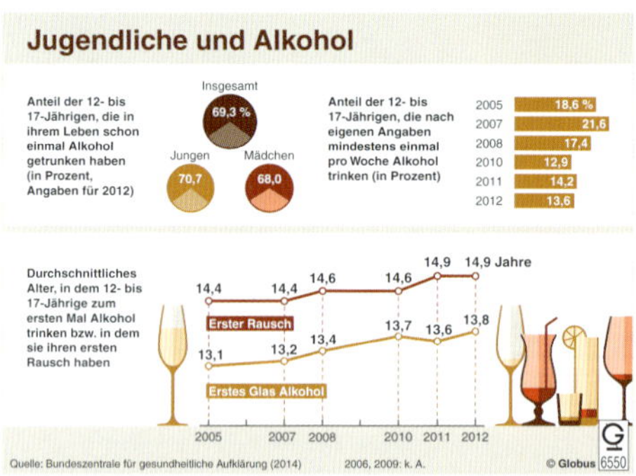

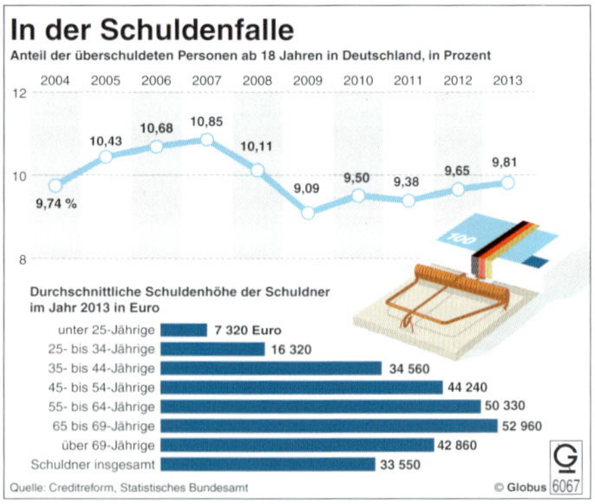

   a) Stellen Sie die Informationen der zwei obigen Grafiken in einem Fachbericht dar.
   b) Erläutern Sie problematische Auswirkungen der Werbung auf die Gesellschaft. Berücksichtigen Sie dabei die beiden Grafiken.

Wertströme erfassen und beurteilen

Lernfeld 6

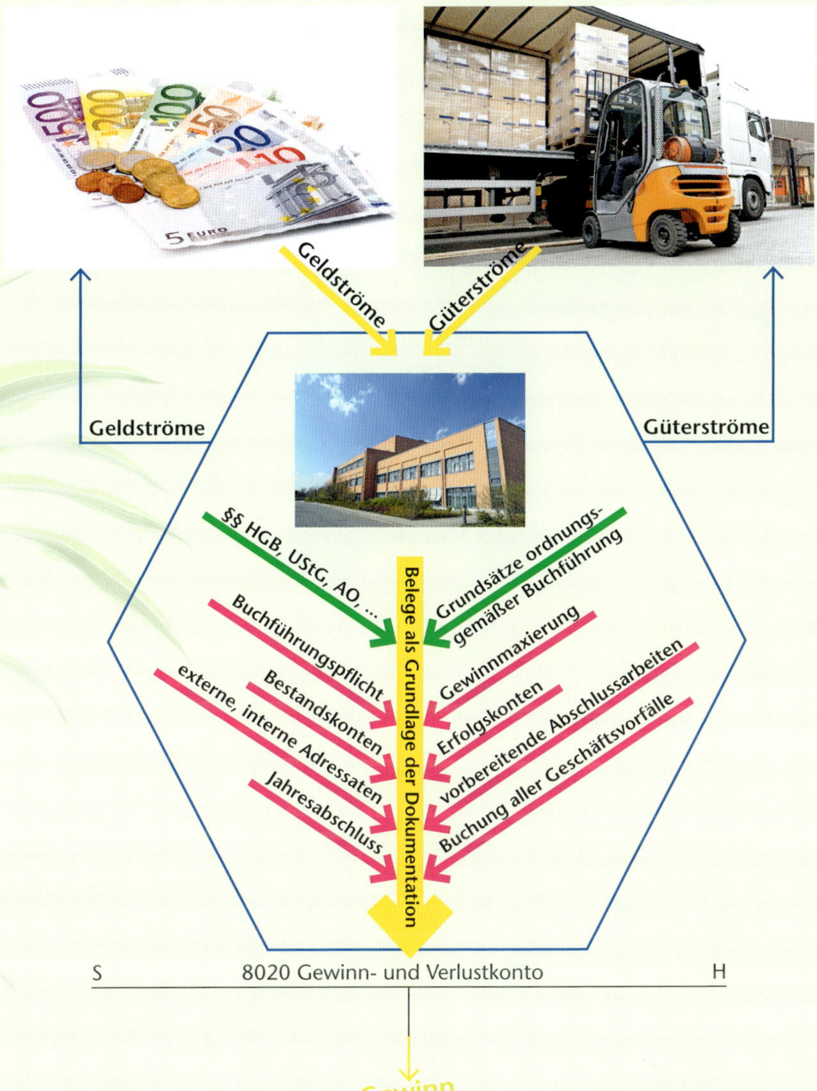

Aktiva	Bilanz		Passiva
0500	480 000,00	3000	1 140 150,00
0510	408 000,00	4210	45 000,00
0530	321 300,00	4250	350 650,00
0700	350 000,00	4400	99 300,00
0840	75 800,00		
	1 635 100,00		1 635 100,00

1 Wertströme

1.1 Wertströme entstehen

Lernsituation

Ebru Celik wird die nächsten Monate in der Abteilung „Rechnungswesen/Steuern" der ModernOffice KG arbeiten. So sieht es der hausinterne Ausbildungsplan für den Ausbildungsberuf „Kaufleute für Büromanagement" vor. Die Abteilungsleiterin Frau Dr. Pohl begrüßt Ebru an ihrem ersten Arbeitstag persönlich. Es entwickelt sich dabei folgender Dialog:

Frau Dr. Pohl: „Frau Celik, haben Sie schon eine Vorstellung davon, was Sie in meiner Abteilung erwartet? Vielleicht haben Sie bereits in anderen Abteilungen unseres Hauses Hinweise bekommen oder im Unterricht Ihres Berufskollegs Informationen erhalten, welche Arbeiten hier anfallen und bewältigt werden müssen."

Ebru Celik: „Nein, das habe ich nicht. Ich weiß nur, dass der Tätigkeitsbereich dieser Abteilung im Berufskolleg den thematischen Schwerpunkt des Lernfeldes „Wertströme erfassen und beurteilen" bildet. Aber ich frage mich, was überhaupt Wertströme sind. Wo kommen sie her und wohin fließen sie?"

Küchen Stoll GmbH KS GmbH

Höhenweg 10 72250 Freudenstadt

ModernOffice KG
Postfach 1015
72160 Horb am Neckar

	Bei Zahlung bitte angeben
Kunden-Nr.:	D01233
Rechnung Nr.	728
Rechnungsdatum	12.03.20..

Artikelnummer	Bezeichnung	Menge	Einzelpreis	Gesamtpreis
A1580-6	Kaffeeautomat presso	1	567,5	567,50 €

Luxo Licht Design AG

Luxo Lichtdesign AG • Von-Thünen-Straße 28 • 28307 Bremen

ModernOffice KG
Industriestraße 10–14
72160 Horb am Neckar

Rechnung

Rechnungs-Nr.: 1489-507
Auftrags-Nr.: 12558
Kunden-Nr.: 37501

Datum: 12.07.20..

Ihre Bestellung vom 06.07.20..

Sehr geehrter Herr Manke,

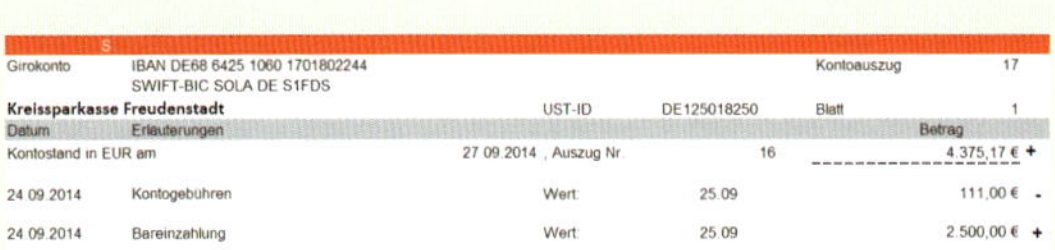

Girokonto IBAN DE68 6425 1060 1701802244 SWIFT-BIC SOLA DE S1FDS — Kontoauszug 17

Kreissparkasse Freudenstadt — UST-ID DE125018250 — Blatt 1

Datum	Erläuterungen			Betrag
Kontostand in EUR am		27.09.2014, Auszug Nr.	16	4.375,17 € +
24.09.2014	Kontogebühren	Wert:	25.09	111,00 € -
24.09.2014	Bareinzahlung	Wert:	25.09	2.500,00 € +

Wareneingangsprotoko

Datum 22.09.201. Uhrzeit 12:45

Lieferer: Bestell-Nr:

	Artikelbezeichnung	Anzahl	zuviel	zu wenig	Zustand	Anzahl	Erlä
1	Schreibtischleuchten	350	0		beschädigt	0	Anliefe
2					starke	0	

Frau Dr. Pohl: „Wie Sie wissen, entwickelt die ModernOffice KG attraktive Produkte und Dienstleistungen, stellt sie selbst her und verkauft sie erfolgreich. Zusätzlich kaufen wir verschiedene Handelswaren bei unterschiedlichen Lieferern ein, um unser Angebot zu erweitern. Diese Handelswaren setzen wir ebenfalls sehr erfolgreich am Markt ab. Das ist unser tägliches Geschäft und unser Unternehmensziel. Dabei sind wir bestrebt, unsere Marktanteile beständig zu erweitern.

Alle Tätigkeiten in allen unseren Abteilungen verfolgen tagtäglich genau dieses Ziel. Es ist also ein dauernder Prozess, den wir deshalb als Geschäftsprozess bezeichnen.

Stellen Sie sich einmal das Organigramm der ModernOffice KG vor. Finden Sie da schon Hinweise auf diesen angedeuteten Geschäftsprozess?“

Ebru Celik: „Ja, eindeutig! Wir haben die Abteilungen „Beschaffung“, die sich um den Einkauf der Materialien für die Produktion und den Einkauf der Handelswaren kümmert. Dann folgt die Abteilung „Herstellung“. Hier werden die Produktionsschritte geplant und durchgeführt. So wird sichergestellt, dass alle Mitarbeiter, Maschinen und Materialien zur richtigen Zeit bereitstehen und die Arbeit erledigt wird. Die Abteilung „Verkauf“ regelt den Verkauf der hergestellten Güter und Dienstleistungen sowie der Handelswaren.“

Frau Dr. Pohl: „Sie haben den Geschäftsprozess, wie er bei der ModernOffice KG abläuft, sehr treffend beschrieben. Es werden also aus den betriebswirtschaftlichen Produktionsfaktoren Güter hergestellt und am Markt verkauft, wenn wir einmal unsere eigenen Erzeugnisse betrachten. Dadurch erhalten wir von unseren Kunden das Geld, um den betrieblichen Geschäftsprozess zu finanzieren. Zu jedem Güterstrom verläuft also ein Geldstrom in der entgegengesetzten Richtung. Güterströme und Geldströme bezeichnet man allgemein als Wertströme.

Die wichtigste Aufgabe unserer Abteilung besteht zunächst darin, diese Wertströme zeitgerecht zu dokumentieren und im Anschluss daran zu ordnen. Nur durch diese Ordnung sind wir in der Lage, alle Wertströme unter verschiedenen Gesichtspunkten zu untersuchen und zu beurteilen.“

Ebru Celik: „Was Wertströme sind, habe ich jetzt verstanden. Mir ist aber immer noch unklar, was Sie mit der Beurteilung und Bewertung gemeint haben."

Frau Dr. Pohl: „Diesen umfassenden Bereich der Bewertung werden Sie später noch intensiv kennenlernen. Es soll zunächst einmal reichen, wenn Sie den Begriff der „Wertströme" richtig anwenden können. Dazu habe ich für Sie eine Aufgabenstellung entworfen, die Ihnen dabei helfen soll.

Erstellen Sie mir bitte einmal eine Liste mit Beispielen für Geldströme, die

1. in unser Unternehmen fließen,
2. unser Unternehmen verlassen.

Geben Sie für den jeweiligen Geldzufluss oder Geldabfluss die Ursache an und ordnen Sie diesen Zufluss oder Abfluss nach Möglichkeit einer Abteilung der ModernOffice KG zu.

Eine gleichartige Liste erstellen Sie mir bitte für die Güterzuflüsse und Güterabflüsse. Berücksichtigen Sie bei dieser Liste, dass unter Gütern nicht nur Sachgüter verstanden werden, sondern auch Dienstleistungen, die wir in Anspruch nehmen oder anbieten. Auch hier bitte ich Sie, mir die jeweilige Ursache und die von Ihnen zugeordnete Abteilung zu benennen.

Insgesamt sollten Sie für jeden Bereich zwei Beispiele erstellen. Für die Bearbeitung dieser Aufgabenstellung haben Sie eine Woche Zeit. Ihre Ergebnisse schauen wir uns dann gemeinsam an. Im Anschluss daran werden wir zusammen versuchen die Frage zu beantworten, wie wir in unserer Abteilung die von Ihnen aufgezeigten Ströme erfassen. Gleich wird Sie Herr Zerbe, einer unserer Mitarbeiter in dieser Abteilung, abholen. Er wird Ihnen Ihren Arbeitsplatz zeigen. Ich wünsche Ihnen eine erfolgreiche Tätigkeit in unserer Abteilung."

Ebru Celik: „Vielen Dank Frau Dr. Pohl. Dann bis spätestens in einer Woche."

- *Fassen Sie die Handlungsergebnisse der Lernsituation zusammen. Welche Aufgabe hat Frau Dr. Pohl Ebru Celik übertragen?*
- *Klären Sie, welche Informationen für die Erfüllung der Aufgabe notwendig sind und in welchen Bereichen eines Unternehmens diese Informationen beschafft werden können.*
- *Erstellen Sie eine Liste von Geld- und Güterzuflüssen und Geld- und Güterabflüssen. Ordnen Sie die jeweiligen Zu- und Abflüsse einzelnen Abteilungen der ModernOffice KG zu.*
- *Entscheiden Sie in der Klasse gemeinsam, wer seine Ergebnisse präsentieren soll.*
- *Vergleichen Sie das vorgestellte Ergebnis mit Ihrem und nehmen Sie bei Bedarf Korrekturen vor.*
- *Bewerten Sie gemeinsam im Plenum, wessen Arbeitsergebnisse besonders gelungen sind. Begründen Sie Ihre Entscheidung.*
- *Übertragen Sie die gewonnenen Erkenntnisse beispielhaft ausschließlich auf den Bereich des Lagers der ModernOffice KG. Entwickeln Sie eine Liste, aus der hervorgeht für welche Zu- und Abflüsse dieser Bereich „verantwortlich" sein kann. Beschränken Sie sich dabei auf jeweils zwei Beispiele.*

Wertströme werden immer dann ausgelöst, wenn Geschäftsprozesse in Gang gesetzt werden. Als **Geschäftsprozess** sind alle Aktivitäten zu verstehen, die verrichtet werden müssen, damit ein klar definiertes Unternehmensziel erreicht werden kann. Um diese Tätigkeiten durchführen zu können, benötigt man Ressourcen, wie beispielsweise Menschen und/oder Maschinen, Werkstoffe u. v. m.

Beispiel • *Ein Unternehmensziel der ModernOffice KG besteht u. a. darin, qualitativ hochwertige Produkte herzustellen und diese langfristig am Markt erfolgreich abzusetzen. Dabei sollen die vorhandenen Marktanteile kontinuierlich ausgebaut werden.*
Um qualitativ hochwertige Produkte, wie z. B. Büromöbel, herstellen zu können, benötigt man eine bestimmte Menge an Werkstoffen, wie Spanplatten, MDF-Platten, Schienensysteme, Energie u. v. m.
Bei der Produktion von Büromöbeln werden sowohl Menschen als auch Maschinen eingesetzt, die aus den zur Verfügung stehenden Werkstoffen die Endprodukte fertigen.

Bevor jedoch – wie im obigen Beispiel veranschaulicht – überhaupt produziert werden kann, müssen die Werkstoffe beschafft werden. Alle Tätigkeiten der Beschaffung sind denen der **Produktion** vorgelagert. Beide Tätigkeitsbereiche, sowohl die **Beschaffung** als auch die **Produktion**, sind demnach Teil von Geschäftsprozessen. Beide Bereiche sind dabei voneinander abhängig. Einerseits kann die Produktion nicht beginnen, wenn die notwendigen Werkstoffe nicht zur Verfügung stehen. Andererseits können keine Werkstoffe beschafft werden, wenn von der Produktion nicht die Informationen kommen, welche Werkstoffe in welcher Qualität und Menge benötigt werden.

Die einmal hergestellten Produkte werden am Markt angeboten und verkauft. Der **Absatz** der Produkte ist Teil des Geschäftsprozesses. Auch hier besteht die Abhängigkeit zu den schon durchgeführten Aktivitäten.

Mit allen Aktivitäten, ganz gleich auf welcher Ebene und in welcher Abteilung sie stattfinden, sind unmittelbar Zuflüsse und Abflüsse von Geld und Gütern verbunden.

Beispiel • *Die Mitarbeiter der Produktion der ModernOffice KG benötigen für die Herstellung von Schreibtischen 100 Spanplatten einer festgelegten Größe und Qualität. Dieser Bedarf geht als Bedarfsmeldung an die Abteilung „Beschaffung", die diese Spanplatten bei den zur Verfügung stehenden Lieferanten bestellt.*
*Wenn die Spanplatten geliefert werden, kommt es zu einem **Güterzufluss** für die ModernOffice KG. Die beiliegende Rechnung wird fristgerecht bezahlt, der sich ergebende **Geldabfluss** wird dokumentiert. Werden die erstellten Schreibtische von den Kunden gekauft und ihnen geliefert, kommt es zu einem **Güterabfluss**. Im Gegenzug fließt der ModernOffice KG Geld zu (**Geldzufluss**), wenn die Rechnungen durch die Kunden beglichen werden. Auch dieser Zufluss wird entsprechend dokumentiert.*

Einem Zufluss von Gütern steht in der Regel also immer ein Abfluss von Geld gegenüber und umgekehrt.

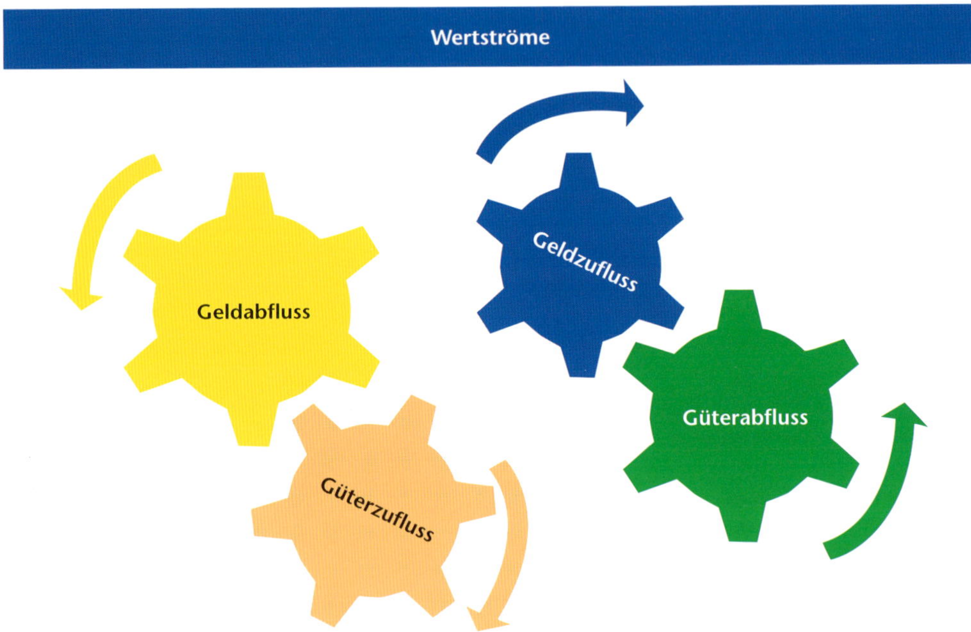

Auf den Punkt gebracht

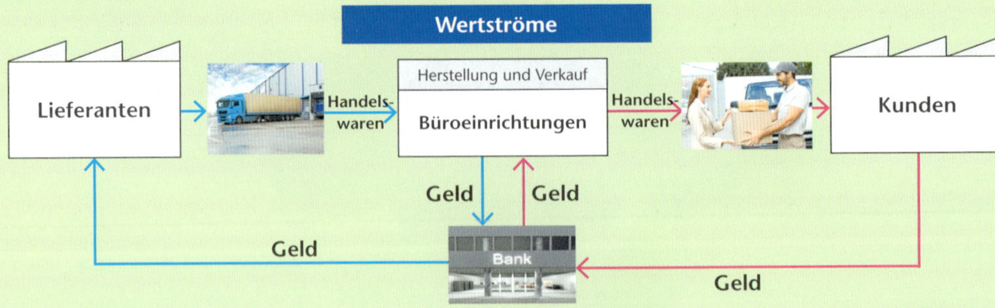

Nutzen Sie Ihr Wissen

1. Herr Steinbrecher ist Lagerfacharbeiter der ModernOffice KG. Seine Aufgabe besteht darin, Handelswaren am Tage der Lieferung zu kontrollieren und anzunehmen. Danach befördert er die Handelswaren in das Verkaufslager. Inwiefern hat seine Tätigkeit
   a) sowohl beim Wareneingang
   b) als auch beim Transport der Handelswaren in das Verkaufslager etwas mit Wertströmen zu tun? Begründen Sie Ihre Ansicht.

2. Formulieren Sie das Unternehmensziel der ModernOffice KG unter den Aspekten des Güterzu- und -abflusses und des Geldzu- und -abflusses. Beschränken Sie sich bei Ihrer Aussage auf den Bereich der Handelswaren.

3. Formulieren Sie das
   a) **Maximalprinzip** (Ökonomisches Prinzip) eines Großhändlers für Handelswaren unter Verwendung der Begriffe Geldzu- und/oder -abfluss und Güterzu- und/oder -abfluss. Beschränken Sie sich dabei auf den Verkauf von Handelswaren.
   b) **Minimalprinzip** (Ökonomisches Prinzip) des gleichen Großhändlers bezogen auf den Einkauf von Handelswaren unter Verwendung der Begriffe Geldzu- und/oder -abfluss und Güterzu- und/oder -abfluss. Beschränken Sie sich dabei auf den Verkauf von Handelswaren.

4. Welche Konsequenzen hat für den Verkäufer einer Ware die Tatsache, dass der Kunde beim Rechnungsausgleich den vereinbarten Skonto abzieht. Verwenden Sie die Begriffe Geldzu- und/oder -abfluss und Güterzu- und/oder -abfluss. Begründen Sie Ihre Ansicht.

5. In der Klasse von Ebru Celik sitzt ihre Freundin Lara. Sie arbeitet in einer gemeinnützigen Einrichtung. Nach einer Schulstunde sagt sie zu Ebru in der Pause: „Das mit den Wertströmen kommt bei uns nicht vor, da wir eine gemeinnützige Einrichtung sind.“
   Beurteilen Sie die Aussage Laras.

6. Entwerfen Sie nach Möglichkeit zwei Modelle. Bei diesen Modellen sollen jeweils zwei Unternehmen miteinander in **Geschäftsbeziehungen** treten.
   a) Bei dem ersten Modell soll es zwischen den beiden beteiligten Unternehmen nur zu einem Geldzu- oder -abfluss kommen.
   b) Bei dem zweiten Modell soll es zwischen den beiden beteiligten Unternehmen nur zu einem Güterzu- und -abfluss kommen.
   Falls eine derartige Geschäftsbeziehung nicht möglich ist, begründen Sie Ihre Ansicht.

1.2 Wertströme erfassen

Lernsituation

Ebru Celik trifft sich nach einer Woche wieder mit Frau Dr. Pohl. Bei der Begrüßung kommt es zu folgendem Gespräch.

Frau Dr. Pohl: „Guten Morgen Frau Celik. Wie hat Ihnen die erste Woche in unserer Abteilung gefallen?“

Ebru Celik: „Wirklich gut. Alle Mitarbeiterinnen und Mitarbeiter sind sehr freundlich und helfen mir, wenn ich Fragen habe. Ihre Aufgabenstellung habe ich bearbeitet. Sie können sie sich anschauen.“

Frau Dr. Pohl: „Das sieht wirklich gut aus. Sie haben passende Beispiele gebildet und die Auswahl treffend zugeordnet. Haben Sie den Begriff des „Wertstroms“ jetzt verinnerlicht?“

Ebru Celik: „Auf alle Fälle.“

Frau Dr. Pohl: „Können Sie mir auch schon sagen, wie wir die Wertströme erfassen?“

Ebru Celik: „Im Prinzip ja. Alle Wertströme werden fortlaufend durch Belege erfasst, die in unserer Abteilung eingehen. Dabei kann es sich um Rechnungen, Quittungen, Kontoauszüge oder andere Belege handeln.“

Frau Dr. Pohl: „Genau so ist es. Diese Belege erfassen wir zeitnah und ordnen sie anschließend. Dann ist Ihnen nun sicherlich klar, in welcher Einheit alle Wertströme erfasst werden?“

Ebru Celik: „Natürlich in Euro. Wie soll es auch anders funktionieren? Aber wie muss ich mir die von Ihnen angesprochene Ordnung der Belege genau vorstellen? Bisher habe ich lediglich einen kurzen Einblick in die Systematik erhalten, ohne sie jedoch grundlegend zu verstehen. Ich lege alle Belege den Anweisungen folgend an bestimmten Orten ab, überblicke aber noch nicht ganz das zugrunde liegende System. Außerdem ist mir noch nicht klar geworden, was Sie unter einer zeitnahen Bearbeitung verstehen.“

Frau Dr. Pohl: „Das Ordnungssystem werden Sie in der nächsten Zeit kennenlernen. Wenn man einen Beleg zu dem Zeitpunkt erfasst, an welchem er unser Haus erreicht oder verlässt, erfasst man ihn zeitnah. Bevor Sie sich mit der Ordnungssystematik beschäftigen, möchte ich Ihnen noch eine Aufgabe zu den verschiedenen Belegarten stellen.

Sie haben mir heute gute Beispiele vorgestellt. Diese Beispiele sollen Sie noch einmal verwenden, indem Sie nun jedem Beispiel einen passenden Beleg zuordnen. Im Prinzip sollen Sie jetzt immer einen Beleg an einen Wertstrom heften.

Das Ergebnis Ihrer Arbeit zeigen Sie dann bitte Herrn Zerbe. Herr Zerbe ist informiert, er ist Ihr Ansprechpartner für Ihre gesamte Zeit in unserer Abteilung. Ich wünsche Ihnen weiterhin viel Erfolg bei Ihrer Tätigkeit in unserer Abteilung.“

Ebru Celik: „Danke.“

- *Vergegenwärtigen Sie sich noch einmal das Gespräch zwischen Ebru Celik und Frau Dr. Pohl. Welche Aufgabe hat Frau Dr. Pohl Ebru Celik übertragen?*
- *Klären Sie, welche Informationen für die Erfüllung der Aufgabe notwendig sind.*
- *Ordnen Sie Belege den einzelnen Wertströmen zu. Beziehen Sie sich dabei auf die von Ihnen erzielten Ergebnisse aus dem Gliederungspunkt „Wertströme".*
- *Entscheiden Sie in der Klasse gemeinsam, wer seine Ergebnisse präsentieren soll.*
- *Vergleichen Sie das vorgestellte Ergebnis mit Ihrem und nehmen Sie bei Bedarf Korrekturen vor.*
- *Bewerten Sie gemeinsam im Plenum, wessen Arbeitsergebnisse besonders gelungen sind. Begründen Sie Ihre Entscheidung.*
- *Übertragen Sie die gewonnenen Erkenntnisse auf alle Belegarten, die Ihnen im Plenum vorgestellt werden.*

Geschäftsprozesse führen zu Wertströmen. Diese Wertströme müssen dokumentiert werden. Aus diesem Grund werden alle mit den Wertströmen einhergehenden Belege lückenlos und zeitnah erfasst, ganz gleich, ob sie in einem Unternehmen eingehen oder dieses verlassen. Die Bemessungsgrundlage für die Erfassung sämtlicher Wertströme bildet der Euro.

Belege enthalten Informationen über Wertströme. Das können Geschäftsbriefe, Rechnungen, Angebote, Lieferscheine, Materialentnahmescheine usw. sein.

Auf den Punkt gebracht

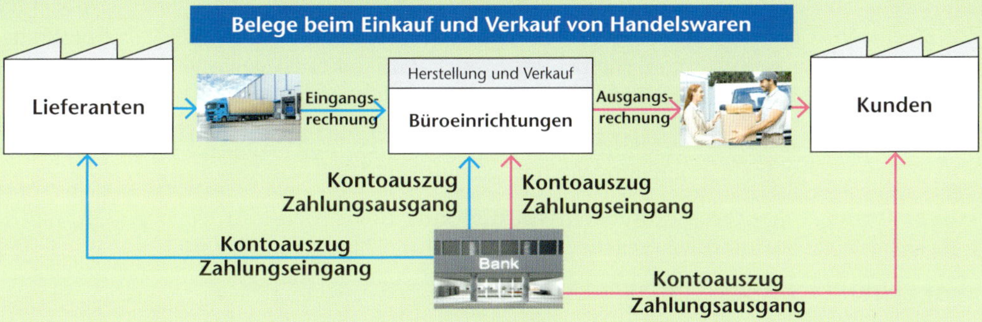

Nutzen Sie Ihr Wissen

1. Ebru Celik unterhält sich in der Kantine mit den Auszubildenden aus dem Bereich der Produktion. Unter anderem wird sie mit folgender Aussage konfrontiert: „Als Mitarbeiterin der Abteilung Rechnungswesen/Steuern hast du doch gar nichts mit den Wertströmen zu tun." Beurteilen Sie die Aussage bezüglich ihres Wahrheitsgehaltes.

2. Ordnen Sie nachfolgende Belege einem
   a) Geldzufluss,
   b) Geldabfluss,
   c) Güterzufluss oder
   d) Güterabfluss

   zu, indem Sie den zutreffenden Buchstaben hinter den Beleg schreiben.

Tankbeleg: *Barzahlung* der Tankfüllung für firmeneigenen Lkw	
Wareneingangsmeldung: Handelswaren sind *geliefert* und kontrolliert worden.	
Lieferschein: Ein Kunde hat die *Lieferung* von Handelswaren bestätigt.	
Kontoauszug der Hausbank: Ein Kunde hat eine Rechnung *ausgeglichen.*	
Kontoauszug der Hausbank: Die Kfz-Steuer für den betriebseigenen Fuhrpark ist *abgebucht* worden.	

2 Belege

2.1 Belegarten

Lernsituation

Ebru Celik trifft am nächsten Morgen Herrn Zerbe. Herr Zerbe ist gerade damit beschäftigt verschiedene Rechnungen, die bei der ModernOffice KG eingegangen sind, zu scannen. Ebru findet, dass das Gerät starke Ähnlichkeit mit einem Kopierer hat.

Ebru Celik: „Guten Morgen Herr Zerbe. Nach Aussage von Frau Dr. Pohl arbeiten wir die nächsten Wochen gemeinsam in dieser Abteilung."

Volker Zerbe: „Ja, das stimmt. Ich will hier kurz noch meine Arbeit beenden, dann können wir uns ausgiebig über Ihren Einsatz unterhalten."

Ebru Celik: „Ist das ein Kopierer, den Sie gerade verwenden?"

Volker Zerbe: „Nein, nicht direkt. Es handelt sich hier um eine besondere Art von Scanner. Dieser Scanner ist in der Lage, allen Belegen, die ich hier einscanne, bestimmte Kennzeichnungen hinzuzufügen, damit wir mit den digitalisierten Belegen weiterarbeiten können. Aber natürlich könnte man mit diesem Gerät auch nur Kopien anfertigen."

Ebru Celik: „Warum scannen Sie denn alle möglichen Belege ein?"

Volker Zerbe: „Wir sind im Moment dabei, die gesamte Buchführung zu digitalisieren. Dazu ist es in einem ersten Schritt notwendig, alle Belege einzuscannen."

Ebru Celik: „Und welchen Vorteil hat das?"

Volker Zerbe: „Nun, es vereinfacht die Belegbearbeitung wesentlich. Wir haben gerade mit dem Umstellungsprozess begonnen, der in zwei Jahren abgeschlossen sein soll. Während dieser Umstellungsphase arbeiten wir parallel. Das bedeutet, dass wir die eingehenden und ausgehenden Belege zwar digitalisieren, aber trotzdem weiterhin die klassische Belegbearbeitung mit den Papierbelegen durchführen. Dabei werden Sie mich unterstützen. Die Aufgabenstellung mit den Belegen von Frau Dr. Pohl liegt mir vor. Können Sie mir Ihr Ergebnis einmal zeigen?"

Ebru Celik: „Natürlich. Bitte schön."

Volker Zerbe: „Das ist Ihnen prima gelungen. Sie haben mehrere Belege angegeben, die Zuordnung ist zutreffend. Sie sehen also, dass es eine Vielzahl von Belegen gibt, die wir erfassen und verarbeiten müssen. Wir sollten nun gemeinsam überlegen, wie wir die Belege unter verschiedenen Belegarten zusammenfassen können."

Ebru Celik: „Das hilft bestimmt dabei die Belege abzulegen, oder?"

Volker Zerbe: „Genau. Doch ein Schritt nach dem anderen. Entwerfen Sie bitte einmal ein System, das uns hilft die verschiedenen Belegarten zu unterscheiden."

- *Analysieren Sie das Gespräch zwischen Herrn Zerbe und Ebru Celik. Welche Aufgabe hat Herr Zerbe Ebru Celik übertragen?*
- *Klären Sie, welche Informationen für die Erfüllung der Aufgabe notwendig sind.*
- *Entwickeln Sie mit Ihrem Sitznachbarn ein System zur Belegablage.*
- *Kennzeichnen Sie die Vor- und Nachteile Ihres Systems.*
- *Entscheiden Sie in der Klasse gemeinsam, welche Partner ihre Ergebnisse präsentieren sollen.*
- *Vergleichen Sie das vorgestellte Ergebnis mit Ihrem und nehmen Sie bei Bedarf Korrekturen vor.*
- *Überprüfen Sie Ihr eigenes System hinsichtlich Optimierungsmöglichkeiten.*
- *Bewerten Sie gemeinsam im Plenum, welchem System Sie den Vorzug geben würden.*
- *Erstellen Sie mit Ihrem Sitznachbarn eine PowerPoint Animation zu dem Thema „Belegarten".*

Belegen kommt innerhalb des Rechnungswesens eine wichtige Bedeutung zu, bilden sie doch die **Grundlage jeder Buchführung**. Dabei ist es für die Klassifizierung der Belege unerheblich, ob sie digitalisiert sind oder nicht.

Es bietet sich an, alle anfallenden Belege zunächst in interne (eigene) und externe (fremde) zu untergliedern. Zu den internen Belegen gehören alle Belege, die in einem Unternehmen angefertigt werden. Externe Belege werden von Dritten erstellt, mit denen ein Unternehmen Geschäftsbeziehungen unterhält. Dazu zählen auch die Belege, die ein Unternehmen selbst ausdruckt, wenn es die Belege in digitaler Form erhalten hat.

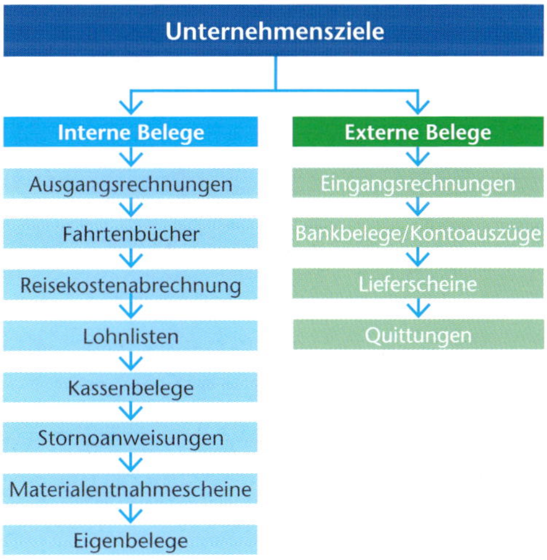

Eine weitere Untergliederung der Belege nach der Abteilung, in der sie angelegt werden oder für die sie bestimmt sind, ist durchaus denkbar.

Auf den Punkt gebracht

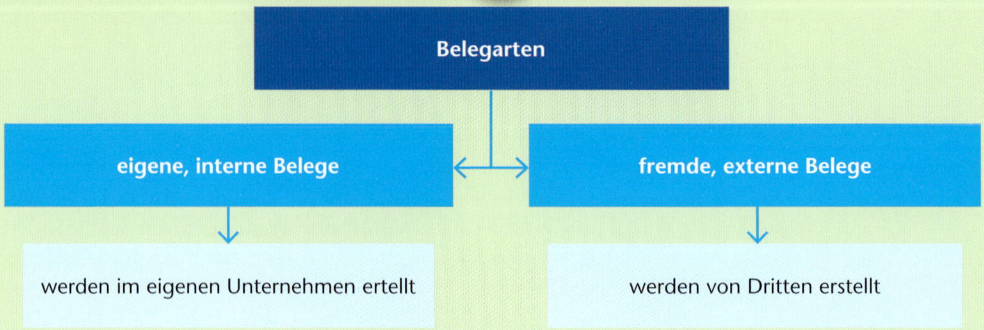

Nutzen Sie Ihr Wissen

1. Entwerfen Sie ein Schaubild, das die Unterscheidung der Belegarten in interne und externe Belege verdeutlicht. Ordnen Sie in diesem Schaubild fünf Abteilungen eines Unternehmens jeweils einen internen und einen externen Beleg zu.

2. Ordnen Sie der zweiten Ebene des Organigramms der ModernOffice KG jeweils drei unterschiedliche Belegarten zu.

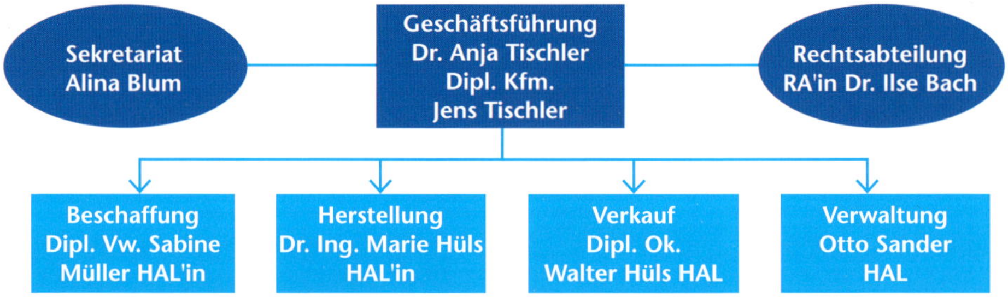

3. Ihnen liegen nachfolgende Belege vor. Ordnen Sie diese in interne und externe Belege.
   - Lohnliste zur Vorbereitung der Gehaltsabrechnung
   - Eingangsrechnung: Reinigung der Außenfenster
   - Tankquittung: betriebseigener Pkw
   - Bestellung von Kopierpapier bei einem Lieferanten
   - Ausdruck eines Kontoauszuges: Onlinebanking
   - Rechnung an einen Kunden: Verkauf von Schreibtischleuchten
   - Reisekostenabrechnung eines Mitarbeiters
   - Bescheid des Finanzamtes für Kfz-Steuer: betriebseigener Fuhrpark
   - Rechnung eines Lieferanten: Einkauf von Kopierpapier (die Rechnung ist ein PDF-Anhang in einer Mail und wird im Unternehmen ausgedruckt)

4. In der Schulpause diskutiert Ebru mit ihren Mitschülerinnen über Belege. Eine Mitschülerin stellt dabei folgende Behauptung auf: „Wenn Belege Wertströme doku-

mentieren, dann darf es doch in einem Unternehmen keine Belege geben, die keine Wertströme dokumentieren." Beziehen Sie zu dieser Aussage Stellung und veranschaulichen Sie Ihre Erläuterung anhand eines passenden Beispiels.

5. Ein anderer Mitschüler aus Ebrus Klasse ist der Ansicht, dass ein Wertstrom immer nur von einem Beleg dokumentiert werden dürfe, da es sonst zu chaotischen Zuständen käme. Erläutern Sie diesem Schüler, dass es durchaus möglich ist, ein und denselben Wertstrom mit mehr als einem Beleg zu dokumentieren. Veranschaulichen Sie Ihre Erläuterungen anhand eines Beispiels.

2.2 Belegorganisation

Lernsituation

Ebru Celik legt Herrn Volker Zerbe ihre Systematik der Belegarten vor. Dabei entwickelt sich folgender Dialog.

Ebru Celik: „Die verschiedenen Belegarten habe ich nun systematisiert. Was mir jetzt nur noch fehlt, ist der Überblick über die Belegablage. Meine Ausarbeitung zu den Belegarten hat bei mir zu der Vermutung geführt, dass es sicherlich unterschiedliche Systeme geben kann."

Volker Zerbe: „Die Aufstellung zu den Belegarten ist Ihnen gelungen. Mit Ihrer Vermutung, dass es verschiedene Ablagesysteme gibt, liegen Sie genau richtig. Bevor wir jetzt beginnen Systeme zu besprechen, sollten wir uns noch einmal die Frage stellen, warum eine systematische Ordnung mit entsprechender Ablage so wichtig ist. Wenn ich Sie auffordern würde, die Bedeutung einer gut funktionierenden Belegorganisation zu erläutern, wie würde Ihre Erläuterung aussehen?"

Ebru Celik: „Dafür bräuchte ich aber ein wenig Zeit. So ad hoc würde meine Erläuterung der Aufgabenstellung sicherlich nicht gerecht werden."

Volker Zerbe: „Das ist kein Problem. Nehmen Sie sich ruhig eine halbe Stunde Zeit, wir sehen uns gleich wieder. Verwenden Sie bei Ihrer Erläuterung u. a. die Fachbegriffe „Wertströme" und „Geschäftsprozesse".
Nachdem wir uns über die Bedeutung der Belegorganisation unterhalten haben, sollten Sie mir noch einen Vorschlag unterbreiten, nach welchem System eine Belegorganisation aufgebaut sein könnte."

- *Herr Zerbe hat Ebru eine Aufgabe übertragen.*
- *Klären Sie, welche Informationen Sie bisher gesammelt haben, die Ihnen helfen, diese Aufgabenstellung zu bewältigen.*
- *Bewerten Sie die Bedeutung einer gut funktionierenden Belegorganisation in einem Unternehmen.*
- *Überlegen Sie in diesem Zusammenhang, ob die Bedeutung einer Belegablage mit zunehmender Unternehmensgröße wächst oder unabhängig von der Größe eines Unternehmens ist.*
- *Entwerfen Sie mit Ihrem Sitznachbarn ein Modell zur Belegorganisation.*
- *Entscheiden Sie in der Klasse gemeinsam, wer die Ergebnisse präsentieren soll.*
- *Vergleichen Sie das vorgestellte Ergebnis mit Ihrem und nehmen Sie bei Bedarf Korrekturen vor.*
- *Erstellen Sie abschließend im Plenum eine umfassende Bewertung der Belegablage und der dafür benötigten Belegorganisation.*

Die Finanzbuchführung bildet die Grundlage des gesamten Rechnungswesens. Ihre Aufgabe besteht darin alle Tätigkeiten zu dokumentieren, die zu Veränderungen des Vermögens oder der Schulden eines Unternehmens führen.

Grundlage der Dokumentation bilden die Belege. Diese Belege sind so aufzubewahren, dass sie bei Bedarf jederzeit wiedergefunden werden. Die **Organisation** einer Belegablage kann jedes Unternehmen selbst festlegen.

Es bietet sich an, eine Belegablageaufzubauen, die sich an der Einteilung in interne und externe orientiert. Die jeweiligen Belege können mit einem Kürzel versehen werden, das man bei der späteren Buchung von Geschäftsvorfällen verwenden kann.[1]

Die Ablage der Belege nach einem festgelegten System ist sicherlich der letzte Schritt der Belegbearbeitung[2]. An dieser Stelle sollen noch einmal alle Arbeitsschritte bezüglich der Belegbearbeitung aufgeführt werden:

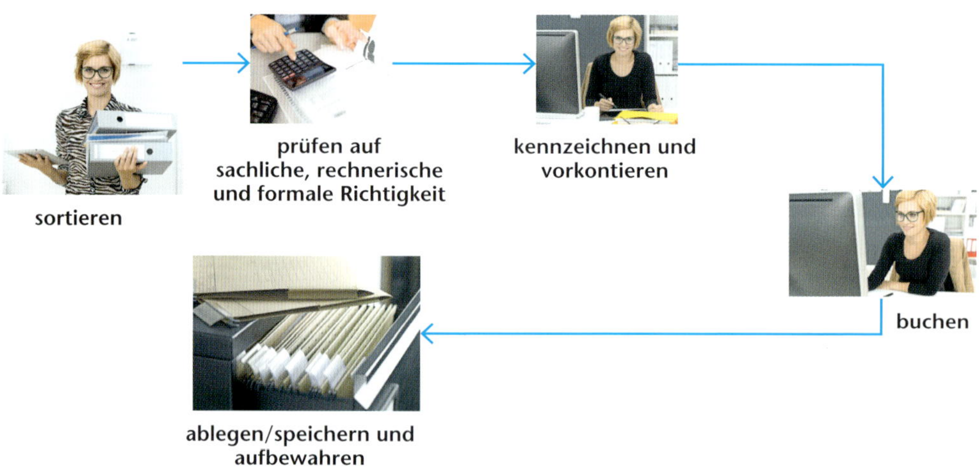

[1] *Die Möglichkeiten der Schriftgutablage und die gesetzlichen Bestimmungen zu Aufbewahrungsfristen finden Sie in Lernfeld 2.*

[2] *Im Lernfeld 4 sind unter dem Gliederungspunkt: „Eingangsrechnungen situationsgerecht bearbeiten" die verschiedenen Arbeitsschritte zur Prüfung erläutert worden.*

Auf den Punkt gebracht

Belege müssen systematisch abgelegt werden. Es bietet sich ein Ablagesystem an, das sich an der Klassifizierung in interne und externe Belege orientiert.

interne Belege | **externe Belege**

Jede Belegart erhält ein eigenes Kürzel, welches die Belegbearbeitung vereinfacht.

Nutzen Sie Ihr Wissen

1. In der Mittagspause unterhält sich Ebru mit ihrer Freundin Svenja über die Belegorganisation. Dabei erläutert Svenja ihrer Freundin Ebru ihre private Form der Belegorganisation: „Zu Hause habe ich einen Ordner. In diesen hefte ich nach dem Prinzip der Chronologie alles ab, was für mich wichtig ist. Das sind z. B. mein Abo für den Öffentlichen Nahverkehr, meine Kontoauszüge, meine Zeugnisse, meine Telefonrechnung usw. Alles kommt immer oben drauf. Ist ein Ordner voll, nehme ich den nächsten."
   Was in einem privaten Haushalt funktionieren kann, lässt sich auf ein Unternehmen nicht immer bedingungslos übertragen. Erläutern Sie, mit welchen Nachteilen eine Belegorganisation, so wie sie von Svenja beschrieben wird, verbunden ist. Orientieren Sie sich dabei an einem Unternehmen in der Größe der ModernOffice KG. Listen Sie vier Nachteile dieser Belegorganisation auf.

2. Entwerfen Sie das Modell einer Belegorganisation, welches auf der obersten Ebene in interne und externe Belege untergliedert ist. Orientieren Sie sich dabei an dem nachfolgenden Muster und füllen Sie die unteren beiden Ebenen aus.

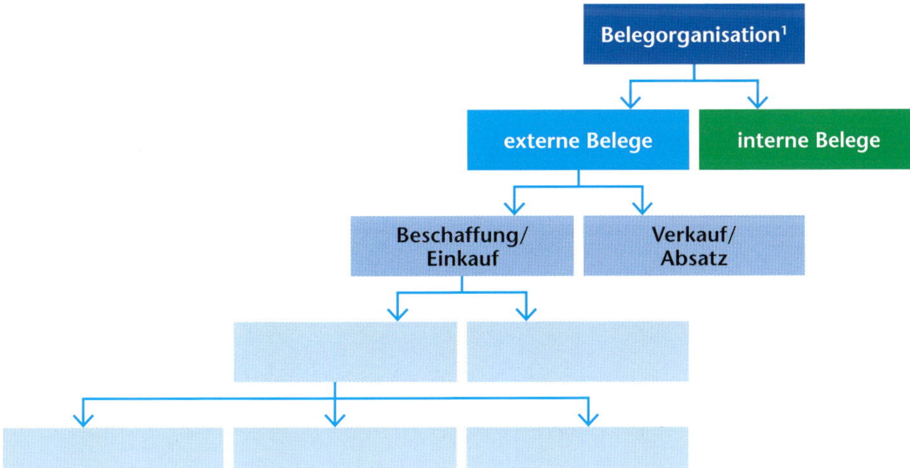

[1] *Die Belegorganisation muss so aufgebaut sein, dass eine progressive und/oder retrograde Prüfung aller Geschäftsvorfälle jederzeit möglich ist.*

3. Beziehen Sie zu nachfolgender Aussage Stellung. Begründen Sie Ihre Ansicht. „Im Zuge der Digitalisierung von Dokumenten jeglicher Art ist die Organisation von Belegen überflüssig, da man ja einen schnellen Zugriff auf alle abgespeicherten Dokumente hat."

3 Die Buchführungspflicht

Lernsituation

Volker Zerbe: „Wir haben jetzt gemeinsam festgestellt, dass wir die Belege gemäß der Unterteilung in interne und externe ablegen. Dabei versehen wir jeden Beleg mit einer bestimmten Kennzeichnung, die uns hilft, die Belege entsprechend zu bearbeiten. Bei der digitalen Bearbeitung der Belege übernimmt das der Scanner, den Sie ja schon gesehen haben. Nachdem Sie nun wissen, welche Bedeutung die Belege für ein Unternehmen darstellen, wollen wir uns nun die weitere Belegbearbeitung ansehen. Schließlich wollen wir die Belege nicht nur sammeln, sondern verarbeiten. Haben Sie im Unterricht Ihres Berufskollegs schon geklärt, wer der Buchführungspflicht unterliegt und wie das System der Buchführung beschaffen ist?"

Ebru Celik: „Nein, wir haben gerade eine allgemeine Einführung in das Unterrichtsfach erhalten. Dabei haben wir u.a. die Bedeutung dieser Abteilung für ein Unternehmen thematisiert. In der folgenden Unterrichtsstunde wollen wir klären, wer überhaupt der Buchführungspflicht unterliegt und wer von dieser ausgeschlossen ist. Außerdem werden wir die Grundsätze einer ordnungsgemäßen Buchführung kennenlernen, worunter ich mir im Moment noch nichts vorstellen kann."

Volker Zerbe: „Genau in der von Ihnen angesprochenen Reihenfolge wollen wir weiter vorgehen. Zunächst müssen wir klären, wer der Buchführungspflicht, also der Pflicht, Bücher zu führen, unterliegt. Danach schauen wir uns die Grundsätze ordnungsgemäßer Buchführung an.
In welchen Gesetzen würden Sie Informationen über die Buchführungspflicht vermuten?"

Ebru Celik: „Sicherlich im Handelsgesetzbuch, **dem** Gesetzbuch für Kaufleute."

Volker Zerbe: „Genau so ist es. Dort finden Sie die grundlegenden Bestimmungen zur Buchführungspflicht. Zusätzlich finden Sie noch wesentliche Informationen in der Abgabenordnung. Die anderen Gesetze, die die Buchführungspflicht mit festlegen, können wir an dieser Stelle außer Acht lassen. Wenn Sie diese beiden Gesetze einmal hinsichtlich der Bestimmungen zur Buchführungspflicht analysieren, werden Sie alle notwendigen Vorschriften finden. Setzen Sie sich bitte an Ihren Arbeitsplatz und führen Sie eine Internetrecherche bezüglich der Buchführungspflicht durch. Wie Sie vielleicht wissen, können Sie die benötigten Gesetze kostenlos aufrufen. Nach der Recherche sollten Sie mir begründen können,
1. wer der Buchführungspflicht unterliegt,
2. wer aus welchen Gründen von dieser befreit ist,
3. wie die Grundsätze ordnungsgemäßer Buchführung lauten."

- *Führen Sie eine Internetrecherche durch, die sich auf die Bestimmungen zur Buchführungspflicht beschränkt.*
- *Klären Sie in diesem Zusammenhang, welche Voraussetzungen gegeben sein müssen, um von der Buchführungspflicht befreit zu werden. Veranschaulichen Sie die Gründe der Befreiung an einem selbst gewählten Beispiel.*
- *Fassen Sie Ihre Ergebnisse auf einem Arbeitsblatt zusammen.*
- *Entscheiden Sie im Plenum, wer sein Ergebnis vorstellt.*
- *Korrigieren Sie bei Bedarf Ihre Ergebnisse.*
- *Erläutern Sie im Plenum, ob Sie die Regelung zur Befreiung von der Buchführungspflicht für sinnvoll erachten. Begründen Sie Ihre Ansicht.*
- *Informieren Sie sich darüber, ob ein Unternehmen, wie das der ModernOffice KG, der Buchführungspflicht unterliegt.*

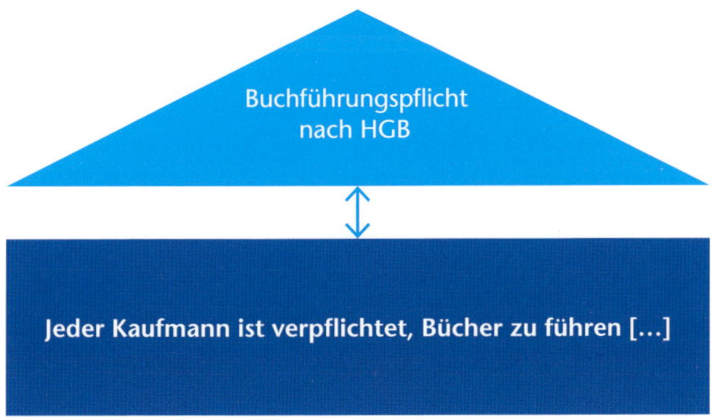

Das Handelsgesetzbuch schreibt genau vor, wer der Buchführungspflicht unterliegt. Die Paragrafen 238 bis 249 HGB geben Auskunft darüber, **wer** der **Buchführungspflicht** unterliegt **und wie** die Bücher geführt werden müssen.

HGB

Jeder Kaufmann ist verpflichtet, Bücher zu führen.

HGB § 238 Buchführungspflicht

(1) Jeder Kaufmann ist verpflichtet, Bücher zu führen und in diesen seine Handelsgeschäfte und die Lage seines Vermögens nach den Grundsätzen ordnungsmäßiger Buchführung ersichtlich zu machen. Die Buchführung muß so beschaffen sein, daß sie einem sachverständigen Dritten innerhalb angemessener Zeit einen Überblick über die Geschäftsvorfälle und über die Lage des Unternehmens vermitteln kann. Die Geschäftsvorfälle müssen sich in ihrer Entstehung und Abwicklung verfolgen lassen.

(2) Der Kaufmann ist verpflichtet, eine mit der Urschrift übereinstimmende Wiedergabe der abgesandten Handelsbriefe (Kopie, Abdruck, Abschrift oder sonstige Wiedergabe des Wortlauts auf einem Schrift-, Bild- oder anderen Datenträger) zurückzubehalten.

Wer ein Kaufmann ist, ist im § 1 ff. HGB festgelegt:

§ 1 HGB
(1) Kaufmann im Sinne dieses Gesetzbuchs ist, wer ein Handelsgewerbe betreibt.
(2) Handelsgewerbe ist jeder Gewerbebetrieb, es sei denn, daß das Unternehmen nach Art oder Umfang einen in kaufmännischer Weise eingerichteten Geschäftsbetrieb nicht erfordert.

Alle Kaufleute, die der Buchführungspflicht unterliegen, müssen ihre Buchführung nach dem System der doppelten Buchführung gestalten.

Das System der doppelten Buchführung

Das System der doppelten Buchführung basiert auf den Vorschriften des § 242 HGB:

HGB § 242 Pflicht zur Aufstellung
(1) Der Kaufmann hat zu Beginn seines Handelsgewerbes und für den Schluß eines jeden Geschäftsjahrs einen das Verhältnis seines Vermögens und seiner Schulden darstellenden Abschluß (Eröffnungsbilanz, Bilanz) aufzustellen. Auf die Eröffnungsbilanz sind die für den Jahresabschluß geltenden Vorschriften entsprechend anzuwenden, soweit sie sich auf die Bilanz beziehen.
(2) Er hat für den Schluß eines jeden Geschäftsjahrs eine Gegenüberstellung der Aufwendungen und Erträge des Geschäftsjahrs (Gewinn- und Verlustrechnung) aufzustellen.
(3) Die Bilanz und die Gewinn- und Verlustrechnung bilden den Jahresabschluß.

Bei diesem System werden alle Vorgänge, die zu Veränderungen des Vermögens oder der Schulden eines Unternehmens führen, chronologisch nach einer bestimmten Systematik festgehalten. Wie diese Systematik im Einzelnen beschaffen ist, wird in den nächsten Kapiteln erläutert. **Alle Tätigkeiten innerhalb von Geschäftsprozessen, die buchhalterisch erfasst werden, bezeichnet man als Geschäftsvorfälle.**

Grundsätze ordnungsgemäßer Buchführung GoB

Die Grundsätze ordnungsgemäßer Buchführung sind in den Bestimmungen zur Abgabenordnung (AO) geregelt.[1]

Auszüge aus Grundsätzen ordnungsgemäßer Buchführung (GoB) nach §§ 145, 146 AO und §§ 238, 239 HGB

↓

Die **Buchführung muss so beschaffen sein**, dass sie einem **sachverständigen Dritten** innerhalb angemessener Zeit einen **Überblick** über die **Geschäftsvorfälle** und über die Lage des Unternehmens vermitteln kann. Die **Geschäftsvorfälle** müssen sich in ihrer **Entstehung** und **Abwicklung** verfolgen lassen.

↓

Die **Buchungen** und die sonst erforderlichen Aufzeichnungen sind **vollständig, richtig, zeitgerecht** und **geordnet** vorzunehmen.

↓

Bücher und die sonst erforderlichen Aufzeichnungen sind im Geltungsbereich dieses Gesetzes zu **führen** und **aufzubewahren**.

↓

Die **Buchungen** und die sonst erforderlichen Aufzeichnungen sind in einer **lebenden Sprache** vorzunehmen.

↓

Eine **Buchung** oder eine Aufzeichnung darf **nicht** in einer Weise **verändert werden**, dass der ursprüngliche Inhalt nicht mehr feststellbar ist.

↓

Die Bücher und die sonst erforderlichen Aufzeichnungen können auch in der geordneten Ablage von Belegen bestehen oder auf Datenträgern geführt werden, soweit diese Formen der Buchführung einschließlich des dabei angewandten Verfahrens den Grundsätzen ordnungsmäßiger Buchführung entsprechen; [...]

---

[1] *Die Hervorhebungen im folgenden Schaubild durch Fettdruck stehen nicht im Originaltext (d. Verf.)*

Verstöße gegen die Buchführungspflicht

Der Paragraf 283b des Strafgesetzbuchs (StGB) regelt die Sanktionen bei Verletzung der Buchführungspflicht. Die Höhe der dort festgelegten Strafen ist nachvollziehbar, da ohne eine geordnete Buchführung eine gut funktionierende Wirtschaftsordnung nicht denkbar wäre.

StGB § 283b Verletzung der Buchführungspflicht

(1) Mit Freiheitsstrafe bis zu zwei Jahren oder mit Geldstrafe wird bestraft, wer

1. Handelsbücher, zu deren Führung er gesetzlich verpflichtet ist, zu führen unterläßt oder so führt oder verändert, daß die Übersicht über seinen Vermögensstand erschwert wird,
2. Handelsbücher oder sonstige Unterlagen, zu deren Aufbewahrung er nach Handelsrecht verpflichtet ist, vor Ablauf der gesetzlichen Aufbewahrungsfristen beiseite schafft, verheimlicht, zerstört oder beschädigt und dadurch die Übersicht über seinen Vermögensstand erschwert,
3. entgegen dem Handelsrecht
   a) Bilanzen so aufstellt, dass die Übersicht über seinen Vermögensstand erschwert wird, oder
   b) es unterlässt, die Bilanz seines Vermögens oder das Inventar in der vorgeschriebenen Zeit aufzustellen.

(2) Wer in den Fällen des Absatzes 1 Nr. 1 oder 3 fahrlässig handelt, wird mit Freiheitsstrafe bis zu einem Jahr oder mit Geldstrafe bestraft.

(3) § 283 Abs. 6 gilt entsprechend.

Befreiung von der Buchführungspflicht

Von der Buchführungspflicht befreit sind alle

- Freiberufler, wie Ärzte, Anwälte, Architekten u.v.m., da sie kein Gewerbe betreiben,
- Kleingewerbetreibende, da diese keinen in kaufmännischer Weise eingerichteten Geschäftsbetrieb führen und somit nicht zu den Kaufleuten gehören, wie sie in § 1 HGB definiert sind,[1]
- Land- und Forstwirte, die bestimmte Grenzen nicht überschreiten.

HGB § 241a Befreiung von der Pflicht zur Buchführung und Erstellung eines Inventars

Einzelkaufleute, die an den Abschlussstichtagen von zwei aufeinander folgenden Geschäftsjahren nicht mehr als 500 000 Euro Umsatzerlöse und 50 000 Euro Jahresüberschuss aufweisen, brauchen die §§ 238 bis 241 nicht anzuwenden. Im Fall der Neugründung treten die Rechtsfolgen schon ein, wenn die Werte des Satzes 1 am ersten Abschlussstichtag nach der Neugründung nicht überschritten werden.

---

[1] *Im Falle von Neugründungen gilt die Regelung schon, wenn am ersten Abschlussstichtag weder der festgelegte Umsatzerlös noch der festgelegte Gewinn überschritten werden.*

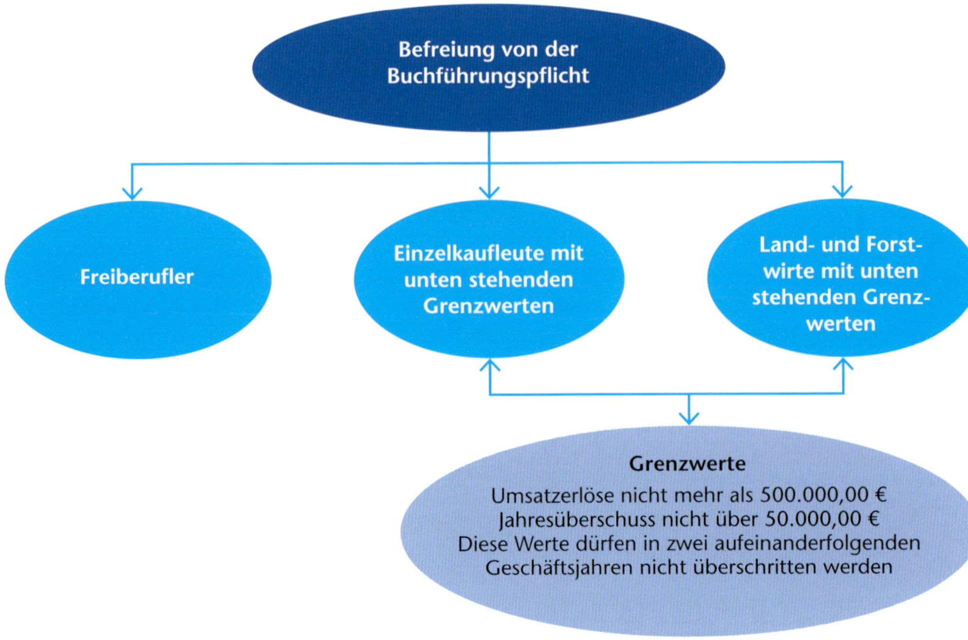

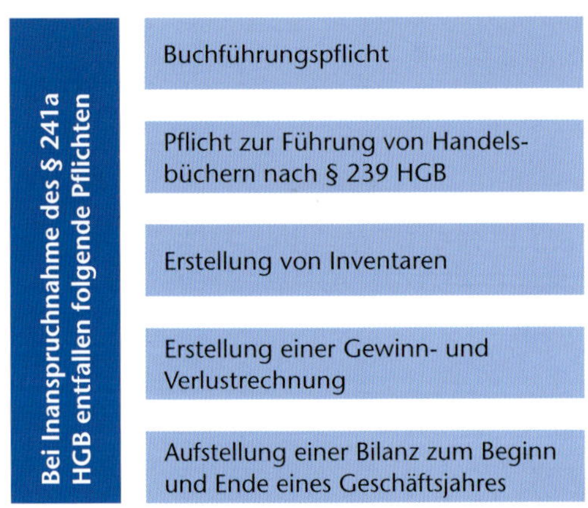

Formular Einnahmenüberschussrechnung

Nicht Buchführungspflichtigen ist es freigestellt, ob sie ihren Gewinn durch Bilanzierung oder durch eine Einnahmenüberschussrechnung ermitteln. Letzteres Verfahren wird häufig als einfache Buchführung bezeichnet. Bei dieser Methode der Gewinnermittlung werden die Einnahmen eines Geschäftsjahres den Ausgaben gegenübergestellt und dann verrechnet. Zur Ermittlung des Gewinns mittels Einnahmenüberschussrechnung stellt das Finanzamt einen entsprechenden Vordruck bereit.

Falls die oben angegebenen Grenzwerte innerhalb eines Jahres überschritten werden, greift im nächsten Geschäftsjahr automatisch die Buchführungspflicht.

Auf den Punkt gebracht

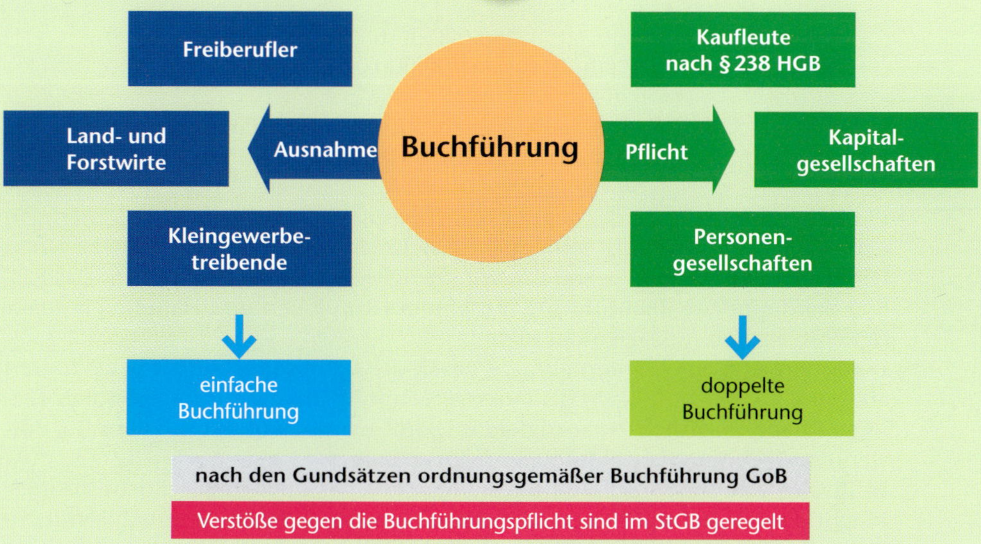

Nutzen Sie Ihr Wissen

1. Erstellen Sie ein einfaches Flussdiagramm, welches den Sachverhalt der Buchführungspflicht verdeutlicht. Arbeiten Sie mit folgenden zehn Elementen, die Sie in die korrekte Position bringen:

2. Welche Argumente sprechen Ihrer Meinung nach für ein System der doppelten Buchführung, auch wenn die lt. Gesetz geltenden Grenzwerte nicht erreicht werden?

3. Entscheiden Sie, ob nachfolgend aufgeführte Gewerbetreibende der Buchführungspflicht unterliegen (1) oder nicht (9). Begründen Sie Ihre Entscheidung.
   - ( ) Aktiengesellschaft, Jahresgewinn 456.000,00 €
   - ( ) Dr. Helmut Rahe, Arzt für innere Medizin
   - ( ) Stachelhaus KG, Jahresumsatz 450.000,56 €, Jahresgewinn 40.256,32 €

- ( ) Bauer Heinrich, Jahresumsatz 689.123,55 €, Gewinn 25.000,00 €
- ( ) Johanna Klein, Textileinzelhändlerin, Jahresumsatz 328.902,50 €, Jahresgewinn 52.002,32 €
- ( ) Stomex OHG, Jahresumsatz 1.256.022,36 €, Jahresgewinn 80.001,36 €
- ( ) Papier Peters GmbH, Jahresumsatz 400.000,00 €, Jahresgewinn 25.000,00 €

4. Entscheiden Sie, ob bei den nachfolgend aufgelisteten Handlungen gegen die Grundsätze ordnungsgemäßer Buchführung verstoßen wird. Begründen Sie Ihre Ansicht.
   a) Ein Einzelunternehmer, der der Buchführungspflicht unterliegt, beabsichtigt, ein neues Buchungssystem in seinem Unternehmen zu installieren. Dieses System hat er selbst entwickelt, es soll ihn vor „neugierigen Blicken“ schützen. Das System der doppelten Buchführung mit einem Grundbuch und Hauptbuch benötigt er lt. eigener Aussage nicht mehr.
   b) Der Mitarbeiter eines Unternehmens erhält die Anweisung, künftig bei Retouren aufgrund von Sachmängeln die Originalrechnung um die zurückgesandten Einheiten handschriftlich zu korrigieren. Damit würde man die Arbeiten für notwendige Rechnungskorrekturbuchungen einsparen.
   c) H. Rother, e. K. unterliegt aufgrund seiner erzielten Umsätze der Buchführungspflicht. Er beabsichtigt in neue Büroräume umzuziehen. In diesem Zusammenhang gibt er seinen Mitarbeitern in der Buchhaltung folgende Anweisung: „Bitte entsorgen Sie alle Unterlagen, die älter als fünf Jahre sind. Unser Archiv quillt jetzt schon über und in den neuen Räumen möchte ich eine neue Ordnung schaffen.“
   d) O. Klein, Mitarbeiter der Fröhlich OHG, wirft alle Belege nach der buchhalterischen Erfassung weg, deren Betrag unter 150,00 € liegt.

5. Beziehen Sie zu nachfolgendem Fall Stellung und begründen Sie Ihre Aussagen. H. Kottman, e. K. mit einem Jahresumsatz von über 1 Mio. Euro in den letzten drei Jahren, stellt zu Beginn des neuen Geschäftsjahres seine Buchführung von dem System der doppelten Buchführung auf die einfache Buchführung um. Er begründet diese Maßnahme mit zu erwartenden Umsatzrückgängen. Den Umsatzerlös für das neue Geschäftsjahr schätzt er maximal auf 300.000,00 €.

4 Steuerbare Umsätze – Die Umsatzsteuer

Lernsituation

Ebru Celik trifft Herrn Zerbe auf dem Rückweg von der Kantine. Sie richtet mehrere Fragen an ihn.

Ebru Celik: „Hallo Herr Zerbe, kann ich Ihnen kurz ein paar Fragen stellen?“

Volker Zerbe: „Natürlich, was möchten Sie denn wissen?“

Ebru Celik: „Ich bin gerade dabei verschiedene Belege zu sortieren. Mir ist dabei aufgefallen, dass bei den meisten Belegen die Umsatzsteuer mit 19 % ausgewiesen wird, bei einigen aber mit 7 %. Woran liegt das?“

Volker Zerbe: „Nun, in der Regel beträgt der Steuersatz bei der Umsatzsteuer 19 %. Besteuert werden dabei Leistungen, die wir oder andere Unternehmen bzw. Unternehmer erbringen. In wenigen Ausnahmefällen gilt ein ermäßigter Steuersatz von 7 %. Nachzulesen ist das im Umsatzsteuergesetz. Dort werden die Ausnahmefälle komplett aufgelistet."

Ebru Celik: „Dann ist mir noch aufgefallen, dass die Umsatzsteuer meistens in Prozent und in Euro angegeben wird, aber vereinzelt auch nicht. Dort lese ich nur, dass der Rechnungsbetrag 19 % Umsatzsteuer beinhaltet. Kann das jeder machen wie er möchte?"

Volker Zerbe: „Nein, auch das ist genau festgelegt. Damit Sie das Wesen der Umsatzsteuer vollständig erfassen, möchte ich Ihnen eine Aufgabe übertragen. Wir gehen jetzt an Ihren Arbeitsplatz und ich suche drei Ihrer Belege heraus, die Sie auf Ihre Fragestellung hin untersuchen sollen."

Lumen OHG — **Rechnung** — OHG

Hafendamm 7
24937 Flensburg

ModernOffice KG
Postfach 10 15
72160 Horb am Neckar

Bei Zahlung bitte angeben:
Kunden-Nr.: D0000002
Rechnung Nr.: 4124/20..
Rechnungsdatum: 25.09.20..

Artikelnummer	Bezeichnung	Menge	Einzelpreis	Gesamtpreis
88333	Schreibtischleuchte „Light"	50	62,00 €	3.100,00 €
75566	Schreibtischleuchte „RedZet"	50	32,50 €	1.625,00 €
76621	Schreibtischleuchte „Guide"	50	19,00 €	950,00 €
			gesamt	5.675,00 €
	Einführungsrabatt		25 %	1.418,75 €
	Zahlungsbedingungen:			
	30 Tage netto Kasse	Netto		4.256,25 €
			19 % USt.	808,69 €
	10 Tage unter Abzug von 3 % Skonto	Rechnungsbetrag		5.064,94 €

Bankverbindungen		Handelsregister	Gesellschafter
Commerzbank AG Flensburg BIC: COBA DEFF215 IBAN: DE152 154 0060 0026 433 00	Tel: 0461 656665-0 LumenOHG@delta.de Fax: 0461 656665-1	Amtsgericht Flensburg HRB 13722 USt-IdNr.: DE 123456789	Julius Großmann Axel Heiligenpahl

Fit - Tankstelle
Weberstr. 99
60318 Frankfurt am Main
Tel.: 069 560088
USt-IdNr.: DE231178832

Datum	21.03.20..	Zeit:	14:16
Beleg1		Preis/Liter	
Säulennummer Nr.:	5	1,589 €	
Litermenge		62,89 €	
Super Blf.	39,58		
SUMME		**62,89 €**	

Im Rechnungsbetrag sind
19 % Umsatzsteuer enthalten.

Bar	**70,00 €**
Zurück	**7,11 €**
21.03.20..	14:16

ModernOffice KG •
Postfach 10 15 •
72160 Horb am Neckar

Rechnung

Bitte bei Zahlung angeben:

Kunden Nr.	Rechnungs Nr.	Rechnungsdatum
1234	4536	12.01.20..

Wir lieferten aus Anlass eines Dienstjubiläums einen Blumenstrauß

netto		35,00 €
Umsatzsteuer	7%	2,45 €
Rechnungsbetrag		37,45 €

Vielen Dank für den Auftrag.

Der Rechnungsbetrag ist zahlbar innerhalb von 14 Tagen.

Volker Zerbe: „Sie geben mir bitte an,
- ob bei den drei Rechnungen der korrekte Steuersatz zugrunde gelegt worden ist,
- warum dieser Steuersatz korrekt ist und ob alle drei Rechnungen den Bestimmungen der Umsatzsteuerdurchführungsverordnung entsprechen, was den expliziten Ausweis des Umsatzsteuerbetrages betrifft.

Nach Möglichkeit belegen Sie Ihre Ergebnisse mithilfe entsprechender Paragrafen aus von Ihnen ausgewählten Gesetzen. Führen Sie dazu eine Internetrecherche durch, damit haben Sie ja schon Erfahrung. Generell sollten Sie bei Internetrecherchen, besonders wenn Sie viel mit Suchmaschinen arbeiten, Ihre Suchbegriffe gut auswählen. Achten Sie bei den angezeigten Treffern einer Suchmaschine immer auf seriöse Quellen."

Ebru Celik: „Gut, wenn ich damit fertig bin, rufe ich kurz durch, einverstanden?"

Volker Zerbe: „Ja, das ist ok."

- *Analysieren Sie das Gespräch zwischen Herrn Zerbe und Ebru Celik und erfassen Sie die Aufgabenstellung.*
- *Klären Sie, welche Informationen Sie für die Lösung der Aufgabenstellung benötigen und wie Sie an die Informationen kommen, wenn Ihnen ein Rechner mit Internetzugang zur Verfügung steht.*
- *Formulieren Sie gezielt fünf Suchbegriffe, die Sie bei der Arbeit mit einer Suchmaschine verwenden wollen.*
- *Entscheiden Sie in der Klasse gemeinsam, wer seine Suchbegriffe vorstellen soll. Diskutieren Sie im Plenum die vorgestellten Begriffe. Schlagen Sie bei Bedarf Änderungen vor.*
- *Führen Sie eine Internetrecherche durch, die Ihnen hilft die geforderte Aufgabenstellung zu lösen.*
- *Vergleichen Sie das vorgestellte Ergebnis mit Ihrem und nehmen Sie bei Bedarf Korrekturen oder Erweiterungen vor.*
- *Lösen Sie die an Ebru Celik gestellte Aufgabe in Einzelarbeit. Achten Sie dabei auf eine treffende Erläuterung Ihrer Ergebnisse.*
- *Erläutern Sie, wer generell der Steuerschuldner ist und wann die Steuerschuld entsteht. Grenzen Sie in diesem Zusammenhang die Begriffe „Leistungserbringer" und „Leistungsaustausch" voneinander ab.*
- *Entscheiden Sie wieder gemeinsam, wer seine Ergebnisse vorstellen soll.*
- *Beurteilen Sie das vorgestellte Ergebnis.*
- *Vergleichen Sie das vorgestellte Ergebnis mit Ihrem und nehmen Sie bei Bedarf Korrekturen oder Erweiterungen vor.*
- *Begründen Sie, was Ihrer Meinung nach den Gesetzgeber veranlasst hat, den ermäßigten Steuersatz einzuführen und immer noch beizubehalten.*

Nach § 1 des Umsatzsteuergesetzes unterliegen alle Lieferungen und sonstigen Leistungen, die ein Unternehmen im Inland gegen Entgelt im Rahmen seines Unternehmens ausführt, der Umsatzsteuer.[1]

UStG § 1 Steuerbare Umsätze

(1) Der Umsatzsteuer unterliegen die folgenden Umsätze:
1. die Lieferungen und sonstigen Leistungen, die ein Unternehmer im Inland gegen Entgelt im Rahmen seines Unternehmens ausführt. Die Steuerbarkeit entfällt nicht, wenn der Umsatz auf Grund gesetzlicher oder behördlicher Anordnung ausgeführt wird oder nach gesetzlicher Vorschrift als ausgeführt gilt; […]

Voraussetzung ist allerdings, dass diese Leistungen in einem Leistungsaustausch erbracht werden.

Ein **Leistungsaustausch**, der der Umsatzsteuer unterliegt, ist dann gegeben, wenn bei der **Leistungserbringung** eine **Gegenleistung** erwartet wird. Erbrachte Leistung und Gegenleistung müssen also in einem engen Zusammenhang stehen. Die Gegenleistung muss dabei nicht unbedingt gleichwertig sein, sie muss aber erbracht werden, um die angebotene Leistung zu erhalten.

Beispiel • *Die ModernOffice KG verkauft in ihren Showrooms sowohl eigene Erzeugnisse als auch Handelswaren. Bei diesem Leistungsangebot wird erwartet, dass der Käufer eine Gegenleistung erbringt. Diese Gegenleistung sieht in der Regel so aus, dass der Kunde die gekaufte Ware bezahlt. Leistung und Gegenleistung stehen hier in einem direkten Zusammenhang.*

Der Abnehmer einer Leistung muss kein Unternehmer sein. Wichtig ist nur, dass der Leistungserbringer Unternehmer im Sinne des Umsatzsteuergesetzes ist. Jedem Unternehmer wird eine Umsatzsteuer-Identifikationsnummer (USt-IdNr.) von der Bundeszentrale für Steuern zugewiesen, die er u. a. in seinen Rechnungen ausweisen muss.

Die Gegenleistung kann sowohl in einer Geldzahlung als auch in einer Lieferung (Tauschgeschäft) bestehen. Leistungen, bei denen es nicht zu einer Gegenleistung kommt, sind entsprechend nicht umsatzsteuerpflichtig. Das ist z. B. bei Schadenersatzleistungen oder Zuschüssen der Fall, für die keine Gegenleistung erwartet wird.

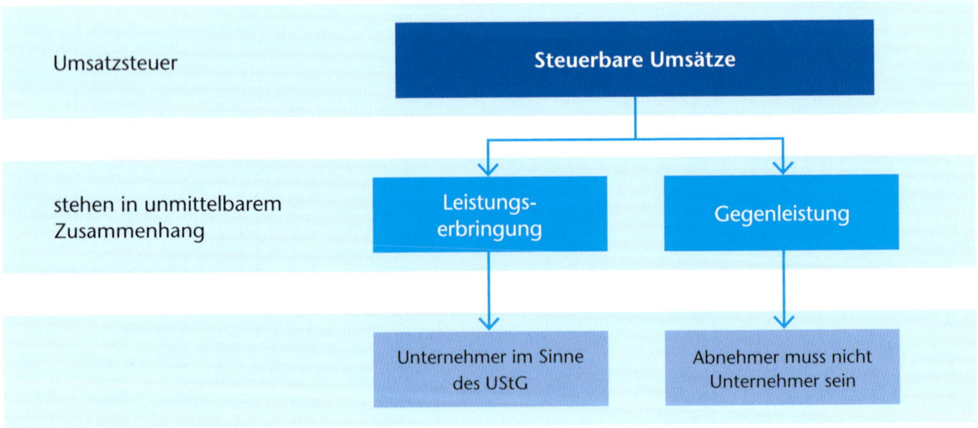

[1] *Alle Erläuterungen zur Umsatzsteuer beziehen sich auf Umsätze im Inland.*

Das Wesen der Umsatzsteuer

Die Umsatzsteuer zählt zu den

- **Gemeinschaftsteuern**, da bei der Verteilung des Steueraufkommens Bund, Länder und Gemeinden berücksichtigt werden.
- **indirekten Steuern**, da die Steuer nicht direkt erhoben wird. Der Endverbraucher zahlt über den Erwerb einer Leistung die in dem Rechnungsbetrag enthaltene Umsatzsteuer.
- **Verkehrsteuern**, da sie an den Leistungsaustausch im Rechtsverkehr gebunden sind.

Regelsteuersatz

Der Regelsteuersatz bei der Umsatzsteuer beträgt 19 %. Abweichend von diesem Regelsteuersatz liegt der ermäßigte Steuersatz bei 7 %. Der § 12 des Umsatzsteuergesetzes listet alle Leistungen auf, die zu diesem Satz besteuert werden.

§12 Umsatzsteuergesetz

Entstehung der Umsatzsteuerschuld

Die Umsatzsteuerschuld entsteht grundsätzlich zum Zeitpunkt der Leistungserbringung. Dies ist z. B. der Zeitpunkt, wenn die Leistung verkauft wird.[1] Bis zum 10. des Folgemonats muss eine Umsatzsteuervoranmeldung beim Finanzamt eingereicht werden. Aus dieser geht hervor, wie hoch nach Abzug der Vorsteuer die einbehaltene Umsatzsteuer ist. Mit Abgabe der Umsatzsteuervoranmeldung muss die Umsatzsteuerschuld beglichen werden. Ausnahmen regelt das Umsatzsteuergesetz. Der **Tag der Rechnungserstellung ist für das Entstehen der Umsatzsteuerschuld nicht entscheidend**. Steuerschuldner ist der Unternehmer, der die Leistung vollbringt.[2]

Ausweisung der Umsatzsteuer in Rechnungen

Die Umsatzsteuer ist in allen Rechnungen gesondert auszuweisen. Lediglich bei Rechnungen, deren Höhe 150,00 € brutto nicht übersteigt, gilt diese Regelung nicht. Hier reicht es, wenn lediglich der für die erbrachte Leistung geltende Umsatzsteuersatz angegeben ist.

§ 33 Umsatzsteuer-Durchführungsverordnung (UStDV)

Rechnungen über Kleinbeträge
Eine Rechnung, deren Gesamtbetrag 150 Euro nicht übersteigt, muss mindestens folgende Angaben enthalten:

1. den vollständigen Namen und die vollständige Anschrift des leistenden Unternehmers,
2. das Ausstellungsdatum,
3. die Menge und die Art der gelieferten Gegenstände oder den Umfang und die Art der sonstigen Leistung und
4. das Entgelt und den darauf entfallenden Steuerbetrag für die Lieferung oder sonstige Leistung in einer Summe sowie den anzuwendenden Steuersatz oder im Fall einer Steuerbefreiung einen Hinweis darauf, dass für die Lieferung oder sonstige Leistung eine Steuerbefreiung gilt.

---

[1] *Allgemein ausgedrückt: Sie entsteht in dem Moment, in welchem die Gefahr des zufälligen Untergangs der Ware vom Verkäufer an den Käufer übergeht. Das ist abhängig von den festgelegten Lieferbedingungen.*

[2] *Die rechnerische und buchhalterische Ermittlung der Umsatzsteuerschuld bzw. des Überschussbetrages wird im nächsten Abschnitt ausführlich erläutert.*

Die Mehrwertbesteuerung

In jeder Phase der Wertschöpfungskette, an der in der Regel mehrere Unternehmen beteiligt sind, wird der jeweils geschaffene Mehrwert besteuert.

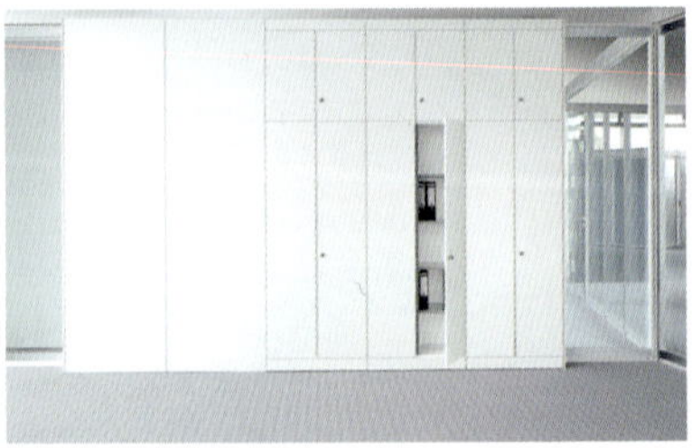

Beispiel • *Das Schrankwandsystem UNIVERSAL.PLUS, welches die ModernOffice KG vertreibt, durchläuft mehrere Produktionsstufen, bis es in den verschiedenen Showrooms der ModernOffice KG oder bei einem der vielen Fachhändler zum Verkauf angeboten wird.*

An der Produktion dieses Möbelstücks sind verschiedene Unternehmen beteiligt. Das sind z. B.

- *der Forstbetrieb, der für die Holzgewinnung zuständig ist,*
- *das Sägewerk, das Spanplatten herstellt,*
- *die ModernOffice KG, die die Schrankwand aus den Spanplatten und anderen Werkstoffen fertigt.*

Bis ein Endverbraucher diese Schrankwand bei einem Fachhändler kaufen kann, sind mehrere Produktionsstufen notwendig. Der auf jeder Produktionsstufe geschaffene ***Mehrwert*** *des Möbelstücks wird besteuert. Steuerzahler sind die Unternehmen der jeweiligen Produktionsstufe, Steuerträger ist jedoch der Endverbraucher.*

Die rechnerische Ermittlung des Umsatzsteuerbetrages[1]

Es gibt zwei Möglichkeiten, den Umsatzsteuerbetrag zu ermitteln. Das ist abhängig davon,

1. ob von einem Warenwert (netto) ausgehend der Umsatzsteuerbetrag ermittelt werden soll, oder
2. ob aus einem Rechnungsbetrag (brutto) der Umsatzsteueranteil in Euro herausgerechnet werden soll.

Zu 1.: Der Nettopreis entspricht immer 100 %, der zu ermittelnde Umsatzsteuerbetrag 19 %.

Beispiel • *Die ModernOffice KG listet den Bürodrehstuhl Magnus netwin, Artikel-Nr.: 101.168, mit 690,20 € netto. Dieser Preis entspricht 100 %. Die zu ermittelnde Umsatzsteuer entspricht 19 % von 690,20 €, das sind 131,14 €.*

Zu 2.: Der Rechnungsbetrag entspricht 119 %. Der in diesem Betrag enthaltene Umsatzsteueranteil macht 19 % aus.

Beispiel • *Der Besucherstuhl, ModernOffice KG JET II, Artikel-Nr.: 102.105, ist in den Showrooms der ModernOffice KG zu einem Rechnungspreis von 105,51 € ausgezeichnet. Dieser Preis entspricht 119 %. Der im Rechnungspreis enthaltene Umsatzsteuerbetrag entspricht 19 %, das sind 16,85 €.*

[1] *Es wird hier von einem Regelsteuersatz von 19 % ausgegangen. Der Rechenweg bei einem ermäßigten Steuersatz ist entsprechend.*

Auf den Punkt gebracht

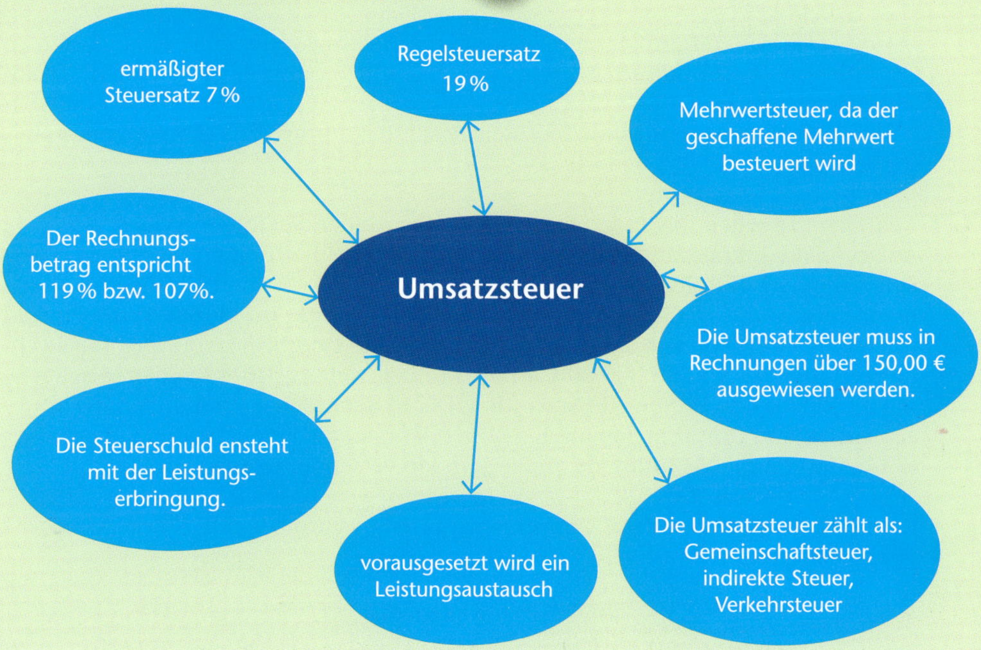

Nutzen Sie Ihr Wissen

1. Entscheiden Sie, ob bei nachfolgenden Fällen eine Umsatzsteuerpflicht besteht oder nicht. Begründen Sie Ihre Entscheidung.
   a) Axel Geeling verkauft seinen gebrauchten Pkw in einem Onlineportal für Gebrauchtwagen für 3.500,00 €.
   b) Corinna Frongs, Gesellschafterin der Habit KG, kauft für ihren Sohn einen neuen Bürostuhl bei der ModernOffice KG.
   c) Vincent Klein, kaufmännischer Angestellter der Stroba GmbH, kauft im Auftrag der GmbH einen neuen Kleintransporter für den betriebseigenen Fuhrpark beim Autohaus A. Jäger KG, Rechnungsbetrag 34.500,00 €.

2. Entscheiden Sie, welcher Steuersatz in den folgenden Fällen jeweils angesetzt werden muss.
   a) Ein Mitarbeiter der ModernOffice KG besucht eine zweitägige Fortbildungsveranstaltung in Frankfurt. Bei der Vorbereitung zum Besuch dieser Veranstaltung bucht der Mitarbeiter in einem Hotel eine Übernachtung mit Frühstück.
   b) Herr Sauter feiert heute mit seiner Frau Silberhochzeit. Aus diesem Grund hat er seinen Arbeitsplatz schon um 13:00 Uhr verlassen. Er möchte seine Frau mit einem schönen Geschenk und einem gelungenen Abendessen überraschen, welches er als Hobbykoch selbst vorbereiten will. Seine Einkäufe führen ihn durch mehrere Geschäfte. Zuhause geht er seine Einkäufe durch.

- Im Feinkostgeschäft hat er Lebensmittel für 120,00 € eingekauft.
- Die neue Uhr für seine Frau, im Juweliergeschäft am Bahnhof erworben, kostet 570,95 €.
- Zwei Flaschen französischer Rotwein, die Lieblingssorte seiner Frau, dürfen an diesem Abend natürlich nicht fehlen. Dafür bezahlt er bei „seinem" Weinhändler 38,00 €.
- Einen Blumenstrauß mit 25 roten Rosen bekommt er zu einem Sonderpreis von 45,00 €.

3. Analysieren Sie den folgenden Sachverhalt. Begründen Sie Ihre Aussage.
Aufgrund der Erkrankung einer Mitarbeiterin der Buchhaltung im Monat April werden mehreren Kunden die Rechnungen erst mit zwei Wochen Verzögerung nach der Lieferung von Handelswaren zugesandt. Die Umsätze im Monat April betragen insgesamt 78.000,00 €. Von diesem Gesamtumsatz sind bisher im April nur Rechnungen in Höhe von 55.000,00 € an die Kunden weitergeleitet worden. Alle Lieferungen sind schon durchgeführt worden. Der in den noch ausstehenden Rechnungen enthaltene Umsatzsteueranteil soll erst dann an die Finanzbehörde überwiesen werden, wenn die Rechnungen an die Kunden versendet worden sind.

4. Ermitteln Sie den jeweiligen Umsatzsteueranteil in Euro bei einem Regelsteuersatz von 19 %[1]:

a)

Rechnungsbetrag	Umsatzsteueranteil
690,00 €	110,17 €
23.250,00 €	3712,18 €
156,50 €	24,98 €
30.300,35 €	4837,87 €
12.174,00 €	1943,75 €
5.670,45 €	905,365 €
456,78 €	
23,18 €	

b)

Warenwert	Umsatzsteueranteil
4.220,69 €	801,93 €
26.775,06 €	5087,26 €
146,91 €	27,91 €
26,32 €	
405.076,65 €	
14.745,03 €	
2.524,23 €	
265.543,15 €	

[1] *Runden Sie bei Bedarf auf zwei Stellen nach dem Komma.*

5 Das Rechnungswesen als Informationssystem

Lernsituation

Ebru Celik unterhält sich mit Volker Zerbe.

Ebru Celik: „Wann geht es denn jetzt los? Ich würde gerne mit den Buchungen beginnen."

Volker Zerbe: „Frau Celik, es ‚geht schon los', seitdem Sie hier bei uns sind. Alle Arbeiten, die Sie bisher übernommen haben, sind genauso wichtig wie die buchhalterische Erfassung von Belegen. Bevor wir mit dem Buchen von Belegen beginnen, möchte ich Ihnen das Rechnungswesen noch aus einem weiteren Blickwinkel vorstellen, der für das Verständnis unserer Arbeit sehr hilfreich ist. Darauf werden wir noch intensiver zu sprechen kommen, wenn das Jahresende mit dem Jahresabschluss naht.
Stellen Sie sich das Rechnungswesen, und damit verbunden die Aufgabe unserer Abteilung, als ein komplexes Informationssystem vor. Unsere Aufgabe besteht darin, möglichst umfangreiche Informationen zu erstellen und aufzubereiten, um sie im Anschluss daran interessierten Abteilungen inklusive der Geschäftsleitung zur Verfügung zu stellen. Diese Informationen sind für das erfolgreiche Führen eines Unternehmens lebensnotwendig. Die Geschäftsleitung und die anderen Abteilungen sind demnach die Adressaten für unsere Informationen. Damit wir nicht für jeden einzelnen Adressaten unterschiedlich gestaltete Informationen erstellen, haben wir die Darstellung dieser Informationen standardisiert. Das hat den wesentlichen Vorteil, dass durch diese Standards alle interessierten Abteilungen auf unsere Informationen zugreifen können, da sie für alle verständlich sind.

Gelungen ist uns die Aufgabe dann, wenn wir der Unternehmensleitung entscheidungsrelevante Informationen zur Verfügung stellen können."

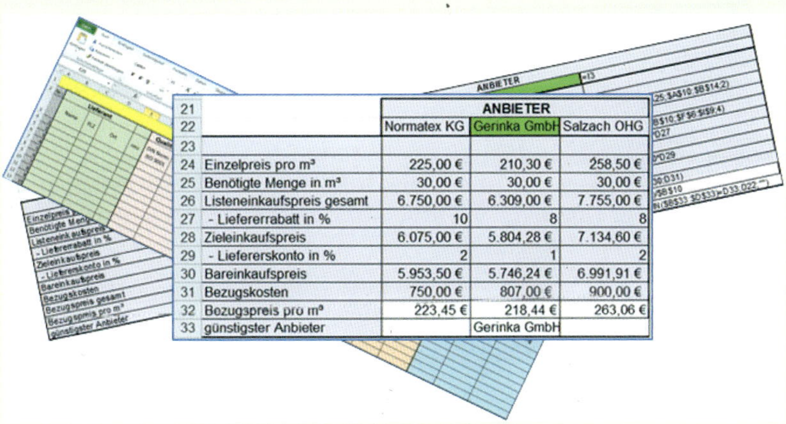

			ANBIETER	
21			ANBIETER	
22		Normatex KG	Gerinka GmbH	Salzach OHG
23				
24	Einzelpreis pro m³	225,00 €	210,30 €	258,50 €
25	Benötigte Menge in m³	30,00 €	30,00 €	30,00 €
26	Listeneinkaufspreis gesamt	6.750,00 €	6.309,00 €	7.755,00 €
27	- Liefererrabatt in %	10	8	8
28	Zieleinkaufspreis	6.075,00 €	5.804,28 €	7.134,60 €
29	- Liefererskonto in %	2	1	2
30	Bareinkaufspreis	5.953,50 €	5.746,24 €	6.991,91 €
31	Bezugskosten	750,00 €	807,00 €	900,00 €
32	Bezugspreis pro m³	223,45 €	218,44 €	263,06 €
33	günstigster Anbieter		Gerinka GmbH	

Ebru Celik: „Unter diesem Aspekt habe ich das Fach Rechnungswesen und die Arbeit in dieser Abteilung noch nicht betrachtet. Das hört sich richtig spannend an."

Volker Zerbe: „Das ist es auch. Die Gruppe der oben erwähnten Adressaten ist nicht die einzige. Dazu zählen ebenso alle Lieferanten, Kunden, Institutionen, Banken, Behörden u. a., mit denen die ModernOffice KG Geschäftsbeziehungen unterhält, oder denen wir aufgrund gesetzlicher Bestimmungen Informationen über uns geben müssen. Diese Gruppe bezeichnet man als die externen Adressaten. Ihnen können wir z. B. Signale über die Entwicklung unseres Unternehmens liefern.

Zählen Sie bitte einmal Informationen auf, die wir für interne und externe Zwecke anbieten können. Sagen wir für jeden Bereich jeweils fünf."

- *Erstellen Sie eine Liste von Informationen, die jeweils für interne oder externe Adressaten von Interesse sein könnten. Beschränken Sie die Liste auf jeweils fünf Informationen.*
- *Erläutern Sie in diesem Zusammenhang die Aussage von Herrn Zerbe „... wenn wir der Unternehmensleitung entscheidungsrelevante Informationen zur Verfügung stellen können."*
- *Entscheiden Sie im Plenum, wer seine Ergebnisse vorstellen soll.*
- *Vergleichen Sie Ihre Liste und Ihre Erläuterung mit denen Ihrer Mitschüler.*
- *Führen Sie bei Bedarf Korrekturen durch.*
- *Bewerten Sie im Plenum die Bedeutung des Rechnungswesens als Informationssystem auf der Grundlage der von Ihnen erzielten Ergebnisse.*

Das interne Rechnungswesen

Die ModernOffice KG ist beständig bestrebt, bestehende Wettbewerbsvorteile zu sichern und jetzt schon zukünftige Wettbewerbsvorteile aufzubauen, um so die Grundlage für zukünftige Erfolge zu schaffen.

Dieses auf die Zukunft ausgerichtete Erfolgsmodell bildet die Grundlage aller strategischen Planungen der ModernOffice KG. Das Rechnungswesen übernimmt bei den strategischen Planungen einen wesentlichen Anteil, da es auf die Abbildung der in Zahlen messbaren Zielgrößen ausgerichtet ist.

Dem Rechnungswesen kommt die Funktion zu alle Wertströme zu dokumentieren und auf dieser Grundlage alle benötigten Informationen bereitzustellen. So ist es jederzeit in der Lage, einen Überblick über die finanzielle Lage des Unternehmens, sein Vermögen und seine Schulden zu geben.

Informationen, die das Rechnungswesen zur Verfügung stellt, sind dann brauchbar, wenn sie verschiedene Kriterien erfüllen.

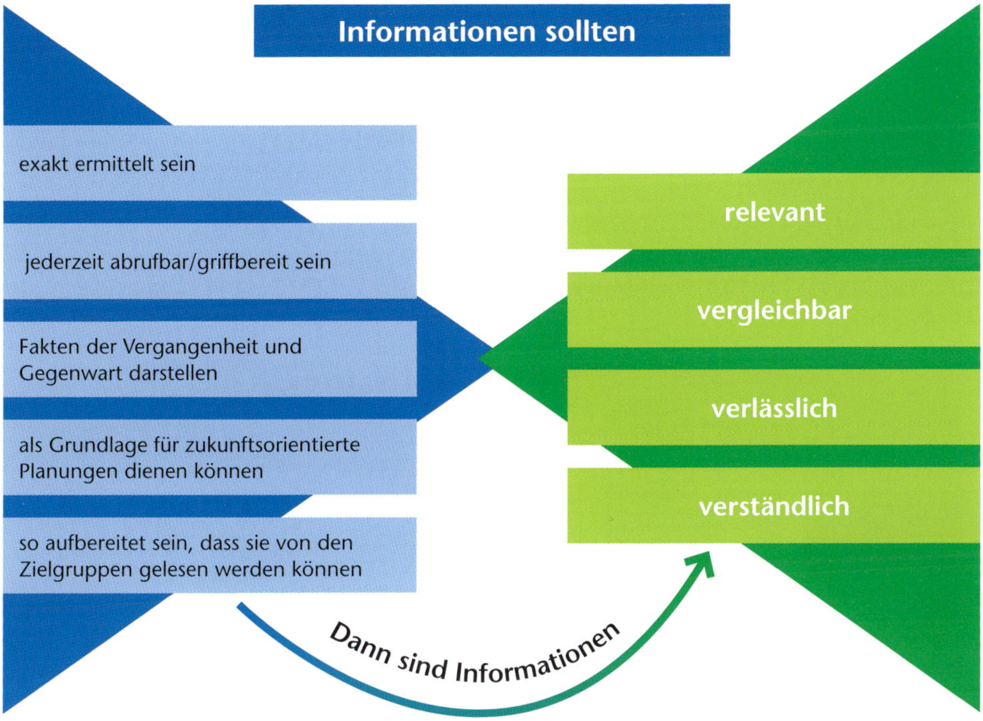

Relevant sind Informationen dann, wenn sie dem Adressaten Daten liefern, die sein Verhalten beeinflussen können. Das bedeutet, dass die Informationen wesentliche Feststellungen beinhalten sollten.

Vergleichbar sind Informationen dann, wenn sie sich auf vergleichbare Daten anderer Berichtszeiträume beziehen und nach dem gleichen Prinzip erstellt worden sind.

Verlässlich sind Informationen dann, wenn sie mit entsprechender Sorgfalt erstellt worden sind.

Verständlich sind Informationen dann, wenn sie in einer für den Adressaten nachvollziehbaren Sprache aufbereitet werden.

Beispiel • *Die Abteilung „Rechnungswesen/Steuern" der ModernOffice KG versteht sich selbst als Teil des Systems „ModernOffice KG". Sie ist darauf ausgerichtet, alle möglichen Informationen so schnell wie möglich zur Verfügung zu stellen. Wenn z. B. Quartalszahlen benötigt werden, die den Verkauf von ausgesuchten Artikeln der* ***„Produktgruppe (3) Konferenz/Management"*** *darstellen, so kann diese Information binnen kürzester Zeit abgerufen werden. Möglich wird dies u. a. dadurch, dass in nahezu allen Bereichen des Rechnungswesens computergestützt gearbeitet wird. Die Umsätze der einzelnen Produktgruppen werden alle im gleichen Layout gestaltet, damit alle interessierten Mitarbeiterinnen und Mitarbeiter die Informationen ohne Probleme auswerten können.*

Jedes Unternehmen kann die Art der Informationsdarstellung selbst bestimmen, wenn diese Informationen nur für unternehmensspezifische Zwecke Verwendung finden sollen. Neben der Darstellungsweise kann auch die Häufigkeit der Informationen und der Zeitraum, über den sie sich erstrecken, frei festgelegt werden. Im Bereich der Kosten- und Leistungsrechnung werden vornehmlich Informationen verarbeitet, die rein unternehmensspezifisch sind. Dieser Bereich wird an anderer Stelle ausführlich behandelt.[1]

[1] *Lernfeld 10*

Das externe Rechnungswesen

Bei den Informationen, die für externe Adressaten bestimmt sind, müssen verschiedene Bestimmungen, die in verschiedenen Gesetzen und Verordnungen o. Ä. festgelegt sind, berücksichtigt werden. Auch hier gelten oben genannte Kriterien einer brauchbaren Information. Ziel dieser Vorschriften ist es, einen gemeinsamen Standard für alle Interessierten festzulegen. Durch diesen Standard soll gewährleistet werden, dass Dritte vor Missverständnissen oder falsch gelesenen und falsch interpretierten Informationen geschützt werden, was die finanzielle Lage eines Unternehmens betrifft. Dabei gewinnen internationale Vorschriften (Standards) im Zuge der Globalisierung zunehmend an Bedeutung.

Wichtige Vorschriften				
Handelsgesetzbuch (HBG)	Abgabenordnung (AO), Grundsätze ordnungsgemäßer Buchführung (GoB)	Einkommensteuergesetz (EStG)	Gesetz in Abhängigkeit zur bestehenden Rechtsform, z. B. GmbH-Gesetz, Aktiengesetz usw.	internationale Bestimmungen: Financial Accounting Standards (FAS) International Financial Reporting Standards (IFRS)

In diesen Vorschriften ist z. B. genau festgelegt,
- welches System bei der Buchführung verwendet werden muss,
- welche Informationen für die jeweiligen Adressaten erstellt werden müssen,
- wie die Rechnungslegung zu gestalten ist,
- wie lange verschiedenste Urkunden oder Belege aufzubewahren sind,
- über welchen Zeitraum sich die erstellten Informationen erstrecken,
- in welchen Zeitabständen Informationen übermittelt werden müssen.

Die für die externen Adressaten bestimmten Informationen werden selbstverständlich auch von den internen Zielgruppen verwendet.

Auf den Punkt gebracht

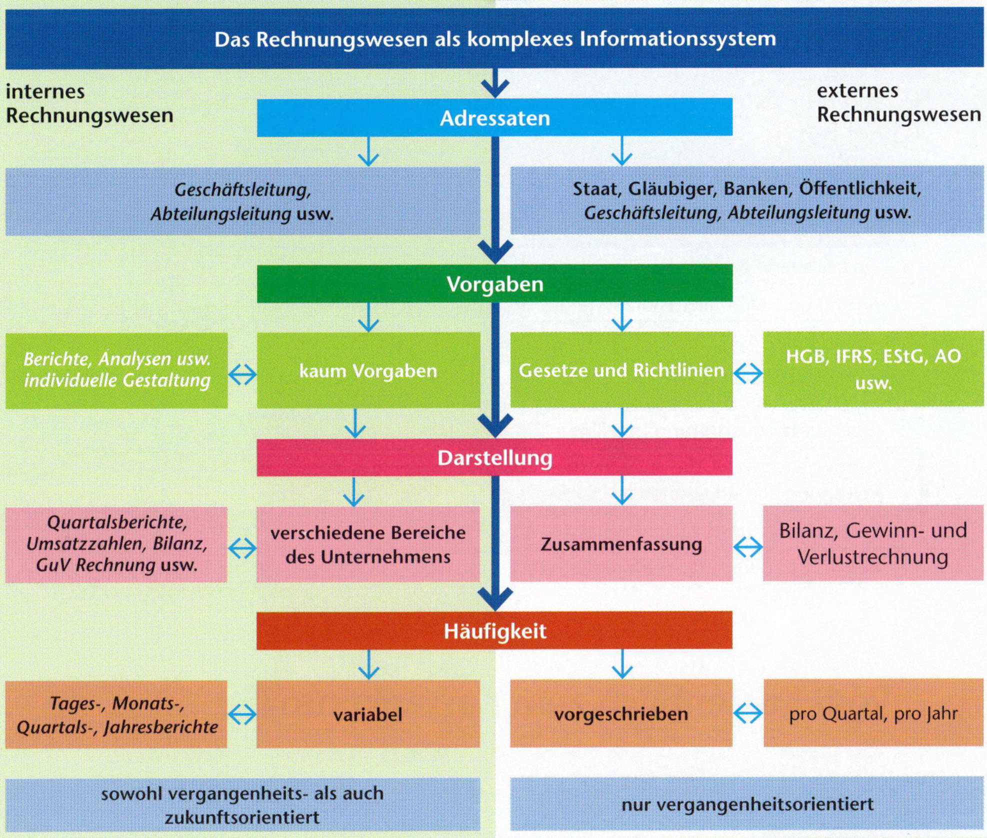

Nutzen Sie Ihr Wissen

1. Die Hausbank eines Unternehmens wird als externer Adressat immer dann angesprochen, wenn Finanzierungsmodelle entwickelt worden sind, die teilweise durch Bankenkredite gedeckt werden sollen. Warum wird eine Hausbank im Rahmen einer Kreditvergabe mehr Wert auf Informationen legen, die das zurückliegende Jahr betreffen? Begründen Sie Ihre Erläuterungen.

2. Die Art und der Inhalt der Informationsgestaltung für externe Adressaten sind vom Gesetzgeber genau festgelegt. Welches Ziel wird durch die strikte Vorgabe Ihrer Meinung nach verfolgt? Geben Sie drei Ziele an, die Sie mit einem Beispiel verdeutlichen.

3. Warum lässt der Gesetzgeber Ihrer Meinung nach den Unternehmen jegliche Gestaltungsfreiheit für Informationen, die für die internen Adressaten bestimmt sind? Begründen Sie Ihre Ansicht.

4. Orientieren Sie sich bei der folgenden Aufgabe an dem Unternehmen Modern Office KG. Sie erhalten Beispiele für Informationen, die Sie zuordnen sollen. Kennzeichnen Sie die jeweilige Information mit einem
A, wenn diese Information überwiegend für interne Adressaten von Bedeutung ist,
B, wenn die Information überwiegend für externe Adressaten interessant ist,
C, wenn die Information sowohl für interne als auch für externe Adressaten interessant ist.
Begründen Sie Ihre Zuordnung.

Information	Zuordnung
1. Quartalsberichte der vier Showrooms der ModernOffice KG	
2. Anzahl und Alter aller Fahrzeuge des betriebseigenen Fuhrparks	
3. Der zum Jahresende ermittelte Gewinn unter Berücksichtigung sämtlicher Vorschriften	
4. Anzahl der Mitarbeiter unter 25 Jahren, die sich an der Wahl zur Jugendarbeitsvertretung beteiligen können	
5. Vermögensposten, die als Sicherheit bei Aufnahme eines Kredits zur Verfügung stehen können	
6. Bekanntgabe des Zeitpunkts bei der Ausgabe neuer Aktien	
7. Beginn der neuen Tarifverhandlungen	

6 Vom Kassenbuch zum Kassenkonto

6.1 Das Kassenbuch

Lernsituation

Herr Zerbe begrüßt Ebru Celik morgens an ihrem Arbeitsplatz.

Volker Zerbe: „Guten Morgen Frau Celik. Heute geht es los, wenn ich Sie zitieren darf. Heute schauen wir uns das System der doppelten Buchführung genauer an.“

Ebru Celik: „Dann kann ich heute schon den ersten Beleg buchen?“

Volker Zerbe: „Ob wir bis zur ersten Buchung kommen, weiß ich noch nicht. Ich möchte, dass Sie dieses System in allen logischen Schritten von Anfang an verstehen und nachvollziehen können. Sie sollen nämlich nicht nur in der Lage sein, selbstständig zu buchen,

Sie sollen auch verstehen, warum Sie eine Buchung so und nicht anders durchführen. Falls Sie also irgendeinen Arbeitsschritt nicht komplett verstehen, bitte ich Sie, mich zu fragen."

Ebru Celik: „Das werde ich machen. Die älteren Auszubildenden haben mir schon erzählt, dass man das Buchen wirklich verstehen muss, da man Buchungen nicht auswendig lernen kann."

Volker Zerbe: „Zu Beginn zählen Sie mir bitte noch einmal auf, wie wir eingehende Belege, nachdem wir sie auf ihre Richtigkeit hin überprüft haben, weiter bearbeiten. Danach werden wir uns Wertströme anschauen, die wir mit einem Kassenbuch erfassen können.

Vorher informieren Sie sich aber bitte, ob das Führen eines Kassenbuches gesetzlich vorgeschrieben ist und wie ein Kassenbuch auszusehen hat. Dafür haben Sie 30 Minuten Zeit. Ihre Ergebnisse teilen Sie mir dann bitte mit, damit wir mit der Erfassung der Barkäufe und Barverkäufe beginnen können. Wir werden in einem ersten Arbeitsschritt ein Kassenbuch selbst entwerfen, in welchem wir alle Zahlungseingänge und Zahlungsausgänge untereinander in eine Spalte schreiben und die Vor- und Nachteile unserer Lösung gemeinsam abwägen. Danach werden wir unser Modell nach Ihren Vorstellungen optimieren."

- *Analysieren Sie die Lernsituation bezüglich der Aufgabenstellung an Ebru Celik.*
- *Informieren Sie sich darüber, welche Informationen Sie benötigen, um sich einen Überblick über den Aufbau eines Kassenbuchs verschaffen zu können.*
- *Entwerfen Sie ein einfaches Kassenbuch, das alle Zahlungsein- und -ausgänge untereinander in einer Spalte erfasst. Wägen Sie die Vor- und Nachteile dieser Erfassung ab.*
- *Listen Sie alle Schritte der Belegbearbeitung noch einmal auf, die zur Vorbereitung der buchhalterischen Erfassung durchgeführt werden müssen.*
- *Entscheiden Sie im Plenum, wer seine Ergebnisse vorstellen soll.*
- *Vergleichen Sie Ihre Ergebnisse mit denen der Präsentation und führen Sie bei Bedarf Korrekturen durch.*
- *Bewerten Sie die Bedeutung der Führung von Kassenbüchern.*

Das Führen von Kassenbüchern lässt sich aus dem § 239 HGB ableiten. Ein Kassenbuch muss derjenige führen, der zur Buchführung verpflichtet ist und Bargeldgeschäfte betreibt.

HGB § 239 Führung der Handelsbücher

(4) Die Handelsbücher und die sonst erforderlichen Aufzeichnungen können auch in der geordneten Ablage von Belegen bestehen oder auf Datenträgern geführt werden, soweit diese Formen der Buchführung einschließlich des dabei angewandten Verfahrens den Grundsätzen ordnungsmäßiger Buchführung entsprechen.

In einem ordentlich geführten Kassenbuch müssen alle Betriebseinnahmen, alle Betriebsausgaben und evtl. durchgeführte Privatentnahmen und Privateinlagen täglich festgehalten werden. Die erzielte Tageseinnahme berechnet sich wie auf der nebenstehenden vereinfachten Tabelle dargestellt. Auch die Führung des Kassenbuches unterliegt den Bestimmungen der Grundsätze ordnungsgemäßer Buchführung.[1]

Kassenbuch		
Ermittlung des Kassenbestandes		**€**
	Kassenbestand des Tages	
–	Kassenbestand des Vortages	
+	Betriebseinnahmen des Tages	
–	Betriebsausgaben des Tages	
–	Privatentnahmen	
+	Privateinlagen	
=	**Tageseinnahmen**	

Beispiel • *In dem Showroom Köln der ModernOffice KG werden täglich mehrere Barverkäufe getätigt. Am 25.10.20.. sind folgende Betriebseinnahmen und Betriebsausgaben zu verzeichnen, Privateinlagen und -entnahmen sind nicht getätigt worden:*

Barverkauf Flipcharts	*179,92 €*
Barverkauf Projektionswand	*259,42 €*
Barverkauf Pinnwand	*134,94 €*
Bareinkauf Porto	*60,80 €*
Bareinkauf Büromaterial	*180,55 €*
Barverkauf Lautsprecher	*156,00 €*
Barzahlung Blumen	*56,50 €*
Barzahlung Paketzustellung	*10,80 €*
Kassenendbestand des Vortages	*2.864,25 €*

Das Kassenbuch mit einer Euro-Spalte

Eine Möglichkeit, den Kassenendbestand des Tages zu ermitteln, besteht darin, alle Zahlungsaus- und -eingänge untereinander zu schreiben und direkt den verbleibenden Eurobetrag zu ermitteln. Das würde aussehen wie in nebenstehender Tabelle.

Zu dem Anfangsbestand in Höhe von 2.864,25 € wird der nächste Zahlungseingang in Höhe von 179,92 € direkt addiert usw.

Kassenbuch	€
Kassenbestand des Vortages	2.864,25 €
Barverkauf Flipcharts	3.044,17 €
Barverkauf Projektionswand	3.303,59 €
Barverkauf Pinnwand	3.438,53 €
Bareinkauf Porto	3.377,73 €
Bareinkauf Büromaterial	3.197,18 €
Barverkauf Lautsprecher	3.353,18 €
Barzahlung Blumen	3.296,68 €
Barzahlung Paketzustellung	3.285,88 €
Kassenbestand am Ende des Tages	**3.285,88 €**

Diese Art der Darstellung in einer Staffelform zeigt zwar das richtige Endergebnis an, es ist aber mit einem wesentlichen Nachteil verbunden. Man sieht auf den ersten Blick nicht die Höhe der sich ergebenden Zahlungseingänge, bzw. Zahlungsausgänge. Diese müsste man gesondert ermitteln.

[1] *Die zusätzlichen Angaben zur Belegnummer, Belegdatum, Umsatzsteuersatz sind aus Gründen der Übersichtlichkeit weggelassen worden.*

Das Kassenbuch mit zwei Euro-Spalten

Viel übersichtlicher ist die Darstellung der Zahlungsbewegungen in einem Kassenbuch, bei welchem die Zahlungseingänge und -ausgänge in zwei getrennten Spalten festgehalten werden.

Kassenbuch	Einnahmen €	Ausgaben €
Kassenbestand des Vortages	2.864,25	
Barverkauf Flipcharts	179,92	
Barverkauf Projektionswand	259,42	
Barverkauf Pinnwand	134,94	
Bareinkauf Porto		60,80
Bareinkauf Büromaterial		180,55
Barverkauf Lautsprecher	156,00	
Barzahlung Blumen		56,50
Barzahlung Paketzustellung		10,80
Gesamt	**730,28**	**308,65**
Tageseinnahme: **Einnahmen abzüglich Ausgaben**	**421,63**	
+ Kassenendbestand des Vortages	2.864,25	
Kassenbestand am Ende des Tages	**3.285,88**	

In der linken Eurospalte werden der Kassenendbestand des Vortages und die Zahlungseingänge des Tages erfasst. Diese erhöhen den Bargeldbestand.

In die rechten Eurospalte werden die Zahlungsausgänge des Tages geschrieben. Diese vermindern den Bargeldbestand. Am Ende des Tages werden beide Spalten gesondert addiert, um jeweils eine Spaltensumme zu erhalten.

Die Tageseinnahme ermittelt man, indem man von den Einnahmen die Ausgaben abzieht. Es ergibt sich ein Saldo von 421,63 € (Saldo = Differenz zwischen der Einnahmeseite und der Ausgabeseite). Addiert man zu diesem Saldo noch den Kassenendbestand des Vortages, dann erhält man den Kassenbestand am Ende des Tages.

Die Vorteile dieser Aufteilung sind eindeutig. Man hat jederzeit einen Überblick über die Einnahmen und Ausgaben in der jeweiligen Höhe.

Ein vollständiges Kassenbuch enthält darüber hinaus Angaben zu den jeweiligen Belegen, die den Einnahmen oder Ausgaben zugrunde liegen, und zu den Umsatzsteueranteilen, die evtl. in den Eurobeträgen enthalten sind. Außerdem ist der Tag der Kassenbuchführung vermerkt.

Generell müssen alle Kassenaufzeichnungen so geführt sein, dass der Soll-Bestand (Wie viel Bargeld **soll**te sich lt. den Aufzeichnungen in der Kasse befinden?) jederzeit mit dem Ist-Bestand (Wie viel Bargeld **ist** wirklich in der Kasse?) verglichen werden kann (Kassensturz). Aus diesem Grund ist eine regelmäßige Prüfung des Kassenbestandes notwendig.

Das Kassenkonto

Das Kassenbuch mit zwei Euro-Spalten weist große Ähnlichkeit zu den Konten auf, die in der Finanzbuchhaltung verwendet werden. Hier unterscheidet man zwischen dem T-Konto und dem Konto in Reihenform, die sich vom Aufbau unterscheiden.

Das T-Konto, seinen Namen hat es, da es dem Großbuchstaben „T" ähnlich sieht, hat eine linke und eine rechte Seite. Die linke Seite eines T-Kontos bezeichnet man als Sollseite (abgekürzt „SOLL"), die rechte Seite als Habenseite (abgekürzt „HABEN").

SOLL			Kassenkonto		HABEN
Datum	**Text**	**€**	**Datum**	**Text**	**€**
01.01.	Anfangsbestand	2.500,00	08.01.	Paketgebühren	12,05
02.01.	Barverkauf	751,60	10.01.	Büromaterial	85,60
20.01.	Barverkauf	125,35	12.01.	Postwertzeichen	105,10
29.01.	Barabhebung Bank	350,00	31.01.	Schlussbestand	3.524,20
		3.726,95			3.726,95

Auf der linken und der rechten Seite eines T-Kontos befinden sich jeweils drei Spalten. Wenn man für die Centbeträge eine eigene Spalte reserviert, sind es vier.[1]

Auf den Punkt gebracht

Ein Kassenbuch

- muss jeder Buchführungspflichtige führen.
- muss nach den Grundsätzen ordnungsgemäßer Buchführung gestaltet sein.
- enthält neben den Einnahmen und Ausgaben noch Informationen zu der Belegart, dem Belegdatum, dem Umsatzsteueranteil, dem Kassenendbestand des Vortages.
- kann niemals einen Minusbestand am Ende des Tages aufweisen.
- kann einspaltig in Staffelform oder zweispaltig aufgebaut sein, was das Erfassen der Einnahmen und Ausgaben in Euro betrifft.

Das Kassenbuch mit zwei Euro-Spalten ähnelt dem Kassenkonto

[1] *Die Trennung der einzelnen Spalten durch senkrechte Striche muss nicht unbedingt gegeben sein.*

Nutzen Sie Ihr Wissen

Richten Sie für alle Aufgaben einen Kassenbuchauszug ein.

1. Der Einzelhändler Schwertmann führt ein handschriftliches Kassenbuch. Laut der Aufzeichnung vom 25.02.20.. ergibt sich ein Kassenbestand zum Ende des Tages von 2.506,35 €. Am nächsten Tag verzeichnet Herr Schwertmann folgende Umsätze:
   Ausgaben 1.506,80 €, Einnahmen 2.002,75 €, Privatentnahmen insgesamt 500,60 €, Privateinlagen insgesamt 378,60 €. Ermitteln Sie den Kassenendbestand am 26.02.20..

2. Bei der Holster OHG, Anbieter für Büromaterial, vom Bleistift bis zu Tonern für Kopierer, wird ein Kassenbuch geführt, da es täglich Bargeldumsätze gibt. Am 11.08.20.. trägt Katrin Stift, die für die Führung des Kassenbuches zuständige Mitarbeiterin, einen Kassenendbestand von 5.236,58 € ein. Am nächsten Werktag verzeichnet Frau Stift nachfolgende Umsätze, bzw. Einlagen und Entnahmen in chronologischer Reihenfolge:
   Privateinlage 655,50 €, Einnahme 435,88 €, Ausgabe 277,10 €, Einnahme 112,55 €, Einnahme 336,65 €, Privatentnahme 200,00 €, Ausgabe 74,90 €, Einnahme 256,39 €, Einnahme 20,50 €, Ausgabe 256,60 €. Wie viel Bargeld bringt Frau Stift an diesem Freitag zur Bank, wenn Herr Holster, ein Gesellschafter der Holster OHG, noch kurz vor Feierabend 1.500,00 € für private Zwecke entnimmt und sie den kompletten Bargeldbestand auf das Geschäftskonto einzahlt?

3. Herr Klein führt bei der Sage OHG schon seit Jahren das Kassenbuch. An diesem Vormittag schaut er in die Kasse. Dort befindet sich ein Bargeldbestand von 50,00 €. Herr Klein geht zu der Geschäftsbank der Sage OHG und hebt von dem Bankkonto 1.500,00 € ab. Schon um 9:00 Uhr kommt Herr Dominik, einer der beiden Gesellschafter der OHG, zu ihm und bittet ihn darum, ihm 1.000,00 € in bar auszuzahlen. Er hat zu Hause seine Brieftasche mit der Scheckkarte vergessen und möchte seiner Frau zum Geburtstag eine Kette schenken, die er schon vor zwei Wochen beim Juwelier bestellt hat. Herr Klein geht abermals zur Bank und hebt noch einmal 2.000,00 € ab. Und dann kommen auch schon die ersten Kunden und Herr Klein verzeichnet folgende Einnahmen: 560,00 €, 58,98 €, 600,05 €, 755,25 €. An Ausgaben tätigt er im Laufe des Tages: 1.200,00 €, 23,78 €, 437,95 €, 600,01 €. Kurz vor dem Feierabend kommt Herr Dominik noch einmal in den Kassenraum. Er hat für sein Geschenk nur 850,00 € ausgegeben. Den Rest gibt er Herrn Klein zurück.
   Welchen Betrag zahlt Herr Klein am Ende des Arbeitstages bei seiner Geschäftsbank ein, wenn er 50,00 € als Sicherheitsbestand in der Kasse belässt?
   Erweitern Sie bei Bedarf die Anzahl der Zeilen im Kassenbuch um die Rubrik „Bareinlage" und „Sicherheitsbestand am Ende".

6.2 Der Aufbau und das Buchen auf dem Kassenkonto

Lernsituation

Ebru Celik hat Herrn Zerbe ihre Aufzeichnungen vorgelegt. Ihr ist schnell deutlich geworden, dass ein Kassenbuch mit zwei getrennten Euro-Spalten wesentliche Vorteile in sich birgt. Zu dem Kassenkonto richtet Ebru noch einige Fragen an Herrn Zerbe.

Ebru Celik: „Die Ähnlichkeit zwischen einem Kassenkonto und dem Kassenbuch, welches wir gerade betrachtet haben, ist schon enorm. Den Aufbau des Kassenkontos kann ich nachvollziehen, aber auch nur, weil wir uns vorher das zweispaltige Kassenbuch angeschaut haben. Was mir jetzt noch fehlt ist eine allgemeine Erklärung, wie Geschäftsvorfälle in ein derartiges Konto eingetragen, oder besser gesagt, gebucht werden. Außerdem würde ich gern wissen, ob alle Konten gleich behandelt werden und wie viele Konten es überhaupt gibt."

Volker Zerbe: „Dann fangen wir doch gleich mit Ihrer ersten Frage an. Versuchen Sie bitte, mir eine allgemeingültige Erklärung zu geben, wie auf einem T-Konto Geschäftsvorfälle eingetragen werden. Das Ganze am Beispiel eines Kassenkontos."

- *Erläutern Sie, welcher Arbeitsauftrag sich aus dem Gespräch für Ebru Celik ergibt.*
- *Verfassen Sie eine allgemeingültige Erläuterung, wie auf einem Kassenkonto die Geschäftsvorfälle eingetragen werden. Orientieren Sie sich dabei an dem Kassenkonto aus dem vorangegangenen Kapitel.*
- *Dafür ist es notwendig, dass Sie zunächst ein derartiges Kassenkonto erstellen. Verwenden Sie dazu das Tabellenkalkulationsprogramm Excel. Tragen Sie in dieses Kassenkonto die Daten der Vorlage aus dem letzten Kapitel ein.*
- *Fügen Sie das Kassenkonto danach in ein Arbeitsblatt ein, das Sie mit „Word" erstellen.*
- *Geben Sie nun nacheinander die einzelnen Arbeitsschritte zur Erfassung*
  - *des Anfangsbestandes,*
  - *der Mehrungen,*
  - *der Minderungen und*
  - *dem Schlussbestand an.*
- *Verbinden Sie Ihre Erläuterungen optisch mit Markierungen auf Ihrem Kassenkonto.*
- *Besprechen Sie im Plenum, wer seine Ergebnisse vorstellen soll.*
- *Vergleichen Sie das vorgestellte Ergebnis mit dem Ihrigen und nehmen Sie bei Bedarf Korrekturen an dem vorgestellten Ergebnis oder an Ihrem Ergebnis vor.*

Das Kassenkonto gehört zu den **aktiven Bestandskonten**. Abgekürzt bezeichnet man ein derartiges Konto als **Aktivkonto**.

SOLL		Kassenkonto			HABEN
Datum	**Text**	**€**	**Datum**	**Text**	**€**
01.01.	Anfangsbestand	2.500,00	08.01.	Paketgebühren	12,05
02.01.	Barverkauf	751,60	10.01.	Büromaterial	85,60
20.01.	Barverkauf	125,35	12.01.	Postwertzeichen	105,10
29.01.	Barabhebung Bank	350,00	31.01.	Schlussbestand	3.524,20
		3.726,95			3.726,95

Bei einem Konto, wie dem aktiven Bestandskonto Kasse, wird oben in der „Titelzeile" zunächst der Name des Kontos eingetragen und die beiden Kontenseiten mit den Begriffen SOLL und HABEN versehen.

SOLL		Kassenkonto			HABEN
Datum	**Text**	**€**	**Datum**	**Text**	**€**
01.01.	Anfangsbestand	2.500,00	08.01.	Minderungen	12,05
02.01.	Mehrungen	751,60	10.01.	Minderungen	85,60
20.01.	Mehrungen	125,35	12.01.	Minderungen	105,10
29.01.	Mehrungen	350,00	31.01.	Schlussbestand	3.524,20
		3.726,95			3.726,95

Die Eintragung der Buchungen

1. Den Anfangsbestand, hier in Höhe von 2.500,00 €, trägt man auf die Sollseite des Kontos in die erste Zeile ein.
2. Buchungen, die zu einer **Mehrung** des Kassenbestandes führen, werden ebenfalls auf der Sollseite eingetragen.

Der Anfangsbestand wird auf einem Aktivkonto immer auf der Sollseite eingetragen. Auf dieser Seite werden auch alle Mehrungen erfasst.

3. Buchungen, die zu einer **Minderung** des Kassenbestandes führen, werden auf der Habenseite des Aktivkontos eingetragen.
4. Der Schlussbestand wird ebenfalls auf der Habenseite des Aktivkontos erfasst.

Die Minderungen und der Schlussbestand eines Aktivkontos werden auf der Habenseite des Kontos eingetragen.

Es lassen sich aus den Erläuterungen zur Behandlung eines Aktivkontos schon allgemeingültige Aussagen ableiten, die für jeden Kontentyp gültig sind.

Die Mehrungen werden immer auf der Kontenseite erfasst, auf der sich der Anfangsbestand befindet. Die Minderungen stehen immer auf der gleichen Kontenseite wie der Schlussbestand.

Die Ermittlung des Schlussbestandes

Die Ermittlung des **Schlussbestandes** eines Kontos, man bezeichnet ihn als Kontensaldo, oder kurz gefasst als SALDO, entspricht im Prinzip dem Rechenweg zur Feststellung des Kassenendbestandes bei einem zweispaltigen **Kassenbuch**.

Die Gleichung zur Ermittlung eines Saldos lautet immer:

Schlussbestand = Anfangsbestand + Mehrungen – Minderungen

Beispiel • *Bei obigem Kassenkonto werden zunächst der Anfangsbestand und die Mehrungen addiert. Das ergibt 3.726,95 €. Von dieser* ***Kontensumme*** *werden alle Minderungen in Höhe von 202,75 € abgezogen, das Ergebnis ist* ***Schlussbestand/SALDO*** *von 3.524,20 €.*

Beide Kontensummen müssen nach Abschluss des Kontos immer gleich groß sein. Die Kontensummen werden abschließend unterstrichen. Dadurch wird deutlich, dass das Konto abgeschlossen ist.

Auf den Punkt gebracht

Nutzen Sie Ihr Wissen

1. Richten Sie das nachfolgende Konto ein, indem Sie das Konto mit dem entsprechenden Namen versehen und beiden Kontenseiten die zutreffende Bezeichnung geben.

SOLL	Kasse	HABEN

Tragen Sie anschließend die Buchungen für das Kassenkonto ein, die sich aus den folgenden Geschäftsvorfällen ergeben:

Lfd. Nr.	Geschäftsvorfälle	€
1	Anfangsbestand	1.000,00
2	Barverkauf eines Flipcharts	154,00
3	Barabhebung vom Bankkonto	2.500,00
4	Barkauf von Kugelschreibern	85,60
5	Kauf von Postwertzeichen gegen Barzahlung	35,00
6	Barkauf einer Druckerpatrone	64,50
7	Barverkauf eines Bürodrehstuhls	185,00

Ermitteln Sie abschließend den Schlussbestand des Kontos.

2. Richten Sie das nachfolgende Konto ein, indem Sie das Konto mit dem entsprechenden Namen versehen und beiden Kontenseiten die zutreffende Bezeichnung geben.

SOLL	Kasse	HABEN

Tragen Sie anschließend die Buchungen für das Bankkonto ein, die sich aus den folgenden Geschäftsvorfällen ergeben:

Lfd. Nr.	Geschäftsvorfälle	€
1	Anfangsbestand	25.000,00
2	Barabhebung vom Bankkonto	2.500,00
3	Wir bezahlen die Anlieferung von Verpackungsmaterial bar.	3.653,50
4	Eine Kundin bezahlt eine Rechnung bar.	6.500,00
5	Bareinzahlung auf das Bankkonto	4.550,50

Ermitteln Sie abschließend den Schlussbestand des Kontos.

7 Die Bestandskonten

7.1 Die aktiven Bestandskonten

Lernsituation

Ebru Celik möchte nach dem Kassenkonto weitere Konten kennenlernen.

Ebru Celik: „So, das Kassenkonto habe ich verinnerlicht. Wir könnten jetzt die Anzahl der Konten erhöhen. Deshalb noch einmal meine Frage. Gibt es mehrere Aktivkonten? Wenn ja, welche sind es?“

Volker Zerbe: „Natürlich gibt es noch mehr Aktivkonten. Sie alle aufzuzählen würde meines Erachtens jedoch nicht viel bringen. Ich schlage vor, wir schauen uns jetzt das nächste Aktivkonto an und versuchen anschließend das Wesen von Aktivkonten aus den Ihnen dann bekannten zwei Konten abzuleiten. Sind Sie damit einverstanden?“

Ebru Celik: „Ja, das macht Sinn. Welches zweite Konto wollen Sie mir denn vorstellen?“

Volker Zerbe: „Als zweites Aktivkonto betrachten wir das Bankkonto, dessen korrekte Bezeichnung ‚Guthaben bei Kreditinstituten‘ ist.“

Ebru Celik: „Wo stehen denn die gesamten Kontenbezeichnungen? Sie denken sich diese ja nicht aus, oder?“

Volker Zerbe: „Nein, sicherlich nicht. Die gesamten Kontenbezeichnungen findet man in dem Kontenrahmen, bzw. Kontenplan. Den betrachten wir näher, wenn Sie wissen, welche Konten man zu den Bestandskonten zählt.
Doch jetzt zu dem neuen Konto. Was geben die Werte, die in einem Kassenkonto stehen, Ihrer Meinung nach an?“

Ebru Celik: „Das ist doch Geld, welches uns als Unternehmen zur Verfügung steht. Wenn ich als Privatperson viel Geld habe, könnte ich mich als vermögend bezeichnen. Entsprechend würde ich diese Werte als das Vermögen eines Unternehmens bezeichnen.“

Volker Zerbe: „Frau Celik, besser hätte ich es nicht ausdrücken können. Es ist wirklich so, dass in einem Kassenkonto Vermögenswerte eines Unternehmens stehen. Es versteht sich von selbst, dass das Kassenkonto nicht das gesamte Vermögen widerspiegelt. Gleiches gilt nun auch für ein Bankkonto. Wir werden jetzt auf der Grundlage dieser beiden Konten den ersten Geschäftsvorfall buchen. Aus dieser Buchung leiten wir dann Gesetzmäßigkeiten ab, die für alle Buchungen gelten. Stellen Sie sich vor, Sie sind die verantwortliche Mitarbeiterin für die Kasse. Heute ist Freitag. An diesem Nachmittag bringen Sie den Bargeldbestand zur Bank, damit über das Wochenende nicht zu viel Bargeld im Hause ist. Der Kassenendbestand beträgt 6.900,50 €. Lediglich 100,00 € belassen Sie als Reserve in der Kasse.
Der Geschäftsvorfall, mit dem wir diesen Sachverhalt buchen, lautet: ‚Bareinzahlung auf das Bankkonto, 6.800,50 €‘.“

Ebru Celik: „Ist die Formulierung dieses Geschäftsvorfalls eindeutig vorgeschrieben? Muss man diese Formulierungen auswendig lernen?“

Volker Zerbe: „Nein, weder noch. Es gibt keine festgelegten Texte für die Erstellung von Geschäftsvorfällen, sie sollten nur eindeutig und verständlich formuliert sein. Auf dem Bankkonto, das genauso wie das Kassenkonto Vermögenswerte widerspiegelt, befindet sich ein Anfangsbestand von 77.000,00 €. Zu Beginn des Tages befinden sich auf dem Kassenkonto 1.000,00 €. An Mehreinnahmen haben wir entsprechend 5.900,50 € erzielt.
Wie müsste man diesen Geschäftsvorfall in die beiden Konten eintragen?“

- *Begründen Sie, warum das Bankkonto und das Kassenkonto vom Typ her gleich sein müssen.*
- *Erstellen Sie die beiden notwendigen Konten. Richten Sie diese beiden Konten ein, indem Sie beiden Konten die treffende Bezeichnung im Titel zuweisen und den jeweiligen Anfangsbestand auf beiden Konten eintragen. Es steht Ihnen frei, ob Sie die beiden Konten mit dem Tabellenkalkulationsprogramm Excel erstellen oder nicht.*
- *Tragen Sie den Geschäftsvorfall, den Herr Zerbe Ebru genannt hat, in die beiden Konten ein. Ermitteln Sie anschließend den Schlussbestand der beiden Konten und tragen Sie ihn in das jeweilige Konto ein.*
- *Entscheiden Sie im Plenum, wer seine Ergebnisse präsentiert.*
- *Nehmen Sie nach der Präsentation bei Bedarf Korrekturen vor.*
- *Versuchen Sie, aus dieser einen Buchung einen ersten Grundsatz für Buchungen abzuleiten.*

Die unterschiedlichen T-Kontenmodelle

Es gibt, was die vorbereitete Gestaltung eines T-Kontos anbelangt, keine festen Vorgaben. So werden vorbereitete Kontenblätter angeboten, die viele oder wenige Spalten haben, oder ganz einfach gestaltet sind. In diesem Buch haben wir die verbreitetste Form der einfachen T-Konten-Gestaltung gewählt. Wichtig ist nur, dass entsprechend den Grundsätzen ordnungsgemäßer Buchführung, die Eintragungen sauber vorgenommen werden und alle vorbereiteten T-Konten zwei Kontenseiten aufweisen.

S	Kasse	H
AB	87.500,00	

S	Bank	H
AB	1.500.000,00	

Die Textspalte und die Datumsspalte, so wie sie auf dem ersten Kassenkonto[1] zu sehen sind, werden bei diesen T-Konten weggelassen. Das ist unproblematisch, da die Grundsätze ordnungsgemäßer Buchführung durch die Buchungen im Grundbuch, die an anderer Stelle erläutert werden, trotzdem eingehalten werden. Auf den T-Konten sind nur noch zwei Spaltenbereiche vorbereitet – eine für die Eintragung des Anfangsbestandes (AB) oder weiterer Buchungsnummern (oder Gegenkonten), die andere für die Eurobeträge. Die beiden Kontenseiten werden häufig abgekürzt gekennzeichnet durch das **S** für SOLL und das **H** für HABEN.

[1] *siehe Kapitel 6.2*

Die Vorkontierung eines Beleges mit anschließender Buchung des Geschäftsvorfalls

Die Vorkontierung auf dem Beleg

Bevor die Buchung irgendeines Geschäftsvorfalls vorgenommen werden kann, muss ein Beleg vorliegen, auf dessen Grundlage die Buchung durchgeführt wird. Die Arbeitsschritte rund um die Prüfung eines Belegs sind schon an anderer Stelle beschrieben worden. Der Beleg wird nun mit einem Kennzeichen versehen (bei einer Barabhebung bietet sich die Kennung „KB" für Kassenbeleg an). Alle Kassenbelege werden vom ersten Geschäftstag an durchnummeriert. Außerdem wird der Beleg vorkontiert. Dazu bedient man sich eines sogenannten Kontierungsstempels. Die Form dieses Stempels ist frei zu gestalten, er sollte aber möglichst die Angaben enthalten, die auf dem Beispiel zu sehen sind.

Auszahlung
Name, Vorname
Mannbach, Kathrin
KB: 552
Kontonummer
225698701
5.000,00
Kennwort
DRC780MP
Köln

Keine Buchung ohne Beleg!

Der Kontierungsstempel wird an dieser Stelle ausnahmsweise erst nach der Buchung auf den T-Konten ausgefüllt, da die Buchung zuerst erläutert werden soll. In der Regel geht die Vorkontierung der eigentlichen Buchung voraus.

Konto	Gegenkonto	Soll	Haben
Gebucht am:			
Name:			

Die Buchung des Geschäftsvorfalls auf den beiden Konten

Wenn durch einen Geschäftsvorfall zwei Aktivkonten berührt werden, dann nimmt ein Aktivkonto zu, das andere ab.

Beispiel • *Das Kassenkonto eines Showrooms der ModernOffice KG hat einen Anfangsbestand von 1.000,00 €. Ein zuständiger Mitarbeiter geht morgens zur Hausbank und hebt 5.000,00 € bar ab. Diese 5.000,00 € legt er in die Geschäftskasse ein. Das Bankkonto soll einen Anfangsbestand von 50.000,00 € haben.*

Durch die Barabhebung im Beispiel werden die Konten „Kasse" und „Bankguthaben" berührt. Der entsprechende Geschäftsvorfall lautet: „Barabhebung vom Bankkonto, 5.000,00 €".

Vor der Barabhebung sehen die beiden Konten folgendermaßen aus:

S	Kasse		H
AB	1.000,00		

S	Bank		H
AB	50.000,00		

Die Buchung des Geschäftsvorfalls

Das Kassenkonto nimmt um den abgehobenen Betrag von 5.000,00 € zu. Da es sich bei dem Kassenkonto um ein Aktivkonto handelt, wird diese Mehrung auf der Sollseite eingetragen. Das Bankkonto nimmt entsprechend um den Betrag von 5.000,00 € ab. Diese Minderung wird, da das Bankkonto ebenfalls ein Aktivkonto ist, auf der Habenseite des Kontos erfasst. In die jeweils erste Spalte der beiden berührten Kontenseiten trägt man die Ziffer 1 ein, da hier der erste Geschäftsvorfall[1] gebucht wird. Beide Konten haben nach der Buchung folgendes Aussehen:

S	Kasse		H
AB	1.000,00		
1	5.000,00		

S	Bank		H
AB	50.000,00	1	5.000,00

Gesetzmäßigkeiten bei der Buchung auf Aktivkonten

Aus dieser ersten Buchung lassen sich bereits generelle Gesetzmäßigkeiten für die Buchung auf T-Konten ableiten.

- Durch eine Buchung werden immer mindestens zwei Konten berührt. Hieraus leitet sich der Begriff der doppelten Buchführung ab.
- Dabei muss es immer **einen Eintrag** auf der **Sollseite** des ersten und **einen Eintrag** auf einer **Habenseite** des zweiten Kontos geben.
- Die **beiden Beträge** müssen immer **gleich groß** sein. Wenn durch einen Geschäftsvorfall mehr als zwei Konten berührt werden, muss die Summe der Beträge der Sollseite immer gleich der Summe der Beträge auf der Habenseite sein.

Der Buchungssatz

Die hier vorgenommene Buchung lässt sich durch einen Buchungssatz ausdrücken:

Ein Buchungssatz verdeutlicht in Kurzform, welche Konten durch einen Geschäftsvorfall betroffen sind, oder, anders ausgedrückt, angesprochen werden. Zunächst wird immer das Konto genannt, auf welchem im Soll gebucht wird, danach das Konto, auf dem das Haben gebucht wird. Getrennt werden beide Kontenaufrufe durch die Präposition „an“.

Für das obige Beispiel lautet der Buchungssatz: „Kasse 5.000,00 € an Bank 5.000,00 €“.

Ganz allgemein lässt sich ein Buchungssatz ausdrücken durch die Formulierung:

Sollkonto	**(mit dem betreffenden Eurobetrag)**
an Habenkonto	**(mit dem betreffenden Eurobetrag)**

Festlegung des Buchungssatzes

Um einen Buchungssatz erstellen zu können, sind zunächst die Konten zu bestimmen, die durch einen Geschäftsvorfall betroffen sind. Dabei ist es nicht nur wichtig die korrekte Kontenbezeichnung zu finden. Vielmehr muss geklärt sein, welche Kontenarten durch einen Geschäftsvorfall angesprochen werden. In dem folgenden Beispiel nimmt eine Vermögensposition zu, eine andere Vermögensposition nimmt ab. Man benötigt demnach zwei aktive Bestandskonten, um den Geschäftsvorfall korrekt zu buchen.

[1] *Wenn bei den Geschäftsvorfällen nicht angegeben wird, ob direkt bezahlt wird oder nicht, handelt es sich immer um Zieleinkäufe oder Zielverkäufe.*

Der oben vorgestellte Geschäftsvorfall wird demnach durch folgenden Buchungssatz ausgedrückt:

Kasse 5.000,00 €
an Bank 5.000,00 €

Zunächst wird das Kassenkonto mit dem Betrag von 5.000,00 € genannt, da auf diesem Konto im Soll gebucht wird. Danach wird das Bankkonto mit dem gleichen Betrag von 5.000,00 € genannt, da auf diesem Konto eine Buchung auf der Habenseite vorgenommen wird. Getrennt werden beide Konten durch die Präposition „an".

Konto	Gegenkonto	Soll	Haben
Kasse		5.000,00 €	
	Bank		5.000,00 €
Gebucht am:	01.11.20..		
Name:	*Celik*		

Der ausgefüllte Kontierungsstempel für die erste Buchung entspricht der Abbildung.

Auf den Punkt gebracht

Jeder Buchung muss ein Beleg zugrunde liegen.

S				
Girokonto	IBAN DE68 6425 1060 1701802244 SWIFT-BIC SOLA DE S1FDS			Kontoauszug 10
		UST-ID	DE125018250	Blatt 1
Datum	Erläuterungen			Betrag
Kontostand in € am		02.04.20.., Auszug Nr.	9	38.625,55 € +
30.03.20..	Bareinzahlung	Wert	31.03	2.500,00 € +
31.03.20..	Rechnung AR 12001 unter Abzug von 2% Skonto	Wert	01.04	5.754,52 € +
Kontostand in € am		04.04.20..	12:28	46.880,07 € +

Jeder Beleg wird vorkontiert.

Konto	Gegenkonto	Soll	Haben
Gebucht am:			
Name:			

Die beiden Seiten eines Kontos bezeichnet man als SOLL (S) und HABEN (H).

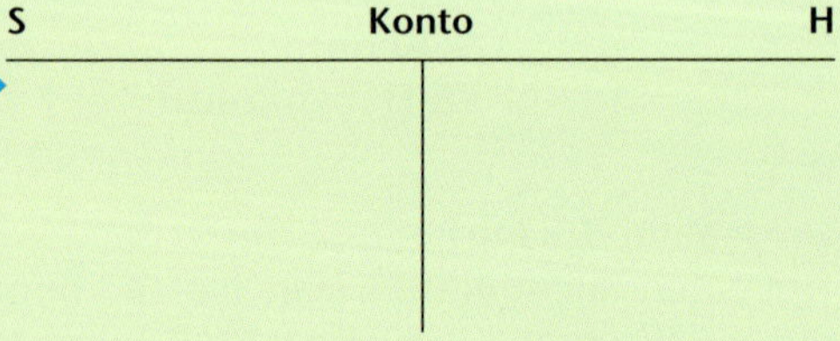

Der Buchungssatz:
Soll (-konto)
an Haben (-konto)

Nutzen Sie Ihr Wissen

1. a) Richten Sie alle benötigten aktiven Bestandskonten ein, indem Sie die Konten mit der zutreffenden Kontenbezeichnung versehen und die jeweiligen Anfangsbestände der Konten eintragen. Die notwendigen Konten entnehmen Sie der unten stehenden Kontenliste.

Nr.	Buchungstext	Rechnungsart	Betrag
0001	Anfangsbestand Verpackungsanlagen und -maschinen		85.500,00 €
0002	Anfangsbestand Fuhrpark		110.000,00 €
0003	Anfangsbestand Büromaschinen, Organisationsmittel und Kommunikationsanlagen		68.972,25 €
0004	Anfangsbestand Büromöbel und sonstige Geschäftsausstattung		88.525,33 €
0005	Anfangsbestand Ford. aus Lieferungen und Leistungen		85.000,00 €
0006	Anfangsbestand Guthaben bei Kreditinstituten (Bank)		100.000,00 €
0007	Anfangsbestand Kasse		35.000,00 €
0001	Kauf einer Verpackungsmaschine bar		23.000,00 €
0002	Verkauf von gebrauchten Schreibtischen, Massivholz auf Ziel		1.850,00 €
0003	Kauf einer kompletten Büroeinrichtung (Möbel) gegen Banküberweisung		15.050,00 €
0004	Kauf eines neuen Lkw gegen Banküberweisung		40.000,00 €
0005	Barkauf eines Kopierers		3.650,50 €
0006	Wir kaufen einen neuen PC für das Lager und bezahlen per Banküberweisung		2.650,00 €
0007	Ein Kunde bezahlt eine Rechnung per Banküberweisung		1.030,00 €
0008	Barverkauf gebrauchter Bürodrehstühle zum Buchwert		115,00 €
0009	Verkauf eines funktionstüchtigen Kopierers zum Buchwert, Barzahlung		800,52 €

b) Buchen Sie anschließend alle Geschäftsvorfälle auf den entsprechenden aktiven Bestandskonten.

c) Ermitteln Sie zum Schluss die Schlussbestände der einzelnen Konten.

0760	Verpackungsanlagen und Maschinen
0840	Fuhrpark
0860	Büromaschinen, Organisationsmittel und Kommunikationsanlagen
0870	Büromöbel und sonstige Geschäftsausstattung
2400	Forderungen aus Lieferungen und Leistungen
2800	Bank
2880	Kasse

2. a) Richten Sie alle benötigten aktiven Bestandskonten ein, indem Sie die Konten mit der zutreffenden Kontenbezeichnung versehen und die jeweiligen Anfangsbestände der Konten eintragen. Die notwendigen Konten entnehmen Sie der unten stehenden Kontenliste.

Nr.	Buchungstext	Rechnungsart	Betrag
0001	Anfangsbestand Gebäude (Sammelkonto)		580.000,00 €
0002	Anfangsbestand Anlag. und Masch. d. Energieversorgung		180.500,00 €
0003	Anfangsbestand Transportanlagen und ähnliche Betriebsvorrichtungen		65.000,00 €
0004	Anfangsbestand Fuhrpark		80.520,00 €
0005	Anfangsbestand Büromaschinen, Organisationsmittel und Kommunikationsanlagen		45.650,00 €
0006	Anfangsbestand Büromöbel und sonstige Geschäftsausstattung		88.525,33 €
0007	Anfangsbestand Ford. aus Lieferungen und Leistungen		150.565,00 €
0008	Anfangsbestand Guthaben bei Kreditinstituten (Bank)		90.900,00 €
0009	Anfangsbestand Kasse		23.810,00 €
0001	Kauf einer Transportmaschine gegen Banküberweisung		35.500,00 €
0002	Kauf eines Büroregals bar		230,00 €
0003	Kauf eines neuen Lkw gegen Banküberweisung		80.800,00 €
0004	Barkauf von gebrauchten Bürostühlen		300,00 €
0005	Verkauf eines gebrauchten Gabelstaplers zum Buchwert (Fuhrpark)		3.100,00 €
0006	Barkauf einer neuen Telefonanlage		2.500,00 €
0007	Bareinzahlung auf das Bankkonto		1.000,00 €
0008	Banklastschrift: Ausgleich einer Liefererrechnung		1.250,00 €

b) Buchen Sie anschließend alle Geschäftsvorfälle auf den entsprechenden aktiven Bestandskonten.

c) Ermitteln Sie zum Schluss die Schlussbestände der einzelnen Konten.

0520	Gebäude
0700	Anlagen und Maschinen der Energieversorgung
0750	Transportanlagen und ähnliche Betriebsvorrichtungen
0840	Fuhrpark
0860	Büromaschinen, Organisationsmittel und Kommunikationsanlagen
0870	Büromöbel und sonstige Geschäftsausstattung
2400	Forderungen aus Lieferungen und Leistungen
2800	Bank
2880	Kasse
3000	Eigenkapital

3. a) Richten Sie alle benötigten aktiven Bestandskonten ein, indem Sie die Konten mit der zutreffenden Kontenbezeichnung versehen und die jeweiligen Anfangsbestände der Konten eintragen. Die notwendigen Konten entnehmen Sie der unten stehenden Kontenliste.

Nr.	Buchungstext	Rechnungsart	Betrag
0001	Anfangsbestand Unbebaute Grundstücke		480.000,00 €
0002	Anfangsbestand Bebaute Grundstücke (Anteil Grund und Boden, Betriebsgebäude)		408.000,00 €
0003	Anfangsbestand Transportanlagen und ähnliche Betriebsvorrichtungen		65.000,00 €
0004	Anfangsbestand Fuhrpark		110.250,00 €
0005	Anfangsbestand Büromaschinen, Organisationsmittel und Kommunikationsanlagen		56.890,00 €
0006	Anfangsbestand Büromöbel und sonstige Geschäftsausstattung		92.561,00 €
0007	Anfangsbestand Ford. aus Lieferungen und Leistungen		130.365,00 €
0008	Anfangsbestand Guthaben bei Kreditinstituten (Bank)		210.000,00 €
0009	Anfangsbestand Kasse		38.888,00 €
0001	Bareinzahlung auf das Bankkonto		2.000,00 €
0002	Verkauf von gebrauchten Schreibtischen, Massivholz auf Ziel		1.000,00 €

Nr.	Buchungstext	Rechnungsart	Betrag
0003	Barkauf eines Kopierers		1.500,00 €
0004	Kauf eines Geschäftswagens, Zahlung per Banküberweisung		44.250,00 €
0005	Kauf eines Büroregals bar		1.250,00 €
0006	Ein Kunde bezahlt eine Rechnung per Banküberweisung		1.030,00 €
0007	Barverkauf gebrauchter Bürodrehstühle zum Buchwert		115,00 €
0008	Verkauf eines funktionstüchtigen Kopierers zum Buchwert, Barzahlung		800,52 €

b) Buchen Sie anschließend alle Geschäftsvorfälle auf den entsprechenden aktiven Bestandskonten.
c) Ermitteln Sie zum Schluss die Schlussbestände der einzelnen Konten.

0500	Unbebaute Grundstücke
0510	Bebaute Grundstücke
0750	Transportanlagen und ähnliche Betriebsvorrichtungen
0840	Fuhrpark
0860	Büromaschinen, Organisationsmittel und Kommunikationsanlagen
0870	Büromöbel und sonstige Geschäftsausstattung
2400	Forderungen aus Lieferungen und Leistungen
2800	Bank
2880	Kasse

7.2 Die passiven Bestandskonten

Lernsituation

Ebru Celik: „Es ist vollbracht, die erste Buchung steht. Für mich sind die einzelnen Arbeitsschritte bis hin zur Buchung nachvollziehbar."

Volker Zerbe: „So sollte es auch sein. Wenn Sie den Hintergrund einer Buchung verstehen, dann werden Sie bei den folgenden Buchungen keine Probleme bekommen."

Die erste Produktionsstätte der ModernOffice KG

Ebru Celik: „Zwei Aktivkonten habe ich nun kennengelernt. Das werden aber sicherlich nicht die einzigen sein, oder?"

Volker Zerbe: „Auf keinen Fall. Die Anzahl aktiver Bestandskonten ist in Abhängigkeit zur Unternehmensgröße schon erheblich. Aber eines verbindet alle Aktivkonten. Können Sie sich vorstellen, was das ist?"

Ebru Celik: „Die Kasse zeigt uns Vermögenswerte an, auf dem Bankkonto sieht man Vermögenswerte. Ich gehe davon aus, dass alle Konten, die irgendwie Vermögenswerte beinhalten, zu den aktiven Bestandskonten zählen."

Volker Zerbe: „Richtig. Sie haben jetzt zwei dieser aktiven Bestandskonten kennengelernt, die Liste der restlichen Konten schauen wir uns demnächst an. Jetzt wollen wir uns einer weiteren Kontenart zuwenden. Dazu müssen Sie sich Ihre Einführungswoche hier bei der ModernOffice KG noch einmal vor Augen führen. Sie erinnern sich bestimmt an die Vorstellung unseres Unternehmens, was die Rechtsform der Kommanditgesellschaft betrifft?"

Ebru Celik: „Ja, bei einer Kommanditgesellschaft, wie der ModernOffice KG, gibt es immer wenigstens einen Vollhafter und einen Teilhafter. Bei der Modern Office KG haben wir zwei Vollhafter und zwei Teilhafter."

Volker Zerbe: „Stimmt. Zur ersten Gruppe gehören Frau Dr. Anja Tischler und Herr Dipl.-Kfm. Jens Tischler, Teilhafter sind Herr Anton Tischler und Frau Dr. Christine Tischler."

Ebru Celik: „Alles ist fest in einer Familie."

Volker Zerbe: „Genau. Was jetzt folgt, ist eine Modellbetrachtung. Stellen Sie sich die ModernOffice KG in ihren Anfängen vor. Wir haben einen Kassenbestand von, sagen wir einmal 500.000,00 € und ein Guthaben auf unserem Bankkonto in Höhe von 1.000.000,00 €."

Ebru Celik: „Wie wir schon festgestellt haben, spiegeln diese Konten Vermögenswerte wider."

Volker Zerbe: „So ist es. Jetzt überlegen Sie einmal, woher diese Vermögenswerte in Höhe von 1.500.000,00 € stammen könnten."

Ebru Celik: „Es kann ja eigentlich nur so sein, dass die vier Familienmitglieder sich zusammengesetzt haben, um das Unternehmen ModernOffice KG zu gründen. Zur Gründung des Unternehmens benötigten sie Geld. Sie haben sich dann wohl darauf geeinigt, insgesamt 1.500.000,00 € für die Gründung der ModernOffice KG zur Verfügung zu stellen. Außerdem haben sie gemeinsam beschlossen, wer sich mit welchem Kapitalanteil und in welcher Funktion beteiligt."

Volker Zerbe: „So kann man sich dieses gemeinsame Treffen zur Gründung der ModernOffice KG vorstellen. Ob man jetzt die 1,5 Mio. Euro komplett auf das Bankkonto einzahlt oder einen Teil in die Kasse legt, ist dabei unwesentlich. Dieses Kapital in Höhe von 1,5 Mio. Euro, welches von den vier Eigentümern der ModernOffice KG aufgebracht worden ist, bezeichnet man als Eigenkapital."

Ebru Celik: „Und für dieses Eigenkapital gibt es bestimmt ein besonderes Konto?"

Volker Zerbe: „Ja, für dieses Eigenkapital wird das passive Bestandskonto ‚Eigenkapital' eingerichtet."

Ebru Celik: „Und auf dem neuen Kontentyp ‚**Passives Bestandskonto**' wird anders gebucht als auf einem aktiven Bestandskonto?"

Volker Zerbe: „So ist es. Doch bevor wie uns die Buchung auf passiven Bestandskonten anschauen, möchte ich unser Modell noch erweitern. Stellen Sie sich vor, die vier Gründer der ModernOffice KG gehen davon aus, dass sie genau 1.750.000,00 € für die Gründung des Unternehmens benötigen. An Eigenkapital können sie 1.500.000,00 € aufbringen. Es fehlen also noch 250.000,00 €. Machen sie den vier Gründern doch einmal einen Vorschlag, wie sie an die 250.000,00 € kommen."

Ebru Celik: „Bei einem Eigenkapital von 1.500.000,00 € sollte es wohl nicht schwierig sein, bei einer Bank einen Kredit über die gewünschte Höhe zu bekommen."

Volker Zerbe: „So haben es die Gründer wohl auch gemacht. Zu unserem passiven Bestandskonto ‚Eigenkapital' kommt nun noch das passive Bestandskonto ‚Verbindlichkeiten gegenüber Kreditinstituten', welches die Höhe der Kredite anzeigt, die bei Banken aufgenommen worden sind."

Ebru Celik: „Diese Verbindlichkeiten gegenüber Kreditinstituten würde man doch umgangssprachlich als Schulden bezeichnen, oder?"

Volker Zerbe: „Ja, dieses Wort hat aber ohne Grund häufig einen negativen Beigeschmack. Verbindlichkeiten haftet aber absolut nichts Negatives an. Zurück zu unseren Konten. Stellen Sie Vermutungen an, was die passiven Bestandskonten eines Unternehmens anzeigen."

Ebru Celik: „Das sollte nicht schwierig sein. Auf der einen Seite zeigen uns die aktiven Bestandskonten die Vermögenswerte an. Auf der anderen Seite geben die passiven Bestandskonten an, woher das Kapital stammt, welches in diesen Vermögenswerten gebunden ist."

Volker Zerbe: „Oder anders ausgedrückt: Die passiven Bestandskonten informieren über die Herkunft der finanziellen Mittel, die aktiven Bestandskonten geben Auskunft darüber, wie diese Mittel verwendet worden sind."

Ebru Celik: „Dann kann es ja nicht so viele passive Bestandskonten geben, nicht wahr?"

Volker Zerbe: „Stimmt genau, die Liste der aktiven Bestandskonten ist wesentlich länger. Nun aber zu der Buchungstechnik auf passiven Bestandskonten. Auf den passiven Bestandskonten werden die Anfangsbestände im Haben gebucht, ebenso die Mehrungen. Die Minderungen und der Schlussbestand stehen dann entsprechend auf der Sollseite."

Ebru Celik: „Das ist dann ja genau andersherum als bei den aktiven Bestandskonten."

Volker Zerbe: „Genau, die Grundlagen des Buchungssatzes gelten aber auch für diese Kontenart.
Listen Sie mir doch bitte fünf Positionen auf, die Ihrer Meinung nach zu den Vermögenswerten eines Unternehmens gehören und für die deshalb aktive Bestandskonten eingerichtet sein müssten. Wir werden diese Vermögenswerte dann beispielhaft erwerben, entweder indem wir sie bar bezahlen oder den Rechnungsbetrag durch unsere Bank überweisen lassen."

- *Erfassen Sie die Lernsituation und verdeutlichen Sie sich den abschließenden Arbeitsauftrag.*
- *Listen Sie, entsprechend des Arbeitsauftrages, fünf Vermögenswerte auf, für die Ihrer Meinung nach ein aktives Bestandskonto eingerichtet werden müsste.*
- *Führen Sie zusätzlich zum Eigenkapitalkonto ein weiteres Passivkonto auf, das zur Darstellung der Mittelherkunft verwendet werden kann.*
- *Einigen Sie sich im Plenum darauf, wer sein Ergebnis vorträgt.*
- *Analysieren Sie das vorgestellte Ergebnis hinsichtlich seiner Richtigkeit.*
- *Erweitern Sie im Plenum nach Möglichkeit die Liste der aktiven Bestandskonten und passiven Bestandskonten.*
- *Bilden Sie in Einzelarbeit zwei grundlegende Buchungssätze für den Kauf von jeweils einem Vermögensposten. Der Eurobetrag soll einmal bar bezahlt werden, ein anderes Mal durch die Bank überwiesen werden. Lassen Sie in diesem Zusammenhang die Buchung der Umsatzsteuer noch außer Acht.*

Das passive Bestandskonto

Die **passiven Bestandskonten** geben Auskunft über die **Herkunft der finanziellen Mittel**, mit denen die **Vermögenswerte**, die wiederum durch die **aktiven Bestandskonten** verdeutlicht werden, beschafft wurden. Es könnten folgende Gleichungen aufgestellt werden:

aktives Bestandskonto = Verwendung der finanziellen Mittel
passives Bestandskonto = Herkunft der finanziellen Mittel

Grundsätzlich lassen sich drei Möglichkeiten der Mittelherkunft unterscheiden:

1. **Eigenkapital:** Zur Finanzierung von Investitionen wird Eigenkapital verwendet, welches die Eigentümer eines Unternehmens zur Verfügung stellen.

2. **Fremdkapital** (Verbindlichkeiten):
   a) **Verbindlichkeiten gegenüber Kreditinstituten:**
   Zur Finanzierung von Investitionen wird bei Kreditinstituten fremdes Kapital aufgenommen, das innerhalb eines festgelegten Zeitraums wieder zurückgezahlt werden muss.
   Dieses Fremdkapital lässt sich seinerseits untergliedern in
   – kurzfristige Verbindlichkeiten gegenüber Kreditinstituten und
   – langfristige Verbindlichkeiten gegenüber Kreditinstituten.

   b) **Verbindlichkeiten aufgrund von Lieferungen und Leistungen:**
   Diese entstehen dann, wenn auf der Grundlage von Kaufverträgen Sachgüter, Rechte oder Dienstleistungen erworben werden, die nicht sofort bezahlt werden. Gegenüber den Lieferanten besteht dann eine offene finanzielle Verpflichtung, deren Höhe sich genau beziffern lässt.

Buchungen auf aktiven und passiven Bestandskonten

Bei einem **passiven Bestandskonto** werden der **Anfangsbestand** und die **Mehrungen** auf der **Habenseite** des Kontos erfasst. Die **Minderungen** und der **Schlussbestand** stehen entsprechend auf der **Sollseite**. Die Bestände und Buchungen werden also genau andersherum als bei aktiven Bestandskonten eingetragen.

S	passives Bestandskonto	H
Minderungen Schlussbestand		Anfangsbestand Mehrungen

Der Einkauf eines Vermögenspostens kann mithilfe der beiden Kontenarten nun gebucht werden.[1]

Beispiel • *Folgender Geschäftsfall soll gebucht werden:*

Zur Erweiterung des betriebseigenen Fuhrparks wird ein Kleintransporter gekauft. Der fällige Rechnungsbetrag wird gemäß Kaufvertragsvereinbarung erst vier Wochen nach dem Kauf fällig.

Das Konto „Fuhrpark" soll einen Anfangsbestand von 160.000,00 €, das Konto Verbindlichkeiten aus Lieferungen und Leistungen einen in Höhe von 78.000,00 € haben. Der Rechnungsbetrag über den Kleintransporter beläuft sich auf 68.500,00 €.[2]

[1] *Bei den folgenden Buchungen bleibt die Umsatzsteuer aus Gründen der Übersichtlichkeit unberücksichtigt. Der buchhalterischen Behandlung der Umsatzsteuer beim Einkauf und Verkauf ist ein eigenes Kapitel gewidmet.*

[2] *Die Vorkontierung wird an dieser Stelle außer Acht gelassen, die Umsatzsteuer bleibt hier unberücksichtigt.*

Vor dem Kauf des Kleintransporters sehen die Konten wie folgt aus:

S	Fuhrpark		H
AB	160.000,00		

S	Verbindlichkeiten aus Lieferungen und Leistungen		H
		AB	78.000,00

Das Konto Fuhrpark führt den Anfangsbestand im Soll, das Konto Verbindlichkeiten aus Lieferungen und Leistungen führt den Anfangsbestand im Haben.

Der Buchungssatz lautet:

Fuhrpark 68.500,00 €
an Verbindlichkeiten aus Lieferungen und Leistungen 68.500,00 €

Nach der Buchung sehen beide Konten folgendermaßen aus:

S	Fuhrpark		H
AB	160.000,00		
1	68.500,00		

S	Verbindlichkeiten aus Lieferungen und Leistungen		H
		AB	78.000,00
		1	68.500,00

Das Bestandskonto „Fuhrpark“ hat auf der Sollseite zugenommen, das Bestandskonto „Verbindlichkeiten aus Lieferungen und Leistungen“ auf der Habenseite. Der Grundsatz „Soll an Haben“ ist hier also eingehalten worden.

Auf den Punkt gebracht

Nutzen Sie Ihr Wissen

1. a) Richten Sie alle benötigten aktiven und passiven Bestandskonten ein, indem Sie die Konten mit der zutreffenden Kontenbezeichnung versehen und die jeweiligen Anfangsbestände der Konten eintragen. Die notwendigen Konten entnehmen Sie der unten stehenden Kontenliste.

Nr.	Buchungstext	Rechnungsart	Betrag
0001	Anfangsbestand Bebaute Grundstücke (Anteil Grund und Boden, Betriebsgebäude)		550.000,00 €
0002	Anfangsbestand Anlag. und Masch.d. Energieversorgung		79.865,00 €
0003	Anfangsbestand Transportanlagen und ähnliche Betriebsvorrichtungen		80.000,00 €
0004	Anfangsbestand Verpackungsanlagen und -maschinen		125.650,00 €
0005	Anfangsbestand Lager- und Transporteinrichtungen		91.200,00 €
0006	Anfangsbestand Fuhrpark		165.653,00 €
0007	Anfangsbestand Büromaschinen, Organisationsmittel und Kommunikationsanlagen		122.567,00 €
0008	Anfangsbestand Büromöbel und sonstige Geschäftsausstattung		106.895,00 €
0009	Anfangsbestand Ford. aus Lieferungen und Leistungen		189.798,00 €
0010	Anfangsbestand Guthaben bei Kreditinstituten (Bank)		175.556,00 €
0011	Anfangsbestand Kasse		65.651,00 €
0012	Anfangsbestand Kurzfristige Bankverbindlichkeiten		78.660,00 €
0013	Anfangsbestand Langfristige Bankverbindlichkeiten		280.000,00 €
0014	Anfangsbestand Verbindlichkeiten aus Lieferungen und Leistungen		289.425,00 €
0015	Anfangsbestand Eigenkapital		1.104.750,00 €
0001	Rechnungsausgleich durch Kunden bar		800,00 €
0002	Banklastschrift: Ausgleich einer Liefererrechnung		6.000,00 €
0003	Wir heben Bargeld vom Bankkonto ab		3.000,00 €
0004	Bareinzahlung auf das Bankkonto		1.500,00 €

Nr.	Buchungstext	Rechnungsart	Betrag
0005	Aufnahme eines kurzfr. Darlehens bei unserer Hausbank, der Betrag wird dem Konto gutgeschrieben		32.000,00 €
0006	Banklastschrift: Tilgungsrate für das aufgenommene Darlehen		3.500,00 €
0007	Unser Bankkonto wird für einen Rechnungsausgleich belastet		4.404,00 €
0008	Kauf einer Verpackungsmaschine auf Ziel		25.500,00 €
0009	Verkauf von gebrauchten Schreibtischen, Massivholz auf Ziel		2.020,00 €
0010	Kauf einer kompletten Büroeinrichtung (Möbel)		16.897,00 €
0011	Kauf einer Transportmaschine		68.000,00 €
0012	Kauf eines neuen Geschäftswagens		56.365,00 €
0013	Kauf einer Verpackungsanlage auf Ziel		18.500,00 €
0014	Kauf einer Transportanlage für das Lager		6.589,00 €
0015	Umwandlung einer kurzfristigen Liefererschuld in eine Darlehensschuld		5.280,00 €

b) Buchen Sie anschließend alle Geschäftsvorfälle auf den entsprechenden aktiven Bestandskonten.

c) Ermitteln Sie zum Schluss die Schlussbestände der einzelnen Konten.

0510	Bebaute Grundstücke
0700	Anlagen und Maschinen der Energieversorgung
0750	Transportanlagen und ähnliche Betriebsvorrichtungen
0760	Verpackungsanlagen und Maschinen
0830	Lager- und Transporteinrichtungen
0840	Fuhrpark
0860	Büromaschinen, Organisationsmittel und Kommunikationsanlagen
0870	Büromöbel und sonstige Geschäftsausstattung
2400	Forderungen aus Lieferungen und Leistungen
2800	Bank
2880	Kasse
3000	Eigenkapital
4210	Kurzfristige Bankverbindlichkeiten
4250	Langfristige Bankverbindlichkeiten
4400	Verbindlichkeiten aus Lieferungen und Leistungen

2. a) Richten Sie alle benötigten aktiven und passiven Bestandskonten ein, indem Sie die Konten mit der zutreffenden Kontenbezeichnung versehen. Die notwendigen Konten entnehmen Sie der unten stehenden Kontenliste.

Nr.	Buchungstext	Rechnungsart	Betrag
0001	Anfangsbestand Gebäude (Sammelkonto)		600.201,00 €
0002	Anfangsbestand Betriebsgebäude		321.300,00 €
0003	Anfangsbestand Anlag. und Masch.d. Energieversorgung		79.865,00 €
0004	Anfangsbestand Anlag. und Masch. d. mech. Materialbearbeitung, -verarbeitung und -umwandlung		22.222,00 €
0005	Anfangsbestand Fuhrpark		58.560,00 €
0006	Anfangsbestand Büromaschinen, Organisationsmittel und Kommunikationsanlagen		88.970,00 €
0007	Anfangsbestand Büromöbel und sonstige Geschäftsausstattung		92.560,50 €
0008	Anfangsbestand Ford. aus Lieferungen und Leistungen		98.991,10 €
0009	Anfangsbestand Guthaben bei Kreditinstituten (Bank)		132.560,51 €
0010	Anfangsbestand Kasse		33.265,50 €
0011	Anfangsbestand Kurzfristige Bankverbindlichkeiten		78.983,35 €
0012	Anfangsbestand Langfristige Bankverbindlichkeiten		325.600,00 €
0013	Anfangsbestand Verbindlichkeiten aus Lieferungen und Leistungen		132.564,41 €
0014	Anfangsbestand Eigenkapital		991.347,85 €
0001	Bareinzahlung auf das Bankkonto		3.250,00 €
0002	Banklastschrift: Ausgleich einer Liefererrechnung		4.521,10 €
0003	Rechnungsausgleich durch Kunden per Banküberweisung		3.221,10 €
0004	Aufnahme eines kurzfr. Darlehens bei unserer Hausbank, der Betrag wird dem Konto gutgeschrieben		12.500,00 €
0005	Wir zahlen eine Lieferer-Rechnung durch die Bank		3.003,30 €

Nr.	Buchungstext	Rechnungsart	Betrag
0006	Kauf einer Schleifmaschine auf Ziel		25.500,00 €
0007	Kauf eines Notstromaggregats auf Ziel		4.000,00 €
0008	Wir kaufen einen neuen PC für den Einkauf und bezahlen per Banküberweisung		1.250,00 €
0009	Verkauf eines gebrauchten Gabelstaplers zum Buchwert (Fuhrpark)		8.500,00 €
0010	Verkauf eines funktionstüchtigen Kopierers zum Buchwert, Barzahlung		250,00 €

b) Buchen Sie anschließend alle Geschäftsvorfälle auf den entsprechenden aktiven Bestandskonten.

c) Ermitteln Sie zum Schluss die Schlussbestände der einzelnen Konten.

0520	Gebäude
0530	Betriebsgebäude
0700	Anlagen und Maschinen der Energieversorgung
0720	Anlag. und Masch. d. mech. Materialbearbeitung, -verarbeitung und -umwandlung
0840	Fuhrpark
0860	Büromaschinen, Organisationsmittel und Kommunikationsanlagen
0870	Büromöbel u. s. Geschäftsausst.
2400	Forderungen aus Lieferungen und Leistungen
2800	Bank
2880	Kasse
3000	Eigenkapital
4210	Kurzfristige Bankverbindlichkeiten
4250	Langfristige Bankverbindlichkeiten
4400	Verbindlichkeiten aus Lieferungen und Leistungen

8 Buchungen im Grundbuch und Hauptbuch

Lernsituation

Ebru Celik: „Lieber Herr Zerbe, bis jetzt habe ich wirklich eine Menge über das Buchen auf Bestandskonten erfahren. Mir ist nun klar, dass beide Kontenarten eigene Bereiche eines Unternehmens widerspiegeln. Ich traue mich jetzt an eine Aussage heran, die Sie mir bitte bestätigen oder widerlegen. Vielleicht müssen Sie sie auch nur ein wenig abändern. Die aktiven Bestandskonten zeigen mir die Vermögenswerte. Die passiven Bestandskonten helfen mir bei der Frage, wie dieses Vermögen finanziert wird.
Wenn ich mich hier bei der ModernOffice KG umschaue, sehe ich sehr viele Vermögenswerte. Es muss doch dann so sein, **dass allen Vermögenswerten**, denen ich hier bei der ModernOffice KG begegne, **in der Vergangenheit ein Geschäftsvorfall vorausging**."

Volker Zerbe: „Eine tolle Sichtweise! So habe ich die ModernOffice KG noch nie betrachtet. Es stimmt aber wirklich."

Ebru Celik: „Ich möchte nicht wissen, wie viele Geschäftsvorfälle dafür schon gebucht worden sind. Ist die Buchungsart auf den T-Konten, so wie wir sie bisher durchgeführt haben, die einzige Variante, oder gibt es mehrere Möglichkeiten?"

Volker Zerbe: „Wenn wir auf T-Konten buchen, dann buchen wir im sogenannten Hauptbuch. Dieses Hauptbuch gibt uns einen Überblick über alle Konten, die wir während eines Geschäftsjahres angesprochen haben. Die Grundlage aller im Hauptbuch durchgeführten Buchungen bilden die Eintragungen im Grundbuch. Dieses Grundbuch kann man sich bildlich als ein Tagebuch vorstellen. Hier werden alle in einem Unternehmen anfallenden Geschäftsvorfälle in der Chronologie ihrer Entstehung gebucht. Die Eintragungen im Grundbuch enthalten somit mehr Informationen als die in einem Hauptbuch. Mithilfe des Grundbuchs ist man jederzeit in der Lage alle in einem Geschäftsjahr anfallenden Geschäftsvorfälle bis zum Beleg zurückzuverfolgen, der ja immer die Grundlage einer Buchung bildet. Sie wissen ja, wie lange derartige Unterlagen aufbewahrt werden müssen. Welche Informationen müsste Ihrer Meinung nach ein Grundbuch enthalten, um der von mir beschriebenen Aufgabenstellung gerecht zu werden?"

- *Fassen Sie die Lernsituation zusammen und geben Sie sie mit eigenen Worten wieder.*
- *Welche Fragestellung hat Herr Zerbe an Ebru gerichtet?*
- *Welche Informationen müsste Ihrer Meinung nach ein Grundbuch enthalten, welches die in der Lernsituation beschriebene Aufgabenstellung erfüllen soll?*
- *Listen Sie die Informationen auf. Begründen Sie die von Ihnen getroffene Entscheidung.*
- *Entscheiden Sie, wer seine Ergebnisse im Plenum vorstellen soll.*
- *Erweitern bzw. korrigieren Sie Ihr Ergebnis nach der Präsentation im Plenum.*
- *Entwerfen Sie ein Grundbuch mithilfe des Tabellenkalkulationsprogramms Excel.*

Das Hauptbuch

In einem Hauptbuch werden alle Buchungen **sachlogisch** durchgeführt. Das bedeutet, dass auf der Grundlage von Belegen, die vorkontiert werden, die korrekten Sachkonten zur Buchung angesprochen werden. In einem Hauptbuch können in einem Geschäftsjahr weit mehr als einhundert verschiedene Konten angesprochen werden. Die Anzahl der Konten ist von der Größe und dem Gewerbe eines Unternehmens abhängig.

Das Hauptbuch bietet am Ende eines Geschäftsjahres den Überblick, auf welchen Konten gebucht worden ist und zu welchem Jahresabschluss diese Buchungen geführt haben.

Das Grundbuch

Die chronologischen Aufzeichnungen in einem Grundbuch, auch Buchungsjournal genannt, schaffen die Möglichkeit, alle Geschäftsvorfälle, die während eines Geschäftsjahres gebucht worden sind, zurückzuverfolgen. Die Buchungen im Grundbuch bilden die Voraussetzung für die Buchungen im Hauptbuch.[1]

Folgende Informationen sollte das Grundbuch mindestens enthalten, wobei das Layout nicht vorgeschrieben ist: Belegnummer, Belegart, Belegdatum, Buchungstext, Sollkonto, Habenkonto, beide Konten mit den entsprechenden Eurobeträgen.

Beispielvorlage: Das Grundbuch

Grundbuch							
Belegart/-nummer	Beleg-datum	Buchungs-datum	Geschäftsvorfall	SOLL-Konto	€	HABEN-Konto	€

Die beiden Geschäftsvorfälle der letzten beiden Kapitel werden im Grundbuch erfasst.[2] Dabei wird für jeden Kontenaufruf eine eigene Zeile reserviert.

Grundbuch							
Belegart/-nummer	Beleg-datum	Buchungs-datum	Geschäftsvorfall	SOLL-Konto	€	HABEN-Konto	€
ER 4710	25.04.20..	27.04.20..	Kauf eines Kleintransporters auf Ziel	Fuhrpark	68.500,00	Verbindlichkeiten aus Lieferungen und Leistungen	68.500,00
BA 891	02.03.20..	03.03.20..	Bareinzahlung auf das Bankkonto	Bank	5.000,00	Kasse	5.000,00

Für die folgenden Übungen in diesem Lernfeld sind Angaben aus der obigen Vorlage des Grundbuchs teilweise weggelassen worden, da der Schwerpunkt bei den Übungen auf die korrekte Buchung gelegt wird.

[1] *Auf die Systematik der Nebenbücher wird im Zusammenhang mit den Erläuterungen zum Kontenplan hingewiesen.*

[2] *Die Umsatzsteuer bleibt unberücksichtigt.*

Die Vorlage „Grundbuch" für die Übungen in diesem Lernfeld 6:

Grundbuch						
Nr.	Konto	Soll	Konto	Haben	Soll	Haben

Nr.: Alle Buchungen werden in den Übungen durchnummeriert.

Konto Soll: Die zweite Spalte ist reserviert für die vierstellige Kontenziffer des Sollkontos.[1] In der folgenden Spalte wird die Kontenbezeichnung eingetragen.

Konto Haben: Die vierte Spalte ist reserviert für die vierstellige Kontenziffer des Habenkontos. In der folgenden Spalte wird die Kontenbezeichnung eingetragen.

Soll: Hier wird der Eurobetrag erfasst, der auf dem Sollkonto gebucht wird.

Haben: Hier wird der Eurobetrag erfasst, der auf dem Habenkonto gebucht wird.

Für jedes Konto wird eine eigene Zeile reserviert. Die beiden Eintragungen des zuerst vorgestellten ausführlichen Grundbuchs würden in dem Grundbuch, das für die Übungen herangezogen wird, folgendes Aussehen haben:

Grundbuch						
Nr.	Konto	Soll	Konto	Haben	Soll	Haben
0001	0840	Fuhrpark			68.500,00 €	
0001			4400	Vbk a. LL.		68.500,00 €
0002	2800	Bank			5.000,00 €	
0002			2280	Kasse		5.000,00 €

Generelle Struktur der Übungen zur Buchung im Grundbuch und Hauptbuch

Den Übungen zur Buchung von Geschäftsvorfällen im Grundbuch und im Hauptbuch liegt folgende Struktur zugrunde:

Nr.: Zunächst wird die Aufgabenstellung angezeigt. Bei dieser Aufgabenstellung werden die Geschäftsvorfälle durchnummeriert.

Buchungstext: Die Geschäftsvorfälle stehen unter der Rubrik „Buchungstext".

Rechnungsart: Diese Rubrik wird verwendet, wenn die Umsatzsteuer bei der Buchung berücksichtigt wird.[2]

Betrag: Der Eurobetrag, der auf den Konten zu erfassen ist, wird hier angegeben.

Die Aufgabenstellung zu den beiden Geschäftsvorfällen hat dementsprechend folgenden Aufbau:

Nr.	Buchungstext	Rechnungsart	Betrag
0001	Anfangsbestand Fuhrpark		160.000,00 €
0002	Anfangsbestand Verbindlichkeiten aus Lieferungen und Leistungen		78.000,00 €
0001	Kauf eines neuen Kleintransporters auf Ziel		68.500,00 €
0002	Bareinzahlung auf das Bankkonto		5.000,00 €

[1] *Die Kontenziffern werden an anderer Stelle erläutert.*

[2] *Die Umsatzsteuer wird an dieser Stelle noch nicht erfasst.*

Zu den verschiedenen Übungsaufgaben werden teilweise vorbereitete Grundbuchvorlagen zur Verfügung gestellt.[1]

Grundbuch						
Nr.	Konto	Soll	Konto	Haben	Soll	Haben
0001						
0001						
0002						
0002						
0001						
0001						

Die benötigten T-Konten werden **teilweise** bei den Aufgaben vorbereitet.

S 0840 Fuhrpark H

S 4400 Verbindlichkeiten a. LL. H

Auf den Punkt gebracht

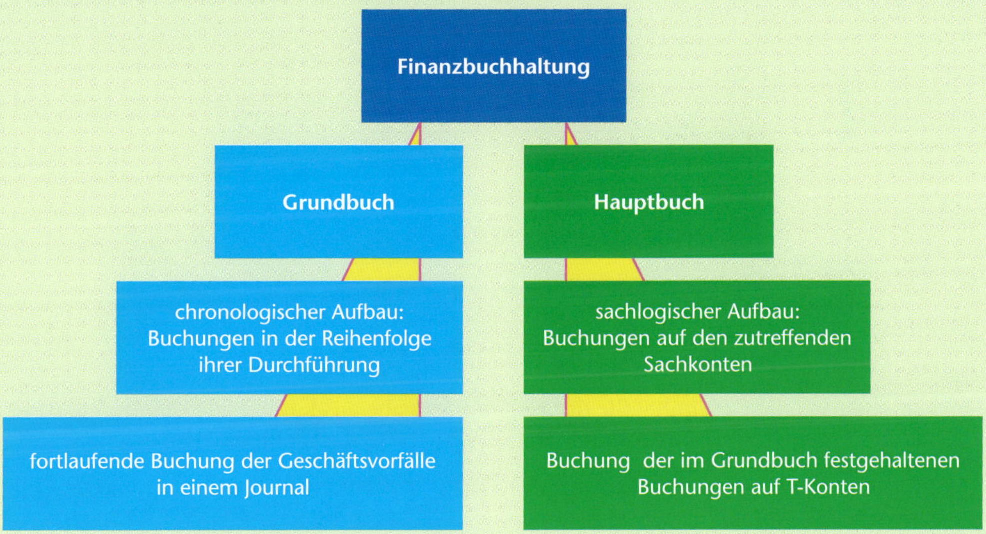

[1] *In dem Arbeitsheft zu Lernfeld 6 sind immer alle Grundbuchvorlagen und T-Kontenvorlagen komplett vorbereitet. Bei jeder Aufgabenstellung werden zwei zusätzliche T-Konten zur Verfügung gestellt, falls man ein Konto noch einmal verbessern möchte.*

Nutzen Sie Ihr Wissen

1. Buchen Sie alle laufenden Geschäftsvorfälle der ersten Aufgabe des Gliederungspunktes 7.1 in einem Grundbuch.

   Achten Sie darauf, dass Sie für jedes Konto in dem Grundbuch eine eigene Zeile verwenden.

   Das Grundbuch für Aufgabe 1:

Grundbuch						
Nr.	Konto	Soll	Konto	Haben	Soll	Haben
0001						
0001						
0002						
0002						
0003						
0003						
0004						
0004						
0005						
0005						
0006						
0006						
0007						
0007						
0008						
0008						
0009						
0009						

2. Buchen Sie alle Geschäftsfälle der zweiten Aufgabe aus Kapitel 7.1 in einem Grundbuch. Das benötigte Grundbuch erstellen Sie bitte nach obigem Muster.

   Achten Sie darauf, dass Sie für jedes Konto in dem Grundbuch eine eigene Zeile verwenden.

3. Buchen Sie alle Geschäftsfälle der dritten Aufgabe aus Kapitel 7.1 in einem Grundbuch. Das benötigte Grundbuch erstellen Sie bitte nach dem obigen Muster.

   Achten Sie darauf, dass Sie für jedes Konto in dem Grundbuch eine eigene Zeile verwenden.

9 Der Kontenrahmen und Kontenplan

Lernsituation

Herr Zerbe möchte heute Ebru Celik den Kontenrahmen und Kontenplan erläutern.

Volker Zerbe: „Frau Celik, Sie haben mich ja schon mehrere Male gebeten, Ihnen die Liste aller Konten zu nennen und diese zu erläutern. Nachdem Sie nun zwei wesentliche Kontenarten, nämlich die Aktivkonten und die Passivkonten, kennengelernt haben und wissen, wie man auf diesen Konten bucht, sollten wir uns wirklich mit der von Ihnen bezeichneten Liste aller Konten befassen."

Ebru Celik: „Das ist toll. Dann kann ich auf mehreren Konten buchen?"

Volker Zerbe: „Das ist die logische Konsequenz. Wenn Sie alle Konten kennen, oder wenigstens wissen, dass es für einen zu buchenden Geschäftsvorfall sicherlich ein passendes Konto gibt, dann sollten Sie auch in der Lage sein, mit diesem Konto zu arbeiten. Es ist zunächst einmal so, dass keinem Buchführungspflichtigen vorgeschrieben wird, wie er seine Buchführung organisiert. Hauptsache ist, dass die Grundsätze ordnungsgemäßer Buchführung eingehalten werden und ein sachverständiger Dritter sich in angemessener Zeit einen Überblick verschaffen kann. Damit das Rad nicht immer wieder neu erfunden werden muss, gibt es festgelegte Kontenrahmen, an denen sich jedes Unternehmen orientieren kann. Diese Kontenrahmen sind in der Regel branchenspezifisch. Wir bei der ModernOffice KG orientieren uns an dem Kontenrahmen der Industrie, abgekürzt IKR. Dieser Industriekontenrahmen liefert uns, wie das Wort schon andeutet, eine Rahmenvorgabe. Innerhalb dieser Vorgabe erstellen wir einen Kontenplan, der auf die speziellen Bedürfnisse der ModernOffice KG abgestimmt ist."

Ebru Celik: „Diesen Kontenplan muss ich also immer verwenden, wenn ich bestimmte Belege verbuchen will."

Volker Zerbe: „Ja, so ist es."

Ebru Celik: „Und da ich den Kontenplan immer einsehen kann, muss ich die Konten nicht auswendig lernen, oder?"

Volker Zerbe: „Genau."

Ebru Celik: „Bietet der Kontenplan mir denn irgendein System, an dem ich mich orientieren kann?"

Volker Zerbe: „Dieses System ist schon im Kontenrahmen angelegt. Bei unserem Kontenplan handelt es sich nur um eine weitere Differenzierung der Rahmenvorgaben. Das System wird aber schon aus dem Kontenrahmen mit übernommen."

Ebru Celik: „Dann mal her damit. Jetzt wird es ja fast schon spannend."

Volker Zerbe: „Der Kontenplan ist in einzelne Kontenklassen untergliedert. Ich gebe Ihnen den Kontenplan und wir schauen uns die Kontenklassen 0 bis 4 an. Ich bitte Sie, mir anschließend die Systematik zu erläutern, die Sie aus diesen fünf Kontenklassen zu erkennen glauben."

- *Erstellen Sie in Partnerarbeit eine erste Systematik, die den Kontenklassen 0 – 4 zugrunde liegen kann.*
- *Entscheiden Sie im Plenum, wer seine Ergebnisse vorträgt.*
- *Diskutieren Sie gemeinsam im Plenum nach der Präsentation die vorgestellten Ergebnisse.*
- *Erweitern bzw. korrigieren Sie Ihre erzielten Ergebnisse.*
- *Erläutern Sie den Zusammenhang zwischen einem Kontenrahmen und jeglicher kaufmännischer Software, mit der die Finanzbuchhaltung durchgeführt werden kann.*

Der Kontenplan

Ein Kontenplan ist ein vollständiges Verzeichnis aller Konten, die in einem Unternehmen verwendet werden. Der Kontenplan basiert meistens auf einem vorhandenen Kontenrahmen. Derartige Kontenrahmen sind überbetrieblich und branchenspezifisch. So gibt es z. B. einen Kontenrahmen für den Einzelhandel, den Groß- und Außenhandel oder die Industrie. Bei der Gestaltung eines Kontenplans ist die Übernahme der Kontenklassen und -gruppen verbindlich. Eine weitere differenzierte Untergliederung in Kontenarten und Kontenunterarten liegt im Ermessen der Unternehmung.

Der Kontenrahmen der Industrie (IKR) ist in 9 Kontenklassen untergliedert. Jedem Konto ist sowohl eine Kontenbezeichnung als auch eine vierstellige Kontenziffer zugeordnet.[1]

Der nachfolgende Ausschnitt des Kontenplans ist stark verkürzt. Er verdeutlicht das System des Kontenplans. Dabei ist der Ausschnitt beschränkt auf die Bestandskonten.

Folgende Systematik liegt dem Kontenplan zugrunde:

Kontenklassen	Bereich	Kontenart
0 1	Anlagevermögen	aktive Bestandskonten
2	Umlaufvermögen	aktive Bestandskonten
3	Eigenkapital	passive Bestandskonten
4	Fremdkapital	passive Bestandskonten

Kontenklasse 0 und 1: Hier befinden sich alle aktiven Bestandskonten, die Vermögenswerte des Anlagevermögens widerspiegeln.

Kontenklasse 2: Hier sind alle aktiven Bestandskonten des Umlaufvermögens zu finden.

Kontenklasse 3: Das Eigenkapital befindet sich in der Kontenklasse 3.

Kontenklasse 4: Für das Fremdkapital ist die Kontenklasse 4 reserviert.

---

[1] *Der komplette INDUSTRIE-KONTENRAHMEN (IKR) für Aus- und Weiterbildung befindet sich am Ende des Buches.*

Ausschnitt aus dem Industrie-Kontenrahmen (IKR) für Aus- und Weiterbildung			
Die aktiven und passiven Bestandskonten			
Konto	Kontenbezeichnung	Konto	Kontenbezeichnung
0500	Unbebaute Grundstücke	3000	Eigenkapital
0510	Bebaute Grundstücke	3670	Einzelwertberichtigung zu Forderungen
0520	Gebäude (Sammelkonto)	3680	Pauschalwertberichtigung zu Forderungen
0530	Betriebsgebäude	3700	Rückstellungen für Pensionen und ähnl. Verpflichtungen
0540	Verwaltungsgebäude	3800	Steuerrückstellungen
0550	Andere Bauten	3900	Sonstige Rückstellungen
0560	Grundstückseinrichtungen	3910	Rückstellungen für Gewährleistung
0570	Gebäudeeinrichtungen	3930	Rückstellungen für andere ungewisse Verbindlichkeiten
0700	Anlag. und Masch. d. Energieversorgung	3970	Rückstellungen f. drohende Verluste a. schwebenden Geschäften
0710	Anlag. d. Materiallagerung	3990	Rückstellungen für Aufwendungen (Neues Bilanzrecht!!)
0720	Anlag. und Masch. d. mech. Materialbearbeitung, [...]	4100	Anleihen
0730	Anlag. f. Wärme-, Kälte- und ähnl. Prozesse sowie ähnl. Anlagen	4210	Kurzfristige Bankverbindlichkeiten
0740	Anlagen für Arbeitssicherheit und Umweltschutz	4230	Mittelfristige Bankverbindlichkeiten
0750	Transportanlagen und ähnliche Betriebsvorrichtungen	4250	Langfristige Bankverbindlichkeiten
0760	Verpackungsanlagen und -maschinen	4300	Erhaltene Anzahlungen
0790	Geringwertige Anlagen und Maschinen	4400	Verbindlichkeiten aus Lieferungen und Leistungen
0791	GWG-Sammelposten Anlagen und Maschinen 1. Jahr	4401	Luxo Lichtdesign AG
0800	Andere Anlagen	4420	Kaufpreisverbindlichkeiten
0810	Werkstätteneinrichtung	4500	Schuldwechsel
0820	Werkzeuge, Werksgeräte und Modelle, Prüf- und Messmittel	4800	Umsatzsteuer
0830	Lager- und Transporteinrichtungen	4802	Umsatzsteuer (19 %) für i.E.
0840	Fuhrpark	4820	Zollverbindlichkeiten
0850	Sonstige Betriebsausstattung	4830	Sonstige Verbindlichkeiten gegenüber Finanzbehörden
0860	Büromaschinen, Organisationsmittel und Kommunikationsanlagen	4860	Verbindlichkeiten aus vermögenswirksamen Leistungen
0870	Büromöbel und sonstige Geschäftsausstattung	4890	Übrige sonstige Verbindlichkeiten
0880	Reserveteile für Betriebs- und Geschäftsausstattung	4900	Passive Jahresabgrenzung
0890	Geringwertige Vermögensgegenstände der BGA		
0891	GWG-Sammelposten BGA 1. Jahr		
0950	Anlagen im Bau		
1300	Beteiligungen		
1500	Wertpapiere des Anlagevermögens		
2000	Rohstoffe/Fertigungsmaterial		
2010	Vorprodukte/Fremdbauteile		
2020	Hilfsstoffe		
2030	Betriebsstoffe		
2100	Unfertige Erzeugnisse		
2200	Fertige Erzeugnisse		
2280	Waren (Handelswaren)		
2400	Forderungen aus Lieferungen und Leistungen		
2401	Allgemeine Versicherung AG		
2470	Zweifelhafte Forderungen		
2600	Vorsteuer		
2630	Sonst. Ford. an Finanzbehörden		
2640	SV-Vorauszahlung		
2650	Forderungen an Mitarbeiter		
2800	Guthaben bei Kreditinstituten (Bank)		
2850	Postbank		
2880	Kasse		
2900	Aktive Jahresbegrenzung		

Systematik der vierstelligen Kontenziffern am Beispiel des Kontos 0860 Büromaschinen, Organisationsmittel und Kommunikationsanlagen

Die Kontenziffern werden von links nach rechts gelesen. Dabei wird jede Kontenziffer einzeln genannt. Bei der Buchung von Geschäftsvorfällen erleichtert das Wissen um die Kontenziffern die Buchungsarbeit wesentlich. Besonders bei dem Abschluss der Konten ist aus der ersten Kontenziffer ablesbar, über welches Sammelkonto dieses Konto abgeschlossen wird. Die letzte Kontenziffer ist bei den Vorbereitungen zum Kontenabschluss von Bedeutung. So darf z. B. ein Konto, dessen letzte Ziffer nicht „0" ist, niemals über ein Sammelkonto abgeschlossen werden. In den Kontenklassen 0–2 werden alle Vermögenswerte eines Unternehmens als Konten aufgelistet. Dabei unterscheidet man zwischen den Vermögenswerten des Anlagevermögens und denen des Umlaufvermögens.

Das Anlagevermögen

Die verschiedenen Positionen des Anlagevermögens beinhalten Vermögenswerte, die angeschafft werden, um langfristig dem Unternehmenszweck zu dienen.

HGB § 247 Inhalt der Bilanz

(2) Beim Anlagevermögen sind nur die Gegenstände auszuweisen, die bestimmt sind, dauernd dem Geschäftsbetrieb zu dienen.

Das Anlagevermögen unterteilt sich in drei Bereiche, wie aus dem Auszug des § 266 HGB zu erkennen ist:

A. Anlagevermögen:

I. Immaterielle Vermögensgegenstände:
1. Selbst geschaffene gewerbliche Schutzrechte und ähnliche Rechte und Werte;
2. entgeltlich erworbene Konzessionen, gewerbliche Schutzrechte und ähnliche Rechte und Werte sowie Lizenzen an solchen Rechten und Werten;
3. Geschäfts- oder Firmenwert;
4. geleistete Anzahlungen;

II. Sachanlagen:
1. Grundstücke, grundstücksgleiche Rechte und Bauten einschließlich der Bauten auf fremden Grundstücken;
2. technische Anlagen und Maschinen;
3. andere Anlagen, Betriebs- und Geschäftsausstattung;
4. geleistete Anzahlungen und Anlagen im Bau;

III. Finanzanlagen:
1. Anteile an verbundenen Unternehmen;
2. Ausleihungen an verbundene Unternehmen;
3. Beteiligungen;
4. Ausleihungen an Unternehmen, mit denen ein Beteiligungsverhältnis besteht;
5. Wertpapiere des Anlagevermögens;
6. sonstige Ausleihungen.

Beispiel • *Der Fuhrpark der ModernOffice KG umfasst u. a. zehn Lkws. Mit diesen Lkws werden die Kunden der Modern Office KG direkt beliefert und es werden Werkstoffe abgeholt, die für die Produktion benötigt werden. Diese Lkws sind angeschafft worden, um dem Betriebszweck Produktion und Verkauf hochwertiger Büromöbel und sonstiger Elemente moderner Büroausstattung zu dienen. Sie sind deshalb Bestandteil des Anlagevermögens.*

Das Umlaufvermögen

Die Vermögensgegenstände des Umlaufvermögens verbleiben immer nur kurzfristig im Unternehmen und unterliegen einer ständigen Fluktuation.

Nach § 266 HGB ist das Umlaufvermögen untergliedert in:

B. Umlaufvermögen:

I. Vorräte:
   1. Roh-, Hilfs- und Betriebsstoffe;
   2. unfertige Erzeugnisse, unfertige Leistungen;
   3. fertige Erzeugnisse und Waren;
   4. geleistete Anzahlungen;

II. Forderungen und sonstige Vermögensgegenstände:
   1. Forderungen aus Lieferungen und Leistungen;
   2. Forderungen gegen verbundene Unternehmen;
   3. Forderungen gegen Unternehmen, mit denen ein Beteiligungsverhältnis besteht;
   4. sonstige Vermögensgegenstände;

III. Wertpapiere:
   1. Anteile an verbundenen Unternehmen;
   2. sonstige Wertpapiere;

IV. Kassenbestand, Bundesbankguthaben, Guthaben bei Kreditinstituten und Schecks.

Beispiel • *In der Sparte „Trading" werden von der ModernOffice KG Handelswaren angeboten, die nicht selbst hergestellt werden. Zu diesen Handelswaren gehören Beamer und Projektionsleinwände, Beleuchtungssysteme, Schreibtisch- und Stehlampen, Lautsprechersysteme, Flipcharts und Pinnwände. Diese Handelswaren werden von der ModernOffice KG eingekauft und kurze Zeit später wieder an die eigenen Kunden verkauft. Das bedeutet, dass diese Handelswaren nur für einen kurzen Zeitraum bei der ModernOffice KG verbleiben. In einem bestimmten Rhythmus kommen neue Handelswaren über den Einkauf herein und verlassen die ModernOffice KG wieder über den Verkauf. Da dieser Kreislauf nur einen kurzen Zeitraum umfasst, zählen die Handelswaren zu den Vermögenswerten des Umlaufvermögens.*

Auf den Punkt gebracht

Vermögenswerte

- **Anlagevermögen** → Die Vermögenswerte dienen dem Unternehmen langfristig.
- **Umlaufvermögen** → Die Vermögenswerte verbleiben nur für einen kurzen Zeitraum im Unternehmen. Sie unterliegen einer starken Fluktuation.

Kontenrahmen:
branchenspezifisch, Kontenklassen und Kontengruppen vorgegeben

Kontenplan:
- Orientierung an dem Kontenrahmen
- Erweiterung auf die Bedürfnisse des Unternehmens abgestimmt
- Kontenbezeichnung und vierstellige Kontenziffer

Nutzen Sie Ihr Wissen

Ordnen Sie nachfolgende Vermögensgegenstände dem Anlagevermögen oder Umlaufvermögen zu:

1. Die Schieder OHG erwirbt einen Pkw zur Erweiterung ihres betriebseigenen Fuhrparks. Nach vier Wochen wird der Pkw gegen einen anderen Pkw eingetauscht, da man sich von der Leistung des Pkw mehr versprochen hat. Zählt dieser erste Pkw jetzt zum Anlagevermögen oder Umlaufvermögen? Begründen Sie Ihre Ansicht.

2. Die Odenthal GmbH, Großhändler für Büromöbel, erwirbt einen Schreibtisch aus massivem Eichenholz. Unter welchen Voraussetzungen ordnet man diesen Schreibtisch
   a) dem Anlagevermögen oder
   b) dem Umlaufvermögen zu?
   Begründen Sie Ihre Entscheidung.

10 Ermittlung der Umsatzsteuer beim Einkauf und Verkauf

Lernsituation

Volker Zerbe zeigt Ebru Celik am nächsten Morgen eine Hausmitteilung, die er soeben gelesen hat.

Volker Zerbe: „Frau Celik, ich habe hier eine Hausmitteilung von Frau Dr. Pohl erhalten. Diese Mitteilung betrifft Ihre Arbeit in unserer Abteilung. Ich finde es, wenn ich das einmal bemerken darf, ganz toll, dass Sie das Wahlmodul hier im Rechnungswesen ableisten wollen."

ModernOffice.

Hausmitteilung

Von Dr. Pohl	**Abteilung** Rechnungswesen/Steuern
An V. Zerbe	**Abteilung** Rechnungswesen/Steuern

Betrifft

Erstellung der Umsatzsteuervoranmeldung

Nachricht

Sehr geehrter Herr Zerbe,

unsere Mitarbeiterin Frau M. Bloch wird in den nächsten vier Monaten in dem Showroom in Hamburg tätig sein, um die dortige Rechnungswesenabteilung kennenzulernen.

Während dieser Zeit kann sie nicht die Umsatzsteuervoranmeldungen für unsere Zentrale vorbereiten. Bitte arbeiten Sie Ihre derzeitige Auszubildende, Frau Celik, in diese Tätigkeit so ein, dass sie diese Tätigkeit für den oben angegebenen Zeitraum selbstständig durchführen kann. Frau Celik teilte mir mit, dass sie sich vorstellen kann, ein Wahlmodul in der Rechnungswesenabteilung durchzuführen.

Viele Grüße

Dr. Pohl

Besondere Vermerke

Datum 25.09.20..	**Anlagen**
Unterschrift gez. PO	**Verteiler** Re/St

Ebru Celik: „Ja, meine Mitschüler in unserem Berufskolleg haben ganz erstaunt geblickt, als ich das in der Schule mitgeteilt habe. Dort haben wir uns darüber unterhalten, wer schon weiß, welches Modul er als Wahlmodul nehmen wird. Mir gefällt es hier wirklich gut.
Lassen Sie mich bitte einmal auf die Hausmitteilung schauen?"

Volker Zerbe: „Bitte schön."

Ebru Celik: „Oh, aber ich weiß doch gar nicht, ob ich das kann. Nachher bekommt die ModernOffice KG eine Strafe, weil ich Fehler gemacht habe."

Volker Zerbe: „Zuerst einmal, wir arbeiten doch zusammen und ich helfe Ihnen bei Bedarf. Außerdem haben Sie mir bis jetzt gezeigt, dass Sie alle Tätigkeiten, die Ihnen übertragen werden, zu unserer vollen Zufriedenheit lösen. Betrachten Sie es als Anerkennung, wenn Frau Dr. Pohl Ihnen diese Aufgabe übergibt."

Ebru Celik: „O. k., was muss ich jetzt also tun?"

Volker Zerbe: „Über das Wesen der Umsatzsteuer müssen wir uns ja nicht mehr unterhalten. Wie Sie wissen, müssen wir die Umsatzsteuer, die wir unseren Kunden in Rechnung stellen, dem Finanzamt monatlich überweisen. Damit wir von der Umsatzsteuer nicht doppelt belastet werden, ermitteln wir zunächst monatlich den Betrag, den wir überweisen müssen."

Ebru Celik: „Wieso würden wir sonst doppelt belastet?"

Volker Zerbe: „In den Rechnungen, die wir bezahlen, ist bis auf wenige Ausnahmen die Umsatzsteuer enthalten. Diese, beim Rechnungsausgleich von uns mitbezahlte Umsatzsteuer, dürfen wir von der Umsatzsteuer abziehen, die wir den Kunden in Rechnung stellen und dem Finanzamt überweisen müssen. Das Finanzamt erhält lediglich den Differenzbetrag. Wir, als Steuerschuldner der Umsatzsteuer, unterliegen dabei bestimmten Zahlungsfristen."

Ebru Celik: „Gibt es ein Formular o. Ä., das mir hilft, den Differenzbetrag zu ermitteln?"

Volker Zerbe: „Es gibt das Formularblatt ‚Umsatzsteuervoranmeldung', das von der Finanzbehörde zur Verfügung gestellt wird. Dieses Formular müssen wir ausfüllen und auf elektronischem Weg dem Finanzamt zukommen lassen. Dafür stellt die Finanzbehörde eine kostenlose Software zur Verfügung, die wir verwenden können. Es ist aber auch möglich, eine eigene kaufmännische Software für diesen Zweck zu benutzen, wenn diese Software auf die Aufgabenstellung abgestimmt ist und entsprechende Schnittstellen bietet.
Also nimmt Ihnen die Ermittlung der zu überweisenden Steuerschuld zunächst einmal keine Software ab. Dass muss aber auch nicht sein, da wir uns des Tabellenkalkulationsprogramms Excel bedienen können.
Ich habe Ihnen mit dem Tabellenkalkulationsprogramm Excel ein Formular erstellt und anschließend ausgedruckt, das man zur Ermittlung der Steuerschuld bzw. des Überschusses nutzen kann. Ich möchte Sie bitten, diese Tabelle genau so auch mit Excel zu erstellen.

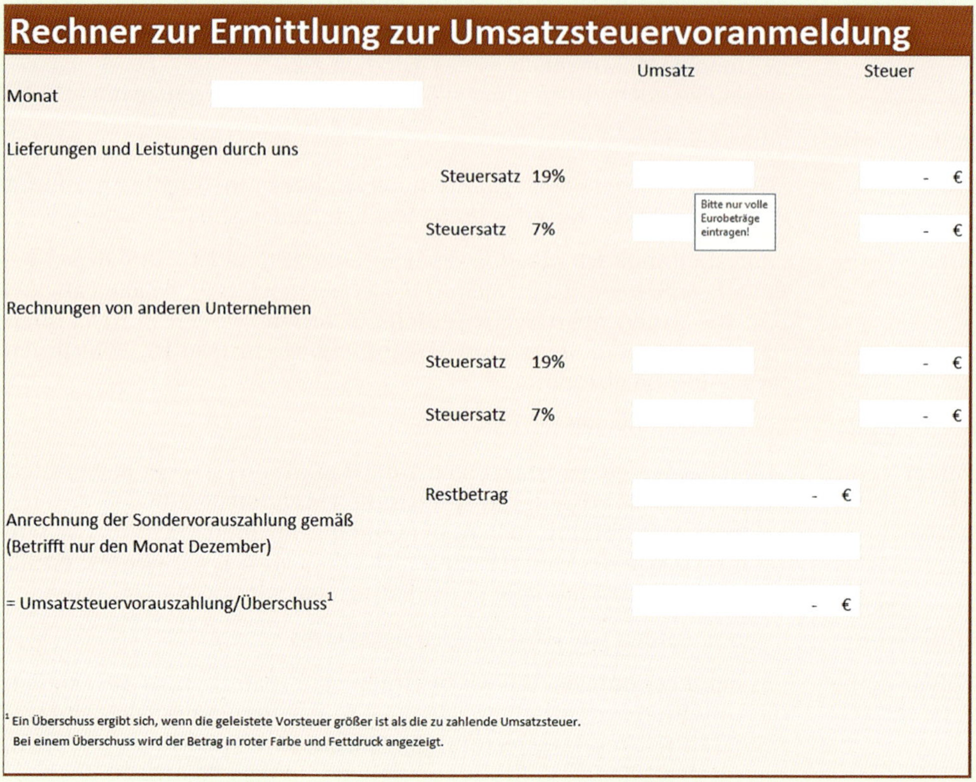

Rechner zur Ermittlung zur Umsatzsteuervoranmeldung

		Umsatz	Steuer
Monat			
Lieferungen und Leistungen durch uns			
	Steuersatz 19%		- €
	Steuersatz 7%	Bitte nur volle Eurobeträge eintragen!	- €
Rechnungen von anderen Unternehmen			
	Steuersatz 19%		- €
	Steuersatz 7%		- €
	Restbetrag	- €	
Anrechnung der Sondervorauszahlung gemäß (Betrifft nur den Monat Dezember)			
= Umsatzsteuervorauszahlung/Überschuss[1]		- €	

[1] Ein Überschuss ergibt sich, wenn die geleistete Vorsteuer größer ist als die zu zahlende Umsatzsteuer. Bei einem Überschuss wird der Betrag in roter Farbe und Fettdruck angezeigt.

Dabei sollten Sie Folgendes beachten: Die Bestimmungen sehen vor, dass der eingetragene Umsatz nur in vollen Eurobeträgen eingegeben werden darf. Sie können die infrage kommenden Zellen so einstellen, dass wirklich nur volle Eurobeträge eingegeben werden können, ansonsten erscheint eine Fehlermeldung. Den Text der Fehlermeldung können Sie aus meinem Screenshot entnehmen. Schauen Sie sich dafür die Möglichkeiten des Tabellenkalkulationsprogramms Excel in der Registerkarte ‚Daten' an. Wenn Sie die Einstellungen korrekt vornehmen, erscheint schon beim Klick auf diese Zellen der Kommentar, den Sie im Ausdruck sehen.

Bei einer falschen Eingabe erhält der Anwender direkt eine Fehlermeldung.

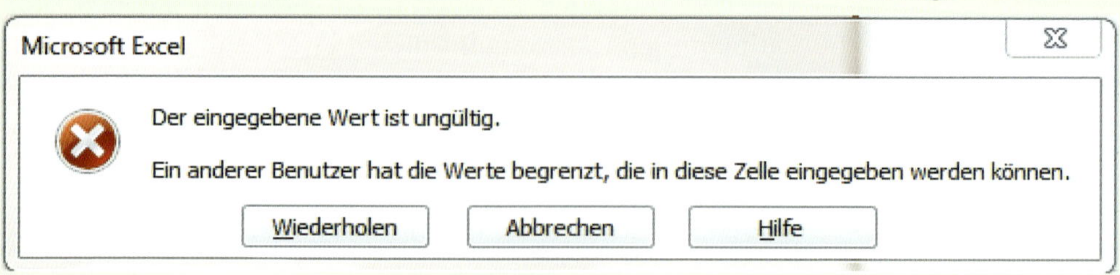

Für den Monat November haben wir folgende Gesamtumsätze zu verzeichnen:

Umsätze	€	Umsatzsteuersatz
Eingangsrechnungen (ER)	78.500,50	19%
Eingangsrechnungen (ER)	6.450,20	7%
Ausgangsrechnungen (AR)	182.620,25	19%
Ausgangsrechnungen (AR)	0,00	7%

Ermitteln Sie bitte die Umsatzsteuerschuld bzw. den Überschuss. Mittels bedingter Formatierung soll die Steuerschuld die Schriftfarbe rot erhalten, ein etwaiger Überschuss soll in der Schriftfarbe grün erscheinen. Wenn Sie Ihre Arbeit abgeschlossen haben, können wir anschließend das amtliche Formular ausfüllen. Danach werden wir fristgerecht die elektronische Übermittlung veranlassen und die Überweisung tätigen."

- *Öffnen Sie das Tabellenkalkulationsprogramm Excel und verschaffen Sie sich einen Überblick über die Möglichkeiten, die Gültigkeit der Eingabe von Eurobeträgen in ausgewählten Zellen festzulegen.*
- *Entscheiden Sie, welche Struktur eine von Ihnen mit Excel erstellte Tabelle zur Ermittlung der Umsatzsteuerschuld bzw. des Überschusses haben soll.*
- *Entwickeln Sie eine Excel-Tabelle, die Ihren Anforderungen gerecht wird.*
- *Entscheiden Sie im Plenum, wer sein Ergebnis vorstellen soll.*
- *Kontrollieren Sie das vorgestellte Ergebnis. Sind alle Anforderungen erfüllt worden oder nicht?*
- *Entspricht das vorgestellte Ergebnis im Prinzip Ihrem eigenen, oder müssen Sie Nachbesserungen vornehmen?*
- *Bewerten Sie die Möglichkeit, mit dem Tabellenkalkulationsprogramm Excel eine derartige Tabelle zu erstellen. Welche Vorteile bringt eine derartige Excel-Tabelle?*
- *Ermitteln Sie die Umsatzsteuerschuld bzw. den Überschuss aus der Lernsituation.*

Das Umsatzsteuergesetz schreibt eindeutig vor, **wer** in **welchen Zeitabständen** im Zuge der **Umsatzsteuervoranmeldung** seine **Umsatzsteuerschuld** zu **begleichen** hat und wie die Umsatzsteuervoranmeldung dem Finanzamt übersendet werden muss.[1]

UStG § 18 Besteuerungsverfahren

(1) Der Unternehmer hat bis zum 10. Tag nach Ablauf jedes Voranmeldungszeitraums eine Voranmeldung nach amtlich vorgeschriebenem Datensatz durch Datenfernübertragung nach Maßgabe der Steuerdaten-Übermittlungsverordnung zu übermitteln, in der er die Steuer für den Voranmeldungszeitraum (Vorauszahlung) selbst zu berechnen hat.

(2) Voranmeldungszeitraum ist das Kalendervierteljahr. Beträgt die Steuer für das vorangegangene Kalenderjahr mehr als 7 500 Euro, ist der Kalendermonat Voranmeldungszeitraum. Beträgt die Steuer für das vorangegangene Kalenderjahr nicht mehr als 1 000 Euro, kann das Finanzamt den Unternehmer von der Verpflichtung zur Abgabe der Voranmeldungen und Entrichtung der Vorauszahlungen befreien.

(2a) Der Unternehmer kann an Stelle des Kalendervierteljahres den Kalendermonat als Voranmeldungszeitraum wählen, wenn sich für das vorangegangene Kalenderjahr ein Überschuss zu seinen Gunsten von mehr als 7 500 Euro ergibt. [...] Die Ausübung des Wahlrechts bindet den Unternehmer für dieses Kalenderjahr.

(3) Der Unternehmer hat für das Kalenderjahr oder für den kürzeren Besteuerungszeitraum eine Steuererklärung nach amtlich vorgeschriebenem Datensatz durch Datenfernübertragung nach Maßgabe der Steuerdaten-Übermittlungsverordnung zu übermitteln, in der er die zu entrichtende Steuer oder den Überschuss, der sich zu seinen Gunsten ergibt, nach § 16 Absatz 1 bis 4 und § 17 selbst zu berechnen hat (Steueranmeldung) [...]

Die rechnerische Ermittlung der Umsatzsteuerschuld bzw. des Überschusses

Umsatzsteuervoranmeldung

Die Umsatzsteuervoranmeldung ist nichts anderes als eine Steuererklärung, die ein Unternehmen monatlich oder vierteljährlich abgeben muss.[2] Vor Abgabe dieser Steuererklärung ist das Unternehmen gefordert, die Umsatzsteuerschuld oder den Überschussbetrag zu ermitteln. Dazu werden alle über den Verkauf erzielten Umsätze eines Monats bzw. eines Vierteljahres addiert. Aus diesem Gesamtumsatz, in welchem die Umsatzsteuer enthalten ist, wird die Umsatzsteuer herausgerechnet. Der ermittelte Betrag entspricht der Umsatzsteuerschuld. Diese Umsatzsteuerschuld ist eine Verbindlichkeit gegenüber dem Finanzamt. Von dieser Verbindlichkeit kann die Umsatzsteuer abgezogen werden, die in dem gleichen Zeitraum beim Rechnungsausgleich gezahlt worden ist. Dazu werden alle Eingangsrechnungen mit den betreffenden Rechnungsbeträgen addiert und die in den Rechnungsbeträgen enthaltene Umsatzsteuer herausgerechnet. Der sich ergebende Betrag ist der Umsatzsteueranteil, der vom Finanzamt erstattet wird. Es handelt sich demnach um eine Forderung gegenüber dem Finanzamt. Bei der Ermittlung der jeweiligen Umsatzsteueranteile ist darauf zu achten, welcher Steuersatz bei den einzelnen Rechnungen veranschlagt worden ist.

---

[1] *Die Abgabe bis zum 10. Tag des Folgemonats gilt auch dann, wenn dieser Tag an einem Wochenende ist (BFH-Urteil vom 11.11.2014, VIII R 34/12).*

[2] *Die Ausnahmen sind im Gesetzestext angegeben.*

Zum Schluss werden beide Umsatzsteueranteile (Eingangsrechnungen und Ausgangsrechnungen) gegenverrechnet.

Beispiel • *Die Ermittlung der Umsatzsteuerschuld bzw. des Überschusses bei der ModernOffice KG für den Monat Juni 20..:*

Umsätze	€	Umsatzsteuersatz
Eingangsrechnungen (ER)	90.003,02	19%
Eingangsrechnungen (ER)	2.835,04	7%
Ausgangsrechnungen (AR)	287.251,97	19%
Ausgangsrechnungen (AR)	0,00	7%

Umsätze	Umsatzsteuersatz	Umsatzsteueranteil in €
Eingangsrechnungen (ER)	19%	14.370,23
Eingangsrechnungen (ER)	7%	185,47
Ausgangsrechnungen (AR)	19%	45.863,76
Restbetrag/Umsatzsteuerschuld		**31.493,54**

Die ModernOffice KG muss also bis zum 10. Juli 20.. den Betrag in Höhe von 31.493,54 € dem Finanzamt überweisen.

Die buchhalterische Ermittlung der Umsatzsteuerschuld bzw. des Überschusses/ Vorsteuerüberhangs

Die Umsatzsteuerschuld bzw. der Überschuss lässt sich auch buchhalterisch ermitteln. Wenn für die Berechnung eine Excel-Tabelle verwendet wird, werden zunächst einmal alle **Umsatzsteueranteile** addiert, die in **Ausgangsrechnungen** enthalten sind. Diese Umsatzsteueranteile sind ihrem Wesen nach eine **Verbindlichkeit gegenüber dem Finanzamt**. Dementsprechend wird für diese Verbindlichkeit gegenüber dem Finanzamt ein **passives Bestandskonto** eingerichtet.

Die **Umsatzsteueranteile**, die über den Rechnungsausgleich von **Eingangsrechnungen** bezahlt werden, entsprechen einer **Forderung gegenüber dem Finanzamt**. Für diese Forderung gegenüber dem Finanzamt wird ein **aktives Bestandskonto** eingerichtet.

Auf dem aktiven Bestandskonto „Vorsteuer“ werden im Soll, ebenso wie auf dem passiven Bestandskonto „Umsatzsteuer“ im Haben, alle Umsatzsteueranteile während des Geschäftsjahres gebucht. Der fällige Betrag wird dem Finanzamt überwiesen bzw. von diesem erstattet. Am Ende des Geschäftsjahres wird die Umsatzsteuerschuld bzw. der Vorsteuerüberhang in der Bilanz erfasst.

Auf den Punkt gebracht

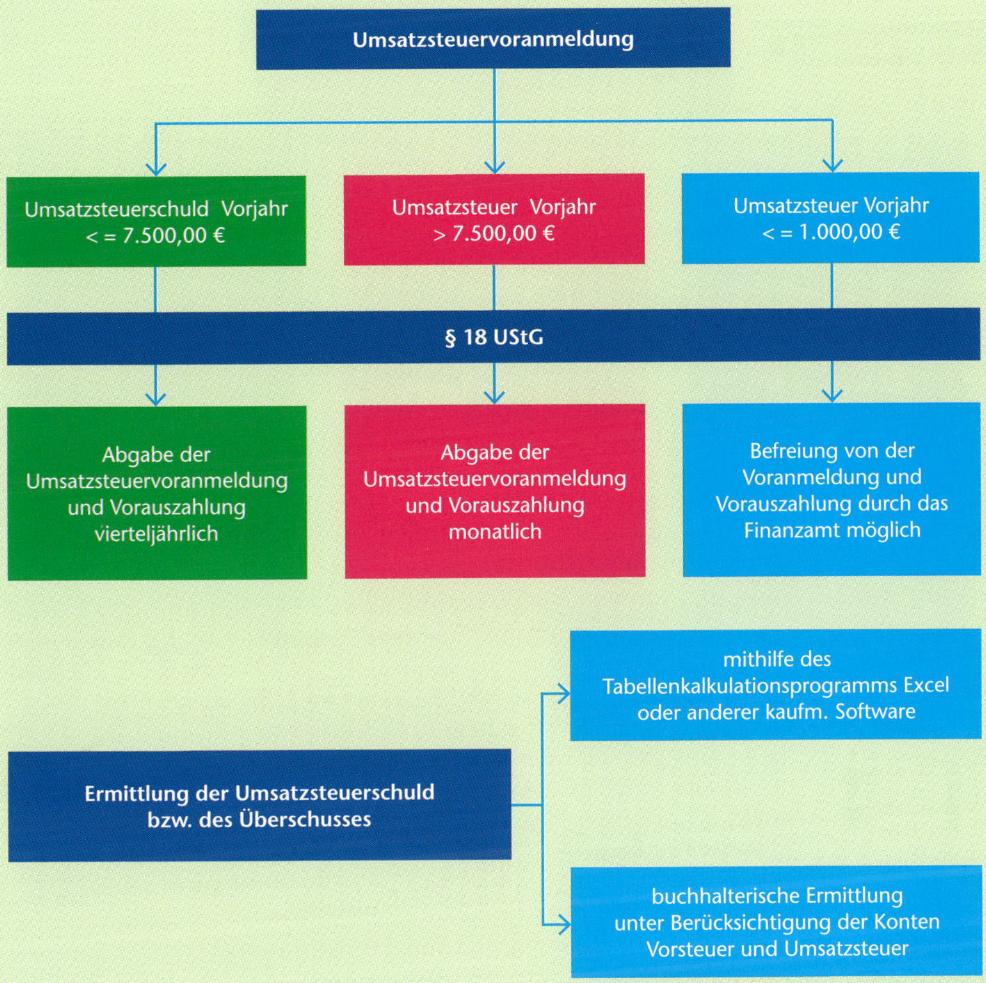

MO *Umsatzsteuervoranmeldung*

Nutzen Sie Ihr Wissen

1. Erstellen Sie mithilfe des Tabellenkalkulationsprogramms Excel eine Tabelle, mit der die Umsatzsteuerschuld bzw. der Vorsteuerüberhang ermittelt werden kann. Orientieren Sie sich dabei an der Tabelle aus dem Beispiel. Geben Sie, dem Beispiel entsprechend, die jeweiligen Gültigkeitskreise ein und formulieren Sie die Regeln für die bedingte Formatierung.

2. Drucken Sie sich das Formular zur Umsatzsteuervoranmeldung aus.
Füllen Sie das Formular unter Berücksichtigung der Umsätze auf S. 237 aus.
Eine Anleitung zum Ausfüllen der Umsatzsteuer-Voranmeldung 2015 finden Sie auf der MO-Homepage.

11 Die Buchung auf aktiven und passiven Bestandskonten unter Berücksichtigung der Umsatzsteuer

Lernsituation

Volker Zerbe: „Frau Celik, wir haben die Grundlagen geschaffen, um Eingangsrechnungen und Ausgangsrechnungen buchen zu können. Das sollten wir jetzt auch gemeinsam versuchen. Dafür bekommen Sie von mir zwei Geschäftsvorfälle, die Sie zuerst im Grundbuch und dann im Hauptbuch buchen sollen."

Ebru Celik: „Dann ist es jetzt endlich so weit, dass ich vollständige Buchungen vornehmen kann."

Volker Zerbe: „Richtig. Die Umsatzsteuer hatten wir ja bisher bei den einfachen Buchungen nicht berücksichtigt, die können wir jetzt mit einbauen."

Ebru Celik: „Kommt sonst noch etwas Neues auf mich zu?"

Volker Zerbe: „Ja, im Zuge des Buchens der beiden Geschäftsvorfälle werden wir die Regel um den einfachen Buchungssatz erweitern auf zusammengesetzte Buchungssätze. Außerdem werden Sie erfahren, wie man einzelne T-Konten abschließt. Sonst können wir nämlich die Umsatzsteuerschuld nicht ermitteln."

Ebru Celik: „Gut, und wie lauten jetzt die beiden Buchungssätze?"

Volker Zerbe: „Der erste lautet: ‚Wir kaufen für die Abteilung Rechnungswesen/Steuern einen neuen Laptop, Nettoeinkaufspreis 1.200,00 €. Den fälligen Rechnungsbetrag bezahlen wir vereinbarungsgemäß nach vier Wochen.' Das Anlagekonto Büromaschinen, Organisationsmittel und Kommunikationsanlagen soll einen Anfangsbestand von 45.000,00 € haben. Der zweite Geschäftsvorfall sieht folgendermaßen aus: ‚Wir verkaufen einen gebrauchten Pkw aus unserem betriebseigenen Fuhrpark. Der Käufer zahlt direkt bar. Der Nettoverkaufspreis entspricht dem derzeitigen Buchwert von 5.000,00 €.' Auf dem Konto Fuhrpark ist ein Anfangsbestand von 120.500,00 € festgehalten."

Ebru Celik: „Soll ich erst die Grundbuchbuchung vornehmen oder erst die Buchung auf dem T-Konto?"

Volker Zerbe: „Zuerst bitte die Buchung im Grundbuch, danach die im Hauptbuch auf T-Konten."

- *Bereiten Sie die benötigten T-Konten und ein Grundbuch vor, um die beiden Geschäftsvorfälle entsprechend buchen zu können.*
- *Buchen Sie die beiden Geschäftsvorfälle im Grundbuch und im Hauptbuch.*
- *Klären Sie im Plenum, wer seine Ergebnisse vorstellen soll.*
- *Kontrollieren Sie das vorgestellte Ergebnis und nehmen Sie bei Bedarf Korrekturen oder Erweiterungen an Ihrem Ergebnis vor.*
- *Worauf muss Ihres Erachtens bei der Buchung von Eingangsrechnungen und Ausgangsrechnungen besonders geachtet werden, wenn die Umsatzsteuer berücksichtigt werden muss?*

Bei der Buchung von Eingangsrechnungen und Ausgangsrechnungen kommt es meistens zu zusammengesetzten Buchungssätzen, da durch die Berücksichtigung der Umsatzsteuer gewöhnlich drei Konten von der jeweiligen Buchung berührt werden.

Der einfache Buchungssatz

Für den einfachen Buchungssatz gilt die Regel, dass bei einer Buchung immer ein Konto im Soll und ein Konto im Haben angesprochen wird. Die zu buchenden Eurobeträge sind bei einem einfachen Buchungssatz immer gleich, da auf jeder Kontenseite nur ein Konto berührt wird und die Eurobeträge auf beiden Kontenseiten immer gleich groß sein müssen.

Grundbuch						
Nr.	**Konto**	**Soll**	**Konto**	**Haben**	**Soll**	**Haben**
0001		Ein Konto im Soll				
0001				Ein Konto im Haben		
					Sollbetrag =	Habenbetrag

Der zusammengesetzte Buchungssatz

Bei zusammengesetzten Buchungssätzen können sowohl im Soll als auch im Haben mehrere Konten stehen.

Die Buchung im Grundbuch

Auch beim zusammengesetzten Buchungssatz muss immer wenigstens ein Konto im Soll und eines im Haben angesprochen werden. Es erhöht sich lediglich die Anzahl der Konten auf einer oder auf beiden Seiten. Die Summe der Eurobeträge, die im Soll gebucht werden, muss aber weiterhin der Summe der Eurobeträge, die im Haben gebucht werden, entsprechen.

Grundbuch						
Nr.	**Konto**	**Soll**	**Konto**	**Haben**	**Soll**	**Haben**
0002		Ein oder mehrere Konten im Soll			Eurobetrag	
0002		Ein oder mehrere Konten im Soll			Eurobetrag	
0002				Ein oder mehrere Konten im Haben		Eurobetrag
0002				Ein oder mehrere Konten im Haben		Eurobetrag
	Wichtig ist, dass die Summe der Sollbeträge gleich denen der Habenbeträge ist.				Σ aus Sollbeträgen =	Σ aus Habenbeträgen

Beispiel • *Bei der ModernOffice KG werden drei neue Multifunktionsgeräte angeschafft (Scannen, Drucken, Faxen, Kopieren), die netzwerkfähig sind. Der Rechnungsbetrag liegt für alle drei Geräte bei insgesamt 2.142,00 €, Rechnungsdatum ist der 25.11.20.. Das Zahlungsziel des Lieferanten ist folgendermaßen gestaffelt: Zahlung innerhalb von zehn Tagen unter Abzug von 2 % Skonto, innerhalb von 30 Tagen netto Kasse. Die Buchung des Einkaufs dieser neuen Geräte wird nach dem Eingang der Eingangsrechnung vorgenommen.*

Die Buchung im Grundbuch lautet:[1]

Grundbuch						
Nr.	**Konto**	**Soll**	**Konto**	**Haben**	**Soll**	**Haben**
0001	0860	Büromaschinen, Organisationsmittel und Kommunikationsanl.			1.800,00 €	
0001	2600	Vorsteuer			342,00 €	
0001			4400	Verbindlichkeiten aus Lieferungen und Leistungen		2.142,00 €
		Die Summe der Sollbeträge stimmt mit dem Habenbetrag überein.			**2.142,00 €**	**2.142,00 €**

Bei diesem Kauf handelt es sich um einen Zieleinkauf. Die Rechnung wird nicht direkt beglichen, vielmehr wird das angebotene Zahlungsziel in Anspruch genommen. Die ModernOffice KG geht also eine Verbindlichkeit aus Lieferungen und Leistungen über den Rechnungsbetrag in Höhe von 2.142,00 € bei dem Lieferanten ein. Wie aus der Grundbuchbuchung ersichtlich, entsprechen die Eurowerte der Sollseite in der Summe dem Wert der Habenseite.

Gelesen wird ein zusammengesetzter Buchungssatz in der Art, dass zuerst die Konten mit ihren jeweiligen Eurobeträgen genannt werden, auf denen im Soll gebucht wird. Danach werden die Konten mit ihren jeweiligen Eurobeträgen vorgelesen, auf denen im Haben gebucht wird. Verbunden werden die Soll- und Habenbuchungen mit der Präposition *„an“*.

Die Buchung im Hauptbuch mit zwei möglichen Alternativen[2]

Bei der Übernahme der Grundbuchbuchungen in das Hauptbuch gibt es zwei Möglichkeiten, die jeweils erste Spalte eines T-Kontos zu beschriften.

Erste Möglichkeit: In die erste Spalte eines jeden T-Kontos wird die Nummer des Geschäftsvorfalls eingetragen. Zusammengesetzte Buchungssätze werden bei der Übernahme der Grundbuchbuchungen in das Hauptbuch auf T-Konten nach dem gleichen Prinzip eingetragen wie einfache Buchungssätze.

Die Übernahme der Grundbuchbuchung aus obigem Beispiel in das Hauptbuch mit den T-Konten gestaltet sich folgendermaßen: Die Bestandskonten „Büromaschinen, Organisationsmittel und Kommunikationsanlagen“ sowie „Verbindlichkeiten aus Lieferungen und Leistungen“ verzeichnen einen Anfangsbestand von 160.000,00 € bzw. 88.525,30 €. In die jeweils erste Spalte der Kontenseite, die von einer Buchung betroffen ist, wird die Buchungsnummer des Geschäftsvorfalls eingetragen.

S	Büromasch., Organisationsm., ...		H
AB	160.000,00		
1 ←	1.800,00		

S	Vorsteuer		H
1 ←	342,00		

S	Verbindlichkeiten aus Lieferungen und Leistungen		H
		AB	88.525,30
		1 ←	2.142,00

[1] Die Kontenbezeichnung kann im Bedarfsfall sinngemäß abgekürzt werden, besonders dann, wenn zusätzlich mit Kontenziffern gebucht wird.

[2] Beide Alternativen können gewählt werden. Alle weiteren Erläuterungen, Beispiele und Aufgabenstellungen basieren auf der zweiten Alternative mit den Gegenkonten.

Zweite Möglichkeit: In die erste Spalte der Kontenseite, die durch eine Buchung berührt wird, wird das Gegenkonto eingetragen. Als Gegenkonto wird das Konto bezeichnet, auf welchem beim gleichen Geschäftsvorfall auf der anderen Kontenseite gebucht wird.

Der Vorteil dieser Variante ist der, dass man direkt erkennt, welches Konto bei einem Geschäftsvorfall auf der anderen Kontenseite angesprochen worden ist. Werden mehrere Konten auf der anderen Kontenseite berührt, so werden diese als Gegenkonto hintereinander in der ersten Spalte eingetragen. Es bietet sich in diesem Fall an, die Kontenbezeichnungen abzukürzen oder direkt nur mit Kontenziffern zu arbeiten. Die Fehlersuche bei Unstimmigkeiten wird dadurch stark vereinfacht.[1] Der gleiche Geschäftsvorfall führt jetzt zu folgenden Eintragungen:

S	Büromasch., Organisationsm., ...		H
AB	160.000,00		
→ Verb.a. LL.	1.800,00		

S	Vorsteuer		H
→ Verb.a. LL.	342,00		

S	Verbindlichkeiten aus Lieferungen und Leistungen		H
		AB	88.525,30
	→	Büro., Org., Kom./Vst.	2.142,00

Die Buchung der Umsatzsteuer beim Einkauf und Verkauf

In allen Eingangs- und Ausgangsrechnungen, die steuerpflichtige Umsätze dokumentieren, ist ein Umsatzsteueranteil enthalten. Bei der Buchung von Eingangsrechnungen und Ausgangsrechnungen muss deshalb sofort darauf geachtet werden, welches der beiden Umsatzsteuerkonten für die Buchung das korrekte ist. Es ist entweder

- das Konto „Vorsteuer“ oder
- das Konto „Umsatzsteuer“.

Vorsteuer: Auf dem aktiven Bestandskonto Vorsteuer wird der Umsatzsteueranteil bei Eingangsrechnungen gebucht. Die in einer **Eingangsrechnung** enthaltene **Umsatzsteuer** stellt ihrem Wesen nach eine **Forderung gegenüber dem Finanzamt** dar, da dieser Betrag von dem Finanzamt erstattet wird. Bei der Buchung der Eingangsrechnung nimmt das **aktive Bestandskonto „Vorsteuer“** auf der **Sollseite zu**.

Umsatzsteuer: Die **Umsatzsteuer**, die einem Kunden bei einer **Ausgangsrechnung** in Rechnung gestellt wird, ist ihrem Wesen nach eine **Verbindlichkeit gegenüber dem Finanzamt**. Deshalb wird der in einer Ausgangsrechnung enthaltene Umsatzsteueranteil direkt auf dem passiven Bestandskonto „Umsatzsteuer“ gebucht. Das **passive Bestandskonto** nimmt auf der Habenseite zu, da die Umsatzsteuerschuld bei jeder Ausgangsrechnung zunimmt.

In der Regel wird der enthaltene Umsatzsteueranteil bei jeder Rechnung gesondert in Prozent und in Euro angegeben. Die Notwendigkeit einer direkten Buchung der Umsatzsteuer auf den beiden Konten gilt aber auch für Rechnungen, auf denen die Umsatzsteuer nicht extra in Euro angegeben ist. Diese Möglichkeit besteht bei Rechnungen bis 150,00 €. Der in diesen Rechnungen enthaltene Umsatzsteueranteil muss dann rechnerisch ermittelt und auf eines der Konten gebucht werden.

---

[1] *In den späteren Übungen wird immer mit der zweiten Variante gearbeitet. Das bedeutet, dass immer die Gegenkonten angegeben werden.*

Die rechnerische Ermittlung der Umsatzsteuerschuld

Bei der rechnerischen Ermittlung der Umsatzsteuerschuld werden beide Steuerbeträge separat addiert und in Beziehung gesetzt. Von der Umsatzsteuerschuld (Ausgangsrechnungen) wird die gezahlte Umsatzsteuer (Eingangsrechnungen) abgezogen.

Die buchhalterische Ermittlung der Umsatzsteuerschuld

Auch bei der buchhalterischen Ermittlung der Umsatzsteuerschuld werden beide Beträge in Beziehung gesetzt. Hier geschieht dies durch den Abschluss beider Konten.

Auf den beiden unten stehenden Bestandskonten Vorsteuer und Umsatzsteuer sind verschiedene Beträge gebucht worden. Die zwei Buchungen auf der Sollseite des Kontos Vorsteuer sind durch zwei Einkäufe bedingt. Das Konto Umsatzsteuer listet auf der Habenseite vier Buchungen. Diese vier Umsatzsteuerbeträge sind in vier Ausgangsrechnungen extra ausgewiesen und beim Verkauf entsprechend gebucht worden.

Bei dem Abschluss der beiden Umsatzsteuerkonten wird immer das Konto mit dem wertmäßig kleineren Saldo über das Konto mit dem wertmäßig größeren Saldo abgeschlossen.

Die Eurobeträge auf der Sollseite des Kontos Vorsteuer ergeben zusammen 6.707,00 €.

Die Eurobeträge auf der Habenseite des Kontos Umsatzsteuer ergeben zusammen 10.872,67 €.

Die Umsatzsteuerschuld wird buchhalterisch ermittelt, indem man **das Konto mit dem wertmäßig kleineren Saldo über das Konto mit dem wertmäßig größeren Saldo abschließt.**

Das Konto Vorsteuer führt also den kleineren Saldo in Höhe von 6.707,00 €.[1] Entsprechend wird das Konto Vorsteuer über das Konto Umsatzsteuer abgeschlossen.

S	2600 Vorsteuer		H
0004	4.750,00		
0005	1.957,00		

S		4800 Umsatzsteuer	Haben
		0001	1.900,00
		0002	85,42
		0003	2.161,25
		0006	6.726,00

Der Kontenabschluss Vorsteuer

Beim Abschluss eines Kontos wird zunächst der Saldo ermittelt.

Der Saldo eines Kontos ergibt sich immer aus folgender Gleichung:

Saldo = Anfangsbestand + Mehrungen – Minderungen

[1] *Aus Gründen der Übersichtlichkeit wird auf die Angabe der Gegenkonten an dieser Stelle verzichtet.*

① Da auf dem Konto Vorsteuer nur Mehrungen gebucht worden sind, werden diese addiert und die Summe direkt unter die letzte Buchung geschrieben.

S	2600 Vorsteuer		H
0004	4.750,00		
0005	1.957,00		
	① 6.707,00		

② Auf jedem Konto müssen beide Kontensummen gleich groß sein. Deshalb wird der Saldo in der gleichen Zeile auf die Habenseite übertragen.

S	2600 Vorsteuer		H
0004	4.750,00		
0005	1.957,00		
	6.707,00		② 6.707,00

③ Der Saldo wird in die erste leere Zeile auf der Habenseite übertragen.

S	2600 Vorsteuer		H
0004	4.750,00		③ 6.707,00
0005	1.957,00		
	6.707,00		6.707,00

④ In der ersten Spalte wird die Buchungsnummer eingetragen.

S	2600 Vorsteuer		H
0004	4.750,00	0006 ④	6.707,00
0005	1.957,00		
	6.707,00		6.707,00

Der 4. Arbeitsschritt ist schon **Bestandteil des Buchungssatzes**, mit dessen Hilfe man die **Umsatzsteuerschuld buchhalterisch erfasst**. Der Buchungssatz für den Abschluss des Kontos Vorsteuer lautet dann:

Grundbuch						
Nr.	Konto	Soll	Konto	Haben	Soll	Haben
0006	4800	Umsatzsteuer			6.707,00 €	
0006			2600	Vorsteuer		6.707,00 €

⑤ Der Saldo des Vorsteuerkontos wird nun auf der Sollseite des Umsatzsteuerkontos eingetragen, der Abschluss des Vorsteuerkontos ist damit beendet.

S	4800 Umsatzsteuer		H
0006	⑤ 6.707,00	0001	1.900,00
		0002	85,42
		0003	2.161,25
		0006	6.762,00

Der Kontenabschluss Umsatzsteuer

⑥ Beim Abschluss des Kontos Umsatzsteuer wird genauso verfahren wie bei dem Konto Vorsteuer. Die Kontensumme wird ermittelt, indem die wertmäßig größere Seite addiert wird. Der Betrag wird unter die letzte Buchung im Haben eingetragen. Gemäß der Maßgabe, dass alle Kontensummen gleich groß sein müssen, wird die Kontensumme auf die Sollseite übertragen.

S	4800 Umsatzsteuer		H
0006	6.707,00	0001	1.900,00
		0002	85,42
		0003	2.161,25
		0006	6.762,00
	⑥ 10.872,67		⑥ 10.872,67

⑦ Von der Kontensumme werden alle Eurobeträge abgezogen, die auf der Sollseite gebucht worden sind. Der Saldo entspricht demnach 4.165,67 €.

S	4800 Umsatzsteuer		H
0006	6.707,00	0001	1.900,00
	⑦ 4.165,67	0002	85,42
		0003	2.161,25
		0006	6.762,00
	10.872,67		10.872,67

⑧ Durch die Eintragung der Buchungsnummer ist die Sollbuchung für den Abschluss des Kontos Umsatzsteuer bereits erstellt. Die entsprechende Habenbuchung wird auf dem Sammelkonto „Schlussbilanzkonto“, das im nächsten Abschnitt erläutert wird, vorgenommen.[1]

S	4800 Umsatzsteuer		H
0006	6.707,00	0001	1.900,00
0007	⑧ 4.165,67	0002	85,42
		0003	2.161,25
		0006	6.762,00
	10.872,67		10.872,67

Ist der Saldo des Kontos Umsatzsteuer kleiner als der Saldo des Kontos Vorsteuer, wird dieses Konto über das Konto Vorsteuer abgeschlossen.

[1] *Der Abschluss des Kontos Umsatzsteuer über das Schlussbilanzkonto wird nur am Ende eines Geschäftsjahres vorgenommen.*

Auf den Punkt gebracht

Rechnerische Ermittlung der Umsatzsteuerschuld bzw. des Überschusses

Addition aller in Rechnung gestellten Umsatzsteueranteile bei Ausgangsrechnungen	Addition aller gezahlten Umsatzsteueranteile bei Eingangsrechnungen

Vergleich beider **Summen**

in Rechnung gestellte Umsatzsteueranteile bei **Ausgangsrechnungen** größer als gezahlte Umsatzsteueranteile	gezahlte Umsatzsteueranteile bei **Eingangsrechnungen** größer als in Rechnung gestellte Umsatzsteueranteile
= **Überweisung** der Umsatzsteuerschuld an das Finanzamt	= **Forderung** gegenüber dem Finanzamt

rechnerische Ermittlung

Σ USt.	Σ VSt.

Summen (Σ) vergleichen

Σ USt. > Σ VSt.	Σ USt. < VSt.
Überweisung der Differenz an das Finanzamt	**Forderung** in Höhe der Differenz gegen das Finanzamt

Buchhalterische Ermittlung der Umsatzsteuerschuld bzw. des Überschusses

Buchung aller Umsatzsteueranteile bei Ausgangsrechnungen auf dem passiven Bestandskonto **„Umsatzsteuer"**	Buchung aller in Eingangsrechnungen enthaltenen Umsatzsteuer auf dem aktiven Bestandskonto **„Vorsteuer"**
Ermittlung des Saldos auf dem Konto Umsatzsteuer	Ermittlung des Saldos auf dem Konto Vorsteuer

Vergleich beider **Kontensalden**

Abschluss des Kontos mit dem wertmäßig kleineren Saldo über das Konto mit dem wertmäßig größeren Saldo

buchhalterische Ermittlung

S	4800 USt.	H
		USt.

S	2600 VSt.	H
VSt.		

Salden ermitteln

Salden vergleichen

Der kleinere Saldo fließt auf das Konto mit dem größeren Saldo.

Nutzen Sie Ihr Wissen

1. Aus den folgenden Eingangs- und Ausgangsrechnungen sind die Umsatzsteueranteile (hier: 19 %) zu ermitteln und anschließend auf den Konten Vorsteuer und Umsatzsteuer zu buchen. Dazu müssen Sie zwei T-Konten erstellen. Nummerieren Sie die einzelnen Buchungssätze durch. Bei Rechnungsbeträgen handelt es sich immer um Bruttobeträge, in denen die Umsatzsteuer schon enthalten ist.

Ausgangsrechnungen Rechnungsbeträge brutto	Eingangsrechnungen Rechnungsbeträge brutto
545,02 €	897,20 €
5.432,70 €	456,54 €
23,66 €	55,66 €
1.255,50 €	123,75 €
378,95 €	4.268,22 €
5,89 €	1.300,50 €
2.489,35 €	22,88 €
7.896,45 €	10,17 €
12.596,60 €	29,36 €
5.589,33 €	4.236,00 €
10.589,90 €	121,12 €

2. Ermitteln Sie buchhalterisch die Umsatzsteuerschuld bzw. den Vorsteuerüberhang, indem Sie beide Konten abschließen.

S	2600 Vorsteuer	H
0001	608,00	
0002	2.850,00	
0003	38,00	
0004	1.235,00	
0007	1.275,71	

S	4800 Umsatzsteuer		H
		0005	1.995,80
		0006	3.496,00
		0007	446,5

3. Buchen Sie nachfolgende Geschäftsvorfälle im Grundbuch. Übertragen Sie danach die Buchungen der Umsatzsteuerbeträge auf die beiden Umsatzsteuerkonten. Ermitteln Sie anschließend buchhalterisch die Umsatzsteuerschuld bzw. den Vorsteuerüberhang. Richten Sie sich dafür ein Grundbuch und zwei T-Konten ein.

Nr.	Buchungstext	Rechnungsart	Betrag
0001	Zieleinkauf eines neuen PC-Systems für unsere Niederlassung	Nettorechnungsbetrag	7.890,00 €
0002	Bareinkauf eines neuen Kombigerätes zum Faxen, Drucken, Kopieren	Rechnungsbetrag inkl. 19 % MwSt.	1.250,00 €
0003	Zieleinkauf von Büroschränken für die Buchhaltung	Nettorechnungsbetrag	2.560,50 €
0004	Zieleinkauf von Schreibtischen für die Verwaltung	Rechnungsbetrag inkl. 19 % MwSt.	1.900,00 €
0005	Barverkauf eines gebrauchten Pkw zum Buchwert, 5.000,00 €	Nettorechnungsbetrag	5.000,00 €
0006	Barverkauf eines gebrauchten Kopierers zum Buchwert, 800,00 €	Nettorechnungsbetrag	800,00 €

12 Von der Eröffnung der Bestandskonten bis zu deren Abschluss

Lernsituation

Ebru Celik arbeitet jetzt schon vier Wochen in der Abteilung Rechnungswesen/Steuern. Bei der Begrüßung an einem Montagmorgen entwickelt sich folgender Dialog zwischen ihr und Herrn Zerbe.

Ebru Celik: „Guten Morgen Herr Zerbe."

Volker Zerbe: „Guten Morgen Frau Celik."

Ebru Celik: „Herr Zerbe, ich wollte Sie fragen, ob wir nicht einmal einen kompletten Geschäftsgang buchen können. Ich meine damit, von Beginn einer Periode bis zu dem Ende. Damit ich einmal einen Gesamtüberblick bekomme, wie ein derartiger Geschäftsgang gestaltet ist."

Volker Zerbe: „Das können wir natürlich durchführen. Dieser Geschäftsgang, den wir dann gemeinsam gestalten, ist aber noch in vielerlei Hinsicht eingeschränkt."

Ebru Celik: „Warum ist das so?"

Volker Zerbe: „Nun, Sie haben bisher nur die Bestandskonten als Kontentyp kennengelernt. Es folgen noch weitere Kontenarten. Außerdem kann der Abschluss, den wir bei unserem Geschäftsgang erzielen, nur als ein vorläufiger bezeichnet werden, da wir noch wesentliche Abschlussangaben unberücksichtigt lassen, die zum Ende eines Geschäftsjahres anfallen."

Ebru Celik: „Das sollte kein Problem sein. Hauptsache ist doch, dass ich einmal einen kompletten Geschäftsgang buchen lerne. Wenn das funktioniert, können wir die fehlenden Aspekte, die Sie gerade erwähnt haben, nacheinander einbauen."

Volker Zerbe: „Genau so sehe ich das auch. Wenn Sie die Grundlagen verstanden haben, sollte Ihnen der Rest keine Probleme bereiten.
Dann sollten wir so vorgehen, dass ich Ihnen mehrere Bestandskonten mit den dazugehörigen Anfangsbeständen angebe. Diese Konten müssen Sie dann einrichten. Das heißt, dass Sie diese Konten entweder selbst erstellen oder sich ein T-Kontenblatt mit schon vorbereiteten Konten nehmen. Oder Sie erstellen sich die notwendigen Konten mit dem Tabellenkalkulationsprogramm Excel.
Wenn Sie damit fertig sind, buchen Sie zunächst die Geschäftsvorfälle, die ich Ihnen gebe. Und zwar zuerst im Grundbuch und dann im Hauptbuch. Danach schließen Sie alle Konten nacheinander ab."

Ebru Celik: „Ich erstelle mir mit dem Tabellenkalkulationsprogramm Excel die notwendigen Konten. Zwei Fragen habe ich noch. Woher nehmen Sie die Anfangsbestände der verschiedenen Bestandskonten und worüber schließe ich alle Bestandskonten ab?"

Volker Zerbe: „Die Anfangsbestände entnehme ich der Bilanz zu Beginn des Geschäftsjahres. Mit der Bilanz beschäftigen wir uns ausführlich, wenn wir die nächste Kontenart besprechen. Im Moment sollten Sie diese

Werte übernehmen, ohne dass ich Ihnen das Zustandekommen dieser Werte ausführlich erläutere. Abgeschlossen werden alle Bestandskonten über das Sammelkonto Schlussbilanzkonto. Die Werte, die sich durch den Abschluss der Bestandskonten in dem Schlussbilanzkonto ergeben, sind vorläufige Werte, die noch einiger Korrekturen bedürfen, bevor wir eine Schlussbilanz erstellen. Aber auch das werden wir noch intensiv besprechen. Denken Sie bitte daran, dass nicht beide Umsatzsteuerkonten über das Schlussbilanzkonto abgeschlossen werden, sondern nur eines von beiden."

Ebru Celik: „Prima, dann geben Sie mir bitte die Liste der Bestandskonten und die Geschäftsvorfälle."

Volker Zerbe: „Hier sind die Anfangsbestände:

Nr.	Buchungstext	Rechnungsart	Betrag
0001	Anfangsbestand Verwaltungsgebäude		320.000,00 €
0002	Anfangsbestand Anlag. und Masch.d. Energieversorgung		170.000,00 €
0003	Anfangsbestand Transportanlagen und ähnliche Betriebsvorrichtungen		38.304,00 €
0004	Anfangsbestand Fuhrpark		98.110,00 €
0005	Anfangsbestand Büromaschinen, Organisationsmittel und Kommunikationsanlagen		72.500,00 €
0006	Anfangsbestand Büromöbel und sonstige Geschäftsausstattung		110.235,00 €
0007	Anfangsbestand Ford. aus Lieferungen und Leistungen		95.050,00 €
0008	Anfangsbestand Guthaben bei Kreditinstituten (Bank)		55.003,00 €
0009	Anfangsbestand Kasse		15.025,00 €
0010	Anfangsbestand Kurzfristige Bankverbindlichkeiten		23.500,00 €
0011	Anfangsbestand Langfristige Bankverbindlichkeiten		110.000,00 €
0012	Anfangsbestand Verbindlichkeiten aus Lieferungen und Leistungen		43.410,00 €
0013	Anfangsbestand Eigenkapital		797.317,00 €

Danach folgen die Geschäftsvorfälle:

Nr.	Buchungstext	Rechnungsart	Betrag
0001	Bareinzahlung auf das Bankkonto		3.520,00 €
0002	Aufnahme eines kurzfr. Darlehens bei unserer Hausbank, der Betrag wird dem Bankkonto gutgeschrieben		5.600,00 €
0003	Banklastschrift: Tilgungsrate für das aufgenommene Darlehen		2.000,00 €
0004	Unser Bankkonto wird für einen Rechnungsausgleich belastet		800,00 €
0005	Zieleinkauf eines Hängeregistraturschranks für den Einkauf	Nettorechnungsbetrag	1.100,00 €
0006	Zieleinkauf einer neuen Transportanlage	Nettorechnungsbetrag	11.900,00 €
0007	Zielverkauf einer gebrauchten Transportanlage zum Buchwert, 12.000,00 €	Nettorechnungsbetrag	12.000,00 €

Zusätzlich erhalten Sie von mir die Liste aller Konten, die Sie für diesen Arbeitsauftrag benötigen.

0540	Verwaltungsgebäude
0700	Anlagen und Maschinen der Energieversorgung
0750	Transportanlagen u. ä. Betriebsvorrichtungen
0840	Fuhrpark
0860	Büromaschinen, Organisationsmittel und Kommunikationsanlagen
0870	Büromöbel und sonstige Geschäftsausstattung
2400	Forderungen a. LL.
2600	Vorsteuer
2800	Bank
2880	Kasse
3000	Eigenkapital
4210	Kurzfristige Bankverbindlichkeiten
4250	Langfristige Bankverbindlichkeiten
4400	Verbindlichkeiten aus Lieferungen und Leistungen
4800	Umsatzsteuer
8010	Schlussbilanzkonto

Ganz unten in der Liste sehen Sie das Sammelkonto „Schlussbilanzkonto" mit der Kontenziffer 8010, über das alle Bestandskonten abgeschlossen werden. Dieses Sammelkonto ist der Kontenklasse 8 zuzuordnen. In dieser Kontenklasse 8 befinden sich insgesamt drei Sammelkonten, die Sie nacheinander alle kennenlernen werden. Sie bekommen die Kontenziffern und die Kontenbezeichnungen aller Konten. Ich halte es für angebracht, dass Sie bei jeder Aufgabe den Kontenplan verwenden. Dann lernen Sie schnell die Kontenziffern und es bereitet Ihnen keine Schwierigkeit das passende Konto für einen Geschäftsvorfall zu finden. Schreiben Sie bei jedem Konto bitte die Kontenziffer und die Kontenbezeichnung in die erste Zeile. Das mag am Anfang aufwendig erscheinen, aber es hilft später enorm, wenn Sie die Kontenbezeichnung dann weglassen können, da Sie genau wissen, welches Konto sich hinter einer Kontenziffer verbirgt."

- *Analysieren Sie die Lernsituation. Mit welchem Arbeitsauftrag hat Herr Zerbe Ebru Celik versorgt?*
- *Überlegen Sie, welche Hilfsmittel Sie benötigen, um die Aufgabenstellung lösen zu können.*
- *Erstellen Sie sich ein Grundbuch, in das Sie alle Grundbuchbuchungen eintragen können.*
- *Buchen Sie die Geschäftsvorfälle im Grundbuch.*
- *Erstellen Sie mit dem Tabellenkalkulationsprogramm Excel so viele T-Konten, wie Sie zur Erledigung dieser Aufgabe benötigen. Richten Sie die T-Konten ein, indem Sie die T-Konten bezeichnen und den Anfangsbestand übernehmen.*
- *Übertragen Sie die Buchungssätze in das Hauptbuch.*
- *Schließen Sie alle Konten ab.*
- *Entscheiden Sie im Plenum, wer seine Lösung vorstellen soll.*
- *Analysieren Sie das vorgestellte Ergebnis und vergleichen Sie es mit Ihrem.*
- *Nehmen Sie bei Bedarf Korrekturen vor.*

Die Buchung eines kompletten Geschäftsgangs lässt sich in drei Arbeitsschritte untergliedern:

- **Einrichten der Konten:** Das bedeutet, dass die Konten die zutreffende Kontenbezeichnung und/oder Kontenziffer erhalten und der Anfangsbestand auf der korrekten Kontenseite eingetragen wird.[1]
- **Buchung der Geschäftsvorfälle auf den Konten:** In der Regel werden die Geschäftsvorfälle zunächst im Grundbuch gebucht und im Anschluss daran werden die Buchungssätze in das Hauptbuch auf die Konten übertragen.
- **Abschluss der Konten über das zutreffende Sammelkonto:** Der Abschluss erfolgt unter Berücksichtigung etwaiger Abschlussangaben.

Buchungen auf T-Konten

Ein kompletter Geschäftsgang mit sechs Geschäftsvorfällen soll gebucht werden. Berücksichtigt werden nur Bestandskonten. Die einzelnen Geschäftsvorfälle werden zunächst im Grundbuch gebucht und anschließend in das Hauptbuch übertragen.

Folgende Bestandskonten müssen für diesen Geschäftsgang mit den angegebenen Anfangsbeständen eingerichtet werden:

Nr.	Buchungstext	Rechnungsart	Betrag
0001	Anfangsbestand Bebaute Gründstücke (Anteil Grund und Boden, Betriebsgebäude)		408.000,00 €
0002	Anfangsbestand Gebäude (Sammelkonto)		250.000,00 €
0003	Anfangsbestand Anlag. und Masch. d. Energieversorgung		275.600,00 €
0004	Anfangsbestand Lager- und Transporteinrichtungen		91.200,00 €
0005	Anfangsbestand Fuhrpark		78.000,00 €
0006	Anfangsbestand Büromaschinen, Organisationsmittel und Kommunikationsanlagen		62.500,00 €
0007	Anfangsbestand Büromöbel und sonstige Geschäftsausstattung		98.900,00 €
0008	Anfangsbestand Ford. aus Lieferungen und Leistungen		52.600,00 €
0009	Anfangsbestand Guthaben bei Kreditinstituten (Bank)		120.000,00 €
0010	Anfangsbestand Kasse		17.525,50 €
0011	Anfangsbestand Kurzfristige Bankverbindlichkeiten		32.560,00 €
0012	Anfangsbestand Verbindlichkeiten aus Lieferungen und Leistungen		70.500,00 €
0013	Anfangsbestand Eigenkapital		1.351.265,50 €

Nach dem Einrichten der Konten müssten diese folgende Bestände im Soll bzw. Haben führen[2]:

S	0510 Bebaute Grundstücke		H
8000	408.000,00		

S	0520 Gebäude (Sammelkonto)		H
8000	250.000,00		

[1] *Das Einrichten der Konten mithilfe des Eröffnungsbilanzkontos wird an anderer Stelle erläutert.*
[2] *Die Funktion des Eröffnungsbilanzkontos, Kontenziffer 8000*

S 0700 Anlag. u. Masch. d. Energieversorgung H

8000	275.600,00		

S 0830 Lager- und Transporteinrichtungen H

8000	91.200,00		

S 0840 Fuhrpark H

8000	78.000,00		

S 0860 Büromasch., Organisationsm., ... H

8000	62.500,00		

S 0870 Büromöbel u. sonstige Geschäftsauss. H

8000	98.900,00		

S 2400 Forderungen a. LL. H

8000	52.600,00		

S 2600 Vorsteuer H

S 2800 Guthaben bei Kreditinstituten H

8000	120.000,00		

S 2880 Kasse H

8000	17.525,50		

S 3000 Eigenkapital H

		8000	1.351.265,50

S 4210 Kurzfr. Bankverbindlichkeiten H

		8000	32.560,00

S 4400 Verbindlichkeiten a. LL. H

		8000	70.500,00

S 4800 Umsatzsteuer H

S 8010 Schlussbilanzkonto H

Folgende Geschäftsvorfälle gilt es zu buchen:

Nr.	Buchungstext	Rechnungsart	Betrag
0001	Banklastschrift: Ausgleich einer Lieferer-Rechnung		23.560,50 €
0002	Bareinzahlung auf das Bankkonto		3.520,00 €
0003	Wir zahlen eine Lieferer-Rechnung durch die Bank		7.654,30 €
0004	Zieleinkauf einer Gegensprechanlage	Nettorechnungsbetrag	2.000,00 €
0005	Barverkauf eines gebrauchten Druckers zum Buchwert, 200,00 €	Nettorechnungsbetrag	200,00 €
0006	Zieleinkauf von zwei mobilen Klimageräten für die Buchhaltung	Nettorechnungsbetrag	2.800,00 €

Die Geschäftsvorfälle werden zuerst in einem Grundbuch gebucht. Das Ergebnis sollte mit dem unten stehenden übereinstimmen.

Grundbuch							
Nr.	Konto	Soll an	Konto	Haben	Soll	Haben
0001	4400	Verbindlichkeiten aus Lieferungen und Leistungen			23.560,50 €	
0001			2800	Guthaben bei Kreditinstituten (Bank)		23.560,50 €
0002	2800	Guthaben bei Kreditinstituten (Bank)			3.520,00 €	
0002			2880	Kasse		3.520,00 €
0003	4400	Verbindlichkeiten aus Lieferungen und Leistungen			7.654,30 €	
0003			2800	Guthaben bei Kreditinstituten (Bank)		7.654,30 €
0004	0860	Büromaschinen, Organisationsmittel und Kommunikationsanlagen			2.000,00 €	
0004	2600	Vorsteuer			380,00 €	
0004			4400	Verbindlichkeiten aus Lieferungen und Leistungen		2.380,00 €
0005	2880	Kasse			238,00 €	
0005			4800	Umsatzsteuer		38,00 €
0005			0860	Büromaschinen, Organisationsmittel und Kommunikationsanlagen		200,00 €
0006	0870	Büromöbel und sonstige Geschäftsausstattung			2.800,00 €	
0006	2600	Vorsteuer			532,00 €	
0006			4400	Verbindlichkeiten aus Lieferungen und Leistungen		3.332,00 €

Im Anschluss wird die Auswirkung jedes einzelnen Geschäftsvorfalls auf die betroffenen Konten dargestellt. Bei jeder Buchung ist es wichtig, sich über den betriebswirtschaftlichen Hintergrund im Klaren zu sein, da dies bei dem Verständnis der Buchungssätze hilft.[1]

[1] *Die Geschäftsvorfälle stehen in keinem direkten Zusammenhang.*

1. Geschäftsvorfall

Grundbuch						
Nr.	Konto	Soll an	Konto	Haben	Soll	Haben
0001	4400	Verbindlichkeiten aus Lieferungen und Leistungen			23.560,50 €	
0001			2800	Guthaben bei Kreditinstituten (Bank)		23.560,50 €

Der Geschäftsvorfall bewirkt eine Minderung des Kontos Verbindlichkeiten aus Lieferungen und Leistungen im *Soll*. Durch den Ausgleich der Lieferer-Rechnung nehmen die Verbindlichkeiten bei einem Lieferanten ab. Das Bankkonto nimmt ebenfalls um den gleichen Betrag ab, und zwar im *Haben*. In der jeweils ersten Spalte der T-Konten ist das jeweilige Gegenkonto mit der entsprechenden Kontenziffer eingetragen.

S	4400 Verb. a. LL.		H
2800①	23.560,50	8000	70.500,00

S	2800 Guthaben bei Kreditinstituten (Bank)		H
8000	120.000,00	4400 ②	23.560,50

2. Geschäftsvorfall

Grundbuch						
Nr.	Konto	Soll an	Konto	Haben	Soll	Haben
0002	2800	Guthaben bei Kreditinstituten (Bank)			3.520,00 €	
0002			2880	Kasse		3.520,00 €

Am Ende des Tages werden die Bareinnahmen zur Bank gebracht und auf das Bankkonto eingezahlt. Dies nimmt im *Soll* zu, während das Kassenkonto um den gleichen Betrag im *Haben* gemindert wird.

S	2800 Guthaben bei Kreditinstituten (Bank)		H
8000	120.000,00		
2880	② 3.520,00		

S	2880 Kasse		H
8000	17.525,50	2800 ②	3.520,00

3. Geschäftsvorfall

Grundbuch						
Nr.	Konto	Soll an	Konto	Haben	Soll	Haben
0003	4400	Verbindlichkeiten aus Lieferungen und Leistungen			7.654,30 €	
0003			2800	Guthaben bei Kreditinstituten (Bank)		7.654,30 €

Es wird abermals eine Verbindlichkeit aus Lieferungen und Leistungen per Banküberweisung ausgeglichen.

S	4400 Verb. a. LL.		H
2800	23.560,50	8000	70.500,00
2800 ③	7.654,30		

S	2800 Guthaben bei Kreditinstituten (Bank)		H
8000	120.000,00	4400	23.560,50
2880	3.520,00	4400 ③	7.654,30

4. Geschäftsvorfall

Grundbuch							
Nr.	Konto	Soll an	Konto	Haben	Soll	Haben
0004	0860	Büromaschinen, Organisationsmittel und Kommunikationsanlagen			2.000,00 €	
0004	2600	Vorsteuer			380,00 €	
0004			4400	Verbindlichkeiten aus Lieferungen und Leistungen		2.380,00 €

Bei dem Zieleinkauf der Gegensprechanlage wird die Rechnung nicht sofort beglichen. Vielmehr wird das vereinbarte Zahlungsziel des Lieferanten ausgenutzt. Die Verbindlichkeiten aus Lieferungen und Leistungen nehmen deshalb zu *(Haben)*. In das Konto Verbindlichkeiten aus Lieferungen und Leistungen werden zwei Gegenkonten eingetragen, da auf der Sollseite zwei Konten angesprochen werden. Dem Geschäftsvorfall ist zu entnehmen, dass es sich bei den 2.000,00 € um den Nettobetrag handelt. Die anteilige Umsatzsteuer von 19 % ist also noch zu errechnen. Da es sich um einen Einkauf handelt, wird der Umsatzsteueranteil über das Konto Vorsteuer gebucht. Sowohl das Konto Vorsteuer als auch das Konto Büromaschinen, Organisationsmittel und Kommunikationsanlagen nehmen im Soll zu.

S 0860 Büromasch., Organisationsm., ... H

S		H	
8000	62.500,00		
4400 ④	2.000,00		

S 2600 Vorsteuer H

S		H	
4400 ④	380,00		

S 4400 Verbindlichkeiten aus Lieferungen und Leistungen H

S		H	
2800	23.560,50	8000	70.500,00
2800	7.654,30	0860; 2600 ④	2.380,00

5. Geschäftsvorfall

Grundbuch						
Nr.	Konto	Soll an	Konto	Haben	Soll	Haben
0005	2880	Kasse			238,00 €	
0005			4800	Umsatzsteuer		38,00 €
0005			0860	Büromaschinen, Organisationsmittel und Kommunikationsanlagen		200,00 €

Der gebrauchte Drucker, eine Position aus dem Anlagevermögen, wird zu seinem aktuellen Buchwert verkauft. Der Verkauf eines gebrauchten Anlageguts ist ein umsatzsteuerpflichtiger Vorgang. Der Kunden zahlt direkt bar, das Kassenkonto erhöht sich um den vereinbarten Rechnungsbetrag im *Soll*. Auf dem Kassenkonto werden die beiden Gegenkonten eingetragen. Da die Umsatzsteuer dem Kunden in Rechnung gestellt wird, bucht man den Umsatzsteueranteil auf dem Konto Umsatzsteuer im *Haben*. Auch hier ist wieder darauf zu achten, dass der angegebene Betrag ein Nettobetrag ist, die Umsatzsteuer ist also noch gesondert zu ermitteln. Auf dem Konto Büromaschinen, Organisationsmittel und Kommunikationsanlagen wird der Verkauf als Abgang im *Haben* gebucht.

S	2880 Kasse		H
8000	17.525,50	2800	3.520,00
4800; 0860 ⑤	238,00		

S	4800 Umsatzsteuer		H
		2880 ⑤	38,00

S	0860 Büromaschinen, Organisationsmittel und Kommunikationsanlagen		H
8000	62.500,00	2880 ⑤	200,00
4400	2.000,00		

6. Geschäftsvorfall

Grundbuch							
Nr.	Konto	Soll an	Konto	Haben	Soll	Haben
0006	0870	Büromöbel und sonstige Geschäftsausstattung			2.800,00 €	
0006	2600	Vorsteuer			532,00 €	
0006			4400	Verbindlichkeiten aus Lieferungen und Leistungen		3.332,00 €

Die beiden Klimageräte werden als Anlagegüter dem Konto Büromöbel und sonstige Geschäftsausstattung zugeordnet und dort gebucht *(Soll)*. Der zu errechnende Umsatzsteueranteil wird auf dem Konto Vorsteuer im Soll erfasst, da es sich um eine Eingangsrechnung handelt. Auf dem Konto Verbindlichkeiten aus Lieferungen und Leistungen ist abermals eine Mehrung im Haben gebucht.

S	0870 Büromöbel und sonstige Geschäftsausstattung		H
8000	98.900,00		
4400 ⑥	2.800,00		

S	2600 Vorsteuer		H
4400	380,00		
4400 ⑥	532,00		

S	4400 Verbindlichkeiten aus Lieferungen und Leistungen		H
2800	23.560,50	8000	70.500,00
2800	7.654,30	0860; 2600	2.380,00
		0870; 2600 ⑥	3.332,00

Generell ist es sehr hilfreich, sich vor der Buchung von Geschäftsvorfällen ein Schema zu entwerfen, welches die Bildung von Buchungssätzen unterstützt. Das nachfolgende Schema kann bei der Buchung aller möglichen Geschäftsvorfälle herangezogen werden:

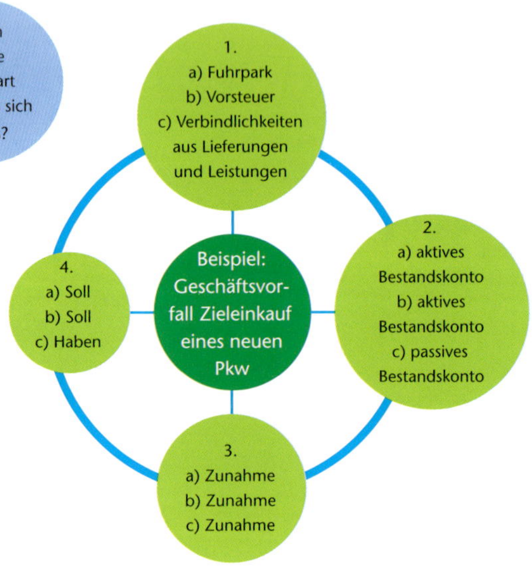

Abschluss von T-Konten

Der Abschluss eines Kontos untergliedert sich immer in vier Arbeitsschritte. Diese Schritte wiederholen sich bei allen Abschlüssen, ganz gleich um welchen Kontentyp es sich handelt.

Kontensumme	Saldo	Gegenkonto	Buchung
Beide Kontenseiten separat addieren, die wertmäßig größere Kontenseite (**Kontensumme**) auf die kleinere Kontenseite übertragen.	Von dieser Kontensumme dann die darüber stehenden Beträge abziehen, um den Saldo zu ermitteln.	Das Gegenkonto in der Zeile eintragen, in der der Saldo steht.	Der Abschlussbuchungssatz besteht immer aus einer Soll- und einer Habenbuchung.

Zur Verdeutlichung der Abschlusssystematik werden zwei Kontenabschlüsse zu dem obigen Beispiel ausgeführt.

Abschluss Bank

Das Bankkonto hat im Soll eine Kontensumme von 123.520,00 €. Da diese Summe die größere ist, wird sie auf die andere Kontenseite übertragen. Von dieser Kontensumme werden nun die beiden Habenbeträge in Höhe von 23.560,50 € und 7.654,30 € abgezogen. Es ergibt sich ein Saldo von 92.305,20 €. Dieser Saldo wird an das Schlussbilanzkonto gebucht, Kontenziffer 8010. Auf dem Konto Bank steht die Habenbuchung, auf dem Schlussbilanzkonto die Sollbuchung mit jeweils 92.305,20 €. Auf der Sollseite des Kontos ist die dritte Zeile nicht beschrieben. Damit nachträglich keine Eintragungen mehr vorgenommen werden können, wird diese entwertet.

S	2800 Guthaben bei Kreditinstituten (Bank)		H
8000	120.000,00	4400	23.560,50
2880	3.520,00	4400	7.654,30
		8010	92.305,20
	123.520,00		**123.520,00**

S	8010 Schlussbilanzkonto		H
2800	92.305,20		

Abschluss Verbindlichkeiten aus Lieferungen und Leistungen

Das Konto Verbindlichkeiten aus Lieferungen und Leistungen weist im Haben eine größere Kontensumme auf. Diese wird auf die Sollseite übertragen. Durch die Differenz zwischen der Kontensumme und den beiden im Soll befindlichen Beträgen ergibt sich ein Saldo in Höhe von 44.997,20 €, der ebenfalls auf das Schlussbilanzkonto gebucht wird. Jetzt steht die Habenbuchung auf dem Schlussbilanzkonto, die Sollbuchung auf dem Konto Verbindlichkeiten aus Lieferungen und Leistungen.

S	4400 Verbindlichkeiten aus Lieferungen und Leistungen		H
2800	23.560,50	8000	70.500,00
2800	7.654,30	0860; 2600	2.380,00
8010	44.997,20	0870; 2600	3.332,00
	76.212,00		**76.212,00**

S	8010 Schlussbilanzkonto		H
2800	92.305,20	4400	44.997,20

Das Eröffnungsbilanzkonto als technisches Hilfskonto[1]

Bisher sind die Anfangsbestände der Bestandskonten immer schematisch auf der Sollseite der aktiven Bestandskonten und der Habenseite der passiven Bestandskonten eingetragen worden. Diese Art der Übernahme widerspricht dem System der doppelten Buchführung. Direkt von der Bilanz in die jeweiligen Bestandskonten kann schon aus dem Grund nicht gebucht werden, weil die aktiven Bestandskonten auf der „linken" Seite der Bilanz stehen und deren Anfangsbestand auch auf der „linken" Sollseite steht.[2] Ein Buchungssatz zur Eröffnung der Bestandskonten mit einer Sollbuchung und einer Habenbuchung wäre nicht möglich. Bei den passiven Bestandskonten verhält es sich

[1] Bei den folgenden Beispielen und Buchungen wird der Anfangsbestand als Buchung mittels des „Eröffnungsbilanzkontos" angezeigt.

[2] Außerdem darf in der Bilanz nicht gebucht werden.

gleich. Aus diesem Grund und um der Systematik der Doppik gerecht zu werden, wird zwischen der Bilanz zu Beginn eines Geschäftsjahres und den Bestandskonten das „Eröffnungsbilanzkonto“ eingefügt. Dieses „Eröffnungsbilanzkonto“, Kontenziffer 8000, ist ein Spiegelbild der Bilanz zu Beginn eines Geschäftsjahres, wie die nachfolgende Darstellung verdeutlicht:

Bilanz

S			H
0500	480.000,00	3000	1.547.147,58
0510	408.000,00	4210	45.000,00
0530	321.300,00	4250	350.650,00
0700	350.000,00	4400	99.800,00
0840	75.800,00		
0860	68.972,25		
0870	88.525,33		
2400	100.000,00		
2800	130.000,00		
2880	20.000,00		
	2.042.597,58		**2.042.597,58**

8000 Eröffnungsbilanzkonto

S			H
3000	1.547.147,58	0500	480.000,00
4210	45.000,00	0510	408.000,00
4250	350.650,00	0530	321.300,00
4400	99.800,00	0700	350.000,00
		0840	75.800,00
		0860	68.972,25
		0870	88.525,33
		2400	100.000,00
		2800	130.000,00
		2880	20.000,00
	2.042.597,58		**2.042.597,58**

Mithilfe des „Eröffnungsbilanzkontos“ ist es jetzt möglich, die Eröffnung der aktiven Bestandskonten und passiven Bestandskonten auf der Grundlage des Buchungssatzes „Sollkonto an Habenkonto“ durchzuführen, wie die folgenden Beispiele verdeutlichen:

0500 Unbebaute Grundstücke

S			H
8000	408.000,00		

0510 Bebaute Grundstücke

S			H
8000	408.000,00		

0530 Betriebsgebäude

S			H
8000	321.300,00		

0700 Anlag. u. Masch. d. Energievers.

S			H
8000	350.000,00		

0840 Fuhrpark

S			H
8000	75.800,00		

0860 Büromasch., Organisationsm., ...

S			H
8000	68.972,25		

3000 Eigenkapital

S			H
		8000	1.547.147,58

4210 kurzfristige Bankverb.

S			H
		8000	45.000,00

S	4250 Langfristige Bankverb.		H
		8000	350.650,00

S	4400 Verbindlichk. a. LL.		H
		8000	99.800,00

Die Eröffnungsbuchungen der beispielhaft aufgeführten Bestandskonten als Grundbuchbuchungen:

Grundbuch

Nr.	Konto	Soll an	Konto	Haben	Soll	Haben
0001	0500	Unbebaute Grundstücke			480.000,00	
0001			8000	Eröffnungsbilanzkonto		480.000,00
0002	0510	Bebaute Grundstücke			408.000,00	
0002			8000	Eröffnungsbilanzkonto		408.000,00
0003	0530	Betriebsgebäude			321.300,00	
0003			8000	Eröffnungsbilanzkonto		321.300,00
0004	0700	Anlag. und Masch. d. Energieversorgung			350.000,00	
0004			8000	Eröffnungsbilanzkonto		350.000,00
0005	0840	Fuhrpark			75.800,00	
0005			8000	Eröffnungsbilanzkonto		75.800,00
0006	0860	Büromaschinen, Organisationsmittel und Kommunikationsanlagen			68.972,25	
0006			8000	Eröffnungsbilanzkonto		68.972,25
0011	8000	Eröffnungsbilanzkonto			45.000,00	
0011			4210	Kurzfristige Bankverbindlichkeiten		45.000,00
0012	8000	Eröffnungsbilanzkonto			350.650,00	
0012			4250	Langfristige Bankverbindlichkeiten		350.650,00
0013	8000	Eröffnungsbilanzkonto			99.800,00	
0013			4400	Verbindlichkeiten aus Lieferungen und Leistungen		99.800,00
0014	8000	Eröffnungsbilanzkonto			1.547.147,58	
0014			3000	Eigenkapital		1.547.147,58

Der Buchungssatz zur Eröffnung des ersten aktiven Bestandskontos lautet:

Unbebaute Grundstücke (Sollbuchung)	**480.000,00 €**
an Eröffnungsbilanzkonto (Habenbuchung)	**480.000,00 €**

Der Buchungssatz zur Eröffnung des ersten passiven Bestandskontos lautet dementsprechend:

Eröffnungsbilanzkonto (Sollbuchung)	**1.547.147,58 €**
an Eigenkapital (Habenbuchung)	**1.547.147,58 €**

Auf den Punkt gebracht

Einrichtung der T-Konten

Die T-Konten werden mit der entsprechenden Kontenbezeichnung und/oder Kontenziffer versehen, die Anfangsbestände werden übernommen.

Buchung der Geschäftsvorfälle auf den T-Konten

Entweder werden die Geschäftsvorfälle direkt auf den T-Konten gebucht oder es werden die vorher durchgeführten Grundbuchbuchungen übertragen.

Abschluss der einzelnen T-Konten über das entsprechende Sammelkonto

Alle Konten werden nach einer vorgegebenen Systematik über ein Sammelkonto abgeschlossen, das durch den Kontentyp bestimmt wird.

Nutzen Sie Ihr Wissen

1. Übernehmen Sie die Daten aus dem Beispiel. Richten Sie alle T-Konten ein und übertragen Sie die Grundbuchbuchungen in die T-Konten.

2. Schließen Sie die Konten ab.

S **0700** Anl. u. Masch. d. Energievers. H

8000	350.000,00		
4400	10.300,00		

S **0840** Fuhrpark H

8000	75.800,00		
4400	30.000,00		

S **0860** Büromas., Organisationsm., ... H

8000	68.972,25		

S **0870** Büromöbel u. s. Geschäftsauss. H

8000	88.525,33		

S **2400** Forderungen a. LL. H

8000	91.650,13	2880	1.200,00

S **2600** Vorsteuer H

4400	5.700,00		
4400	1.957,00		

S **2800** Guthaben bei Kreditins. (Bank) H

8000	100.000,00	2880	3.500,00
4210	3.500,00		

S **2880** Kasse H

8000	20.000,00		
2400	1.200,00		
2800	3.500,00		

S **3000** Eigenkapital H

		8000	730.792,61

S **4210** Kurzfr. Bankverbindlichkeiten H

		2800	3.500,00

S	**4400** Verbindlichkeiten a. LL.	H
	8000	64.155,10
	0840; 2600	35.700,00
	0700; 2600	12.257,00

S	**8010** Schlussbilanzkonto	H
0700		3000
0840		4210
0860		4400
0870		
2400		
2600		
2800		
2880		

3. Richten Sie die Konten ein und übernehmen Sie die Anfangsbestände. Buchen Sie anschließend alle Geschäftsvorfälle zuerst im Grundbuch. Übertragen Sie anschließend alle Buchungen in das Hauptbuch und schließen Sie die Konten ab.

Nr.	Buchungstext	Rechnungsart	Betrag
0001	Anfangsbestand Bebaute Gründstücke (Anteil Grund und Boden, Betriebsgebäude)		200.000,00 €
0002	Anfangsbestand Anlagen für Arbeitssicherheit und Umweltschutz		68.400,00 €
0003	Anfangsbestand Sonstige Anlagen und Maschinen		52.630,00 €
0004	Anfangsbestand Fuhrpark		120.350,00 €
0005	Anfangsbestand Büromaschinen, Organisationsmittel und Kommunikationsanlagen		88.653,00 €
0006	Anfangsbestand Büromöbel und sonstige Geschäftsausstattung		96.268,50 €
0007	Anfangsbestand Ford. aus Lieferungen und Leistungen		120.120,00 €
0008	Anfangsbestand Guthaben bei Kreditinstituten (Bank)		163.550,00 €
0009	Anfangsbestand Kasse		32.000,00 €
0010	Anfangsbestand Kurzfristige Bankverbindlichkeiten		144.000,00 €
0011	Anfangsbestand Verbindlichkeiten aus Lieferungen und Leistungen		64.155,10 €
0012	Anfangsbestand Eigenkapital		733.816,40 €
0001	Rechnungsausgleich durch Kunden per Banküberweisung		8.500,00 €
0002	Banklastschrift: Ausgleich einer Liefererrechnung		8.963,00 €
0003	Bareinzahlung auf das Bankkonto		2.000,00 €
0004	Banklastschrift: Tilgungsrate für das aufgenommene Darlehen		2.500,00 €
0005	Unser Bankkonto wird für einen Rechnungsausgleich belastet		4.404,00 €
0006	Ein Kunde bezahlt eine Rechnung per Banküberweisung		15.000,00 €
0007	Zieleinkauf von Schreibtischen für den Verkauf	Nettorechnungsbetrag	3.000,00 €
0008	Zieleinkauf diverser Umweltschutzeinrichtungen	Nettorechnungsbetrag	3.850,00 €
0009	Verkauf eines gebrauchten Kopierers zum Buchwert	Rechnungsbetrag inkl. 19 % MwSt.	300,00 €

Die in der Aufgabenstellung angegebenen Geschäftsvorfälle werden immer dann neu durchnummeriert, wenn es sich um unterschiedliche Buchungstypen handelt. Bei obiger Aufgabenstellung werden insgesamt zwölf Anfangsbestände gebucht. Danach erfolgen neun laufende Buchungen, die wieder neu nummeriert werden. Folgen vorbereitende Abschlussbuchungen oder Abschlussbuchungen, werden diese ebenfalls immer neu nummeriert, beginnend jeweils mit der Ziffer 1. Dieser Hinweis gilt für alle nachfolgenden Übungen.

Sie benötigen folgende Konten:

0510	Bebaute Grundstücke
0740	Anlagen für Arbeitssicherheit und Umweltschutz
0770	Sonstige Anlagen und Maschinen
0840	Fuhrpark
0860	Büromaschinen, Organisationsmittel und Kommunikationsanlagen
0870	Büromöbel und sonstige Geschäftsausstattung
2400	Forderungen a. LL.
2600	Vorsteuer
2800	Bank
2880	Kasse
3000	Eigenkapital
4210	Kurzfristige Bankverbindlichkeiten
4400	Verbindlichkeiten aus Lieferungen und Leistungen
4800	Umsatzsteuer
8010	Schlussbilanzkonto

13 Die Erfolgskonten

13.1 Die Buchung von Aufwendungen bei Eingangsrechnungen

Lernsituation

Ebru Celik möchte gerade ein paar Fragen an Herrn Zerbe richten, als dieser sie freundlich unterbricht.

Volker Zerbe: „Frau Celik, Ihre Fragen müssen wir leider zurückstellen. Ich habe gerade erfahren, dass Herr Italien längerfristig erkrankt ist. Kennen Sie Herrn Italien?“

Ebru Celik: „Ja, er arbeitet doch in unserer Abteilung. Er ist eigentlich immer lustig. Ich habe ihn noch nie schlecht gelaunt erlebt.“

Volker Zerbe: „Ja, das stimmt, er hat für jeden ein freundliches Wort. Leider ist er erkrankt und wir sollen ihn gemeinsam ersetzen.“

Ebru Celik: „Welchen Aufgabenbereich hat denn Herr Italien?“

Volker Zerbe: „Er bucht alle Eingangs- und Ausgangsrechnungen für den Bereich Trading. Das sind alle ...“

Ebru Celik: „Herr Zerbe! Ich kenne diese Sparte und weiß, dass zu ihr alle Handelswaren gehören, mit denen wir unser Sortiment eigener Produkte erweitern.“

Volker Zerbe: „Genau so ist es. Hätte ich mir auch denken können, dass Sie unser komplettes Sortiment kennen.

Wenn wir unsere letzten gemeinsamen Übungen einmal Revue passieren lassen: Was haben wir bisher immer eingekauft oder verkauft?“

Ebru Celik: „Es waren alles Positionen des Anlagevermögens. Wir haben neue Anlagegüter eingekauft und gebrauchte verkauft.“

Volker Zerbe: „Stimmt. Das sind zwar anfallende Geschäftsvorfälle, aber sie stehen nicht in unmittelbarem Zusammenhang mit unserem erklärten Unternehmensziel. Dies haben Sie sicherlich noch mehr verinnerlicht als unser Sortiment.“

Ebru Celik: „Ja, so ist es!“

Volker Zerbe: „Gut, dann formulieren Sie es einmal. Lassen Sie aber den Bereich der eigenen Produktion mit dem anschließenden Verkauf der von uns erstellten Produkte heraus und konzentrieren sich nur auf die Sparte Trading.“

Ebru Celik: „Dann besteht unser Unternehmensziel darin, qualitativ hochwertige Handelswaren zu einem günstigen Preis am Markt zu erwerben, um sie danach gewinnbringend wieder zu verkaufen.“

Volker Zerbe: „Richtig. Jetzt vergegenwärtigen Sie sich wieder das Organigramm der ModernOffice KG. Dort haben wir die Abteilungen ‚Beschaffung‘, ‚Produktion‘ und ‚Verkauf‘. Im Bereich der Beschaffung haben wir uns bisher ausschließlich auf den Kauf neuer Anlagegüter konzentriert. Diesen Blickwinkel werden wir nun erweitern. Wir kaufen jetzt die Handelswaren ein, die wir später verkaufen wollen.“

Ebru Celik: „Und wenn uns das gut gelingt, erzielen wir am Ende des Jahres einen Gewinn.“

Volker Zerbe: „Auf den ersten Blick haben Sie recht. Ihre Aussage muss aber etwas differenzierter betrachtet werden. Im Zusammenhang mit dem Einkauf und Verkauf von Handelswaren lernen Sie eine neue Kontenart kennen."

Ebru Celik: „Gut. Haben Sie jetzt eine Übung vorbereitet?"

Volker Zerbe: „Die Zeit der Übungen ist nun vorbei. Wir sollen ja Herrn Italien vertreten und der bucht die Eingangsrechnungen und Ausgangsrechnungen. Genau das machen wir jetzt auch."

Ebru Celik: „Das ist natürlich noch besser. Über welche Konten erfassen wir denn den Einkauf und den Verkauf der Handelswaren?"

Volker Zerbe: „Sie haben das Unternehmensziel vorhin schön erklärt: Wir streben ein Gewinnmaximum an. Einen Gewinn erzielen wir evtl. dann, wenn die Erlöse, die wir durch den Verkauf von Handelswaren erzielen, größer sind als die Aufwendungen, die durch den Einkauf der Handelswaren entstehen."

Ebru Celik: „Warum erzielen wir denn nur evtl. einen Gewinn? Wenn ich Handelsware für 100.000,00 € einkaufe und sie anschließend für 120.000,00 € verkaufe, erziele ich doch einen Gewinn von 20.000,00 €."

Volker Zerbe: „Bei Ihrer Rechnung haben Sie nicht die Aufwendungen berücksichtigt, die über den Einkauf der Handelswaren hinaus entstehen, wie z. B. die Personalaufwendungen, Mietaufwendung und vieles mehr. Die Buchungen zu diesen Aufwendungen wollen wir aber zunächst außer Acht lassen. Den Gewinn, den Sie ansprechen, bezeichnet man übrigens als Rohgewinn. Zu den Erlösen, die sich aus dem Verkauf von Handelswaren ergeben, kommen evtl. noch Erträge aus der Vermietung von frei stehenden Lagerflächen o. Ä. hinzu.

Wir konzentrieren uns jetzt nur auf die Aufwendungen und die Erlöse, die durch den Einkauf und späteren Verkauf von Handelswaren entstehen. Um diese Aufwendungen und später die Erlöse durch den Einkauf bzw. Verkauf der Handelswaren erfassen zu können, benötigen wir eine weitere neue Kontenart, und zwar die der Erfolgskonten. Diese Konten helfen uns, den Erfolg am Ende eines Geschäftsjahres zu ermitteln. Erfolg, das kann ein erzielter Gewinn, aber auch ein Verlust sein. Die Erfolgskonten, die in Aufwands- und Ertragskonten untergliedert werden, befinden sich in den Kontenklassen 5 bis 7.

Mithilfe dieser Konten können wir u. a. die Eingangsrechnung buchen. Eine Frage habe ich noch an Sie, bevor wir die Eingangsrechnungen und Ausgangsrechnungen buchen.

Nehmen wir an, wir erzielen am Ende des Geschäftsjahres durch den Verkauf der Handelswaren einen Gewinn. Wo fließt dieser Gewinn Ihrer Meinung nach hin?"

Ebru Celik: „Ich gehe davon aus, dass der Gewinn den Gesellschaftern der Modern Office KG zusteht."

Volker Zerbe: „Richtig. Haben Sie eine Vorstellung, welches der Ihnen bisher bekannten Konten einen derartigen Gewinn aufnehmen könnte, wenn ich es einmal so ausdrücken darf?"

Ebru Celik: „Wir sind in unserem ersten Beispiel davon ausgegangen, dass das Unternehmen von den Gesellschaftern gegründet wird. Das Kapital, welches sie zur Gründung bereitstellen, befindet sich auf dem Konto Eigenkapital. Dementsprechend müsste ein Gewinn oder ein Verlust genau auf diesem Konto erfasst werden."

Volker Zerbe: „So ist es. Gleiches gilt natürlich auch dann, wenn ein Verlust am Ende des Geschäftsjahres ermittelt wird. Wie das buchhalterisch umgesetzt wird, werden Sie nun nacheinander erfahren. Versuchen Sie jetzt aber erst einmal, die Eingangsrechnung mithilfe des entsprechenden Aufwandskontos zu buchen. Sie finden dieses Konto in der Kontenklasse 6. Ich habe Ihnen eine Aufstellung der Kontenklassen 5 bis 7 als Auszug mitgebracht, damit Sie sich einen ersten Überblick verschaffen können."

Panorama KG
Beamer und Leinwände

Panorama KG · Maudacher Str. 220 · 67065 Ludwigshafen

Rechnung

Rechnungs-Nr.: 14/6690
Auftrags-Nr.: 1188
Kunden-Nr.: 1705

ModernOffice KG
Postfach 10–15

72160 Horb am Neckar

Name: Petras
Telefon: 77125-6
Telefax: 77125-7
E-Mail: Petras@panorama.com

Datum: 02.10.20..

Ihre Bestellung vom 26.09.20..

Sehr geehrter Herr Fether,

wie vereinbart, berechnen wir Ihnen für die Lieferung vom 01.10.20..:

Art-Nr.	Bezeichnung	Menge	Einzelpreis	Gesamtpreis
55-19	Beamer Ocer D74009	20	890,50 €	17.810,00 €
55-28	Beamer Sage M19425	20	356,00 €	7.120,00 €
			€	0,00 €
			€	0,00 €
			gesamt	24.930,00 €
		Rabatt	**20%**	4.986,00
			Warenwert	19.944,00
		MwSt.	**19 %**	3.789,36 €
			Rechnungsbetrag	23.733,36 €

Unsere Zahlungsbedingungen:
30 Tage netto Kasse, Zahlung innerhalb von 10 Tagen unter Abzug von 2% Skonto.

Wir bedanken uns für Ihren Auftrag.

Freundliche Grüße

i. A. *Petras*
Panorama KG

Panorama KG
Maudacher Str. 220
67065 Ludwigshafen
E-Mail: info@panorama.com
Tel. +49 (0)621 77125-72
Fax +49 (0)621 77125-82

Bankverbindung:
Deutsche Postbank AG
IBAN DE90 5451 0067 3914 9922
BIC PBNKDEFFXXX

Gesellschafter:
Fr. Saskia Hauer
Fr. Margret-Sophia Knaupmann

Amtsgericht Ludwigshafen: HRB 777251
USt-IdNr. DE 371980302
Steuer-Nummer 27/353/4471/5

Kontenziffer	Ertragskonten
5100	Umsatzerlöse für Waren
5101	Erlösberichtigungen (Waren)
5190	Sonstige Umsatzerlöse
5191	Erlösberichtigungen (Sonstige Umsatzerlöse)
5200	Bestandsveränderungen
5201	Bestandsv. an unfert. Erzeugn. und nicht abgerechneten Leistungen
5202	Bestandsveränderungen an fertigen Erzeugnissen
5300	Aktivierte Eigenleistungen
5400	Mieterträge
5401	Leasingerträge
5410	Sonstige Erlöse (z. B. aus Provisionen oder Anlagenabgängen)
5420	Entnahme von Gegenständen und sonstigen Leistungen
5430	Andere sonstige betriebl. Erträge
5440	Erträge aus Werterhöhungen v. Gegenst. d. Anlagev. (Zuschreibungen)
5450	Erträge a. d. Auflösung o. Herabsetzung v. Wertbericht. a. Ford.
5460	Erträge aus dem Abgang von Vermögensgegenständen
5480	Erträge aus der Herabsetzung von Rückstellungen
5490	Periodenfremde Erträge
5500	Erträge aus Beteiligungen
5600	Erträge aus anderen Finanzanlagen
5710	Zinserträge
5730	Diskonterträge
5780	Erträge aus Wertpapieren des Umlaufvermögens
5790	Sonstige zinsähnliche Erträge
5800	Außerordentliche Erträge

Konten-ziffer	Aufwandskonten	Konten-ziffer	Aufwandskonten
6000	Aufwendungen für Rohstoffe/ Fertigungsmaterial	6620	Aufwendungen für Werkarzt und Arbeitssicherheit
6001	Bezugskosten (Rohstoffe/ Fertigungsmaterial)	6630	Personenbezogene Versicherungen
6002	Nachlässe (Rohstoffe/Fertigungsmaterial)	6640	Aufwendungen für Fort- und Weiterbildung

Konten-ziffer	Aufwandskonten	Konten-ziffer	Aufwandskonten
6010	Aufwendungen für Vorprodukte/ Fremdbauteile	6650	Aufwendungen für Dienstjubiläen
6011	Bezugskosten (Vorprodukte/ Fremdbauteile)	6660	Aufwendungen für Belegschafts-veranstaltungen
6012	Nachlässe (Vorprodukte/Fremdbau-teile)	6670	Aufwendungen für Werksküche und Sozialeinrichtungen
6020	Aufwendungen für Hilfsstoffe	6680	Ausgleichsabgabe nach dem Schwerbehindertengesetz
6021	Bezugskosten (Hilfsstoffe)	6690	Übrige sonstige Personalaufwendungen
6022	Nachlässe (Hilfsstoffe)	6700	Mieten, Pachten
6030	Aufwendungen für Betriebsstoffe/ Verbrauchswerkzeuge	6710	Leasingaufwendungen
6031	Bezugskosten (Betriebsstoffe)	6720	Lizenzen und Konzessionen
6032	Nachlässe (Betriebsstoffe)	6730	Gebühren
6040	Aufw. für Verpackungsmaterial	6750	Kosten des Geldverkehrs
6041	Bezugskosten (Verpackungsmaterial)	6760	Provisionsaufwendungen (außer Vertriebsprovisionen)
6050	Aufw. für Energie und Treibstoffe	6770	Rechts- und Beratungskosten
6060	Aufw. für Reparaturmaterial	6800	Büromaterial
6070	Aufwendungen für sonstiges Material	6810	Zeitungen und Fachliteratur
6080	Aufwendungen für Waren	6820	Portokosten
6081	Bezugskosten (Waren)	6830	Kosten der Telekommunikation
6082	Nachlässe (Waren)	6850	Reisekosten
6100	Fremdleistungen für Erzeugnisse und andere Umsatzleistungen	6860	Bewirtung und Präsentation
6140	Frachten und Fremdlager	6870	Werbung
6150	Vertriebsprovisionen	6880	Spenden
6160	Fremdinstandhaltung	6900	Versicherungsbeiträge
6170	Sonstige Aufwendungen für bezogene Leistungen	6920	Beiträge zu Wirtschaftsverbänden und Berufsvertretungen
6200	Löhne einschl. tarifl., vertragl. oder arbeitsbedingter Zulagen	6930	Verluste aus Schadensfällen
6210	Urlaubs- und Weihnachtsgeld	6940	Sonstige Aufwendungen
6220	Sonstige tarifl. oder vertragl. Aufwen-dungen für Lohnempfänger	6950	Abschreibungen auf Forderungen
6230	Freiwillige Zuwendungen	6951	Abschreibungen auf Forderungen wegen Uneinbringlichkeit
6250	Sachbezüge	6952	Einstellung in Einzelwertberichtigung
6260	Vergütungen an gewerbliche Auszubil-dende	6953	Einstellung in Pauschalwertberichtigung
6300	Gehälter und Zulagen	6960	Verluste aus dem Abgang von Vermö-gensgegenständen

Konten-ziffer	Aufwandskonten	Konten-ziffer	Aufwandskonten
6310	Urlaubs- und Weihnachtsgeld	6979	Anlagenabgänge
6320	Sonstige tarifliche oder vertragliche Aufwendungen	6980	Zuführungen zu Rückstellungen für Gewährleistung
6330	Freiwillige Zuwendungen	6990	Periodenfremde Aufwendungen
6350	Sachbezüge	7020	Grundsteuer
6360	Vergütungen an Auszubildende	7030	Kraftfahrzeugsteuer
6400	Arbeitgeberanteil zur Sozialversicherung (Lohnbereich)	7070	Ausfuhrzölle
6410	Arbeitgeberanteil zur Sozialversicherung (Gehaltsbereich)	7080	Verbrauchsteuern
6420	Beiträge zur Berufsgenossenschaft	7090	Sonstige betriebliche Steuern
6440	Aufwendungen für Altersversorgung	7400	Abschreibungen auf Finanzanlagen
6490	Aufwendungen für Unterstützung	7420	Abschreibungen auf Wertpapiere des Umlaufvermögens
6495	Sonstige soziale Aufwendungen	7450	Verluste aus dem Abgang von Finanzanlagen
6510	Abschr. auf immaterielle Vermögensgegenstände d. Anlageverm.	7460	Verluste a. d. Abgang v. Wertpapieren d. Umlaufverm.
6520	Abschreibungen auf Sachanlagen	7510	Zinsaufwendungen
6540	Abschreibungen auf geringwertige Wirtschaftsgüter	7530	Diskontaufwendungen
6541	Abschreibungen GWG-Sammelposten Anlagen und Maschinen	7590	Sonstige zinsähnliche Aufwendungen
6542	Abschreibungen GWG-Sammelposten Betriebs- und Geschäftsausstattung	7600	Außerordentliche Aufwendungen
6550	Außerplanmäßige Abschreibungen auf Sachanlagen	7700	Gewerbesteuer
6570	Unüblich hohe Abschreibungen auf Umlaufvermögen	7710	Körperschaftsteuer
6600	Aufwendungen für Personaleinstellung	7720	Kapitalertragsteuer
6610	Aufwendungen für übernommene Fahrtkosten	7800	Diverse Aufwendungen

- *Analysieren Sie die Lernsituation hinsichtlich des Arbeitsauftrages, den Ebru Celik von Herrn Zerbe erhalten hat.*
- *Beschaffen Sie sich alle Informationen, die Sie zur Bewältigung der Aufgabe benötigen.*
- *Prüfen Sie die Eingangsrechnung auf ihre sachliche Richtigkeit.*
- *Entscheiden Sie, mit welchem Aufwandskonto der Einkauf von Handelswaren erfasst wird.*
- *Bilden Sie in Einzelarbeit den Buchungssatz zur Erfassung der Eingangsrechnung der Panorama KG. Buchen Sie dabei, wie bei allen bisherigen Eingangsrechnungen auch, den in der Rechnung ausgewiesenen Umsatzsteueranteil direkt auf dem zutreffenden Umsatzsteuerkonto.*
- *Entscheiden Sie im Plenum, wer sein Ergebnis vorstellen soll.*
- *Prüfen Sie das vorgestellte Ergebnis. Nehmen Sie bei Bedarf Korrekturen an dem vorgestellten oder an Ihrem Ergebnis vor.*

Der Erfolg eines Unternehmens hat Auswirkungen auf das vorhandene Kapital.

Beispiel •

An der ModernOffice KG sind folgende vier Gesellschafter beteiligt:

Dr. Anja Tischler (Komplementärin)
Dipl.-Kfm. Jens Tischler (Komplementär)
Anton Tischler (Kommanditist)
Dr. Christine Tischler (Kommanditistin)

Alle Gesellschafter stellen der ModernOffice KG Kapital in unterschiedlicher Höhe zur Verfügung. Die Gesellschafter erwarten, dass sich ihr eingesetztes Kapital am Ende des Geschäftsjahres erhöht, weil sie davon ausgehen, dass ein Gewinn erzielt wird.

Aufwendungen und Erträge

Die entscheidende Aufgabe der Finanzbuchhaltung ist die Feststellung des Erfolges in einer festgelegten Rechnungsperiode. In der Regel erstreckt sich eine derartige Rechnungsperiode über ein Geschäftsjahr, das meistens einem Kalenderjahr entspricht. Ein Gewinn, lt. HGB ein Jahresüberschuss, wird immer dann erzielt, wenn die Erträge einer Rechnungsperiode größer sind als die Aufwendungen im gleichen Zeitraum. Sind die Aufwendungen in einer Rechnungsperiode größer als die erzielten Erträge, erwirtschaftet ein Unternehmen einen Verlust – nach HGB einen Jahresfehlbetrag. Langfristig müssen die Erträge eines Unternehmens deren Aufwendungen mindestens decken. Die Begriffe **Aufwendungen** und **Erträge** müssen deutlich von den Begriffen **Einnahme** und **Ausgabe** abgegrenzt werden.

Beispiel • *Kurz vor dem Ende des laufenden Geschäftsjahres werden bei der ModernOffice KG gebrauchte Büromöbel aus der Verwaltung im Rahmen eines Trödelmarktes verkauft. Die angegebenen Verkaufspreise entsprechen bei jedem Möbelstück dem tatsächlichen Buchwert. Verkauft werden alle Möbel nur gegen Barzahlung. Durch den Barverkauf erzielt die ModernOffice KG zwar* ***Einnahmen****, diese sind aber nicht mit* ***Erträgen*** *gleichzusetzen. Der Vermögensposten „Büromöbel" nimmt ab, dafür nimmt der Vermögensposten „Kasse" zu. Im Prinzip findet lediglich ein Tausch statt, die Höhe des Eigenkapitals bleibt unberührt. Kauft die ModernOffice KG im Gegenzug neue Möbel für die Verwaltung und bezahlt diese per Banküberweisung, so fallen Ausgaben an. Diese* ***Ausgaben*** *stellen* ***keinen Aufwand*** *dar. Auch hier werden im Prinzip nur Vermögensposten getauscht (Büromöbel und sonstige Geschäftsausstattung gegen Bankguthaben). Ausgaben und Einnahmen geben im Prinzip nur Auskunft über das Geldvermögen, aber nicht über den Erfolg dieses Unternehmens. Eine Einnahme würde die ModernOffice KG auch erzielen, wenn sie einen Kredit aufnimmt, der auf dem Bankkonto gutgeschrieben wird. Diese Einnahme stellt keinen Ertrag dar, da auch hier nur Vermögensposten getauscht werden (Bankguthaben gegen Verbindlichkeiten gegenüber Kreditinstituten).*

Im Gegensatz dazu haben Aufwendungen und Erträge, die während eines Geschäftsjahres erzielt werden, direkten Einfluss auf den Erfolg eines Unternehmens.

Aufwendungen vermindern das **Eigenkapital** oder erhöhen die Verbindlichkeiten des Unternehmens, **Erträge erhöhen** das **Eigenkapital**. Dabei schreibt das Gesetz vor, dass Aufwendungen und Erträge eines Geschäftsjahres nicht gegenverrechnet werden dürfen. Das bedeutet, dass am Geschäftsjahresende alle Aufwendungen eines Unternehmens den Erträgen gegenübergestellt werden müssen.

> „Erfassung sämtlicher Aufwendungen und Erträge des betreffenden Geschäftsjahres in der Buchführung des Unternehmens. [...] Aufwendungen und Erträge sind dem Unternehmen dann zuzuordnen, wenn diese für die Rechnung des Unternehmens angefallen sind."

Quelle: Koller, Ingo; Roth, Wulf-Henning; Morck, Winfried: HGB Handelsgesetzbuch: Kommentar, 7. Auflage, München, C. H. Beck, 2011, S. 514

Aufwendungen und Erträge können danach untergliedert werden, ob sie durch den betrieblichen Leistungsprozess entstanden sind oder nicht.

Beispiel • *Die ModernOffice KG erzielt Zinserträge aus Geldanlagen. Diese Erträge resultieren nicht aus betrieblicher Tätigkeit.*
Der Umsatz der Showrooms in den vier Niederlassungen boomt. Um dem Ansturm an Kaufinteressenten gerecht zu werden, wird in Köln kurzfristig ein Lagerraum angemietet. In diesem Lagerraum werden die Handelswaren gelagert, die zusätzlich bestellt worden sind. Die Miete für den Lagerraum stellt für die ModernOffice KG einen Aufwand dar.

Man bezeichnet die Aufwendungen und Erträge, die nicht aus dem betrieblichen Leistungsprozess resultieren, als neutrale Aufwendungen und neutrale Erträge.

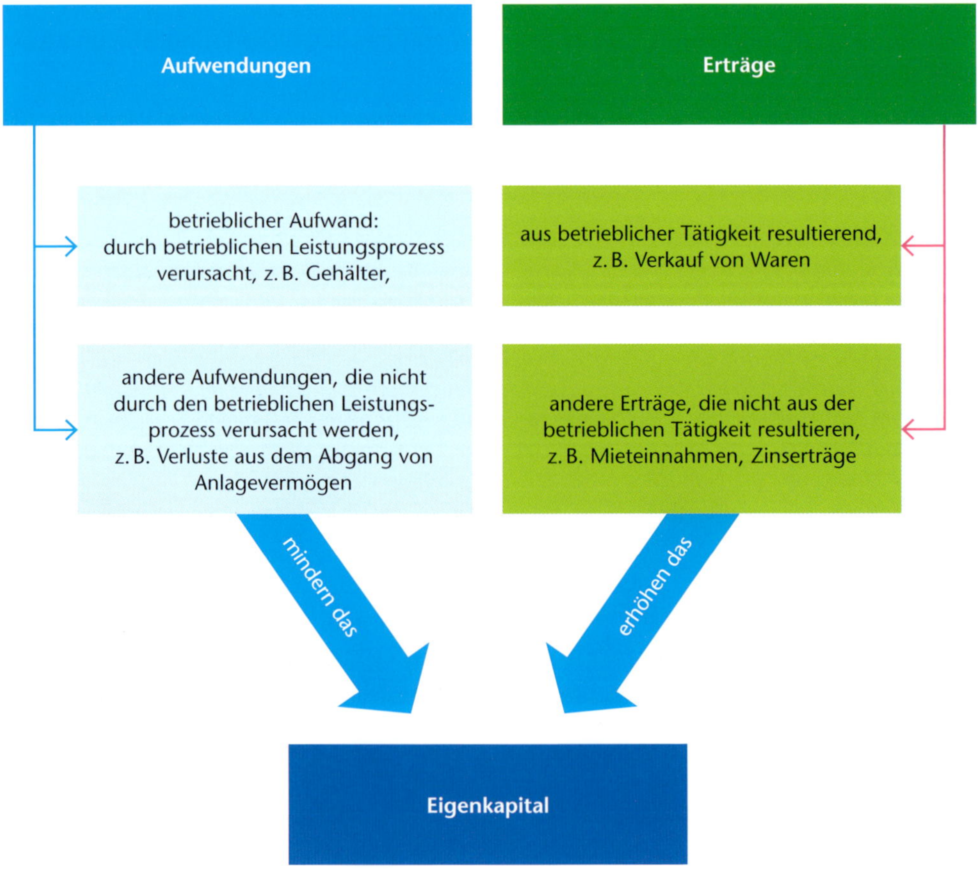

Buchhalterische Erfassung von Aufwendungen und Erträgen

Die buchhalterische Erfassung aller Aufwendungen und Erträge wird über die jeweiligen Erfolgskonten vorgenommen. Bei den Buchungen von Aufwendungen und Erträgen handelt es sich um erfolgswirksame Buchungen, da sie Auswirkungen auf den Gewinn oder Verlust am Ende eines Geschäftsjahres haben.

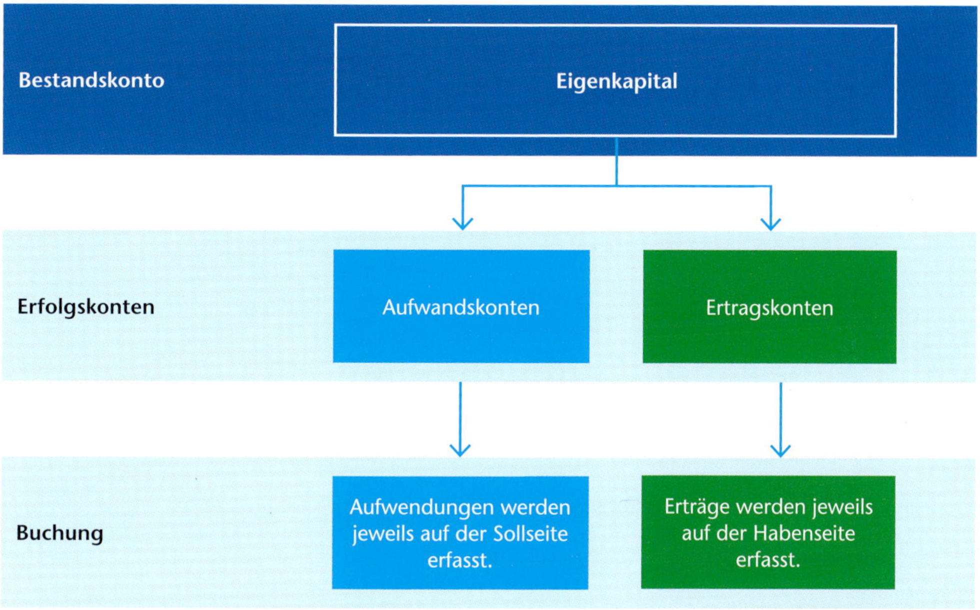

Abgeschlossen werden alle Erfolgskonten über das Sammelkonto „Gewinn- und Verlustkonto". Dieses Sammelkonto zeigt zum Abschluss einer Periode den erzielten Gewinn oder den Verlust an. Der Saldo dieses Kontos wird beim Abschluss auf das Eigenkapitalkonto gebucht. Dadurch ist gewährleistet, dass der sich am Periodenende ergebende Erfolg (Gewinn oder Verlust) das Eigenkapital verändert.

Beim Einkauf von Handelswaren werden unterschiedliche Konten benötigt

Beispiel • *In der Eingangspost der ModernOffice KG befindet sich am 13.11.20.. die Rechnung der Pinnwand-Park GmbH. Dieser Eingangsrechnung ist eine Bestellung vorausgegangen. Die Rechnung ist schon auf die sachliche Richtigkeit hin überprüft worden. Die Ware ist in einwandfreiem Zustand, ansonsten läge der Beleg nicht zur Buchung vor. Bei der ModernOffice KG werden alle Eingangsrechnungen zunächst als Zieleinkauf erfasst. Nach Möglichkeit werden diese Rechnungen dann innerhalb der vorgegebenen Skontofrist mittels Banküberweisung bezahlt.*
Der Einkauf der Handelswaren wird als Aufwand gebucht, die enthaltende Umsatzsteuer direkt auf dem Vorsteuerkonto erfasst.[1] Der Lieferer Pinnwand-Park GmbH gewährt einen Rabatt von 15 %. Dieser Rabatt wird nicht gesondert gebucht. Der sich nach Abzug des Rabatts ergebende Warenwert (netto) in Höhe von 1.313,25 € wird auf das Aufwandskonto „Aufwendungen für Waren (Handelswaren)" gebucht. Dieses Konto trägt die Kontenziffer 6080.
Die gesondert ausgewiesene Mehrwertsteuer in Höhe von 249,52 € wird auf dem Konto „Vorsteuer" direkt erfasst.

[1] *Man bezeichnet diese Methode der Erfassung von Eingangsrechnung und Ausgangsrechnung als Nettomethode. In diesem Buch wird ausschließlich nach dieser Methode gebucht.*

Da die Eingangsrechnung nicht sofort bezahlt wird und es sich demnach um einen Zieleinkauf handelt, wird der Rechnungsbetrag in Höhe von 1.562,77 € auf das Konto „Verbindlichkeiten aus Lieferungen und Leistungen" gebucht.

Pinnwand - Park GmbH

Pinnwand-Park GmbH • Wipperfürther Straße 29 – 31 • 51103 Köln

ModernOffice KG
Industriestr. 10–14
72160 Horb am Neckar

Rechnung

Bei Rückfragen bitte angeben:
Rechnungs-Nr.: 15-723
Auftrags-Nr.: A15-490
Kunden-Nr.: 72655

Datum: 12.11.20..

Sehr geehrter Herr Manke,

wie vereinbart, berechnen wir Ihnen für die Lieferung vom 08.11.20..:

Art-Nr.	Bezeichnung	Menge	Einzelpreis	Gesamtpreis
12890-1	Pinnwand A1S25	50	18,90 €	945,00 €
12890-2	Pinnwand A1S28	30	20,00 €	600,00 €
			Zwischensumme	1.545,00 €
	Rabatt	15 %		231,75 €
			netto	1.313,25 €
	19 % MwSt.	249,52 €		
			Rechnungsbetrag	1.562,77 €

Unsere Zahlungsbedingungen:
30 Tage netto Kasse, Zahlung innerhalb von 10 Tagen unter Abzug von 2 % Skonto.

Vielen für Ihren Auftrag.

Freundliche Grüße

Pinnwand–Park GmbH

Pinnwand-Park GmbH
Wipperfürther Str. 23–31
51103 Köln
Tel.: +49 (0)221 63703-100
Fax: +49 (0)221 63703-170

Gesellschafter:
Frau Franziska Pleiß
Herr Markus Dresel
Internet: **www.PinnwandPark.com**
Facebook: **www.facebook.com/PPark**

Bankverbindung:
Kölner Bank eG
IBAN DE18 3716 0087 6791 1281 10
BIC GENODED1CGN

USt-IdNr.: **DE 669183891**
Steuer-Nr.: **283/1255/4522**

Amtsgericht Köln
HRB 3754

Die Grundbuchbuchung

Die Erfassung der Eingangsrechnung der Pinnwand-Park GmbH führt zu folgender Grundbuchbuchung:

Grundbuch							
Nr.	Konto	Soll an	Konto	Haben	Soll	Haben
0001	6080	Aufwendungen Vorsteuer für Waren			1.313,25 €	
0001	**2600**	Vorsteuer			249,52 €	
0001			4400	Verbindlichkeiten aus Lieferungen und Leistungen		1.562,77 €

Die Buchung im Hauptbuch

Bei einem angenommenen Anfangsbestand von 64.155,10 € auf dem Konto „Verbindlichkeiten aus Lieferungen und Leistungen" wird wie folgt gebucht:

S	**2600 Vorsteuer**		H
4400	249,52		

S	**6080 Aufwendungen für Waren**		H
4400	1.313,25		

S	**4400 Verbindlichkeiten aus Lieferungen und Leistungen**		H
		8000	64.155,10
		6080; 2600	1.562,77

Bei dieser Buchung kommt es zu einer Zunahme der Verbindlichkeiten bei einem Lieferanten der ModernOffice KG (Konto „Verbindlichkeiten aus Lieferungen und Leistungen"). Das eingeräumte Zahlungsziel von 30 Tagen verdeutlicht, dass es sich um eine kurzfristige Verbindlichkeit gegenüber dem Lieferanten Pinnwand-Park GmbH handelt.

Anhand der folgenden Beispiele zur Erfassung unterschiedlicher Eingangsrechnungen soll die buchhalterische Erfassung verdeutlicht werden.

Luxo Licht Design AG

Luxo Lichtdesign AG • Von-Thünen-Straße 28 • 28307 Bremen

ModernOffice KG
Industriestraße 10–14
72160 Horb am Neckar

Rechnung

Rechnungs-Nr.: 1489-507
Auftrags-Nr.: 12558
Kunden-Nr.: 37501

Datum: 12.07.20..

Ihre Bestellung vom 06.07.20..

Sehr geehrter Herr Manke,

wie vereinbart, berechnen wir Ihnen:

Art-Nr.	Artikelbezeichnung	Menge	Einzelpreis	Gesamtpreis
7704	RGB Beleuchtungssysteme flash, weiß	50	36,50 €	1.825,00 €
7708	RGB Beleuchtungssysteme spot, farb	70	52,35 €	3.664,50 €
5416	downlights 40^0	30	308,50 €	9.255,00 €
			netto €	14.744,50 €
	Rabatt	12 %		1.769,34 €
			netto €	12.975,16 €
			19 % MwSt.	2.465,28 €
			Bruttobetrag	15.440,44 €

Zahlungskonditionen: 30 Tage netto Kasse, 10 Tage 2 % Skonto

Freundliche Grüße

i. A. Strunz
Luxo Lichtdesign AG

Luxo Lichtdesign AG
Von-Thünen-Straße 28
28307 Bremen
Telefon: + 49 7451 801-0
Telefax: + 49 7451 801-100
www.LLichtdesign.com
info@ll-design.de

Vorsitzender:
Herr Manuel Herb

Vorstandsmitglieder:
Frau Christa Breuer
Frau Daniela Steinke

Bankverbindung:
Commerzbank AG Bremen
IBAN DE 65 2904 0090 0214 6669 88
BIC COBA DE FF290

USt-IdNr.: DE765767221
Steuer-Nr.: 78/232/55617

HRB 13778
Amtsgericht Bremen

Lautstark OHG

Lautstark OHG – Dörbeckweg 27 – 13591 Berlin

ModernOffice KG
Industriestraße 10–14
72160 Horb am Neckar

Rechnung

Rechnungs-Nr.: 22302
Auftrags-Nr.: 2570
Kunden-Nr.: 1266

Datum: 14.04.20..

Bei Rückfragen bitte Kunden-Nr. und Rechnungs-Nr. angeben

Sehr geehrter Herr Manke,

wie vereinbart, berechnen wir Ihnen:

Art-Nr.	Bezeichnung	Menge	Einzelpreis	Gesamtpreis
6565	XZ553-1	20	66,90 €	1.338,00 €
5365	W-199X	30	89,50 €	2.685,00 €
4980	STA Z83	10	386,70 €	3.867,00 €
				€
			netto €	7.890,00 €
	Einführungsrabatt	15%		1.183,50 €
			€	€
			netto	6.706,50 €
			19 % MwSt.	1.274,24 €
			Bruttobetrag	7.940,74 €

Unsere Zahlungsbedingungen:
Zahlen Sie bis zum 24.04.20.. unter Abzug von 3% Skonto, bis zum 13.05.20.. netto Kasse.

Wir bedanken uns für Ihren Auftrag.

Freundliche Grüße

S. Held
Lautstark OHG

Lautstark OHG
Dörbeckweg 27
13591 Berlin

Telefon: +49 (0)30 377514-1
Telefax: +49 (0)30 377514-10

Gesellschafter:

Herr Peter Löbner
Herr Ernst Gärtner

Bankverbindung:

Sparda-Bank Berlin eG
IBAN DE19 1209 6597 4733 8197 11
BIC GENODEF1S10

Amtsgericht Stuttgart
HRB 3754

USt-IdNr. DE 785560669
Steuer-Nummer 2893/1255/4522

Quittung

Nr.

netto	€ 135	ct 10
+19% USt.	€ 25	ct 67
gesamt	€ 160	ct 77

Gesamtbetrag € in Worten
einhundertsechzig

ct wie oben

von ModernOffice KG

für Büromaterial

erhalten zu haben, bestätigt — Bürobedarf BüroDerModerne KG

Ort 72160 Horb am Neckar — Datum 12.03.20..

Buchungsvermerke

Stempel/Unterschrift des Empfängers
Frinks

Autohaus Schlotthausen

*Wir reparieren - **alles***

RECHNUNG

ModernOffice KG
Industriestraße 10–14
72160 Horb am Neckar

DATUM: 21.03.20..
RECHNUNGSNR. 782

FÜR: Inspektion, u.a.

BESCHREIBUNG	STUNDEN	PREIS	BETRAG
Große Inspektion	16,00	42,60	681,60 €
Material		380,00	380,00 €
Querstreben an einem Pkw erneuert	3,00	42,60	127,80 €
Material	3,00	25,00	75,00 €
komplette Innen- und Außenreinigung aller Pkws		180,00	180,00 €

ZWISCHENSUMME	**1.444,40 €**
STEUERSATZ	**19,00%**
UMSATZSTEUER	**274,44**
ANDERE	**./.**
SUMME	**1.718,84 €**

Betrag zahlbar innerhalb von 15 Tagen.

VIELEN DANK FÜR IHREN AUFTRAG.

Die Grundbuchbuchungen (in der Reihenfolge der Belege)

Grundbuch						
Nr.	Konto	Soll an	Konto	Haben	Soll	Haben
0001	6080	Aufwendungen für Waren			12.975,16 €	
0001	2600	Vorsteuer			2.465,28 €	
0001			4400	Verbindlichkeiten aus Lieferungen und Leistungen		15.440,44 €
0002	6080	Aufwendungen für Waren			6.706,50 €	
0002	2600	Vorsteuer			1.274,24 €	
0002			4400	Verbindlichkeiten aus Lieferungen und Leistungen		7.980,74 €
0003	6800	Büromaterial			135,10 €	
0003	2600	Vorsteuer			25,67 €	
0003			2880	Kasse		160,77 €
0004	6160	Fremdinstandhaltung			1.444,40 €	
0004	2600	Vorsteuer			274,44 €	
0004			4400	Verbindlichkeiten aus Lieferungen und Leistungen		1.718,84 €

Die Buchungen im Hauptbuch[1]

S	**2600** Vorsteuer		H
4400	2.465,28		
4400	1.274,24		
2880	25,67		
4400	274,44		

S	**2880** Kasse		H
		6800; 2600	160,77

S	**4400** Verbindlichkeiten a. LL.		H
		8000	200.000,00
		6080; 2600	15.440,44
		6080; 2600	7.980,74
		6160; 2600	1.716,84

S	**6080** Aufwendungen für Waren		H
4400	12.975,16		
4400	6.706,50		

S	**6010** Fremdinstandhaltung		H
4400	1.444,40		

S	**6800** Büromaterial		H
2880	135,10		

Alle **Aufwendungen** werden im Soll des jeweiligen Aufwandskontos mit ihrem **Nettowert** erfasst. Insgesamt werden drei Zieleinkäufe gebucht. Bei diesen drei Eingangsrechnungen wird **später entschieden**, ob das komplette Zahlungsziel ausgenutzt wird oder die Eingangsrechnung innerhalb der Skontofrist – wenn angegeben – beglichen wird. Bei der Buchung des Zieleinkaufs muss der Termin zum Rechnungsausgleich noch nicht festgelegt sein. Der **Rechnungsausgleich** einer jeden Eingangsrechnung wird bei einem Zieleinkauf erst dann **gebucht, wenn** der entsprechende **Kontoauszug der Bank** vorliegt.

[1] *Das Konto „Verbindlichkeiten aus Lieferungen und Leistungen" hat bei diesem Beispiel einen Anfangsbestand von 200.000,00 €.*

Das Büromaterial wird direkt bar bezahlt, das Kassenkonto wird mit dem Rechnungsbetrag im Haben belastet.

Abschluss der Aufwandskonten über das Sammelkonto „Gewinn- und Verlustkonto"

Alle Aufwandskonten werden über das Sammelkonto „Gewinn- und Verlustkonto", Kontenziffer 8020, abgeschlossen.

Der Saldo (①–②) der einzelnen Aufwandskonten wird auf der Sollseite des Kontos „Gewinn- und Verlustkonto" erfasst.

S 6080 Aufwendungen für Waren H

S		H	
4400	12.975,16	8020 ①	19.681,66
4400	6.706,50		
	19.681,66		**19.681,66**

S 6800 Büromaterial H

S		H	
2880	135,10	8020 ②	135,10
	135,10		**135,10**

S 6160 Fremdinstandhaltung H

S		H	
4400	1.444,40	8020 ③	1.444,40
	1.444,40		**1.444,40**

S 8020 GuV-Konto H

S		H	
6080 ①	19.681,66		
6160 ②	1.444,40		
6800 ③	135,10		

Das Gewinn- und Verlustkonto wird mit seinem Saldo (④) in Höhe von 21.261,16 € über das Eigenkapitalkonto[1] abgeschlossen.

Da bisher keine Erträge gebucht worden sind, nimmt das Eigenkapital um diese 21.261,16 € ab. Das entspricht der Summe aller bisher gebuchten Aufwendungen.

S 8020 GuV-Konto H

S		H	
6080 ①	19.681,66	3000 ④	21.261,16
6160 ②	1.444,40		
6800 ③	135,10		
	21.261,16		**21.261,16**

S 3000 Eigenkapital H

S		H	
8020 ④	21.261,16	8000	790.000,00

[1] *Das Konto Eigenkapital hat einen Anfangsbestand von 790.000,00 €.*

Auf den Punkt gebracht

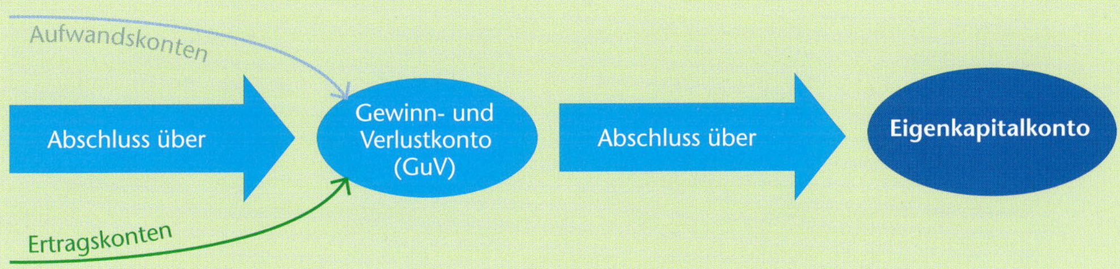

Aufwendungen

1. werden auf Erfolgskonten gebucht,
2. haben Einfluss auf die Höhe des Eigenkapitals,
3. werden immer auf der Sollseite gebucht, da sie zu einer Minderung des Eigenkapitals führen,
4. werden über das Sammelkonto „Gewinn- und Verlustkonto" abgeschlossen.

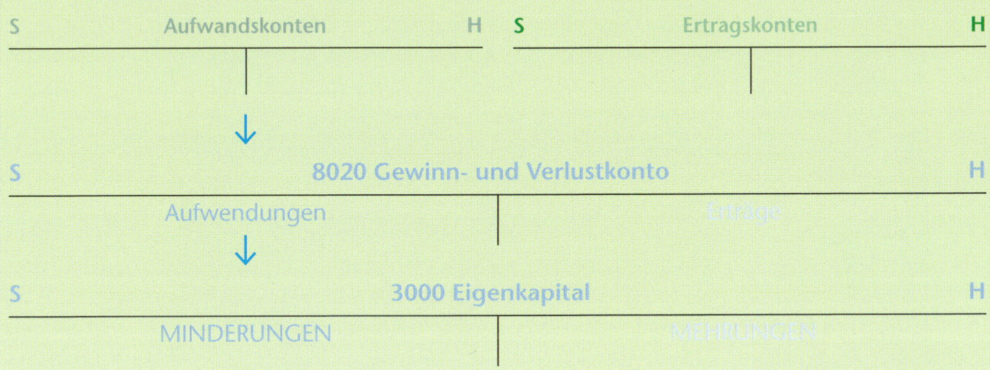

Nutzen Sie Ihr Wissen

1. Buchen Sie nachfolgende Aufgabenstellung aus Sicht der ModernOffice KG im Grundbuch.

Nr.	Buchungstext	Rechnungsart	Betrag
0001	Wir kaufen Ware auf Ziel	Nettorechnungsbetrag	2.000,00 €
0002	Wir kaufen Ware unseres Lieferanten und bezahlen die Rechnung bar	Rechnungsbetrag inkl. 19 % MwSt.	595,00 €
0003	Barkauf von Kugelschreibern	Nettorechnungsbetrag	85,00 €
0004	Wir erhalten die Rechnung für eine Stellenanzeige in einer überregionalen Tageszeitung	Rechnungsbetrag inkl. 19 % MwSt.	258,60 €
0005	Bareinkauf von Reparaturmaterial zur Reparatur kleiner Furnierrisse	Nettorechnungsbetrag	600,00 €
0006	Zieleinkauf von Büroschränken für die Buchhaltung	Rechnungsbetrag inkl. 19 % MwSt.	2.800,00 €
0007	Kauf unterschiedlicher Projektionsleinwände auf Ziel	Nettorechnungsbetrag	4.835,00 €
0008	Kauf von Flipcharts auf Ziel	Rechnungsbetrag inkl. 19 % MwSt.	1.800,00 €
0009	Wir kaufen Beleuchtungssysteme auf Ziel	Nettorechnungsbetrag	6.060,00 €

2. Buchen Sie nachfolgende Geschäftsvorfälle aus Sicht der ModernOffice KG.

Nr.	Buchungstext	Rechnungsart	Betrag
0001	Anfangsbestand Guthaben bei Kreditinstituten (Bank)		300.000,00 €
0002	Anfangsbestand Kasse		20.000,00 €
0003	Anfangsbestand Verbindlichkeiten aus Lieferungen und Leistungen		78.986,55 €
0004	Anfangsbestand Eigenkapital		241.013,45 €
0001	Banklastschrift: Abrechnung Kontoführungsgebühren		300,00 €
0002	Überweisung der Gebäudeversicherungsprämie		1.800,00 €
0003	Wir kaufen Ware auf Ziel	Nettorechnungsbetrag	3.500,00 €
0004	Wir kaufen Ware unseres Lieferanten und bezahlen die Rechnung durch Banküberweisung	Nettorechnungsbetrag	3.990,00 €
0005	Kauf von Flipcharts auf Ziel	Nettorechnungsbetrag	1.860,00 €
0006	Überweisung der Miete für die zweite Lagerhalle		2.400,00 €
0007	Banküberweisung der Beiträge zur Berufsgenossenschaft		1.200,00 €
0008	Barkauf von Radiergummis	Nettorechnungsbetrag	30,00 €
0009	Barkauf von DVDs	Nettorechnungsbetrag	400,00 €
0010	Rechnungseingang: Reparatur Fenstergriffe Dachluken	Rechnungsbetrag inkl. 19 % MwSt.	2.080,00 €
0011	Überweisung der Kfz-Steuern für den gesamten Fuhrpark		2.860,00 €

a) Buchen Sie die Geschäftsvorfälle zunächst im Grundbuch.

b) Richten Sie die oben angegebenen Bestandskonten mit den jeweiligen Anfangsbeständen ein. Insgesamt benötigen Sie folgende Konten:

2600	Vorsteuer
2800	Bank
2880	Kasse
3000	Eigenkapital
4400	Verbindlichkeiten aus Lieferungen und Leistungen
6080	Aufwendungen für Waren
6160	Fremdinstandhaltung
6420	Beiträge zur Berufsgenossenschaft
6700	Mieten, Pachten
6750	Kosten des Geldverkehrs
6800	Büromaterial
6900	Versicherungsbeiträge
7030	Kraftfahrzeugsteuer
8000	Eröffnungsbilanzkonto
8010	Schlussbilanzkonto
8020	Gewinn- und Verlustkonto

c) Übertragen Sie die Grundbuchbuchungen in das Hauptbuch.
d) Schließen Sie alle Konten ab. (Da noch keine Ertragsbuchungen vorhanden sind, weist das Konto „Gewinn- und Verlustkonto" am Ende einen Verlust aus.)

3. Buchen Sie nachfolgende Aufgabenstellung aus Sicht der ModernOffice KG. Die Aufgabenstellung beinhaltet einen kompletten Geschäftsgang mit Bestandskonten und Erfolgskonten.

Nr.	Buchungstext Rechnungsart	Betrag
0001	Anfangsbestand Anlag. und Masch. d. Energieversorgung	350.000,00 €
0002	Anfangsbestand Lager- und Transporteinrichtungen	91.200,00 €
0003	Anfangsbestand Fuhrpark	75.800,00 €
0004	Anfangsbestand Büromaschinen, Organisationsmittel und Kommunikationsanlagen	68.972,25 €
0005	Anfangsbestand Ford. aus Lieferungen und Leistungen	91.650,13 €
0006	Anfangsbestand Guthaben bei Kreditinstituten (Bank)	140.500,00 €
0007	Anfangsbestand Kasse	42.300,25 €
0008	Anfangsbestand Kurzfristige Bankverbindlichkeiten	12.000,00 €
0009	Anfangsbestand Verbindlichkeiten aus Lieferungen und Leistungen	78.986,55 €
0010	Anfangsbestand Eigenkapital	769.436,08 €
0001	Rechnungsausgleich durch Kunden per Banküberweisung	3.320,00 €
0002	Banklastschrift: Ausgleich einer Lieferer-Rechnung	4.801,50 €
0003	Aufnahme eines kurzfr. Darlehens bei unserer Hausbank, der Betrag wird dem Konto gutgeschrieben	6.000,00 €

0004	Banklastschrift: Sollzinsen für das aufgenommene Darlehen für das I. Quartal wurden vom Konto abgezogen		300,00 €
0005	Wir kaufen Ware auf Ziel	Rechnungsbetrag inkl. 19 % MwSt.	5.655,00 €
0006	Wir kaufen Ware unseres Lieferanten und bezahlen die Rechnung durch Banküberweisung	Rechnungsbetrag inkl. 19 % MwSt.	1.190,00 €
0007	Zieleinkauf von Beleuchtungssystemen	Nettorechnungsbetrag	10.280,00 €
0008	Wir kaufen einen Pkw auf Ziel	Rechnungsbetrag inkl. 19 % MwSt.	60.000,00 €
0009	Wir kaufen eine Maschine auf Ziel	Nettorechnungsbetrag	10.300,00 €
0010	Kauf einer Transportanlage gegen Rechnung	Rechnungsbetrag inkl. 19 % MwSt.	22.500,00 €
0011	Rechnungseingang: TÜV-Abnahme aller Geschäfts-Pkws	Nettorechnungsbetrag	3.680,25 €
0012	Barkauf von Hängetaschen	Nettorechnungsbetrag	150,00 €
0013	Zieleinkauf eines neuen PC-Systems für unsere Niederlassung	Nettorechnungsbetrag	6.853,00 €

a) Buchen Sie die Geschäftsvorfälle zunächst im Grundbuch.
b) Richten Sie die angegebenen Konten mit ihren Anfangsbeständen ein. Insgesamt benötigen Sie folgende Konten:

0700	Anlagen und Maschinen der Energieversorgung
0830	Lager- und Transporteinrichtungen
0840	Fuhrpark
0860	Büromaschinen, Organisationsmittel und Kommunikationsanlagen
2400	Forderungen a. LL.
2600	Vorsteuer
2800	Bank
2880	Kasse
3000	Eigenkapital
4210	Kurzfristige Bankverbindlichkeiten
4400	Verbindlichkeiten aus Lieferungen und Leistungen
6080	Aufwendungen für Waren
6160	Fremdinstandhaltung
6800	Büromaterial
7510	Zinsaufwendungen
8000	Eröffnungsbilanzkonto
8010	Schlussbilanzkonto
8020	Gewinn- und Verlustkonto

c) Übertragen Sie die Grundbuchbuchungen in das Hauptbuch.
d) Schließen Sie alle Konten ab. (Da noch keine Ertragsbuchungen vorhanden sind, wird das Konto „Gewinn- und Verlustkonto“ am Schluss einen Verlust ausweisen.)

13.2 Die Buchung von Erlösen bei Ausgangsrechnungen

Lernsituation

Volker Zerbe: „Frau Celik, nachdem wir nun verschiedene Eingangsrechnungen gebucht haben, liegen uns jetzt Ausgangsrechnungen vor, die wir unseren Kunden zusenden. Diese Ausgangsrechnungen beziehen sich immer auf den Verkauf von Handelswaren."

Ebru Celik: „Haben Sie eine konkrete Ausgangsrechnung vorliegen, die ich jetzt buchen kann?"

Volker Zerbe: „Ja. Es handelt sich dabei um eine Ausgangsrechnung an den Kunden ‚Allgemeine Versicherung AG' aus Köln. Der Kunde hat bei uns mehrere Schreibtischleuchten bestellt, die wir vereinbarungsgemäß geliefert haben."

ModernOffice.

ModernOffice KG •Postfach 10 15• 72160 Horb am Neckar

Bürowelten OHG
Antoniter Str. 77
50667 Köln

Bei Rückfragen bitte angeben:

Rechnungs-Nr.: 14789
Kunden-Nr.:D 8004

Rechnung

Datum: 03.11.20..

Für die Lieferung vom 27.20.20.. berechnen wir:

Art.-Nr.:	Art.-Bezeichnung	Einzelpreis	Menge	Gesamtpreis
201.116	Schreibtischleuchte	27,55 €	25	688,75 €
201.124	Schreibtischleuchte	174,00 €	7	1.218,00 €

	gesamt	1.906,75 €
Rabatt	***5 %***	95,34 €
	gesamt netto	1.811,41 €
	19 % MwSt.	344,17 €
	Rechnungsbetrag	2.155,58 €

Lieferbedingungen:
Die Lieferung erfolgt vertragsgemäß ab Werk.

Zahlungsbedingungen:
14 Tage unter Abzug von 2 % Skonto, 30 Tage netto Kasse

Zahlen Sie bis zum:	17.11.20..	2.112,47 €
Zahlen Sie bis zum:	03.12.20..	2.155,58 €

ModernOffice KG
Industriestraße 10 – 14
72160 Horb am Neckar
Gesellschafter:
Dr. Anja Tischler
Dipl.-Kfm. Jens Tischler
Anton Tischler

Telefon: +49 7451 801-0
Telefax: +49 7451 801-100
E-Mail:info@mo-modernoffice.com
Internet:www.mo-modernoffice.com
Facebook: www.facebook.com/mo-modernoffice
Twitter: https://twitter.com/mo-modernoffice

Bankverbindungen:
Postbank Stuttgart
IBAN DE53 6001 0070 0813 6000 10
BIC PBNK DE FF 600
Kreissparkasse Freudenstadt
IBAN DE68 6425 1060 1701 8022 44
BIC SOLA DE S1FDS

Sitz: Horb am Neckar
USt-IdNr.:DE 258034416
Steuer-Nr.: 220/360/2842
HRA722079
Amtsgericht Stuttgart
(Finanzamt Freudenstadt,
Außenstelle Horb)

Ebru Celik: „Was ich so toll an unseren Ausgangsrechnungen finde, ist die Tatsache, dass wir dem Kunden direkt mit dem Rechnungsformular die Zahlungsfristen nennen."

Volker Zerbe: „Das ist ein kleiner Service, der uns nichts kostet und dem Kunden hilft."

Ebru Celik: „Ich gehe davon aus, dass wir diese Rechnung als Zielverkauf buchen werden. Bei den Eingangsrechnungen haben wir das auch so gemacht. Wir wissen ja nicht, ob der Kunde die vorzeitige Zahlungsfrist, innerhalb derer er Skonto abziehen darf, nutzen wird."

Volker Zerbe: „Genau so machen wir es. Dann versuchen Sie jetzt bitte, diese Ausgangsrechnung zu buchen."

- *Analysieren Sie die Lernsituation hinsichtlich des Arbeitsauftrages, den Ebru Celik von Herrn Zerbe erhalten hat.*
- *Erläutern Sie im Plenum zunächst den betriebswirtschaftlichen Hintergrund. Berücksichtigen Sie dabei u. a. die Fragestellung, ob ein Kaufvertrag schon vor dem Versenden der Ausgangsrechnung zustande gekommen ist. Klären Sie in diesem Zusammenhang die Frage, ab welchem Zeitpunkt die ModernOffice KG bei den vereinbarten Lieferbedingungen die Pflicht der rechtzeitigen Lieferung erfüllt hat.*
- *Prüfen Sie die Ausgangsrechnung auf ihre sachliche Richtigkeit.*
- *Entscheiden Sie, mit welchem Ertragskonto der Verkauf von Handelswaren erfasst wird.*
- *Bilden Sie in Einzelarbeit den Buchungssatz zur Erfassung der Ausgangsrechnung der Modern Office KG. Buchen Sie dabei den in der Rechnung ausgewiesenen Umsatzsteueranteil direkt auf dem zutreffenden Umsatzsteuerkonto.*
- *Führen Sie eine Grundbuchbuchung durch.*
- *Entscheiden Sie im Plenum, wer sein Ergebnis vorstellen soll.*
- *Prüfen Sie das vorgestellte Ergebnis. Nehmen Sie bei Bedarf Korrekturen an dem vorgestellten oder an dem von Ihnen erzielten Ergebnis vor.*

Die durch den Verkauf von Handelswaren erzielten Erlöse werden über das Ertragskonto „Umsatzerlöse für Waren" erfasst. Dabei ist darauf zu achten, dass dieses Konto nur den Nettowarenwert aufnimmt. Dieser ergibt sich, wenn von den jeweiligen Listenpreisen ein etwaig eingeräumter Rabatt abgezogen wird. Die Vorgehensweise ist die gleiche wie bei den Eingangsrechnungen. Auch hier wird ein möglicher Rabatt direkt rechnerisch ermittelt und abgezogen.

Der Verkauf von Handelswaren wird zunächst als Zielverkauf gebucht, wenn nichts anderes vereinbart worden ist. Das vereinbarte Zahlungsziel gibt an, über welchen Zeitraum sich die entstehende Forderung an einen Kunden erstreckt.

Beispiel • *Am 06.12.20.. wird die Ausgangsrechnung 15051 an den Kunden „Schüttlers Bürobedarf" zusammen mit der Lieferung geschickt. Der Kunde hat die in der Rechnung festgehaltenen Artikel eine Woche vorher bei der ModernOffice KG bestellt und um zeitnahe Lieferung gebeten. Vertraglich ist vereinbart worden, dass diese Lieferung „frei Haus" den Kunden erreicht.*
Dem Kunden wird ein Rabatt von 5 % gewährt. Der Kundenrabatt ist je nach Kunde unterschiedlich gestaffelt und kann in der Kundenliste der ModernOffice KG eingesehen werden. Das Zahlungsziel ist ebenfalls von Kunde zu Kunde unterschiedlich.

Kundenliste

ModernOffice.

ModernOffice KG • Postfach 10 15 • 72160 Horb am Neckar

Bei Rückfragen bitte angeben:

Schüttlers Bürobedarf
Schildescher Str. 210
33611 Bielefeld

Rechnungs-Nr.: 15051
Kunden-Nr.: D 8005

Rechnung

Datum: 06.12.20..

Für die Lieferung vom 29.11.20.. berechnen wir:

Art.-Nr.:	Art.-Bezeichnung	Einzelpreis	Menge	Gesamtpreis
201.101	Schreibtischleuchte	65,25 €	25	1.631,25 €
202.107	LED-Schreibtischleuchte	108,75 €	15	1.631,25 €

	gesamt	3.262,50 €
Rabatt	***5%***	163,13 €
	gesamt netto	3.099,37 €
	19 % MwSt.	588,88 €
	Rechnungsbetrag	3.688,25 €

Lieferbedingungen:
Die Lieferung erfolgt vertragsgemäß frei Haus.

Zahlungsbedingungen:
14 Tage unter Abzug von 2% Skonto, 30 Tage netto Kasse

Zahlen Sie bis zum:	20.12.20..	3.614,49 €
Zahlen Sie bis zum:	05.01.20..	3.688,25 €

ModernOffice KG
Industriestraße 10 – 14
72160 Horb am Neckar
Gesellschafter:
Dr. Anja Tischler
Dipl.-Kfm. Jens Tischler
Anton Tischler

Telefon: +49 7451 801-0
Telefax: +49 7451 801-100
E-Mail: info@mo-modernoffice.com

Internet: www.mo-modernoffice.com
Facebook: www.facebook.com/mo-modernoffice
Twitter: https://twitter.com/mo-modernoffice

Bankverbindungen:
Postbank Stuttgart
IBAN DE53 6001 0070 0813 6000 10
BIC PBNK DE FF 600
Kreissparkasse Freudenstadt
IBAN DE68 6425 1060 1701 8022 44
BIC SOLA DE S1FDS

Sitz: Horb am Neckar
USt-IdNr.: DE 258034416
Steuer-Nr.: 220/360/2842
HRA722079
Amtsgericht Stuttgart
(Finanzamt Freudenstadt,
Außenstelle Horb)

Der Verkauf der Waren wird als Zielverkauf gebucht, da dem Kunden Schüttlers Bürobedarf ein Zahlungsziel eingeräumt wird, wie es auf der Ausgangsrechnung festgehalten ist. Das Rechnungsformular ist so gestaltet, dass der Kunde sofort die Information erhält, bis zu welchem Tag er den vereinbarten Skonto in Abzug bringen kann. Der Verkauf der Waren wird mit dem Warenwert (netto) als Ertrag auf dem Konto „Umsatzerlöse für Waren“, Kontenziffer 5100, im Haben gebucht. Der gewährte Kundenrabatt wird vorher abgezogen. Eine gesonderte Buchung des Rabatts wird nicht vorgenommen. Die in der Rechnung ausgewiesene Mehrwertsteuer wird auf dem Konto „Umsatzsteuer“ direkt auf der Habenseite erfasst. Der komplette Rechnungsbetrag wird auf dem Konto „Forderungen aus Lieferungen und Leistungen“ auf der Sollseite gebucht.

Die Grundbuchbuchung

Grundbuch							
Nr.	Konto	Soll	an	Konto	Haben	Soll	Haben
0001	2400	Forderungen aus Lieferungen und Leistungen				3.688,25 €	
0001				4800	Umsatzsteuer		588,88 €
0001				5100	Umsatzerlöse für Waren		3.099,37 €

Die Buchung im Hauptbuch

Bei diesen Buchungen wird davon ausgegangen, dass das Konto „Forderungen aus Lieferungen und Leistungen“ einen Anfangsbestand von 123.000,00 € hat.

S	2400 Forderungen a. LL.		H
8000	123.000,00		
4800; 5100	3.688,25		

S	4800 Umsatzsteuer		H
		2400	588,88

S	5100 Umsatzerlöse für Waren		H
		2400	3.099,37

Die Buchung unterschiedlicher Ausgangsrechnungen soll an zwei weiteren Beispielen verdeutlicht werden:

ModernOffice.

ModernOffice KG • Postfach 10 15 • 72160 Horb am Neckar

Bei Rückfragen bitte angeben:

Rechnungs-Nr.: 14789
Kunden-Nr.:D 8004

Bürowelten OHG
Antoniter Str. 77
50667 Köln

Rechnung

Datum: 19.07.20..

Für die Lieferung vom 12.07.20.. berechnen wir:

Art.-Nr.:	Art.-Bezeichnung	Einzelpreis	Menge	Gesamtpreis
203.309	Flipchart	81,20 €	25	2.030,00 €
203.401	Beamer	555,21 €	7	3.886,44 €

	gesamt	5.916,44 €
Rabatt	***5 %***	295,82 €
	gesamt netto	5.620,62 €
	19 % MwSt.	1.067,92 €
	Rechnungsbetrag	6.688,54 €

Lieferbedingungen:
Die Lieferung erfolgt vertragsgemäß frei Haus.

Zahlungsbedingungen:
14 Tage unter Abzug von 2 % Skonto, 30 Tage netto Kasse

Zahlen Sie bis zum: 02.08.20.. 6.554,76 €
Zahlen Sie bis zum: 18.08.20.. 6.688,54 €

ModernOffice KG
Industriestraße 10 – 14
72160 Horb am Neckar
Gesellschafter:
Dr. Anja Tischler
Dipl.-Kfm. Jens Tischler
Anton Tischler

Telefon: +49 7451 801-0
Telefax: +49 7451 801-100
E-Mail: info@mo-modernoffice.com

Internet: www.mo-modernoffice.com
Facebook: www.facebook.com/mo-modernoffice
Twitter: https://twitter.com/mo-modernoffice

Bankverbindungen:
Postbank Stuttgart
IBAN DE53 6001 0070 0813 6000 10
BIC PBNK DE FF 600
Kreissparkasse Freudenstadt
IBAN DE68 6425 1060 1701 8022 44
BIC SOLA DE S1FDS

Sitz: Horb am Neckar
USt-IdNr.: DE 258034416
Steuer-Nr.: 220/360/2842
HRA722079
Amtsgericht Stuttgart
(Finanzamt Freudenstadt, Außenstelle Horb)

ModernOffice.

ModernOffice KG •Postfach 10 15• 72160 Horb am Neckar

Bei Rückfragen bitte angeben:

Rechnungs-Nr.: 14909
Kunden-Nr.:D 8006

Büro&Co. KG
Graf-Anton-Weg 9
22459 Hamburg

Rechnung

Datum: 27.10.20..

Für die Lieferung vom 20.10.20.. berechnen wir:

Art.-Nr.:	Art.-Bezeichnung	Einzelpreis	Menge	Gesamtpreis
203.455	Pinnwand	40,60 €	25	1.015,00 €
203.503	Projektionsleinwand	167,19 €	7	1.170,30 €
203.604	Standfuß System	560,72 €	3	1.682,15 €

	gesamt	3.867,44 €
Rabatt	***5 %***	193,37 €
	gesamt netto	3.674,07 €
	19 % MwSt.	698,07 €
	Rechnungsbetrag	4.372,14 €

Lieferbedingungen:
Die Lieferung erfolgt vertragsgemäß frei Haus.

Zahlungsbedingungen:
14 Tage unter Abzug von 2 % Skonto, 30 Tage netto Kasse

Zahlen Sie bis zum: 10.11.20.. 4.284,70 €
Zahlen Sie bis zum: 26.11.20.. 4.372,14 €

ModernOffice KG
Industriestraße 10 – 14
72160 Horb am Neckar
Gesellschafter:
Dr. Anja Tischler
Dipl.-Kfm. Jens Tischler
Anton Tischler

Telefon: +49 7451 801-0
Telefax: +49 7451 801-100
E-Mail: info@mo-modernoffice.com

Internet: www.mo-modernoffice.com
Facebook: www.facebook.com/mo-modernoffice
Twitter: https://twitter.com/mo-modernoffice

Bankverbindungen:
Postbank Stuttgart
IBAN DE53 6001 0070 0813 6000 10
BIC PBNK DE FF 600
Kreissparkasse Freudenstadt
IBAN DE68 6425 1060 1701 8022 44
BIC SOLA DE S1FDS

Sitz: Horb am Neckar
USt-IdNr.:DE 258034416
Steuer-Nr.: 220/360/2842
HRA722079
Amtsgericht Stuttgart
(Finanzamt Freudenstadt,
Außenstelle Horb)

Die Grundbuchbuchungen

Grundbuch						
Nr.	Konto	Soll an	Konto	Haben	Soll	Haben
0001	2400	Forderungen aus Lieferungen und Leistungen			6.688,54 €	
0001			4800	Umsatzsteuer		1.067,92 €
0001			5100	Umsatzerlöse für Waren		5.620,62 €
0002	2400	Forderungen aus Lieferungen und Leistungen			4.372,14 €	
0002			4800	Umsatzsteuer		698,07 €
0002			5100	Umsatzerlöse für Waren		3.674,07 €

Die Buchungen im Hauptbuch[1]

S — 2400 Forderungen a. LL. — H

S		H	
8000	100.000,00		
4800; 5100	6.688,54		
4800; 5100	4.372,14		

S — 4800 Umsatzsteuer — H

S		H	
		2400	1.067,92
		2400	698,07

S — 5100 Umsatzerlöse für Waren — H

S		H	
		2400	5.620,62
		2400	3.674,07

Der Verkauf der Waren stellt für ein Unternehmen einen Ertrag dar. Dieser Ertrag wird zu seinem Nettowert auf dem entsprechenden Ertragskonto „Umsatzerlöse für Waren" erfasst und erhöht letztlich das Eigenkapital eines Unternehmens. Da zu dem Zeitpunkt des Verkaufs noch nicht sicher ist, ob die Kunden das vereinbarte Zahlungsziel voll ausnutzen oder den Rechnungsausgleich innerhalb der gewährten Skontofrist vornehmen, wird der Verkauf als Zielverkauf mit dem gesamten Rechnungsbetrag auf dem Konto „Forderungen aus Lieferungen und Leistungen" gebucht. Im Moment der Buchung des Verkaufs nimmt die Vermögensposition „Forderungen aus Lieferungen und Leistungen" zu.

Abschluss des Ertragskontos über das Sammelkonto „Gewinn- und Verlustkonto"

S — 5100 Umsatzerlöse für Waren — H

S		H	
8020 ①	9.294,69	2400	5.620,62
		2400	3.674,07
	9.294,69		**9.294,69**

S — 8020 GuV-Konto — H

S		H	
		5100 ①	9.294,69

[1] *bei einem gegebenen Anfangsbestand von 100.000,00 € auf dem Konto Forderungen a. LL.*

Der sich ergebende Saldo (①) des Kontos „Umsatzerlöse für Waren“ wird auf das Sammelkonto „Gewinn- und Verlustkonto“ (①) gebucht.

Abschluss des Kontos „Gewinn- und Verlustkonto“ über das Konto „Eigenkapital“:

S	8020 GuV-Konto		H
3000 ②	9.294,69	5100 ①	9.294,69
	9.294,69		**9.294,69**

S	3000 Eigenkapital		H
		8000	1.100.000,00
		8020 ②	9.294,69

Das Sammelkonto „Gewinn- und Verlustkonto“ wird über das Konto „Eigenkapital“ abgeschlossen (②). Da es bei dem Beispiel nur zu zwei Ertragsbuchungen gekommen ist, nimmt das Konto „Eigenkapital“ um die ermittelten Erträge zu.

Auf den Punkt gebracht

Erträge haben Einfluss auf die Höhe des Eigenkapitals. Sie werden auf Erfolgskonten auf der Habenseite gebucht, da sie zu einer Mehrung des Eigenkapitals führen.

S	Aufwandskonto	H

S	Ertragskonto	H

↓

S	8020 Gewinn- und Verlustkonto	H
Aufwendungen		Erträge

↓

S	3000 Eigenkapital	H
MINDERUNGEN		MEHRUNGEN

Nutzen Sie Ihr Wissen

1. Buchen Sie die nachfolgenden Geschäftsvorfälle aus der Sicht der ModernOffice KG im Grundbuch.

Nr.	Buchungstext	Rechnungsart	Betrag
0001	Verkauf von Waren auf Ziel	Nettorechnungsbetrag	5.600,00 €
0002	Verkauf von Tischleuchten (Waren)	Rechnungsbetrag inkl. 19 % MwSt.	1.205,00 €
0003	Verkauf von LED-Schrankleuchten (Waren)	Rechnungsbetrag inkl. 19 % MwSt.	350.000,00 €
0004	Verkauf von Waren, der Kunde bezahlt per Banküberweisung	Rechnungsbetrag inkl. 19 % MwSt.	5.950,00 €
0005	Bankgutschrift: Wir halten eine Zinsgutschrift der Bank für unsere Festgeldanlage		330,00 €
0006	Barverkauf von 2 Beamern	Nettorechnungsbetrag	12.560,00 €
0007	Bankgutschrift: Eingang der Mietzahlung für die Vermietung einer Werkshalle		3.600,00 €

2. Buchen Sie die nachfolgenden Geschäftsvorfälle aus Sicht der ModernOffice KG.
   a) Buchen Sie die Geschäftsvorfälle zunächst im Grundbuch.
   b) Übertragen Sie danach die Buchungen auf die Konten des Hauptbuchs.
   c) Schließen Sie zum Schluss alle Konten ab. (Da es sich nur um Ertragsbuchungen handelt, wird auf dem Gewinn- und Verlustkonto ein Gewinn ausgewiesen.)

Nr.	Buchungstext	Rechnungsart	Betrag
0001	Anfangsbestand Forderungen aus Lieferungen und Leistungen		85.600,00 €
0002	Anfangsbestand Guthaben bei Kreditinstituten (Bank)		135.622,30 €
0003	Anfangsbestand Kasse		15.876,25 €
0004	Anfangsbestand Verbindlichkeiten aus Lieferungen und Leistungen		120.022,00 €
0005	Anfangsbestand Eigenkapital		117.076,55 €
0001	Zielverkauf: Lautsprechersystem Wireless	Rechnungsbetrag inkl. 19 % MwSt.	1.205,00 €
0002	Zielverkauf: PC-Lautsprechersystem	Nettorechnungsbetrag	5.600,00 €
0003	Zielverkauf: Lautsprecher, Standfuß-System	Rechnungsbetrag inkl. 19 % MwSt.	350.000,00 €
0004	Barverkauf: Flipcharts	Nettorechnungsbetrag	2.350,00 €
0005	Barverkauf: Pocket-Beamer	Rechnungsbetrag inkl. 19 % MwSt.	789,00 €
0006	Banklastschrift: Ausgleich einer Lieferer-Rechnung		4.801,50 €
0007	Bareinzahlung auf das Bankkonto		5.000,00 €
0008	Bankgutschrift: Wir erhalten Mieteinnahmen		800,00 €

Die Kontenliste:

8000	Eröffnungsbilanzkonto
2400	Forderungen a. LL.
2800	Bank
2880	Kasse
3000	Eigenkapital

4400	Verbindlichkeiten aus Lieferungen und Leistungen
4800	Umsatzsteuer
5100	Umsatzerlöse für Waren
5400	Nebenerlöse (Vermietung und Verpachtung)
8010	Schlussbilanzkonto
8020	Gewinn- und Verlustkonto

3. Buchen Sie die nachfolgenden Geschäftsvorfälle aus Sicht der ModernOffice KG.
   a) Buchen Sie zunächst alle Geschäftsvorfälle im Grundbuch.
   b) Richten Sie alle notwendigen Konten ein.
   c) Übertragen Sie alle Buchungen in das Hauptbuch.
   d) Schließen Sie alle Konten ab.
   e) Erstellen Sie sich für die folgende Aufgabenstellung ein Grundbuch, welches um die Spalten „A" und „B" erweitert wird. Unten sehen Sie ein derartiges Grundbuch.
      ea) Tragen Sie in die Spalte A des Grundbuches die Ziffer
         1 ein, wenn es sich bei der Buchung um eine erfolgsneutrale handelt,
         2 ein, wenn die Buchung erfolgswirksam ist.
      eb) Tragen Sie in die Spalte B des Grundbuchs den Buchstaben
         A ein, wenn die Buchung zu einer Mehrung des Eigenkapitalkontos führt,
         B ein, wenn die Buchung zu einer Minderung des Eigenkapitalkontos führt,
         C ein, wenn durch die Buchung das Eigenkapitalkonto nicht berührt wird.

   Für jede Buchung bitte nur eine Eintragung vornehmen.

Nr.	Buchungstext	Rechnungsart	Betrag
0001	Anfangsbestand Büromaschinen, Organisationsmittel und Kommunikationsanlagen		75.500,00 €
0002	Anfangsbestand Forderungen aus Lieferungen und Leistungen		109.650,00 €
0003	Anfangsbestand Guthaben bei Kreditinstituten (Bank)		121.050,00 €
0004	Anfangsbestand Kasse		20.000,00 €
0005	Anfangsbestand Kurzfristige Bankverbindlichkeiten		33.560,00 €
0006	Anfangsbestand Verbindlichkeiten aus Lieferungen und Leistungen		135.988,00 €
0007	Anfangsbestand Eigenkapital		156.652,00 €
0001	Rechnungsausgleich durch Kunden per Banküberweisung		5.460,00 €
0002	Bankgutschrift: Wir erhalten Mieteinnahmen		1.300,00 €
0003	Aufnahme eines kurzfr. Darlehens bei unserer Hausbank, der Betrag wird dem Konto gutgeschrieben		5.500,00 €
0004	Banklastschrift: Jahresbeitrag für die Berufsgenossenschaft		1.200,00 €
0005	Einkauf von Verpackungsmaterial gegen Banküberweisung	Nettorechnungsbetrag	2.600,00 €
0006	Wir kaufen Ware auf Ziel	Rechnungsbetrag inkl. 19 % MwSt.	8.800,50 €
0007	Wir kaufen Ware unseres Lieferanten und bezahlen die Rechnung durch Banküberweisung	Nettorechnungsbetrag	3.990,00 €
0008	Wir kaufen Ware unseres Lieferanten und bezahlen die Rechnung bar	Rechnungsbetrag inkl. 19 % MwSt.	1.190,00 €
0009	Rechnungseingang: Autohaus Dornik, Aufziehen der Winterreifen	Nettorechnungsbetrag	326,00 €
0010	Barkauf von Lochern	Nettorechnungsbetrag	265,00 €

Nr.	Buchungstext	Rechnungsart	Betrag
0011	Bareinkauf von Reparaturmaterial zur Reparatur kleiner Funierrisse	Nettorechnungsbetrag	210,00 €
0012	Zieleinkauf eines neuen PC-Systems für unsere Niederlassung	Nettorechnungsbetrag	12.000,00 €
0013	Zielverkauf: Tragbares Lautsprechersystem	Nettorechnungsbetrag	3.653,35 €
0014	Zielverkauf: Pinnwände	Rechnungsbetrag inkl. 19 % MwSt.	2.350,45 €
0015	Verkauf von Projektionswänden (Waren)	Rechnungsbetrag inkl. 19 % MwSt.	8.500,00 €
0016	Barverkauf: Beamer	Nettorechnungsbetrag	1.600,00 €
0017	Verkauf von Waren, der Kunde bezahlt per Banküberweisung	Nettorechnungsbetrag	10.800,00 €

Die Kontenliste:

0860	Büromaschinen, Organisationsmittel und Kommunikationsanlagen
2400	Forderungen a. LL.
2800	Bank
2880	Kasse
3000	Eigenkapital
4210	Kurzfristige Bankverbindlichkeiten
4400	Verbindlichkeiten aus Lieferungen und Leistungen
4800	Umsatzsteuer
5100	Umsatzerlöse für Waren
5400	Nebenerlöse (Vermietung und Verpachtung)
6040	Aufwendungen für Verpackungsmaterial
6060	Aufwendungen für Reparaturmaterial
6080	Aufwendungen für Waren
6160	Fremdinstandhaltung
6420	Beiträge zur Berufsgenossenschaft
6800	Büromaterial
8000	Eröffnungsbilanzkonto
8010	Schlussbilanzkonto
8020	Gewinn- und Verlustkonto

Das Grundbuch:

Grundbuch								
Nr.	Konto	Soll an	Konto	Haben	Soll	Haben	A	B
0001								
0001								
0002								
0002								
0003								
0003								
0004								
0004								
0005								
0005								
0005								
0006								
0006								
0006								

Grundbuch								
Nr.	Konto	Soll an	Konto	Haben	Soll	Haben	A	B
0007								
0007								
0007								
0008								
0008								
0008								
0009								
0009								
0009								
0010								
0010								
0010								
0011								
0011								
0011								
0012								
0012								
0012								
0013								
0013								
0013								
0014								
0014								
0014								
0015								
0015								
0015								
0016								
0016								
0016								
0017								
0017								
0017								

13.3 Eingangsrechnungen: Rücksendungen, Nachlässe

Lernsituation

Ebru Celik und Herr Zerbe treffen sich während der Abwesenheit von Herrn Italien jeden Morgen zum „Briefing“.

Ebru Celik: „Guten Morgen Herr Zerbe.“

Volker Zerbe: „Guten Morgen Frau Celik. Kommen Sie mit den Buchungen in der Abteilung von Herrn Italien zurecht?“

Ebru Celik: „Es läuft alles bestens, wenn ich den Spezialfall, den ich seit gestern auf dem Tisch habe, einmal ausklammere. Dabei müssten Sie mir bitte helfen.“

Volker Zerbe: „Worum geht es denn da?“

Ebru Celik:	„Mir liegt seit gestern folgender Fall vor: Sie erinnern sich bestimmt an unsere erste ‚gemeinsame' Eingangsrechnung von der Panorama KG, datiert auf den 02.10.20.. . Der Rechnungsbetrag lautet über 23.733,36 €."
Volker Zerbe:	„Ja, was ist mit der Rechnung?"
Ebru Celik:	„Ich habe folgende Hausmitteilung erhalten, zu der ich einige Fragen habe."
Volker Zerbe:	„Dann mal los, was möchten Sie wissen?"
Ebru Celik:	„Was versteht man unter einer Stornierung und was bedeutet der Zusatz in der Hausmitteilung ‚... sofern Sie die Eingangsrechnung schon erfasst haben.'?"

ModernOffice.

Hausmitteilung

Von	**Abteilung**
Julia Vuko	Beschaffung
An	**Abteilung**
Herr Italien	Rechnungswesen/Steuern

Betrifft

Rücksendung aufgrund einer Falschlieferung

Nachricht

Sehr geehrter Herr Italien,

die Sendung der Panorama KG haben wir komplett zurückgesandt, da falsche Beamertypen geliefert worden sind. Der Hersteller ist informiert und liefert den Ersatz. Bitte veranlassen Sie eine Stornierung der Buchung, sofern Sie die Eingangsrechnung schon erfasst haben.

Viele Grüße

Julia Vuko

Besondere Vermerke

Eine Ersatzlieferung ist unterwegs, ich informiere Sie, sobald sie im Hause ist.

Datum	**Anlagen**
08.10.20..	Schreiben an die Panorama KG
Unterschrift	**Verteiler**
gez. Vuko	Italien, Dr. Pohl

ModernOffice.

ModernOffice KG •Postfach 10 15• 72160 Horb am Neckar

Panorama KG
Maudacher Str. 220
67065 Ludwigshafen

Ihr Zeichen:
Ihre Nachricht vom:
Unser Zeichen: mo/vu
Unsere Nachricht vom:

Name: J.Vuko
Telefon: 801-22
Telefax: 801-100
E-Mail: info@mo-modernoffice.com

Datum: 05.10.20..

Falschlieferung; Rechnungs-Nr.: 14/6690; Kunden-Nr.: 1705

Sehr geehrte Damen und Herren,
bei der Wareneingangskontrolle Ihrer Lieferung mussten wir feststellen, dass die von Ihnen gelieferten Beamer nicht den Typen entsprechen, die wir bestellt haben.
Da die Typen vom Design sehr ähnlich sind, ist uns dieser Tatbestand nicht sofort aufgefallen, deshalb haben wir die Artikel angenommen.
Wir möchten Sie bitten, die gelieferten Artikel wieder zurückzunehmen und uns die bestellte Ware zu liefern.
Ihr Einverständnis vorausgesetzt, behalten wir die gelieferte Ware in unserem Eingangslager und tauschen sie dann gegen die Ersatzlieferung aus.

Bitte bestätigen Sie mir den Empfang dieses Schreibens per E-Mail.

Mit freundlichem Gruß

i. A. J. Vuko

ModernOffice KG
Industriestraße 10 – 14
72160 Horb am Neckar
Gesellschafter:
Dr. Anja Tischler
Dipl.-Kfm. Jens Tischler
Anton Tischler

Telefon: +49 7451 801-0
Telefax: +49 7451 801-100
E-Mail: info@mo-modernoffice.com

Internet: www.mo-modernoffice.com
Facebook: www.facebook.com/mo-modernoffice
Twitter: https://twitter.com/mo-modernoffice

Bankverbindungen:
Postbank Stuttgart
IBAN DE53 6001 0070 0813 6000 10
BIC PBNK DE FF 600
Kreissparkasse Freudenstadt
IBAN DE68 6425 1060 1701 8022 44
BIC SOLA DE S1FDS

Sitz: Horb am Neckar
USt-IdNr.:DE 258034416
Steuer-Nr.: 220/360/2842
HRA722079
Amtsgericht Stuttgart
(Finanzamt Freudenstadt, Außenstelle Horb)

Volker Zerbe: „Fangen wir mit dem Letzteren an. Wenn wir den Eingang der Beamer noch nicht buchhalterisch erfasst hätten, müssten wir nicht reagieren. Die Eingangsrechnung würden wir abheften mit dem Hinweis ‚Falschlieferung, Ware zurück an den Hersteller, keine Stornierung notwendig‘. Da wir den Wareneingang aber schon auf der Grundlage der Eingangsrechnung gebucht haben, müssen wir jetzt dafür sorgen, dass diese Buchung storniert wird. Der Begriff ‚Stornieren' entstammt dem Italienischen und bedeutet so viel wie ‚abwenden'. Löschen dürfen wir unsere Buchung nicht, da es gegen die Grundsätze ordnungsgemäßer Buchführung verstoßen würde. Also machen wir die Buchung rückgängig. Ich habe hier den Auszug aus dem Grundbuch und die drei T-Konten, auf denen wir gebucht haben:

Grundbuch							
Nr.	Konto	Soll an	Konto	Haben	Soll	Haben
0001	6080	Aufwendungen für Waren			19.944,00 €	
0001	2600	Vorsteuer			3.789,36 €	
0001			4400	Verbindlichkeiten aus Lieferungen und Leistungen		23.733,36 €

S 2600 Vorsteuer H

S		H
4400	3.789,36	

S 6080 Aufwendungen für Waren H

S		H
4400	19.944,00	

S 4400 Verbindlichkeiten aus Lieferungen und Leistungen H

S	H	
	8000	64.155,10
	6080; 2600	23.733,36

Dort sehen Sie, dass wir zwei Sollbuchungen bei den Konten ‚Vorsteuer' und ‚Aufwendungen für Waren' und eine Habenbuchung auf dem Konto ‚Verbindlichkeiten aus Lieferungen und Leistungen' vorgenommen haben. Unsere Aufgabe ist es jetzt, diese Buchung des Zieleinkaufs rückgängig zu machen, sprich zu stornieren. Wir müssen also eine Buchung erstellen, die dazu führt, dass unter dem Strich keine Zu- oder Abnahme mehr auf den betroffenen Konten zu verzeichnen ist.
Haben Sie eine Idee, wie wir das bewerkstelligen können?"

Ebru Celik: „Ja."

- *Analysieren Sie den in der Lernsituation beschriebenen betriebswirtschaftlichen Sachverhalt. Welcher Aufgabenstellung sieht sich Ebru Celik gegenübergestellt?*
- *Entwerfen Sie in Einzelarbeit einen Vorschlag, wie die Stornierung der Eingangsrechnung der Panorama KG durchgeführt werden könnte. Verfassen Sie eine Erläuterung Ihres Lösungsansatzes, falls Sie Ihr Ergebnis vorstellen sollen.*
- *Entscheiden Sie im Plenum, wer sein Ergebnis vorstellt.*
- *Überprüfen und korrigieren Sie das vorgestellte Ergebnis oder Ihr eigenes je nach Bedarf.*
- *Überprüfen Sie das endgültige Ergebnis hinsichtlich der Fragestellung, ob es für alle möglichen Eingangsrechnungen verwendet werden kann.*
- *Entwickeln Sie eine Erläuterung zu dem Thema „Stornierungen von Eingangsrechnungen" mit Unterstützung des Programms PowerPoint.*

Rücksendungen

Rücksendungen von Waren aufgrund von Sachmängeln werden in der Buchführung mittels Stornobuchungen erfasst. Das nachträgliche Löschen oder die Änderung vorgenommener Buchungen verbieten die Grundsätze ordnungsgemäßer Buchführung.

Im Prinzip ist eine Stornobuchung nichts anderes als die **Umkehr der Buchung**, die storniert werden soll. Wird die Stornobuchung nicht durchgeführt, kommt es zu Differenzen zwischen dem tatsächlichen Bestand an Handelswaren und dessen Buchbestand, wenn man das Eingangsbeispiel betrachtet. Diese Differenz wird spätestens dann offensichtlich, wenn am Ende des Geschäftsjahres eine körperliche Inventur[1] durchgeführt wird.

Beispiel • *Bei der ModernOffice KG wird eine genaue und fristgerechte Wareneingangskontrolle durchgeführt. Trotzdem kann es vorkommen, dass Ware im Nachhinein zurückgesendet werden muss. Das ist z. B. dann der Fall, wenn die Ware mit einem versteckten Mangel behaftet ist, den man trotz sorgfältiger Wareneingangskontrolle nicht sofort entdeckt hat. Ist der Wareneingang schon buchhalterisch erfasst, muss eine Stornobuchung durchgeführt werden, wenn die Ware innerhalb der geltenden Fristen zurückgeschickt wird.*

Zu Stornobuchungen kann es bei allen möglichen Eingangsrechnungen kommen, ganz gleich, ob Waren oder Dienstleistungen eingekauft werden. Das Schaubild verdeutlicht eine Stornobuchung beim Einkauf eines Anlagegutes. Ein Kopierer, Rechnungsbetrag 5.950,00 €, ist auf Ziel eingekauft worden. Soll dieser Einkauf storniert werden, da der Kopierer zurückgeschickt wird, dann wird im Prinzip der erste Buchungssatz umgedreht.

Buchung Zieleinkauf ①

S 0860 Büromaschinen, Organisationsmittel und Kommunikationsanlagen H

S		H	
0800	75.500,00	4400 ②	5.000,00
4400 ①	5.000,00		

S 2600 Vorsteuer H

S		H	
4400 ①	950,00	4400 ②	950,00

S 4400 Verbindlichkeiten aus Lieferungen und Leistungen H

S		H	
0860; 2600 ①	5.950,00	8000	120.000,00
		0860; 2600 ①	5.950,00

Stornobuchung ①

[1] *Die Durchführung der Inventur wird in einem gesonderten Kapitel behandelt.*

Aus der Buchung für den Zieleinkauf

Grundbuch						
Nr.	Konto	Soll an	Konto	Haben	Soll	Haben
0001	0860	Büromaschinen, Organisationsmittel und Kommunikationsanlagen			5.000,00 €	
0001	2600	Vorsteuer			950,00 €	
0001			4400	Verbindlichkeiten aus Lieferungen und Leistungen		5.950,00 €

wird die Stornobuchung:

Grundbuch						
Nr.	Konto	Soll an	Konto	Haben	Soll	Haben
0001	4400	Verbindlichkeiten aus Lieferungen und Leistungen			5.950,00 €	
0001			2600	Vorsteuer		950,00 €
0001			0860	Büromaschinen, Organisationsmittel und Kommunikationsanlagen		5.000,00 €

Die Sollbuchungen und Habenbuchungen gleichen sich gegenseitig aus.

Die Konsequenz dieser Stornobuchung sieht man auf den drei betroffenen Konten. Das Konto „Büromaschinen, Organisationsmittel und Kommunikationsanlagen“ hat einen Anfangsbestand von 75.500,00 €, das Konto „Verbindlichkeiten aus Lieferungen und Leistungen“ einen Anfangsbestand von 120.000,00 €. Zunächst wird der Zieleinkauf (①) auf den entsprechenden Kontenseiten erfasst. Die Stornobuchungen (②) werden bei allen Konten auf der jeweils anderen Kontenseite gebucht, dadurch heben sie sich gegenseitig auf. Würde man alle drei Konten abschließen, dann hätte der stornierte Zieleinkauf keine Auswirkungen auf die ermittelten Salden.

S	0860 Bürom., Organisationsm., ...		H
0800	75.500,00	4400 ②	5.000,00
4400 ①	5.000,00		

S	2600 Vorsteuer		H
4400 ②	950,00	4400 ①	950,00

S	4400 Verbindlichkeiten aus Lieferungen und Leistungen		H
0860; 2600 ②	5.950,00	8000	120.000,00
		0860; 2600 ①	5.950,00

Nachlässe

Rechnungsausgleich von Eingangsrechnungen unter Abzug von Skonto

Viele Verkäufer gewähren ihren Kunden beim Einkauf von Waren oder Dienstleistungen Skonto. Mit dieser Skontoabrede ist eine Frist verbunden, innerhalb derer der Kunde die Rechnung ausgleichen muss. Das Ausnutzen von Skonto bietet sowohl für den Verkäufer als auch für den Käufer Vorteile.

Pinnwand - Park GmbH

Pinnwand-Park GmbH • Wipperfürther Straße 29–31 • 51103 Köln

ModernOffice KG
Industriestr. 10–14
72160 Horb am Neckar

Rechnung

Bei Rückfragen bitte angeben:
Rechnungs-Nr.: 15-723
Auftrags-Nr.: A15-490
Kunden-Nr.: 72655

Datum: 11.11.20..

Sehr geehrter Herr Manke,

wie vereinbart, berechnen wir Ihnen für die Lieferung vom 08.11.20..:

Art-Nr.	Bezeichnung	Menge	Einzelpreis	Gesamtpreis
12890-5	Pinnwand A1S32	110	22,90 €	2.519,00 €
12890-7	Pinnwand A2S22	150	35,15 €	5.272,50 €
			Zwischensumme	7.791,50€
	Rabatt	15%		1168,73 €
			netto	6.622,77 €

19 % MwSt.	1.258,33 €

Rechnungsbetrag	7.881,10 €

Unsere Zahlungsbedingungen:
30 Tage netto Kasse, Zahlung innerhalb von 10 Tagen unter Abzug von 2 % Skonto.

Vielen für Ihren Auftrag.

Freundliche Grüße

Pinnwand-Park GmbH

Pinnwand-Park GmbH
Wipperfürther Str. 23–31
51103 Köln
Tel.: +49 (0)221 63703-100
Fax: +49 (0)221 63703-170

Gesellschafter:
Frau Franziska Pleiß
Herr Markus Dresel
Internet: **www.PinnwandPark.com**
Facebook: **www.facebook.com/PPark**

Bankverbindung:
Kölner Bank eG
IBAN DE18 3716 0087 6791 1281 10
BIC GENODED1CGN

USt-IdNr.: **DE 669183891**
Steuer-Nr.: **283/1255/4522**
Amtsgericht Köln
HRB 3754

Deshalb werden Käufer bemüht sein, Eingangsrechnungen innerhalb der Skontofrist auszugleichen. Durch den fristgerechten Rechnungsausgleich unter Ausnutzung von Skonto reduziert sich für den Käufer der auszugleichende Rechnungsbetrag. Die entstehende Differenz zwischen dem Rechnungsbetrag der Originalrechnung und dem ausgeglichenen Rechnungsbetrag muss buchhalterisch erfasst werden, damit keine Restverbindlichkeiten fortbestehen, die es durch den Rechnungsausgleich nicht mehr gibt. Außerdem reduziert sich durch den vorzeitigen Rechnungsausgleich der Vorsteuerbetrag, der entsprechend korrigiert werden muss. Die Buchung des Rechnungsausgleiches unter Abzug von Skonto wird durchgeführt, wenn der zugrunde liegende Beleg vorliegt, der Kontoauszug.

Beispiel • *Bei der ModernOffice KG werden alle Eingangsrechnungen unter Abzug von Skonto beglichen. Der Kontoauszug der Hausbank verdeutlicht einen Rechnungsausgleich unter Abzug von Skonto am 19.11.20.. . Bezahlt worden ist die Eingangsrechnung* ***(ER 15-5698)*** *der Pinnwand-Park GmbH (①) vom 11.11.20.. .*

Girokonto	IBAN DE68 6425 1060 1701802244 SWIFT-BIC SOLA DE S1FDS			Kontoauszug	17
Kreissparkasse Freudenstadt		UST-ID	DE125018250	Blatt	1
Datum	Erläuterungen				Betrag
Kontostand in € am		20.11.20.. , Auszug Nr.	16		123.560,00 € +
17.11.20..	Kontogebühren	Wert:	18.11		111,00 € -
19.11.20..	Ausgleich der Rechnung Re-Nr. : ER 15-5698①	Wert:	20.11		7.723,48 € -
Kontostand in € am		22.11.20..	12:28		115.725,52 € +

In dem Beispiel sind vor dem Rechnungsausgleich auf den betroffenen Konten folgende Buchungen[1] eingetragen:

S	**2600 Vorsteuer**		H
4400 ①	1.258,33		

S	**4400 Verbindlichkeiten aus Lieferungen und Leistungen**		H
		8000	64.155,10
		6080; 2600 ①	7.881,10

S	**6080 Aufwendungen für Waren**		H
4400 ①	6.622,77		

[1] *Das Konto „Verbindlichkeiten aus Lieferungen und Leistungen" hat einen Anfangsbestand von 64.155,10 €.*

Für den Nachlass, der sich durch die fristgerechte Zahlung unter Abzug von Skonto ergibt, wird ein zusätzliches Konto „Nachlässe (Handelswaren)“ gebildet. Dies Konto ist dem Konto „Aufwendungen für Waren“ untergeordnet und wird über dieses Konto abgeschlossen. Erkennbar ist das an der Kontenziffer 6082. Dadurch ist gewährleistet, dass die reinen Aufwendungen für Waren von den Nachlässen, die während des Jahres durch Skontoabzug erzielt werden, getrennt werden. Auf dem Konto Nachlässe (Handelswaren) wird jeder **Nachlass netto** auf der Habenseite gebucht. Wenn dieses Konto am Ende des Geschäftsjahres abgeschlossen wird, mindern die erfassten Nachlässe die Aufwendungen für Handelswaren.

Ermittlung des Nettoskontobetrages und der Vorsteuerkorrektur

S	2600 Vorsteuer		H
4400	1.258,33	4400 ②	25,17

S	4400 Verbindlichkeiten a. LL.		H
2600; 6082; 2800 ②	7.881,10	8000	64.155,10
		6080; 2600	7.881,10

S	6082 Nachlässe (Waren)		H
		4400 ②	132,45

S	2800 Guthaben bei Kreditinstituten (Banken)		H
8000	125.000,00	4400 ②	7.723,48

Die Buchung des Nachlasses und der Vorsteuerkorrektur bedingen die rechnerische Ermittlung des reinen Nettoskontos und der anteiligen Vorsteuer.

Zwei verschiedene Rechenwege bieten sich dabei an:

1. Der Rechnungsbetrag der Originalrechnung wird gleich 100 % gesetzt und der Skonto in Höhe von 2% ermittelt. Bei einem Rechnungsbetrag von 7.881,10 € beläuft sich der Skonto auf 157,62 €. Bei diesem Betrag handelt es sich um einen Bruttoskonto. Die in diesem Skontobetrag enthaltene Vorsteuer muss herausgerechnet werden. Sie beträgt 25,17 €. Der Nettoskonto liegt entsprechend bei 132,45 €.
2. Von dem originalen Rechnungsbetrag in Höhe von 7.881,10 € wird die Vorsteuer direkt herausgerechnet. Sie beträgt 1.258,33 €. Zieht man nun vom dem Rechnungsbetrag die Umsatzsteuer ab, erhält man den Nettorechnungsbetrag in Höhe von 6.622,77 €. Noch einfacher ist es, wenn die Originalrechnung vorliegt. Dann lassen sich der Nettowarenwert und die Vorsteuer direkt aus der Rechnung ablesen.

Von dem Nettowarenwert und der Vorsteuer werden jeweils 2% Skonto ermittelt. Das erzielte Ergebnis gleicht dem obigen.

Buchung des Nachlasses und der Vorsteuerkorrektur

Die Verbindlichkeit muss nach dem Rechnungsausgleich komplett ausgebucht sein, die Buchung wird auf der Sollseite vorgenommen. Auf dem Konto Vorsteuer wird auf der Habenseite der Korrekturbetrag gebucht. Der Nachlass wird ebenfalls auf der Habenseite des Kontos „Nachlässe (Waren)“ erfasst. Der Eurobetrag, mit dem das Bankkonto belastet wird, steht auf der Habenseite des Bankkontos.

Bei dem Rechnungsausgleich einer Eingangsrechnung unter Abzug von Skonto müssen die gebuchten Verbindlichkeiten aus Lieferungen und Leistungen komplett wieder ausgebucht werden.

Der Abschluss des Kontos Nachlässe (Handelswaren)
Das Konto „Nachlässe (Handelswaren)“ wird am Geschäftsjahresende über das übergeordnete Konto „Aufwendungen für Waren“ abgeschlossen und führt zu einer Minderung der Aufwendungen in Höhe des Nettoskontos.

S	6082 Nachlässe (Waren)		H
6080 ③	132,45	4400	132,45
	132,45		132,45

S	6080 Aufwendungen für Waren		H
4400	6.622,77	6082 ③	132,45

Auf den Punkt gebracht

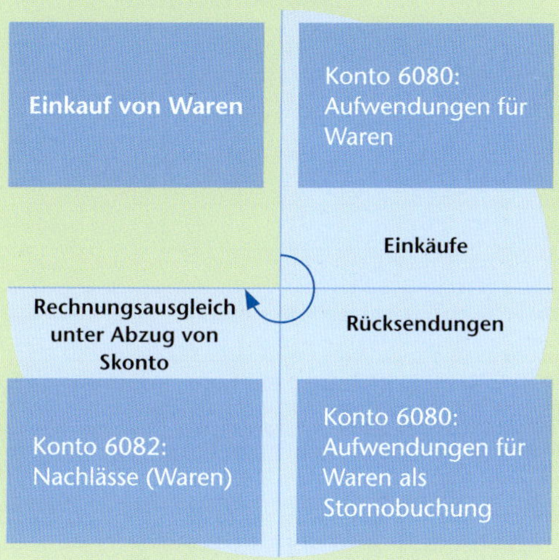

Hinweis: Die Umsatzsteuer ist in der Darstellung unberücksichtigt.

Nutzen Sie Ihr Wissen

1. Buchen Sie die nachfolgenden Geschäftsvorfälle erst im Grundbuch. Übertragen Sie danach die Buchungssätze auf die Konten im Hauptbuch. Schließen Sie zum Schluss das Konto „Nachlässe (Handelswaren)“ ab. Zusätzlich benötigen Sie noch folgende Konten (in den Klammern stehen die Anfangsbestände): 2400 (75.000,00 €); 2800 (120.000,00 €); 4400 (110.000,00 €); 2600; 4800.

Nr.	Buchungstext	Rechnungsart	Betrag
0001	Wir kaufen Ware auf Ziel, ER ...	Nettorechnungsbetrag	9.000,00 €
0002	Rücksendungen von Waren, der Eingang ist bereits gebucht	Nettorechnungsbetrag	3.000,00 €
0003	Rechnungsausgleich Lieferung von Waren ER 5005 unter Abzug von 3 % Skonto per Banküberweisung	Lastschrift	6.925,80 €

S	6080 Aufwendungen für Waren	H

S	6082 Nachlässe (Waren)	H

2. Buchen Sie nachfolgende Geschäftsvorfälle im Grundbuch. Die einzelnen Geschäftsvorfälle stehen in keinem Zusammenhang.

Nr.	Buchungstext	Rechnungsart	Betrag
0001	Wir kaufen Ware auf Ziel, ER ...	Rechnungsbetrag inkl. 19 % MwSt.	8.635,00 €
0002	Wir kaufen Ware auf Ziel, ER ...	Rechnungsbetrag inkl. 19 % MwSt.	6.535,10 €
0003	Wir kaufen Ware auf Ziel, ER ...	Nettorechnungsbetrag	4.000,00 €
0004	Wir kaufen Ware auf Ziel, ER ...	Rechnungsbetrag inkl. 19 % MwSt.	12.500,00 €
0005	Wir kaufen Ware auf Ziel, ER ...	Rechnungsbetrag inkl. 19 % MwSt.	8.635,00 €
0006	Wir kaufen Ware unseres Lieferaten und bezahlen die Rechnung durch Banküberweisung	Nettorechnungsbetrag	23.600,00 €
0007	Rücksendungen von Waren, der Eingang ist bereits gebucht	Nettorechnungsbetrag	4.000,00 €
0008	Rücksendungen von Waren, der Eingang ist bereits gebucht	Nettorechnungsbetrag	3.560,00 €

3. Richten Sie die Konten „Bank“, „Kasse“, „Vorsteuer“, „Verbindlichkeiten aus Lieferungen und Leistungen“ und „Aufwendungen für Waren“ gegebenenfalls mit den angegebenen Anfangsbeständen ein.
Buchen Sie die Geschäftsvorfälle
a) im Grundbuch und im
b) Hauptbuch (nur auf den angegebenen Konten).

Nr.	Buchungstext	Rechnungsart	Betrag
0001	Anfangsbestand Guthaben bei Kreditinstituten (Bank)		125.036,50 €
0002	Anfangsbestand Kasse		32.656,60 €
0003	Anfangsbestand Verbindlichkeiten aus Lieferungen und Leistungen		50.000,00 €
0001	Wir kaufen Ware auf Ziel, ER 1307	Nettorechnungsbetrag	17.500,00 €
0002	Rücksendungen von Waren, der Eingang ist bereits gebucht, ER 1307	Nettorechnungsbetrag	6.550,00 €
0003	Wir zahlen eine Lieferer-Rechnung durch die Bank, ER 1307		13.030,50 €
0004	Wir heben Bargeld vom Bankkonto ab		1.500,00 €
0005	Wir kaufen Ware auf Ziel, ER 70700	Rechnungsbetrag inkl. 19 % MwSt.	5.950,00 €
0006	Rücksendungen von Waren, der Eingang ist bereits gebucht, ER 70700	Nettorechnungsbetrag	5.000,00 €

4. Buchen Sie nachfolgende Geschäftsvorfälle im Grundbuch.
   a) Tragen Sie in die Spalte A des Grundbuches die Ziffer
      1 ein, wenn es sich bei der Buchung um eine erfolgsneutrale handelt,
      2 ein, wenn die Buchung erfolgswirksam ist.
   b) Tragen Sie in die Spalte B des Grundbuchs den Buchstaben
      A ein, wenn die Buchung zu einer Mehrung des Eigenkapitalkontos führt,
      B ein, wenn die Buchung zu einer Minderung des Eigenkapitalkontos führt,
      C ein, wenn durch die Buchung das Eigenkapitalkonto nicht berührt wird.
      Nehmen Sie für jede Buchung bitte nur eine Eintragung vor. Erstellen Sie sich für diese Aufgabe ein Grundbuch mit zwei zusätzlichen Spalten „A“ und „B“.

Nr.	Buchungstext	Rechnungsart	Betrag
0001	Rechnungsausgleich durch Kunden per Banküberweisung		18.650,00 €
0002	Banklastschrift: Ausgleich einer Lieferer-Rechnung		5.000,00 €
0003	Bareinzahlung auf das Bankkonto		1.500,00 €
0004	Bankgutschrift: Eingang der Mietzahlung für die Vermietung einer Werkshalle		3.600,00 €
0005	Rechnungseingang: Reparatur der Klingelanlage	Nettorechnungsbetrag	1.560,00 €
0006	Barkauf von Textmarkern	Nettorechnungsbetrag	50,00 €
0007	Wir kaufen Ware auf Ziel, ER ...	Rechnungsbetrag inkl. 19 % MwSt.	3.560,00 €
0008	Wir kaufen Ware auf Ziel, ER ...	Nettorechnungsbetrag	825,00 €
0009	Rücksendungen von Waren, der Eingang ist bereits gebucht	Rechnungsbetrag inkl. 19 % MwSt.	260,00 €
0010	Rechnungsausgleich Lieferung von Waren unter Abzug von 1 % Skonto per Banküberweisung	Lastschrift	2.000,00 €
0011	Rechnungsausgleich Lieferung von Waren unter Abzug von 1 % Skonto per Banküberweisung	Lastschrift	2.600,00 €
0012	Zieleinkauf von Schreibtischen für die Verwaltung	Nettorechnungsbetrag	6.500,00 €
0013	Zieleinkauf einer neuen Transportanlage	Nettorechnungsbetrag	11.900,00 €

Grundbuch (Auszug):

Grundbuch								
Nr.	Konto	Soll an	Konto	Haben	Soll	Haben	A	B
0001								
0001								

13.4 Ausgangsrechnungen, Rücksendungen und Nachlässe

Lernsituation

Ebru Celik arbeitet sich immer besser in ihrer Abteilung ein. Es macht ihr zusehends Spaß und sie fühlt sich bestärkt, diesen Bereich als Modul gewählt zu haben. Es macht ihr auch nichts aus, immer wieder neuen Herausforderungen ausgesetzt zu sein. Sie weiß, dass sie sich mit Fragen immer an Herrn Zerbe wenden kann.

Ebru Celik: „Hallo Herr Zerbe, ich komme mit einer weiteren Frage zu Ihnen."

Volker Zerbe: „Hallo Frau Celik, das ist kein Problem. Was möchten Sie wissen?"

Ebru Celik: „Mir liegt ein Schreiben unserer Verkaufsabteilung vor. Einer unserer Kunden sendet gelieferte Ware zurück. Lesen Sie bitte einmal selbst."

Volker Zerbe: „Das ist kein Problem, eine falsche Lieferung ist wirklich kein Beinbruch. Es kommen allerdings einige Recherchen auf Sie zu, damit wir diese Information richtig verarbeiten. Können Sie sich vorstellen, was Sie jetzt alles prüfen müssen?"

Ebru Celik: „Ich glaube schon. Ich habe alle notwendigen Unterlagen zusammengefügt. Können Sie sich die Unterlagen bitte anschauen?"

Büro&Co. KG

Büro&Co. KG, Graf-Anton-Weg 9, 22459 Hamburg

Ihr Zeichen:
Ihre Nachricht vom:
Unser Zeichen: rk
Unsere Nachricht vom:

ModernOffice KG
Industriestraße 10–14
72160 Horb am Neckar

Name: R. Kunze
Telefon: 3356-12
Telefax: 3356-1
E-Mail: HaBi@Steen.de

Datum: 22.09.20..

Rücksendung eines Teils Ihrer Lieferung vom 22.09.20..

Sehr geehrte Damen und Herren,

die von uns georderte Bestellung vom 12.09.20.. ist erwartungsgemäß pünktlich bei uns eingetroffen. Dafür danken wir Ihnen. Leider mussten wir bei der Wareneingangskontrolle feststellen, dass ein Teil der gelieferten Ware nicht mit unserer Bestellung übereinstimmt.
Statt der 50 von uns bestellten Projektionsleinwände, **Artikel-Nr.: 203.501**, Einzelpreis netto 158,05 €, lieferten Sie 50 Projektionsleinwände mit der **Artikel-Nr.: 203.502**, Einzelpreis netto 162,84 €.
Wir haben diesen Teil der Lieferung wieder zurückgehen lassen.

Bitte veranlassen Sie eine erneute Lieferung der von uns bestellten Artikel 203.501. Es wäre gut, wenn die Lieferung bis zum 30.09.20.. bei uns eintreffen würde.

Mit freundlichen Grüßen

i. A. R. Kunze

Büro&Co. KG
Graf-Anton-Weg 9
22459 Hamburg

Gesellschafter:
Markus Strom
Petra Klusineck
Jana Grosche

Telefon: +49 (0)40 33556-0
Telefax: +49 (0)40 33556-1
E-Mail: HaBi@Steen.de

Internet: www.b&co.com
Facebook: www.facebook.com/.b&co
Twitter: https://twitter.com/b&co

Bankverbindungen:
Commerzbank Hamburg
IBAN DE28200400480023350060
BIC COBADEFF920

Sitz Hamburg
USt-IdNr.: DE787796333
Steuer-Nr.: 01/235/55622

HRA 16705
Amtsgericht Hamburg

Büro&Co. KG

Büro&Co. KG, Graf-Anton-Weg 9, 22459 Hamburg

ModernOffice KG
Industriestraße 10–14
72160 Horb am Neckar

Ihr Zeichen:
Ihre Nachricht vom:
Unser Zeichen: rk
Unsere Nachricht vom:

Name: R. Kunze
Telefon: 3356-12
Telefax: 3356-1
E-Mail: HaBi@Steen.de

Datum: 03.09.20..

Bestellung diverser Artikel

Sehr geehrte Damen und Herren,

ich möchte bei Ihnen folgende Bestellung aufgeben:

Art.-Nr.:	Art.-Bezeichnung	Modell	Menge	Einzelpreis, netto	gesamt, netto
203.501	Projektionsleinwand	mattweiß 4:3	50	158,05 €	7.902,50 €
203.451	Pinnwand	Aluminium	60	27,41 €	1.644,60 €
203.404	Pocket-Beamer	YZBB7 LED	25	159,07 €	3.976,75 €
203.603	Wireless	W-199X	15	129,78 €	1.946,70 €
				gesamt netto	15.470,55 €

Lieferung bitte innerhalb von zwei Wochen nach Bestelleingang.

Mit freundlichen Grüßen

R. Kunze
i. A. R. Kunze

Büro&Co. KG
Graf-Anton-Weg 9
22459 Hamburg
Gesellschafter:
Markus Strom
Petra Klusineck
Jana Grosche

Telefon: +49 (0)40 33556-0
Telefax: +49 (0)40 33556-1
E-Mail: HaBi@Steen.de

Internet: www.b&co.com
Facebook: www.facebook.com/.b&co
Twitter: https://twitter.com/b&co

Bankverbindungen:
Commerzbank Hamburg
IBAN DE28200400480023350060
BIC COBADEFF920

Sitz Hamburg
USt-IdNr.: DE787796333
Steuer-Nr.: 01/235/55622

HRA 16705
Amtsgericht Hamburg

ModernOffice.

ModernOffice KG •Postfach 10 15• 72160 Horb am Neckar

Büro&Co. KG
Graf-Anton-Weg 9
22459 Hamburg

Bei Rückfragen bitte angeben:

Rechnungs-Nr.: 16009
Kunden-Nr.:D 8006

Rechnung

Datum: 20.09.20..

Für die Lieferung vom 20.09.20.. berechnen wir:

Art.-Nr.:	Art.-Bezeichnung	Einzelpreis	Menge	Gesamtpreis
203.502	Projektionsleinwand	162,84 €	50	8.141,75 €
203.451	Pinnwand	27,41 €	60	1.644,30 €
203.404	Pocket-Beamer	159,07 €	25	3.976,63 €
203.603	Wireless	129,78 €	15	1.946,63 €

	gesamt	15.709,30 €
Rabatt	***5 %***	785,47 €
	gesamt netto	16.494,77 €
	19 % MwSt.	3.134,01 €
	Rechnungsbetrag	19.628,78 €

Lieferbedingungen:
Die Lieferung erfolgt vertragsgemäß frei Haus.

Zahlungsbedingungen:
14 Tage unter Abzug von 2 % Skonto, 30 Tage netto Kasse

Zahlen Sie bis zum:	04.10.20..	19.236,20 €
Zahlen Sie bis zum:	20.10.20..	19.628,78 €

ModernOffice KG
Industriestraße 10 – 14
72160 Horb am Neckar
Gesellschafter:
Dr. Anja Tischler
Dipl.-Kfm. Jens Tischler
Anton Tischler

Telefon: +49 7451 801-0
Telefax: +49 7451 801-100
E-Mail: info@mo-modernoffice.com

Internet: www.mo-modernoffice.com
Facebook: www.facebook.com/mo-modernoffice
Twitter: https://twitter.com/mo-modernoffice

Bankverbindungen:
Postbank Stuttgart
IBAN DE53 6001 0070 0813 6000 10
BIC PBNK DE FF 600
Kreissparkasse Freudenstadt
IBAN DE68 6425 1060 1701 8022 44
BIC SOLA DE S1FDS

Sitz: Horb am Neckar
USt-IdNr.:DE 258034416
Steuer-Nr.: 220/360/2842
HRA722079
Amtsgericht Stuttgart
(Finanzamt Freudenstadt,
Außenstelle Horb)

- *Erläutern Sie den betriebswirtschaftlichen Hintergrund der Lernsituation.*
- *Welche Aufgabenstellung muss Ebru Celik lösen?*
- *Klären Sie zunächst mit Ihrem Nachbarn den betriebswirtschaftlichen Hintergrund mit den auftretenden Rechtsfragen.*
- *Entwickeln Sie zusammen mit Ihrem Nachbarn einen Lösungsweg für Ebru Celik.*
- *Führen Sie alle notwendigen Buchungen durch, sowohl im Grundbuch als auch auf T-Konten.*
- *Klären Sie im Plenum, welche Partner ihr Ergebnis vorstellen sollen.*
- *Überprüfen Sie das vorgestellte Ergebnis mit dem Ihrigen und nehmen Sie bei Bedarf Änderungen vor.*
- *Entwickeln Sie zusammen mit Ihrem Nachbarn eine PowerPoint Animation zu dem Thema „Die Rücksendung von Waren durch Kunden und ihre Auswirkungen auf schon vorgenommene Buchungen".*

Rücksendungen

Korrekturbuchungen werden immer dann notwendig, falls es im Absatzbereich zu Rücksendungen seitens eines Kunden aufgrund von Sachmängeln kommt. Diese Korrekturbuchungen dienen dazu, den Bestand an Waren zu korrigieren, da sich dieser durch eine Rücksendung wieder erhöht. Außerdem muss eine Forderung an einen Kunden ganz oder teilweise storniert werden. Das hat wiederum zur Folge, dass sich der in der Originalrechnung ausgewiesene Umsatzsteueranteil verringert, was die Verbindlichkeiten gegenüber dem Finanzamt reduziert. Die Rücksendung von Waren durch Kunden wird in der Buchhaltung mittels einer Stornobuchung erfasst. Das Verfahren ähnelt dem bei der Stornierung von Eingangsrechnungen.

Beispiel • *Bei der ModernOffice KG werden Waren im Wert von 14.875,00 € brutto auf Ziel verkauft.*

Der Zielverkauf ① wird über das Ertragskonto „Umsatzerlöse für Waren" gebucht. Die entsprechende Buchung sowohl im Grund- als auch Hauptbuch ist nachfolgend zu sehen.

Grundbuch							
Nr.	**Konto**	**Soll**	**an**	**Konto**	**Haben**	**Soll**	**Haben**
0001	2400	Forderungen aus Lieferungen und Leistungen				14.875,50 €	
0001				4800	Umsatzsteuer		2.375,00 €
0001				5100	Umsatzerlöse für Waren		12.500,00 €

S — 2400 Forderungen aus Lieferungen und Leistungen — H

S		H	
8000	100.000,00		
5100/4800 ①	14.875,00		

S — 5100 Umsatzerlöse für Waren — S

S		H	
		2400 ①	12.500,00

S — 4800 Umsatzsteuer — H

S		H	
		2400 ①	2.375,00

Bei der Wareneingangskontrolle stellt der Kunde fest, dass die Ware mit Sachmängeln behaftet ist. Er nimmt die Ware nicht an. Die Lieferung geht an die ModernOffice KG zurück. Damit der Waren- und Forderungsbestand wieder aktualisiert und die Umsatzsteuer ausgebucht wird, muss eine Stornobuchung vorgenommen werden. Mit dieser Stornobuchung wird die Buchung des Zielverkaufs rückgängig gemacht. Alle drei Konten sind wieder ausgeglichen. Die Buchung des Warenverkaufs mit der anschließenden Stornobuchung ② sehen im Grund- und Hauptbuch folgendermaßen aus:

Grundbuch							
Nr.	**Konto**	**Soll**	**an**	**Konto**	**Haben**	**Soll**	**Haben**
0001	2400	Forderungen aus Lieferungen und Leistungen				14.875,50 €	
0001				4800	Umsatzsteuer		2.375,00 €
0001				5100	Umatzerlöse für Waren		12.500,00 €
0002	5100	Umsatzerlöse für Waren				12.500,00 €	
0002	4800	Umsatzsteuer				2.375,00 €	
0002				2400	Forderungen aus Lieferungen und Leistungen		14.875,00 €

S — 2400 Forderungen aus Lieferungen und Leistungen — H

S		H	
8000	100.000,00	5100; 4800 ②	14.875,00
5100/4800	14.875,00		

S — 4800 Umsatzsteuer — H

S		H	
2400 ②	2.375,00	2400	2.375,00

S — 5100 Umsatzerlöse für Waren — H

S		H	
2400 ②	12.500,00	2400	12.500,00

Wenn die Stornobuchung bei Warenrücksendungen durch Kunden vergessen wird, kommt es zu Unstimmigkeiten beim Jahresabschluss. Die vergessene Stornobuchung kann in diesem Fall aber noch zum Ende des Geschäftsjahres nachgeholt werden.

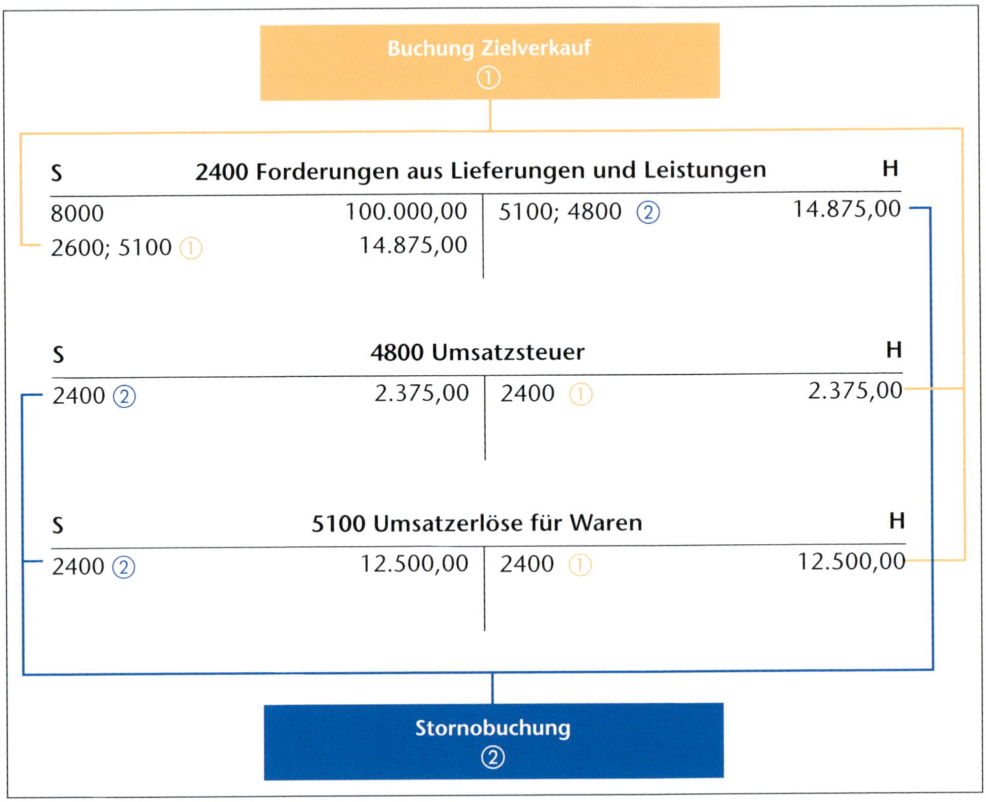

Nachlässe

Genauso wie die ModernOffice KG bestrebt ist alle Eingangsrechnungen unter Abzug von Skonto zu begleichen, werden auch die Kunden der ModernOffice KG den Rechnungsausgleich von Rechnungen der ModernOffice KG unter Abzug von Skonto vornehmen.

Beispiel • *In der Kundenliste der ModernOffice KG ist genau festgehalten, welcher Kunde welchen Skontosatz gewährt bekommt und welche Skontofrist gesetzt wird.*

Die ModernOffice KG hat dem Kunden Büro4You, Kundennummer D 8007, Waren geliefert, wie die Rechnung der ModernOffice KG verdeutlicht.

Kunden-liste

ModernOffice.

ModernOffice KG •Postfach 10 15• 72160 Horb am Neckar

Büro4You
Albrechtstr. 351a
12165 Berlin

Bei Rückfragen bitte angeben:

Rechnungs-Nr.: 12001
Kunden-Nr.:D 8007

Rechnung

Datum: 27.03.20..

Für die Lieferung vom 20.03.20.. berechnen wir:

Art.-Nr.:	**Art.-Bezeichnung**	**Einzelpreis**	**Menge**	**Gesamtpreis**
202.122	LED-Schreibtischleuchte	101,50 €	25	2.537,50 €
201.106	Schreibtischleuchte	71,05 €	15	1.065,75 €
203.301	Flipchart	54,81 €	20	1.096,20 €

	gesamt	4.699,45 €
Rabatt	***5%***	234,97 €
	gesamt netto	4.934,42 €
	19 % MwSt.	937,54 €
	Rechnungsbetrag	5.871,96 €

Lieferbedingungen:
Die Lieferung erfolgt vertragsgemäß frei Haus.

Zahlungsbedingungen:
14 Tage unter Abzug von 2% Skonto, 30 Tage netto Kasse

Zahlen Sie bis zum:	10.04.20..	5.754,52 €
Zahlen Sie bis zum:	26.04.20..	5.871,96 €

ModernOffice KG
Industriestraße 10 – 14
72160 Horb am Neckar
Gesellschafter:
Dr. Anja Tischler
Dipl.-Kfm. Jens Tischler
Anton Tischler

Telefon: +49 7451 801-0
Telefax: +49 7451 801-100
E-Mail: info@mo-modernoffice.com

Internet: www.mo-modernoffice.com
Facebook: www.facebook.com/mo-modernoffice
Twitter: https://twitter.com/mo-modernoffice

Bankverbindungen:
Postbank Stuttgart
IBAN DE53 6001 0070 0813 6000 10
BIC PBNK DE FF 600
Kreissparkasse Freudenstadt
IBAN DE68 6425 1060 1701 8022 44
BIC SOLA DE S1FDS

Sitz: Horb am Neckar
USt-IdNr.:DE 258034416
Steuer-Nr.: 220/360/2842
HRA722079
Amtsgericht Stuttgart
(Finanzamt Freudenstadt, Außenstelle Horb)

Am 02.04.20.. liegt der Kontoauszug der Hausbank „Kreissparkasse Freudenstadt" vor. Auf diesem Kontoauszug ist ein Zahlungseingang (①) am 31.03.20.. in Höhe von 5.754,52 € festgehalten. Der Rechnungsnummer der Ausgangsrechnung ***12001*** *kann man entnehmen, dass der Kunde „Büro4You" die Ausgangsrechnung fristgerecht innerhalb der Skontofrist ausgleicht und berechtigt ist, die zugestandenen 2 % Skonto abzuziehen.*

Girokonto	IBAN DE68 6425 1060 1701802244 SWIFT-BIC SOLA DE S1FDS			Kontoauszug	10
		UST-ID	DE125018250	Blatt	1
Datum	Erläuterungen				Betrag
Kontostand in € am		02.04.20.. , Auszug Nr.	9		38.625,55 € +
30.03.20..	Bareinzahlung	Wert:	31.03		2.500,00 € +
31.03.20..	Rechnung AR 12001 unter Abzug von 2% Skonto	Wert:	01.04		5.754,52 € +
		①			
Kontostand in € am		04.04.20..	12:28		46.880,07 € +

Wie aus den folgenden Konten ersichtlich ist, führt der Rechnungsausgleich unter Abzug von 2% Skonto zu Buchungen auf den folgenden vier Konten:

- *Forderungen aus Lieferungen und Leistungen*
- *Bank*
- *Umsatzsteuer*
- *Erlösberichtigung (Waren)*

*Die **Forderung** in Höhe von 5.871,96 € muss nach dem Rechnungsausgleich **komplett ausgebucht** werden, auch wenn ein Kunde Skonto abzieht ②.*

Auf dem Konto „Bank" wird die Gutschrift der Bank entsprechend gebucht ②.

*Durch den **Skontoabzug verringert** sich der in der Originalrechnung ausgewiesene **Umsatzsteueranteil** ebenfalls um 2%, das entspricht 18,75 €. Dieser Betrag wird auf die Sollseite des Kontos „Umsatzsteuer" gebucht ②.*

Der gewährte und in Anspruch genommene Nachlass „**Skonto**" führt zu einer **Verringerung** der **Umsatzerlöse**. Diese Minderung der Umsatzerlöse darf **nicht** auf dem Konto „Umsatzerlöse für Waren" direkt erfasst werden, da ansonsten der Skontoabzug eines Kunden als eine Rücksendung von Waren durch den Kunden gebucht werden würde. Das entspräche nicht dem betriebswirtschaftlichen Sachverhalt. Der Kunde behält die Ware, sie wird für ihn nur durch den in Anspruch genommenen Skontoabzug günstiger.

Für Nachlässe im Absatzbereich wird das Konto „Erlösberichtigung (Waren) Kontenziffer 5101" verwendet. Die Kontenziffer (5101) deutet darauf hin, dass es sich bei diesem Konto um ein untergeordnetes Konto handelt, welches über das Konto „Umsatzerlöse für Waren" abgeschlossen wird. Der Nettoskonto in Höhe von 98,69 € wird auf der Sollseite dieses Kontos erfasst ②.

S — 2400 Forderungen aus Lieferungen und Leistungen — H

S		H	
8000	100.000,00	2800; 4800; 5101 ②	5.871,96
4800; 5100 ②	5.871,96		

S — 2800 Guthaben bei Kreditinstituten (Bank) — H

S		H	
2400 ②	5.754,52		

S — 4800 Umsatzsteuer — H

S		H	
2400 ②	18,75	2400 ②	937,54

S	5100 Umsatzerlöse für Waren		H
		2400 ①	4.934,42

S	5101 Erlösberichtigungen (Waren)		H
2400 ②	98,69		

Die Buchung des Zielverkaufs und der Rechnungsausgleich unter Abzug von 2% Skonto als Grundbuchbuchungen:

Grundbuch							
Nr.	Konto	Soll an	Konto	Haben	Soll	Haben
0001	2400	Forderungen aus Lieferungen und Leistungen			5.871,96 €	
0001			4800	Umsatzsteuer		937,54 €
0001			5100	Umatzerlöse für Waren		4.934,42 €
0002	2800	Guthaben bei Kreditinstituten (Bank)			5.754,52 €	
0002	4800	Umsatzsteuer			18,75 €	
0002	5101	Erlösberichtigungen (Waren)			98,69 €	
0002			2400	Forderungen aus Lieferungen und Leistungen		5.871,96 €

Durch den Abschluss des Kontos „Erlösberichtigung (Waren)" am Geschäftsjahresende ③ werden die Umsatzerlöse des Geschäftsjahres um die gewährten Nachlässe gemindert.

S	5101 Erlösberichtigungen (Waren)		H
2400	98,69	5100 ③	98,69

S	5100 Umsatzerlöse für Waren		H
5100 ③	98,69	2400	4.934,42

Bei dem Rechnungsausgleich einer Ausgangsrechnung unter Abzug von Skonto müssen die gebuchten Forderungen aus Lieferungen und Leistungen komplett wieder ausgebucht werden. Der Nettoskonto ist auf dem Konto „Erlösberichtigung (Waren)" zu erfassen.

Auf den Punkt gebracht

Hinweis: Die Umsatzsteuer ist im Schaubild nicht berücksichtigt.

Nutzen Sie Ihr Wissen

1. Buchen Sie die folgenden Geschäftsvorfälle im Grundbuch. Übertragen Sie anschließend die Buchungssätze auf die vorbereiteten T-Konten im Hauptbuch. Schließen Sie zum Schluss das Konto „Erlösberichtigung (Waren)“ ab.

Nr.	Buchungstext	Rechnungsart	Betrag
0001	Verkauf von Waren, der Kunde bezahlt per Banküberweisung	Nettorechnungsbetrag	22.500,00 €
0002	Ein Kunde sendet Ware zurück, der Zielverkauf ist bereits gebucht	Nettorechnungsbetrag	8.000,00 €
0003	Bankgutschrift: Zahlungseingang, Rechnungsausgleich durch Kunden (eigene Erzeugnisse) unter Abzug von 2 % Skonto	Gutschrift	16.909,90 €

S	5100 Umsatzerlöse für Waren	H

S	5001 Erlösberichtigungen (eigene Erzeugnisse)	H

S	4800 Umsatzsteuer	H

S	2800 Bank	H
8000	55.000,00	

S	2400 Forderungen aus Lieferungen und Leistungen	H
8000	120.000,00	

2. Buchen Sie nachfolgende Geschäftsvorfälle im Grundbuch. Die ersten vier Geschäftsvorfälle gehören inhaltlich zusammen.

Nr	Buchungstext	Rechnungsart	Betrag
0001	Verkauf von Schreibtischen (Waren)	Nettorechnungsbetrag	42.500,00 €
0002	Ein Kunde sendet Ware zurück, der Zielverkauf ist bereits gebucht	Rechnungskorrektur, brutto	2.560,00 €
0003	Der vom Kunden (Warenlieferung) angezeigte Mangel ist berechtigt, wir gewähren nach Rücksprache einen Preisnachlass	Rechnungskorrektur, netto	300,00 €
0004	Bankgutschrift: Zahlungseingang, Rechnungsausgleich durch Kunden (Warenlieferung) unter Abzug von 2% Skonto	Gutschrift	46.704,84 €
0005	Wir erhalten einen Preisnachlass für gelieferte Waren aufgrund einer berechtigten Mängelanzeige	Rechnungskorrektur, brutto	595,00 €
0006	Rücksendungen von Waren, der Eingang ist bereits gebucht	Nettorechnungsbetrag	6.890,00 €
0007	Rechnungsausgleich Lieferung von Waren unter Abzug von 2 % Skonto per Banküberweisung	Lastschrift	4.890,00 €
0008	Rechnungsausgleich Lieferung von Waren unter Abzug von 2 % Skonto per Banküberweisung		17.898,00 €

3. Buchen Sie den kompletten nachfolgenden Sachverhalt als Grundbuchbuchungen:
a) Die Bestellung der Büro&Co. KG vom 22.04.20..,
b) Die Rechnung der ModernOffice KG vom 24.04.20..,
c) Das Schreiben der Büro&Co. KG vom 26.04.20..,
d) Die Antwort der ModernOffice KG vom 28.04.20..,
e) Die Rechnungskorrektur der ModernOffice KG vom 28.04.20..,
f) Den Rechnungsausgleich der Büro&Co. KG am 30.04.201.. unter Abzug von Skonto.

– Kapitel 13.5
– Kapitel 14

Büro&Co. KG

Büro&Co. KG, Graf-Anton-Weg 9, 22459 Hamburg

ModernOffice KG
Industriestraße 10 - 14
72160 Horb am Neckar

Ihr Zeichen:
Ihre Nachricht vom:
Unser Zeichen: rk
Unsere Nachricht vom:

Name: R. Kunze
Telefon: 3356-12
Telefax: 3356-1
E-Mail: HaBi@Steen.de

Datum: 26.04.201.

Bestellung diverser Artikel

Sehr geehrte Damen und Herren,

ich möchte bei ihnen folgende Artikel bestellen:

Art.-Nr.:	Art.-Bezeichnung	Modell	Menge	Einzelpreis, netto	gesamt, netto
203.508	Projektionsleinwand	Glasperlen 4:3	45	207,05 €	9.317,25
203.455	Pinnwand	Aluminium	50	40,60 €	2.030,00
203.405	Beamer	YZBB97 LED	20	405,86 €	8.117,20
				gesamt netto	19.464,45

Lieferung bitte bis zum 30.04.201.

ModernOffice.

ModernOffice KG • Postfach 10 15 • 72160 Horb am Neckar

Büro&Co. KG
Graf-Anton-Weg 9
22459 Hamburg

Bei Rückfragen bitte angeben:

Rechnungs-Nr.: 14302
Kunden-Nr.: D 8006

Rechnung

Datum: 24.04.20..

Für die Lieferung vom 24.06.20.. berechnen wir:

Art.-Nr.:	Art.-Bezeichnung	Einzelpreis	Menge	Gesamtpreis
203.508	Projektionsleinwand	207,05 €	45	9.317,25 €
203.455	Pinnwand	40,60 €	50	2.030,00 €
203.405	Beamer	405,86 €	20	8.117,10 €

	gesamt	19.464,35 €
Rabatt	***5%***	973,22 €
	gesamt netto	18.491,13 €
	19 % MwSt.	3.513,31 €
	Rechnungsbetrag	22.004,44 €

Lieferbedingungen:
Die Lieferung erfolgt vertragsgemäß frei Haus.

Zahlungsbedingungen:
14 Tage unter Abzug von 2% Skonto, 30 Tage netto Kasse

Zahlen Sie bis zum: 08.05.20.. 21.564,35 €
Zahlen Sie bis zum: 24.05.20.. 22.004,44 €

Büro&Co. KG

Büro&Co. KG, Graf-Anton-Weg 9, 22459 Hamburg

ModernOffice KG
Industriestraße 10 - 14
72160 Horb am Neckar

Ihr Zeichen:
Ihre Nachricht vom:
Unser Zeichen: rk
Unsere Nachricht vom:

Name: R. Kunze
Telefon: 3356-12
Telefax: 3356-1
E-Mail: HaBi@Steen.de

Datum: 26.04.201.

Rücksendung von Waren/ Sachmängel

Sehr geehrte Damen und Herren,

bei der Wareneingangskontrolle Ihrer Lieferung vom 26.04.201. ist uns aufgefallen, dass Sie versehentlich falsche Pinnwände geliefert haben. Wir hatten Pinnwände mit der Artikelnummer 203.455 bestellt, geliefert wurde der Artikel 203.451.
Wir haben dem Frachtführer die Artikel wieder mitgegeben. Bitte korrigieren Sie ,Ihre Ausgangsrechnung. Die Bestellung der Pinnwände mit der Artikelnummer 203,455 werden wir mit der nächsten Sammelbestellung vornehmen.
Die Projektionsleinwände sind in der korrekten Anzahl geliefert worden. Hier mussten wir leider an 15 der gelieferten Artikel Kratzspuren an den Rahmen feststellen. Da diese leicht beschädigten Pinnwände noch zu verkaufen sind, schlagen wir Ihnen eine Preisminderung von netto 450,00 € vor.

ModernOffice.

ModernOffice KG • Postfach 10 15 • 72160 Horb am Neckar

Ihr Zeichen: RK
Ihre Nachricht vom: 28.04.201.
Unser Zeichen: j-s
Unsere Nachricht vom:

Büro&Co. KG
Graf-Anton-Weg 9
22459 Hamburg

Name: J. Stenge
Telefon: 7451 801-120
Telefax: : 7451 801-110
E-Mail: info@mo-modernoffice.com

Rücksendung Art.-Nr. 203.455, Preisminderung Art.-Nr.: 203.508

Sehr geehrte Damen und Herren,
wir möchten uns ausdrücklich für die Falschlieferung vom 26.04.201. entschuldigen. Wie von Ihnen gewünscht, werden wir die korrekte Lieferung bei der nächsten Bestellung vornehmen.
Mit Ihrem Vorschlag zur Preisminderung auf den Artikel 203.508 sind wir einverstanden. Auch hier möchten wir uns für die kleineren Mängel entschuldigen.

Mit freundlichen Grüßen

ModernOffice.

ModernOffice KG • Postfach 10 15 • 72160 Horb am Neckar

Büro&Co. KG
Graf-Anton-Weg 9
22459 Hamburg

Bei Rückfragen bitte angeben:

Rechnungs-Nr.: 14302
Kunden-Nr.:D 8006

Rechnung

Datum: 28.04.20..

Für die Lieferung vom **24.06.20..** **berechnen wir:**

Art.-Nr.:	Art.-Bezeichnung	Einzelpreis	Menge	Gesamtpreis
203.455	Pinnwand	40,60 €	50	2.030,00 €

Rechnungskorrektur

	gesamt	2.030,00 €
Rabatt	*5%*	101,50 €
	gesamt netto	1.928,50 €
	19 % MwSt.	366,42 €
	Rechnungsbetrag	2.294,92 €

Ihr Konto wird um diesen Betrag korrigiert

Lieferbedingungen:
Die Lieferung erfolgt vertragsgemäß frei Haus.

Zahlungsbedingungen:
14 Tage unter Abzug von 2% Skonto, 30 Tage netto Kasse

Zahlen Sie bis zum: 08.05.20..	2.249,02 €
Zahlen Sie bis zum: 24.05.20..	2.294,92 €

15 Wertminderungen bei Anlagegütern

Lernsituation

Volker Zerbe: „Frau Celik, ich habe hier eine aktuelle Hausmitteilung, die an alle Mitarbeiterinnen und Mitarbeiter der ModernOffice KG gerichtet ist. Frau Dr. Pohl hat sie mir gegeben mit der Bitte, alle Mitarbeiterinnen und Mitarbeiter davon zu unterrichten."

ModernOffice.

Hausmitteilung

Von Geschäftsführung	**Abteilung** –
An AL	**Abteilung** alle Abteilungen
Betrifft Arbeiten zum Jahresabschluss/Urlaubsregelungen	
Nachricht An alle Abteilungsleiterinnen und Abteilungsleiter! Bitte informieren Sie Ihre Mitarbeiterinnen und Mitarbeiter über die Urlaubsregelungen vom 15.12.20.. bis 15.01.20.. In dem oben angegebenen Zeitraum sollten alle Abteilungen zu mindestens 50 % mit Mitarbeiterinnen und Mitarbeitern besetzt sein, damit die zum Jahresabschluss anfallenden Arbeiten problemlos durchgeführt werden können. Innerhalb der Abteilungen können die betroffenen Mitarbeiterinnen und Mitarbeiter eigenverantwortlich ihren Urlaubszeitraum planen. Wichtig ist nur, dass oben angegebener Zeitraum mit ausreichendem Personal besetzt ist. Soziale Kriterien sollten – wie in jedem Jahr – bei der Urlaubsplanung berücksichtigt werden. Der Betriebsrat ist über die Regelung informiert und stimmt ihr zu. Härtefälle sind zusammen mit der zuständigen Abteilungsleitung zu lösen. Die Geschäftsleitung	
Besondere Vermerke Die getroffenen Regelungen sind schriftlich bei der zuständigen Abteilungsleitung zu hinterlegen.	
Datum 01.11.20..	**Anlagen**
Unterschrift gez. Vuko	**Verteiler** Italien, Dr. Pohl

Ebru Celik: „Dazu fallen mir gleich zwei Fragen zu ein. Erstens: Gibt es eine interne Regelung, wer zuerst bei Urlaubswünschen berücksichtigt wird? Zweitens: Welche besonderen Arbeiten haben wir in unserer Abteilung zum Geschäftsjahresende durchzuführen?"

Volker Zerbe: „Zur ersten Frage: Wir treffen uns alle morgen um 15:00 Uhr in der Kantine. Dort wird Frau Dr. Pohl ihre Vorstellungen bezüglich der Urlaubsplanung erläutern. Danach wissen alle Mitarbeiterinnen und Mitarbeiter, nach welchem System wir in unserer Abteilung die Urlaubsplanungen durchführen werden.
Zur zweiten Frage: Auf uns kommt eine Menge Arbeit zum Geschäftsjahresende zu. Sie erinnern sich sicherlich an unsere Unterredung, die sich thematisch mit dem Rechnungswesen als Informationssystem beschäftigt hat, oder?"

Ebru Celik: „Natürlich. Wir haben die Aufgabe, notwendige Informationen für infrage kommende Adressaten aufzubereiten und bei Bedarf zur Verfügung zu stellen."

Volker Zerbe: „Und der Bedarf ist zum Geschäftsjahresende erheblich. Vermuten Sie doch einmal, wer zum Geschäftsjahresende an Zahlenmaterial interessiert sein könnte."

Ebru Celik: „An allererster Stelle wohl unsere Gesellschafter. Die möchten schließlich wissen, wie hoch der Gewinn ausgefallen ist. Ich gehe jetzt davon aus, dass wir Gewinne erzielen. Außerdem wird das Finanzamt interessiert sein, weil es Steuern von uns haben will."

Volker Zerbe: „Da haben Sie zwei wesentliche Adressaten angesprochen, wobei das Finanzamt nicht am 3. Januar des nächsten Jahres von uns Zahlen sehen möchte. Aber die Zahlen, die wir dem Finanzamt vorlegen sollen, basieren auf den Abschlussarbeiten zum Geschäftsjahresende.

Wichtiger ist jedoch die erste Gruppe der Adressaten. Die Gesellschafter der Modern-Office KG haben ein berechtigtes Interesse daran zu erfahren, wie das von der ModernOffice KG erzielte Jahresergebnis ausgefallen ist."

Ebru Celik: „Da habe ich einen guten Vorschlag. Wir verkaufen das komplette Unternehmen der ModernOffice KG. Danach schauen wir, was nach dem Verkauf an Bargeld und Buchgeld bei unserer Hausbank hereingekommen ist. Dann sehen wir nach, wie viel Kapital die vier Gesellschafter zu Beginn des Geschäftsjahres gehabt haben, vergleichen es mit den erzielten Verkaufserlösen und haben das gesuchte Ergebnis."

Volker Zerbe: „So könnte man es wirklich machen: Ermittlung des Jahresergebnisses durch Liquidation des Unternehmens. Aber ich glaube, von dieser Variante wäre niemand begeistert.

Spielen wir Ihren Vorschlag aber ruhig einmal durch, den ich als einen theoretischen Vorschlag kennzeichnen möchte. Nach Ihrem Modell würden wir alle Vermögenswerte der ModernOffice KG verkaufen. Woher nehmen Sie dann die Information, welche Vermögenswerte wir als ModernOffice KG überhaupt haben, um sie verkaufen zu können."

Ebru Celik: „Die stehen alle in der Bilanz, die auf der Aktivseite in Anlagevermögen und Umlaufvermögen untergliedert ist."

Volker Zerbe: „Genau. Jetzt stellen wir uns vor, dass in dem Anlagevermögen unter der Position „Fuhrpark" ein Wert von 300.000,00 € steht. Wir haben zu Beginn unseres Geschäftsjahres den Fuhrpark total erneuert und fünf neue Pkw gleichen Typs gekauft, alle zu einem Nettoeinkaufspreis von 50.000,00 € je Stück. Diesen Einkauf haben wir ordnungsgemäß gebucht, die fünf Pkw stehen mit 300.000,00 € auf der Sollseite des Kontos „Fuhrpark".
Jetzt wollen wir zum Geschäftsjahresende – Ihrem Modell folgend – alle fünf Pkw verkaufen. Was glauben Sie, was wir beim Verkauf dieser Pkw erfahren werden?"

Ebru Celik: „Wir würden für jeden Pkw weniger als 50.000,00 € erhalten."

Volker Zerbe: „Warum?"

Ebru Celik: „Weil alle Pkw mittlerweile gebraucht sind und wir für gebrauchte Pkw beim Verkauf keinen Neuwert mehr erhalten."

Volker Zerbe: „Richtig. Kehren wir jetzt zurück in die wirkliche Welt der Modern Office KG.
Wir wollen das Ergebnis am Ende des Geschäftsjahres feststellen. Dazu werden wir am Ende auch eine Bilanz erstellen, in der wir die Position „Fuhrpark" ebenfalls auflisten. Was wissen wir jetzt nach Ihrem Ausflug in die Modellbetrachtung?"

Ebru Celik: „Die Werte der Position „Fuhrpark" müssen alle dem jeweiligen Zeitwert angeglichen werden."

Volker Zerbe: „Und genau das gehört u.a. zu den Arbeitsaufgaben, die auf uns im Zusammenhang mit dem Geschäftsjahresende zukommen, um Ihre Frage zu Beginn unserer Unterredung zu beantworten."

Ebru Celik: „Das macht Sinn, sonst stünden in der Bilanz viele falsche Werte."

Volker Zerbe: „Das würde dann der Fall sein."

Ebru Celik: „Bezogen auf unsere Modellbetrachtung am Beispiel des Fuhrparks gibt es doch bestimmt auch einen Fachbegriff, der diese Tätigkeit umfasst, oder?"

Volker Zerbe: „Sicher. Wir müssen die Wertminderungen messen, denen unsere Pkw aus den verschiedensten Gründen unterliegen, und dann unsere auf den Konten stehenden Buchwerte anpassen. Übrigens zählt dazu nicht nur die Position Fuhrpark. Welche weiteren Anlagegüter müssen wir berücksichtigen?"

Ebru Celik: „Da muss ich kurz überlegen."

Volker Zerbe: „Nehmen Sie sich ruhig ein paar Minuten Zeit und erstellen Sie mir eine Liste der Anlagegüter, die für Sie infrage kommen würden. Überlegen Sie in diesem Zusammenhang, wodurch eine Wertminderung von Anlagegütern begründet sein kann."

- *Zum Schluss der Lernsituation hat Herr Zerbe Ebru Celik eine Aufgabe gestellt. Erläutern Sie im Plenum den Zusammenhang, aus dem diese Aufgabenstellung erwachsen ist.*
- *Versuchen Sie anschließend in Einzelarbeit Anlagegüter aufzulisten, deren Wert zum Ende eines Geschäftsjahres korrigiert werden muss. Lassen Sie in diesem Zusammenhang Finanzanlagen wie Beteiligungen, Wertpapiere usw. außer Acht.*
- *Erstellen Sie zusätzlich eine Liste von Ursachen, die eine Wertekorrektur von Anlagevermögen bedingen.*
- *Entscheiden Sie im Plenum, wer seine Ergebnisse vortragen soll.*
- *Korrigieren Sie bei Bedarf das vorgestellte Ergebnis oder Ihr eigenes.*
- *Diskutieren Sie im Plenum, welche weitreichenden Folgen die fehlende Wertekorrektur einzelner Bilanzpositionen nach sich ziehen würde.*

Zum Ende eines Geschäftsjahres muss der Buchwert der beweglichen Wirtschaftsgüter ihrem jeweiligen Zeitwert angepasst werden. Die Anpassung der Wertminderung aller beweglichen Wirtschaftsgüter wird über Korrekturbuchungen erreicht, die für jedes Wirtschaftsgut durchgeführt werden müssen.

Die Vorgabe des Zeitwerts

Die Grundlage für die Ermittlung des gültigen Zeitwerts bilden zunächst die Anschaffungskosten (netto) des einzelnen Wirtschaftsguts. Diese Anschaffungskosten werden auf den gesamten Zeitraum der wirtschaftlichen Nutzung gleichmäßig verteilt. Die Festlegung der Nutzungsdauer eines Wirtschaftsguts wird vom Bundesministerium der Finanzen vorgegeben. Sie ist in den AfA-Tabellen (Absetzung für Abnutzung) festgehalten, die vom Bundesministerium der Finanzen herausgegeben und jährlich aktualisiert werden. Wie aus dem folgenden Auszug des Bundesministeriums ersichtlich, begründen sich die Nutzungsjahre auf Erfahrungswerten. Die in den Tabellen festgelegten Nutzungsjahre eines Wirtschaftsguts bilden ihrem Wesen nach keine Rechtsvorgabe, sie sind aber allgemein anerkannt. Die AfA-Tabellen sind u. a. nach Wirtschaftszweigen untergliedert.

AfA-Tabellen

Die Abschreibungsdauer bemisst sich bei beweglichen Wirtschaftsgütern gemäß § 7 Abs. 1 Einkommensteuergesetz grundsätzlich nach der betriebsgewöhnlichen Nutzungsdauer. Die Nutzungsdauer ist unter Berücksichtigung der besonderen betrieblichen Verhältnisse zu schätzen. Sog. AfA-Tabellen sind ein Hilfsmittel, um die Nutzungsdauer von Anlagegütern zu schätzen. Die in ihnen festgehaltenen Werte beruhen auf Erfahrungswissen. Die AfA-Tabellen stellen keine bindende Rechtsnorm dar. Dennoch werden die in den AfA-Tabellen festgelegten Abschreibungssätze sowohl von der Rechtsprechung, der Verwaltung als auch der Wirtschaft allgemein anerkannt, da sie umfangreiches in der Praxis gewonnenes Fachwissen widerspiegeln.

In der Abschreibungstabelle für allgemein verwendbare Anlagegüter (kurz: „AfA-Tabelle AV") ist die betriebsgewöhnliche Nutzungsdauer (§ 7 Abs. 1 Satz 2 Einkommensteuergesetz) für Anlagegüter ausgewiesen, die nicht branchenspezifisch genutzt werden. Die „AfA-Tabelle AV" gilt für alle Anlagegüter, die nach dem 31. Dezember 2000 angeschafft oder hergestellt werden.

Quelle: Bundesministerium der Finanzen: AfA-Tabellen, veröffentlicht am 01.01.2012 unter: www.bundesfinanzministerium.de/Web/DE/Themen/Steuern/Weitere_Steuerthemen/Betriebspruefung/AfA_Tabellen/afa_tabellen.html

Die Rechtsgrundlage

Die Rechtsgrundlage für die Anpassung der einzelnen Wirtschaftsgüter an den aktuellen Zeitwert bildet der § 253 (3) des HGB:

§ 253 Zugangs- und Folgebewertung

(3) Bei Vermögensgegenständen des Anlagevermögens, deren Nutzung zeitlich begrenzt ist, sind die Anschaffungs- oder die Herstellungskosten um planmäßige Abschreibungen zu vermindern. Der Plan muss die Anschaffungs- oder Herstellungskosten auf die Geschäftsjahre verteilen, in denen der Vermögensgegenstand voraussichtlich genutzt werden kann. Ohne Rücksicht darauf, ob ihre Nutzung zeitlich begrenzt ist, sind bei Vermögensgegenständen des Anlagevermögens bei voraussichtlich dauernder Wertminderung außerplanmäßige Abschreibungen vorzunehmen, um diese mit dem niedrigeren Wert anzusetzen, der ihnen am Abschlussstichtag beizulegen ist. Bei Finanzanlagen können außerplanmäßige Abschreibungen auch bei voraussichtlich nicht dauernder Wertminderung vorgenommen werden.

Bei der Nutzungsdauer ist es unwesentlich, ob das jeweilige Wirtschaftsgut wirklich genauso lange im Unternehmen genutzt wird, wie es in der AfA-Tabelle vorgeschrieben ist, oder nicht.

Wird ein Wirtschaftsgut vor dem Ende der eigentlichen Nutzungsdauer verkauft, so ergibt sich aus dem Verkauf des Wirtschaftsguts, je nach Buchwert und dem Nettoverkaufspreis, ein Ertrag oder ein Aufwand.

Kann ein Wirtschaftsgut vor dem Ende der Nutzungsdauer nicht mehr weiter genutzt werden, weil es stark beschädigt ist, so wird es komplett abgeschrieben.

Die Ursachen der Wertminderung

Die Ursachen für Wertminderungen beim Anlagevermögen sind vielschichtig. Die Gründe für eine regelmäßige Wertminderung, verteilt auf die Jahre der Nutzungsdauer können sein:

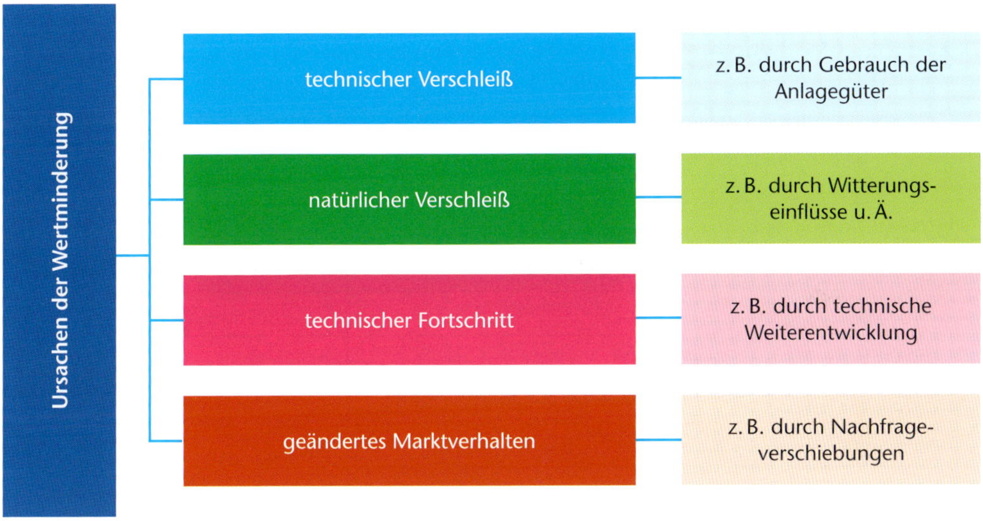

Die Verteilung der Anschaffungskosten auf den gesamten Zeitraum der Nutzung (lineare Abschreibung)

Die Anpassung der Buchwerte zum Bilanzstichtag basiert auf einer gleichen Verteilung der Anschaffungskosten auf die Jahre der Nutzung (Nutzungsdauer).

Beispiel • *Bei der ModernOffice KG wird ein neuer Lkw angeschafft. Der Rechnungsbetrag lautet über 107.100,00 €. Aus diesem Rechnungsbetrag muss der Umsatzsteueranteil herausgerechnet werden, da sich die Anschaffungskosten immer auf den Nettowert beziehen. Die Anschaffungskosten des Lastkraftwagens betragen 90.000,00 €. Laut AfA-Tabelle hat dieser Lkw eine Nutzungsdauer von 9 Jahren, wie der Auszug aus der AfA-Tabelle des Bundesministeriums der Finanzen verdeutlicht.*

Lfd. Nr.	Anlagegüter	Nutzungsdauer/Abschreibungsdauer in Jahren
4	Fahrzeuge	
4.1	Schienenfahrzeuge	25
4.2	Straßenfahrzeuge	
4.2.1	Personenkraftwagen und Kombiwagen	6
4.2.2	Motorräder, Motorroller, Fahrräder u. Ä.	7
4.2.3	Lastkraftwagen, Sattelschlepper, Kipper	9
4.2.4	Traktoren und Schlepper	12
4.2.5	Kleintraktoren	8
4.2.6	Anhänger, Auflieger, Wechselaufbauten	11
4.2.7	Omnibusse	9
4.2.8	Sonderfahrzeuge	

Bei gleichmäßiger ***(linearer)*** *Verteilung der Anschaffungskosten auf die Jahre der Nutzung, beträgt die Wertminderung pro Geschäftsjahr 10.000,00 € (90.000,00 / 9 = 10.000,00). Das bedeutet, dass der Lkw pro Geschäftsjahr um 10.000,00 € abgeschrieben werden muss. Das hat zur Folge, dass der Lkw mit dem fortgeführten verminderten Buchwert in der nächsten Bilanz auf der Aktivseite geführt wird.*

Grundlage der Anschaffungskosten ist immer der Nettorechnungsbetrag.

Der Aufbau einer Abschreibungstabelle zur Erfassung der Wertminderung bei linearer Abschreibung (siehe vorangestelltes Beispiel)

Abschreibungstabelle: lineare Abschreibung	
Sachanlage:	**Lastkraftwagen**
Nutzungsdauer in Jahren	**9**
Anschaffungskosten	90.000,00 €
– AfA 1. Jahr	10.000,00 €
Buchwert Ende des 1. Geschäftsjahres	80.000,00 €
– AfA 2. Jahr	10.000,00 €
Buchwert Ende des 2. Geschäftsjahres	70.000,00 €
– AfA 3. Jahr	10.000,00 €
Buchwert Ende des 3. Geschäftsjahres	60.000,00 €
– AfA 4. Jahr	10.000,00 €
Buchwert Ende des 4. Geschäftsjahres	50.000,00 €
– AfA 5. Jahr	10.000,00 €
Buchwert Ende des 5. Geschäftsjahres	40.000,00 €
– AfA 6. Jahr	10.000,00 €
Buchwert Ende des 6. Geschäftsjahres	30.000,00 €
– AfA 7. Jahr	10.000,00 €
Buchwert Ende des 7. Geschäftsjahres	20.000,00 €
– AfA 8. Jahr	10.000,00 €
Buchwert Ende des 8. Geschäftsjahres	10.000,00 €
– AfA 9. Jahr	10.000,00 €
Buchwert Ende des 9. Geschäftsjahres	0,00 €

Die anteilige Abschreibung unter Berücksichtigung des Zeitpunkts des Erwerbs

Bisher ist davon ausgegangen worden, dass Anlagegüter zu Beginn eines Geschäftsjahres erworben werden. In der Regel werden Anlagegüter während des gesamten Geschäftsjahres angeschafft. In derartigen Fällen beginnt die Abschreibung erst mit dem Monat, in welchem das Anlagegut erworben worden ist.

Beispiel • *Die ModernOffice KG erwirbt am 25.05.20.. eine Furniersäge zu einem Rechnungsbetrag von 44.982,00 €. Diese Maschine ist in der Lage Furniere zu bearbeiten, die für die Produktion von*

Tischen verwendet werden. Die Anschaffungskosten der Maschine betragen 37.800,00 €. Die Nutzungsdauer beträgt nach aktueller AfA-Tabelle sieben Jahre. Die Wertminderung und damit der Abschreibungsbetrag pro Jahr beläuft sich auf 5.300,00 €. Da die Maschine aber erst im Mai des Geschäftsjahres gekauft worden ist, dürfen nur die restlichen sieben Monate des laufenden Geschäftsjahres bei der Ermittlung der Wertminderung zum Geschäftsjahresende berücksichtigt werden, da die Maschine nur in diesen acht Monaten des Geschäftsjahres genutzt wird. Der jährliche Abschreibungsbetrag von 5.400,00 € (37.800,00 / 7 = 5.400,00) muss noch einmal durch 12 dividiert werden, um den Abschreibungsbetrag pro Monat berechnen zu können. Der monatliche Abschreibungsbetrag entspricht 450,00 € (5.400,00 / 12 = 450,00). Im Jahr der Anschaffung werden bei der Abschreibung nur 3.600,00 € (450,00 · 8 = 3.600,00) berücksichtigt. Die „fehlenden" vier Monate des ersten Jahres werden im achten Jahr abgeschrieben.

Abschreibungstabelle: lineare Abschreibung	
Sachanlage:	**Furnierstanzmaschine**
Nutzungsdauer in Jahren	**7**
Anschaffungskosten	37.800,00 €
– AfA 1. Jahr (7 Monate)	3.600,00 €
Buchwert Ende des 1. Geschäftsjahres	34.200,00 €
– AfA 2. Jahr	5.400,00 €
Buchwert Ende des 2. Geschäftsjahres	28.800,00 €
– AfA 3. Jahr	5.400,00 €
Buchwert Ende des 3. Geschäftsjahres	23.400,00 €
– AfA 4. Jahr	5.400,00 €
Buchwert Ende des 4. Geschäftsjahres	18.000,00 €
– AfA 5. Jahr	5.400,00 €
Buchwert Ende des 5. Geschäftsjahres	12.600,00 €
– AfA 6. Jahr	5.400,00 €
Buchwert Ende des 6. Geschäftsjahres	7.200,00 €
– AfA 7. Jahr	5.400,00 €
Buchwert Ende des 7. Geschäftsjahres	1.800,00 €
– AfA 8. Jahr (5 Monate)	1.800,00 €
Buchwert Ende des 8. Geschäftsjahres	0,00 €

Die Buchung der Wertminderung

Die Wertminderung der Anlagegüter wird als Korrekturbuchungen durchgeführt. Die Korrekturbuchungen zum Ende des Geschäftsjahres **basieren nicht auf Geschäftsvorfällen**. Für die Abschreibung der Anlagegüter steht das Aufwandskonto „Abschreibung auf Sachanlagen“, Kontenziffer 6520, zur Verfügung. Die Wertminderung der Anlagegüter geht somit als Aufwand in die Gewinn- und Verlustrechnung des Geschäftsjahres ein.

Die Abschreibung der Furniersäge aus dem obigen Beispiel würde zu folgender Grundbuchbuchung führen:[1]

Grundbuch						
Nr.	Konto	Soll an	Konto	Haben	Soll	Haben
0001	0720	Anlag. und Masch. d. mech. Materialbearbeitung, -verarbeitung und -umwandlung			100.000,00 €	
0001			8000	Eröffnungsbilanzkonto		100.000,00 €
0001	0720	Anlag. und Masch. d. mech. Materialbearbeitung, -verarbeitung und -umwandlung			37.800,00 €	
0001	2600	Vorsteuer			7.182,00 €	
0001			4400	Verbindlichkeiten aus Lieferungen und Leistungen		44.982,00 €
0001	6520	Abschreibungen auf Sachanlagen			3.600,00 €	
0001			0720	Anlag. u. Masch. und mech. Materialbearbeitung, -verarbeitung und -umwandlung		3.600,00 €

Bei der Nummerierung der Geschäftsvorfälle fällt auf, dass jeweils wieder mit der Ziffer „1“ begonnen wird. Das Rechnungswesenprogramm[2], mit dem die Buchungen durchgeführt werden, unterscheidet zwischen vier verschiedenen Geschäftsfällen (bzw. Korrekturbuchungen, wenn man die Abschreibungen hinzunimmt):

1. Eröffnungsbuchung: „Anlag. und Masch. d. mech. Materialbearbeitung, -verarbeitung und -umwandlung“
2. laufende Buchung: Kauf einer neuen Maschine
3. vorbereitende Abschlussbuchung: Abschreibung auf die gekaufte Maschine
4. Abschlussbuchung

Die Erstellung des Grundbuchs ist so programmiert, dass Geschäftsvorfälle der gleichen Art immer durchnummeriert werden. Sobald aber eine neue Art von Geschäftsvorfällen gebucht wird, beginnt die Nummerierung wieder von vorn, beginnend mit den Ziffern 0001. Da hier gleich drei verschiedene Arten von Geschäftsvorfällen hintereinander gebucht werden, beginnt die Nummerierung immer wieder von vorn.

---

[1] *Aus Gründen der Übersichtlichkeit wird der Bestand auf dem Konto „Anlag. und Masch. d. mech. Materialbearbeitung, -verarbeitung und -umwandlung“ bei der Abschreibungsbuchung nicht berücksichtigt.*

[2] *Das Rechnungswesenprogramm „Einfach schnell buchen“ mit der Bestellnummer 10727 ist beim Bildungsverlag EINS erhältlich.*

Die Konten haben nach der Abschreibung folgendes Aussehen:[1]

S	0720 Anlag. und Masch. d. mech. Materialbearbeitung		H
8000	100.000,00	6520 ①	3.600,00
4400	37.800,00		

S	6520 Abschreibungen auf Sachanlagen		H
0720 ①	3.600,00		

Auf den Punkt gebracht

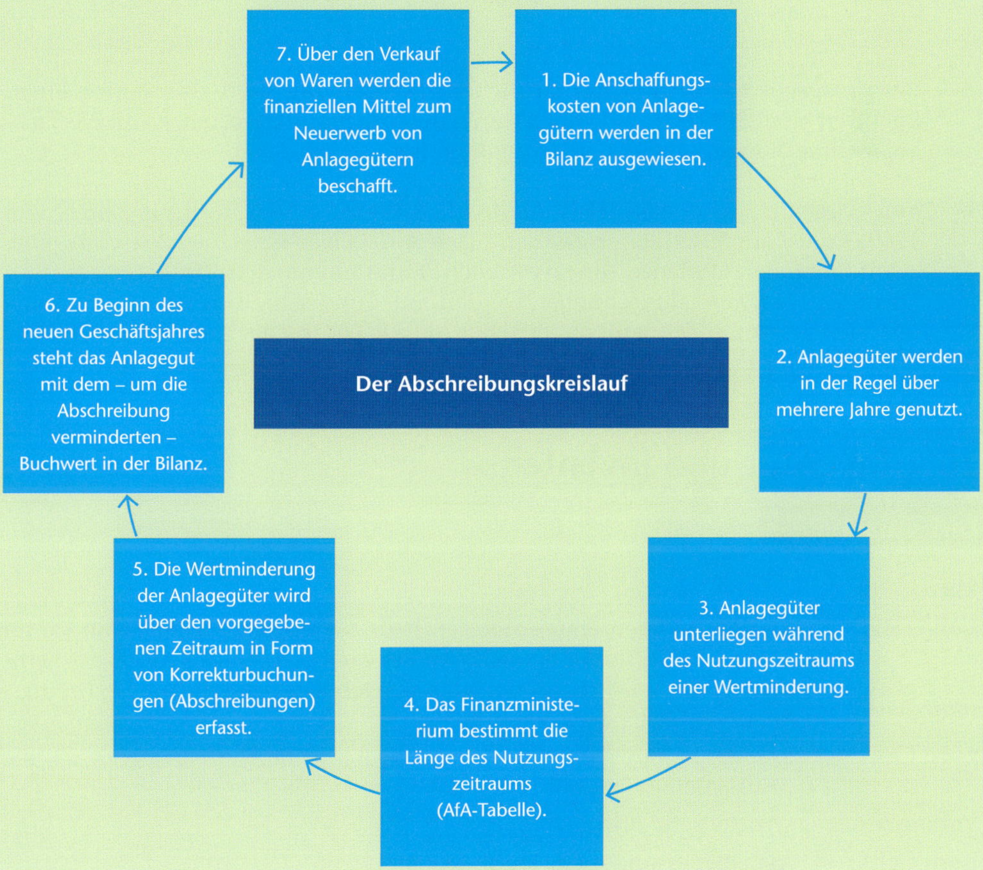

[1] *Die Umsatzsteuerkonten bleiben aufgrund der Übersichtlichkeit unberücksichtigt.*

Nutzen Sie Ihr Wissen

1. Ermitteln Sie für alle Anlagepositionen den Buchwert je Einheit zum Ende des laufenden Geschäftsjahres. Nehmen Sie dabei für alle Anlagepositionen die Korrekturbuchungen als Grundbuchbuchungen vor.

Alle Anlagegüter sind zu Beginn des jeweiligen Geschäftsjahres angeschafft								
Anlagegut	Anzahl	Listenpreis/ Stück/ Einkauf	Nutzungsjahre	bisher abgeschrieben/ volle Jahre	bisher insgesamt abgeschrieben	Buchwert zu Beginn des Jahres	Abschreibung am Ende des lfd. Geschäftsjahres	Buchwert je Einheit am Ende des Geschäftsjahres
Pkw	1	32.000,00 €	5	4				
Lkw	1	52.000,00 €	9	7				
Transportband	1	78.000,00 €	12	10				
Schreibtische	5	800,00 €	10	9				
Faxgerät	2	1.600,00 €	5	3				
Handy/GWG	4	210,00 €	3	1				

2. Ein Anlagegut hat bei linearer jährlicher Abschreibung nach zwei Jahren einen Buchwert von 8.400,00 €. Wie hoch waren die Anschaffungskosten, wenn die Sachanlage eine Nutzungsdauer von acht Jahren hat?

3. Eine Maschine wird von der ModernOffice KG zu einem Rechnungspreis von 130.900,00 € am 02.01.20.. angeschafft. Laut AfA-Tabelle muss diese Maschine über zwölf Jahre abgeschrieben (linear) werden. Ermitteln Sie den AfA-Betrag, zu welchem die Maschine abgeschrieben werden muss und schreiben Sie die Maschine über den gesamten Zeitraum ab. Erstellen Sie zur Lösung der Aufgabe eine Tabelle mit dem Tabellenkalkulationsprogramm Excel.

16 Inventur und Inventar

Lernsituation

Ebru Celik: „Guten Morgen Herr Zerbe."

Volker Zerbe: „Guten Morgen Frau Celik. Ich habe Sie noch nie gefragt, ob Sie im Unterricht in Ihrem Berufskolleg Schwierigkeiten im Bereich des Lernfeldes 6 haben. So heißt doch der Bereich, der sich mit dem Rechnungswesen befasst, oder?"

Ebru Celik: „Ja, das stimmt. Aber Probleme habe ich keine. Zur Not wende ich die Tricks meiner Freundin Lara an."

Volker Zerbe: „Tricks beim Buchen?"

Ebru Celik: „Ja, aber es sind mehr Eselsbrücken."

Volker Zerbe: „Welche denn z. B.?"

Ebru Celik: „Bei den **Erfolgskonten** haben bei uns einige Mitschüler Probleme, besonders bei Stornobuchungen und Nachlässen. Lara merkt es sich mit folgender Eselsbrücke: ‚Ist die Buchung gut für uns als Unternehmen, dann buchen wir im Haben, weil das Eigenkapital auf der Habenseite zunimmt. Ist die Buchung schlecht für uns, dann buchen wir im Soll, weil das Eigenkapital auf der Sollseite abnimmt.' Dazu ein Beispiel: Ein Kunde bezahlt eine Ausgangsrechnung unter Abzug von Skonto. Wir bekommen weniger Geld, das ist schlecht für uns, also buchen wir die Nachlässe im Soll des Kontos Erlösberichtigung (Waren). Es klappt immer. Ich kann es zwar auch ohne Eselsbrücken, aber einigen von uns hilft das wirklich."

Volker Zerbe: „Man sollte auch immer daran denken, dass Eselsbrücken niemals zu 100 % stimmen, sonst wären es Merksätze oder Regeln. Aber wenn es einigen hilft, dann ist es ja o. k.

Wir kehren jetzt wieder zu unserer Arbeit kurz vor dem Ende des Geschäftsjahres zurück. Die Wertminderungen des Anlagevermögens haben wir erfasst. Der nächste große Schritt führt uns zur Inventur und zum Inventar. Wir, d. h. die ModernOffice KG, sind als Kaufleute verpflichtet, zum Ende des Geschäftsjahres eine Inventur durchzuführen. Nach Abschluss der Inventur erstellen wir dann ein Inventar. Wie Sie sicherlich bereits in unserer Abteilung oder im Unterricht des Berufskollegs festgestellt haben, sind viele Aktivitäten der Kaufleute gesetzlich verankert, wobei das HGB die meisten gesetzlichen Bestimmungen für Kaufleute enthält.

Ich möchte Sie bitten, aus dem HGB alle Bestimmungen zur Inventur und zum Inventar herauszusuchen, die uns als ModernOffice KG betreffen. Ich denke da z. B. an

- Unterschiede zwischen einer Inventur und einem Inventar,
- die zeitlichen Vorgaben,
- eventuelle Sonderregeln usw.

Es reicht, wenn Sie sich einige Stichpunkte aufschreiben, die Ihnen besonders wichtig erscheinen. Wir gehen diese dann durch und übertragen sie auf unsere vor uns liegende Arbeit zum Geschäftsjahresende. Sie sollten auch Hinweise finden, wie lange ein Geschäftsjahr überhaupt dauert, da wir immer von einem Geschäftsjahr und nicht von einem Kalenderjahr sprechen."

- *Fassen Sie die Lernsituation mit eigenen Worten zusammen.*
- *Recherchieren Sie im HGB, welche Bestimmungen die Durchführung der Inventur und die Erstellung des Inventars beinhalten. Listen sie alle Paragrafen auf, die Bestimmungen zur Inventur und zum Inventar enthalten.*
- *Grenzen Sie die beiden Begriffe vor der Recherche voneinander ab. Bemühen Sie sich dabei die beiden Fachbegriffe allgemeingültig zu definieren.*
- *Klären Sie auf der Grundlage Ihrer Recherche, in welcher Beziehung die Grundsätze ordnungsgemäßer Buchführung mit der Inventurdurchführung und einer anschließenden Erstellung des Inventars stehen.*
- *Zeigen Sie auf, welche Freiheiten der Gesetzgeber bei der Inventurdurchführung*
  - *für den Zeitpunkt und*
  - *die Art der Durchführung gewährt.*
- *Entscheiden Sie im Plenum, wer seine Ergebnisse vortragen soll.*
- *Korrigieren Sie bei Bedarf das vorgestellte Ergebnis oder Ihr eigenes.*
- *Bewerten Sie die Bedeutung der Inventur und des Inventars vor dem Hintergrund der Grundsätze ordnungsgemäßer Buchführung.*

Die Pflicht zur Erstellung eines Inventars

Die Durchführung der Inventur und die Erstellung des Inventars sind im HGB ab § 240 geregelt. Direkt vor den Bestimmungen zum Inventar ist gesetzlich geregelt, wer der Buchführungspflicht unterliegt. Die Bestimmungen hierzu findet man in den §§ 238, 239 HGB. Aus dieser Anordnung ist erkennbar, dass alle Kaufleute, die der Buchführungspflicht unterliegen, auch ein Inventar erstellen müssen.

HGB § 240 Inventar

(1) Jeder Kaufmann hat zu Beginn seines Handelsgewerbes seine Grundstücke, seine Forderungen und Schulden, den Betrag seines baren Geldes sowie seine sonstigen Vermögensgegenstände genau zu verzeichnen und dabei den Wert der einzelnen Vermögensgegenstände und Schulden anzugeben.

Die zeitlichen Vorgaben zur Erstellung eines Inventars

HGB § 240 Inventar

(2) Er hat demnächst für den Schluß eines jeden Geschäftsjahrs ein solches Inventar aufzustellen. Die Dauer des Geschäftsjahrs darf zwölf Monate nicht überschreiten. Die Aufstellung des Inventars ist innerhalb der einem ordnungsmäßigen Geschäftsgang entsprechenden Zeit zu bewirken.

Ein Geschäftsjahr darf einen Zeitraum von zwölf Monaten nicht überschreiten. Dieser Zeitraum wird bei Kaufleuten als Rechnungsperiode bezeichnet. Die Länge einer derartigen Rechnungsperiode ist auch in anderen Gesetzen festgelegt, wie der Auszug aus dem Einkommensteuergesetz (EStG) veranschaulicht.

EStG § 4a Gewinnermittlungszeitraum, Wirtschaftsjahr

(1) Bei Land- und Forstwirten und bei Gewerbetreibenden ist der Gewinn nach dem Wirtschaftsjahr zu ermitteln. Wirtschaftsjahr ist [...] 2. bei Gewerbetreibenden, deren Firma im Handelsregister eingetragen ist, der Zeitraum, für den sie regelmäßig Abschlüsse machen. Die Umstellung des Wirtschaftsjahres auf einen vom Kalenderjahr abweichenden Zeitraum ist steuerlich nur wirksam, wenn sie im Einvernehmen mit dem Finanzamt vorgenommen wird; [...]

Wenn nichts anderes geregelt ist, entspricht ein Geschäftsjahr immer einem Kalenderjahr.[1] Eine Veränderung des Zeitraums eines Geschäftsjahres ist nur in Absprache mit dem zuständigen Finanzamt möglich.

[1] *Ausnahme: Gründung eines neuen Unternehmens*

Vereinfachungen bei der Aufstellung des Inventars

HGB § 240 Inventar

(3) Vermögensgegenstände des Sachanlagevermögens sowie Roh-, Hilfs- und Betriebsstoffe können, wenn sie regelmäßig ersetzt werden und ihr Gesamtwert für das Unternehmen von nachrangiger Bedeutung ist, mit einer gleichbleibenden Menge und einem gleichbleibenden Wert angesetzt werden, sofern ihr Bestand in seiner Größe, seinem Wert und seiner Zusammensetzung nur geringen Veränderungen unterliegt. Jedoch ist in der Regel alle drei Jahre eine körperliche Bestandsaufnahme durchzuführen.

(4) Gleichartige Vermögensgegenstände des Vorratsvermögens sowie andere gleichartige oder annähernd gleichwertige bewegliche Vermögensgegenstände und Schulden können jeweils zu einer Gruppe zusammengefaßt und mit dem gewogenen Durchschnittswert angesetzt werden.

Die Inventur ist dem Inventar vorgelagert. Zunächst müssen alle Vermögensgegenstände erfasst werden (Inventur), bevor aus den Ergebnissen der Inventur ein Inventar erstellt werden kann.

Inventurverfahren

Inventurverfahren Zählen – Messen – Wiegen	
Buchinventur	Die Buchführung gibt die Bestände an: Listen, Salden, Anlageverzeichnisse u. Ä.
Stichtagsinventur	körperliche Bestandsaufnahme zum Abschlussstichtag
ausgeweitete Stichtagsinventur	Überschreitung des Zeitpunkts der Stichtagsinventur um maximal 10 Tage
permanente Inventur	Die körperliche Erfassung der Bestände erfolgt nicht zum Abschlussstichtag, sie ist vielmehr auf das Geschäftsjahr verteilt.

Inventurvereinfachungsverfahren nach § 241 HGB

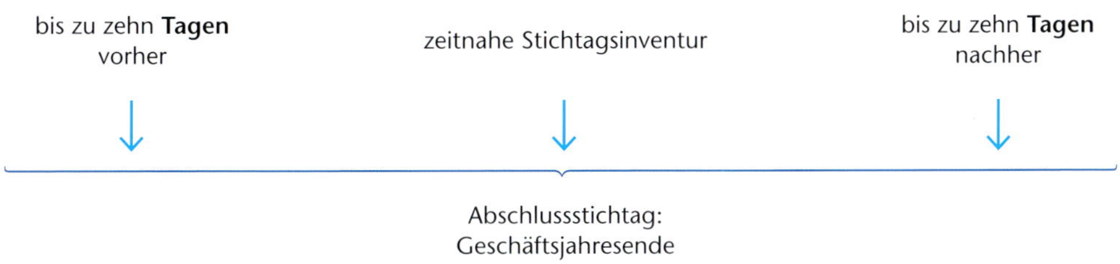

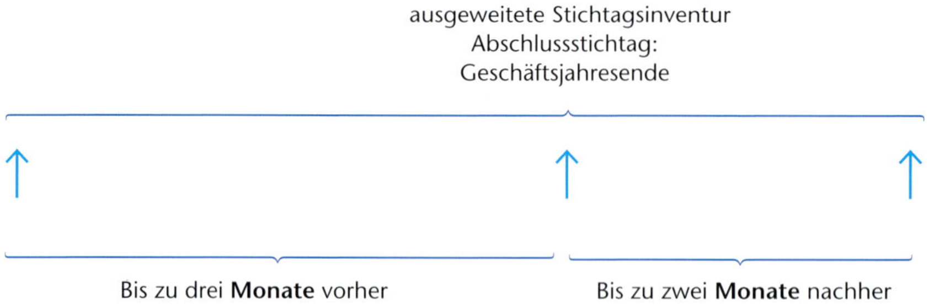

Das Inventar als Verzeichnis der einzelnen Vermögensgegenstände und der Schulden zum Geschäftsjahresende

Inventar		
ModernOffice KG, 72160 Horb am Neckar, für den 31. Dezember 20..		
A. Vermögen		
I. Anlagevermögen		
1. Grundstücke und Bauten		
bebautes Grundstück, Industriestraße 10 – 14		4.250.000,00 €
2. Technische Anlagen und Maschinen		
lt. Inventurverzeichnis Anlagevermögen I		1.865.025,30 €
3. Fuhrpark lt. Anlageverzeichnis AV 2		
lt. Inventurverzeichnis Anlagevermögen II		753.889,06 €
4. Betriebs- und Geschäftsausstattung		
lt. Anlageverzeichnis AV 3		325.465,50 €
II. Umlaufvermögen		
Rohstoffe		
1. Rohstoffe lt. Inventurliste Umlaufvermögen I		78.956,55 €
2. Hilfsstoffe lt. Inventurliste Umlaufvermögen II		15.656,30 €
3. Betriebsstoffe lt. Inventurliste Umlaufvermögen III		20.056,10 €
4. Unfertige Erzeugnisse lt. Inventurliste IV		32.560,50 €
5. Fertige Erzeugnisse lt. Inventurliste Umlaufvermögen VI		77.980,55 €
1. Warenvorräte lt. Inventurliste Umlaufvermögen VII + VIII		230.256,30 €
3. Forderungen aus Lieferung und Leistung		
Allgemeine Versicherung AG	58.693,20 €	
Büro&Co. KG	73.460,10 €	
Bürowelt GmbH & Co KG	45.865,35 €	
Bürowelten OHG	32.125,00 €	

Inventar		
ModernOffice KG, 72160 Horb am Neckar, für den 31. Dezember 20..		
Schüttlers Bürobedarf	8.560,00 €	
office4you OHG	3.265,22 €	221.968,87 €
3. Bank		66.920,74 €
4. Kasse		9.860,00 €
Summe des Vermögens		**7.948.595,77 €**
B. Schulden		
1. Hypothekenschulden Deutsche Bank		475.650,20 €
1. Darlehensschulden bei der Deutschen Bank		98.896,50 €
2. Verbindlichkeiten aus Lieferung und Leistung		
Luxo Lichtdesign AG	17.653,55 €	
Lumen OHG	8.606,00 €	
Pinnwand-Park GmbH	750,00 €	
Panorama KG	4.689,50 €	
Lautstark OHG	6.989,52 €	
CargoTrans GmbH	4.653,25 €	
Holzwerkstoffe Gaildorf GmbH	12.560,55 €	
Edelstahlwerk Witten AG	32.010,10 €	
Schraubentechnik KG	6.563,25 €	
Kunststofftechnik GmbH	5.263,46 €	
MTechnik KG	22.860,55 €	
Stomex OHG	12.898,97 €	
Bertram GmbH	2.686,35 €	138.185,05 €
Summe der Schulden		712.731,75 €
C. Ermittlung des Reinvermögens		
Summe des Vermögens		7.948.595,77 €
– *Summe der Schulden*		– 712.731,75 €
***Eigenkapital** (Reinvermögen)*		**7.235.864,02 €**

Damit das Inventar übersichtlich ist, werden gleichartige Positionen in sogenannten Inventarlisten zusammengefasst. Auf diese Listen wird dann in dem Inventar verwiesen.

Auszüge aus den Inventarlisten

Zählliste Inventur		Anlagevermögen Verzeichnis 2		Inventurbereich: Fuhrpark		Datum: 31.12.20..	Blatt: 12
Lfd. Nr.:	Anlageposition: Fuhrpark	Amtliches Kennzeichen	Standort 72160 Horb am Neckar	Anschaffungs-datum	Anzahl	fortgeführter Buchwert	Gesamtwert
1	Man-Transporter 26t	FDS – MO 1225	Parkraum I	18.06.20..	2	45.960,00 €	91.920,00 €
2	Man-Transporter 26t	FDS – MO 1280	Parkraum I	22.01.20..	1	39.450,00 €	39.450,00 €
3	Man-Transporter 26t	FDS – MO 1111	Parkraum I	17.05.20..	1	62.000,00 €	62.000,00 €
4	Man-Transporter 26t	FDS – MO 2255	Parkraum I	18.07.20..	1	38.560,00 €	38.560,00 €
5	Man-Transporter 26t	FDS – MO 3535	Parkraum I	18.07.20..	1	62.620,00 €	62.620,00 €
6	Mercedes 7,5 t	FDS – MO 1282	Parkraum I	11.11.20..	4	16.700,00 €	66.800,00 €
7	Ford CI	FDS – MO 1285	Parkraum I	13.01.20..	2	13.800,00 €	27.600,00 €
8	Mercedes S-Klasse	FDS – MO 1288	Parkraum II	22.02.20..	1	48.900,00 €	48.900,00 €
9	Mercedes S-Klasse	FDS – MO 55	Parkraum II	22.02.20..	1	61.125,00 €	61.125,00 €
10	Mercedes S-Klasse	FDS – MO 56	Parkraum II	22.02.20..	1	76.406,25 €	76.406,25 €
11	Mercedes S-Klasse	FDS – MO 58	Parkraum II	22.02.20..	1	95.507,81 €	95.507,81 €
12	Mercedes E-Klasse	FDS – MO 89	Parkraum II	03.01.20..	1	44.050,00 €	44.050,00 €
13	Mercedes E-Klasse	FDS – MO 10	Parkraum II	03.01.20..	1	38.950,00 €	38.950,00 €
						Gesamt:	753.889,06 €

Zählliste Inventur		Umlaufvermögen Verzeichnis 7	Inventurbereich: Handelswaren Produktgruppe: Trading I			Datum: 31.12.20..	Blatt: 25
Lfd. Nr.:	Artikel Nr.:	Artikelbezeichnung	Standort	Anschaffungs-datum	Anzahl	Einzelwert	vorläufiger Gesamtwert
1	203.301	Flipchart	Hochregal Nr. 1 Ebene I	15.02.20..	150	37,80 €	5.670,00 €
2	203.302	Flipchart	Hochregal Nr. 1 Ebene II	10.03.20..	120	33,50 €	4.020,00 €
3	203.303	Flipchart	Hochregal Nr. 1 Ebene III	02.06.20..	20	45,00 €	900,00 €
4	203.401	Beamer	Hochregal Nr. 2 Ebene I	29.06.20..	33	382,90 €	12.635,70 €
5	203.402	Beamer	Hochregal Nr. 2 Ebene II	23.04.20..	60	649,00 €	38.940,00 €
6	203.403	Mini-Beamer	Hochregal Nr. 2 Ebene III	17.07.20..	22	49,70 €	1.093,40 €
7	203.451	Pinnwand	Hochregal Nr. 2 Ebene III	29.02.20..	85	18,90 €	1.606,50 €
8	203.452	Pinnwand	Hochregal Nr. 3 Ebene I	25.07.20..	95	20,00 €	1.900,00 €
9	203.504	Projektionsleinwand	Hochregal Nr. 3 Ebene II	31.07.20..	60	55,00 €	3.300,00 €
10	203.505	Projektionsleinwand	Hochregal Nr. 3 Ebene III	06.02.30..	54	55,80 €	3.013,20 €
11	203.506	Projektionsleinwand	Hochregal Nr. 4 Ebene I	19.11.20..	22	56,20 €	1.236,40 €
12	203.604	Standfuß-S	Hochregal Nr. 4 Ebene II	28.03.20..	30	386,70 €	11.601,00 €
13	203.605	Tragbares Lautsprecher-system	Hochregal Nr. 4 Ebene II	19.01.20..	45	149,00 €	6.705,00 €
						Gesamt	92.621,20 €

Zählliste Inventur		Umlaufvermögen Verzeichnis 8	Inventurbereich: Handelswaren Produktgruppe: Trading II			Datum: 31.12.20..	Blatt: 26
Lfd. Nr.:	Artikel Nr.:	Artikelbezeichnung	Standort	Anschaffungs-datum	Anzahl	Einzelwert	vorläufiger Gesamtwert
1	201.101	Schreibtischleuchte	Hochregal Nr. 4 Ebene I	15.02.20..	150	45,00 €	6.750,00 €
2	201.102	Schreibtischleuchte	Hochregal Nr. 4 Ebene I	10.03.20..	120	45,00 €	5.400,00 €
3	201.104	Schreibtischleuchte	Hochregal Nr. 4 Ebene I	02.06.20..	20	18,00 €	360,00 €
4	201.121	Schreibtischleuchte	Hochregal Nr. 4 Ebene I	29.06.20..	33	32,00 €	1.056,00 €
5	201.122	Schreibtischleuchte	Hochregal Nr. 4 Ebene I	23.04.20..	60	29,00 €	1.740,00 €
6	201.123	Schreibtischleuchte	Hochregal Nr. 4 Ebene I	17.07.20..	22	60,00 €	1.320,00 €
7	201.124	Schreibtischleuchte	Hochregal Nr. 4 Ebene I	29.02.20..	85	120,00 €	10.200,00 €
8	201.126	Schreibtischleuchte	Hochregal Nr. 4 Ebene I	22.01.20..	76	151,00 €	11.476,00 €
9	201.126	Schreibtischleuchte	Hochregal Nr. 4 Ebene I	02.03.20..	65	151,00 €	9.815,00 €
10	201.126	Schreibtischleuchte	Hochregal Nr. 4 Ebene I	25.07.20..	89	151,00 €	13.439,00 €
11	201.127	Schreibtischleuchte	Hochregal Nr. 4 Ebene I	18.08.20..	120	19,00 €	2.280,00 €
						Gesamt	63.836,00 €

S						
Girokonto	IBAN DE68 6425 1060 1701802244 SWIFT-BIC SOLA DE S1FDS				Kontoauszug	17
Kreissparkasse Freudenstadt		UST-ID	DE125018250		Blatt	1
Datum	Erläuterungen				Betrag	
Kontostand in € am		31.12.20.. , Auszug Nr.		16	68.563,25 € +	
28.12.20..	Kontogebühren	Wert:	29.12		111,00 € -	
29.12.20..	Ausgleich der Rechnung Re-Nr. :	Wert:	30.12		1.531,51 € -	
Kontostand in € am		02.01.20..	12:28		66.920,74 € +	

Inventurdifferenzen

Die körperliche Bestandsaufnahme wird durchgeführt, um die Buchbestände (Soll-Bestand) mit den tatsächlichen Beständen (Ist-Bestand), die als Ergebnis der Inventur vorliegen, abzugleichen. Wenn es zu Differenzen zwischen diesen Beständen kommen sollte, gelten immer die **festgestellten Ist-Bestände**. Diese werden in das Inventar aufgenommen.

Die Ursachen von Inventurdifferenzen können vielschichtig sein:

Um mögliche Differenzen zu beseitigen, müssen deren Ursachen gefunden und beseitigt werden.

Beispiel

1. *Das Konto „Waren" weist zum Geschäftsjahresende bei der ModernOffice KG einen Bestand von 72.000,00 € aus. Bei der körperlichen Inventur wird ein Bestand von 68.000,00 € erfasst. Bei der Fehlersuche wird festgestellt, dass eine Stornobuchung vergessen worden ist. Diese Stornobuchung liegt in der Rücksendung beschädigter Waren begründet. Die Stornobuchung wird nun nachgeholt. Das Konto „Waren" erscheint mit dem korrekten Endbestand von 68.000,00 € in der Bilanz zum Geschäftsjahresende.*

2. *Das Bankguthaben beträgt lt. Kontoauszug der Sparkasse zum Geschäftsjahresende 65.000,00 €. Auf dem Konto „Bank" wird der Sollbestand mit 72.950,00 € geführt. Die Ursache dieser Differenz liegt darin begründet, dass der Rechnungsausgleich der Eingangsrechnung 17005, Rechnungsbetrag 7.950,00 €, vom 19.12.20.. noch nicht gebucht worden ist. Diese Buchung wird nachgeholt, der Sollbestand stimmt daraufhin mit dem Istbestand überein.*

3. *Die Ursache der Differenz auf dem Kassenkonto zwischen dem Sollbestand von 9.050,00 € und dem Istbestand von 8.900,00 € kann trotz intensiver Fehlersuche nicht geklärt werden. Der Fehlbetrag wird über das Konto „Sonstige Aufwendungen" ausgebucht.*

Kommt es zwischen dem festgestellten Ist-Bestand, als Ergebnis der Inventur, und dem Soll-Bestand, der sich aus der Buchführung ergibt, zu Differenzen, so bildet der Ist-Bestand die entscheidende Bestandsgröße für den Jahresabschluss.

Auf den Punkt gebracht

Inventur

körperliche Bestandsaufnahme (Tätigkeit)

↓

Inventar

Zusammenfassung der Ergebnisse der Inventur

Nutzen Sie Ihr Wissen

1. Ihnen liegen die Inventurwerte der Strahla KG zum 31.12.20.. vor. Erstellen Sie das Inventar der Strahla KG. Achten Sie auf die korrekte Reihenfolge der einzelnen Positionen.

Forderungen aus Lieferung und Leistung	
1. Trude Heer e. Kffr.	17.560,22 €
2. Soest OHG	2.860,55 €
3. Stelzer AG	13.465,88 €
4. Tönnis OHG	9.805,05 €
Guthaben bei Kreditinstitutionen	
1. Sparkasse Recklinghausen	85.465,33 €
2. Deutsche Bank	12.458,55 €
3. Volksbank Ruhr-Mitte	4.465,56 €
Kassenbestand	234,00 €
Waren lt. Inventurliste 2	180.307,22 €

Fuhrpark	
1. Mercedes Transporter	68.798,10 €
2. Pritschenwagen MAN	12.562,30 €
3. OPEL Astra	33.578,58 €
4. Mercedes SL	8.056,10 €
Büromöbel und sonstige Geschäftsausstattung lt. Inventurliste 1	64.587,77 €
Verbindlichkeiten aus Lieferung und Leistung	145.680,20 €
Verbindlichkeiten gegenüber Kreditinstituten	
1. Hypobank Recklinghausen	635.230,30 €
2. Darlehen Volksbank Ruhr-Mitte	157.568,00 €
3. Liefererdarlehen Kurt Marx e.Kfm.	22.580,10 €
Grundstücke und Bauten	
Grundstück Eduard-Pape-Str. 12, 45657 Recklinghausen	386.000,00 €
Bauten auf Grundstück Eduard-Pape-Str. 12, 45657 Recklinghausen	1.265.987,55 €

2. Nachstehend sind die Inventurwerte der Firma Jenning e.Kfm. für zwei aufeinanderfolgende Jahre abgebildet. Das Unternehmen stellt Klinker und Kalksandsteine her und handelt darüber hinaus mit Baustoffen. Erstellen Sie für beide Jahre ein Inventar und ermitteln Sie die Veränderung des Postens Reinvermögen.

	2013	2014
Waren (Handelswaren) lt. Inventurliste 1	286.645,00 €	290.800,00 €
Rohstoffe lt. Inventurliste	340.323,00 €	346.760,00 €
Hilfs- und Betriebsstoffe	43.757,00 €	60.750,00 €
Bebautes Grundstück, Selonkeweg 32a, Köln	125.423,00 €	125.423,00 €
Bebautes Grundstück, Rasselstr. 7, Haan	335.423,00 €	335.423,00 €
Bauten auf eigenen Grundstücken, Selonkeweg 32a, Köln	650.234,00 €	637.229,32 €
Bauten auf eigenen Grundstücken, Rasselstr.7, Haan	460.800,00 €	451.584,00 €
Fertige Erzeugnisse lt. Inventurliste 2	82.323,00 €	105.600,00 €
Guthaben bei Kreditinstituten		
– CitiBank, Essen	134.234,00 €	125.800,00 €
– Dredner Bank, Essen	43.234,00 €	55.780,00 €
Fuhrpark lt. Inventurverzeichnis	134.500,00 €	112.083,33 €
Büromöbel und sonstige Geschäftsausstattung lt. Inventurl. 2	65.400,00 €	70.800,00 €
Technische Anlage und Maschinen lt. Anlageverzeichnis 1	340.000,00 €	320.800,00 €
Unfertige Erzeugnisse lt. Inventurliste 3	68.810,00 €	86.750,00 €
Ford. a. LL. lt. Saldenbestätigung	344.343,00 €	350.780,00 €
Vbk. aus Lieferung und Leistung lt. Saldenbestätigung	360.800,00 €	228.060,00 €
Hypothekenschulden	1.145.780,00 €	1.330.980,00 €
Darlehensschulden		
– Sparkasse, Dortmund	428.364,00 €	440.800,00 €
– Comdirect	555.230,00 €	580.560,00 €
Kassenbestand	14.234,00 €	19.324,00 €

3. Der Sanitärhändler Lübbert KG nimmt den Bestand des Artikels Sarah gelb am 15.10 des laufenden und den Bestand des Artikels Wela blau am 24.02 des darauffolgenden Jahres auf. Die Bestandsaufnahmen dienen der Erstellung des Inventars. Am 15.10 befinden sich 434 Stück des Artikels Sarah gelb zu einem Einstandspreis von 45,00 € auf Lager. Der Bestand des Artikels Wela blau beläuft sich am 24.02 auf 231 Stück. Der Einstandspreis betrug 353,00 €.
Aus der Lagerbuchführung gehen für den Zeitraum vom 15.10 bis zum 24.02 folgende mengenmäßige Zu- bzw. Abgänge hervor:

Datum	Artikel Sarah gelb Zugang (Stück)	Artikel Sarah gelb Abgang (Stück)	Artikel Wela blau Zugang (Stück)	Artikel Wela blau Abgang (Stück)
20. Okt	34			
25. Okt			42	
04. Nov		86		
16. Nov				76
25. Nov	67			
23. Dez		5		
28. Dez	19		67	
16. Jan				45
23. Jan	98		10	
02. Feb		26		
15. Jan	34			28
23. Feb			25	

a) Ermitteln Sie den jeweiligen Wert, den der Sanitärhändler zum 31.12.20.. für den Artikel Sarah gelb bzw. Wela blau in seinem Inventar ansetzt. Schreiben Sie dabei den Bestandswert am Tag der Aufnahme entsprechend wertmäßig fort bzw. zurück.
b) Erläutern Sie das hier zugrunde liegende Inventurverfahren. Welche Vorteile hat es?

4. Die Tabelle zeigt die Inventarwerte der Komplex KG Frankfurt für das aktuelle Geschäftsjahr. Erstellen Sie jeweils ein Inventar für beide Geschäftsjahre und vergleichen Sie die Werte mit denen des Vorjahres. Ermitteln Sie anschließend
a) das Reinvermögen beider Geschäftsjahre,
b) die Zunahme oder Abnahme des Reinvermögens vom Vorjahr zum aktuellen Geschäftsjahr,
c) die Zunahme oder Abnahme des Reinvermögens in Prozent.

	Vorjahr (ungeordnet)	aktuelles Geschäftsjahr
Waren (Handelswaren) lt. Inventurliste 1	169.980,00 €	229.473,00 €
Bebaute Grundstücke, Savignystr., 60325 Frankfurt	375.000,00 €	375.000,00 €
Bebaute Grundstücke, Schadowstr., 60596 Frankfurt	832.650,00 €	832.650,00 €
Bauten auf eigenen Grundstücken, Savignystr., 60325 Frankfurt	432.565,51 €	389.308,96 €
Bauten auf eigenen Grundstücken, Schadowstr., 60596 Frankfurt	625.250,00 €	487.695,00 €
Guthaben bei Kreditinstituten		
– Deutsche Bank Frankfurt	201.200,55 €	200.194,55 €
– BHF Bank	160.006,10 €	172.806,59 €
Fuhrpark lt. Inventurverzeichnis	198.256,30 €	242.863,97 €
Büromöbel und sonstige Geschäftsausstattung lt. Inventurl. 2	166.510,28 €	175.834,86 €
Ford. a. LL. lt. Saldenbestätigung	98.756,40 €	96.287,49 €
Vbk. aus Lieferung und Leistung	360.800,00 €	228.060,00 €
Hypothekenschulden	1.650.550,00 €	1.485.495,00 €
Darlehensschulden		
– CreditPlus Bank	789.663,50 €	671.213,98 €
– Sparda Bank	458.712,33 €	433.483,15 €
Kassenbestand	16.650,55 €	22.478,24 €

17 Die Gewinn- und Verlustrechnung und die Bilanz

Lernsituation

Herr Zerbe und Ebru Celik arbeiten in den letzten Tagen des Geschäftsjahres zusammen, um den Jahresabschluss komplett durchzuführen.

Volker Zerbe: „Frau Celik, einen wesentlichen Teil der Aufgaben zum Jahresabschluss haben wir abgeschlossen. Wir nähern uns jetzt einer entscheidenden Größe im Zusammenhang mit dem Abschluss eines Geschäftsjahres. Unsere vier Gesellschafter haben natürlich ein großes Interesse daran zu erfahren, wie erfolgreich die ModernOffice KG in diesem Geschäftsjahr gearbeitet hat. Bevor wir diese Zahlen berechnen, möchte ich Ihnen den folgenden Sachverhalt verdeutlichen. Wie Sie bereits wissen, untergliedert sich die Bilanz in die Aktivseite, mit den einzelnen Vermögensposten, und die Passivseite, mit dem Eigenkapital und dem Fremdkapital. Das Eigenkapital, das in der Bilanz der ModernOffice KG auf der Passivseite ausgewiesen ist, zeigt genau an, mit welchem Kapitaleinsatz unsere vier Gesellschafter an der ModernOffice KG beteiligt sind.
Es besteht seitens der Gesellschafter **kein Anspruch auf Auszahlung dieses eingesetzten Kapitals**. Umso mehr ist das Interesse der beteiligten Gesellschafter zu verstehen, am Geschäftsjahresende einen Erfolg zu verbuchen."

Ebru Celik: „Wenn die Gesellschafter keinen Anspruch auf Auszahlung haben, bedeutet das, dass sie im Falle finanzieller Schwierigkeiten der Modern Office KG nicht darauf bestehen könnten, ihr Kapital aus dem Unternehmen herauszuziehen?"

Volker Zerbe: „Genauso verhält es sich. Als Gesellschafter einer Kommanditgesellschaft haften sie bei finanziellen Schwierigkeiten entweder als Vollhafter auch mit ihrem Privatvermögen oder als Teilhafter mit ihrem Haftungskapital."

Ebru Celik: „Dann ist es verständlich, dass sie ein erfolgreiches Unternehmen führen wollen."

Volker Zerbe: „Bevor wir ein Jahresergebnis ermitteln, sollten wir uns mit der Frage beschäftigen, wie das Jahresergebnis auf die vier Gesellschafter aufgeteilt wird. Dabei gehen wir einmal von einer Gewinnsituation aus und das andere Mal von einem erlittenen Verlust. Welche Informationen benötigen Sie, um die Gewinn- bzw. Verlustsituation für die vier Gesellschafter durchzuspielen?"

Ebru Celik: „Ich muss wissen, wie hoch die Einlagen der Gesellschafter sind und wie die Gewinn- bzw. Verlustregelung[1] aussieht."

Volker Zerbe: „Wo bekommen Sie die gewünschten Informationen her?"

Ebru Celik: „Aus dem Gesellschaftsvertrag der ModernOffice KG und/oder dem HGB."

---

[1] *Fachbegriff: Gewinn- und Verlustverteilungsabrede*

Volker Zerbe: „Genau. Gehen Sie bei Ihren Berechnungen von folgenden fiktiven Daten aus:

1. Der Gewinn beträgt zum Geschäftsjahresende 250.000,00 €.
2. Der Verlust beträgt zum Geschäftsjahresende 120.000,00 €.
3. Die beiden Komplementäre der ModernOffice KG erhalten vorweg aus dem Gewinn eine monatliche Vergütung von jeweils 10.000,00 €."

- *Erläutern Sie die Bedeutung der Gewinnermittlung für die Gesellschafter einer Personengesellschaft.*
- *Mit welcher Aufgabenstellung hat Herr Zerbe Ebru Celik betraut?*
- *Informieren Sie sich mithilfe der Ihnen zur Verfügung stehenden Unterlagen, wie der Gewinn bzw. der Verlust der ModernOffice KG auf die Gesellschafter verteilt wird. Orientieren Sie sich dabei an den fiktiven Zahlen, die Herr Zerbe Ebru Celik gegeben hat.*
- *Berechnen Sie den Gewinn- bzw. Verlustanteil jedes einzelnen Gesellschafters. Benutzen Sie nach Möglichkeit das Tabellenkalkulationsprogramm Excel und erstellen Sie eine aussagekräftige Tabelle.*
- *Entscheiden Sie im Plenum, wer seine Ergebnisse vorstellen soll.*
- *Korrigieren Sie bei Bedarf das vorgestellte oder Ihr eigenes Ergebnis.*
- *Bewerten Sie die in der Satzung festgelegte Gewinn- und Verlustbeteiligung der Gesellschafter der ModernOffice KG. Entwickeln Sie einen eigenen, von Ihnen begründeten anderen Vorschlag zur Gewinn- und Verlustbeteiligung.*

Im **Handelsgesetzbuch** sind die gesetzlichen Vorschriften zur Gewinn- und Verlustbeteiligung bei Kommanditgesellschaften festgelegt, wenn im Gesellschaftsvertrag nichts anderes geregelt wird.

§ 120 (1) Am Schluß jedes Geschäftsjahrs wird auf Grund der Bilanz der Gewinn oder der Verlust des Jahres ermittelt und für jeden Gesellschafter sein Anteil daran berechnet.
(2) Der einem Gesellschafter zukommende Gewinn wird dem Kapitalanteil des Gesellschafters zugeschrieben; der auf einen Gesellschafter entfallende Verlust sowie das während des Geschäftsjahrs auf den Kapitalanteil entnommene Geld wird davon abgeschrieben.

§ 121 (1) Von dem Jahresgewinn gebührt jedem Gesellschafter zunächst ein Anteil in Höhe von vier vom Hundert seines Kapitalanteils. Reicht der Jahresgewinn hierzu nicht aus, so bestimmen sich die Anteile nach einem entsprechend niedrigeren Satz. [...]
(3) Derjenige Teil des Jahresgewinns, welcher die nach den Absätzen 1 und 2 zu berechnenden Gewinnanteile übersteigt, sowie der Verlust eines Geschäftsjahrs wird unter die Gesellschafter nach Köpfen verteilt.

§ 167 (1) Die Vorschriften des § 120 über die Berechnung des Gewinns oder Verlustes gelten auch für den Kommanditisten. [...]
(3) An dem Verlust nimmt der Kommanditist nur bis zum Betrag seines Kapitalanteils und seiner noch rückständigen Einlage teil.

§ 168 (1) Die Anteile der Gesellschafter am Gewinn bestimmen sich, soweit der Gewinn den Betrag von vier vom Hundert der Kapitalanteile nicht übersteigt, nach den Vorschriften des § 121 Abs. 1 und 2.
(2) In Ansehung des Gewinns, welcher diesen Betrag übersteigt, sowie in Ansehung des Verlustes gilt, soweit nicht ein anderes vereinbart ist, ein den Umständen nach angemessenes Verhältnis der Anteile als bedungen.

Die Auswertung der Erfolgsrechnung[1]

Für die Auswertung des Erfolges eines Unternehmens reicht die erstellte Bilanz allein nicht aus. Aus einer Bilanz lassen sich zwar Erkenntnisse ziehen, die Auskunft über die Struktur eines Unternehmens geben, und es ist möglich, durch den Vergleich mehrerer Bilanzen aus verschiedenen Zeiträumen Erkenntnisse über die Entwicklung eines Unternehmens zu sammeln, aber das allein gibt noch keine nachvollziehbare Auskunft darüber, wie ein etwaiger Erfolg entstanden ist. Um das Zustandekommen eines Erfolgs analysieren zu können, benötigt man die Gewinn- und Verlustrechnung.

Dabei muss beachtet werden, dass es Unternehmen gibt, die nicht der Publizitätspflicht unterliegen.[2] Das ist in der Regel bei Personengesellschaften der Fall. Diese Unternehmen dürfen ihre Jahresabrechnung frei gestalten.[3] Die erstellte Erfolgsrechnung muss aber einige Kriterien erfüllen:

- Die Grundsätze ordnungsgemäßer Buchführung müssen berücksichtigt werden.
- Sie muss so gestaltet sein, dass ein fachkompetenter Dritter sich in einem angemessenen Zeitraum einen Überblick über die Erfolgsrechnung verschaffen kann.
- Eine Aufrechnung von Aufwendungen und Erträgen ist nicht gestattet. Das bedeutet, dass von den Erträgen nicht einfach die Aufwendungen abgezogen werden dürfen und nur das Ergebnis dieser Differenz als Jahresergebnis ausgewiesen wird.

Gesellschaften, die ihren Jahresabschluss nicht veröffentlichen müssen, sollten sich an das gesetzlich vorgegebene Gliederungsschema für Kapitalgesellschaften halten. Es besteht aber die Freiheit dieses Gliederungsschema abzuwandeln, indem beispielsweise einige aufgeführte Posten des Gliederungsschemas zusammengefasst werden. Außerdem ist es den Gesellschaften freigestellt ihre Gewinn- und Verlustrechnung in Staffelform (bei Kapitalgesellschaften vorgeschrieben) oder in Kontenform zu gestalten.

Größen der Gewinn- und Verlustrechnung[4]

Aufwendungen	Umsatzerlöse
Zu den **Aufwendungen** (Materialaufwand) zählen bei Großhandelsunternehmen alle Aufwendungen für bezogene Waren, die anschließend verkauft werden sollen. Bei Unternehmen der industriellen Produktion werden die Aufwendungen noch um die Aufwendungen für den Bezug von Werkstoffen erweitert.	Die in der Gewinn- und Verlustrechnung aufgeführten **Umsatzerlöse** dürfen nur die Erlöse widerspiegeln, die durch den gewöhnlichen Geschäftsbetrieb erzielt worden sind.
Der **Personalaufwand** wird unterteilt in **Löhne** und Gehälter einerseits und **soziale Abgaben** und Aufwendungen für die Altersversorgung (soweit vorhanden) andererseits.	Erlöse aus Dienstleistungen sind nur dann mit den Umsatzerlösen gleichzusetzen, wenn sie einen Bestandteil der gewöhnlichen branchenspezifischen Leistungen darstellen.
Die **sonstigen betrieblichen Aufwendungen** bilden einen **Sammelposten**. Hierzu zählen alle Aufwendungen, die den ersten beiden Typen nicht zuzuordnen sind.	Die Umsatzerlöse sind um die Umsatzsteuer (Mehrwertsteuer) sowie um Erlösschmälerungen zu kürzen.
Die Abschreibungen werden als Abschreibungen auf Sachanlagen ausgewiesen.	Alle anderen Erlöse sind als sonstige betriebliche Erträge auszuweisen.

[1] Die Thematik der Jahresabgrenzung bleibt unberücksichtigt.
[2] Als Publizitätspflicht bezeichnet man die Pflicht, den Jahresabschluss zu veröffentlichen.
[3] Personengesellschaften sind zur Publizität ab einer Bilanzsumme von 65 Mio. Euro verpflichtet.
[4] Abschreibungen auf immaterielle Anlagegüter und auf das Umlaufvermögen bleiben in diesem Schema unberücksichtigt.

Beispiel • *Als Personengesellschaft ist es der Lumen OHG, einem Zulieferer der ModernOffice KG, freigestellt, die Erfolgsrechnung in Konten- oder in Staffelform aufzubauen. Beide Varianten werden anschließend vorgestellt.*

Die Erfolgsrechnung der Lumen OHG erbringt folgendes Ergebnis:

Die Kontenform:

S	Gewinn- und Verlustkonto				H
6080	Aufwendungen für Waren	2.356.122,00	5100	Umsatzerlöse für Waren	3.890.600,00
6150	Vertriebsprovisionen	10.256,50	5410	Mieterträge	175.000,00
6160	Fremdinstandhaltung	36.500,00	5710	Zinserträge	18.443,40
6170	Sonstige bez. Leistungen	256.561,10			
6200	Löhne	165.066,00			
6300	Gehälter	630.560,00			
6400	AG-Anteil Sozialversicherungsbeiträge	154.000,00			
6520	Abschreibungen auf Sachanlagen	29.500,00			
6700	Mieten/Pachten	72.600,50			
6800	Büromaterial	48.988,00			
6830	Kosten der Telekommunikation	6.050,80			
7510	Zinsaufwendungen	6.305,00			
3000	Eigenkapital	311.533,50			
		4.084.043,40			**4.084.043,40**

Die einzelnen Posten sind gemäß ihrer Kontenziffer sortiert.

Auf der Sollseite des Gewinn- und Verlustkontos steht zu Beginn der größte Aufwandsposten „Aufwendungen für Waren“. Diesem größten Aufwandsposten stehen auf der Habenseite die „Umsatzerlöse für Waren“, der größte Ertragsposten, gegenüber. Insgesamt hat die Lumen OHG das Geschäftsjahr erfolgreich abgeschlossen und einen Gewinn von 311.533,50 € erzielt.

Betrachtet man diesen Gewinn genauer, so wird deutlich, dass sich die Erlöse aus der gewöhnlichen Geschäftstätigkeit der Lumen OHG nur auf 118.090,10 € belaufen und damit gerade einmal 37,91 % des Gewinns ausmachen.

Anders ausgedrückt: Würde man die sonstigen Erlöse der Lumen OHG außer Acht lassen, beliefe sich der Gewinn „nur“ auf 118.090,10 €. Dagegen hat sich das Eigenkapital der an der Gesellschaft beteiligten Gesellschafter insgesamt um 311.533,50 € erhöht.

Die Staffelform:

Bezeichnung	Geschäftsjahr 20..	Vorjahr
1. Erträge		
1.1 Umsatzerlöse	3.890.600,00 €	3.687.603,50 €
1.4 Sonstige betriebliche Erträge (z. B. durch Verkauf von Gegenständen d. Anlagevermögens)	175.000,00 €	168.599,20 €
1.5 Summe Erträge	**4.065.600,00 €**	**3.856.202,70 €**
2. Aufwendungen		
2.1 Aufwendungen für Waren	2.356.122,00 €	2.405.602,35 €
2.2 bezogene Leistungen	256.561,10 €	242.500,10 €
2.3 Personalaufwand	949.626,00 €	930.650,25 €
2.4 Abschreibungen	29.500,00 €	27.010,00 €

Bezeichnung	Geschäftsjahr 20..	Vorjahr
2.5 sonstige betriebliche Aufwendungen (z.B. Mieten, Kommunikationskosten, Büromaterial)	174.395,80 €	17.250,00 €
2.6 Summe Aufwendungen	3.766.204,90 €	3.623.012,70 €
3. Finanzen		
4.2 Zinsen und ähnliche Erträge (+)	18.443,40 €	17.589,88 €
4.3 Zinsen und ähnliche Aufwendungen (–)	6.305,00 €	5.993,45 €
4. Steuern		
8. Jahresüberschuss bzw. -fehlbetrag	**311.533,50 €**	**244.786,43 €**

Bei dem Aufbau in Staffelform sind einige Positionen des Gewinn- und Verlustkontos zusammengefasst worden, das erzielte Jahresergebnis ist jedoch gleich.

Die Aussagekraft der Erfolgsrechnung in Staffelform erhöht sich wesentlich durch den Vergleich der aktuellen Zahlen mit denen des Vorjahres.

Insgesamt hat sich der Gewinn in dem Vergleichszeitraum um 66.747,07 € erhöht, von 244.786,43 € auf 311.533,50 €. Dies liegt wesentlich begründet in

- den höheren Umsatzerlösen und
- *den reduzierten Aufwendungen für Waren.*

Bemerkenswert ist die Höhe des erzielten Gewinns, wenn man die Veränderung der Personalkosten betrachtet. Diese haben sich in dem Vergleichszeitraum um knapp 18.975,78 € erhöht, da die Gesellschafter aufgrund der positiven Geschäftslage im laufenden Geschäftsjahr zusätzlich Mitarbeiter eingestellt haben.

Würde man, so wie oben bei der Darstellung in Kontenform schon durchgeführt, die sonstigen Erlöse wieder gesondert betrachten, ergäbe sich beim Vergleich der beiden Jahre folgendes Ergebnis:

	aktuelles Geschäftsjahr	in %	Vorjahr	in %
Gesamtgewinn	311.533,50 €	**100**	244.786,43 €	**100**
Erträge aus gewöhnlicher Geschäftstätigkeit	118.090,10 €	**37,91**	58.597,35 €	**23,94**
sonstige Erträge	193.443,40 €	**62,09**	186.189,15 €	**76,06**

Der Anteil der sonstigen Erlöse ist im Vorjahr mit 76,06 % ungewöhnlich hoch. Dieser prozentuale Anteil hat sich bei steigendem Gewinn im laufenden Geschäftsjahr auf 62,09 % verringert. Die Entwicklung ist sehr positiv. Bei der Lumen OHG sollte die Bestrebung dahin führen, diese Entwicklung weiter voranschreiten zu lassen.

Bilanzanalyse – Eigenkapital – Kennzahlen

Die Aufgabe einer Bilanzanalyse besteht darin, die Vermögens-, Ertrags- und Finanzlage eines Unternehmens anhand der ermittelten Zahlen zu bewerten. Berücksichtigt werden sollte bei allen Analysen, dass die Bilanz das Zahlenmaterial eines Stichtages darstellt.

Externe Dritte haben in der Regel unterjährig[1] keine Möglichkeit an unternehmensinternes Zahlenmaterial heranzukommen, wie z. B. Quartalsberichte, Monatsstatistiken über Kostenverläufe usw.

[1] *während des Geschäftsjahres*

Für diese Gruppe bildet die Bilanz eine der wesentlichsten Informationsquellen. Auf der Grundlage ihrer Kenntnis und Beurteilung werden zukunftsorientierte Entscheidungen getroffen.

Für die Geschäftsführung eines Unternehmens ist die Bilanz von entscheidender Bedeutung, zeigt sie doch in einer Zusammenfassung das Ergebnis des laufenden Geschäftsjahres auf. Die Geschäftsführung hat aber zusätzlich die Möglichkeit, die Entwicklung des Unternehmens durch laufende Geschäftsberichte während des Geschäftsjahres zu verfolgen.

Die Bilanz bietet einen zusammengefassten Überblick über den Aufbau des Vermögens und die Kapitalstruktur eines Unternehmens.

Aktiva	Bilanz Passiva
Anlagevermögen	**Eigenkapital**
langfristig zur Verfügung stehend	**Fremdkapital**
Umlaufvermögen	langfristiges Fremdkapital
kurzfristig gebundenes Vermögen	kurzfristiges Fremdkapital

Aspekte der Bilanzanalyse

Eine Bilanz lässt sich unter verschiedensten Gesichtspunkten analysieren. Die wichtigsten beschäftigen sich mit
- dem Vermögensaufbau und
- der Kapitalstruktur.

Bei der Analyse bezüglich der vertikalen Struktur der Bilanz werden oben genannte Posten in Beziehung miteinander gebracht.

Die Vermögensstruktur
Das Vermögen lässt sich untergliedern in langfristig zur Verfügung stehendes Anlagevermögen und kurzfristig gebundenes Umlaufvermögen.

Das **Anlagevermögen**
- bindet langfristig Kapital und
- führt zu hohen Abschreibungen bei den abnutzbaren Anlagegütern.

Auf Schwankungen bezüglich der Produktion und des Umsatzes kann nicht schnell reagiert werden.

Die Gegenstände des Umlaufvermögens verbleiben nur kurzzeitig im Unternehmen.

Je höher das Umlaufvermögen insgesamt ist, desto höher sind die Kapitalbindung und dadurch bedingt die Fremdkapitalzinsen[1]. Deshalb sollte das Umlaufvermögen möglichst niedrig gehalten werden.

Das Verhältnis von Anlagevermögen und Umlaufvermögen ist branchenspezifisch unterschiedlich.

Die Kapitalstruktur
Die Kapitalstruktur wird durch das Verhältnis zwischen Eigenkapital und Fremdkapital bestimmt. Je höher der Anteil des Fremdkapitals am Gesamtkapital ist, desto höher sind die Fremdkapitalzinsen.

[1] *Zinsen, die bei der Aufnahme von Fremdkapital an den Kreditgeber gezahlt werden müssen*

Für Banken, die als Kreditgeber zur Verfügung stehen, bildet die Höhe des Eigenkapitals eine entscheidende Größe.

Das Fremdkapital ist in langfristiges und kurzfristiges Fremdkapital untergliedert.

Die vertikale Bilanzstruktur
In der vertikalen Bilanzstruktur werden die Posten der Aktivseite denen der Passivseite gegenübergestellt. Die Bewertung einer Bilanz ergibt sich aus sogenannten „Finanzierungsregeln".

Die **goldene Bilanzregel** besagt, dass langfristig gebundenes Anlagevermögen immer durch Eigenkapital bzw. langfristiges Fremdkapital gedeckt sein soll, damit es nicht zu Finanzierungsproblemen kommen kann.

Eigenkapitalrentabilität
Die Eigenkapitalrentabilität wird in Prozent ausgedrückt. Sie gibt an, wie hoch sich das in ein Unternehmen investierte Kapital in einer Rechnungsperiode verzinst hat. Die Eigenkapitalrentabilität wird auch als Unternehmerrentabilität oder als Eigenkapitalrendite bezeichnet.

Die Eigenkapitalrentabilität errechnet sich mit folgender Formel:

$$\textbf{Eigenkapitalrentabilität} = \frac{\textbf{Gewinn}}{\textbf{Eigenkapital}} \cdot 100$$

Beispiel • *Die Gesellschafter der Lumen OHG sind stark an der Eigenkapitalrentabilität interessiert. Der Vergleich der letzten beiden Jahre hat dabei folgendes Ergebnis gebracht:*

	aktuelles Geschäftsjahr	Vorjahr
Gesamtgewinn	311.533,50 €	244.786,50 €
Eigenkapital lt. Bilanz zum 31.12. des abgeschlossenen Geschäftsjahres	1.695.351,50 €	1.450.565,00 €
Eigenkapitalrentabilität	**18,38 %**	**16,88 %**

Die Gesellschafter haben den Gewinn des Vorjahres voll den Kapitalanteilen zugeführt.

Die Eigenkapitalrentabilität des Vorjahres liegt bei 16,88 %, sie hat sich im abgelaufenen Geschäftsjahr auf 18,38 % erhöht.

Wenn die Eigenkapitalrentabilität mit dem bankenüblichen Zinssatz verglichen wird, mit dem bei einem Kreditinstitut angelegtes Kapital verzinst wird, erhält man eine Bezugsgröße.

Wenn die Gesellschafter der Lumen OHG ihr eingesetztes Kapital in Höhe von 1.695.351,50 € bei einer Bank für den Zeitraum eines Geschäftsjahres zu einem Festzins in Höhe von 6 % fest angelegt hätten, so würde ihnen die Bank am Ende des Jahres 101.721,09 € gutschreiben. Der im laufenden Geschäftsjahr erzielte Gewinn ist dementsprechend erheblich höher.

Der Vergleich der Eigenkapitalrentabilität mit einer Festzinsanlage bleibt dabei immer eine nachträgliche Betrachtungsweise, da zu Beginn eines Geschäftsjahres der Erfolg nicht vorhergesagt werden kann.

Auf den Punkt gebracht

Erfolgsrechnung

Zeitpunkt:
Ende des Geschäftsjahres

Aufgabe:
Ermittlung des Jahresergebnisses (Gewinn oder Verlust)

Vorschriften: Kapitalgesellschaften müssen vorgegebenes Gliederungsschema einhalten und den Jahresabschluss publizieren

Personengesellschaften sind in der Gestaltung des Jahresabschlusses frei, wenn sie bestimmte Grundsätze beachten:

Grundsätze:
- die Grundsätze ordnungsgemäßer Buchführung
- ein fachkompetenter Dritter muss sich in einem angemessenen Zeitraum einen Überblick über die Erfolgsrechnung verschaffen können
- eine Aufrechnung von Aufwendungen und Erträgen ist nicht gestattet

Bilanz

Anlagevermögen
optimal: AV ist durch Eigenkapital und maximal langfristiges Fremdkapital gedeckt

Eigenkapital
optimal: Eigenkapitalrendite liegt über dem bankenüblichen Zinssatz für Festgeldanlagen

Umlaufvermögen
optimal: so gering *wie möglich*, damit nicht zu viel Kapital gebunden wird

Fremdkapital
ein hoher Fremdkapitalanteil führt zu hohem Zinsaufwand, der sich gewinnmindernd auswirkt

Nutzen Sie Ihr Wissen

1. Die Horn KG hat einen Jahresgewinn von 235.602,35 € erwirtschaftet. An diesem Gewinn ist Herr O. Klein, ein Kommanditist der KG, mit 50.000,00 € beteiligt. Von seiner im Gesellschaftsvertrag festgeschriebenen Einlage in Höhe von 320.000,00 € hat Herr Klein bisher 195.000,00 € eingelegt. Bestimmen Sie mithilfe des HGB, wie die Gewinnbeteiligung von Herrn Klein verwendet wird.

2. Die Gesellschafter Wilkat und Geschirr sind an der Gläser OHG mit gleichen Anteilen beteiligt.
Am Ende des aktuellen Geschäftsjahres interessiert sie der Vergleich der erzielten Eigenkapitalrentabilität mit der Festzinsanlage.
Die Hausbank hat den beiden Gesellschaftern zu Beginn des Geschäftsjahres einen Zins in Höhe von 5,5 % angeboten, bei einer Festzinsanlage von 850.000,00 € für den Zeitraum eines Jahres.
Aus der Finanzbuchhaltung erhalten die Gesellschafter folgende Zahlen:

S		8020 GuV-Konto	H
6040	2.310,00	5100	140.763,94
6060	168,07	5710	330,00
6080	69.426,89		
6160	1.850,33		
6300	5.632,30		
6600	258,60		
6800	80,00		
6900	1.800,00		

Ermitteln Sie, welche der beiden Einsatzmöglichkeiten für die beiden Gesellschafter vorteilhafter gewesen wäre:
a) Festgeldanlage zu den angegebenen Konditionen,
b) Einsatz in die Gläser OHG.

Gesprächssituationen gestalten

Lernfeld 7

1 Grundlagen der Kommunikation erschließen

1.1 Kommunikationsverhalten analysieren

Lernsituation

Ebru Celik, Svenja Kolleck und Kai Langer (Auszubildender im 1. Ausbildungsjahr) sind mit der Ausbildungsleiterin, Gaby Wild, verabredet, um ihre Ausbildungsberichte zu besprechen.

Svenja Kolleck kommt ein paar Minuten später und ist ziemlich aufgeregt. Sie hatte gerade ein kurzes Gespräch mit Lily Summer, der Leiterin der Abteilung Werbung und Public Relations, die sie seit zwei Wochen unterstützt.

Kai Langer: „Svenja, was ist passiert?"

Svenja Kolleck: „Gerade als ich gehen wollte, kam Frau Summer zu mir und fragte mich, ob ich die Präsentation über die neuen Produkte schon erstellt hätte. Danach sagte sie, dass die Präsentation wieder voller Fehler sei, und sie morgen unbedingt mit mir darüber sprechen müsste. Das klang so, als ob ich immer diejenige bin, die Fehler macht."

Kai Langer: „Jetzt beruhige dich erst einmal. Frau Summer hat das sicherlich nicht so gemeint."

Ebru Celik: „Mir ging es vor Kurzem ganz ähnlich. Aufgrund meiner Überstunden habe ich am Freitag bereits um 14:00 Uhr Schluss gemacht. Ein Kollege hat mich dann mit den Worten ‚Sie gehen heute aber früh!' verabschiedet. Dabei hat er die Stirn gerunzelt und den Mund verzogen. Das hat mich geärgert."

Kai Langer: „In der letzten Woche habe ich ein Kommunikationsseminar besucht. Dort habe ich einiges über die zwischenmenschliche Kommunikation gelernt. Seitdem kann ich mit solchen Bemerkungen viel besser umgehen."

Gaby Wild: „Svenja, ich habe den Eindruck, es geht Ihnen schlecht mit dieser Situation. Deshalb fände ich es gut, dass wir, bevor wir uns mit den geplanten Themen beschäftigen, über die Vorkommnisse sprechen. Danach möchte ich Sie bitten, gemeinsam mit Kai eine Checkliste zu erstellen, die hilft, die Sicht der Gesprächspartner zu analysieren. Kommen Sie mit der Liste nächste Woche am Montag zu mir, damit wir sie gemeinsam durchgehen können. Die fertige Liste stellen wir zukünftig allen Auszubildenden im Intranet zur Verfügung."

- *Analysieren Sie im Plenum, was in dieser Situation zu tun ist.*
- *Informieren Sie sich mithilfe dieses Kapitels über Kommunikationsverhalten. Analysieren Sie, welche Informationen über die zwischenmenschliche Kommunikation Svenja Kolleck und Kai Langer benötigen, um den Arbeitsauftrag von Gaby Wild ausführen zu können.*
- *Suchen Sie sich eine Partnerin oder einen Partner. Ermitteln Sie in einem Brainstorming, welche Bereiche der zwischenmenschlichen Kommunikation in der Checkliste zu berücksichtigen sind. Besprechen Sie Ihr Ergebnis mit einem weiteren Partnerteam und legen Sie in der Gruppe die Bereiche fest. Begründen Sie Ihre Auswahl.*

- *Formulieren Sie gemeinsam in der Gruppe die Fragen, die helfen die Situation zu analysieren. Ordnen Sie die Fragen den festgelegten Bereichen zu.*
- *Erstellen Sie die Checkliste mit den entsprechenden Werkzeugen Ihres Textverarbeitungsprogramms.*
- *Führen Sie in Partnerarbeit mithilfe der erstellten Checkliste die Analyse der dargestellten Situation zwischen Svenja Kolleck und Lily Summer durch.*
- *Wählen Sie im Plenum ein Ergebnis zur Präsentation aus. Vergleichen Sie das Ergebnis mit Ihren Ausführungen. Nehmen Sie gegebenenfalls Korrekturen und Ergänzungen vor.*
- *Reflektieren Sie im Plenum Ihre Arbeitsprozesse innerhalb der Partnerarbeit und der Gruppen und hinsichtlich der Qualität der Arbeitsergebnisse. Halten Sie die Verbesserungsvorschläge fest und machen Sie diese für alle zugänglich.*

1.1.1 Das Sender-Empfänger-Modell

Der Grundvorgang der zwischenmenschlichen Kommunikation wird im „Sender-Empfänger-Modell" beschrieben.

- Der **Sender** sagt (verbal) etwas, um etwas Bestimmtes zu erreichen.

  Beispiel • *Lily Summer richtet folgende Bitte an Svenja Kolleck: „Bitte geben Sie mir den neuen Flyer."*

- Die **Nachricht**, die der Sender spricht, wird durch Mimik, Gestik und Tonfall (nonverbal) an den Empfänger abgeschickt.
- Der **Empfänger** hört die Nachricht und reagiert darauf.

  Beispiel • *Svenja Kolleck gibt Lily Summer den Flyer.*

Die Rollen „Sender" und „Empfänger" wechseln in einem Gespräch. Der Sender codiert das, was er mitteilen will, in der Nachricht. Der Empfänger wird selbst zum Sender, indem er die Nachricht decodiert und dem Sender eine Rückkoppelung, das Feedback, gibt.

Die Bedeutung einer Nachricht ist stark kontextabhängig, d. h., es ist bedeutend

- **wer** etwas **wie**,
- in **welcher Umgebung**,
- **wann** und zu **wem**

sagt.

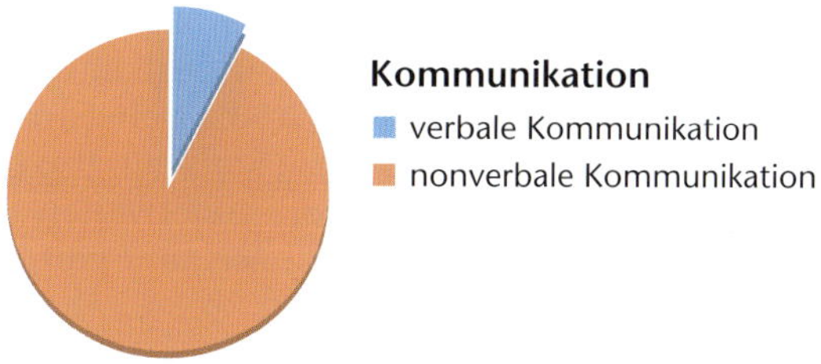

Dabei ist die nonverbale Kommunikation nicht zu unterschätzen. Psychologische Untersuchungen belegen, dass in einem Gespräch 7 % der Kommunikation verbal (Worte, Sprache, Grammatik) und 93 % der Kommunikation nonverbal (z. B. Körpersprache, Mimik, Gestik, Augenkontakt) stattfindet. Paul Watzlawik hat dies in seiner Grundregel

„Man kann nicht nicht kommunizieren"

deutlich gemacht. Er geht davon aus, dass Kommunikation auch Verhalten ist.

Das Kommunikationsquadrat nach Friedemann Schulz von Thun

Das Kommunikationsquadrat von Friedemann Schulz von Thun wird von zwei Seiten aus betrachtet: aus Sicht des Senders und aus Sicht des Empfängers.

Es beschreibt die vier Aspekte einer Nachricht, die ein **Sender** bewusst oder unbewusst übermittelt. Aus der Sicht des **Empfängers** wird auch vom Vier-Ohren-Modell gesprochen: Es beschreibt, wie die Nachricht vom Empfänger gehört wird.

Das Kommunikationsquadrat nach Schulz von Thun enthält immer vier Aspekte:

- die **Sachebene**: Über welchen Sachverhalt wird informiert?
- die **Beziehungsebene**: Wie steht man zu dem anderen und was hält man von ihm?
- die **Appellebene**: Was soll bei dem anderen erreicht werden?
- die **Selbstoffenbarungsebene**: Was wird von sich selbst gezeigt?

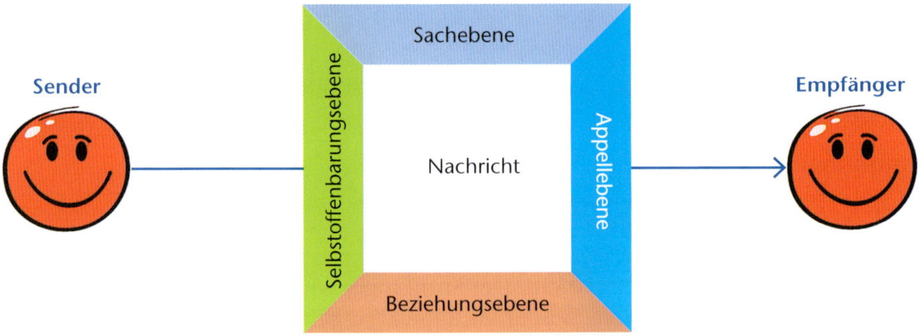

Beispiel • *Kai Langer steht am Kopierer in der Nähe von Svenja Kollecks Arbeitsplatz und möchte einen Stapel Dokumente kopieren. Es ist aber kein Papier mehr im Kopierer.*
Kai Langer sagt zu Svenja Kolleck: „Das Kopierpapier ist aufgebraucht."

Wie Svenja Kolleck die Nachricht hört, hängt stark davon ab, welches ihrer „vier Ohren" aktiv ist. Dies wiederum ist abhängig davon, welche nonverbalen Signale (Mimik, Gestik, Tonfall, Stimmung) Kai Langer mit der Botschaft sendet und in welcher Beziehung die beiden miteinander stehen.

Hört Svenja Kolleck die Botschaft ausschließlich über das Sachohr, dann nimmt sie die Bemerkung von Kai Langer zur Kenntnis und arbeitet weiter. Da sie aber eine gute, kollegiale Beziehung zu ihm hat, ist eine andere Reaktion zu erwarten. Sie schaut in ihrem Schreibtisch nach und gibt ihm von ihrem Kopierpapier.

Die Nachricht enthält vier Botschaften:

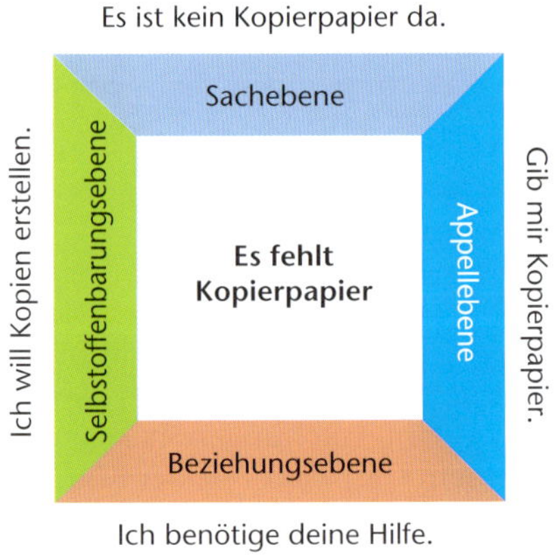

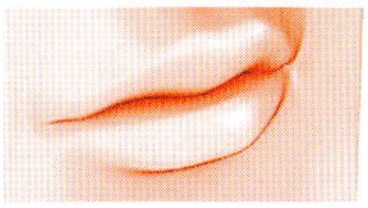

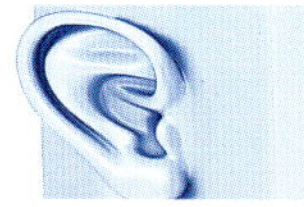

Sender codiert die Nachricht		**Empfänger** decodiert die Nachricht
Sachinhalt Worüber informiert der Sender? Um welches Thema geht es?	**Sachbotschaft**	**Sachohr** Wie ist die Nachricht zu verstehen?
Beziehung In welcher Beziehung stehen Sender und Empfänger zueinander? Wie sieht der Sender den Empfänger?	**Beziehungs-botschaft**	**Beziehungsohr** In welcher Beziehung steht der Empfänger zum Sender?
Appell Was soll der Empfänger tun? Zu was will ich den Empfänger bewegen? Worauf will ich Einfluss nehmen?	**Appell-botschaft**	**Appellohr** Was soll ich tun?
Selbstoffenbarung Was sage ich über mich selbst? Wie geht es mir? Wie stehe ich zu dem Thema? Wie möchte ich, dass mich der Empfänger sieht?	**Selbstoffen-barungs-botschaft**	**Selbstoffenbarungsohr** Was gibt der Sender von sich selbst preis?

Bild 1

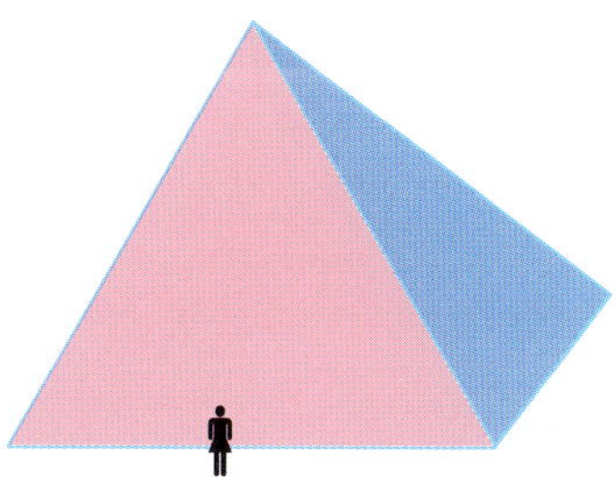

Bild 2

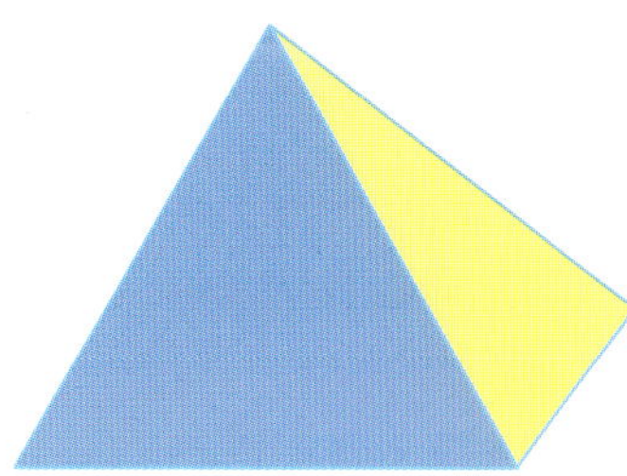

Bild 3

Betrachtet man die vier Seiten einer Nachricht in Form einer Pyramide von oben (Bild 1) umfasst die Botschaft immer alle vier Aspekte. Je nach Perspektive (Bild 2) stehen ein oder zwei Aspekte im Vordergrund. Bei Bild 3 ist der Aspekt (Person) nicht zu sehen.

Um Missverständnissen vorzubeugen, sollten Sie in Gesprächen bewusst darauf achten, Mitteilungen nach dem Vier-Ohren-Modell auf mehreren Ebenen zu hören. Ist das, was Sie hören

- eine reine Informationsfrage,
- eine versteckte Aufforderung,
- ein Beziehungshinweis oder
- ein Hinweis auf die Befindlichkeit?

Beispiel • *In letzter Zeit wurde Kai Langer von Lily Summer mit Arbeit überhäuft. Heute stellt sie ihm folgende Frage: „Wann kann ich das Handout für den Vortrag bekommen?" Kai Langer versteht die Informationsfrage als ungeduldige Aufforderung und reagiert entsprechend: „Natürlich bekommen Sie das Handout so schnell wie möglich. Sie wissen aber auch, dass ich in die Organisation der Fachtagung ziemlich eingespannt bin?"*

Verständigungsklippen nach Konrad Lorenz

Der Verhaltensforscher Konrad Lorenz (1903–1989) beschreibt mögliche Verständigungsklippen folgendermaßen:

Gedacht heißt nicht immer **gesagt**,
gesagt heißt nicht immer **gehört**,
gehört heißt nicht immer **richtig verstanden**,
verstanden heißt nicht immer **einverstanden**,
einverstanden ist nicht immer **angewendet**,
angewendet heißt noch lange nicht **beibehalten**.

Scharlau, Christine; Rossié, Michael: Gesprächstechniken, 2. Auflage, Freiburg im Breisgau, Haufe 2014, S. 237

Was diese Aussagen für die Gesprächsführung bedeuten, erläutert die Tabelle:

Zitat	Hinweise zum praktischen Gebrauch
Gedacht heißt nicht immer **gesagt**.	Als Empfänger einer Nachricht fragen Sie nach, falls Sie nicht sicher sind, was von Ihnen erwartet wird. Als Sender einer Nachricht sollten Sie alles sagen, was andere wissen müssen, um beispielsweise eine Aufgabe nach Ihren Vorstellungen zu erledigen. Sagen Sie auch das, was in Ihren Augen als selbstverständlich gilt. Kommunizieren Sie bewusst.
Gesagt heißt nicht immer **gehört**.	Als Sender sollten Sie sicherstellen, dass alle, die eine bestimmte Information bekommen müssen, diese auch erhalten. Aus Empfängersicht ist eine verpasste Information aktiv einzuholen. Im Berufsleben gilt deshalb der Grundsatz „Information ist eine Holpflicht"!

Zitat	Hinweise zum praktischen Gebrauch
Gehört heißt nicht immer **richtig verstanden.**	Als Sender ist es wichtig sich zu vergewissern, ob die Nachricht beim Gegenüber so angekommen ist, wie sie gemeint war. – Stellen Sie sicher, dass Sie akustisch verstanden werden. – Bedienen Sie sich einer klaren, bildhaften Sprache und verwenden Sie keine Fachbegriffe oder Dialektausdrücke. – Ziehen Sie in Betracht, dass die Wahrnehmung des Empfängers emotional, z. B. durch Angst, eingeschränkt sein kann.
Verstanden ist nicht immer **einverstanden.**	Der Empfänger einer Nachricht kann diese verstehen, muss aber nicht damit einverstanden sein. Fragen Sie nach, um Zweifel oder Bedenken zu klären. Dann können Sie gemeinsam nach Lösungsmöglichkeiten suchen und gegenseitiges Einverständnis gewinnen.
Einverstanden ist nicht immer **angewendet.**	Auch wenn das Einverständnis nachweislich eingeholt wurde, heißt das noch lange nicht, dass getroffene Vereinbarungen umgesetzt werden. Planen Sie gemeinsam mit Ihrem Gesprächspartner den ersten Schritt der Umsetzung. Sind Sie dabei realistisch und bieten Sie Unterstützung an oder holen Sie sich Unterstützung.
Angewendet heißt noch lange nicht **beibehalten.**	Um das Gesprächsziel im Blick zu behalten, sollten Sie sowohl als Sender als auch als Empfänger die vereinbarten Ziele planen und überprüfen.

1.1.2 Die Körpersprache

Ein wichtiges Hilfsmittel, um seinem Gesprächspartner eindeutig etwas mitzuteilen, ist der Einsatz der Körpersprache. Wer kommuniziert, hat immer ein Ziel vor Augen – dies bildet der Körper ab. Welche Bedeutung die Körpersprache in der Kommunikation hat, wird durch folgende Grafik deutlich.

7-38-55-Botschaften - „Kommunikationswirkung“

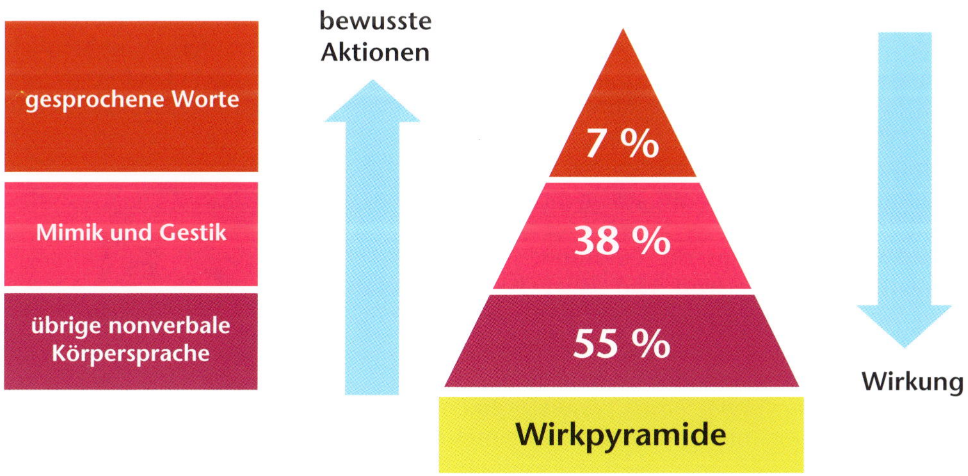

„Der Mensch ist ein auf vielen Ebenen kommunizierendes Wesen, das manchmal auch spricht.“ (Ray L. Birdwhistell)

Bestandteile der Körpersprache

- Gestik (Bewegung der Hände, Arme, Schultern)
- Mimik (Augen, Mund, Blickrichtung)
- Haltung (im Sitzen, Stehen und Gehen)
- Stimme (Tonlage, Sprechtempo)

Die Körpersprache spielt in Gesprächen eine wichtige Rolle. Sie spiegelt unsere Einstellung und unsere Empfindungen wider. Wenn eine Person etwas sagt und nicht hinter ihrer Aussage steht, wird dies von den anderen Gesprächspartnern unbewusst wahrgenommen. Es entsteht eine Diskrepanz zwischen den gesprochenen Worten und der Körpersprache. Da unsere Körperbewegungen oft unbewusst erfolgen, können wir wenig Einfluss auf die Wirkung nehmen. Gerade im Berufsleben ist es wichtig, auf die Signale der Körpersprache zu achten.

Die Komplexität der nonverbalen Kommunikation lässt sich wie folgt beschreiben:

- Der nonverbale Anteil unserer Kommunikation hat eine überragende Bedeutung.
- Die nonverbalen Anteile einer Botschaft bestimmen weitgehend wie die Botschaft aufgenommen wird. Dies geschieht vor allem auf der Beziehungsebene.
- Die Stimmigkeit zwischen den nonverbalen Botschaften ist sehr stark. Dies bestimmt die Wahrnehmung mehr als das gesprochene Wort.

Die folgenden fünf Elemente der Körpersprache sollten in Gesprächen beachtet werden:

- **Abstand zum Gegenüber:** Achten Sie bei Kunden, Vorgesetzten und Mitarbeitern auf eine persönliche Distanzzone. Sie reicht von 50 cm bis zu 1 m.
- **Mimik** (Kopfhaltung, Stirn, Augen, Mund, Blickrichtung): Mimik könnte man mit „sichtbaren Geistesbewegungen" umschreiben. Durch Bewegungen der Gesichtsmuskulatur werden Empfindungen und Reaktionen widergespiegelt. Diese sind bei jeder Person anders und haben eine Eigendynamik, daher sind sie nur schwer zu kontrollieren. Runzelt eine Person die Stirn in waagrechte Falten, kann das bedeuten, dass die Aufmerksamkeit beansprucht wird. Senkrechte Falten zwischen den Augen sind ein Zeichen der Konzentration, deshalb spricht man auch von der Konzentrationsfalte.
- **Gestik** (Bewegungen mit den Händen, Armen und Schultern): Gesten werden sowohl sprachbegleitend (z. B. während des Sprechens auf etwas zeigen) als auch sprachersetzend (z. B. jemandem zuwinken) eingesetzt. Zu starke Gesten werden als unsachlich empfunden, keine Gesten signalisieren Unsicherheit. Vorsicht ist geboten bei der Verwendung von Gesten im Ausland. Dort haben manche Gesten eine andere Bedeutung als bei uns.
- **Stimme** (Tonlage, Sprechtempo, Modulation): Eine Stimme kann als sympathisch oder unsympathisch, vergnügt oder traurig, glaubwürdig oder unseriös empfunden werden. Die Wirkung wird von jeder Person unterschiedlich wahrgenommen. In Gesprächen ist auf ein angemessenes Sprechtempo und eine deutliche Aussprache zu achten.
- **Körperhaltung:** Wie eine Person wirkt, hängt stark von ihrem Auftreten und ihrer Körperhaltung (Stehen, Sitzen, Gehen) ab. Die meisten Körperbewegungen erfolgen unbewusst und lassen sich deshalb kaum

steuern. Achten Sie auf die negativen und positiven Signale bei der Körperhaltung. Eine gute Haltung erreichen Sie mit „Blick nach vorn“, ohne den anderen anzustarren oder zu fixieren, leicht zurückgenommene Schultern und einer angenehmen Körperspannung. Achten Sie, ohne sich zu verstellen, auf eine offene Haltung, dann wirken Sie authentisch und souverän.

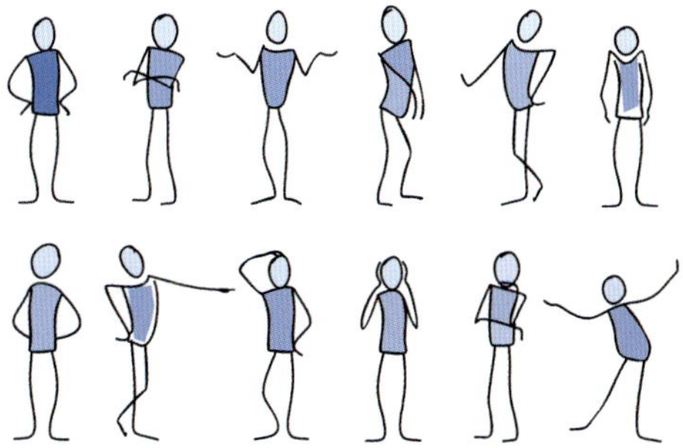

Die einzelnen Elemente der Körpersprache – Mimik, Gestik, Stimme und Körperhaltung – dürfen nicht einzeln betrachtet werden. Sie wirken immer als Ganzes.

Körpersprachliche Signale sind Botschaften an das Unterbewusstsein und das Unterbewusstsein lässt sich nicht belügen.

Beispiele für Körpersignale	
Körpersignale	**Wirkung**
wippen im Stehen	keine klare Position
verschränkte Arme auf dem Rücken	abwehrende Haltung
überkreuzte Beine im Stehen	Unsicherheit
breitbeiniges Stehen	Überheblichkeit
Hände in die Hüften gestemmt	Verärgerung, Imponiergehabe
hängende Schultern	Mutlosigkeit
zurückgelehnter Oberkörper im Sitzen	Distanz
Arme vor dem Oberkörper verschränkt	Ablehnung, Abschottung
auf der Vorderkante des Stuhles sitzen	Unsicherheit, Anspannung
Fingertrommeln auf dem Tisch	Nervosität, Ungeduld
gesenkter Kopf	Langeweile, Distanz oder Unterwürfigkeit und kritiklose Zustimmung
Hände umklammern die Stuhllehne	unterdrückte Angst, Aggressionen
wegsehen oder an der Kleidung zupfen	Verlegenheit
guter Augenkontakt	Vertrauen, Sympathie
leicht geneigte Kopfhaltung	Interesse, Konzentration
aufrechte Sitzhaltung	Selbstsicherheit, Offenheit
nach vorn geneigter Oberkörper	Interesse
dynamischer Gang	Elan, Selbstsicherheit
Haltung des Gesprächspartners spiegeln	Zustimmung, Interesse
Armbewegungen oberhalb der Taille	Sicherheit, Wohlbefinden
offene Handinnenflächen	wirkt einladend

Elemente einer positiven Körpersprache

Authentizität

positiver innerer Dialog „Ich bin OK!"

Selbstvertrauen

Einfühlungsvermögen

1.1.3 Kommunikationsprobleme und -konflikte

Die Tatsache, dass eine Nachricht viele verbale und nonverbale Botschaften gleichzeitig enthalten kann, macht die Kommunikation störanfällig und kompliziert.

In Gesprächssituationen können deshalb **Probleme** und **Konflikte** auftreten. Um damit besser umgehen zu können, ist es notwendig, zwischen Konflikt und Problem zu unterscheiden.

Ein Problem besteht überwiegend auf der sachlichen Ebene und lässt sich in der Regel schnell klären. Bei einem Konflikt hingegen ist man selbst oder auch der Gesprächspartner emotional betroffen.

Problem

= Sachebene

Konflikt

= Beziehungsebene

Deshalb sollten bei einer Problem- und Konfliktanalyse unbedingt die eigene Sicht und die Sicht des Gesprächspartners in den Fokus gestellt werden. Folgende Punkte sollten analysiert werden:

- **Tatsachen und Vermutungen:** Beschreiben Sie genau, was Sie selbst an der Situation stört, was Sie wahrgenommen haben und was Sie nur vermuten.
- **Beziehung:** Klären Sie, in welcher Beziehung Sie zu Ihrem Gesprächspartner stehen und welche Bedeutung Ihre Beziehung für die aktuelle Situation hat.
- **Wünsche und Interessen:** Hinterfragen Sie Ihre eigenen Wünsche und Interessen und beschreiben Sie die optimale Situation aus Ihrer Sicht. Prüfen Sie, welche Interessen und Wünsche Ihr Gesprächspartner offen kommuniziert. Prüfen Sie, welche Sie nur vermuten.
- **Gefühle:** Fragen Sie sich nach Ihren Gefühlen und wie Sie mit ihnen umgehen wollen. Überlegen Sie, durch welche Gefühle Ihr Gesprächspartner beeinflusst wurde.
- **Strategien:** Wie wollen Sie mit der Situation umgehen? Beschreiben Sie genau, was Sie tun wollen. Überlegen Sie aber auch, welche Strategie Ihr Gesprächspartner verfolgt.

Auf den Punkt gebracht

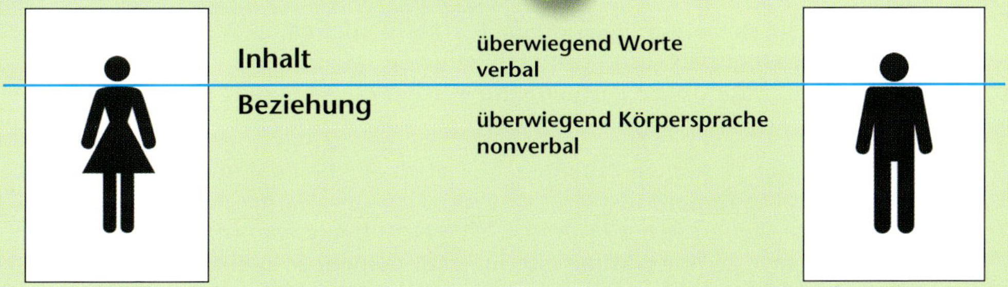

Die vier Seitten des Nachrichtenquadrats nach Schulz von Thun

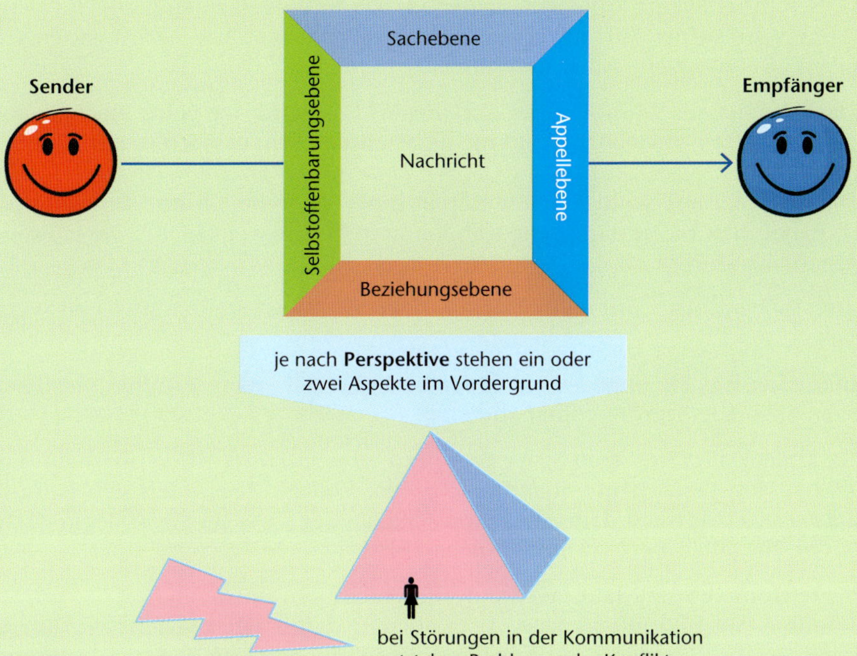

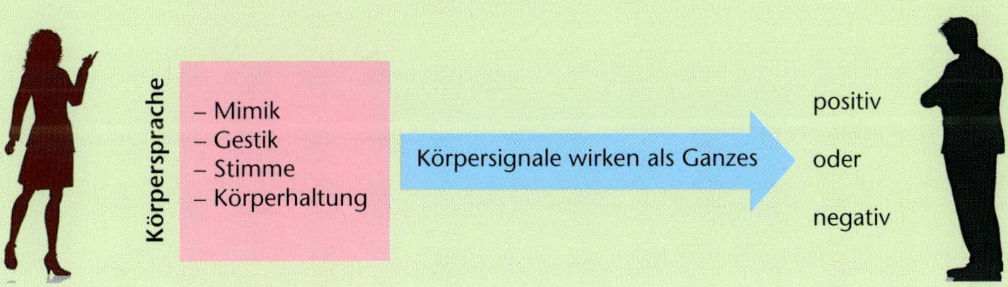

Nutzen Sie Ihr Wissen

1. Finden Sie zunächst in Einzelarbeit zu folgenden Äußerungen jeweils vier Botschaften. Suchen Sie sich anschließend eine Partnerin oder einen Partner und diskutieren Sie gegebenenfalls Ihre unterschiedlichen Meinungen. Erkunden Sie die Hintergründe, warum Ihre Partnerin/Ihr Partner die Äußerungen anders interpretiert.

   - Der Chef sagt zu seinem Mitarbeiter: „Haben Sie die Präsentation gemacht? Sie ist noch voller Fehler!"
   - Ein Kollege sagt zu seiner Kollegin: „Sie gehen heute aber früh!"
   - Der Chef sagt zu einer Mitarbeiterin: „Auf deinem Schreibtisch befinden sich aber viele Stapel!"
   - Ein Kunde sagt: „Das Angebot für die Bürostühle ist zu teuer."

2. Herr Pesch bittet Svenja Kolleck Besucher aus Saudi-Arabien zu empfangen. Svenja ist unsicher, ob sie der Aufgabe gewachsen ist und überlegt, wie sie antworten soll. Ihr fallen zwei mögliche Antworten ein:

   - „Die Besucher aus Saudi-Arabien empfangen? Das würde ich gerne machen, aber ich habe zurzeit so viel Arbeit auf meinem Schreibtisch, dass ich es zeitlich nicht schaffe."
   - „Die Besucher aus Saudi-Arabien empfangen? Das stelle ich mir schwierig vor. Ich habe noch nie ausländische Kunden betreut. Ich weiß nicht, wie ich mich verhalten soll."

   Erklären Sie beide Antworten unter dem Aspekt der „Selbstoffenbarung" von Svenja Kolleck.

3. Erläutern Sie, was Sie unter einem Problem und unter einem Konflikt verstehen. Grenzen Sie beide Begriffe voneinander ab.

4. Svenja Kolleck sitzt im Open-Space-Büro und arbeitet konzentriert an einem Protokoll, das Herr Pesch heute noch braucht. Ihre Kollegin telefoniert sehr laut und Svenja Kolleck fühlt sich dadurch gestört. Sie überlegt, wie sie die Kollegin darauf anspricht. Ihr fallen zwei Formulierungen ein:

   - „Sie telefonieren sehr laut, ich kann mich nicht konzentrieren."
   - „Könnten Sie bitte etwas leiser telefonieren, damit ich mich besser auf das Schreiben des Protokolls konzentrieren kann? Es muss heute noch fertig werden."

   Analysieren Sie die beiden Aussagen nach dem Modell des Nachrichten-Quadrats. Entscheiden Sie, welche der beiden Aussagen positiv formuliert ist.

5. Als Mimik werden die sichtbaren Bewegungen der Gesichtsoberfläche bezeichnet.

   a) Bewerten Sie zunächst in Einzelarbeit die folgenden 25 Bilder hinsichtlich der gezeigten Mimik.

b) Suchen Sie sich anschließend eine Partnerin/einen Partner und vergleichen Sie Ihre Ergebnisse.
c) Besprechen Sie Abweichungen.
d) Präsentieren Sie anschließend der Klasse Ihr Ergebnis.

6. In einem Gespräch kann die Mimik unterschiedliche Funktionen einnehmen. Beschreiben Sie die einzelnen Funktionen.

7. Samy Molcho, ein israelischer Pantomime, der sich insbesondere mit dem Kommunikationsmittel Körpersprache befasst, sagte einmal: „Die Hände sind das sensibelste Werkzeug und die ausdruckstärksten Glieder“.

   Erläutern Sie diese Aussage in Bezug auf Gesprächssituationen.

8. Mit der Körpersprache senden Sie meist unbewusst Botschaften. Welche Bedeutung haben die folgenden Signale?

- wippen im Stehen
- verschränkte Arme auf dem Rücken
- überkreuzte Beine im Stehen
- breitbeiniges Stehen
- Hände in die Hüften gestemmt
- hängende Schultern
- zurückgelehnter Oberkörper im Sitzen
- Arme vor dem Oberkörper verschränkt
- auf der Vorderkante des Stuhles sitzen
- Fingertrommeln auf dem Tisch
- gesenkter Kopf
- Hände umklammern die Stuhllehne
- wegsehen oder an der Kleidung zupfen

1.2 Kundengespräche engagiert führen

Lernsituation

Svenja Kolleck absolviert einen weiteren Ausbildungsabschnitt in der Abteilung Verkauf. Dort befasst sie sich mit den Arbeitsabläufen und Prozessen. Bereits in den ersten zwei Wochen hatte sie viel Kontakt mit Kunden. Dabei wurde ihr bewusst, wie wichtig eine gute Kommunikation mit den Kunden ist.

Foto: König + Neurath AG

Die ModernOffice KG legt auf den persönlichen Kontakt mit ihren Kunden großen Wert. Deshalb finden in den Showrooms regelmäßig Veranstaltungen mit dem Ziel statt, die Kunden stärker an das Unternehmen zu binden.

Die Informations- und Ausstellungszentren werden von den in- und ausländischen Kunden aufgrund des modernen Ambientes und der neuzeitlichen Raumkonzepte sehr geschätzt.

Heute erhält Svenja Kolleck vom Leiter des Showrooms, Willy Pesch, folgende E-Mail:

An ...	svenja.kolleck@mo-modernoffice.com
CC ...	
Bcc ...	
Betreff:	Kundentag in unserem Showroom am 8. September

Guten Tag Frau Kolleck,

seit einiger Zeit betreuen Sie sehr kompetent die Besucher in unserem Showroom. Deshalb wenden wir uns heute mit einer besonderen Bitte an Sie.

Am 8. September findet in unserem Showroom unser jährlicher Kundentag statt. Wir erwarten auch Gäste aus China und Japan. Das Thema der diesjährigen Veranstaltung heißt „Teamwork im Open-Space-Büro". Zur Betreuung und Beratung unserer Gäste brauchen wir in diesem Jahr auch die Auszubildenden im zweiten Ausbildungsjahr.

Da Sie bereits in einigen Seminaren Ihre Kompetenz im Bereich Kommuniktionstechniken unter Beweis gestellt haben, würden wir uns freuen, wenn Sie Ihre Kolleginnen und Kollegen in diese Tätigkeit einführen könnten. Bereiten Sie bitte bis zum nächsten Treffen eine Präsentation vor. Setzen Sie einen Schwerpunkt in Ihrer Präsentation auf Fragetechniken, damit klar wird, welchen Einfluss die Frageart bzw. der Fragetyp auf ein Gespräch nehmen kann.

Binden Sie in Ihre Vorbereitungen unser Leitbild ein und verwenden Sie die im Qualitätshandbuch dokumentierten Kommunikationsstandards.

Beachten Sie bitte, dass es an solchen Tagen immer sehr hektisch zugeht. Es kann schnell passieren, dass auf Kundenfragen und -wünsche genervt oder falsch reagiert wird. Unsere Kunden sind Könige und werden mit der entsprechenden Wertschätzung behandelt.

Zur fachlichen Vorbereitung erhalten Sie im Anhang unsere neueste Broschüre zum Open-Space-Büro. Bitte machen Sie sich mit allen Details vertraut, damit Sie unsere Kunden am Kundentag kompetent beraten können.

Für Ihre Mitarbeit bedanke ich mich bei Ihnen im Voraus.

Es grüßt Sie freundlich

Willy Pesch

E-Mail: willy.pesch@mo-modernoffice.com
Internet: www.mo-modernoffice.com
Telefon: 07451 801-158
Telefax: 07451 801-100

Postanschrift: Postfach 10 15, 72160 Horb am Neckar
Hausanschrift/Sitz: Industriestraße 10 – 14, 72160 Horb am Neckar
Gesellschafter: Dr. Anja Tischler, Dipl.-Kfm. Jens Tischler
Handelsregister HRB 722079 beim Amtsgericht Stuttgart

Anhang:	Teamwork-Open-Space.pdf

Auszug aus dem Unternehmensleitbild der ModernOffice KG:

...

- **Wir kommunizieren aktiv und offen.**
- **Wir verhalten uns gegenüber unseren Kunden authentisch, glaubwürdig und persönlich.**
- **Wir bearbeiten die Anliegen unserer Kunden mit Freundlichkeit, Kompetenz und hohem Engagement.**
- **Wir kommunizieren mit unseren ausländischen Kunden sympathisch, unverkrampft und souverän.**

....

Auszug aus den Unternehmensstandards:

Leitfaden für Standards in der ModernOffice.

Umgang mit ausländischen Kunden

Wir kommunizieren mit unseren ausländischen Kunden sympathisch, unverkrampft und souverän.

Hinweise zur Betreuung unserer ausländischen Kunden

...

China und Japan

Die Chinesen reden gerne und sind offen für eine Kommunikation auf der Beziehungsebene. Vermeiden Sie aber in den Gesprächen Fragen nach den Finanzen und dem Familienstand sowie Themen über Menschenrechte und Politik.

Höflichkeit und Pünktlichkeit sind ein Zeichen des Respekts. Halten Sie alle Termine und Zeiten genauestens ein.

Gäste aus China oder Japan werden mit Handschlag und einem leichten Händedruck begrüßt. Senken Sie dabei den Kopf etwas und vermeiden Sie intensiven Blickkontakt. Die korrekte Anrede bei hochrangigen Gästen ist die Position und der Name, ansonsten die Anrede und der Name.

Visitenkarten werden mit zwei Händen genommen und auch überreicht.

...

- *Welche Informationen benötigt Svenja Kolleck, um den Arbeitsauftrag zu erledigen?*
- *Bilden Sie Gruppen und klären Sie den Arbeitsauftrag von Willy Pesch anstelle von Svenja Kolleck.*
- *Prüfen Sie, welche fachlichen, sozialen und kommunikativen Kompetenzen notwendig sind, um die Kunden am Kundentag optimal zu betreuen und dem Firmenleitbild gerecht zu werden. Welche Besonderheiten sind in der Kommunikation mit den Kunden aus China zu berücksichtigen? Welche fachlichen Kenntnisse sind notwendig, um die Kunden kompetent zu beraten?*
- *Erstellen Sie in Ihrer Gruppe eine aussagekräftige Präsentation.*
- *Losen Sie eine Gruppe aus, die ihr Ergebnis vor der Klasse präsentiert. Überprüfen Sie, ob der Arbeitsauftrag vollständig und fachgerecht ausgeführt wurde.*
- *Reflektieren Sie im Plenum die Arbeitsprozesse in den einzelnen Gruppen.*
- *Nehmen Sie Korrekturen vor und arbeiten Sie gegebenenfalls neue Ideen in Ihre Präsentation ein.*

1.2.1 Umgangsformen

Umgangsformen sind im Berufsleben notwendig, um erfolgreich zu arbeiten. Sie bilden die Grundlage für eine gute Kommunikation im Gespräch mit Kunden, Vorgesetzten oder Kollegen. Durch die zunehmende Zusammenarbeit mit Geschäftspartnern aus anderen Kulturen wird die Kenntnis der entsprechenden Regeln immer wichtiger. Gute Umgangsformen vermitteln den Gesprächspartnern Wertschätzung und Respekt.

Verhalten am Arbeitsplatz

Neben der Höflichkeit sind Selbstbeherrschung, Hilfsbereitschaft und Toleranz wünschenswerte Eigenschaften, die zu einem möglichst reibungslosen Miteinander beitragen.

Folgende Regeln helfen, dem Ziel des optimalen Verhaltens am Arbeitsplatz näherzukommen:

- Zeigen Sie Hilfsbereitschaft und lassen Sie sich nicht um jede Gefälligkeit bitten.
- Seien Sie pünktlich und zuverlässig.
- Bringen Sie Ihren Kollegen und Mitmenschen Toleranz entgegen.
- Zeigen Sie Ihren Kollegen gegenüber Kooperationsbereitschaft.
- Vermeiden Sie es, mit Ihren Kenntnissen zu prahlen.
- Spielen Sie sich nicht in den Vordergrund.
- Machen Sie keine sarkastischen Bemerkungen.
- Tratschen Sie nicht über andere.
- Sprechen Sie in Gesprächen die Personen mit Namen an.
- Versuchen Sie immer das Positive hervorzuheben und Negatives aufzufangen.
- Machen Sie sich nicht über andere lustig.
- Kleiden Sie sich korrekt.
- Öffnen Sie nicht ungefragt Schubladen an Schreibtischen von Kollegen.
- Setzen Sie sich nicht auf die Schreibtische.

Wer reicht bei einer Begrüßung wem die Hand?
Wer in der Betriebshierarchie den höheren Rang einnimmt, reicht – unabhängig von Geschlecht und Alter – als Erster die Hand. Ein Auszubildender sollte nicht dem Chef als Erster die Hand hinstrecken, sondern abwarten, ob der Chef einen Handschlag überhaupt wünscht. Der Händedruck sollte weder zu stark noch zu schlaff sein.

Kunden und wichtige Gesprächspartner stehen in der Hierarchie immer ganz oben und werden zuerst begrüßt. Ist es ein erstes Zusammentreffen, erfolgt die Begrüßung mit Handschlag.

Wie wird bekannt gemacht?
Stellt sich jemand selbst vor, so kann er dazu verschiedene Formen benutzen:

- Guten Tag, mein Name ist Svenja Kolleck.
- Mein Name ist Svenja Kolleck.
- Ich bin Svenja Kolleck.

Stellt jemand eine andere Person jemandem vor:

„Ich möchte Sie mit Ebru Celik bekannt machen."

Jemand anderes wird Ihnen vorgestellt, z. B. eine Kundin, mit der Sie schon telefonisch zu tun hatten:

„Guten Tag, Frau Müller. Schön, dass wir uns jetzt auch persönlich kennenlernen."

Bei Namensgleichheit in einer Abteilung oder Firma ist es zweckmäßig, sich immer mit Vor- und Zunamen vorzustellen. Titel werden bei der Selbstvorstellung üblicherweise nicht genannt.

„Ich bin Frau Lilly Summer, die Stellvertreterin von Walter Hüls."

Beim Bekanntmachen durch Dritte ist im Berufsleben die Hierarchiestufe entscheidend. So wird immer derjenige, der auf der Betriebsleiter eine Stufe höher steht, der anderen Person vorgestellt. Titel oder kurze Zusatzinformationen zum Namen, die sich auf die berufliche Position beziehen, werden mit genannt. Doppelnamen dürfen nicht abgekürzt werden.

Wie hält man es mit dem Aufstehen bei der Begrüßung?
Steht eine Person bei der Begrüßung auf, bekundet sie damit dem Gesprächspartner Respekt. Dass eine Frau bei der Begrüßung sitzen bleibt, hat heute keinen Bestand mehr.

Wie wird gegrüßt?
Grundsätzlich grüßt immer derjenige zuerst, der einen Raum betritt. Ob aus dem Gruß eine Begrüßung mit Handschlag wird, hängt oft von den Gepflogenheiten am jeweiligen Arbeitsplatz ab.

Beispiele

- *Bei einer Veranstaltung betreuen Sie die Besucher. Es ist höflich die Besucher mit Handschlag zu begrüßen.*
- *In einem Open-Space-Büro kann eine allmorgendliche Begrüßung mit Handschlag durchaus angebracht sein.*
- *Hat man einen Mitarbeiter längere Zeit nicht gesehen oder verabschiedet sich ein Mitarbeiter für längere Zeit, weil er Urlaub macht, dann kann die Begrüßung oder Verabschiedung auch mit Handschlag erfolgen.*

Wie wird ein Gast richtig empfangen?

Es ist eine freundliche Geste, wenn der Gast am Empfang abgeholt und ihm der Weg gezeigt wird. Das Personal am Empfang sollte deshalb die Termine kennen, damit es ohne große Irrwege die zuständigen Personen über die Ankunft des Gastes informieren kann.

Wer hilft wem aus der Garderobe?

Heute ist es üblich, dass sowohl von einer Frau als auch von einem Mann in den Mantel oder aus dem Mantel geholfen werden darf. Dies wird meist als höfliche Geste aufgenommen.

Wie bewirtet man einen Gast?

Die Bewirtung eines Gastes gehört zum Aufgabenbereich einer Büroangestellten. Die Büroangestellte ist als Gastgeberin anzusehen, aber auf keinen Fall als „Bedienung".

Wie verabschiedet man sich richtig?

Nicht nur der erste, sondern auch der letzte Eindruck hinterlässt positive bzw. negative Erinnerungen. Deshalb sollten Besucher nicht hinauskomplimentiert werden. Nehmen Sie bei der Verabschiedung Bezug auf das Gespräch und wünschen Sie z. B. eine gute Fahrt, einen schönen Urlaub, einen angenehmen Verlauf der Tagung usw. Als besondere Aufmerksamkeit kann man Gästen aus dem Ausland oder Gästen, die nicht so häufig das Unternehmen besuchen, ein kleines Firmengeschenk überreichen.

Visitenkarten

Werden die Visitenkarten zu Beginn eines Gesprächs ausgetauscht, hat das den Vorteil, dass man sich den Namen des Gesprächspartners besser einprägen kann. Überreichen Sie die Visitenkarte immer mit der Schrift zum Empfänger. Nehmen Sie die überreichte Visitenkarte nicht einfach ungelesen an. Dies gilt als stillos. Werfen Sie einen Blick auf die Visitenkarte und nehmen Sie kurz Bezug auf den Inhalt. Stecken Sie die Visitenkarte nicht einfach weg. Ideal ist es, wenn Sie ein Visitenkartenetui haben, ansonsten ist die Brieftasche oder ein eleganter Geldbeutel ein geeigneter Aufbewahrungsort.

Small Talk

Small Talk (= das kleine Gespräch) fördert Geschäftsbeziehungen, lässt neue Kontakte entstehen und verbessert das Betriebsklima. Er ist ein Türöffner, wenn es darum geht mit Fremden ins Gespräch zu kommen. Ein leichtes Gesprächsthema hilft (über Kunst, Sehenswürdigkeiten, Hobbys, Sport, Konzerte u. Ä.), um sich nicht zu nahe zu treten und sich dennoch besser kennenzulernen. Während eines Small Talks lässt sich schneller eine Beziehungsebene zum Gesprächspartner aufbauen.

Für einen Berufsanfänger ist es nicht immer ganz leicht, den richtigen Einstieg zu finden. Suchen Sie im privaten Bereich nach Gelegenheiten zu Small Talk und versuchen Sie ihre Stärken und Schwächen herauszufinden. Bauen Sie Ihre Stärken aus. Üben Sie jeden Tag und machen Sie sich Ihre Erfolge bewusst. So können Sie Ihr Selbstbewusstsein stärken und gehen dadurch offener auf andere Menschen zu.

Umgang mit ausländischen Kunden

Für die Betreuung von Personen aus anderen Ländern sollten Sie sich mit den jeweils landestypischen Sitten und Gebräuchen vertraut machen. Andernfalls können Sie schnell durch unbedachtes Verhalten in eine Situation geraten, in der Sie Gefühle und Empfindungen der ausländischen Person ungewollt verletzen. Sie müssen nicht die fremden Sitten und Gebräuche übernehmen, aber Sie sollten den Hintergrund kennen und akzeptieren.

Kontrollieren Sie Ihre Körpersprache. Gesten, die bei uns üblich sind, können in anderen Kulturen beleidigend wirken.

Die folgenden Beispiele zeigen eine kleine Auswahl landestypischer Sitten und Gebräuche.

- Im europäischen Raum ist bei der Begrüßung der Handschlag üblich, in vielen anderen Kulturen ist die Geste jedoch nicht üblich. Wenn Sie die landestypischen Gesten kennen, zeigt das Interesse an den Gästen und trägt zu einem guten Gesprächsklima bei.
- In China und in Japan ist eine Verbeugung (also kein Handschlag) eine durchaus übliche Begrüßungsform.
- Wenn Sie den Gesprächspartner noch nicht kennen, begrüßen Sie ihn mit Nachnamen. In den USA und Australien wird häufig bei der Anrede nur der Vorname verwendet.
- Umarmungen und Küsse auf die Wange sind vor allem in südlichen Ländern bei der Begrüßung guter Geschäftspartner üblich.
- Sie müssen nicht jede Fremdsprache beherrschen. Wenn Sie ein paar Sätze in der entsprechenden Sprache kennen und diese durch landestypische Gesten ergänzen, zeigt das Interesse am Besucher. Sie geben damit dem Gast das Gefühl willkommen zu sein.
- Pünktlichkeit gilt in fast allen Ländern als Zeichen von Respekt und Höflichkeit. Vereinbarte Gesprächstermine, Telefon- und Videokonferenztermine sollten Sie möglichst exakt einhalten. Südeuropäer und viele Afrikaner nehmen es mit Pünktlichkeit nicht so genau.
- Während der Mittagszeit sind die meisten Büros in südlichen Ländern nicht besetzt.
- In islamischen Staaten ist der Freitag ein Feiertag, die Arbeitswoche geht von Samstag bis Donnerstag. In Israel gilt der Sabbat (Samstag) als Tag der Ruhe.
- In einigen Ländern legt man auf förmliche Anreden großen Wert. Titel sind üblich (z. B. in Österreich, China, Finnland).

- Visitenkarten sollte man im Nahen Osten und in Afrika nie mit der linken Hand überreichen. In Japan und China sollte man sie immer mit beiden Händen überreichen.
- Für einen Japaner kann ein Lächeln ein in Höflichkeit eingehülltes „Nein" bedeuten.
- Personen aus dem Nahen Osten legen großen Wert auf angemessene Kleidung und peinlich korrektes Verhalten im Umgang mit dem anderen Geschlecht.

1.2.2 Fragetechniken

In Sätzen wie „Wer fragt, gewinnt" oder „Wer fragt, der führt" wird deutlich, dass Fragen für unsere Kommunikation von großer Bedeutung sind. Fragen werden gestellt, um Interesse zu zeigen, gewünschte Informationen zu erhalten oder ein Gespräch zu steuern. Somit haben Fragen motivierende und steuernde Wirkung.

Was bewirkt eine Frage beim Befragten?

Der Befragte

- freut sich am Interesse an seiner Person und dem Thema,
- fühlt sich kompetent,
- fühlt sich geschmeichelt,
- wird angeregt, über das Thema nachzudenken,
- wird aufgefordert seine Meinung zu äußern.

Um ein Gespräch zu steuern, ist es wichtig, dass der Fragende genau weiß, welche Fragen zielführend sind. Durch eine geschickte Fragetechnik kann ein Gespräch in die gewünschte Richtung gelenkt werden.

Fragen sind eine wirksame Methode, um

- neue Sichtweisen und Ideen zu entwickeln,
- das Gespräch zu steuern,
- den Gesprächspartner zu aktivieren und
- die zwischenmenschliche Beziehung zu intensivieren.

Fragetypen

Mit unterschiedlichen Fragetypen werden unterschiedliche Antworten erzielt. Mit der richtigen Fragetechnik kann ein Gespräch in die gewünschte Richtung gelenkt werden. Grundsätzlich unterscheidet man offene und geschlossene Fragen.

Geschlossene Fragen

Mit geschlossenen Fragen lassen Sie Ihrem Gesprächspartner wenig Raum seine Meinung kundzutun. Die Antwort fällt mit „Ja" oder „Nein" knapp aus. Geschlossenen Fragen steht kein Fragewort voran.

Geschlossene Fragen haben ihre Berechtigung, wenn Sie Informationen einholen wollen, um einen Sachverhalt zu klären, eine präzise Antwort zu erhalten oder Probleme zielgerichtet zu klären. Helfen kann eine geschlossene Frage, wenn Sie Zeit gewinnen wollen, um auf eine unangenehme Frage antworten zu können, Gegenargumente zu vermeiden oder keine Einwände zuzulassen.

Ansonsten wirken geschlossene Fragen suggestiv. Damit dieser Eindruck nicht entsteht, sollte der Gesprächspartner immer genügend Zeit zum Antworten haben.

Beispiele •

- *Kann ich Ihnen helfen?*
- *War heute wieder viel Verkehr?*
- *Hat Ihnen ein Mitarbeiter geholfen?*
- *Können Sie spanisch sprechen?*
- *Entschuldigen Sie bitte, dass ich Sie unterbreche. Können Sie meinem Vorschlag zustimmen?*

Setzen Sie geschlossene Fragen dann ein, wenn Sie

- Sachverhalte klarstellen wollen,
- präzise Antworten erwarten oder
- Probleme zielgerichtet klären wollen.

Offene Fragen

Offene Fragen beginnen typischerweise immer mit einer W-Frage. Der Fragesatz wird immer durch ein Fragewort (wer, wann, wie, was, warum, weshalb) eingeleitet. Mit offenen Fragen aktivieren Sie Ihren Gesprächspartner zum Reden. In Mitarbeitergesprächen eröffnet der Fragende dem Mitarbeiter die Möglichkeit, eigene Gedanken zu fassen und zu formulieren.

Beispiele •

- *„Womit kann ich Ihnen helfen?“*
- *„Was halten Sie von meinem Vorschlag?“*
- *„Wie sind die Erfahrungen mit unseren Büromöbeln?“*
- *„Welches Problem liegt vor?“*
- *„Was ist insgesamt vorgefallen?“*

Setzen Sie offene Fragen ein, wenn Sie

- ein Gespräch in Gang bringen wollen oder
- auf Ihren Gesprächspartner eingehen wollen.

Fragearten

Welche Art von Fragen Sie einsetzen, hängt immer von dem Ziel ab, das Sie erreichen wollen.

reflektierende Frage	Mit einer reflektierenden Frage versuchen Sie als Fragesteller abzugleichen, ob die eigene Interpretation des Gehörten dem entspricht, was der Gesprächspartner meint. Dazu fassen Sie die letzten Äußerungen in der Frage kurz zusammen und erweitern diese nach Ihrem Verstehen. Reflektierende Fragen können als offene oder geschlossene Fragestellung formuliert werden. Eine reflektierende Frage eignet sich, um die Sichtweise des Gesprächspartners zu verändern, indem Sie den Fokus auf die positiven Argumente richten und sich bestätigen lassen. ***Beispiele für offen formulierte, reflektierende Fragen:*** • *„Habe ich Sie richtig verstanden? Sie wollen die Büromöbel so schnell wie möglich produzieren."* • *„Bedeutet das Ihrer Meinung nach, dass wir unsere Ziele erreichen können?"*
Alternativfrage	Durch eine Alternativfrage kann durch die Vorgabe von zwei Möglichkeiten ein Thema eingegrenzt werden. Das Gespräch wird in eine bestimmte Richtung gelenkt. ***Beispiel*** • *„Bevorzugen Sie für den Bezug des Sitzpolsters die Farbe Blau oder Grün?"*
Konversationsfrage	Die Konversationsfrage eignet sich vor allem, wenn Sie die Gesprächspartner noch nicht persönlich kennen. Sie hilft eine gute Gesprächsatmosphäre herzustellen. Konversationsfragen werden gern zu Beginn eines Gespräches gestellt. ***Beispiele*** • • *„Hatten Sie eine gute Anreise?"* • *Was gibt es Neues aus der Hauptverwaltung zu berichten?"*
Begründungsfrage	Begründungsfragen helfen Gründe und Argumente offenzulegen. Sie können mit einer Begründungsfrage das Gespräch in eine bestimmte Richtung lenken. ***Beispiele*** • • *„Warum lassen Sie die Möbel in China produzieren?"* • *„Warum haben Sie die Mitgliedschaft gekündigt?"*
Verständnisfrage	Sobald Sie den Eindruck haben, dass Sie mit Ihrem Gesprächspartner nicht mehr über das Gleiche sprechen, hilft eine Verständnisfrage, die gemeinsame Basis wiederherzustellen. ***Beispiele*** • • *„Was heißt für Sie zu günstig?"* • *„Wie meinen Sie das?"*
Entscheidungsfrage	Eine Entscheidungsfrage können Sie stellen, wenn das Gespräch in eine bestimmte Richtung geführt werden soll. ***Beispiele*** • • *„Wollen Sie das Polster des Bürodrehstuhls in Blau oder in Schwarz?"* • *„Können Sie den Termin am Mittwoch oder am Freitag wahrnehmen?"*

Kontrollfrage	Mit der Kontrollfrage bzw. Bestätigungsfrage vergewissern Sie sich, ob der Gesprächspartner Sie richtig verstanden hat. Meist werden Kontrollfragen am Ende eines Gespräches gestellt. ***Beispiele*** • *„Wir sind uns also einig, dass die Büromöbel in der 15. Kalenderwoche geliefert werden?"* • *„Stimmt meine Information, dass Sie sich für unsere Akustiklösungen interessieren?"* • *„Wo waren wir stehen geblieben?"*
Suggestivfrage	Mit einer Suggestivfrage versuchen Sie Ihren Gesprächspartner zu beeinflussen. Die gewünschte oder erwartete Antwort wird bereits in die Frage gelegt. Dadurch wird versucht, den Gesprächspartner in eine bestimmte Richtung zu drängen. Suggestivfragen haben ihre Berechtigung, wenn man weiß, dass der andere der gleichen Meinung ist. Wird die Suggestivfrage zur Manipulation eingesetzt, schadet dies der Beziehung. Deshalb sind Suggestivfragen mit äußerster Vorsicht zu verwenden. ***Beispiele*** • *„Sind Sie nicht auch der Meinung, dass die Qualität der Möbel sehr gut ist?"* • *„Wollen Sie das Geld zum Fenster rausschmeißen?"*

Auf den Punkt gebracht

Kundengespräche engagiert führen

Umgangsformen
- Höflichkeit am Arbeitsplatz
- Begrüßung/Bekanntmachung
- Gäste empfangen
- Visitenkarten austauschen
- Small Talk führen

Umgang mit ausländischen Kunden
- Sitten und Gebräuche
- Sprache
- Körpersprache
- förmliche Anreden und Titel

Fragetechniken

Fragetypen
- geschlossene Fragen
- offene Fragen

Fragearten
- reflektierende Frage
- Alternativfrage
- Konversationsfrage
- Begründungsfrage
- Verständnisfrage
- Entscheidungsfrage
- Kontrollfrage
- Suggestivfragen

Prüfen Sie Ihr Wissen

1. Im Umgang mit Kunden fordern Unternehmen von ihren Auszubildenden gute Umgangsformen. Erläutern Sie, was darunter zu verstehen ist.
2. Ein großes Anliegen der Auszubildenden der ModernOffice KG ist es, mit allen Betriebsangehörigen reibungslos zusammenzuarbeiten. Beschreiben und beurteilen Sie Regeln, die ihnen helfen, diesem Ziel näherzukommen?
3. Welche grundsätzlichen Regeln sind im Umgang mit ausländischen Kunden zu beachten? Begründen Sie Ihre Aussagen.
4. Sie begleiten Ihren Chef zu einer Besprechung mit ausländischen Kunden. Ein japanischer Kunde überreicht Ihrem Chef gleich bei der Begrüßung seine Visitenkarte, die dieser gleich an Sie weiterleitet. Die Miene des japanischen Kunden verändert sich zu einem unfreundlichen Stirnrunzeln. Können Sie sich diese Reaktion erklären?
5. Sie sind unsicher, weil Sie die Hierarchien nicht genau kennen oder nicht wissen, wie Sie jemand begrüßen sollen? Beschreiben Sie Situationen, die Sie in Ihrem Betrieb erlebt haben und begründen Sie Ihr Verhalten.
6. Fragen sind eine wirksame Methode, um ein Gespräch in die gewünschte Richtung zu lenken. Ordnen Sie die folgenden Aussagen dem entsprechenden Fragetyp zu. Erstellen Sie mithilfe Ihres Textverarbeitungsprogramms eine Tabelle mit zwei Spalten (erste Spalte Aussage, zweite Spalte Fragetyp).

   Aussagen:

   … sind dann sinnvoll,

   - wenn Sie ein Gespräch in Gang bringen wollen
   - wenn Sie Informationen beschaffen wollen
   - wenn Sie auf den Gesprächspartner eingehen wollen
   - wenn ein Gespräch zielorientiert vorwärts gebracht werden soll
   - wenn Sie Zeit gewinnen wollen.

7. Ihr Ausbildungsleiter hat festgestellt, dass durch Ihre Fragestellungen die Kunden kaum dazu angeregt werden, mit Ihnen ins Gespräch zu kommen. Er hat die unten genannten Beispiele aufgeschrieben. Formulieren Sie die folgenden Fragen so um, dass mehr Spielraum für eine Antwort bleibt.

   - Waren Sie im Urlaub?
   - Konnten Sie jemanden in der Service-Abteilung erreichen?
   - Sind Sie mit der Entscheidung unzufrieden?
   - Sind Ihnen die Büromöbel der Serie XY zu teuer?
   - Gab es unterschiedliche Ansichten?

8. Mit der richtigen Fragetechnik können Sie unterschiedliche Ziele verfolgen.

a) Ordnen Sie die folgenden Aussagen der entsprechenden Frageart zu:
- Sie wollen wissen, ob Sie das, was Sie gehört haben, richtig verstanden haben.
- Sie haben einen Gesprächstermin mit einem Kunden, den Sie noch nicht kennen.
- Sie wollen einen Kunden, den Sie an die Konkurrenz verloren haben, zurückgewinnen. Sie wollen von ihm wissen, warum er sich für die Konkurrenz entschieden hat.
- Während eines Gespräches haben Sie den Eindruck, dass Sie und Ihr Gesprächspartner nicht mehr über das Gleiche sprechen.
- Sie wollen vom Kunden wissen, für welches Modell er sich entschieden hat.
- Am Ende des Gespräches wissen Sie nicht, ob Sie den Kunden richtig verstanden haben.
- Sie wollen den Kunden in eine bestimmte Richtung drängen.

b) Erläutern Sie die Fragearten.

2 Gesprächssituationen gestalten und beurteilen

2.1 Gespräche zielorientiert führen und bewerten

Lernsituation

Willy Pesch, Leiter des Showrooms in Horb, bittet Svenja Kolleck zu einem kurzen Gespräch in sein Büro.

Willy Pesch: „Guten Tag, Frau Kolleck. Danke, dass Sie gleich kommen konnten. Wir haben ein Problem. Unsere Personaldecke ist im Moment etwas dünn. Wir brauchen dringend jemanden, der uns in der Kundenberatung unterstützt. Uns hat sehr gut gefallen, wie Sie die Kunden bei unserem letzten Kundentag betreut haben und wir glauben, dass Sie dieser Aufgabe gewachsen sind."

Svenja Kolleck: „Danke, das freut mich."

Willy Pesch: „Könnten Sie sich vorstellen, nächste Woche ein Kundengespräch selbst zu führen?"

Svenja Kolleck: „Um was geht es genau?"

Willy Pesch: „Es geht um ein Beratungsgespräch mit Frau Hollmann von der Allgemeinen Versicherung AG. Die Allgemeine Versicherung AG braucht für die Abteilung Kfz-Versicherungen 16 neue Bürodrehstühle. Vor zwei Jahren stattete das Unternehmen mehrere Abteilungen mit dem Modell ‚Futura' aus. Da wir das Modell nicht mehr herstellen, möchte sich Frau Hollmann bei uns im Showroom informieren, welche Modelle alternativ infrage kommen könnten. Unser Nachfolgemodell ‚Skye' ist von der Ausstattung her wesentlich hochwertiger und kostet dementsprechend mehr. Ihre Aufgabe ist es, Frau Hollmann umfassend zu beraten und davon zu überzeugen, den Mehrpreis in Kauf zu nehmen. Trauen Sie sich das zu?"

Svenja Kolleck: „Ja, die Aufgabe würde ich gerne übernehmen. Welchen Handlungsspielraum habe ich, um Frau Hollmann entgegenzukommen – falls das notwendig ist?"

Willy Pesch: „Falls es nicht anders geht, bieten Sie Frau Hollmann 5 % Rabatt an. Bereiten Sie sich gut vor und erstellen Sie eine Checkliste zur Gesprächsvorbereitung und einen Kriterienkatalog zur Gesprächsbeurteilung. Vielen Dank, Frau Kolleck, damit helfen Sie uns sehr."

Svenja Kolleck: „Danke für Ihr Vertrauen. Ich werde alles tun, damit wir den Auftrag bekommen!"

- *Besprechen Sie im Plenum die Situation und überlegen Sie, welche Kompetenzen Svenja Kolleck braucht, um das Gespräch erfolgreich führen zu können. Versetzen Sie sich in die Lage von Svenja Kolleck und planen Sie das Gespräch. Wie müssen Sie vorgehen, um die Kundin von dem neuen Bürostuhl zu überzeugen, selbst wenn dadurch Mehrkosten entstehen?*
- *Verwenden Sie für Ihre Überlegungen die Informationen aus diesem Kapitel.*
- *Planen Sie in Gruppenarbeit das bevorstehende Beratungsgespräch mit Frau Hollmann. Nehmen Sie innerhalb Ihrer Gruppe eine Arbeitsteilung vor. Legen Sie das Gesprächsziel und den Rahmen des Gespräches fest. Machen Sie sich mit den Gesprächsinhalten und den Fachtermini vertraut. Überlegen Sie, welche Gesprächstechniken während des Gesprächs eingesetzt werden können. Entscheiden Sie, welche Argumente zur Erreichung des Gesprächsziels geeignet sind. Bedenken Sie, mit welchen Schwierigkeiten Svenja Kolleck während des Gesprächs rechnen muss.*
- *Erstellen Sie eine Checkliste zur Gesprächsvorbereitung und einen Kriterienkatalog zur Beurteilung eines Gespräches. Planen Sie das Gespräch als Rollenspiel.*
- *Entscheiden Sie in der Klasse gemeinsam, welche Gruppe ihr Rollenspiel im Plenum vorführt.*
- *Beurteilen Sie das Gespräch mithilfe Ihres Kriterienkatalogs.*
- *Vergleichen und reflektieren Sie Ihre Ergebnisse mit den anderen Gruppenergebnissen. Nehmen Sie gegebenenfalls Ergänzungen und Korrekturen an Ihren Ergebnissen vor.*
- *Reflektieren Sie Ihre Arbeit innerhalb der Gruppe und besprechen Sie, was Sie zukünftig besser machen können.*

2.1.1 Faktoren eines erfolgreichen Gespräches

In der beruflichen Kommunikation sind die Faktoren Fachwissen, Körpersprache, Stimme und Sprechtechnik, die Bereiche, die das Gespräch entscheidend beeinflussen.

Faktoren am Erfolg der Kommunikation

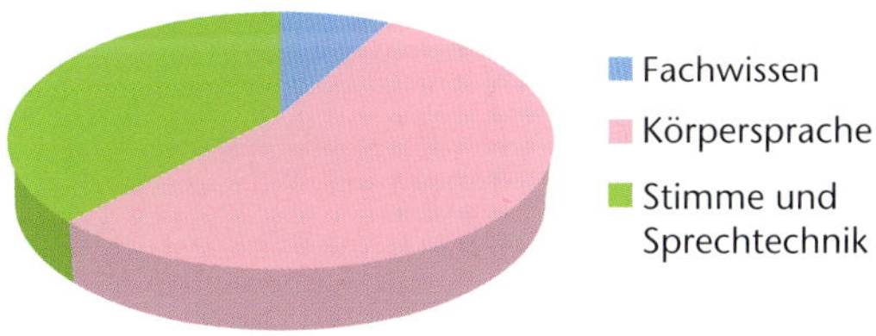

Wie Sie bereits wissen, tragen die nonverbalen Faktoren erheblich dazu bei, wie erfolgreich ein Gespräch verläuft. Das heißt aber nicht, dass kein Fachwissen vorausgesetzt wird. Ganz im Gegenteil, das fachliche Wissen bildet die Grundlage. Nur mit fundierten fachlichen Qualifikationen und mit geschultem Einsatz von Stimme und Sprechtechnik sowie der Körpersprache lassen sich direkte Gespräche erfolgreich führen.

Wichtige Kompetenzen für die Gesprächsführung

Um im beruflichen Umfeld Gespräche professionell führen zu können, werden von Ihnen wichtige Softskills gefordert. Über welche Softskills Sie verfügen, hängt stark von Ihrer Persönlichkeit ab. Sollten Sie in dem einen oder anderen Bereich noch Verbesserungspotenzial bei sich sehen, lohnt es sich gezielt daran zu arbeiten.

Einfühlungsvermögen
Einfühlungsvermögen ist die Fähigkeit, sich in Gedanken, Gefühle, Wünsche und Sorgen des anderen hineinzuversetzen. Einfühlsame Menschen

- zeigen Interesse am Gesprächspartner und hören gut zu,
- können sich auf das Verhalten des Gesprächspartners einstellen und
- haben eine gute Wahrnehmung für die nonverbalen Signale anderer Menschen.

Kommunikationsfähigkeit
Unter Kommunikationsfähigkeit versteht man die Fähigkeit, sich gut ausdrücken zu können und durch passende Mimik und Gestik das Gesagte zu unterstreichen. Die Kommunikationsfähigkeit zeigt sich beispielsweise, wenn jemand im Verlauf eines Gespräches beim Thema bleibt und nicht abschweift, inhaltlich gut argumentiert oder dem Gesprächspartner offene Fragen stellt und ausreichend Raum zum Sprechen gibt.

Konfliktfähigkeit
Eine konfliktfähige Person zeigt Bereitschaft sich mit Meinungsunterschieden sachorientiert auseinanderzusetzen. Sie verfügt über Techniken, um mit Konflikten ziel- und lösungsorientiert umzugehen, ist kritikfähig und lässt sich von Auseinandersetzungen nicht aus dem Gleichgewicht bringen.

Zielorientierung
Zielorientierte Personen sind zielstrebig, verbindlich und konsequent. Sie definieren realistische Ziele und überprüfen deren Erreichung.

Teamfähigkeit
Als teamfähig gelten Personen, die die Fähigkeit haben

- mit anderen zusammenzuarbeiten,
- Kompromisse einzugehen,
- gemeinsame Lösungen zu finden und
- sich gegenseitig zu fördern.

Teamfähigkeit setzt Softskills wie Kooperationsfähigkeit, Kollegialität, Kommunikationsfähigkeit, Rücksichtnahme und Konfliktfähigkeit voraus.

Selbstreflexion
Das eigene Verhalten reflektieren ist die konstruktive Auseinandersetzung mit seinen eigenen Stärken und Schwächen. Ein selbstreflektierender Mensch zeigt Interesse am Feedback zur eigenen Person, ist offen für Kritik und Verbesserungsvorschläge.

2.1.2 Gesprächsvorbereitung

Bereiten Sie sich auf Kundengespräche immer gründlich vor. Sammeln Sie im Vorfeld möglichst viele Informationen und Unterlagen zu den Gesprächsinhalten. Überlegen Sie, welche Fragen der Kunde stellen könnte. Sie müssen fachlich überzeugend auftreten und antworten können. Strukturieren Sie das Gespräch. Überlegen Sie sich eine gute Einleitung, in der Sie Ihre Kompetenz zeigen. Informieren Sie den Kunden über Ihren Betrieb. Vermitteln Sie ihm einen Eindruck, wie Ihr Unternehmen mit der Lösung von Kundenproblemen umgeht. Weisen Sie auf den guten Service hin. In der Kernphase des Gesprächs setzen Sie Gesprächs- und Argumentationstechniken ein. Im Gesprächsausstieg fassen Sie die Ergebnisse zusammen und überprüfen, ob Sie den Kunden erfolgreich beraten haben bzw. überzeugen konnten.

Gesprächsziele

Machen Sie sich bewusst, welche konkreten Ziele Sie in einem bevorstehenden Gespräch erreichen wollen. Bevor Sie Ihre Gesprächsziele definieren, sollten Sie sich Ihrer Rolle in dem bevorstehenden Gespräch bewusst werden:

- Haben Sie das Gespräch initiiert und leiten Sie das Gespräch oder sind Sie Gesprächsteilnehmer?
- Sind im Gespräch Hierarchien zu beachten (z. B. Gespräch zwischen Ausbildungsleiter und Auszubildender)?
- Übernehmen Sie eine bestimmte Aufgabe während des Gesprächs (z. B. Moderation, Protokoll)?

Neben den eigenen Zielen sind häufig auch Unternehmensziele (z. B. die Behandlung von Kundenwünschen) und emotionale Ziele (z. B. professionellen Eindruck machen) zu berücksichtigen.

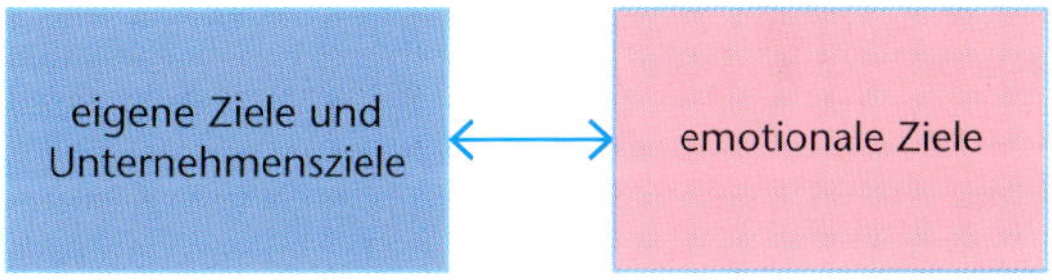

Beschreiben Sie Ihre Ziele genau und entwickeln Sie eine Zielhierarchie. Bestimmen Sie dazu zuerst das Hauptziel und dann die Teilziele.

Beispiel • *Sie werden beauftragt einen Kunden zu beraten. Es geht um Raumsysteme, die sich für ein konzentriertes Arbeiten eignen. Ihr Hauptziel ist die umfassende Beratung des Kunden über Raumsysteme für konzentriertes Arbeiten. An untergeordneter Stelle könnten zwei emotionale Ziele zur Kundenbindung stehen: Sie wollen den Kunden durch Ihre persönliche Kompetenz überzeugen. Sie bauen zu dem Kunden eine persönliche Beziehung auf.*

Ein praktisches Werkzeug zur Zielbestimmung ist die SMART-Formel:

		Die Zielbeschreibung sollte ...
S	spezifisch	... an der konkreten Gesprächssituation und den teilnehmenden Personen ausgerichtet sein.
M	messbar	... überprüfbar sein.
A	akzeptabel	... von allen Gesprächsteilnehmern akzeptiert werden.
R	realistisch	... wirklichkeitsnah formuliert sein.
T	terminiert	... die zeitliche Umsetzung der Haupt- und Teilziele festlegen.

Gesprächsrahmen

Die Rahmenbedingungen können einen erheblichen Einfluss auf Gespräche haben und sollten, zumindest bei wichtigen Gesprächen, geplant werden.

Falls Sie die Rahmenbedingungen nicht selbst bestimmen, ist zu prüfen, welchen Einfluss die Gegebenheiten auf Sie und Ihre Ziele in dem Gespräch haben. Um die angemessenen Rahmenbedingungen zu schaffen, sind die folgenden Aspekte zu berücksichtigen:

Gesprächsort

Die Wahl des Gesprächsortes kann sich sowohl negativ als auch positiv auf ein Gespräch auswirken. Eine ungestörte Umgebung ist zwingend notwendig, damit eine gute Gesprächsatmosphäre entstehen kann. Störungen durch Anklopfen, eingeschaltete Handys oder Geräusche von außen sollten unbedingt vermieden werden.

Bei längeren Gesprächen – vor allem wenn auswärtige Personen am Gespräch teilnehmen – sollten ausreichend Getränke und evtl. ein kleiner Imbiss bereitstehen. Falls die Gesprächssituation es erfordert, sollte der Raum mit Präsentationsmedien und -material ausgestattet sein.

Zeitpunkt und Gesprächsdauer

Für ein Gespräch sollte ein günstiger Zeitpunkt festgelegt werden, damit alle, die am Gespräch teilnehmen sollen auch teilnehmen können. Um für alle einen passenden Termin zu finden, können Terminfindungstools (z. B. Doodle) eingesetzt werden. Außerdem sollte den Gesprächsteilnehmern mitgeteilt werden, wie lange das Gespräch voraussichtlich dauern wird, damit sie selbst Anschlusstermine planen können.

Gesprächsunterlagen

Die Gesprächsunterlagen sind, ähnlich wie bei einer Präsentation, sorgfältig vorzubereiten. Unterlagen, die im Vorfeld bearbeitet werden sollen, sind mit der Einladung an die Teilnehmer im Voraus zu verschicken. Unterlagen, die im Gespräch gebraucht werden (z. B. Prospekte, aktuelle Preislisten, Muster und Werbegeschenke), sind – am besten in einer Mappe geordnet – als Gesprächsvorlage vorzubereiten. Schwierige Sachverhalte lassen sich in einer Präsentation oder Demonstration besser erklären und sind entsprechend vorzubereiten.

2.1.3 Gespräche strukturieren

Ein Gespräch sollte gut strukturiert sein. Dabei bieten sich drei Phasen an. Jede der drei Phasen sollte zeitlich angemessen sein:

1. Eröffnungsphase	2. Kernphase	3. Ausstiegsphase
15 %	70 %	15 %

Eröffnungsphase

Durch die verbale und nonverbale Kommunikation wird die emotionale Gesprächsatmosphäre entscheidend bestimmt. Achten Sie deshalb gerade bei der Kontaktaufnahme zu Ihren Gesprächspartnern auf Ihre Sprache und Haltung. Schaffen Sie durch die Gestaltung einer positiven Atmosphäre die Grundlage für Vertrauen und Sympathie.

Begrüßen Sie Ihre Gesprächspartner freundlich. Sprechen Sie sie mit Namen an und halten Sie Blickkontakt. Unterhalten Sie sich über allgemeine Themen, z. B. das Wetter oder aktuelle Ereignisse. Kennen Sie die Gesprächspartner, ist es auch möglich persönliche Themen anzusprechen. Folgen Sie der Körpersprache Ihres Gegenübers. Reagieren Sie auf eine lebhafte Person im Rahmen Ihrer Möglichkeiten locker und ebenso lebhaft. Handelt es sich eher um eine sachlich-nüchterne Person, die nicht so gesprächig ist, ist eine zurückhaltende Haltung angebracht.

Kernphase

In der Kernphase des Gesprächs können folgende Gesprächstechniken eingesetzt werden:

- aktives Zuhören
- Stimme und Ausdrucksweise
- argumentieren
- ICH-Botschaften senden

Ausstiegsphase

Ein Gespräch sollte nicht abrupt enden. Egal wie ein Gespräch in der Kernphase verlaufen ist, beenden Sie das Gespräch positiv. Fassen Sie die Ergebnisse zusammen. Auch bei einem unerfreulichen Ausgang sollten Sie versuchen ein positives Ende zu finden und nicht emotional reagieren.

2.1.4 Gespräche durchführen

Aktives Zuhören

Sprechen und Zuhören sind Kompetenzen, die Sie tagtäglich praktizieren. Zuhören im Gespräch erfordert eine hohe Konzentration, denn das Gesagte muss gleichzeitig verstanden und in die eigenen Gedanken eingeordnet werden. Außerdem muss der Hörer sich dem Sprechtempo des Gesprächspartners anpassen.

Unterschied zwischen Hören, Hinhören und Zuhören

Hören	Hinhören	Zuhören
Sie sind **überwiegend** mit sich selbst beschäftigt. Ihre Aufmerksamkeit ist auf die eigene Beschäftigung oder die eigenen Gedanken gerichtet.	Sie hören, was der Gesprächspartner sagt, verhalten sich aber distanziert und bemühen sich nicht herauszufinden, was der andere meint oder sagen will.	Sie achten auf den Inhalt und die Körpersprache des Gesprächspartners. Ihre Haltung und Reaktionen signalisieren ihm Ihre volle Aufmerksamkeit.

Im Gespräch ist die volle Aufmerksamkeit gefordert. Da Sie wesentlich schneller denken als hören können, sollten Sie aufpassen, dass Sie mit den Gedanken nicht abschweifen und im ungünstigen Fall wichtige Gesprächsinhalte nicht mitbekommen. Gehen Sie auf Ihren Gesprächspartner ein und interpretieren Sie seine Aussagen vorsichtig. Überprüfen Sie kritisch Ihre eigene Wahrnehmung.

Aktives Zuhören setzt mehr voraus als nur „Zuhören". Es fordert die Bereitschaft, den anderen und seine Bedürfnisse verstehen zu wollen und dazu die eigenen Bedürfnisse zurückzustellen. Beachten Sie aber: Zuhören heißt nicht zustimmen, sondern erfahren wollen, was der Gesprächspartner meint.

Steht ein Gespräch mit einem wichtigen Kunden an, informieren Sie sich vorher über den Gesprächspartner sowie die Gesprächsinhalte. Machen Sie sich mit dem Thema intensiv vertraut. Das hilft Ihnen motiviert und selbstsicher in das Gespräch zu gehen und aktiv zuzuhören.

Vorteile des aktiven Zuhörens

- Eine entspannte Gesprächsatmosphäre wird erreicht.
- Das Verständnis zwischen den Gesprächspartnern wird gefördert.
- Die im Gespräch mitschwingenden Emotionen werden widergespiegelt.
- Die Beweggründe des anderen werden deutlicher.
- Bei Auseinandersetzungen hilft es beiden Gesprächspartnern sich wieder anzunähern.

Kennzeichen von aktivem und passivem Zuhören

Je nachdem wie engagiert ein Gesprächspartner seinem Gegenüber zuhört, unterscheidet man passives und aktives Zuhören.

Aktives Zuhören heißt, dem Gesprächspartner **signalisieren**, dass Sie ihm zuhören.

Ob der Gesprächspartner aktiv oder eher passiv zuhört, kann an folgenden Merkmalen erkannt werden:

aktives Zuhören	passives Zuhören - positiv -	passives Zuhören - negativ-
	Der Zuhörer	
• hält Blickkontakt, wendet sich dem Gegenüber zu und zeigt intensives Interesse am Gesprächspartner und seinem Thema. • bringt dem Gesprächspartner Wertschätzung und Achtung entgegen. • schweift nicht vom Thema ab. • lässt den Gesprächspartner ausreden und unterbricht ihn nicht. • verbalisiert seine Empfindungen. • fragt nach.	• hält Blickkontakt und wendet sich dem Gesprächspartner zu. • achtet auf einen guten Verlauf des Gesprächs. • schätzt eine gute Gesprächsatmosphäre. • ist mit dem Besprochenen einverstanden. • unterstützt durch entsprechende Gesten den Gesprächspartner.	• versucht häufig das Thema zu wechseln. • fällt dem Gegenüber ins Wort. • zeigt seine Ungeduld durch entsprechende Mimik und Gestik (z. B. aus dem Fenster sehen, mit Gegenständen spielen, in Unterlagen herummalen). • schaltet innerlich ab und drückt seine Langeweile durch mechanische Reaktionen wie z. B. „Hm" aus. • hat nur seine Gesprächsziele im Blick.

Signale des aktiven Zuhörens

Es kommt auf die verbalen und nonverbalen Signale an, die der Gesprächspartner seinem Gegenüber sendet. Folgende kommunikationsfördernde Signale helfen ein Gespräch positiv zu unterstützen:

Verbale Signale:

- **Verbalisieren:** Beim Verbalisieren greifen Sie die emotionale Botschaft des Gesprächspartners auf und beschreiben diese mit den eigenen Worten.
- **Paraphrasieren:** Beim Paraphrasieren wird der Sachinhalt aufgegriffen und mit eigenen Worten wiederholt. Das heißt aber nicht, dass Sie wie ein Papagei die Worte wiederholen. Stattdessen zeigen Sie Ihrem Gesprächspartner Interesse an seinen Äußerungen, indem Sie das Gesagte als Feedback in eigene Worte fassen.
- **Nachfragen:** Nachfragen ist eine gute Technik, um dem Gesprächspartner zu zeigen, dass Sie ihm engagiert zuhören und interessiert sind mehr von ihm zu erfahren.

- **Zusammenfassen:** Die Gesprächsinhalte während eines Gespräches kurz zusammenzufassen, hilft, langatmige Ausführungen des Gesprächspartners zu stoppen, sichert Teilergebnisse und hilft den Überblick zu behalten.
- **Unklares klären:** Durch eine entsprechende Rückmeldung an den Gesprächspartner auf seine Aussage, verhindern Sie Missverständnisse.
- **Bestätigungslaute:** Laute wie „mhm, ach, ah“ ermuntern den Gesprächspartner weiterzureden, ohne dass Sie ihn unterbrechen.

Nonverbale Signale:

- Blickkontakt halten
- Nicken
- Lächeln
- Gestik
- Mimik
- Hinwendung des Körpers

Stimme und Ausdrucksweise

Eine angenehme Stimme und eine gute Artikulation sind in jeder Gesprächssituation wichtige Voraussetzungen für eine gute Gesprächsatmosphäre. Setzen Sie Ihre Stimme in Gesprächen gezielt ein und achten Sie auf die folgenden Punkte:

- Sprechen Sie langsam und passen Sie Ihr Sprechtempo der Situation angemessen an. Sprechen Sie lieber etwas langsamer als zu schnell.
- Heben und senken Sie Ihre Stimme, um Gesprächsinhalte zu betonen.
- Machen Sie gezielt Pausen, um beim Gesprächspartner eine bestimmte Wirkung zu erreichen.

<table>
<tr>
<td>Formulieren Sie positiv.</td>
<td>Positive Formulierungen sind besser als negative. In der Realität wird dies jedoch häufig nicht umgesetzt. Oft wird aus Gewohnheit, Bescheidenheit oder Unsicherheit negativ formuliert. Richten Sie Ihren Blick auf das, was ist, statt auf das, was nicht ist.</td>
<td>Beispiele
<table>
<tr><th>Negativ-Formulierung</th><th>Positiv-Formulierung</th></tr>
<tr><td>„Das ist schwierig.“</td><td>„Das lässt sich machen.“
Vorteil: besserer Sprachstil</td></tr>
<tr><td>„Das geht jetzt nicht.“</td><td>„Kommen Sie bitte in zehn Minuten.“
Vorteil: besseres Verständnis</td></tr>
<tr><td>„Sie können sich nicht entscheiden.“</td><td>„Ich empfehle Ihnen das Produkt …“
Vorteil: bessere Zielerreichung</td></tr>
</table>
</td>
</tr>
<tr>
<td>Verwenden Sie Fachtermini situativ richtig.</td>
<td>Machen Sie sich mit den Fachtermini Ihrer Branche vertraut. Erklären Sie aber in Gesprächen mit nicht Fachkundigen Begriffe, die nicht verstanden werden können.</td>
<td>Beispiel
„Ich empfehle Ihnen einen Bürostuhl mit einer Lordosenstütze. Sie unterstützt die S-Form unserer Wirbelsäule in Form einer Wölbung im Rückenlehnpolster.“</td>
</tr>
</table>

Vermeiden Sie Füllwort.	Füllwörter sind lt. Duden Wörter mit wenig Aussagewert. Sie werden vor allem in der gesprochenen Sprache verwendet. Typische Füllwörter sind z. B. „also", „dadurch", „deswegen".	***Beispiel*** • ***Aussage:*** *„Dies ist also die richtige Lösung!"* ***Besser:*** *„Dies ist die richtige Lösung!"*
Vermeiden Sie Weichmacher.	Formulieren Sie motivierend und vermeiden Sie Weichmacher wie z. B. „echt" oder „wirklich". Weichmacher finden Sie auch in Nein-Aussagen, die dazu benutzt werden, um Entscheidungen oder Stellungnahmen auszuweichen.	***Beispiele*** • ***Der Ausbilder fragt:*** *„Wollen Sie mit mir Ihre Präsentation vor der Prüfung noch einmal durchgehen?"* ***Der Auszubildende antwortet:*** *„Nicht unbedingt."* ***Bessere Antworten:*** *„Ja gerne" oder „Nein danke".* ***Aussage:*** *„Das Handout finde ich echt gut."* ***Besser:*** *„Das Handout finde ich gut."*
Vermeiden Sie den Konjunktiv.	Die Formulierungen „würde", „könnte", „hätte", „sollte" wirken abschwächend und unsicher und sollten sparsam eingesetzt werden.	***Beispiele*** • ***Aussage:*** *„Ich würde die Aufgabe gerne übernehmen."* ***Besser:*** **„Ich übernehme die Aufgabe gerne."** ***Aussage:*** *„Ich würde mich gerne um Ihr Anliegen kümmern."* ***Besser:*** *„Ich kümmere mich gerne um Ihr Anliegen."*
Vermeiden Sie die Wörter „eigentlich" und „vielleicht".	Das Wort „eigentlich" schränkt das Gesagte ein. Formulieren Sie klar.	***Beispiel*** • ***Aussage:*** *„Eigentlich würde ich gerne mal mit Ihnen darüber reden."* ***Besser:*** *„Ich möchte das Thema mit Ihnen besprechen. Wann haben Sie Zeit?"*
	Mit dem Wort „vielleicht" drücken Sie sich sehr vorsichtig aus. Dadurch wird Ihre Aussage schwammig und hat keine Durchsetzungskraft.	***Beispiel*** • ***Aussage:*** *„Vielleicht können wir nächste Woche mit der Werbekampagne beginnen."* ***Besser:*** *„Ich schlage vor, nächste Woche mit der Werbekampagne zu beginnen."*
Vermeiden Sie die Wörter wie „immer", „ständig" oder „nie".	Die Wörter „immer", „ständig" oder „nie" sind Verallgemeinerungen und Übertreibungen, die in einem Gespräch – besonders zu Beginn – beim Gesprächspartner Widerstand auslösen. Der andere würde sofort versuchen, Ihre Einwände zu entkräften.	***Beispiel*** • ***Aussage:*** *„Sie beschweren sich immer sofort!"* ***Besser:*** *„Ich möchte das Thema mit Ihnen besprechen. Wann haben Sie Zeit?"*

Argumentieren

Mit einer guten Argumentation lassen sich Gesprächsziele besser erreichen und die daraus resultierenden Entscheidungen sind langfristig wirkungsvoller.

Ein Kunde, der durch gute Argumente zum Kauf eines Produktes bewegt wird, ist ein zufriedener Kunde und wird weiterhin mit dem Unternehmen Geschäftskontakte pflegen.

Wie Sie argumentieren hängt von der Person, dem Thema und der Situation ab.

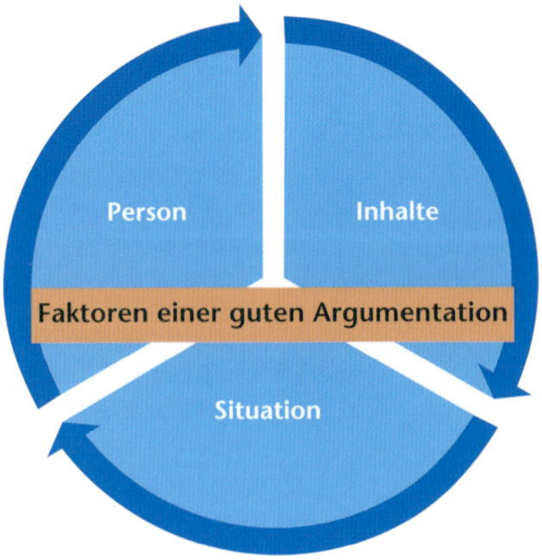

Prüfen Sie die Situation. In welcher Rolle nehmen Sie am Gespräch teil? Sind Sie eine Person mit Fachwissen, die bei der Lösung eines Problems hilft oder sind Sie in der Rolle eines Verkäufers, der dem Kunden hilft, das richtige Produkt zu finden? Erst wenn Sie die Situation genau erfasst haben, können Sie die richtigen Argumente für Ihr Anliegen finden.

Überlegen Sie sich zu jedem Ihrer Argumente ein Gegenargument, damit Sie die Einwände des Kunden entkräften können.

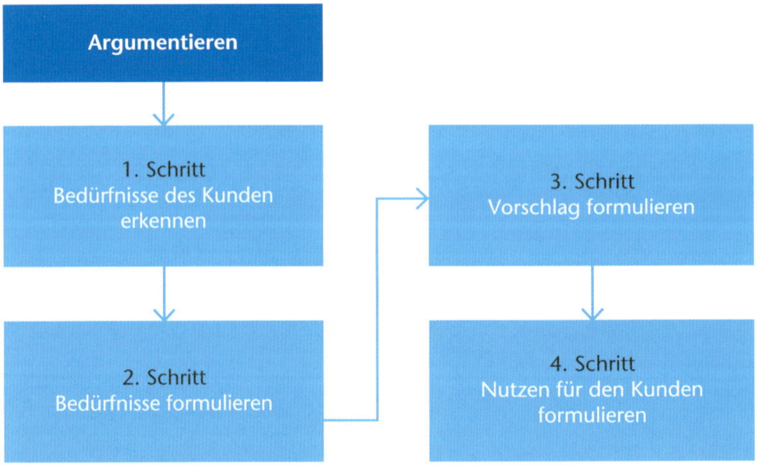

Versuchen Sie möglichst viel über die Person, die Sie überzeugen wollen, zu erfahren. Stellen Sie sich folgende Fragen:

- Für welches Unternehmen arbeitet die Person?
- In welcher Abteilung?
- In welcher Funktion?
- Was denkt sie?
- Was fühlt sie?
- Welche Interessen hat sie?
- Welche Werte hat sie?
- Welche Erfahrungen hat sie und wie kann ich diese in meiner Argumentation berücksichtigen?
- Welche Meinung hat sie?
- Welche Bedürfnisse, Erwartungen und Vorstellungen hat sie?
- Welche Sichtweisen vertritt sie?
- Welche Gemeinsamkeiten haben wir?

- Ich lasse mich nur durch gute Argumente überzeugen.
- Ich habe das Gefühl verstanden zu werden.
- Ich werde respektvoll und fair behandelt.
- Mein Gegenüber hört mir zu und interessiert sich für meine Anliegen.
- Meine eigene Meinung und meine Bedürfnisse werden berücksichtigt.
- Ich habe Zeit die Argumente zu durchdenken.

Bereiten Sie sich auf die Inhalte des Gespräches und auf die Argumentation gut vor. Sie sollen als kompetenter Gesprächspartner wahrgenommen werden. Das schafft Wertschätzung und Vertrauen.

Zur Vorbereitung dienen Ihnen folgende Maßnahmen:

- Sammeln Sie Fakten zu den Inhalten.
- Informieren Sie sich über Vereinbarungen, die zwischen dem Gesprächspartner und dem Unternehmen bereits getroffen wurden.
- Prüfen Sie die innerbetrieblichen Standards, um evtl. darauf verweisen zu können.
- Überlegen Sie, ob Sie zum Thema eigene Erfahrungen gemacht haben oder ob Sie ähnliche Fälle kennen.
- Prüfen, ob es Zahlen, Grafiken oder Tabellen gibt, die sich zum Vergleich heranziehen lassen.
- Überlegen, welche Gegenargumente der Gesprächspartner ins Feld führen könnte und welche Reaktionen darauf möglich sind.
- Bedenken, welche Gefühle die Haltung des Gegenübers beeinflussen könnten.
- Wägen Sie ab, inwieweit Sie von Ihren Zielen abweichen wollen, um Kompromisse einzugehen.

Führen Sie mehrere Argumente ins Feld, achten Sie auf die Stärke Ihrer Argumente und behalten Sie die Vorteile und den Nutzen des Kunden im Auge. Teilen Sie Ihre Argumente in starke, weniger starke und schwache Argumente ein. Setzen Sie zu Beginn der Argumentation das weniger starke Argument ein, dann die schwachen Argumente und zum Schluss das stärkste Argument.

ICH-Botschaften

Mit einer ICH-Botschaft senden Sie Ihre Meinung, Empfindungen und Emotionen. In eine DU-Botschaft werden häufig Kritik oder Vorwürfe gepackt. In Gesprächen können DU-Botschaften sehr schnell zu einer schlechten Arbeitsatmosphäre beitragen und die Beziehung der Gesprächspartner schädigen.

Senden Sie in besonderen Situationen, z.B. bei der Übermittlung von negativen oder sogar kränkenden Informationen, eine ICH-Botschaft. Thematisieren Sie Ihre eigene Befindlichkeit und appellieren Sie damit an die Hilfsbereitschaft des anderen. Erleichtern Sie dem Gesprächspartner durch eine ICH-Botschaft Kritik anzunehmen und eine konstruktive Lösung anzustreben.

Der Unterschied zwischen DU- und ICH-Botschaft

Sender
codiert
hat keine Zeit und möchte in Ruhe arbeiten.

→ **DU-Botschaft**: Sie stören mich! →

Empfänger
decodiert
Ich nerve.
Er ärgert sich über mich.

Sender
codiert
hat keine Zeit und möchte in Ruhe arbeiten.

→ **ICH-Botschaft**: Ich habe jetzt keine Zeit. In zehn Minuten bin ich aber für Sie da. →

Empfänger
decodiert
Er hat in zehn Minuten Zeit für mich.

2.1.5 Gespräche nachbereiten

Analysieren Sie das Gespräch und fertigen Sie ein Protokoll aus den Notizen an, die Sie gemacht haben. Beschreiben Sie die getroffenen Vereinbarungen und nennen Sie Termine für die Umsetzung.

Die folgenden Fragen helfen Ihnen bei der Gesprächsnachbereitung:

- Bin ich zufrieden mit dem Ergebnis und dem Verlauf?
- Wie weit liegen Ziel und Ergebnis auseinander?
- Falls Ziel und Ergebnis weit auseinanderliegen, analysieren Sie, warum das so ist.
- Welche Verpflichtungen bin ich wann eingegangen?
- Wie schätze ich mein Verhalten ein?
- Welche Maßnahmen verbessern meine Gesprächsführung?
- Was sind die nächsten Ziele zur Verbesserung meiner Gesprächsführung?

Auf den Punkt gebracht

Wichtige Kompetenzen für die Gesprächsführung

- Einfühlungsvermögen
- Kommunikationsfähigkeit
- Konfliktfähigkeit
- Zielorientierung
- Teamfähigkeit
- Selbstreflexion

Kundengespräche vorbereiten und durchführen

Gesprächsvorbereitung

Gesprächsziele festlegen
- SMART-Formel
- Zielhierarchie festlegen

Gesprächsrahmen gestalten
- Gesprächsort
- Gesprächszeitpunkt
- Gesprächsdauer
- Gesprächsunterlagen

Gesprächsdurchführung

Eröffnungsphase

- **Kontaktaufnahme**
- **Gesprächsatmosphäre**

Kernphase

aktives Zuhören

verbale Signale
- verbalisieren
- paraphrasieren
- nachfragen
- zusammenfassen
- Unklares klären
- Bestätigungslaute

nonverbale Signale
- Blickkontakt halten
- Nicken
- Lächeln
- Gestik
- Mimik
- Hinwendung des Körpers

Stimme und Ausdrucksweise

Stimme
- Sprechtempo der Situation anpassen
- Gesprächsinhalte betonen
- gezielt Sprechpausen machen

Ausdrucksweise
- positiv formulieren
- keine Weichmacher
- kein Konjunktiv
- keine Füllwörter
- Fachtermini erklären
- vermeiden: eigentlich, nie, ständig, immer

argumentieren

Faktoren einer guten Argumentation
- Person
- Inhalte
- Situation

Kontakt auf Augenhöhe
- Über den Gesprächspartnner informieren

ICH-Botschaften senden

- **Emotionen, Empfindungen, Meinung senden**
- **Gesprächspartner akzeptiert Kritik**

Ausstiegsphase

- **Gesprächsinhalte zusammenfassen**
- **positives Ende finden**

Gesprächsnachbereitung

- **Gesprächsanalyse**
- **Maßnahmen zur Umsetzung der Ergebnisse einleiten**

Nutzen Sie Ihr Wissen

1. In Ihrem Unternehmen übernehmen Sie zunehmend Aufgaben in der Kundenbetreuung. Bisher führten Sie überwiegend kurze Gespräche mit Geschäftspartnern. Nun sollen Sie einem angemeldeten Kunden die neuesten Produkte Ihres Unternehmens vorstellen.

   a) Beschreiben Sie, welche Softskills Sie kontinuierlich trainieren sollten, um Gespräche professionell durchzuführen.
   b) Beschreiben Sie, wie Sie sich auf das Gespräch optimal vorbereiten.

2. Beurteilen Sie folgende Situation: Der Ausbildungsleiter, Herr Peter Müller, ist fassungslos und sagt: „Frau Schmidt, was ist denn passiert? So völlig ohne Grund wollen Sie aus dem Projektteam aussteigen? Ich hatte den Eindruck, Sie fühlen sich in der Gruppe wohl. In den Ausbildungsgesprächen haben Sie nie angedeutet, dass etwas nicht stimmt. Und gestern, als ich Sie auf dem Parkplatz traf und fragte: ‚Na, ist alles in Ordnung?', antworteten Sie: ‚Ja, eigentlich schon.' Wenn alles in Ordnung ist, warum wollen Sie dann das Projekt wechseln?"

3. Beschreiben Sie die folgenden Signale des „aktiven Zuhörens": verbalisieren, Blickkontakt halten, lächeln, paraphrasieren, Mimik, Gestik, nachfragen, zusammenfassen, Unklares klären, Bestätigungslaute. Ordnen Sie die Signale in die Kategorien „verbal" und „nonverbal". Erstellen Sie mithilfe Ihres Textverarbeitungsprogramms dazu eine normgerechte Tabelle.

4. Beurteilen Sie die folgenden Aussagen und formulieren Sie die Beispiele so um, dass sie vom Gesprächspartner positiv aufgenommen werden.

   a) Ihr Ausbildungsleiter bittet Sie einen Brief kurz zu beantworten. Sie antworten: „Kein Problem!"
   b) „Vielleicht können Sie mir nachher helfen?"
   c) „Eigentlich habe ich keine Zeit."
   d) „Ich bräuchte den Entwurf bis zum 1. August."
   e) „Ich hätte heute Vormittag gerne mit Ihnen gesprochen."

5. Svenja Kolleck wird von Lily Summer, Leiterin der Abteilung Werbung/Public Relations, beauftragt einen Kunden anzurufen und ihn vom Kauf eines höhenverstellbaren Schreibtisches zu überzeugen. Frau Summer hatte mit dem Kunden bereits ein Verkaufsgespräch geführt. Offen war lediglich die Entscheidung, welcher Schreibtisch angeschafft werden soll. Beschreiben Sie mit welcher Argumentation Svenja Kolleck das Ziel erreichen kann.

6. Erläutern Sie folgende Aussage: Mit einer guten Argumentation lassen sich Gesprächsziele besser erreichen und die daraus resultierenden Entscheidungen sind langfristig wirkungsvoller.

7. Beschreiben Sie die Unterschiede zwischen „Hören", „Hinhören" und „Zuhören".

8. Sie wollen einen Kunden davon überzeugen ein Produkt mit wesentlich mehr Funktionen als das gewünschte Gerät zu kaufen. Erläutern Sie, mit welchen Techniken Sie Ihr Ziel erreichen können.

9. Beschreiben Sie, was eine ICH-Botschaft ist. Nennen Sie Beispiele und kommentieren Sie diese.

10. Sie wollen Ihre Gesprächstechniken, vor allem das aktive Zuhören, verbessern. Erstellen Sie eine Checkliste, die Ihnen hilft, sich auf zukünftige Gespräche besser vorzubereiten.

2.2 Telefongespräche kundenorientiert gestalten

Lernsituation

Svenja Kolleck sitzt am Schreibtisch in der Abteilung Verkauf, als das Telefon klingelt. Auf dem Display sieht sie, dass es Walter Hüls ist. Svenja Kolleck nimmt mit der linken Hand den Hörer ab und meldet sich.

Svenja Kolleck: „Svenja Kolleck. Guten Tag, Herr Hüls."

Walter Hüls: „Guten Tag, Frau Kolleck. Ich benötige dringend Ihre Hilfe. Ich fahre heute für eine Woche nach Hamburg und möchte vorher noch einiges erledigen. Könnten Sie für mich ein Telefongespräch übernehmen?"

Svenja Kolleck: „Ja gerne, um was geht es?"

Walter Hüls: „Die Bürowelt GmbH aus Oberhausen hat bei uns 25 Bürodrehstühle bestellt. Die Lieferung war auf den 18. September terminiert. Frau Sonntag, die zuständige Einkäuferin bei der Bürowelt GmbH, bittet um eine spätere Lieferung. Wir können die Produktion so weit hinausschieben, dass die Ware frühestens am 1. Oktober geliefert werden könnte – später geht es nicht. Die Bürowelt GmbH ist ein wichtiger Kunde. Sprechen Sie deshalb mit Frau Sonntag persönlich und bereiten Sie sich auf das Gespräch gut vor. Frau Sonntag ist sicherlich nicht erfreut und könnte aggressiv reagieren. Zu Ihrer Information leite ich Ihnen die E-Mail weiter. Erstellen Sie über das Ergebnis des Gesprächs bitte eine Gesprächsnotiz und gestalten Sie eine Checkliste zur Vorbereitung zukünftiger Telefongespräche.

Ach ja, bevor ich es vergesse: Könnten Sie noch einen kurzen Anruf mit unserem Geschäftspartner aus den USA für mich erledigen? Den Vorgang lege ich Ihnen auf den Schreibtisch. Und mein Anrufbeantworter sollte noch auf Deutsch und Englisch besprochen werden. Sie haben eine sehr angenehme Stimme, das klingt sicher besser als wenn ich das mache. Geht das?"

Svenja Kolleck: „Herr Hüls, Sie können sich auf mich verlassen. Ich werde alles erledigen."

Die von Herrn Hüls weitergeleitete E-Mail:

An ...	walter.huels@mo-modernoffice.com
Cc ...	
Betreff:	Bitte um eine spätere Lieferung der bestellten Bürostühle

Guten Tag, Herr Hüls,

am 24. August hatten wir 25 Bürodrehstühle des Modells „Skye" bei Ihnen bestellt. In Ihrer Auftragsbestätigung nannten Sie uns als verbindlichen Liefertermin den 18. September. Leider können wir die Ware erst ab dem 14. Oktober abnehmen, da der Platz in unserem Lager nach einem Wasserschaden sehr eingeschränkt ist.

Bitte geben Sie uns möglichst schnell Bescheid, ob Sie unserer Bitte entsprechen können.

Im Voraus vielen Dank.

Mit freundlichen Grüßen

Bürowelt GmbH

Beate Sonntag

E-Mail: beate.sonntag@buerowelt-gmbh.com
Internet: www.buerowelt-gmbh.com
Telefon: 0351 123-490
Telefax: 0351 123-500

Postanschrift: Postfach 28 10, 01075 Dresden
Hausanschrift/Sitz: Loschwitzer Straße 66 – 68, 01309 Dresden
Gesellschafter: Dr. Anja Tischler, Dipl.-Kfm. Jens Tischler
Handelsregister HRB 722079 beim Amtsgericht Stuttgart

- *Besprechen Sie im Plenum, was in dieser Situation zu tun ist.*
- *Welches Wissen benötigt Svenja Kolleck, um die Arbeitsaufträge von Walter Hüls ausführen zu können?*
- *Bilden Sie Gruppen und bearbeiten Sie anstelle von Svenja Kolleck die folgenden Fragen. Verwenden Sie als Informationsquelle dieses Kapitel.*
  - *Welche Unterschiede gibt es beim Telefongespräch im Vergleich zum direkten Gespräch?*
  - *Wie bereite ich das Telefongespräch vor?*
  - *Wie baue ich das Telefongespräch auf?*
  - *Wie kann ich argumentieren?*
  - *Wie kann ich das Telefongespräch steuern?*
  - *Wie gehe ich im Gespräch vor, damit die Kundin mit dem Kompromiss einverstanden ist?*
  - *Was kann ich tun, wenn sich die Gesprächspartnerin im Umgang als schwierig erweist?*
  - *Was kann ich tun, damit ich nicht jedes Mal vor einem wichtigen Telefongespräch überlegen muss, was zu tun ist?*
  - *Wie dokumentiere ich die Gesprächsinhalte?*
  - *Wie führe ich Telefongespräche auf Englisch?*
  - *Welchen Text spreche ich auf den Anrufbeantworter?*

- *Wählen Sie im Plenum eine Gruppe aus, die ihr Arbeitsergebnis präsentiert. Überprüfen Sie, ob der Auftrag vollständig und sachgerecht ausgeführt wurde. Ergänzen und korrigieren Sie ggf. Ihr Ergebnis.*
- *Reflektieren Sie Ihre Arbeit in der Gruppe. Besprechen Sie gegebenenfalls Probleme. Überlegen Sie, was Sie zukünftig besser machen können.*

2.2.1 Vorbereitung eines Telefongesprächs

Unternehmensstandards: Telefonieren

Viele Gespräche mit Kunden erfolgen am Telefon. Durch den direkten Kontakt lassen sich manche Anliegen besser besprechen und Entscheidungen schneller herbeiführen als dies per E-Mail oder Fax möglich wäre.

Die Körpersprache spielt bei einem Telefongespräch nur eine untergeordnete Rolle. Dafür sind die Faktoren Stimme und Sprechtechnik um so wichtiger und sollten kontinuierlich trainiert werden. Durch die Körpersprache kann jedoch die Stimme beeinflusst werden. Wenn Sie z. B. im Stehen telefonieren, klingt Ihre Stimme kräftiger.

Eine gute Gesprächsführung am Telefon lässt sich nur durch eine gute Vorbereitung erreichen. Oft beeinflussen schon die ersten Sekunden eines Telefonats den ganzen Verlauf eines Gespräches.

Gehen Sie folgendermaßen vor:

- Klären Sie im Vorfeld folgende Fragen:
  - Warum tätigen Sie den Anruf?
  - Wer ist die angerufene Person?
  - Was wissen Sie über diese Person?
  - Was wollen Sie in dem Telefongespräch erreichen?
  - Welche Informationen liegen vor und können genutzt werden?
- Notieren Sie die Vorwahlnummer, Rufnummer, Name bzw. Firma des gewünschten Teilnehmers.
- Achten Sie auf die Geschäftszeiten Ihres Gesprächspartners.
- Telefonieren Sie nicht, wenn Sie innerlich erregt sind. Unbedachte Äußerungen könnten die Folge sein.
- Überlegen Sie, was Sie mit dem Gespräch erreichen wollen (Gesprächsziel).
- Schreiben Sie die zu klärenden Fragen auf.
- Notieren Sie stichwortartig die Fakten, die Sie im Gespräch ansprechen werden. Machen Sie dazu einen kurzen Verlaufsplan.
  - Einleitung
  - Hauptteil
  - Schluss

Methodenblatt: Checklisten erstellen

Der Verlaufsplan hilft Ihnen, den „roten Faden“ nicht zu verlieren und sicher aufzutreten.

- Legen Sie Unterlagen (z. B. bisherige Korrespondenz) und Schreibmaterial bereit.
- Gegebenenfalls bereiten Sie auch Ihren Gesprächspartner auf das Telefonat vor, indem Sie ihm vor dem Telefonat per E-Mail die zu klärenden Fragen schicken.
- Erreichen Sie den Gesprächspartner nicht, erkundigen Sie sich, wann die entsprechende Person erreichbar ist. Vereinbaren Sie gegebenenfalls einen Telefontermin.

Viele Unternehmen haben ein eigenes Formular zur Gesprächsvorbereitung. Dies erleichtert die inhaltliche Vorbereitung von Telefongesprächen.

Beispiel •

ModernOffice.

Gesprächsvorbereitung **Telefongespräch**	
Gesprächspartner:	Firma:
Telefonnummer:	Erreichbarkeit:
Anlass:	Thema:
Inhaltliche Vorbereitung:	
Mein Gesprächsziel:	
Zu erledigen bis:	

2.2.2 Durchführung eines Telefongesprächs

Um einen positiven Eindruck am Telefon zu hinterlassen, sollten Sie auf folgende Faktoren achten:

Kommunikationstechniken

- Da beim „aktiven Zuhören“ die Signale der Körpersprache fehlen, müssen Sie akustisch dem Gesprächspartner zu verstehen geben, dass Sie interessiert zuhören.
- Drücken Sie sich klar und verständlich aus. Sprechen Sie möglichst in kurzen Sätzen. Der Zuhörer muss Ihren Gedanken folgen können.
- Versuchen Sie vor dem Gespräch eine positive Einstellung zum Gesprächspartner zu gewinnen. Vertrauen Sie auf Ihre Fähigkeiten im Umgang mit schwierigen Personen.

Soft- und Hardskills

Umgebung

- Telefonieren Sie in einer ungestörten Umgebung, bzw. schalten Sie alle Störfaktoren (z. B. Drucker, Fenster schließen) aus.
- Machen Sie die Tür zu.
- Bitten Sie evtl. die Kolleginnen und Kollegen um Rücksicht.

Begrüßung

- Melden Sie sich zunächst mit einer Begrüßung (z. B. Guten Tag), mit Ihrem Vor- und Zunamen sowie dem Firmennamen. Sagen Sie nicht nur den Firmennamen oder ein einfaches „Ja“, das verunsichert den Anrufer.
- In welcher Reihenfolge Sie sich am Telefon melden, hängt von der Corporate Identity des jeweiligen Unternehmens ab.

Die Meldeformel sollte
- nicht zu lang sein,
- in der Firma einheitlich verwendet werden,
- authentisch vorgetragen und
- nicht heruntergeleiert werden.

Beispiele
- *ModernOffice KG – Svenja Kolleck – Guten Tag!*
- *Guten Tag – ModernOffice KG – Svenja Kolleck.*
- *Svenja Kolleck – ModernOffice KG – Guten Tag!*
- *ModernOffice KG – Svenja Kolleck – den Anrufenden sprechen lassen – Guten Tag, Herr/Frau ... den Anrufenden mit Namen ansprechen.*

- Haben Sie den Namen Ihres Gesprächspartners nicht verstanden, dann bitten Sie ihn auf jeden Fall, seinen Namen zu wiederholen bzw. zu buchstabieren.

Beispiele
- *„Wie ist Ihr Name bitte?“ oder*
- *„Wie schreibt sich Ihr Name korrekt?“*

- Werden Sie angerufen, konzentrieren Sie sich auf den ankommenden Anruf bevor Sie den Hörer abnehmen.

Wortwahl

Telefon rasch abnehmen	→ maximal dreimal klingeln lassen
↓	
Guten Tag *– kleine Pause –*	→ Die Stimme ist klar, deutlich und freundlich (beim Sprechen lächeln!).
↓	
ModernOffice KG *– kleine Pause –*	→ Namen der Firma in verkürzter Form nennen
↓	
Svenja Kolleck *– kleine Pause –*	→ den eigenen Vor- und Nachnamen nennen

- Werden Sie durch einen Anruf überraschend mit einem Thema konfrontiert, auf das Sie nicht vorbereitet sind, bitten Sie den Anrufenden um Verständnis und rufen Sie kurzfristig zurück. Dadurch verschaffen Sie sich Zeit zur Vorbereitung und wirken sicher und souverän.
- Überraschen Sie im umgekehrten Fall einen Gesprächspartner, schlagen Sie ihm vor, zu einem passenderen Zeitpunkt nochmals anzurufen.
- Wenn Sie einen Gesprächspartner nicht erreichen, versuchen Sie über die Vertretung Folgendes in Erfahrung zu bringen:
  - Kann man den Gesprächspartner anderswo erreichen?
  - Kann der Gesprächspartner zurückrufen?
  - Kann ihr/ihm eine Nachricht übermittelt werden?
  - Wann ist sie/er wieder zurück?
  - Wer vertritt sie/ihn?
- Geben Sie Ihrem Gesprächspartner zu verstehen, wie lange das Telefonat dauern soll. Dies kann z. B. mithilfe der Frage „Haben Sie etwa 15 Minuten Zeit für mich?" geschehen oder durch den Hinweis auf einen wichtigen Termin (falls man an gerufen wurde) signalisiert werden.
- Sprechen Sie Ihren Gesprächspartner während des Telefonats öfter mit Namen an.
- Orientieren Sie sich an den Bedürfnissen und Erwartungen Ihres Gesprächspartners.
- Bringen Sie Ihre Sympathie für Gesprächspartner, mit denen Sie gern sprechen, zum Ausdruck, wie z. B. „Ich freue mich, von Ihnen zu hören ...". Das freut den anderen und stärkt die Beziehung.
- Achten Sie darauf, dass Sie gezielt Fragen stellen und weniger Aussagen machen. Das hilft Ihnen, Ihr Gesprächsziel besser durchzusetzen. Wollen Sie vom Gesprächspartner mehr erfahren, dann stellen Sie offene Fragen. Eine Entscheidung erreichen Sie durch geschlossene Fragen.
- Machen Sie während des Telefonats strategische Pausen. Sie veranlassen dadurch Ihren Gesprächspartner zum Reden und verschaffen sich selbst Zeit zum Überlegen.
- Vermeiden Sie Verlegenheitslaute wie „ähm" oder „mhm".
- Es ist sinnvoll, Zahlen (Artikelnummern, Telefonnummern, Kontonummern usw.) zu wiederholen.
- Soll ein Gesprächspartner weiterverbunden werden, informieren Sie ihn kurz darüber.
- Bilden Sie einfache und kurze Sätze. Vermeiden Sie Fachbegriffe und Ausdrücke, die ein Kunde nicht kennen kann.
- Hören Sie aktiv zu und stellen Sie Fragen, um mehr über den Gesprächsinhalt zu erfahren.
- Bleiben Sie höflich, geduldig, aber bestimmt.

Stimme

- Sprechen Sie langsam, deutlich und nicht zu laut. Vermeiden Sie eine stark dialektgefärbte Sprache.
- Eine Person mit einer dunklen und tiefen Stimme wird am Telefon in der Regel als kompetent wahrgenommen. Beachten Sie: Je schneller Sie sprechen, umso höher klingt Ihre Stimme.
- Achten Sie auf die richtige Modulation. Wechseln Sie den Sprechrhythmus: laut, leise, schnell, langsam usw. Passen Sie Ihre Sprechweise den Gegebenheiten an. Betonen Sie Wesentliches.

<table>
<tr>
<td>Körperhaltung</td>
<td>
<ul>
<li>Stellen Sie das Telefon auf die linke Seite Ihres Schreibtisches. Nehmen Sie den Hörer mit der linken Hand ab. Dann haben Sie die rechte Hand frei, um Notizen zu machen. Als Linkshänder verfahren Sie genau umgekehrt. Gehören Sie zu den Vieltelefonierern, empfiehlt sich ein Headset.</li>
<li>Setzen Sie Ihre Körpersprache ein. Experten haben herausgefunden, dass unsere Körpersprache am Telefon hörbar ist. Lächeln Sie beim Telefonieren. Setzen Sie sich aufrecht hin, wenn Sie energischer auftreten wollen.</li>
<li>Wenn Sie im Stehen telefonieren, sind Sie konzentrierter. Deshalb sollten Sie wichtige Gespräche im Stehen beginnen.</li>
<li>Erledigen Sie während eines Telefongesprächs keine anderen Arbeiten.</li>
</ul>
</td>
</tr>
<tr>
<td>Telefonat beenden</td>
<td>
<ul>
<li>Kündigen Sie das Ende des Telefonats durch eine Übergangsformulierung an.</li>
<li>Wiederholen Sie die Hauptpunkte und Vereinbarungen durch eine kurze Zusammenfassung.</li>
<li>Um Missverständnisse zu vermeiden, fragen Sie Ihren Gesprächspartner, ob er mit Ihrer Sichtweise einverstanden ist. Falls nicht, haben Sie so die Möglichkeit unklare Punkte auszumachen und zu klären.</li>
<li>Informieren Sie den Gesprächspartner über die Maßnahmen, die Sie nach dem Gespräch treffen (z. B. ein Kunde erfährt, welche Maßnahmen nach dem Telefonat im Unternehmen für sein Anliegen unternommen werden).</li>
<li>Bedanken Sie sich für das Gespräch und verabschieden Sie sich von Ihrem Gesprächspartner mit seinem Namen.</li>
<li>Warten Sie bis der Gesprächspartner zuerst aufgelegt hat.</li>
</ul>
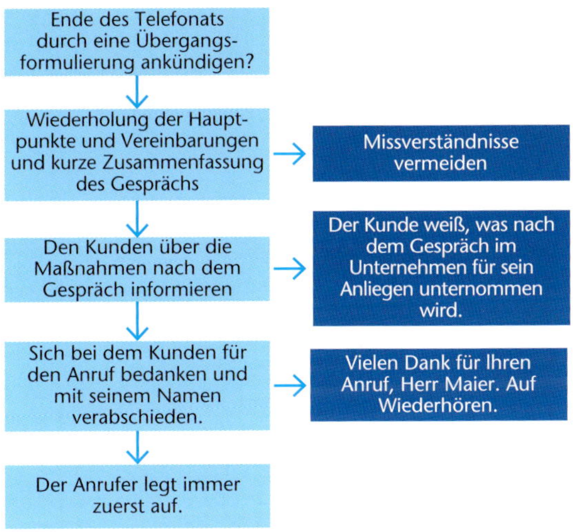

</td>
</tr>
</table>

2.2.3 Nachbereitung eines Telefongesprächs

Nach einem Telefongespräch mit einem wichtigen Kunden können Notizen über den Gesprächspartner helfen, sich im nächsten Gespräch noch besser auf den Gesprächspartner vorzubereiten.

Halten Sie Informationen über Ihren Gesprächspartner fest:

- Welche Stimmung hat während des Gespräches geherrscht?
- Welche Äußerungen haben zu Differenzen geführt?
- Wo lag die Schmerzgrenze des Gesprächspartners?
- Worüber sprach der Kunde besonders gerne?
- Welches Gesprächsverhalten hat der Kunde gezeigt?

2.2.4 Die Telefonnotiz

Handelt es sich um ein wichtiges Gespräch, dann machen Sie sich während des Telefonats Notizen, die Sie anschließend in einer Telefonnotiz zusammenfassen. Beschreiben Sie auch die Stimmung, die während des Telefongespräches geherrscht hat.

Eine Telefonnotiz sollte folgende Punkte beinhalten:

- Datum und Uhrzeit des Anrufs
- Name des Gesprächspartners
- Telefonnummer des Gesprächspartners
- Erreichbarkeit des Gesprächspartners (wann und wo)
- kurze Inhaltsangabe über das Gespräch
- Festhalten von Vereinbarungen und Ergebnissen
- Erledigungsvermerk
- Unterschrift der aufnehmenden Person

Beispiel

ModernOffice.

Telefonnotiz

Anruf für:	Abteilung:	
Anruf von:	Datum:	Uhrzeit:
Firma:	Rückruf-Nr.:	
☐ hat angerufen	☐ ruft wieder an	☐ schickt Brief/E-Mail
☐ hat zurückgerufen	☐ bittet um Rückruf	☐ möchte Sie treffen
Nachricht:		
Aufgenommen von:	Datum:	Uhrzeit:

Weitere Bearbeitung

Erledigt am:	Delegiert an:	Wiedervorlage am:

2.2.5 Zielorientierte Gesprächsführung mit dem Trichtermodell der Fragestellung

Handelt es sich um ein Verkaufsgespräch am Telefon, ist der Einsatz des Trichtermodells zu empfehlen. Das Modell beschreibt den Einsatz der Fragearten in den unterschiedlichen Phasen eines Telefongesprächs mit dem Ziel, den Gesprächspartner zu einer Entscheidung zu bringen.

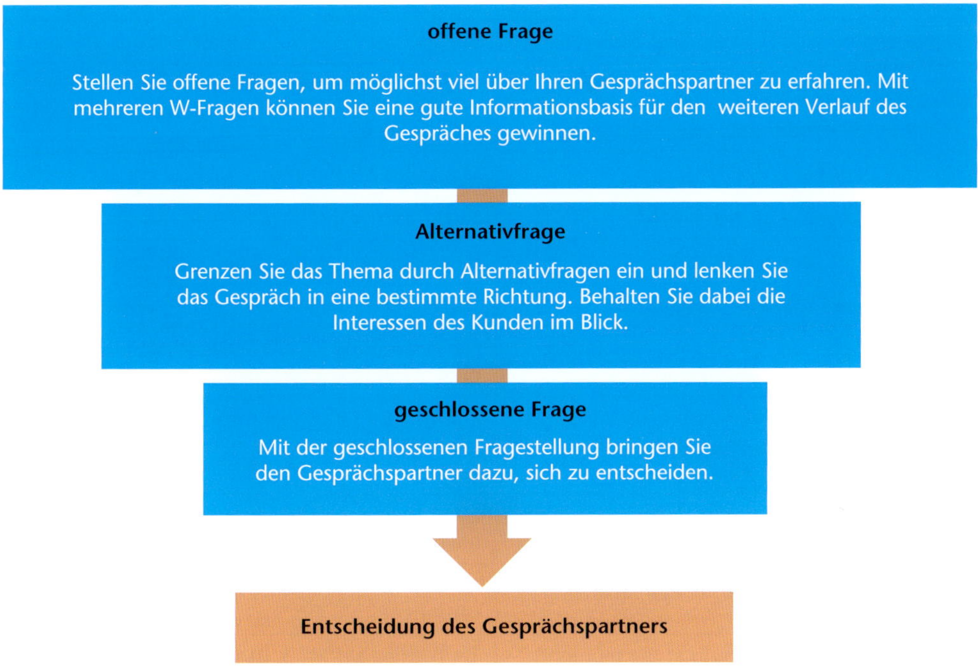

2.2.6 Telefongespräche auf Englisch – Formulierungshilfen

Sie werden angerufen.	
Tipp: Am Display Ihres Telefons können Sie erkennen, ob der Anrufer aus dem Ausland kommt und sich bereits in englischer Sprache melden.	
Englisch	**Deutsch**
ModernOffice KG – Svenja Kolleck here – good morning/afternoon.	ModernOffice KG – Svenja Kolleck – guten Morgen/Tag/Abend.
Hello Mr Miller, Svenja Kolleck speaking.	Hallo Mr Miller, Svenja Kolleck am Apparat.
Thank you for returning my call.	Danke für den Rückruf.
ModernOffice KG, my name is Svenja Kolleck	Hier ist ModernOffice KG. Mein Name ist Svenja Kolleck.
Who shall I say is calling?	Wie ist Ihr Name, bitte? (Falls der Anrufer seinen Namen nicht nennt.)
Could you please repeat your name?	Könnten Sie bitte Ihren Namen wiederholen?

Sie werden angerufen.	
Could you please spell your name?	Würden Sie bitte Ihren Namen buchstabieren?
Could you please repeat your telephone number?	Können Sie bitte Ihre Telefonnummer wiederholen?
Let me repeat your mobile phone number.	Ich wiederhole Ihre Mobiltelefonnummer.
What Company are you from?	Von welcher Firma sind Sie?
How are you doing? ... I am fine, thank you	Wie geht es Ihnen? ... Es geht mir gut, danke.
Oh, Mr Miller, how nice to hear from you.	Oh, Mr Miller, schön von Ihnen zu hören.
Shall I put you through to ...?	Soll ich Sie mit ... verbinden?
How are things in ...?	Wie läuft's bei Ihnen in ...?
What did you say your name was?	Sagen Sie mir Ihren Namen bitte noch einmal.
Did I get your name correctly?	Habe ich Ihren Namen richtig verstanden?
I'm sorry, I can hardly understand you.	Tut mir leid, ich kann Sie schwer verstehen.
The line is very bad. Could you speak louder, please?	Die Verbindung ist sehr schlecht. Könnten Sie bitte etwas lauter sprechen?
Could you please speak more slowly? It is difficult to understand you with all that noise in the background.	Könnten Sie bitte langsamer sprechen? Bei dem Lärm im Hintergrund ist es schwer Sie zu verstehen.
One moment please. I must close the door of my office. It is too noisy.	Einen Moment bitte. Ich muss die Tür zu meinem Büro schließen. Es ist zu laut.
Ah, this is much better. Now I can unterstand you very clearly.	Ah, das ist viel besser. Nun kann ich Sie sehr gut verstehen.
I'm afraid Mr/Ms ... is not in at the moment. Would you like to leave a message?	Tut mir leid Mr/Ms ... ist nicht da. Wollen Sie eine Nachricht hinterlassen?

Sie rufen selbst an.	
Englisch	**Deutsch**
Svenja Kolleck – ModernOffice KG, Germany – Good morning/afternoon.	Svenja Kolleck – ModernOffice KG, Deutschland – Guten Morgen/Tag.
Good morning/afternoon – This is Svenja Kolleck from ModernOffice KG.	Guten Morgen/Tag – Hier spricht Svenja Kolleck von der ModernOffice KG.
I am calling from Horb, Germany.	Ich rufe aus Horb, Deutschland an.
May I speak to Mr/Ms ..., please?	Darf ich bitte Herrn/Frau ... sprechen?
Can I speak to ..., please.	Kann ich bitte Herrn/Frau ... sprechen?
I would like to speak to ... Is that possible, please.	Ich möchte gerne mit ... sprechen. Ist das möglich?
Could you please connect me with ...?	Können Sie mich bitte mit ... verbinden?
Could you please give me the direct telephone/ mobile phone number of ..., please?	Können Sie mir bitte die direkte Durchwahl/ Mobilfunknummer von ... geben?

Sie rufen selbst an.	
Englisch	**Deutsch**
You phoned me yesterday when I was out of the office. I am now returning your call.	Sie haben gestern versucht mich zu erreichen, als ich nicht im Büro war. Jetzt rufe ich Sie zurück.
I received your message on the answering machine.	Ich habe Ihre Nachricht auf dem Anrufbeantworter erhalten.
I received your message in my mail box.	Ich habe Ihre Nachricht auf meiner Mailbox erhalten.
When do you think that you will be able to give me further details?	Wann denken Sie, dass Sie mir weitere Details geben können?
Would it be possible to receive further information about …	Wäre es möglich, weitere Informationen über … zu bekommen?
Do you agree to our proposal?	Sind Sie mit unserem Vorschlag einverstanden?
What exactly do you need further?	Was brauchen Sie noch?
Let me briefly summarize what we have discussed.	Lassen Sie mich kurz zusammenfassen, was wir besprochen haben.
I am pleased that we have reached an agreement.	Ich freue mich, dass wir eine Einigung erzielt haben.

Sie beenden ein Gespräch.	
Englisch	**Deutsch**
I will keep you informed.	Ich werde Sie auf dem Laufenden halten.
Thank you very much for your help. Goodby …	Danke für Ihre Hilfe. Auf Wiederhören …
I will call you back by the end of next week.	Ich werde Sie Ende nächster Woche zurückrufen.
It was nice talking to you on the phone. Further information will follow by email.	Es war nett mit Ihnen zu telefonieren. Weitere Informationen erhalten Sie per E-Mail.
If you have any further questions, please call me again.	Wenn Sie weitere Fragen haben, rufen Sie mich bitte an.

aktives Zuhören auf Englisch	
Englisch	**Deutsch**
Ah yes	Ah ja
I see	Ich sehe
I understand.	Ich verstehe.
That's fine.	Das ist gut.

aktives Zuhören auf Englisch	
Englisch	**Deutsch**
That's all right.	Das ist in Ordnung.
That sounds interesting.	Das klingt interessant.
I have got that.	Ich habe das.
Of course.	Selbstverständlich.
Very well.	Sehr gut.
Excellent.	Ausgezeichnet.

Die englische und amerikanische Buchstabiertafel					
Die Abweichungen in der amerikanischen Buchstabiertafel sind rot gekennzeichnet.					
A	Andrew - Abel	J	Jack – Jil	S	Sugar
B	Benjamin	K	King	T	Tommy
C	Charlie	L	Lucy – Love	U	Uncle
D	David – Dog	M	Mary – Mike	V	Viktor – Victor
E	Edward – Easy	N	Nellie – Nan	W	William
F	Frederick – Fox	O	Oliver – Oboe	X	X-mas – X
G	George	P	Peter	Y	Yellow – Yoke
H	Harry – How	Q	Queenie	Z	Zebra
I	Issac – Item	R	Robert – Roger		

Ansagetext für den Anrufbeantworter	
Englisch	**Deutsch**
You are talking to the automatic answering machine of Walter Hüls. Mr Hüls is not available at present. But leave a message after the beep and we'll call you back as soon as possible. Thank you for calling.	Sie sprechen mit dem automatischen Anrufbeantworter von Walter Hüls. Herr Hüls ist im Augenblick nicht zu erreichen. Wenn Sie nach dem Piepton eine Nachricht hinterlassen, werden wir Sie so schnell wie möglich zurückrufen. Danke für Ihren Anruf.

2.2.7 Umgang mit schwierigen Gesprächspartnern

Drohende Konflikte können am unterschiedlichen Gesprächsverhalten einzelner Kommunikationspartner erkannt werden. Die richtige Reaktion auf das Verhalten des Gegenübers hilft die Situation zu entschärfen. Viele Mitarbeiter wissen gar nicht, was sie mit unbedachten Äußerungen, wie z. B. „Das habe ich Ihnen doch wiederholt gesagt …", anrichten. Stellen Sie sich auf Ihren Gesprächspartner ein und versuchen Sie möglichst positiv zu formulieren, z. B. „Gerne erkläre ich Ihnen den Sachverhalt noch einmal."

Umgang mit Besserwissern

Ein Besserwisser ist lt. Duden jemand, der alles besser zu wissen meint und sich nach vorne drängt. Der Umgang mit Besserwissern ist schwierig. Die folgenden Strategien helfen Ihnen, mit Besserwissern umzugehen:

- Gehen Sie nicht auf die Ausführungen des Besserwissers ein.
- Analysieren Sie das Gespräch unter vier Augen. Beschreiben Sie die Situation ohne zu bewerten. Als Nächstes äußern Sie Ihre Gefühle, ohne Schuldzuweisungen. Schildern Sie dann das Bedürfnis, das aus den Gefühlen entsteht. Versuchen Sie gemeinsam eine Lösung zu finden, die Ihren Bedürfnissen gerecht wird.
- Fragen Sie nach:
  Woher wissen Sie das so genau?
  Können Sie mir dazu ein Beispiel nennen?

Umgang mit Vielrednern

Gespräche laufen nicht immer so wie man sie gern hätte. Sie haben sich auf das Gespräch gut vorbereitet und dennoch gelingt es Ihnen nicht Ihre Argumente vorzubringen, weil Ihr Gesprächspartner zu den „Vielrednern" gehört.

Im Umgang mit Viel- oder Dauerrednern haben Sie folgende Möglichkeiten:

- Stellen Sie nie eine offene Frage (z. B. Welche Argumente haben Sie?).
- Benutzen Sie möglichst eine geschlossene Frage, die eine Antwort wie „Ja" oder „Nein" fordert.
- Stoppen Sie den Redner durch kurze Signalwörter (z. B. „Verstanden!", „Gut!" „In Ordnung!, „Können wir so stehen lassen.").
- Setzen Sie halbfertige Aussagen ein (z. B. „Ich verstehe, Sie können ...", „Dann kann ich davon ausgehen ...", „Sie haben die Möglichkeit ...").
- Stellen Sie Kontrollfragen (z. B. „Verstehe ich Sie richtig, dass ...?" oder „Meinen Sie, dass ...?").
- Geben Sie eine kleine Zusammenfassung von dem, was Sie bisher gehört haben und leiten Sie diese mit „Darf ich zusammenfassen? Sie berichteten, dass ...?" ein.
- Nennen Sie den Namen Ihres Gesprächspartners mit etwas Nachdruck.
- Wenn es nicht anders geht, unterbrechen Sie den Gesprächspartner mit etwas ganz anderem (z. B. „Ich schlage vor, wir machen eine kurze Pause?") oder verlassen Sie mit einer Entschuldigung kurz den Raum.

Umgang mit Aggressiven

Aggressive Gesprächspartner sind die unangenehmsten. Meistens ist die Aggressivität durch eine Kette unglücklicher Reaktionen und Handlungen begründet, die der gestresste Gesprächspartner aushalten musste. In diesem Fall hilft Zuhören und Verständnis zeigen sowie das gemeinsame Suchen nach einer Lösung.

Werden Sie am Telefon durch einen aggressiven Anrufer überrascht und sehen Sie keine Möglichkeit, den Anrufer zu beruhigen, sollten Sie einen Rückruf anbieten. Dies ermöglicht Ihnen den Anruf in Ruhe vorzubereiten und der Gesprächspartner fühlt sich ernst genommen. Dadurch haben Sie eine deutlich bessere Gesprächsbasis.

Umgang mit Schweigern

Es gibt Gesprächsteilnehmer, die sich sehr zurückhaltend zeigen. Dies kann unterschiedliche Gründe haben:

- Es handelt sich um eine schüchterne Person. In diesem Fall helfen einfühlsame, direkt an diese Person gerichtete Fragen.
- Der Gesprächspartner ist nicht einverstanden. Dann fragen Sie ihn nach seiner Meinung.
- Der Gesprächspartner interessiert sich nicht für das Thema. Versuchen Sie durch offene Fragen die Person für das Gesprächsthema zu gewinnen.

Umgang mit Nörglern und Querulanten

Nörgeln ist eine besondere Beschwerdeform. Sie ist emotional geladen, unkonkret und meist überzogen. Nörgler sind daran zu erkennen, dass sie sich schon bei geringfügigen Anlässen beschweren. Querulanten neigen dazu, den Sachverhalt zu verfälschen und zu dramatisieren.

Eine gute Strategie mit einem nörgelnden Kunden umzugehen ist es, ihm zunächst Recht zu geben. Er wird durch Ihr Verhalten überrascht sein, was in vielen Fällen zur Entspannung der Situation beiträgt.

2.2.8 Anrufbeantworter

Garantieren Sie Ihre ständige Erreichbarkeit am Arbeitsplatz und nutzen Sie den Anrufbeantworter bzw. Ihre Mailbox.

Beim Besprechen des Anrufbeantworters/der Mailbox sollten Sie Folgendes beachten:

- Formulieren Sie den Ansagetext positiv.
- Schalten Sie beim Besprechen alle Nebengeräusche aus.
- Sprechen Sie in einem angemessenen Tempo, sodass sich die Anrufer Notizen machen können.
- Nennen Sie den Namen und die Telefonnummer Ihrer Vertretung.
- Bitten Sie die Anrufer, Ihre Angaben in folgender Reihenfolge zu machen: Name, Firma, Telefonnummer, Nachricht.
- Verabschieden Sie sich mit einem Dank.

Beispiele

- *Guten Tag. Vielen Dank für Ihren Anruf bei der ModernOffice KG, Horb. Sie erreichen uns persönlich von Montag bis Freitag von 08:00 bis 18:30 Uhr. Gern können Sie uns nach dem Signalton eine Nachricht hinterlassen. Bitte nennen Sie uns Ihren Namen, Ihre Telefonnummer und den Grund Ihres Anrufs. Wir rufen Sie so schnell wie möglich zurück. Vielen Dank.*
- *Guten Tag. Herzlich willkommen bei der ModernOffice KG. Am 6. Juli ist unser Büro von 14:00 bis 18:00 Uhr nicht besetzt. Ab dem 7. Juli sind wir wieder persönlich für Sie da. Bei dringenden Angelegenheiten können Sie sich an unsere Vertretung wenden unter der Telefonnummer 07451 801-6029. Vielen Dank für Ihren Anruf.*

Auf den Punkt gebracht

Telefongespräche kundenorientiert führen

Vorbereitung → **informieren** → **strukturieren** → **dokumentieren**

über den Gesprächspartner informieren

Fakten strukturieren:

Einleitung
Hauptteil
Schluss

roter Faden

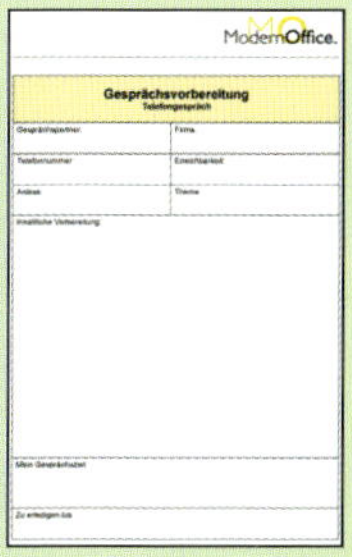

Durchführung →

- **Umgebung**
- **Begrüßung**
- **Wortwahl**
- **Stimme**
- **Körperhaltung**
- **Gesprächsausstieg**

zielorientierte Gesprächsführung

Umgang mit schwierigen Gesprächspartnern

- Besserwisser
- Aggressive
- Schweiger
- Nörgler

Nachbereitung → **Gesprächsinhalte** dokumentieren

Informationen über den Gesprächspartner zur Vorbereitung zukünftiger Gespräche festhalten

Nutzen Sie Ihr Wissen

1. Ebru Celik ist heute allein im Büro und soll die Kundenanrufe entgegennehmen. Ihr ist dabei unwohl zumute. Als das Telefon klingelt, fängt sie zu stottern an, was sich im Verlauf des Gespräches fortsetzt. Nach dem Gespräch ärgert sie sich über ihre Unsicherheit.

   Analysieren Sie die Situation. Wie hätte Ebru Celik ihre Reaktion besser in den Griff bekommen können? Begründen Sie Ihre Vorschläge.

2. In der ModernOffice KG wird eine einheitliche Meldeformel beim Telefonieren verwendet. Viele Mitarbeiterinnen und Mitarbeiter sehen das kritisch. Beschreiben Sie die Vor- und Nachteile, die sich durch die Nutzung einer einheitlichen Meldeformel ergeben.

3. Gestalten Sie für Ihr Unternehmen mit Ihrem Namen eine professionelle Meldeformel und beschreiben Sie, wie Sie die Meldeformel idealerweise sprechen.

4. Sie bereiten sich auf ein schwieriges Telefongespräch vor. Sie wissen, dass Ihr Kunde dazu neigt aggressiv zu werden.

   Beschreiben Sie, wie Sie trotzdem eine gute Beziehung zu dem Kunden herstellen und eine konstruktive Gesprächsatmosphäre schaffen können.

5. Svenja Kolleck erhält von Walter Hüls den Auftrag, Herrn Lars Beckmann, Ansprechpartner der Allgemeinen Versicherung AG, anzurufen. Es geht um ein Angebot. Die Versicherung AG will zehn Arbeitsplätze im Open-Space-Büro neu gestalten und ist an dem Möbelprogramm ECO interessiert. Diese Möbel können erst acht Wochen nach Auftragseingang geliefert werden. Die Büromöbel des vergleichbaren Programms TABLET sind sofort lieferbar. Svenja Kolleck soll versuchen, Herrn Beckmann vom Kauf der Serie TABLET zu überzeugen.

   a) Bereiten Sie sich anstelle von Svenja Kolleck auf das Telefongespräch vor. Benutzen Sie zur Gesprächsvorbereitung das entsprechende Formular.
   b) In dem Gespräch will Svenja Kolleck das Trichtermodell der Fragetechnik anwenden. Beschreiben Sie die Vorgehensweise in dieser Gesprächssituation.

2.3 Informationsgespräche per Videokonferenz effizient durchführen

Lernsituation

Svenja Kolleck bearbeitet den Posteingang in der Abteilung Werbung und Public Relations, als sie auf den Prospekt des neuen Möbelprogramms „Workspace“ stößt. Endlich ist der neue Prospekt da, auf den die Kunden bereits warten. Sie geht mit dem Prospekt sofort zu Lily Summer.

Svenja Kolleck: „Guten Morgen, Frau Summer. Gerade ist der Prospekt für das neue Möbelprogramm „Workspace“ eingegangen. Da Sie ja schon lange darauf warten, dachte ich, ich bringe ihn gleich selbst vorbei.“

Lilly Summer: „Vielen Dank, Frau Kolleck. Das ist gut, dass Sie daran gedacht haben. Dann können Sie sich gleich mit den Einzelheiten des Möbelprogramms vertraut machen. Bitte sprechen Sie auch mit Frau Marot und lassen Sie sich das Möbelprogramm ausführlich erklären. Anschließend informieren Sie schnell alle Auszubildenden in unseren Niederlassungen in Hamburg, Berlin, Köln und München, damit diese den Kunden ebenfalls die Beschreibungen im Prospekt kompetent erläutern können. Nutzen Sie dazu unser Videokonferenzsystem.“

Svenja Kolleck: „Das ist eine gute Idee. Das Problem ist, dass ich noch nie eine Videokonferenz eigenständig durchgeführt habe.“

Lilly Summer: „Dann informieren Sie sich bei Frau Blum. Erstellen Sie gleich danach eine To-do-Liste für die Durchführung einer Videokonferenz und eine Checkliste zur Durchführung eines Informationsgesprächs.“

- *Besprechen Sie im Plenum, was zu tun ist, um den Arbeitsauftrag von Lily Summer zu erledigen.*
- *Verwenden Sie die Informationen zur Videokonferenz und zum Beratungsgespräch in diesem Kapitel sowie die entsprechenden Informationen auf der MO-ModernOffice-Plattform zum aktuell genutzten Videokonferenzsystem der ModernOffice KG.*
- *Suchen Sie sich eine Partnerin oder einen Partner und überlegen Sie anstelle von Svenja Kolleck wie Sie vorgehen, um dem Arbeitsauftrag gerecht zu werden.*
- *Entscheiden Sie in Partnerarbeit wie die Informationen umgesetzt werden. Stellen Sie sich dabei folgende Fragen:*
  - *Welche Rolle hat Svenja Kolleck in dem Informationsgespräch?*
  - *Welches Ziel verfolgt Svenja Kolleck mit der Videokonferenz?*
  - *Welche Vorkehrungen muss Svenja Kolleck treffen, um einen reibungslosen Verlauf einer Videokonferenz zu gewährleisten?*

- *Erstellen Sie in Partnerarbeit die To-do-Liste zur Durchführung einer Videokonferenz. Gestalten Sie eine Checkliste für die Vorbereitung eines Informationsgesprächs.*
- *Losen Sie zwei Paare aus, die Ihre Ergebnisse der Klasse präsentieren.*
- *Vergleichen Sie Ihre Arbeitsergebnisse und nehmen Sie gegebenenfalls Korrekturen und Ergänzungen vor.*
- *Reflektieren Sie im Plenum Ihre Arbeitsatmosphäre und die Kommunikation untereinander während der Bearbeitung der Arbeitsaufträge.*

2.3.1 Informationsgespräche

In Informationsgesprächen geht es um das Erfragen und Übermitteln von Informationen. Sie dienen dem guten Informationsfluss innerhalb des Unternehmens, fördern die Kompetenz der Beschäftigten gegenüber den Kunden und begünstigen ein gutes Betriebsklima.

Mangelhaft geführte Informationsgespräche sind häufig die Ursache für Konflikte. Oft werden Informationen weggelassen, vergessen oder falsch ausgelegt. Die Folgen sind schwerwiegend und belasten auf Dauer das Klima zwischen den Mitarbeitern.

Informationsgespräche dienen auch der Sicherheit, damit niemand später behaupten kann, er hätte von nichts gewusst.

Informationsgespräche können Sie am besten vorbereiten, wenn Sie sich folgende Fragen stellen:

- **Was** ist der Zweck des Informationsgesprächs?
- **Warum** muss ein Informationsgespräch stattfinden?
- **Wann** ist der richtige Zeitpunkt, um das Informationsgespräch zu führen?
- **Wie** soll das Informationsgespräch geführt werden?

Was?	Der Anlass eines Informationsgespräches kann sehr unterschiedlich sein. Es können neue Fakten vermittelt, über den Stand einer Entwicklung informiert oder über Arbeitsergebnisse berichtet werden.
Warum?	Mit der Beantwortung dieser Frage wird schnell klar, ob ein Informationsgespräch überhaupt notwendig ist.
Wann?	Hier stellt sich die Frage nach dem geeigneten Zeitpunkt eines Informationsgesprächs. Fragen Sie sich, wann die Gesprächsteilnehmer die Informationen brauchen, um ihre Aufgaben effizient erfüllen zu können. Sprechen Sie einen geeigneten Termin ab.
Wie?	Soll das Informationsgespräch direkt mit einem oder mehreren Teilnehmern geführt werden? Welches Kommunikationsmittel ist für eine effiziente Übermittlung der Informationen geeignet? Welche Maßnahmen müssen gegebenenfalls getroffen werden, damit die Teilnehmer eine gemeinsame Gesprächsbasis haben (z. B. Unterlagen bereithalten)?

2.3.2 Videokonferenzen

Ein geeignetes Kommunikationsmittel um Mitarbeiterinnen und Mitarbeiter an mehreren Standorten gleichzeitig zu erreichen, ist die Videokonferenz.

Bei Videokonferenzen kommunizieren die Gesprächspartner live über weite Strecken hinweg. Durch Kamera, Mikrofon und Monitor werden die Konferenzmitglieder hör- und sichtbar, was sonst nur in einem persönlichen Gespräch der Fall ist. Mit wenig Zeit- und Planungsaufwand können diese Konferenzen abgehalten werden. Gerade für den schnellen Informationsfluss ist diese Form der Kommunikation heute unverzichtbar geworden.

Trotz der vielen Vorteile können Videokonferenzen das persönliche Gespräch nicht vollständig ersetzen. Das ist insbesondere dann der Fall, wenn sich die Gesprächspartner noch nicht kennen. Im persönlichen Gespräch kann das Vertrauen besser aufgebaut und die Geschäftsbeziehung gestärkt werden. Die nonverbale Kommunikation durch Mimik, Gestik und Körpersprache geht in Bewegtbildern oftmals verloren. Dies kann dazu führen, dass die Gesprächspartner schwierige Themen, aus Angst missverstanden zu werden, nicht ansprechen. Kennen sich die Teilnehmer, dann sind regelmäßige Treffen mittels Videokonferenz eine effiziente Ergänzung, um den persönlichen Kontakt mit Geschäftspartnern zu pflegen.

Technische Voraussetzungen

Zur Grundausstattung eines Videokonferenzsystems gehören mehrere Komponenten:

Eingabegeräte	Ausgabegeräte
– Kamera – Mikrofon	– Monitor – Lautsprecher

Während einer Videokonferenz können mit den entsprechenden Funktionen Präsentationen eingeblendet, Videoausschnitte und Entwürfe gezeigt werden. Mit einer **Screen-Sharing-Funktion** können die Gesprächspartner gemeinsam an einem Bildschirm arbeiten.

Raumsysteme

In den meisten international operierenden Unternehmen stehen eigens zu diesem Zweck Konferenzräume zur Verfügung, in denen Videokonferenzen mit einem größeren Teilnehmerkreis fast mit Live-Qualität durchgeführt werden können. Diese Systeme bieten eine hohe Audio- und Videoqualität durch leistungsstarke Raummikrofone und Kameras sowie große Bildschirme.

Settop-Boxen

Das Videosystem besteht aus einer tragbaren Box, die nur einen Bildschirm und einen Netzanschluss benötigt, um eine Videokonferenz durchzuführen. Durch das leichte Gewicht und die unkomplizierte Handhabung, lassen sich Settop-Boxen gut transportieren und installieren.

Desktopsysteme

Videokonferenzen können aber auch direkt vom PC am Schreibtisch aus durchgeführt werden. Mithilfe einer entsprechenden Konferenzsoftware, einer USB-Webcam und eines Headsets lassen sich Verbindungen zu weit entfernten Gesprächspartnern problemlos herstellen. Diese Variante ist vor allem für ein Zweier- oder Dreiergespräch geeignet. Während des Gesprächs stehen die im PC gespeicherten Dokumente zur Verfügung.

Dadurch ist die direkte Klärung eines Sachverhaltes und die Abstimmung mit dem Gesprächspartner möglich.

Mobilfunkvideokonferenzen
Videokonferenzen über Tablets oder Smartphones werden überwiegend im privaten Bereich eingesetzt. Im beruflichen Umfeld ist der Einsatz durch die kleinen Bildschirme nur bedingt möglich, z. B. für ein kurzes Gespräch. Voraussetzung dafür ist, dass die Verbindung gut ist und eine ungestörte Gesprächsatmosphäre gewährleistet werden kann.

Videokonferenzen vorbereiten

Folgende Punkte helfen, eine Videokonferenz gut vorzubereiten:

- Steht fest, welches Videosystem genutzt werden soll, machen Sie sich mit der Technik vertraut. Testen Sie vor dem Einsatz alle Funktionen.
- Reservieren Sie gegebenenfalls den Videokonferenzraum.
- Machen Sie eine Liste mit allen Teilnehmern.
- Stimmen Sie mit den Personen einen geeigneten Termin mit Uhrzeit ab. Prüfen Sie vorher, ob alle Personen am vorgesehenen Termin anwesend sein können. Berücksichtigen Sie den Standort der Teilnehmer und evtl. unterschiedliche Zeitzonen.
- Definieren Sie das Gesprächsziel.
- Legen Sie die Themen fest und erstellen Sie eine Agenda. Bringen Sie die zu behandelnden Punkte in eine sinnvolle Reihenfolge.
- Laden Sie die Teilnehmer rechtzeitig ein. Verschicken Sie mit der Einladung die Agenda und alle für das Gespräch notwendigen Unterlagen. Sind die Unterlagen umfangreich, kennzeichnen Sie diese nach der in der Agenda festgelegten Reihenfolge.
- Benachrichtigen Sie die für den Videokonferenzraum zuständige Person über den Termin mit der Bitte um Überprüfung der Technik.
- Falls sich nicht alle Teilnehmer kennen, erstellen Sie Namensschilder und bitten Sie im Vorfeld auch die anderen Teilnehmer Namensschilder aufzustellen.

Videokonferenzen durchführen

Folgende Punkte sind bei der Durchführung zu beachten:

- Schalten Sie alle Störquellen aus. Vermeiden Sie Geräusche wie das Rascheln mit Papier u. Ä.
- Sprechen Sie in einer normalen Lautstärke und nicht zu schnell.
- Achten Sie bei der Sitzordnung darauf, dass alle Teilnehmer von der Kamera erfasst werden.
- Stellen Sie vor Beginn des Gesprächs sicher, dass alle Verbindungen stehen.
- Begrüßen Sie die Teilnehmer und stellen Sie sich und die anderen Teilnehmer vor. Schaffen Sie in der Begrüßungsphase eine entspannte Atmosphäre und gehen Sie erst dann zum ersten Tagesordnungspunkt über.
- Beachten Sie, dass die nonverbale Kommunikation während einer Videokonferenz ganz anders wirkt als im direkten Gespräch. Vermeiden Sie deshalb übertriebene Gesten, die auf die Gesprächspartner, je nach Gesprächszusammenhang, aggressiv wirken könnten. Ein zweiter Bildschirm oder ein PIP (Picture in Picture) ermöglicht die Kontrolle des an die anderen Teilnehmer übertragenen Bildes.
- Stellen Sie in Sprechpausen das Mikrofon ab und informieren Sie Ihre Gesprächspartner darüber.
- Achten Sie am Ende der Videokonferenz darauf, dass die Verbindung wirklich getrennt ist.

Videokonferenzen nachbereiten

- Machen Sie sich während des Gesprächs Notizen zu wichtigen Gesprächsinhalten.
- Fertigen Sie anschließend ein Gesprächsprotokoll an. Verschicken Sie das Protokoll möglichst schnell nach der Videokonferenz an alle Teilnehmer. Da die meisten Informationen noch präsent sind, werden Missverständnisse vermieden.

Vorteile von Videokonferenzen

Im Vergleich zu realen Treffen gibt es folgende Vorteile:

- Einsparung von Reisekosten
- Zeitgewinn durch Vermeidung von Reisen
- umweltfreundlich durch Vermeidung unnötigen Verkehrs
- kurze Entscheidungsprozesse durch direkte Klärung und Abstimmung
- schneller Informationsfluss
- bessere Zusammenarbeit durch den engen persönlichen Kontakt

Auf den Punkt gebracht

Informationsgespräche

Zweck
- **fördern die Kompetenz der Beschäftigten gegenüber den Kunden**
- **begünstigen ein gutes Betriebsklima**
- **verhindern intern Konflikte**
- **dienen der Sicherheit**

Vorbereitung
Was?
Warum?
Wann?
Wie?

können effizient durch Videokonferenzen durchgeführt werden

– Raumsysteme
– Settop-Boxen

– Desktopsysteme
– Mobilfunkkonferenzen

- Raum
- Teilnehmer
- Inhalte

- Technik
- Umgebung
- Verhalten

- Protokoll
- Folgemaßnahmen

Nutzen Sie Ihr Wissen

1. Kathrin Seifert absolviert die Ausbildung zur Kauffrau für Bürokommunikation bei der Mayer KG, die drei Auslandsniederlassungen hat. In der Mayer KG wird überlegt, einen Videokonferenzraum einzurichten, damit die regelmäßigen Gespräche mit den Auslandsniederlassungen effizient geführt werden können.

   a) Erläutern Sie, welches Videosystem infrage kommt.
   b) Beschreiben Sie die Vorteile, die sich durch die Einrichtung ergeben.

2. Kathrin Seifert nutzt zurzeit für eine Zweierkonferenz ein Desktopsystem. Beim letzten Gespräch stellte sie fest, dass sie ziemlich gestresst war. Nach einer kurzen Reflexion war ihr klar, dass es an der Vorbereitung lag.

   Beschreiben Sie, was Kathrin Seifert tun kann, damit die Videokonferenz besser läuft.

3. Die Mayer KG hat den Videokonferenzraum eingerichtet. Kathrin Seifert wird beauftragt, einen kurzen Leitfaden zu erstellen, damit während der Durchführung von Videokonferenzen alles reibungslos klappt.

   Erstellen Sie den Leitfaden anstelle von Kathrin Seifert.

3 Kritik- und Konfliktgespräche gestalten

3.1 Beschwerdegespräche professionell führen

Lernsituation

Seit vier Wochen lernt Svenja Kolleck die Büro- und Geschäftsprozesse in der Abteilung Verkauf kennen. Sie hat sich gut eingearbeitet und kennt durch Telefongespräche und persönliche Gespräche viele Kunden. Sie pflegt mit den Kunden eine gute Kommunikation und ist für deren Belange sensibilisiert.

In der ModernOffice KG wurden aufgrund von Studien zum Thema Kundenbeschwerden alle Mitarbeiterinnen und Mitarbeiter geschult, wie sie professionell mit einer Kundenbeschwerde umgehen. Die Studien haben gezeigt, dass Kunden selten aufgrund einer Beschwerde zur Konkurrenz überlaufen, sondern häufig wegen des Umganges mit ihrer Beschwerde. Die folgenden Unternehmensstandards wurden entwickelt und sind für alle Beschäftigten verbindlich:

Auszug aus den Unternehmensstandards:

Leitfaden für Standards in der ModernOffice.

Umgang mit Beschwerden und Reklamationen

Gut gemanagte Beschwerden und Reklamationen fördern unser Image in der Öffentlichkeit.

- ✓ Wir reagieren auf Beschwerden und Reklamationen schnell und freundlich – innerhalb von 3 bis 4 Tagen.
- ✓ Wir wissen, dass Beschwerden und Reklamationen uns helfen besser zu werden.
- ✓ Wir sehen Beschwerden und Reklamationen als Chance, das Beziehungsgeflecht mit unseren Kunden zu stärken.
- ✓ Wir bedanken uns bei dem Kunden, dass er nicht zur Konkurrenz abwandert, sondern dass er sich mit seiner Unzufriedenheit direkt an uns wendet und uns dadurch die Chance gibt, die Angelegenheit aus der Welt zu schaffen.
- ✓ Wir nehmen die Verärgerung eines Kunden niemals persönlich.

Das Telefon von Svenja Kolleck läutet. Auf dem Display erscheint der Name von Ebru Celik.

Svenja Kolleck: „Hallo Ebru."

Ebru Celik: „Hallo Svenja. Gerade hat sich Frau Beate Lang, Amtsrätin in der Abteilung Beschaffung der Stadt Oberhausen bei mir gemeldet. Sie war ziemlich ungehalten, weil sie heute zum zweiten Mal eine falsche Lieferung von uns erhalten hat. Es sollten 15 neue Drehstühle des Modells ‚Ergo' geliefert werden, stattdessen sind zwölf Drehstühle des Modells ‚Skye' angekommen. Sie wollte unbedingt mit Herrn Hüls sprechen. Herr Hüls ist aber die ganze Woche auf einer Geschäftsreise. Da Du den Auftrag kennst, habe ich Frau Lang versprochen, dass Du sie schnell zurückrufst. Könntest Du das bitte übernehmen? Ich schicke Dir gleich per E-Mail das ausgefüllte Formular für die Beschwerdeannahme. Die wichtigsten Punkte habe ich bereits abgecheckt."

Svenja Kolleck: „Ich erinnere mich an den Auftrag. Ich bin mir sicher, dass die Stadt Oberhausen zwölf Drehstühle des Modells ‚Skye' bestellt hat."

Ebru Celik: „Wie schon gesagt, Frau Lang war sehr ungehalten, fast schon etwas unverschämt. Du solltest sie unbedingt in der nächsten Stunde anrufen. Ich glaube, je länger Frau Lang warten muss, umso aggressiver wird sie."

Svenja Kolleck: „Vielen Dank, Ebru. Ich übernehme den Rückruf. Es ist gut, dass Du mir sofort Bescheid gesagt hast. Die Stadt Oberhausen ist ein wichtiger Kunde."

Ebru Celik: „Du warst doch bereits auf der Schulung für das ‚Beschwerdemanagement'. Es wäre sicherlich für alle Auszubildenden hilfreich, wenn Du eine Checkliste zur Behandlung von Beschwerden am Telefon erstellen könntest. "

Svenja Kolleck: „Ja, das mache ich gerne. Wir sehen uns dann später in der Mittagspause."

Ebru Celik: „Viel Erfolg, Svenja!"

Anlage – Beschwerdeannahme:

ModernOffice.

Beschwerden prüfen

Beschwerdeannahme	
Aufgenommen von: Ebru Celik, Verkauf	**Datum:** 18. September 20..
Beschwerdeführer	
Name: Beate Lang	**Firma:** Stadt Oberhausen
Funktion: Amtsrätin	**Straße, Hausnummer/Postfach:** Schwartzstraße 72
Telefon: 0208 825-10	**E-Mail:** beate.lang@oberhausen.de
Verärgerung: ☐ ☐ ☐ ☐ ☐ ☐ ☐ ☒ ☐ ☐ ☐ ☐ ☐ ☐ ☐ ☐ ☐ ☐ ☐ gering … hoch	
Beschwerdegrund	
Produkt/Dienstleistung: Falschlieferung	
Kurzbeschreibung des Problems: Falsche Lieferung: Statt 15 neuer Drehstühle „Ergo" wurden 12 Drehstühle des Modells „Skye" geliefert.	
☒ Erstbeschwerde	☐ Folgebeschwerde
Beschwerdelösung	
Folgende Zusagen wurden dem Kunden gegenüber gemacht: keine	

- *Klären Sie, welche Informationen Svenja Kolleck braucht, um das Gespräch mit Frau Lang zu führen. Mit welchen Schwierigkeiten muss sie rechnen und wie kann sie sich gut darauf vorbereiten? Verwenden Sie als Informationsquelle das folgende Kapitel.*
- *Erstellen Sie in Partnerarbeit einen Gesprächsleitfaden für das Gespräch mit Frau Lang. Beachten Sie dabei folgende Aspekte: Gesprächsvorbereitung, Gesprächsdurchführung und Gesprächsnachbereitung. Entscheiden Sie, welche Informationen im Leitfaden enthalten sein müssen.*
- *Gestalten Sie den Gesprächsleitfaden mithilfe der Tabellenfunktion Ihres Textverarbeitungsprogramms als Onlineformular. Der Gesprächsleitfaden soll zukünftig im Intranet für Mitarbeiterinnen und Mitarbeiter zur Verfügung stehen. Berücksichtigen Sie eine Spalte für individuelle Bemerkungen.*
- *Suchen Sie sich ein anderes Paar in Ihrer Klasse und bereiten Sie das Beschwerdegespräch in der Gruppe als Rollenspiel vor. Dokumentieren Sie den Dialog.*
- *Überprüfen Sie, ob der Arbeitsauftrag sach- und fachgerecht ausgeführt wurde. Suchen Sie sich danach eine weitere Gruppe und vergleichen und diskutieren Sie Ihre Ergebnisse. Wählen Sie anschließend im Plenum eine Gruppe aus, die ihr Ergebnis vor der ganzen Klasse präsentiert. Führen Sie nach der Präsentation mithilfe des Johari-Fensters (siehe S. 417) eine Selbst- und Fremdeinschätzung durch.*
- *Reflektieren Sie im Plenum Ihre Arbeitsweise während der Partner- und Gruppenarbeit. Halten Sie fest, was Sie in Zukunft besser machen können.*

3.1.1 Beschwerden und Reklamationen

„Ein Kunde, der sich beschwert, ist ein guter Kunde." Diesen Satz schreiben sich viele Unternehmen auf die Fahnen, denn ein gutes Beschwerdemanagement stärkt die Beziehung zum Kunden. Geht ein Unternehmen mit einer Beschwerde nicht richtig um, ist die Wahrscheinlichkeit hoch, dass sich der Kunde vor Enttäuschung und Ärger nicht mehr meldet und dem Unternehmen verloren geht.

Begriffsdefinition

Die Begriffe Beschwerde und Reklamation werden oft synonym verwendet. Der Unterschied zwischen einer Beschwerde und einer Reklamation besteht darin, dass ein Kunde bei einer Reklamation einen gesetzlichen Anspruch auf Abhilfe hat, der juristisch durchgesetzt werden kann. Reklamationen entstehen meist in der Nachkaufphase. Sie sind sozusagen eine Teilmenge der Beschwerden.

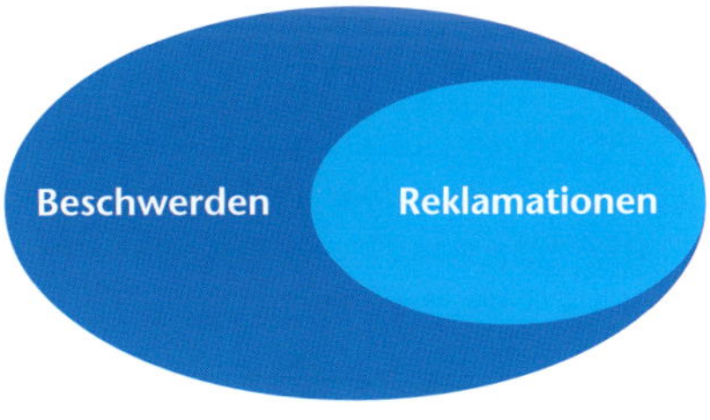

Beschwerden können in der

- Vorkaufsphase,
- Kaufphase und
- Nachkaufphase

entstehen.

Die meisten Beschwerden und Reklamationen werden telefonisch abgewickelt. Das hat im Vergleich zu einer schriftlichen Beschwerde folgende Vorteile:

für den Kunden	für das Unternehmen
• schnelle und einfache Problemlösung • bei gebührenfreien Rufnummern, weniger Kosten • kann seine Erwartungen zeitnah mitteilen	• weniger Bearbeitungskosten • schnelle Ingangsetzung des Beschwerdeprozesses • Ausmaß der Kundenverärgerung kann besser eingeschätzt werden

Über eine Servicenummer, wie z. B. freecall 0800, können die Kunden schnell mit einem Unternehmen Kontakt aufnehmen. Meistens ist die Telefonnummer auf dem Lieferschein oder der Rechnung angegeben.

Nimmt ein Kunde die Servicenummer in Anspruch, muss sichergestellt sein, dass er von einem kompetenten Mitarbeiter bedient wird. Die für Beschwerden zuständigen Personen müssen über die Bearbeitungsstandards, die Zuständigkeiten im Betrieb und Lösungsmöglichkeiten informiert sein. Außerdem sollten sie über Entscheidungsbefugnisse verfügen, um auf die vorgetragenen Probleme angemessen reagieren und den Kunden zufriedenstellen zu können.

Gründe für Beschwerden und Reklamationen können sein:

- Die Ware wird falsch oder zu spät geliefert.
- Das Produkt weist Mängel auf.
- Das Gerät fällt nach kurzem Gebrauch aus.
- Das Produkt entspricht nicht der zugesagten Qualität.

Der häufigste Grund warum Kunden zur Konkurrenz gehen, ist nicht die Unzufriedenheit mit der Ware oder einer Leistung, sondern die Art, wie mit ihrer Beschwerde umgegangen wurde.

Selbst wenn in Ihrem Unternehmen immer alles glatt läuft, kann es passieren, dass Sie es plötzlich mit einem enttäuschten oder aggressiven Kunden zu tun haben. Sind Sie darauf nicht vorbereitet, genügt ein falsches Wort, um die Situation eskalieren zu lassen.

Das sollten Sie im Umgang mit Beschwerden unbedingt vermeiden:

- Den Kunden und die Beschwerde nicht ernst nehmen.
- Die Schuld beim Kunden suchen.
- Kollegen beschuldigen.
- Auf die Beschwerde zu spät reagieren.

Betriebliches Beschwerdemanagement

In den meisten Betrieben wird durch ein betriebliches Beschwerdemanagement festgelegt, wie mit Beschwerden oder Reklamationen umgegangen wird. Das Beschwerdemanagement umfasst in der Regel folgende Maßnahmen, die sicherstellen sollen, dass eine Beschwerde kundenorientiert behandelt wird:

Im Unternehmen wird genau festgelegt, wie Beschwerden dokumentiert, weitergeleitet, bearbeitet und ausgewertet werden. Dadurch soll die Zufriedenheit der Kunden verbessert, die betrieblichen Schwachstellen erkannt und die Wettbewerbsfähigkeit des Unternehmens erhalten werden. Die Mitarbeiter werden entsprechend geschult, damit sie im Umgang mit sich beschwerenden Kunden sicher wirken.

3.1.2 Realistisches Selbstbild

Von Mitarbeitern, die Beschwerden entgegennehmen, wird eine hohe Selbstkompetenz in Bezug auf ihre Selbstwahrnehmung erwartet. Durch unterschiedliche Wahrnehmungen unseres Verhaltens können gefährliche Stolperfallen entstehen, die in der Kommunikation mit Kunden zu Konflikten führen könnten.

Beispiel • *Ein Kunde kommt in Begleitung einer weiteren Person zu Ihnen in den Verkaufsraum und beschwert sich. Nach dem Gespräch haben Sie ein gutes Gefühl und sind sich sicher, den Kunden überzeugt zu haben. Beim Verlassen des Verkaufsraumes unterhält sich der Kunde mit seiner Begleitung und Sie hören, wie er Folgendes sagt: „Das hätte ich mir ja denken können, dass das so ausgeht. In Zukunft kaufen wir woanders."*

Selbst- und Fremdwahrnehmung

Gehen Sie ehrlich mit sich selbst um. Sie tun sich keinen Gefallen an Ihrem Selbstbild festzuhalten. Nutzen Sie jeden Hinweis als Chance zu erfahren, wie Sie wirklich auf den Kunden gewirkt haben. Nur so können Sie gezielt gegensteuern und Ihre Stärken ausbauen. Für ein authentisches Auftreten ist es wichtig, die persönlichen Stärken und Werte zu erkennen und weiterzuentwickeln.

Das Johari-Fenster

Warum gehen Selbst- und Fremdwahrnehmung so weit auseinander? Psychologen haben dazu unterschiedliche Klärungsansätze entwickelt. Einer der bekanntesten Ansätze ist das Johari-Fenster von John Luft und Harry Ingham, das uns zeigt, dass nicht alle Anteile unserer Persönlichkeit uns selbst bekannt sind.

Die abgebildeten vier Felder zeigen, was uns selbst und anderen bekannt bzw. unbekannt ist:

Mein Verhalten	ist mir bekannt	ist mir unbekannt
ist anderen bekannt	**A** öffentliche Person	**B** mein blinder Fleck
ist anderen unbekannt	**C** Privatperson	**D** Unterbewusstsein

A-Bereich – öffentliche Person: Dieses Feld symbolisiert den Anteil von uns als „öffentliche Person“. Die in diesem Bereich gezeigten Verhaltensweisen und Eigenschaften sind uns selbst und unserem Umfeld bekannt. Es ist der Bereich, in dem wir uns weitgehend sicher fühlen.

B-Bereich – blinder Fleck: Dies ist der interessanteste Bereich. Vor allem deswegen, weil er uns Hinweise gibt, in welche Richtung wir uns weiterentwickeln können. Es ist das unbewusste Verhalten, das uns selbst nicht bekannt ist, dem Umfeld aber sehr wohl. Das gezeigte Verhalten wird meist auf der nonverbalen Ebene durch unsere Körpersprache transportiert.

C-Bereich – Privatperson: Das hier gezeigte Verhalten ist uns selbst bekannt und unterscheidet sich von dem Verhalten, das in der Öffentlichkeit gezeigt wird. Hier sind persönliche Werte und Überzeugungen sowie Schwächen und „Geheimnisse“ angesiedelt, die möglichst nach außen hin geschützt werden.

D-Bereich – Unterbewusstsein: Dieser Bereich symbolisiert Anteile unserer Persönlichkeit, die sowohl uns als auch unserem Umfeld unbekannt sind.

1. Schritt: Selbstreflexion	**2. Schritt: Feedback**	**3. Schritt: Ziele**	**4. Schritt: Beratung**
Welche Stärken und Fähigkeiten besitzen Sie? Welche Stärken sind Ihnen besonders wichtig? In welchen Situationen können Ihre Stärken eher hinderlich sein? Welche Schwächen sind Ihnen bewusst?	Schauen Sie auf das Johari-Fenster. Es zeigt eindeutig, dass wir auf das Feedback von außen angewiesen sind, um unsere Selbstwahrnehmung zu verbessern. Lassen Sie sich durch Kollegen und Vorgesetzte regelmäßig ein Feedback geben.	Suchen Sie sich in Ihrem Umfeld Vorbilder, um das eigene Verhalten daran zu orientieren. Wenn Sie nach einem Vorbild suchen, sollten Sie klare Vorstellungen entwickeln, über welche Eigenschaften und Verhaltensweisen die Person verfügen soll. Dadurch wird Ihr Ziel klarer und Sie können sich diesem Ziel nähern.	Kommen Sie mit den ersten drei Schritten nicht entscheidend weiter, können Sie sich professionell coachen lassen oder sich von Kollegen Ihres Vertrauens beraten lassen. Es ist immer sinnvoll die eigene Wahrnehmung durch den Blick von außen zu erweitern.

3.1.3 Reaktion auf Kritik

Wenn Sie mit Beschwerden konfrontiert werden, sollten Sie wissen, wie Sie mit Kritik professionell umgehen. In der Regel wird das Produkt und das Unternehmen kritisiert. Nicht selten jedoch kritisiert der Beschwerdeführer Sie persönlich und greift Sie an. Die Reaktion auf Kritik kann unterschiedlich sein. Es kommt auf die Art und Weise der Kritik an und wie Sie die Kritik gewichten.

Die Vier-Punkte-Regel hilft Ihnen in diesen Situationen einen kühlen Kopf zu bewahren:

1. Nehmen Sie die Kritik nicht persönlich.
2. Verlieren Sie nicht die Balance.
3. Nehmen Sie die Kritik nicht vorbehaltlos an.
4. Lassen Sie sich nicht durch die Kritik bestimmen.

Nehmen Sie die Kritik nicht persönlich

Machen Sie sich den Sachverhalt bewusst. Häufig werden in Kritik Emotionen, Einschätzungen oder Angriffe gepackt, sodass es unklar ist, um was es eigentlich geht. Wenn Sie Abstand gewinnen, wird der Sachverhalt klar. Sind Sie sich immer dessen bewusst, dass der Kritiker Ihr Verhalten durch seine individuelle Brille beurteilt. Kommen Sie nicht in Versuchung, die Kritik des Angriffs auf Ihr gesamtes Selbstbild zu sehen.

Beispiel • *Der Kunde sagt: „Sie und Ihre Firma arbeiten dilettantisch.“*

Achten Sie auf Ihre Reaktion. Verteidigen Sie sich? Schweigen Sie? Greifen Sie an? Wie Sie reagieren hängt von folgenden Faktoren ab:

- **Wer kritisiert?** Ist es der Kunde, der Kollege oder der Vorgesetzte?
- **Wie wird kritisiert?** Ist die Kritik beleidigend, laut und sachlich oder persönlich?
- **Wo und wann wird kritisiert?** Wird man vor anderen bloßgestellt oder mit der Kritik überrumpelt?
- **Weshalb wird kritisiert?** Ist ein Fehler passiert oder reagiert jemand seinen Frust ab?

Verlieren Sie nicht die Balance

Lassen Sie sich nicht zu Reaktionen hinreißen, die Sie später bedauern. Selbst wenn Sie denken, dass der Kunde ein Querulant ist, sagen Sie das nicht. Versuchen Sie sich so schnell wie möglich in den Griff zu bekommen. Sind Sie sich dessen bewusst, welche Gefühle die Kritik in Ihnen auslöst. Denken Sie trotz der Kritik positiv und setzen Sie in Gedanken Ihre Kompetenzen dagegen.

Nehmen Sie Kritik nicht vorbehaltlos an

Unterziehen Sie die Kritik einer kritischen Betrachtung. Analysieren Sie kritische Aussagen in die vier Botschaften des Kommunikationsquadrats:

- **Die Sachebene:** Was wird inhaltlich geäußert?
- **Die Selbstoffenbarungsebene:** Was offenbart der Kritiker über sich selbst? Was lernen Sie über ihn?
- **Die Beziehungsebene:** Wie sieht der Kritiker Sie und die Beziehung zu Ihnen?
- **Die Appellebene:** Was sollten Sie nun zukünftig tun bzw. unterlassen? Welche Forderung hat der Kritiker an Sie?

Hinterfragen Sie die vorgebrachte Kritik. Sind Sie für den Fehler allein verantwortlich?

Lassen Sie sich nicht durch die Kritik bestimmen

Betrachten Sie aus der Distanz die Kritik als Feedback. Sie selbst bestimmen, wie Sie persönlich mit der Kritik umgehen. Was können Sie an interessanten Informationen über sich selbst, über den Kritisierenden sowie über Ihre Beziehung zu dem Kritisierenden gewinnen? Beheben Sie anschließend selbstbestimmt die Fehler, die Sie als wichtig und korrekterweise als beanstandet analysiert haben.

3.1.4 Aufbau eines Beschwerdegespräches

Bereiten Sie sich mental auf das bevorstehende Gespräch vor und versuchen Sie eine unvoreingenommene, positive Einstellung zu bekommen. Betrachten Sie die Beschwerde aus der Kundenperspektive. Prüfen Sie, welche Kundendaten und Unterlagen Sie benötigen.

Schaffen Sie eine Win-win-Situation, d. h., am Ende des Gespräches sollten Sie und Ihr Gesprächspartner zumindest einen Teilerfolg erzielt haben.

Gliedern Sie das Gespräch in fünf Phasen:

Begrüßungsphase	– Melden Sie sich freundlich am Telefon und geben Sie dem Kunden das Gefühl, dass seine Beschwerde im Unternehmen willkommen ist. – Sprechen Sie den Kunden mit seinem Namen an.
Spannungsphase	– Nehmen Sie die Ängste und andere Emotionen des Gesprächspartners wahr. Sie können nicht davon ausgehen, dass Ihr Kunde seine Beschwerde höflich und ruhig vorbringt. Wenn ein Kunde richtig wütend ist, warten Sie bis er sich abreagiert hat. – Geben Sie dem Gesprächspartner die Möglichkeit sein Anliegen vorzubringen. Hören Sie ihm aktiv und interessiert zu. Formulieren Sie Sätze wie: „Das kann ich verstehen." oder ein einfaches „Das tut mir leid." Eine aufgebrachte Person muss zunächst Dampf ablassen. Lassen Sie sie ausreden und unterbrechen Sie sie nicht. – Ob die Beschwerde berechtigt oder unberechtigt ist, spielt in dieser Phase noch keine Rolle.
Beruhigungsphase	– Deeskalieren Sie die Situation, fangen Sie den Ärger auf und ebnen Sie den Weg für ein konstruktives Gespräch. Bringen Sie den Kunden auf eine sachliche Gesprächsebene. – Gehen Sie nicht in eine Verteidigungsposition, äußern Sie keine Zweifel und kritisieren Sie keine Gefühle wie z. B. „Das ist doch kein Grund, sich aufzuregen." Sie würden dadurch eine neue Angriffsfläche bieten und der Ärger würde sich verstärken. – Werden Sie nicht ausfällig. Sprechen Sie besser von Ihren Eindrücken und Gefühlen. – Bleiben Sie freundlich. Das heißt aber nicht, dass Sie sich alles gefallen lassen müssen. Machen Sie dem Kunden deutlich, dass Sie für seinen Ärger und Unmut Verständnis haben, sich aber nicht beleidigen lassen.
Lösungsphase	– In dieser Phase klären Sie, ob die Beschwerde berechtigt oder unberechtigt ist. – Analysieren Sie gemeinsam mit dem Kunden das Problem und binden Sie den Kunden bei einer berechtigten Beschwerde bei der Entwicklung von Lösungsmöglichkeiten ein. – Fragen Sie gezielt nach Details (z. B. Auftragsnummer, Rechnungsnummer, Daten von Auftragsbestätigungen, Namen von Ansprechpartnern), die helfen können, das Problem zu lösen. Damit geben Sie dem Gesprächspartner das Gefühl, dass Sie bemüht sind, eine schnelle Lösung zu finden.
Ausstiegsphase	– Fassen Sie die wichtigsten Punkte der Problemlösung zusammen. – Vergewissern Sie sich, dass der Gesprächspartner alles richtig verstanden hat und die Lösung akzeptiert. – Bieten Sie dem Kunden etwas zum Ausgleich seiner Verärgerung an. – Bedanken Sie sich beim Kunden und beenden Sie das Gespräch mit einer positiven Formulierung (z. B. „Ich freue mich, dass wir eine für Sie zufriedenstellende Lösung gefunden haben.").

Bereiten Sie das Gespräch wie folgt nach:

- Dokumentieren Sie die Beschwerde in dem dafür vorgesehenen System Ihres Unternehmens.
- Informieren Sie alle am Prozess beteiligten Mitarbeiterinnen und Mitarbeiter.
- Planen Sie die Termine und stellen Sie sicher, dass sie eingehalten werden.
- Dauert die Bearbeitung des Anliegens länger, informieren Sie den Kunden über den Bearbeitungsstand.

3.1.5 Einwandbehandlungstechniken

Sollte sich während des Gesprächs herausstellen, dass die Beschwerde unberechtigt ist, müssen Sie mit den Einwänden des Kunden professionell umgehen.

- Bereiten Sie sich auf die möglichen Einwände Ihres Gesprächspartners vor.
- Hören Sie Ihrem Gesprächspartner aufmerksam zu.
- Lassen Sie sich nicht provozieren.
- Bleiben Sie sachlich.
- Nutzen Sie Einwände als Orientierungshilfe.
- Nutzen Sie Einwandtechniken.

Ihre Argumente können aus Ihrer Sicht noch so überzeugend sein – das bedeutet nicht, dass sie Ihren Kunden ebenfalls überzeugen. Vielmehr kommt es darauf an, auf die Einwände Ihres Gesprächspartners richtig zu reagieren.

Überlegen Sie im Vorfeld, welche Einwände Ihr Kunde anbringen könnte und wie Sie im Gespräch darauf reagieren könnten. Bleiben Sie während des Gespräches ruhig und sachlich. Hören Sie sich die Einwände Ihres Gegenübers an. Nehmen Sie die Einwände auf Ihre Argumente ernst, denn sie sind ein Zeichen dafür, dass Ihr Gesprächspartner Ihnen zuhört. Lassen Sie sich daher von Gegenargumenten nicht provozieren oder zu emotionalen Äußerungen hinreißen.

Oft erfahren Sie erst durch die Einwände des Gesprächspartners in welche Richtung seine Überlegungen gehen. Setzen Sie diese Erkenntnis im weiteren Verlauf des Gespräches bewusst ein und tragen Sie nicht alle Argumente vor. Bringen Sie zunächst die weniger wichtigen Argumente und lassen Sie den Kunden reden. Hören Sie sich die Einwände und Vorschläge des Gesprächspartners genau an und versuchen Sie sich bei Ihrer weiteren Argumentation daran zu orientieren. Gehen Sie nicht zu schnell auf die Einwände Ihres Gesprächspartners ein, sondern denken Sie in Ruhe nach. Damit signalisieren Sie Ihrem Gegenüber, dass Sie sich mit seinem Einwand intensiv auseinandersetzen. Damit schützen Sie sich selbst vor einer unkontrollierten Antwort.

Wenn Sie sich die unterschiedlichen Techniken bewusst machen, haben Sie die Möglichkeit, diese in der entsprechenden Situation gezielt anzuwenden. Im Folgenden finden Sie eine Übersicht über die wichtigsten Einwandtechniken, ihren Nutzen und ihre Grenzen:

Ja-aber-Methode	Der Einwand wird zunächst bejaht, diese Zustimmung wird danach aber sofort wieder eingeschränkt. Mit dem „aber“ wird der Einwand abgeschmettert. Diese Methode sollten Sie vorsichtig einsetzen. Mit ihr kommen Sie inhaltlich kaum weiter. Zudem wird sie häufig verwendet, sodass der Gesprächspartner Ihre Taktik leicht durchschauen kann und möglicherweise aggressiv reagiert. ***Beispiele*** • *Bei der Ja-aber-Methode können die Formulierungen unterschiedlich sein:* *„Ja, aber die Tatsachen sprechen eine andere Sprache.“* *„Sie haben recht, jedoch möchte ich zu bedenken geben ...“* *„Ihre Argumentation ist richtig, obwohl ...“* *„Das sehe ich auch so, dennoch ...“*
Einwand aufgreifen und positive Argumente dagegensetzen	Die Methode kann besonders gut zu Beginn eines Beschwerdegesprächs eingesetzt werden. Den Einwand aufzugreifen und darauf einzugehen zeigt dem Kunden, dass Sie sein Anliegen ernst nehmen. ***Beispiele*** • *„Ich spreche gerne mit Ihnen darüber, was Sie ärgert.“* *„Erklären Sie mir bitte, warum Sie so verärgert sind.“* *„Sie meinen also, ...“* *„Warum sind Sie damit nicht einverstanden?“*
Einwände vorwegnehmen	Diese Methode zielt darauf ab, die Einwände des Gesprächspartners im Voraus aufzunehmen und durch gute Begründungen zu entkräften. Sie ist nur dann sinnvoll, wenn Sie sicher sind, dass Ihr Gesprächspartner den Einwand selbst bringen würde. In besonders kritischen Gesprächsphasen können dadurch Konflikte vermieden werden. ***Beispiele*** • *„Sie werden sicher einwenden ...“* *„Ich kann nachvollziehen, wenn Sie jetzt sagen, dass ...“* *„Auch wenn Ihrer Meinung nach ...“*
Einwandumkehr	Bei der Einwandumkehr geht es darum, dass Sie versuchen die Einwände des Gesprächspartners zu entkräften, indem Sie von Neuem die Argumentation aufnehmen. ***Beispiel*** • *„Ich möchte noch einmal darauf zurückkommen ...“*
Appell	Durch einen Appell fordern Sie Ihren Gesprächspartner auf, die Konsequenzen zu beachten. ***Beispiele*** • *„Aus diesem Grund ist es sinnvoll einen höhenverstellbaren Schreibtisch zu nehmen.“* *„Deshalb sollten Sie sich für einen Bürostuhl entscheiden, der dynamisches Sitzen ermöglicht.“*

Plus-Minus-Technik	Die Plus-Minus-Technik hilft Ihnen sachbezogen mit Ihren Argumenten zu überzeugen. Verglichen mit einer Waage bringen Sie die Argumentation zu Ihrem Vorteil ins Ungleichgewicht. Ein direkter Widerspruch ist zu vermeiden. 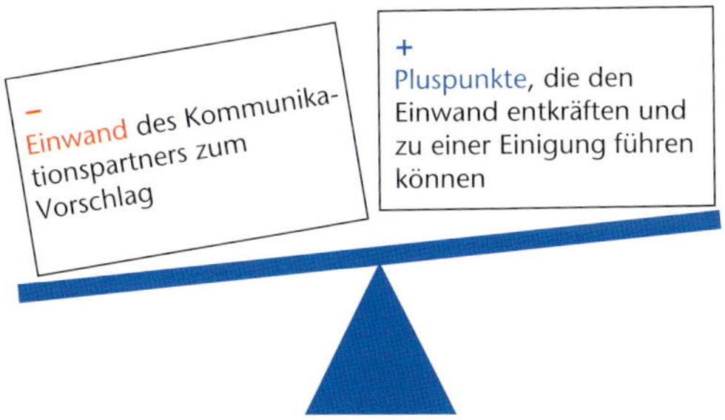 ***Beispiel*** • *„Sie meinen, die Verarbeitung der Tischplatte ist schlecht. Wir nehmen nur erstklassige Hölzer. Die Maserung des Holzes weist auf eine besondere Qualität hin. Es handelt sich um eine besonders harte Holzart.“*
Versachlichung	Bringen Sie die Argumentation des Kunden auf eine sachliche Ebene. Damit zeigen Sie dem Beschwerdeführer, dass Sie seine Emotionen wahrnehmen und machen ihn für eine sachliche Argumentation zugänglicher. ***Beispiele*** • *„Was meinen Sie damit konkret?“* *„Ich kann Sie gut verstehen. Wie können wir Ihnen konkret helfen?“*
Nutzentechnik	Die Argumente, die zur Entkräftigung des Einwands verwendet werden, sollten einen Nutzen für den Kunden enthalten. Versetzen Sie sich in die Lage des Beschwerdeführers und erklären Sie ihm die Vorteile, die sich durch Ihre Argumente ergeben.

Greifen Sie sich zwei, drei Techniken heraus und versuchen Sie diese in zukünftigen Gesprächen bewusst einzusetzen.

3.1.6 Weitere Gesprächstechniken in schwierigen Situationen

Dampfablass-Technik

Wenn ein verärgerter Kunde sich meldet, muss er zunächst Dampf ablassen. Nur so kann der Weg für eine gute Gesprächsbasis geebnet werden. Bereiten Sie sich bewusst auf diese schwierige Situation vor, sonst laufen Sie Gefahr, selbst wütend zu werden und die Situation eskaliert. Folgendes Verhalten hilft Ihnen:

- Treten Sie dem verärgerten, wütenden Gesprächspartner ruhig gegenüber.
- Zeigen Sie für sein Anliegen Verständnis und hören Sie ruhig zu. Äußern Sie sich beispielsweise so:
  - „Wenn ich die Situation richtig einschätze, sind Sie sehr verärgert.“
  - „Ich verstehe, dass Sie dadurch verärgert sind.“
  - „Das tut mir leid.“

- Fordern Sie Ihren Gesprächspartner ruhig und freundlich auf, den Grund seiner Verärgerung zu schildern. Stellen Sie dazu entsprechende Fragen.
  - „Erzählen Sie mir genau, was passiert ist."
  - „Sagen Sie mir dazu bitte Ihre Meinung."

Umgang mit verbalen Angriffen

- Nehmen Sie verbale Angriffe nicht persönlich und bleiben Sie ruhig.
- Gehen Sie auf die Angriffe nicht ein, bieten Sie lediglich Ihre Hilfe an.
- Zeigen Sie für die Verärgerung Verständnis.
- Fordern Sie den Kunden auf, konkret zu werden. Stellen Sie offene Fragen (Was ist passiert? Welche Probleme gibt es? Wie kann ich Ihnen helfen?).

Stressbewältigung

In schwierigen Situationen stehen Sie selbst unter Stress. Einfache Techniken helfen Ihnen, die Ruhe zu bewahren:

- Nehmen Sie im direkten Gespräch eine entspannte Körperhaltung ein. Sitzen Sie aufrecht und ziehen Sie die Schultern nicht hoch – dies passiert sehr leicht, wenn man sich ärgert oder angespannt ist.
- Atmen Sie bewusst tief ein und aus. Beim Telefonieren achten Sie auf einen ausreichenden Abstand zwischen Mund und Mikrofon. Sonst ist das Atmen hörbar.
- Wenn Sie spüren, dass der Ärger innerlich hochkommt, sagen Sie zu sich selbst „Stopp" und versuchen Sie, positiv zu denken.

Gespräche positiv beeinflussen

Schon mit kleinen Maßnahmen kann ein Gespräch positiv beeinflusst werden:

- Sprechen Sie den Beschwerdeführer häufiger mit Namen an.
- Machen Sie bewusst Pausen. Damit können Sie positive Aussagen noch verstärken.
- Stellen Sie vermehrt Fragen und machen Sie weniger Aussagen.
- Formulieren Sie positive Sätze.
- Hören Sie gut zu.
- Bleiben Sie freundlich und sachlich.
- Bieten Sie Ihre Hilfe an.
- Reden Sie selbst ein Drittel und lassen Sie Ihrem Gesprächspartner zwei Drittel der Zeit.
- Unterbrechen Sie Ihren Gesprächspartner nicht.
- Sind Sie anderer Meinung, dann sagen Sie das, ohne den Gesprächspartner anzugreifen.
- Beenden Sie das Gespräch freundlich und bedanken Sie sich für die Information.

Auf den Punkt gebracht

Nutzen Sie Ihr Wissen

1. Erläutern Sie die Begriffe „Beschwerden“ und „Reklamationen“.
2. Beschreiben Sie, was Sie unter einem betrieblichen Beschwerdemanagement verstehen.
3. Klären Sie, wie in Ihrem Betrieb Beschwerden und Reklamationen behandelt werden.

   a) Fassen Sie Ihre Ergebnisse in einer Präsentation zusammen.
   b) Präsentieren Sie Ihr Ergebnis im Plenum.
4. Begründen Sie, warum gerade bei der Behandlung von Beschwerden und Reklamationen die Sozial- und Selbstkompetenz eine besondere Rolle spielt.
5. Sie erhalten heute von Ihrem Chef den Auftrag im Kundenservice mitzuwirken. Unter anderem werden dort Beschwerden entgegengenommen. Erläutern Sie, wie Sie sich auf diese Tätigkeit vorbereiten.
6. Ebru Celik hat die häufigsten Aussagen von Kunden bei einem Lieferverzug zusammengefasst. In einem Gespräch mit ihrem Ausbilder überlegt sie, wie sie auf die einzelnen Aussagen professionell reagieren könnte:

   - „Jetzt haben wir schon zum zweiten Mal eine falsche Lieferung erhalten.“
   - „Durch Ihren Fehler können wir jetzt einen wichtigen Auftrag nicht erfüllen und kommen selbst in Lieferverzug.“
   - „Sie können mir viel erzählen. Jetzt hat das schon zweimal nicht geklappt. Es ist besser, wir suchen uns einen neuen Lieferanten.“
   - „Wenn Sie zu spät liefern, stellen wir Ihnen die Folgekosten in Rechnung.“
   - „Wenn das nicht geklärt wird, rufe ich Ihren Chef an.“

   Formulieren Sie zu jeder Aussage einen Vorschlag. Erstellen Sie dafür in Ihrem Textverarbeitungsprogramm eine zweispaltige Tabelle, in der Sie die Aussagen und die Reaktionen erfassen.
7. Sie wollen zukünftig mit Einwänden Ihrer Gesprächspartner besser umgehen. Trainieren Sie den Umgang mit Einwänden:

   - Achten Sie bei zukünftigen Gesprächen auf mögliche Einwände und notieren Sie diese. Überlegen Sie im Anschluss an das Gespräch – ganz in Ruhe – welche Technik infrage kommt.
   - Greifen Sie sich ein bis zwei Techniken heraus und versuchen Sie diese in zukünftigen Gesprächen bewusst anzuwenden. Beginnen Sie mit einem einfachen Gespräch wie z. B. dem Small Talk.
8. Warum sollten Sie mit der Ja-aber-Methode bei der Einwandbehandlung vorsichtig umgehen?

3.2 Konflikte in Reklamationsgesprächen analysieren

Lernsituation

Die ModernOffice KG führte am 25. September 20.. in ihrem Showroom in Horb einen Sonderverkauf für Bürostühle durch. Viele Restposten auslaufender Bürostuhl-Serien wurden verkauft. Die Bürostühle waren als erste Wahl gekennzeichnet und wiesen keine Mängel auf.

Vier Wochen später hilft Ebru Celik im Showroom aus und berät dort die Besucher. Sie ist gerade auf dem Weg einen wichtigen Kunden zu verabschieden, als Herr Lehmann den Raum betritt. Herr Lehmann steuert direkt auf Ebru Celik zu, schaut auf ihr Namensschild und spricht sie an.

Frank Lehmann: „Guten Tag, Frau Celik. Mein Name ist Frank Lehmann. Ich habe vor vier Wochen hier im Showroom einen Bürodrehstuhl, Modell ‚Kineta', gekauft. Die Höhenverstellung des Stuhles funktioniert jetzt schon nicht mehr. Das ist sehr ärgerlich. Zuerst konnte ich nur mit enormer Kraft den Hebel bewegen und jetzt geht gar nichts mehr. Wenn ich mir einen Bandscheibenschaden zuziehe, weil ich nur im Tiefgang sitzen kann, mache ich Ihre Firma dafür verantwortlich."

Ebru Celik: „Guten Tag, Herr Lehmann. Lassen Sie uns in Ruhe darüber reden. Ich bin gleich für Sie da und schaue nach, welcher Besprechungsraum frei ist. Gedulden Sie sich bitte einen Augenblick. Meine Kollegin, Katrin Sommer, kümmert sich gerne um Sie. Ich hole Sie hier in einer halben Stunde ab. Passt das bei Ihnen?"

Frank Lehmann: „Ja, in Ordnung."

Ebru Celik ist erleichtert, dass sie nicht sofort mit Herrn Lehmann ins Gespräch gehen muss. Sie ist unsicher und weiß nicht, wie sie mit Herrn Lehmann und seinem Anliegen umgehen soll. Deshalb wendet sie sich an Herrn Pesch.

Willy Pesch: „Ich kenne Herrn Lehmann. Er reagiert manchmal sehr emotional. Sie schaffen das schon. Gehen Sie auf seine Beschwerde ein und bieten Sie ihm einen Umtausch an. Schauen Sie aber vorher im Lager nach, ob noch ein Stuhl des Modells ‚Kineta' vorhanden ist. Bitte erstellen Sie nach dem Gespräch einen Leitfaden für den Umgang mit Kunden in Konfliktsituationen. Kommen Sie danach auf mich zu, damit wir gemeinsam Ihr Ergebnis besprechen können."

Ebru Celik: „Danke für Ihr Vertrauen. Ich werde mein Bestes geben."

- *Analysieren Sie die Lernsituation und besprechen Sie im Plenum, welche Informationen Ebru Celik benötigt, um das Reklamationsgespräch zielgerichtet führen zu können.*
- *Verwenden Sie als Informationsquelle das folgende Kapitel.*

- *Suchen Sie sich eine Partnerin oder einen Partner und planen Sie das Reklamationsgespräch. Entscheiden Sie sich für geeignete Gesprächstechniken und -methoden.*
- *Erstellen Sie mithilfe Ihres Textverarbeitungsprogramms einen Gesprächsleitfaden, der Ihnen hilft, zukünftig mit Kunden in Konfliktsituationen besser umgehen zu können.*
- *Bilden Sie mit einem weiteren Paar eine Gruppe und erstellen Sie aus den vorhandenen Leitfäden einen gemeinsamen.*
- *Entwickeln Sie anschließend in Ihrer Gruppe Kriterien zur Beurteilung von Gesprächssituationen.*
- *Besprechen Sie die Kriterien im Plenum und fassen Sie diese in einer Checkliste zusammen. Gestalten Sie die Checkliste mithilfe Ihres Textverarbeitungsprogramms sach- und ablaufgerecht.*
- *Führen Sie die Gesprächssituation als Rollenspiel ein- bis zweimal in der Klasse durch. Die Zuschauer bewerten anhand der Checkliste das Gesprächsverhalten.*
- *Reflektieren Sie im Plenum, ob das Gespräch fach- und kundengerecht geführt wurde, und ob die Reaktionen angemessen und zielorientiert waren. Formulieren Sie Verbesserungsmöglichkeiten für zukünftige Gesprächssituationen.*

3.2.1 Reklamationen

Rechtliche Grundlagen bei der Reklamationsbehandlung

Händler sind verpflichtet, die Ware frei von Mängeln zu übergeben und zu übereignen. Ist das nicht der Fall, hat der Käufer lt. Gesetz das Recht, Abhilfe zu verlangen.

Der Kunde kann erwarten, dass ein gekaufter Gegenstand mindestens zwei Jahre einwandfrei funktioniert. Tritt innerhalb von zwei Jahren nach dem Kauf bzw. der Übergabe ein Mangel auf, hat er gesetzlich festgelegte Rechte (§ 437 BGB). Dies gilt auch, wenn der Käufer das Produkt preiswerter oder reduziert gekauft hat. Wurde die Ware als zweite Wahl gekennzeichnet, muss der Kunde kleine Mängel (z. B. das Drehkreuz des Bürostuhls ist etwas verkratzt) in Kauf nehmen. Bei groben Mängeln (z. B. der Bezugsstoff der Sitzfläche reißt innerhalb kürzester Zeit) hat der Kunde – auch bei reduzierten Produkten – das Recht die Ware umzutauschen.

Die Ware enthält Mängel
Tritt ein Mangel bei einer gekauften Ware auf, kann der Kunde seine Rechte in zwei Stufen geltend machen.

1. Stufe: Bevor andere Maßnahmen eingeleitet werden, kann der Käufer nur die Nacherfüllung verlangen. Die Nacherfüllung kann durch folgende Maßnahmen erfolgen:

Nachbesserung	Die Ware wird nachgebessert oder repariert.
Ersatzlieferung	Der Kunde erhält eine neue, einwandfrei funktionierende Ware.

2. Stufe: Ist die Nacherfüllung erfolglos, tritt die zweite Stufe in Kraft (§ 440 BGB).

- Der Händler trägt die Kosten der Nacherfüllung.
- Zumutbar sind zwei Reparaturversuche.
- Nach Rücktritt vom Vertrag erhält der Kunde den Kaufpreis zurück. Der Verkäufer erhält die Ware und darf nach längerem Gebrauch eine Nutzungsentschädigung verlangen.
- Der Kunde muss plausibel darlegen, dass die Ursache des Mangels nicht bei ihm liegt.

Rücktritt vom Vertrag	Der Kunde gibt die mangelhafte Ware zurück und bekommt den Kaufpreis zurückerstattet oder er macht eine Minderung geltend.
Minderung	Bei einer Minderung behält der Kunde die Ware trotz des Mangels und bekommt im Gegenzug einen Abzug auf den Kaufpreis.
Schadenersatz	Der Kunde kann Schadenersatz verlangen, sobald nachgewiesen ist, dass der Mangel vom Verkäufer verschuldet wurde.

Garantien
Garantien können vom Händler oder vom Hersteller freiwillig eingeräumt werden. Sie gelten immer zusätzlich zu den gesetzlichen Ansprüchen.

Die Ware wird nicht rechtzeitig geliefert
- Wurde ein genauer Liefertermin vereinbart?
- Wurde nach Verstreichen des Liefertermins gemahnt?
- Nach erfolgloser Fristsetzung kann der Kunde vom Vertrag zurücktreten.
- Der Kunde erhält Schadenersatz für bezifferte Schäden bei Verschulden des Händlers.

Umtausch der Ware
Das Umtauschrecht wird vom Händler freiwillig eingeräumt. Das Widerrufsrecht beim Käufer besteht gesetzlich. Die Kunden haben bei Außergeschäftsraumverträgen und bei Fernabsatzverträgen ein gesetzliches Widerrufsrecht. Nach dem Widerruf muss der Kunde die Ware zurückgeben und erhält den Kaufpreis zurück. Wertersatz für die bloße Benutzung des Kaufgegenstandes muss der Kunde nicht zahlen.

Betrieblich festgelegte Reklamationsbehandlung

Im Unternehmen können grundsätzliche Lösungsmöglichkeiten auf Beschwerden und Reklamationen festgelegt werden, z. B.:

- Rückgabe des Geldes
- Umtausch der Ware
- Gewährung eines Preisnachlasses
- Schadenersatz leisten
- Reparatur der Ware
- Wiedergutmachung durch einen Gutschein
- Entschuldigung beim Kunden

3.2.2 Kommunikationsverhalten

Das Eisberg-Modell

Gerade bei schwierigen Gesprächen ist „richtig zuhören" ein wesentlicher Aspekt, um erfolgreich zu kommunizieren. Beim „richtigen Zuhören" werden nicht nur die Gesprächsinhalte, sondern ebenfalls die nichthörbaren Aspekte der Kommunikation verstärkt berücksichtigt. Im Eisberg-Modell nach Sigmund Freud wird dies deutlich beschrieben.

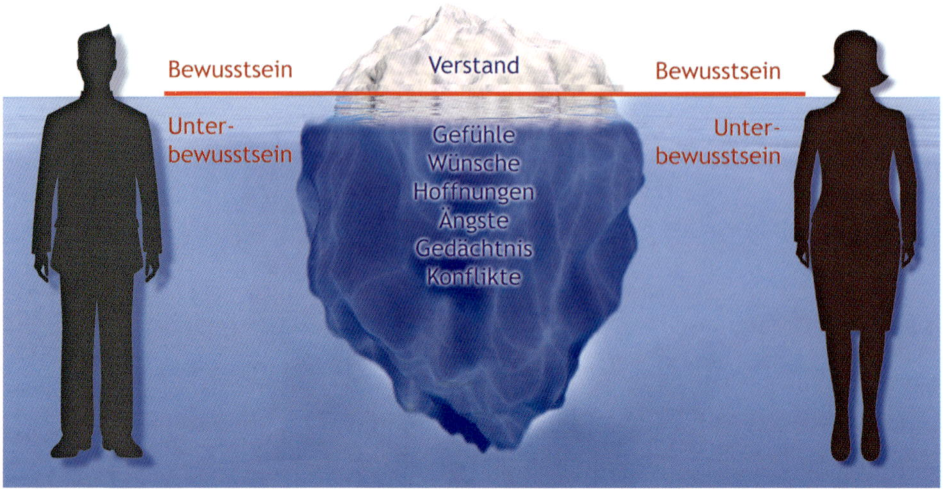

Die menschliche Kommunikation wird überwiegend unterbewusst gesteuert und kann mit dem Bild eines Eisberges verglichen werden. Die Spitze des Eisberges befindet sich über der Wasseroberfläche, der größere Teil liegt unter Wasser und ist nicht zu sehen. In einer Gesprächssituation bildet das vom Verstand gesteuerte Verhalten, also der sichtbare Teil der Kommunikation, die Spitze des Eisberges. Das, was unter der Wasseroberfläche liegt, bildet das Unterbewusstsein ab, also den weitaus größeren Anteil.

Das Unterbewusstsein wird sehr stark von Gefühlen bestimmt. Diese Gefühle rufen Sie als Sender bei Ihrem Kommunikationspartner hervor. Bevor Sie überhaupt anfangen zu sprechen, werden Sie von Ihrem Kommunikationspartner zum überwiegenden Teil unbewusst wahrgenommen. Aus diesem Grund ist es wichtig, dass Sie auf Ihr Auftreten, Ihr Aussehen, Ihre Stimme, Ihre Sprechgeschwindigkeit, Ihre Wortwahl, Ihre Lautstärke u. Ä. achten. Bereits in den ersten Momenten eines Zusammentreffens wird über Zuwendung oder Abwehrhaltung entschieden.

Sie werden immer wieder feststellen, dass die gleiche Botschaft bei verschiedenen Menschen unterschiedliche Reaktionen hervorruft. Dies ist abhängig davon, welche Erfahrungen, Erlebnisse oder Ereignisse im Unterbewusstsein der jeweiligen Personen verankert sind. Sie bestimmen ihr Verhalten wesentlich. Deshalb reagieren verschiedene Personen in gleichen Gesprächssituationen unterschiedlich.

Gewaltfreie Kommunikation

Die Gewaltfreie Kommunikation (GFK) ist ein Modell zur Konfliktbewältigung. Sie begründet sich auf die Lehre des amerikanischen Psychologen Marshall B. Rosenberg. Im Vordergrund steht die Beilegung von Konflikten, ohne den anderen zu verletzen. Konflikte werden konstruktiv auf Augenhöhe geklärt und nachhaltige Lösungen entwickelt. Gewaltfreiheit beinhaltet nicht automatisch Passivität. Ganz im Gegenteil setzt sie die aktive Auseinandersetzung mit Konflikten voraus.

Die folgenden vier Schritte bilden die Basis einer ausgeglichenen Kommunikation:

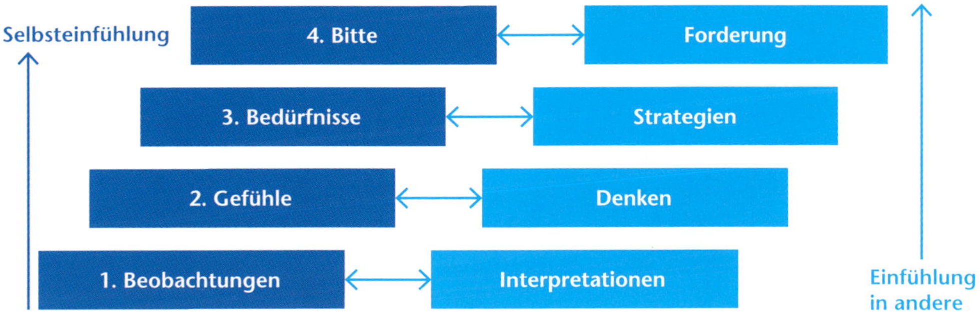

1. Schritt – Beobachtungen statt Interpretationen
Teilen Sie Ihrem Gesprächspartner nur das mit, was Sie in der jeweiligen Situation beobachten oder wahrnehmen. Nennen Sie die Fakten und verzichten Sie auf Interpretationen. Wenn Sie in Ihre Beobachtungen Interpretationen mischen, wird der andere die Kritik hören und entsprechend abwehrend reagieren. Achten Sie auf eine urteilsfreie Äußerung Ihrer Beobachtung.

Beispiel •

Beobachtung: *„Sie beschweren sich in diesem Monat schon das zweite Mal."*

Interpretation: *„ Sie haben den Bürostuhl sicherlich falsch benutzt. Kein Wunder, dass der Hebel wieder blockiert."*

2. Schritt – Gefühle statt Denken
Die meisten Menschen sind es gewohnt, nicht über ihre Gefühle zu sprechen und den Grund ihrer Gefühle in den Handlungen anderer zu sehen. Im zweiten Schritt der Gewaltfreien Kommunikation geht es gerade darum, dass Sie sich Ihrer Gefühle bewusst werden und diese dem Gesprächspartner mitteilen. Äußern Sie Ihre Gefühle anstatt urteilender Gedanken, die den anderen in eine Opferrolle drängen (z. B. „Ich fühle mich hintergangen ..."). Senden Sie ICH-Botschaften und verzichten Sie auf DU-Botschaften.

Beispiel •

Gefühl: *„Wenn ich merke, ich werde hintergangen, fühle ich mich unsicher."*

Denken: *„Ich fühle mich hintergangen ..."*

3. Schritt – Bedürfnisse statt Strategien
Jeder Mensch hat Bedürfnisse, häufig sogar mehrere Bedürfnisse gleichzeitig. Unsere Handlungen sind der Versuch, unsere Bedürfnisse zu erfüllen. Schon bei der Gefühlsäußerung wird oft ein Bedürfnis mitgeteilt.

Beispiel •

Gefühlsäußerung: *„Ich bin mir unsicher."*

Mitschwingendes Bedürfnis: *„Ich brauche Sicherheit."*

Wenn wir ein Bedürfnis haben, haben wir einen Wunsch oder eine Strategie im Kopf. Deshalb müssen wir zwischen Bedürfnis und Strategie unterscheiden.

Beispiel •

„Ich habe das Bedürfnis, mit Dir zu reden."

„Reden" ist kein Bedürfnis, sondern eine Strategie. Wenn wir Strategien hören, ohne das Bedürfnis zu erkennen, kann es passieren, dass wir unsere Selbstbestimmung gefährdet sehen und mit Abwehr reagieren.

4. Schritt – Bitte statt Forderung
Der Unterschied zwischen einer Bitte und einer Forderung besteht darin, dass die Bitte dem anderen die Möglichkeit gibt, sie zu erfüllen oder nicht. Hinter einer Bitte steht immer ein Bedürfnis. Werden Sie sich dessen bewusst, bevor Sie die Bitte äußern. Eine Bitte ist ein Wunsch, der an eine andere Person gerichtet ist. Sie sollte immer positiv formuliert sein. Wenn wir mit einer Bitte unsere Gefühle und Bedürfnisse mitteilen, ist es eher wahrscheinlich, dass die Bitte erfüllt wird.

3.3.3 Direkte Konfliktgespräche führen

Win-win-Strategie

Bei der Behandlung von Beschwerden und Reklamationen wird häufig der Begriff Win-win-Strategie genannt. Das bedeutet, dass jeder Verhandlungspartner nach der Verhandlung einen Nutzen erzielt hat.

Die Bilder zeigen unterschiedliche Verhaltensweisen mit ihrem jeweiligen Ergebnis:

Win-win-Situation durch Kooperation und Verhandlung

Lose-lose-Situation durch Vermeidung und Verdrängung

Win-lose-Situation durch Dominierung und Unterwerfung

Aufbau eines Konfliktgesprächs

Der Aufbau eines direkten Reklamationsgesprächs ist vom Ablauf her wie das Beschwerdegespräch am Telefon zu planen. Im Unterschied dazu gewinnt die Körpersprache im Zusammenspiel mit der verbalen Sprache eine besondere Bedeutung. Durch eine falsche Reaktion, bewusst oder unbewusst, könnte aus einem Problem sehr schnell ein Konflikt entstehen.

Kunden, die sich beschweren, erwarten Verständnis und eine gute Lösung ihres Problems. Wenn Sie eine Beschwerde entgegennehmen, können Sie durch Ihre Reaktion viel dazu beitragen, die Unzufriedenheit des Kunden abzubauen. Sie sollten den Kunden auf keinen Fall abweisen, vertrösten oder weiterleiten. Konflikte müssen schnell und konstruktiv behoben werden. Treten Sie deshalb mit dem Kunden in einen Dialog. Versuchen Sie, sich in den Kunden hineinzuversetzen und sein Problem zu verstehen.

Eignen Sie sich gute Gesprächsstrategien an. Entwickeln Sie Einstellungen, die den Dialog fördern. Setzen Sie wirkungsvolle Gesprächstechniken ein. Bereiten Sie sich vor allem gut vor.

Bei der Planung und Strukturierung eines Reklamationsgesprächs sollten Sie sich grundsätzlich immer folgende Fragen stellen:

- Was will ich erreichen?
- Was muss ich mindestens erreichen?
- Was muss vermieden werden?

Eine gute Vorbereitung hilft Ihnen, mit einer Konfliktsituation professionell umzugehen.

Drei-Phasen-Vorbereitung	
1. Phase Vorbereitung und Zielsetzung	**Vor dem Gespräch** • Versetzen Sie sich in die Situation Ihres Kunden. Zu welchem Persönlichkeitstyp gehört er? Neigt er eher zu einem sachlichen oder destruktiven Verhalten? • Prüfen Sie, ob die Reklamation berechtigt ist. Wenn ja, welche Lösungsmöglichkeiten bestehen, den Konflikt zu bereinigen? Bereiten Sie alle notwendigen Unterlagen zum Vorgang (Verträge, Versandpapiere u. Ä.) sorgfältig vor. • Bestimmen Sie die Ziele des Gespräches. Dies können sein: – Verständnis für die Sichtweise des Kunden aufbringen – gemeinsame Erarbeitung einer für das Unternehmen und den Kunden kostengünstigen Lösung – das Fortbestehen der Kundenbeziehung • Bereiten Sie den Besprechungsraum einladend vor. Schalten Sie möglichst alle Störfaktoren aus. Auch Temperatur, Beleuchtung und Belüftung sind zu prüfen. • Planen Sie genügend Zeit für das Gespräch ein.
2. Phase Ablauf strukturieren	**Freundlicher Einstieg** • Sorgen Sie im Gespräch für ein positives Klima. • Gehen Sie auf die andere Person freundlich zu. **Reden lassen** • Lassen Sie den Kunden aus seiner Sicht die Situation beschreiben. Unterstützen Sie ihn durch aktives Zuhören. Bringen Sie ihm Wertschätzung entgegen. • Lassen Sie den Kunden ausreden. Das hilft Ihnen, sich auf den Kunden einzustellen und seinen Standpunkt zu verstehen. • Bleiben Sie ruhig – auch wenn der Kunde Sie persönlich angreift. Setzen Sie Grenzen, wenn sich der Kunde wiederholt im Ton vergreift. **ICH-Botschaften senden** • Reden Sie in ICH-Botschaften, indem Sie gleichzeitig etwas von Ihren eigenen Empfindungen und Emotionen mitteilen. Dadurch signalisieren Sie gleichzeitig Vertrauen. • Stellen Sie die Situation aus Ihrer Sicht dar und argumentieren Sie dabei sachlich.

Drei-Phasen-Vorbereitung	
	Einigung • Stellen Sie die Interessen nebeneinander, um eine Win-win-Lösung zu finden. Visualisieren Sie das Gesagte, z. B. mithilfe eines Flipcharts. • Beschreiben Sie die Perspektiven einer möglichen Lösung und behalten Sie dabei die gemeinsamen Interessen im Blick. • Bringen Sie die Gesprächsinhalte auf einen Punkt und fassen Sie alles noch einmal zusammen. • Vergewissern Sie sich, dass der Kunde wirklich mit der gefundenen Lösung/Teillösung einverstanden ist. Fragen Sie nach, ob die Lösung für ihn so in Ordnung ist. **Dokumentation** • Dokumentieren Sie Teilergebnisse bzw. Ergebnisse. • Die Dokumentation verhindert nachträglich neue Konflikte. **Erfreulicher Abschluss** Bedanken Sie sich für das Gespräch und entschuldigen Sie sich im Namen des Unternehmens.
3. Phase Nachbereitung	**Nach dem Gespräch** • Leiten Sie die notwendigen Schritte zur Lösung ein. • Geben Sie dem Kunden Rückmeldung über den Stand der Bearbeitung.

Formulierungen

Achten Sie auf das, was Sie sagen und wie Sie es sagen. Es gibt Formulierungen, die in einem Reklamationsgespräch nicht verwendet werden sollten:

„Ich kann Ihnen in dieser Angelegenheit nicht helfen und der zuständige Kollege ist im Urlaub."

„Kann es sein, dass Sie die Ware falsch behandelt haben?"

„Jetzt ist es ganz schlecht, kommen Sie doch später wieder."

„Da ist meinem Kollegen wieder ein Fehler passiert."

„Ich verspreche Ihnen gar nichts."

„Regen Sie sich doch nicht so auf."

„Das steht alles in den Geschäftsbedingungen. Haben Sie die nicht gelesen?"

„Das stimmt nicht."

„Das weiß ich nicht."

„Sie sind aber empfindlich."

„Mehr kann ich im Moment nicht für Sie tun."

„Da muss ich erst einmal nachfragen."

„Sie sind aber empfindlich."

„Machen Sie mich doch dafür nicht verantwortlich!"

„Da haben Sie aber Unrecht."

„Ich als Fachmann rate Ihnen ..."

„Jetzt beruhigen Sie sich doch erst einmal."

„Wir sollten sachlich bleiben."

Nonverbale Signale

Alle körpersprachlichen Signale werden immer im Zusammenhang mit der verbalen Sprache gedeutet. Nutzen Sie Ihr Wissen über die Bedeutung der Signale, um Ihre Körpersprache optimal zu steuern.

Signale, die Sie im Reklamationsgespräch vermeiden sollten:

	**Kopfschütteln** signalisiert dem Gesprächspartner, dass Sie nicht einverstanden sind. Was in anderen Gesprächsarten möglich ist, sollte im Beschwerdegespräch vermieden werden. Der Kunde könnte den Widerspruch zu dem Gesagten in Ihrer Körpersprache bewusst oder unbewusst deuten.
	**Hochgezogene Augenbrauen** können ein Zeichen von Ungläubigkeit, Skepsis und Erstaunen sein. Stellt sich diese Reaktion in einem Reklamationsgespräch ein, kann das beim Gegenüber Unbehagen oder Verärgerung auslösen.
	**Augenbrauen zusammenziehen** ist Ausdruck von zurückgehaltenem Ärger. Oft reagiert Ihr Gegenüber in der Gesprächssituation ebenfalls ärgerlich, manchmal sogar aggressiv. Das Gespräch kann dann schnell einen negativen Verlauf nehmen.

	**Achselzucken** ist im entsprechenden Kontext eine Geste, die Gleichgültigkeit ausdrückt. Die Wahrnehmung des Kunden ist „Hier bin ich nicht willkommen!" und er zieht seine Konsequenzen.
	Ohne **Blickkontakt** kommt keine Beziehung zustande. Verweigern Sie in einem Gespräch den Blickkontakt, signalisiert dies Ihrem Gegenüber Ablehnung und irritiert ihn. In einer bereits angespannten Situation bauen Sie so kein Vertrauen auf.

Indizien, die die Ablehnung eines Gesprächspartners signalisieren:

- Ablehnung erkennen Sie am deutlichsten daran, dass Ihr Gegenüber die Distanz zu Ihnen vergrößert.
- Desinteresse zeigt der Gesprächspartner z. B. durch einen abgewendeten Oberkörper und fehlenden Blickkontakt.
- Nimmt jemand die Arme vor die Brust und die Füße nach hinten, kann das ebenfalls ein Indiz für Ablehnung sein.

Übersprunghandlungen

Bei Übersprunghandlungen spricht das Unterbewusstsein. Die Verhaltensweisen zeigen keinen sinnvollen Bezug auf die auslösende Situation.

Beispiel •

Das Reklamationsgespräch mit einem Kunden hat einen kritischen Punkt erreicht. Sie machen dem Kunden ein Angebot, wie sie die Sache aus der Welt schaffen können. Der Kunde ist nicht einverstanden und nennt seine Forderung. Sie sind im Konflikt, ob Sie dieser Forderung nachkommen oder weiter verhandeln.

mögliche Übersprungsgeste	mögliche Deutung
Sie greifen an Ihre Nase.	Sie prüfen, ob Sie der Forderung nachkommen können.
Sie nehmen einen Stift.	Der Stift ist der Ersatz für Ihren Zeigefinger.
Sie ordnen die Unterlagen auf dem Tisch.	Sie ordnen Ihre Gedanken und suchen nach einer einvernehmlichen Lösung.
Sie kratzen sich.	Die Forderung liegt nicht im Rahmen der Möglichkeiten.

Metakommunikation

Gerät ein Gespräch ins Stocken, ist die Metakommunikation eine gute Methode die Kommunikation wieder in Gang zu bringen. Metakommunikation ist die Kommunikation über die Kommunikation. Es findet ein Austausch darüber statt, wie man miteinander kommuniziert. Die Gesprächspartner reflektieren den Verlauf des Gesprächs und verständigen sich darüber, wie etwas gesagt wurde und wie der andere es verstanden hat. Das heißt, es wird nicht mehr über das Sachthema gesprochen, sondern über die Kommunikation selbst. Dabei schauen Sie aus der Vogelperspektive auf das Gespräch, um mögliche Quellen für die Kommunikationsstörung zu erkennen.

Gerade in Konfliktsituationen ist die Metakommunikation ein wirksames Mittel, um Kommunikationsstörungen wieder in den Griff zu bekommen.

Die Metakommunikation ist in Reklamationsgesprächen dann sinnvoll, wenn

- Störungen im Gespräch thematisiert werden sollen,
- die Partner im Gespräch überaus emotional reagieren oder
- Gesprächsblockaden entstehen.

Die Metakommunikation kann folgendermaßen eingeleitet werden:

- Unterbrechen Sie das Gespräch freundlich, aber bestimmt.
- Erklären Sie Ihrem Gesprächspartner, dass Sie den Eindruck haben, dass das Gespräch festgefahren ist. Äußern Sie z. B.: „Wir kommen gerade nicht weiter und die Stimmung wird schlechter. Wie geht es Ihnen damit?“
- Suchen Sie mit dem Gesprächspartner nach den Ursachen und entwickeln Sie Lösungen, wie der Gesprächsverlauf verbessert werden kann.

Auf den Punkt gebracht

das direkte Konfliktgespräch

Rechte des Kunden — **betrieblich festgelegte Lösungsmöglichkeiten**

§

Rechte des Kunden:
- Nachbesserung
- Ersatzlieferung
- Rücktritt vom Vertrag
- Minderung
- Schadenersatz

Betrieblich festgelegte Lösungsmöglichkeiten:
- Gewährung eines Preisnachlasses
- Rückgabe des Geldes
- Umtausch der Ware
- Schadenersatz
- Reparatur der Ware
- Zusatzleistungen

Gewaltfreie Kommunikation als Methode einsetzen:

Selbsteinfühlung

4. Bitte	↔	Forderung
3. Bedürfnisse	↔	Strategien
2. Gefühle	↔	Denken
1. Beobachtungen	↔	Interpretationen

Einfühlung in andere

Metakommunikation

Konfliktgespräch
Formulierungen
nonverbale Signale

3-Phasen-Vorbereitung

Nutzen Sie Ihr Wissen

1. Sie sollen die Auszubildenden in Ihrem Betrieb über die gesetzlichen und betrieblichen Regelungen Ihres Unternehmens bei Reklamationen informieren, damit Sie am Telefon schnell und souverän reagieren können. Beschreiben Sie die grundsätzlichen Rechte des Kunden bei Reklamationen und mögliche Reaktionen aus gesetzlicher und betrieblicher Sicht.

   a) Informieren Sie sich in Ihrem Betrieb und in den einschlägigen Gesetzbüchern.
   b) Bereiten Sie die Informationen auf und planen Sie die Umsetzung. Wenn in Ihrer Klasse weitere Auszubildende aus Ihrer Firma sind, lösen Sie die Aufgabe gemeinsam. Überlegen Sie, welche Darstellung am geeignetsten ist.
   c) Entscheiden Sie, wie Sie den Auftrag umsetzen.
   d) Erstellen Sie das Informationsprodukt.
   e) Präsentieren Sie Ihr Ergebnis im Plenum. Vergleichen Sie Ihr Ergebnis mit den Ergebnissen anderer Gruppen. Stellen Sie Unterschiede der betrieblichen Regelungen bei der Reklamationsbehandlung gegenüber. Nehmen Sie gegebenenfalls Verbesserungen vor.

f) Reflektieren Sie im Plenum, wie Sie in den einzelnen Gruppen miteinander gearbeitet haben und machen Sie sich bewusst, was Sie zukünftig verbessern oder ändern können.

2. Sie werden von einem ärgerlichen Kunden überrascht. Er will sofort Ihre Aufmerksamkeit.

   a) Was kann passieren, wenn Sie dieser Erwartungshaltung nicht nachkommen?
   b) Welche Reaktionen wären angemessen?

3. Im Gespräch erklärt Ihnen ein Kunde Folgendes: „Ich hätte einen vergleichbaren Bürostuhl auch bei einem günstigen Internetanbieter kaufen können. Da ich aber eine gute Verkaufsberatung, einen guten Service und ein kulantes Verhalten in Reklamationsfällen sehr schätze, entschied ich mich für Ihr Unternehmen. Und jetzt das. Nichts funktioniert mehr.“

   Beschreiben und begründen Sie Ihre Reaktion darauf.

4. Sie haben Sich mit dem Modell „Gewaltfreie Kommunikation“ (GFK) auseinandergesetzt und wollen es zunehmend im privaten und beruflichen Bereich einsetzen. Beschreiben Sie,

   a) wie es Ihnen gelingen kann, mit einem Gesprächspartner eine gemeinsame Grundlage für ein Gespräch zu finden.
   b) wie Sie Ihre Beobachtungen ausdrücken.
   c) wie Sie die Bereitschaft Ihres Gesprächspartners steigern, damit er Ihnen wirklich zuhört.
   d) wie Sie Ihre Bedürfnissen zum Ausdruck bringen, damit Ihr Gegenüber Ihrer Bitte eher nachkommt.

5. Es gibt im Umgang mit Beschwerden Standardformulierungen, die Sie möglichst nicht verwenden sollten. Beschreiben und begründen Sie drei Formulierungen und stellen Sie sie in einer Tabelle gegenüber.

6. In einem Beschwerdegespräch haben Sie den Eindruck, dass Ihr Gegenüber immer unzugänglicher wird.

   a) Beschreiben Sie, welche verbalen und nonverbalen Äußerungen dazu geführt haben könnten.
   b) Erläutern Sie, welche Methode der Gesprächstechnik Ihnen hier weiterhelfen kann.

7. Bei einer Kundenaktion wurden von der ModernOffice KG gebrauchte Beamer verkauft. Herr Peter Feldmann kaufte einen Beamer und telefoniert heute mit Svenja Kolleck, weil es Probleme bei der Bildauflösung gibt. Er bittet noch heute um ein Gespräch und eine Lösung seines Problems.

   a) Klären Sie anstelle von Svenja Kolleck, welche Rechte Herr Feldmann hat und wie Sie ihm entgegenkommen können.
   b) Bereiten Sie mithilfe des Gesprächsleitfadens das Gespräch vor. Beschreiben und begründen Sie Ihre Vorgehensweise.
   c) Erläutern Sie, wie Sie das Eisberg-Modell und das Modell der Gewaltfreien Kommunikation in dieser Situation anwenden können.

Personalwirtschaftliche Aufgaben wahrnehmen

Lernfeld 8

1 Personalwirtschaftliche Aufgaben wahrnehmen

1.1 Den quantitativen Personalbedarf ermitteln

Lernsituation

Im Rahmen seiner Wahlqualifikation „Personalwirtschaft“ ist der Auszubildende Tom Wildermuth für fünf Monate in der Abteilung Personal bei der ModernOffice KG eingesetzt. Heute möchte Miriam Ball, Leiterin der Personalabteilung, ihn mit der quantitativen Personalbedarfsplanung vertraut machen.

Miriam Ball: „Guten Morgen, Herr Wildermuth.“

Tom Wildermuth: „Guten Morgen, Frau Ball.“

Miriam Ball: „Heute werden wir uns gemeinsam mit dem Thema quantitative Personalbedarfsplanung beschäftigen. Das bedeutet, dass wir uns anschauen werden, wie viele Arbeitskräfte zur Wahrnehmung aller betrieblichen Aufgaben im nächsten Quartal bei der ModernOffice KG benötigt werden. Hierbei kann es zu einer Personalüber- oder -unterdeckung kommen. Bei einer Personalüberdeckung muss Personal abgebaut werden. Dagegen muss bei einer Personalunterdeckung i.d.R. zusätzliches Personal eingestellt werden.“

Tom Wildermuth: „Das Thema behandeln wir zurzeit auch in der Berufsschule.“

Miriam Ball: „Sehr schön. Dann können Sie mich etwas unterstützen. Die ModernOffice KG verwendet die Stellenplanmethode und beschäftigt derzeit 650 Mitarbeiter. Unsere Aufgabe ist es heute den Personalbedarf für das kommende Quartal zu ermitteln. Ich habe hierzu schon alle relevanten Unterlagen bereitgelegt.“

An …	miriam.ball@mo-modernoffice.com
Cc …	
Bcc …	
Betreff:	Einführung Just-in-time-Lieferung

Sehr geehrte Frau Ball,

aufgrund unserer Erfahrungswerte in vergleichbaren Unternehmen gehen wir davon aus, dass durch die Einführung der Just-in-time-Lieferung in der Abteilung Herstellung „Lager“ jeweils zwei Mitarbeiter in den Werken in Horb, Bielefeld und Gotha eingespart werden können.

Beste Grüße
Heiko Friedrich

An …	miriam.ball@mo-modernoffice.com
Cc …	
Bcc …	
Betreff:	Planstellen für Showrooms

Sehr geehrte Frau Ball,

da die Showrooms in Berlin und Hamburg seit über einem halben Jahr unterbesetzt sind, werden ab dem 01.02.20.. zwei neue Planstellen für diese beiden Showrooms geschaffen.

Mit freundlichen Grüßen

Walter Hüls

ModernOffice.

Hausmitteilung

Von Greta Funk	**Abteilung** Personal
An Miriam Ball	**Abteilung** Personal

Betrifft
Daten für die Personalbestandsermittlung

Nachricht

Guten Tag, Frau Ball,

wie gewünscht erhalten Sie die Übersicht zum aktuellen Personalbestand. In den einzelnen Abteilungen wurden für das kommende Quartal folgende Personaldaten gemeldet:

Beschaffung (Material Kunststoffe) Soll-Ist-Bestand: 13 MA/10 MA

Herstellung (Lager Werk Horb) Soll-Ist-Bestand: 11 MA/10 MA

Herstellung (Lager Werk Bielefeld) Soll-Ist-Bestand: 5 MA/5 MA

Herstellung (Lager Werk Gotha) Soll-Ist-Bestand: 3 MA/3 MA

Verkauf (Showroom Berlin) Soll-Ist-Bestand: 10 MA/10 MA

Verkauf (Showroom Hamburg) Soll-Ist-Bestand: 12 MA/12 MA

Verwaltung (Kosten- und Leistungsrechnung) Soll-Ist-Bestand: 12 MA/11 MA

Beschaffung „Material Kunststoffe":

Herr Anger wird zum 01.02. in den Ruhestand verabschiedet. Frau Cosar wird zum 01.03. für 14 Wochen in Mutterschutz gehen und anschließend ihre Elternzeit für ein Jahr antreten. Frau Blumental und Frau Heck werden zum 01.02. mit jeweils einer Teilzeitstelle von 50 % aus der Elternzeit zurückkehren. Ende März beenden die Auszubildenden Herr Eckard und Frau Feros ihre Ausbildung und werden übernommen.

Herstellung „Lager Horb":

Frau Hege hat zum 15.01. gekündigt, da sie sich beruflich weiterentwickeln möchte. Der Gruppenleiter Herr Schneider wird uns zum 01.02. aus Altersgründen verlassen. Herr Schöllhorn (Neueinstellung) wird die Stelle als Gruppenleiter von Herrn Schneider übernehmen.

Herstellung „Lager Gotha":

Herr Gerner wird zum 01.02. in den Ruhestand verabschiedet.

Verkauf „Showroom Hamburg":

Frau Schwald hat um eine Reduzierung ihrer Vollzeitstelle auf 50 % gebeten, da sie sich nach dem Schlaganfall ihres Mannes um diesen kümmern möchte.

Verwaltung „Kosten- und Leistungsrechnung":

Frau Weber kehrt zum 15.02. aus der Elternzeit zurück. Gleichzeitig läuft Herr Brunners befristeter Arbeitsvertrag aus, welcher als Vertretung von Frau Weber eingestellt wurde. Mit seiner Leistung war die Abteilungsleitung sehr zufrieden.

Mit freundlichen Grüßen

Greta Funk

Berechnungsschema für Personalbedarfsermittlung

- *Legen Sie im Plenum das Handlungsergebnis des Arbeitsauftrages fest. Was hat Tom Wildermuth zu tun?*
- *Besprechen Sie im Plenum, welche Informationen Tom Wildermuth benötigt, um den Arbeitsauftrag von Miriam Ball erfolgreich auszuführen. Wo findet er die benötigten Informationen?*
- *Formulieren Sie die Zielsetzung/-en dieser Handlungssituation.*
- *Ermitteln Sie in Einzelarbeit den quantitativen Personalbedarf der ModernOffice KG für das folgende Quartal. Verwenden Sie als Informationsquelle das Lehrbuch.*
- *Entscheiden Sie im Plenum, wer die Ergebnisse präsentiert und kontrollieren Sie, ob der Arbeitsauftrag sach- und fachgerecht ausgeführt wurde.*
- *Reflektieren Sie, was Sie zukünftig besser machen müssen, damit die formulierten Ziele erreicht werden.*

Quantitative Personalbedarfsplanung

Der Personalbedarf eines Unternehmens ist von einer Vielzahl von Einflussgrößen abhängig. Man unterscheidet hierbei zwischen internen und externen Einflussgrößen. Zu den externen Einflussgrößen zählen z. B. konjunkturelle und technologische Entwicklungen, Gesetzesänderungen und tarifliche Änderungen.

Externe Einflussgrößen können i. d. R. vom Unternehmen nicht beeinflusst werden. Sie sind von der gesamtwirtschaftlichen Entwicklung, politischen Entscheidungen oder von dem technologischen Umfeld abhängig.

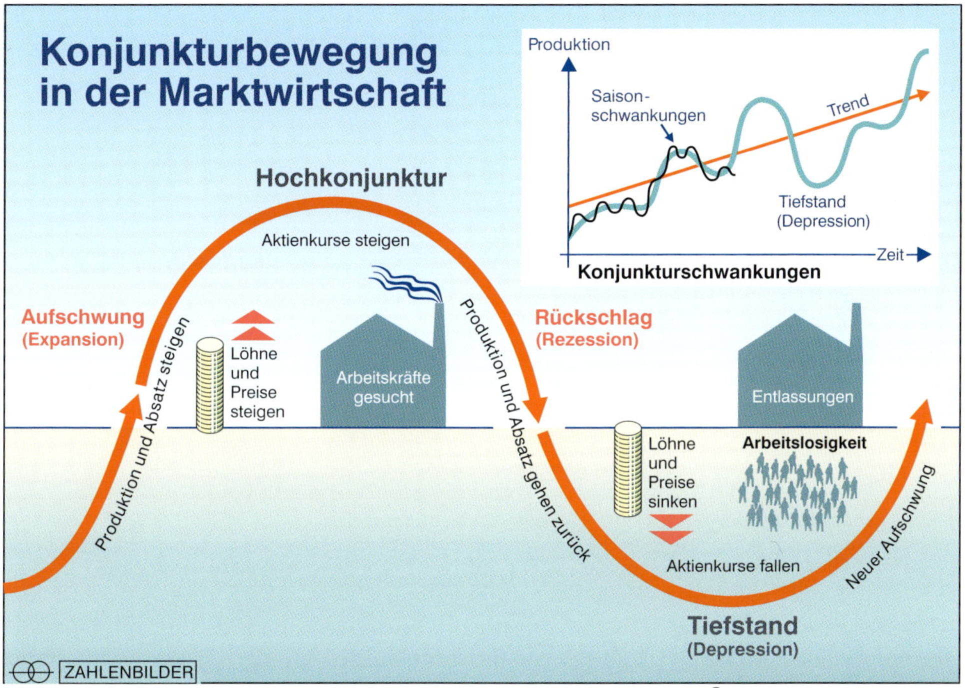

200 350 © Bergmoser + Höller Verlag AG

Beeinflussbar hingegen sind die internen Einflussgrößen der Personalbedarfsplanung. Hierzu zählen z. B. folgende Faktoren:

- geplante Absatzmenge
- Arbeitsorganisation
- Produktionsverfahren
- Fehlzeiten etc.

Beispiel • *Die Freisler OHG denkt darüber nach ihren Logistikprozess zu optimieren. Hierzu soll das Kanban-System im Lager eingeführt werden. Mithilfe dieses Systems könnten zukünftig vier Mitarbeiter im Lager eingespart werden.*

Mithilfe der quantitativen (mengenmäßigen) Personalbedarfsplanung* wird ermittelt, wie viele Arbeitskräfte *zur Wahrnehmung aller betrieblichen Aufgaben benötigt werden.

Folgende Daten werden hierbei ermittelt:

- aktueller Personalbestand (Ist-Bestand)
- Zugänge/Abgänge während der Planungsperiode
- zukünftiger Personalbestand (Soll-Bestand)

Bei der Planung des zukünftigen Personalbedarfs müssen unterschiedliche Bedarfsarten berücksichtigt werden:

Ersatzbedarf	Neubedarf	Mehrbedarf	Zusatzbedarf	Nachholbedarf
entsteht durch Arbeitnehmer, die während der Planungsperiode aus dem Unternehmen ausscheiden, z. B. durch Kündigung, Entlassung, Invalidität, Elternzeit usw.	wird auch als Erweiterungsbedarf bezeichnet. Er entsteht durch Veränderungen im Absatz- oder Leistungsbereich und erfolgt beispielsweise in der Hochkonjunktur.	entsteht durch gesetzliche, tarifliche Regelungen oder durch Änderungen der Bedürfnisse der Mitarbeiter. **Beispiel:** *Kommt es durch Tarifverhandlungen zu Veränderungen der Arbeitszeit, ändert sich der betriebliche Output trotz Erhöhung der Mitarbeiterzahl nicht.*	entsteht dadurch, dass nicht alle Abgänge geplant werden können, z. B. aufgrund von Krankheit oder saisonalen Konjunkturschwankungen. Der Zusatzbedarf wird aus den Erfahrungswerten der Vergangenheit ermittelt und als prozentualer Anteil in die Berechnung eingeplant.	entsteht durch Stellen, die aus der Vorperiode bestehen, jedoch bisher nicht besetzt werden konnten. Ersatz-, Neu- und Mehrbedarf kann somit zu Nachholbedarf werden.

Zur Ermittlung des Personalbedarfs kann folgendes Berechnungsschema verwendet werden:

	zukünftiger Personalbestand (Soll-Bestand)
–	**aktueller Personalbestand (Ist-Bestand)**
=	Brutto-Personalbedarf
+	**bekannte und erwartete Personalabgänge (z. B. Pensionierung, Ablauf befristeter Arbeitsverträge)**
–	bekannte Personalzugänge (z. B. Rückkehr aus der Elternzeit)
=	**Netto-Personalbedarf**

Der **Brutto-Personalbedarf** gibt die Anzahl der zu besetzenden Stellen am Ende der Planungsperiode an. Ist der Soll-Personalbestand größer als der Ist-Personalbestand, dann spricht man von einer **Personalunterdeckung**, d. h. es müssen zusätzliche Arbeitnehmer eingestellt werden.

Ist hingegen der Soll-Personalbestand kleiner als der Ist-Personalbestand, dann spricht man von einer **Personalüberdeckung**, d. h. Personal muss abgebaut werden. Zuvor sollten jedoch die bekannten Personalzugänge und -abgänge im Planungszeitraum berücksichtigt werden.

Als bekannte Personal**zugänge** gelten beispielsweise
- die Übernahme der Auszubildenden nach der Ausbildung,
- die Rückkehr aus der Elternzeit,
- bereits feststehende Einstellungen, wie beispielsweise bereits im alten Jahr abgeschlossene Arbeitsverträge, die aufgrund der Kündigungsfrist des neuen Mitarbeiters erst im neuen Jahr zum Zugang führen.

Als bekannte Personal**abgänge** gelten beispielsweise
- der Ablauf befristeter Arbeitsverträge,
- die Pensionierung aus Altersgründen,
- Abgänge zur Weiterbildung,
- geplante Versetzungen oder
- der Antritt von Elternzeit bzw. das Ausscheiden nach der Elternzeit.

Zu den erwarteten bzw. voraussichtlichen Personalabgängen zählen z. B. außerordentliche Kündigungen, vorzeitige Pensionierungen und Todesfälle. In großen Unternehmen werden diese Zahlen aufgrund von Erfahrungswerten ermittelt.

Der **Netto-Personalbedarf** ergibt sich aus der Differenz zwischen dem Brutto-Personalbedarf und den Personalabgängen/-zugängen während der Planungsperiode. Der Nettobedarf wird als Personalbedarf im engeren Sinne bezeichnet.

Nettobedarf	– personelle Unterdeckung = zu wenig Mitarbeiter	Personalbeschaffungsplanung
	– personelle Überdeckung = zu viele Mitarbeiter	Personalabbauplanung

Zur Ermittlung des quantitativen Personalbedarfs dient der Abgleich von vorhandenem Personal mit dem konkreten Bedarf unter Zuhilfenahme der Stellenplanmethode bzw. der Kennzahlenmethode.

Stellenplanmethode

Bei der Stellenplanmethode handelt es sich um ein **organisatorisches Verfahren**. Das bedeutet, dass die Ermittlung des Personalbedarfs nicht aufgrund von leistungsbezogenen Merkmalen erfolgt, sondern sich aus der Struktur der Organisation ergibt. Grundlage hierfür ist der **Stellenplan**.

Der Stellenplan führt alle Stellen eines Betriebes oder öffentlichen Verwaltung auf, die notwendig sind, um die Aufgabenbereiche innerhalb der Gesamtorganisation zu erfüllen. Dies ist unabhängig davon, ob sie besetzt sind. Damit wird der Soll-Personalbedarf für einen bestimmten Zeitraum festgelegt.

Anschließend wird der Stellenplan mit dem **Stellenbesetzungsplan** abgeglichen. Beim Stellenbesetzungsplan wird der Stellenplan um die Namen der bisherigen Mitarbeiter, deren Vollmachten, Lebensalter und Eintrittsjahr ergänzt. Die Darstellung erfolgt in Form einer Tabelle oder eines Organigramms. Um Übersichtlichkeit zu schaffen, wird bei größeren Unternehmen der Stellenbesetzungsplan oftmals abteilungsweise erfasst.

Die Stellenplanmethode erfolgt in mehreren Schritten:

- Überprüfung des gegenwärtigen Stellenplans und Stellenbesetzungsplans
- Sammlung von Informationen über die künftige Planung
- Aufstellung eines neuen Stellenplans als Soll-Größe; Ergebnis: Bruttopersonalbedarf
- Aufstellung des künftigen Stellenbesetzungsplans, indem die Stellenbesetzung mit den Arbeitskräften festgelegt wird
- Feststellung unbesetzter Stellen bzw. nicht einsetzbarer Mitarbeiter; Ergebnis: Nettopersonalbedarf

Quelle: Albert, Günther: Betriebliche Personalwirtschaft, 12. Auflage, Herne, Kiehl Verlag, 2013, S. 63

In der Praxis wird die Ermittlung des Personalbedarfs nach der Stellenplanmethode oftmals in tabellarischer Form dargestellt:

	Aktueller Personalbestand (Ist-Bestand)
–	**bekannte Personalabgänge**
+	**bekannte Personalzugänge**
=	**zukünftiger aktueller Personalbestand (zukünftiger Ist-Bestand)**
–	Soll-Personalbestand nach Stellenplan (= Brutto-Personalbedarf)
=	**Netto-Personalbedarf (notwendiger Personalbedarf oder Personalabbau)**

Die Anwendung der Stellenplanmethode zur Personalbedarfsermittlung eignet sich insbesondere, wenn das Unternehmen eine feste Struktur in Form von Stellen und Positionen aufweist, diese sich hinreichend definieren und beschreiben lassen und die Struktur der Organisation in der geplanten Form einen gewissen Zeitraum Bestand hat. Dieses Verfahren wird vor allem im Verwaltungs- und Dienstleistungsbereich, wie z. B. im öffentlichen Dienst, angewendet.

Kennzahlenmethode

Bei der Kennzahlenmethode handelt es sich um ein **statistisches Verfahren**, d. h. die Personalbedarfsermittlung erfolgt auf der Basis von Vergangenheitswerten. Bei der Kennzahlenmethode geht man von einem direkten Zusammenhang zwischen dem Personalbedarf und einer Kennzahl aus, die angibt, wie viele Arbeitnehmer bisher zur Erbringung einer bestimmten Arbeitsleistung erforderlich waren.

Eine Kennzahl wird zur Beurteilung von Unternehmen eingesetzt. So gibt z. B. die Kennzahl Umsatz je Mitarbeiter an, wie viel Umsatz ein Mitarbeiter im jeweiligen Unternehmen erwirtschaftet hat.

Folgende Kennzahlen werden beispielsweise zur Ermittlung des Brutto-Personalbedarfs eingesetzt:

- Umsatz je Mitarbeiter
- Kunden je Mitarbeiter
- Geschäftsvorfälle je Mitarbeiter
- Arbeitsproduktivität

Die Arbeitsproduktivität wird häufig zur Ermittlung des Brutto-Personalbedarfs verwendet. Hierbei wird die Produktionsmenge oder der Umsatz in Verhältnis mit der Arbeitszeit oder der Mitarbeiterzahl gesetzt. Mithilfe der Arbeitsproduktivität lässt sich daraus der Brutto-Personalbedarf ableiten.

$$\textbf{Brutto-Personalbedarf} = \frac{\textbf{Personalbestand} \cdot \textbf{Umsatz nächstes Jahr}}{\textbf{Umsatz abgelaufenes Jahr}}$$

Beispiel

Ermittlung des Brutto-Personalbedarfs nach der Kennzahlenmethode	
Ausgangsdaten für 2013	
Produktionsmenge	500.000 Einheiten
Ø Personalbestand in der Produktion	200 Mitarbeiter
gearbeitete Wochen in 2012	46
Ø Stundenzahl pro Mitarbeiter	37 Stunden/Woche
Gesamtstundenzahl je Mitarbeiter	1.702 Stunden/Jahr
Gesamtstundenzahl aller Mitarbeiter in der Produktion	340.400 Stunden/Jahr
Produktionsmenge Arbeitsstunde (Produktivität)	1,47 Einheiten
Plandaten für 2014	
geplante Produktionsmenge	520.000 Einheiten
geplante Produktivitätssteigerung	5 %
geplante Produktivität	1,54 Einheiten
erforderliche Arbeitsstundenanzahl für 2013	337.158 Stunden

Wie wird der Brutto-Personalbedarf ermittelt?
1) Bildung der Kennzahl (Arbeitsbedarf pro Erzeugnismengeneinheit) 500.000 Einheiten : 340.400 Stunden = 1,47 Einheiten (auch aus Tabelle ablesbar)
2) Ermittlung der Erzeugnismenge aus der Produktionsplanung 520.000 Einheiten (aus Tabelle ablesbar)
3) Anpassung der Kennzahl für die Forderung nach einer Produktionssteigerung (Kennzahl als Zielvorgabe) 100 % = 1,47 Einheiten 105 % = x $x = \frac{105\ \% \cdot 1{,}47\ \text{Einheiten}}{100\ \%}$ x = 1,54 Einheiten
4) Ermittlung der notwendigen Arbeitskapazität **Erzeugnismenge : Kennzahl** 520.000 Einheiten : 1,54 Einheiten = 337.158 Stunden
5) Ermittlung des Brutto-Personalbedarfs Arbeitszeitkapazität : verfügbare Arbeitszeit 337.158 Stunden : 1,702 Stunden/Jahr = 198 Mitarbeiter

Quelle: RKW Rationalisierungs- und Innovationszentrum der Deutschen Wirtschaft e.V.: Beispielhafte Kennzahlen, Zugriff am 18.01.2015 unter: www.fachkraefte-toolbox.de/fachkraefte-gewinnen/personalbedarfsplanung/51-beispielhafte-kennzahlen

Ergebnis: *Die Personalbedarfsermittlung nach der Kennzahlenmethode ergibt, dass ein Personalabbau von zwei Arbeitnehmern notwendig ist.*

Auf den Punkt gebracht

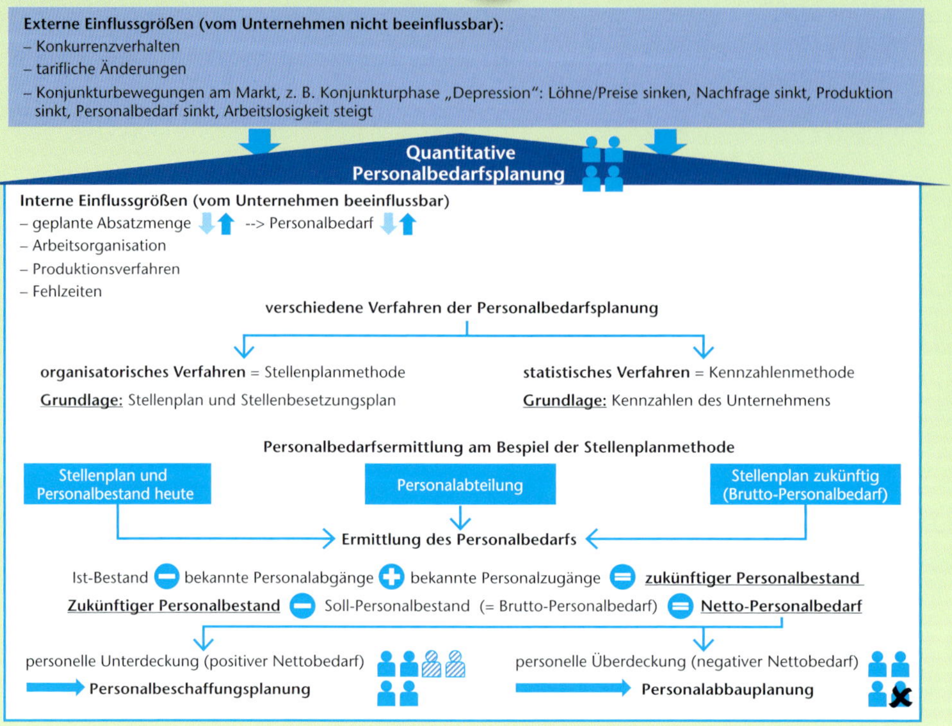

Nutzen Sie Ihr Wissen

1. Erklären Sie den Unterschied zwischen der Stellenplan- und der Kennzahlenmethode.
2. Beschreiben und analysieren Sie das Schaubild auf S. 445. Erklären Sie, inwiefern die Konjunkturphasen die Personalbedarfsplanung eines Unternehmens beeinflussen.
3. Die Scholz GmbH benötigt pro Jahr durchschnittlich vier Mitarbeiter in der Verkaufsabteilung, um 1.000 Aufträge zu bearbeiten. Der Vertrieb erwartet für das kommende Jahr 1.250 Aufträge. Berechnen Sie, wie viele Mitarbeiter in der Verkaufsabteilung für das kommende Jahr benötigt werden.
4. Die Hofmann OHG erwartet einen Jahresumsatz von 500 Mio. Euro. Die Erfahrung zeigt, dass ein Außendienstmitarbeiter insgesamt 10 Mio. Euro im Jahr umsetzt. Der Personalsachbearbeiter Nico Müller berechnet bei der Personalbedarfsplanung noch 12 % für Urlaub, Krankheit etc. hinzu. Berechnen Sie, wie viele Außendienstmitarbeiter die Hofmann OHG für das kommende Geschäftsjahr benötigt.

5. Die Groß GmbH ist ein mittelständisches Unternehmen in Hamburg, das seine Kapazitäten aufgrund der guten Auftragslage von dem Produkt 567.125.384 um 200 Stück auf 1.200 Stück pro Monat erhöhen möchte. Der Zeitbedarf für die Fertigung bedarf 55 Minuten pro Stück. Die monatliche Arbeitszeit eines Mitarbeiters beträgt 160 Stunden. Frau Klaschik findet folgende Notiz von ihrem Chef auf ihrem Schreibtisch:

   Ermitteln Sie, stellvertretend für Frau Klaschik, den für die Kapazitätserweiterung erforderlichen Personalneubedarf.

   Guten Morgen, Frau Klaschik,
   wie bereits mit Ihnen besprochen, erhalten Sie für die Ermittlung des Personalneubedarfs die Daten aus der Personalstatistik.
   Personalausfall:
   - 6 % durch Krankheit
   - 11 % durch Urlaub
   - 3 % Sonstiges

   Berücksichtigen Sie diese Daten bei der Ermittlung des Personalneubedarfs.

   Mit freundlichen Grüßen
   Martin Schneider

6. Lia-Su Feros hat ihre Ausbildung zur Kauffrau für **Büromanagement** bei der WINTERBACH GmbH erfolgreich absolviert und ist seit einem halben Jahr als Personalsachbearbeiterin eingestellt.

   Folgende E-Mail hat sie von ihrer Vorgesetzten Silvia Silberzahn erhalten:

An ...	lia.feros@winterbachgmbh.de
Cc ...	
Bcc ...	
Betreff:	Nettopersonalbedarfsermittlung

Sehr geehrte Frau Feros,

aufgrund der Konjunkturabschwächung haben wir starke Umsatzeinbußen erlitten. Bitte ermitteln Sie den Nettopersonalbedarf für das nächste Geschäftsjahr. Stellen Sie mir Ihr Ergebnis in einer Tabelle übersichtlich dar.

Danke im Voraus.

Herzliche Grüße

Silvia Silberzahn

Notizen zur Personalbedarfsermittlung:

- Planstellen lt. Stellenplan: 200
- aktueller Personalbestand lt. Stellenbesetzungsplan: 180
- 15 Planstellen können lt. Geschäftsleitung abgebaut werden
- Frau Müller und Frau Kreisz kehren aus der Elternzeit zurück
- Herr Schieber und Frau Schmidt kehren nach langer Krankheit in ihre Abteilungen zurück
- insgesamt werden zehn Arbeitnehmer ihren Ruhestand antreten
- vier Mitarbeiter haben von sich aus gekündigt

Ermitteln Sie, stellvertretend für Frau Feros, den Nettopersonalbedarf.

7.

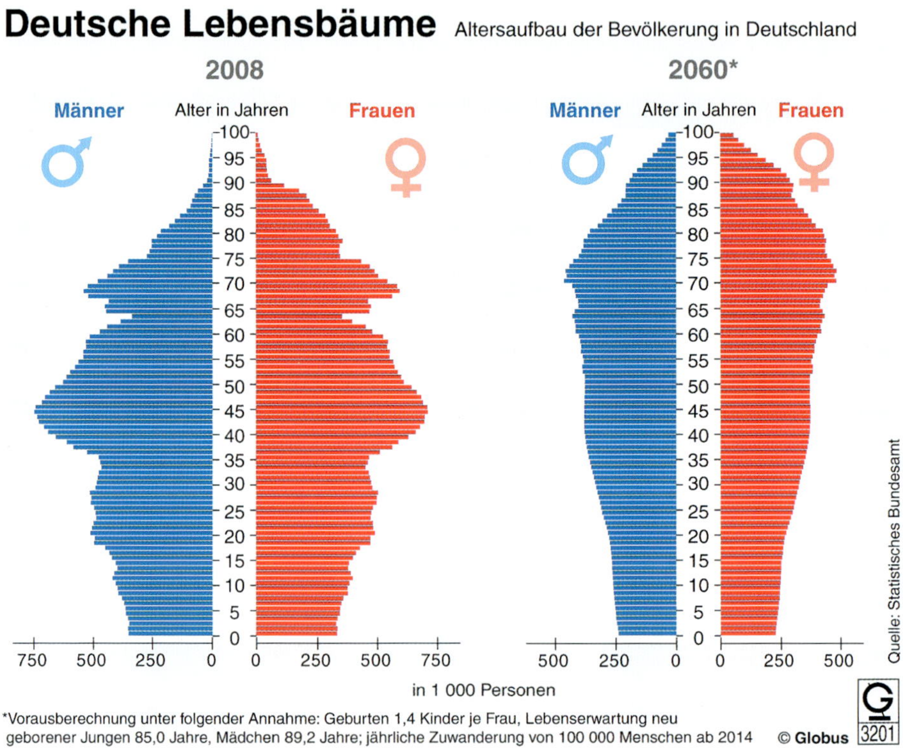

a) Analysieren Sie das Schaubild. Erklären Sie in diesem Zusammenhang, was unter dem demografischen Wandel zu verstehen ist.
b) Nennen Sie jeweils drei Ursachen für den Rückgang der Geburtenzahl und den Anstieg der Lebenserwartung.
c) Erklären Sie, inwiefern der demografische Wandel die Personalbedarfsplanung des Unternehmens beeinflusst.

8.

Zuwanderer dringend gesucht

Der Bundesrepublik gehen die Fachkräfte aus. Nun soll die neue Generation von Migranten aus Südeuropa helfen. Aber Deutschland arbeitet noch an seinen Strategien, die qualifizierten Zuwanderer zu locken und zu halten.

Deutschland steht vor einem Problem: Nach Angaben der Bundesagentur für Arbeit werden bis 2030 etwa 5,2 Millionen Fachkräfte fehlen. Schuld ist der demografische Wandel. Unternehmen in den Boom-Regionen spüren den Mangel schon heute. Laut einer Umfrage des Deutschen Industrie- und Handelskammertages klagen drei von vier Mittelständlern darüber, dass sie zu wenige qualifizierte Mitarbeiter finden. Nur wenn jedes Jahr 400.000 Menschen mehr zu- als abwandern, kann Deutschland seine wirtschaftliche Kraft erhalten, warnt die OECD. In keinem anderen industrialisierten Land werde die Erwerbsbevölkerung dramatischer schrumpfen als in der Bundesrepublik.

Umso bedeutender sind die Zahlen der aktuellsten Zuwanderungsstatistik für 2012, die das Statistische Bundesamt (Destatis) Anfang Mai veröffentlichte. Demnach hat die Zahl der Zuwanderer den höchsten Wert seit fast zwanzig Jahren erreicht. Insgesamt kamen 1.081.000 Menschen nach Deutschland. Die Personen abgezogen, die aus Deutschland weggezogen sind, ergibt sich ein Wanderungsüberschuss von 369.000 Menschen.

Win-win-Situation

Neue Generation von Migranten: jung, gut ausgebildet, mehrsprachig.

Das Entscheidende dabei: Es ist eine neue Generation von Migranten, die nach Deutschland kommt - europäische Krisenflüchtlinge. Aus Spanien kamen 45 Prozent mehr Zuwanderer als im Jahr 2011, aus Griechenland und Portugal jeweils 43 Prozent, aus Italien 40 Prozent. Die absoluten Zahlen sind aber gering – die Einwanderungsquote war in den Vorjahren einfach auf einem sehr niedrigen Niveau. Aus Spanien kamen damit 9.000 Einwanderer mehr als 2011.

Diese Migranten aber sind nach Einschätzung der Bundesagentur für Arbeit jung, gut ausgebildet, sie sprechen mehrere Sprachen. Fast die Hälfte der Neuankömmlinge sind Akademiker. In ihrer Heimat sehen viele keine Chance mehr und suchen die Zukunft in der Bundesrepublik. Die wiederum sieht in ihnen die Möglichkeit, ihren Status der führenden Wirtschaftsnation halten zu können: „Die neue Qualität der Zuwanderung ist ein Glücksfall", sagt Bundesarbeitsministerin Ursula von der Leyen. „Sie hilft unserem Land, macht es jünger, kreativer und internationaler. Das gibt frische Impulse und mehr Wettbewerbsfähigkeit."

Insbesondere Ärzte aus dem Ausland werden gesucht.

Auch Beate Raabe von der Fach- und Führungskräftevermittlung (ZAV) der Bundesagentur für Arbeit spricht gegenüber *tagesschau.de* von einer „Win-win"-Situation. Im Zuge der Fachkräfte-Offensive, die im Juni 2011 von Bundesagentur, Wirtschaftsministerium und Arbeitsministerium gestartet wurde, versucht sie auf Jobbörsen und Messen, Südeuropäer für eine Karriere in Deutschland zu begeistern. Noch 2005 war die Agentur damit beschäftigt, deutsche Arbeitslose ins Ausland zu vermitteln. „Inzwischen konkurrieren die Arbeitskräfte aus Südeuropa nicht mit Bewerbern auf dem deutschen Arbeitsmarkt, sondern lösen eklatante Bewerberengpässe", so Raabe. Insbesondere Gesundheits- und technische Berufe sind dabei gefragt. Es fehlt an Ärzten, Krankenpflegern, Ingenieuren und Mechanikern. Nach ihnen sucht die Bundesagentur ganz speziell und lockt mit besten Berufsaussichten auf dem deutschen Arbeitsmarkt.

Anerkennungsgesetz zeigt Erfolge

Um die Zuwanderung von Fachkräften zu erleichtern, hat die Bundesregierung rechtliche Hürden aus dem Weg geräumt: Seit April 2012 können ausländische Fachkräfte durch das **Anerkennungsgesetz** ihre berufliche Qualifikation in einem vereinfachten Verfahren auch in Deutschland bestätigen lassen. (...)

Rund 30.000 Anträge auf Anerkennung wurden innerhalb des Jahres bereits gestellt. Die Mehrzahl der beruflichen Auslandsabschlüsse wurden dabei als gleichwertig anerkannt, nur vier Prozent abgelehnt. Mit der sogenannten Blauen Karte EU können Migranten von außerhalb der EU einwandern, die eine Stellenzusage mit einem Jahresgehalt von mindestens 46.000 Euro in Deutschland nachweisen. Laut OECD ist Deutschland durch die Reformen inzwischen „eines der Länder mit den geringsten Beschränkungen" für hochqualifizierte Migranten geworden. (...) Gute Arbeitsmarktbedingungen alleine reichen nicht, um qualifizierte Fachkräfte zu locken. Deutschland übt sich in einer „Willkommenskultur", um dem demografischen Wandel entgegen zu treten.

Firmen müssen umdenken

Und diese „Willkommenskultur" müssen insbesondere deutsche Firmen noch lernen – diejenigen, die am meisten auf Arbeitsmigration angewiesen sind. Laut einer Studie der OECD hatten zwischen Juli 2010 und Juli 2011 neun von zehn deutschen Unternehmen offene Stellen, doch nur jedes fünfte machte sich daraufhin auch außerhalb Deutschlands auf die Suche. Bei Klein- und Mittelständlern ziehen dies gerade mal 15 Prozent in Betracht. „Die Überzeugung ist weit verbreitet, dass eine Personalgewinnung im Ausland komplex und unzuverlässig ist", schreibt die OECD. Hier zeigt sich, Reformen ändern nicht die Wahrnehmung und Grundeinstellung der Arbeitgeber über Nacht. Oftmals ist hier das Vermächtnis des Anwerbestopps aus den 1970-er Jahren noch zu tief verwurzelt. „Es liegt noch ein weiter Weg vor uns", sagt Ursula von der Leyen.

Quelle: Pape, Judith: Zuwanderer dringend gesucht, veröffentlicht am 26.05.2014 unter: www.tagesschau.de/inland/fachkraeftemangelzuwanderung100.html

a) Beschreiben und analysieren Sie das Schaubild.
b) Erklären Sie mithilfe des Artikels, welche Maßnahmen die Bundesregierung eingeleitet hat, um dem Fachkräftemangel in Deutschland entgegen zu wirken.
c) Recherchieren Sie, welche Maßnahmen Ihr Ausbildungsbetrieb eingeleitet hat, um dem Fachkräftemangel entgegenzuwirken.

9.

Immer mehr Ältere haben einen Job

Immer länger im Job: Die Zahl ältere Menschen, die dem Arbeitsmarkt zur Verfügung stehen, wächst seit Jahren. Allerdings wird es für ältere Arbeitslose immer schwerer, überhaupt eine Anstellung zu finden.

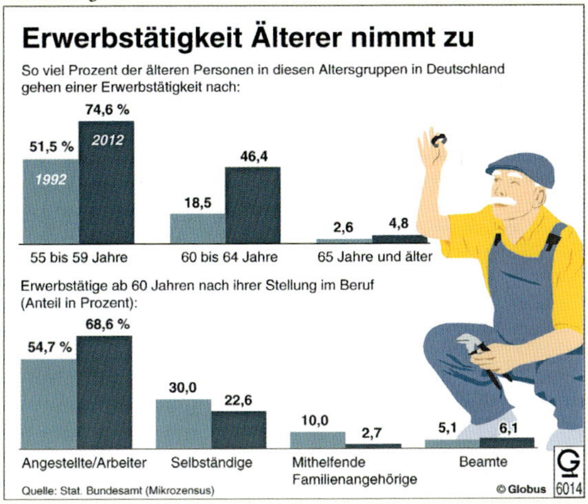

Die Deutschen werden älter, die Älteren werden mehr und sie bleiben dem Arbeitsmarkt immer länger erhalten. Das Statistische Bundesamt hat (...) Daten veröffentlicht, die dies eindrucksvoll belegen. So beteiligte sich 2012 mit 49,6 Prozent ein etwa doppelt so hoher Anteil am Erwerbsleben wie zehn Jahre zuvor. „Beteiligung" ist allerdings ein etwas irreführender Begriff: Darunter fallen nämlich nicht nur die Erwerbstätigen, sondern auch die gemeldeten Arbeitslosen.

Doch auch mit Blick auf die tatsächliche Beschäftigung hat sich für ältere Jahrgänge am Arbeitsmarkt einiges zum Positiven gewendet. Fast die Hälfte der 60- bis 64-Jährigen geht mittlerweile einer bezahlten Tätigkeit nach, rund 30 Prozent sind sozialversicherungspflichtig beschäftigt. Zum Vergleich: Die Erwerbsquote in dieser Altersgruppe lag 2002 noch unter 23 Prozent, sogar nur 12,5 Prozent waren sozialversicherungspflichtig angestellt. Damit stieg die Beschäftigung der über 60-Jährigen stärker als in jeder anderen Altersgruppe. Europaweit liegt der Anteil älterer Erwerbstätiger über 55 Jahren nur noch in Schweden höher als in der Bundesrepublik. Bemerkenswert ist dies auch deshalb, weil die Zahl der älteren Inländer in den zurückliegenden Jahren deutlich zunahm: 2006 gab es bei uns rund neun Millionen Personen zwischen 55 und 64 Jahren, 2011 waren es bereits mehr als zehn Millionen, Ende 2014 werden es nach Berechnungen der Statistiker über elf Millionen sein. Das bedeutet: Obwohl immer mehr Ältere dem Arbeitsmarkt zur Verfügung stehen, wächst der Anteil jener, die eine Arbeit haben.

Die Entwicklung hat mehrere Gründe: Zum einen wurden Möglichkeiten der Frühverrentung abgeschafft, die Programme liefen nach der Jahrtausendwende aus. Zum anderen wurde das gesetzliche Renteneintrittsalter für Frauen nach 2000 schrittweise von 60 auf 65 Jahre angehoben. Der höchste

Zuwachs an Beschäftigung wurde in Folge dessen auch tatsächlich bei Frauen über 60 Jahren registriert. Eine wesentliche Rolle spielt auch ein Bewusstseins- und Kulturwandel in den Unternehmen. Der Jugendwahn von einst ist passé. Altersgemischte Teams gelten als kreativer, produktiver und zugleich weniger fehleranfällig als Jungspunde unter sich.

Hinzu kommt, dass in vielen Gewerbe- und Handwerksberufen qualifizierter Nachwuchs fehlt, weil die nachrückenden Schulabgangsjahrgänge zahlenmäßig ausdünnen und immer mehr junge Leute an die Universitäten strömen. In der Folge beschäftigen die Unternehmen bewährte Fachkräfte deutlich länger als früher. Auf Arbeitnehmerseite ist die Bereitschaft, bis zum gesetzlichen Renteneintrittsalter zu arbeiten, ebenfalls groß. Allerdings geht der gute Wille bei einem erheblichen Anteil ins Leere: Denn die Arbeitslosenquote der über 55- bis 64-Jährigen lag 2012 mit 8,2 Prozent ein Fünftel über der Gesamtquote von 6,8 Prozent. Das Bedrückende daran ist, dass sich die Chancen älterer Erwerbsloser auf eine Anstellung in den letzten zwölf Jahren nicht verbessert haben.

Der Mentalitätswandel in den Personalabteilungen ist offenbar noch nicht abgeschlossen.

Quelle: Sauer, Stefan: Immer mehr Ältere haben einen Job, veröffentlicht am 21.02.2014 unter: www.berliner-zeitung.de/wirtschaft/arbeitsmarkt-immer-mehr-aeltere-haben-einen-job,10808230,26308432.html

a) Beschreiben und analysieren Sie das Schaubild.
b) Nennen Sie mithilfe des Zeitungsartikels die Gründe, weshalb der Anteil der älteren Erwerbstätigen wächst.
c) Der demografische Wandel stellt die Personalarbeit vor neue Herausforderungen. Erklären Sie mithilfe von zwei Praxisbeispielen, welche alterssensible Personalpolitik erforderlich ist, um dem ansteigenden Altersdurchschnitt im Unternehmen gerecht zu werden.

1.2 Den qualitativen Personalbedarf ermitteln

Lernsituation

An ...	tom.wildermuth@mo-modernoffice.com
Cc ...	
Bcc ...	
Betreff:	Qualitative Personalbedarfsplanung

Guten Morgen, Herr Wildermuth,

die Ergebnisse der quantitativen Personalbedarfsplanung liegen vor. Danach werden u.a. zwei Einkäufer in der Abteilung Beschaffung benötigt. Darüber hinaus sind im Showroom Hamburg 1,5 und im Showroom Berlin eine Verkäuferstellen zu besetzen. In der Abteilung „Verwaltung" (Kosten- und Leistungsrechnung) wird ein weiterer Mitarbeiter benötigt.

Frau Ball teilte mir mit, dass Sie mit der qualitativen Personalbedarfsplanung vertraut sind und mich in diesem Bereich unterstützen könnten. Da meine Englischkenntnisse nicht so gut sind und ich gehört habe, dass Ihr Englisch sehr gut ist, bitte ich Sie, die Stellenanzeige für die Position „Einkäufer" in deutscher und englischer Sprache zu entwerfen. Im Anhang finden Sie die dazugehörige Stellenbeschreibung. Unterbreiten Sie mir bitte zudem erste begründete Vorschläge für mögliche Beschaffungswege bezüglich der offenen Stellen und überprüfen Sie, inwiefern unser Betriebsrat im Rahmen der Personalbeschaffung integriert werden muss.

Vielen Dank für Ihre Unterstützung im Voraus. Kommen Sie bitte heute Nachmittag um 16:00 Uhr in mein Büro, dann können wir Ihre Ergebnisse besprechen.

Mit freundlichen Grüßen

Greta Funk

Das Telefon klingelt.

Tom Wildermuth: „ModernOffice KG, Tom Wildermuth, guten Morgen."

Tom Mendee: „Guten Morgen, Herr Wildermuth. Hier spricht Herr Mendee, Abteilungsleiter der Kosten- und Leistungsrechnung. Könnte ich bitte mit Frau Funk sprechen?"

Tom Wildermuth: „Frau Funk ist momentan nicht erreichbar. Kann ich Ihnen vielleicht weiterhelfen?"

Tom Mendee: „Es geht um meinen Mitarbeiter Herrn Brunner. Sein befristeter Arbeitsvertrag läuft bald aus. Er ist die Vertretung von Frau Weber, die nun aus der Elternzeit zurückkehrt. Ich wollte nachfragen, ob es eine Möglichkeit gibt, ihn fest einzustellen, da wir mit seiner Arbeitsleistung sehr zufrieden sind. Bitte teilen Sie Frau Funk mit, dass sie mich diesbezüglich umgehend anrufen soll."

Tom Wildermuth: „Ich habe es bereits notiert."

Tom Mendee: „Vielen Dank. Auf Wiederhören."

Tom Wildermuth: „Sehr gerne, Herr Mendee. Auf Wiederhören."

E-Mail-Anhang:

Stellenbeschreibung ModernOffice.

Stellenbezeichnung	*Einkäufer/-in im Bereich Material Kunststoffe*
Stelleneinordnung	– *vorgesetzte Stelle(n): Gruppenleiter Eric Schumann* – *nachgeordnete Stelle(n): ----*
Stellenaufgaben	*Der/Die Stelleninhaber/-in hat* – *Einkaufslisten zu erstellen,* – *Angebote einzuholen und zu prüfen,* – *Verhandlung zu führen, auch mit internationalen Lieferanten, sowie die Erstellung von Rahmenverträgen durchzuführen,* – *einkaufsbezogene Statistiken zu erstellen und auszuwerten,* – *den Vorgesetzten bei Sortimentserweiterungen zu beraten.*
Stellenziele	*Der/Die Stelleninhaber/-in hat seine/ihre Aufgaben so wahrzunehmen, dass* – *alle in seinem/ihrem Bereich anfallenden Aufgaben sachlich richtig, termingerecht und wirtschaftlich erledigt werden,* – *die Termine mit den Lieferanten so festgelegt werden, dass diese der Produktion rechtzeitig zur Verfügung stehen,* – *das Ansehen und der Bekanntheitsgrad des Unternehmens bei den Lieferanten gestärkt wird.*
Stellenbefugnisse	*Zeichnungsbefugnis im Rahmen der beschriebenen Aufgabenstellung i.V. oder i.A.*
Stellenvertretung	– *Der/Die Stelleninhaber/-in vertritt den zweiten Einkäufer in der Abteilung.* – *Der/Die Stelleninhaber/-in wird durch den zweiten Einkäufer vertreten.*
Stellenanforderungen	– *erfolgreicher Abschluss einer kaufmännischen Ausbildung sowie betriebswirtschaftliche Kenntnisse* – *mehrjährige Berufserfahrung im Einkauf* – *verhandlungssichere Englischkenntnisse* – *gute MS-Office und SAP R/3 Kenntnisse wären von Vorteil* – *Durchsetzungsvermögen und Kommunikationsstärke*

sprächs- rlage
ethoden- tt
llen- ele

- *Legen Sie im Plenum die Handlungsergebnisse des Arbeitsauftrages fest. Was hat Tom Wildermuth zu tun?*
- *Besprechen Sie im Plenum, welche Informationen Tom Wildermuth benötigt, um die Arbeitsaufträge von Greta Funk erfolgreich auszuführen. Wo findet er die benötigten Informationen?*
- *Formulieren Sie die Zielsetzung/-en dieser Handlungssituation.*
- *Erstellen Sie, stellvertretend für Tom Wildermuth, die Stellenanzeige in deutscher und englischer Sprache. Erstellen Sie sich eine Gesprächsvorlage für das bevorstehende Gespräch mit Greta Funk.*
- *Entscheiden Sie im Plenum, wer seine Ergebnisse präsentiert und kontrollieren Sie, ob der Arbeitsauftrag sach- und fachgerecht ausgeführt wurde.*
- *Reflektieren Sie, was Sie zukünftig besser machen müssen, damit Sie die formulierten Ziele erreichen.*

1.2.1 Qualitative Personalbedarfsplanung

Nachdem die Frage geklärt ist, wie viele Mitarbeiter das Unternehmen benötigt, muss im nächsten Schritt festgelegt werden, welche Qualifikationen die zukünftigen Arbeitnehmer für die Bewältigung ihrer Aufgaben mitzubringen haben. Diese werden im Rahmen der **qualitativen Personalbedarfsplanung** festgelegt. Auf Grundlage des genehmigten Personalbedarfsplans wird der Personalbeschaffungsprozess durch eine **Personalanforderung** der jeweiligen Fachabteilung ausgelöst, in der eine offene Stelle (Vakanz[1]) zu beseitigen ist.

Die **Personalanforderung** beinhaltet u. a. die Anweisung zur Beschaffung des notwendigen Personals, die Genehmigung des zuständigen Vorgesetzten, die Kostenstelle sowie den gewünschten Einstellungstermin.

Nach der Personalanforderung wird mit der Erstellung eines genauen Anforderungsprofils und einer Stellenbeschreibung begonnen, die i. d. R. von der Personalabteilung in Zusammenarbeit mit dem jeweiligen Fach(-bereichs)vorgesetzten erarbeitet werden.

Anforderungsprofile beinhalten alle **aufgabenorientierten** (z. B. Aus- und Fortbildung, spezifische berufliche Kenntnisse, Sprach- und EDV-Kenntnisse etc.) und **persönlichkeitsorientierten Merkmale** (z. B. Flexibilität, Belastbarkeit, Teamfähigkeit etc.), die für die Stelle relevant sind und von dem zukünftigen Arbeitnehmer erfüllt werden sollten. Liegt bereits ein Anforderungsprofil aus der Vergangenheit vor, so entfällt dieser Schritt. Die Anforderungsprofile ergänzen Stellenbeschreibungen.

Eine **Stellenbeschreibung** ist eine schriftliche Beschreibung einer Stelle und beinhaltet neben den Anforderungen an den zukünftigen Arbeitnehmer u. a. die Stellenziele, Stellenbefugnis und die Erklärung der organisatorischen Eingliederung der Stelle im Unternehmen. Sie ist personalneutral, d. h. sie ist nicht auf bestimmte Personen und deren Kenntnisse, Qualifikationen und Fertigkeiten ausgerichtet.

---

[1] *Arbeitsstelle, die momentan nicht besetzt ist und zur Neubesetzung ausgeschrieben ist.*

Eine Stellenbeschreibung umfasst folgende Inhalte:

Stellenbezeichnung	Hier sollte der Stellennamen ausgewiesen werden. ***Beispiel*** • *Verkäufer/-in im Außendienst*
Stelleneinordnung	Es empfiehlt sich eine eindeutige hierarchische Einordnung anzugeben. ***Beispiele*** • • *vorgesetzte Stelle(n): Leiter Verkauf Außendienst* • *nachgeordnete Stelle(n): ----*
Stellenaufgaben	Aufgaben sollen als Sachaufgaben der betrieblichen Stelle genau ausgewiesen werden, soweit es sich um **Daueraufgaben** handelt. ***Beispiele*** • • *Der/Die Stelleninhaber/-in erstellt Angebote und entscheidet individuell über die Gewährung von Preisnachlässen bis maximal 15 % vom Listenpreis.* • *Der/Die Stelleninhaber/-in nimmt Kundenbeschwerden entgegen und bearbeitet diese.*
Stellenziele	Die im Hinblick auf die wahrzunehmenden Stellenaufgaben anzustrebenden Ziele sind anzugeben. ***Beispiele*** • *Der/Die Stelleninhaber/-in hat seine/ihre Aufgaben so wahrzunehmen, dass* • *alle in seinem/ihrem Bereich anfallenden Aufgaben sachlich richtig, termingerecht und wirtschaftlich erledigt werden,* • *die Anzahl der Kunden, insbesondere der A-Kunden, erhöht wird.*
Stellenbefugnisse	Die der Stelle zugewiesenen Befugnisse bzw. Kompetenzen sind hier zu nennen. ***Beispiele*** • • *Unterschriftenbefugnisse, z. B. i. V.* • *allgemeine Stellenbefugnisse* • *Befugnisse hinsichtlich Arbeitsordnung oder Reiseordnung*
Stellenvertretung	Hier wird die Stelle aufgeführt, die den/die Stelleninhaber/-in zu vertreten hat. Zudem wird aufgeführt, wen der/die Stelleninhaber/-in zu vertreten hat. ***Beispiele*** • • *Der/Die Stelleninhaber/-in wird durch den/die Erstverkäufer/-in im Außendienst vertreten.* • *Der/Die Stelleninhaber/-in vertritt den/die Erstverkäufer/-in.*

Stellenanforderungen	Beschreibung der aufgaben- und persönlichkeitsorientierten Aufgaben, die an den/die Stelleninhaber/-in gestellt werden (siehe Anforderungsprofil). ***Beispiel*** • *erfolgreicher Abschluss einer kaufmännischen Ausbildung sowie betriebswirtschaftliche Kenntnisse* • *mehrjährige Berufserfahrung im Vertrieb* • *service- und zielorientierte Arbeitsweise* • *Engagement, Überzeugungsstärke, Belastbarkeit und hohe Kundenorientierung* • *Kommunikations- und Präsentationsfähigkeit* • *fundierte MS-Office Kenntnisse*

In Anlehnung an: Olfert, Klaus: Personalwirtschaft, 15. Auflage, Neckargmünd, Kiehl Verlag, 2012, S. 107

Eine Stellenbeschreibung erfüllt im Unternehmen **unterschiedliche Funktionen**. Die Stellenbeschreibung bietet dem Stelleninhaber eine eindeutige Beschreibung seiner Verantwortung, Kompetenzen und Aufgaben. Dem Vorgesetzten dient sie als Grundlage für Art und Umfang der Übertragung von Aufgaben. Sie listet auf, welche Leistungen der Vorgesetzte vom Stelleninhaber erwarten kann und dient als Basis für Zielvereinbarungsgespräche, Mitarbeiterbeurteilungen und Gehaltsverhandlungen. Stellenbeschreibungen legen die SOLL-Anforderungen an einen Arbeitnehmer fest. Durch einen SOLL-IST-Abgleich lässt sich das Entwicklungspotenzial des Stelleninhabers ableiten. Anhand dieses Abgleichs kann der Förderbedarf des Stelleninhabers durch den Vorgesetzten und die Personalabteilung geplant werden.

1.2.2 Personalbeschaffungswege

Die Beschaffung des benötigten Personals kann sowohl aus dem eigenen Unternehmen **(intern)** als auch auf dem außerbetrieblichen Arbeitsmarkt **(extern)** erfolgen.

Folgende Beschaffungswege lassen sich unterscheiden:

interne Beschaffungswege	– innerbetriebliche Stellenausschreibung – Personalentwicklung – Versetzung – *Mehrarbeit* – *Urlaubsverschiebung* etc.
externe Beschaffungswege	– Bundesagentur für Arbeit – private Arbeitsvermittlung – Arbeitnehmerüberlassung – Stellenanzeige – sonstige Beschaffungswege (z. B. Kontakt mit Bildungseinrichtungen (Universitäten)) etc.

In Anlehnung an: Olfert, Klaus: Personalwirtschaft, 15. Auflage, Neckargmünd, Kiehl Verlag, 2012, S. 132

Interne Personalbeschaffung

Bei der **internen Personalbeschaffung** wird innerhalb des eigenen Unternehmens nach dem passenden Arbeitnehmer gesucht.

Bei der **innerbetrieblichen Stellenausschreibung** wird der zukünftige Stelleninhaber durch den Aushang der Stellenausschreibung am schwarzen Brett oder im Intranet gesucht.

Die Stellenausschreibung sollte folgende wichtige Informationen enthalten:
- Nennung der offenen Stelle bzw. Stellenbezeichnung
- Angaben über das Aufgabengebiet (Stellenaufgaben)
- Anforderungen an den/die Bewerber/-in (Stellenanforderungen)
- tarifliche Einstufung bzw. Eingruppierung oder Gehalt
- Zeitpunkt der Stellenbesetzung
- Bewerbungsfrist
- Ansprechpartner

Weitere Wege der innerbetrieblichen Personalbeschaffung ist die Personalentwicklung, Versetzung, Mehrarbeit und Urlaubsverschiebung.

Personalentwicklung

Unter **Personalentwicklung** versteht man jegliche Art der Mitarbeiterqualifizierung. Sie umfasst die Ausbildung, Fortbildung (Anpassungs- und Aufstiegsfortbildung) und Umschulung der Arbeitnehmer.

Beispiel • *Günther Mötsch ist als Mechatroniker bei der ModernOffice KG tätig. Seit September besucht er den IHK-Lehrgang „Industriemeister Mechatronik". Bei diesem zweieinhalbjährigen Lehrgang handelt es sich um eine **Aufstiegsfortbildung.** Das Ziel ist, dass Herr Mötsch nach erfolgreicher Teilnahme unterschiedliche Sach-, Organisations- und Führungsaufgaben bei der ModernOffice KG wahrnimmt.*

Versetzung

Als **Versetzung** wird nach § 95 (3) **Betriebsverfassungsgesetz (**BetrVG) folgende Maßnahme des Arbeitgebers bezeichnet:

> Versetzung im Sinne dieses Gesetzes ist die Zuweisung eines **anderen Arbeitsbereichs**, die voraussichtlich die Dauer von **einem Monat überschreitet**, oder die mit einer **erheblichen Änderung der Umstände** verbunden ist, unter denen die Arbeit zu leisten ist. Werden Arbeitnehmer nach der Eigenart ihres Arbeitsverhältnisses üblicherweise nicht ständig an einem bestimmten Arbeitsplatz beschäftigt, so gilt die Bestimmung des jeweiligen Arbeitsplatzes nicht als Versetzung.

Beispiel • *Maximilian Wollmann (35 Jahre), Sachbearbeiter bei der ModernOffice KG in der Abteilung Beschaffung Material Metalle wird zur Sachbearbeitung in die Abteilung Beschaffung Handelswaren versetzt. In diesem Fall wird Herr Wollmann auf einen gleichwertigen Arbeitsplatz versetzt. Hier spricht man von einer **horizontalen Versetzung.** Wird der Arbeitnehmer hingegen einem höher- oder geringerwertigen Arbeitsplatz zugeteilt, dann spricht man von einer **vertikalen Versetzung.***

Mehrarbeit und Urlaubsverschiebung

Bei der Mehrarbeit und Urlaubsverschiebung spricht man von einer innerbetrieblichen Personalbeschaffung ohne Personalbewegung. Unter **Mehrarbeit** versteht man die Verlängerung der Arbeitszeit von einzelnen oder allen Arbeitnehmern über die gesetzlich festgelegte Arbeitszeit von werktäglich acht Stunden bzw. wöchentlich 48 Stunden hinweg.

Nach § 124 Sozialgesetzbuch X (SGB X) und § 8 Mutterschutzgesetz (MuSchG) stehen schwerbehinderte und schwangere Beschäftigte unter einem besonderen Schutz.* Schwerbehinderte Arbeitnehmer *haben danach das Recht sich von Mehrarbeit freistellen zu lassen.* Werdende und stillende Mütter *dürfen zudem nicht zur Mehrarbeit verpflichtet werden.

Mehrarbeit bietet sich aus Arbeitgebersicht an, um z. B. auf kurzfristige Auftragsspitzen flexibel reagieren zu können. Langfristig sollte diese Art der innerbetrieblichen Personalbeschaffung jedoch nicht verfolgt werden, um die Mitarbeitermotivation sowie die Arbeitsqualität im Unternehmen nicht zu verringern. Die Deckung eines Mehrbedarfs an Arbeitnehmern ist auch durch die **Veränderung der Urlaubsplanung** möglich. Diese Art der innerbetrieblichen Personalbeschaffung sollte ebenfalls aus den oben genannten Gründen nicht über einen längeren Zeitraum angestrebt werden.

Externe Personalbeschaffung

Bei der **externen Personalbeschaffung** wird außerhalb des Unternehmens nach dem passenden Arbeitnehmer gesucht.

In der Bundesrepublik wird die öffentliche **Arbeitsvermittlung** von **der Bundesagentur für Arbeit** vorgenommen. Grundlage für eine erfolgreiche Beratung und Vermittlung ist, dass das Unternehmen einen engen Kontakt mit der örtlichen Agentur für Arbeit hält. Die Arbeitsvermittlung muss das Unternehmen gut kennen, um die passenden Mitarbeiter zu finden.

Neben der öffentlichen Arbeitsvermittlung gibt es die **private Arbeitsvermittlung**. Darunter versteht man die gewerbemäßige Besetzung von vakanten Stellen durch Privatunternehmen. Ziel der privaten Arbeitsvermittlung ist es, Arbeitgeber und Arbeitssuchende zur Begründung eines Arbeitsverhältnisses zusammenzuführen. Hierbei schließt der Arbeitssuchende seinen Arbeitsvertrag immer mit dem zukünftigen Arbeitgeber ab und niemals mit der privaten Arbeitsvermittlung.

Einen weiteren Weg der externen Personalbeschaffung bietet die **Arbeitnehmerüberlassung**, auch bekannt als Zeitarbeit, Personalleasing oder Leiharbeit.
Bei der Arbeitnehmerüberlassung sind drei Parteien beteiligt:

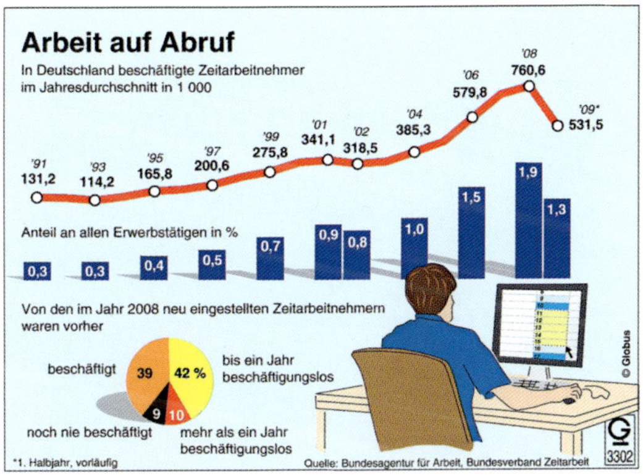

1. **Der Verleiher**: Ein Arbeitgeber (Verleiher) stellt seinen Arbeitnehmer einem Dritten (Entleiher) zur Arbeitsleistung zur Verfügung.
2. **Der Entleiher:** Dieser setzt den entliehenen Arbeitnehmer nach eigenen betrieblichen Erfordernissen ein. Er ist ihm gegenüber weisungsbefugt.
3. **Der Leiharbeitnehmer:** Er erbringt eine Arbeitsleistung für den Entleiher. Dennoch bleibt er weiterhin Arbeitnehmer seines Arbeitgebers (Verleiher).

Beispiel • *Im letzten Geschäftsjahr hat die ModernOffice KG aufgrund der kurzfristig gestiegenen Auftragslage durch einen Großkunden vier zusätzliche Produktionshelfer benötigt. Die ModernOffice KG schloss daher mit der Zeitarbeit GmbH einen Arbeitnehmerüberlassungsvertrag. Dies ermöglichte der ModernOffice KG die Auftragsspitze kurzfristig aufzufangen, ohne durch Arbeitsverträge an die vier Produktionshelfer gebunden zu sein. Arbeitgeber ist in diesem Fall nämlich die Zeitarbeit GmbH.*

Stellenanzeigen sind das Mittel, das bei der externen Personalbeschaffung am häufigsten genutzt wird. Eine gut gestaltete Stellenanzeige verhindert, dass sich ungeeignete Bewerber melden. Damit kann sich die Personalabteilung viel Arbeit ersparen.

Folgender Aufbau der Stellenanzeige ist üblich:

Wir sind:	**Angaben über das Unternehmen:** Firmenname, Unternehmenslogo, Branche, Größe des Unternehmens, Mitarbeiterzahl etc.
Wir haben:	**Angaben zur vakanten Stelle:** Stellenbezeichnung, Aufgabenbereich, Verantwortungsumfang, Vertretungsmacht etc.
Wir suchen:	**Angaben über die Anforderungsmerkmale:** Ausbildung (Berufsbezeichnung), Vorbildung, fachliche Qualifikationen, persönliche Eigenschaften, soziale Kompetenzen etc.
Wir bieten:	**Angaben über die angebotenen Leistungen:** Hinweis auf Entgelt, freiwillige Sozialleistungen, Arbeitszeit(modell) etc.
Wir bitten:	**Angaben zu Art und Umfang der Kontaktaufnahme:** Umfang der Bewerbungsunterlagen, Bewerbungsfrist, Ansprechpartner etc.

In Anlehnung an: Olfert, Klaus: Personalwirtschaft, 15. Auflage, Neckargmünd, Kiehl Verlag, 2012, S. 14

Um die Aufmerksamkeit beim Leser zu wecken und sich von anderen Stellenangeboten abzuheben, ist es ratsam mithilfe eines Blickfangs auf die Stellenanzeige aufmerksam zu machen. Dies kann eine einprägsame Schlagzeile, das Unternehmenslogo oder die klare Gliederung der Anzeige in Textblöcke (zur Erleichterung der Lesbarkeit) sein. Die Größe der Stellenanzeige orientiert sich i. d. R. an der Bedeutung der ausgeschriebenen Stelle, Dringlichkeit der Stellenbesetzung sowie an den Anzeigekosten und dem Werbeetat des Unternehmens.

Neben den gestalterischen Aspekten bei einer Stellenanzeige muss auf die Einhaltung des **Allgemeinen Gleichbehandlungsgesetzes** (AGG) geachtet werden.

Nach § 1 AGG ist das Ziel des Gesetzes

> „[...] Benachteiligungen aus Gründen der Rasse oder wegen der ethnischen Herkunft, des Geschlechts, der Religion oder Weltanschauung, einer Behinderung, des Alters oder der sexuellen Identität zu verhindern oder zu beseitigen."

Im Arbeitsrecht soll das AGG besonders Arbeitnehmer, Auszubildende, Stellenbewerber und ehemalige Beschäftigte vor Diskriminierung schützen. Damit richtet sich das Gesetz an den Arbeitgeber. Wird in einer Stellenanzeige gegen das AGG verstoßen, kann der abgelehnte Bewerber sogar nach § 15 (1) AGG Schadenersatz oder nach § 15 (2) AGG eine Entschädigung fordern.

Nach § 3 AGG unterscheidet man zwischen **unmittelbarer (direkter)** und **mittelbarer (indirekter) Benachteiligung**:

> (1) Eine **unmittelbare Benachteiligung** liegt vor, wenn eine Person wegen eines in § 1 genannten Grundes eine weniger günstige Behandlung erfährt, als eine andere Person in einer vergleichbaren Situation erfährt, erfahren hat oder erfahren würde. Eine unmittelbare Benachteiligung wegen des Geschlechts liegt in Bezug auf § 2 Abs. 1 Nr. 1 bis 4 auch im Falle einer ungünstigeren Behandlung einer Frau wegen Schwangerschaft oder Mutterschaft vor.
>
> (2) Eine **mittelbare Benachteiligung** liegt vor, wenn dem Anschein nach neutrale Vorschriften, Kriterien oder Verfahren Personen wegen eines in § 1 genannten Grundes gegenüber anderen Personen in besonderer Weise benachteiligen können, es sei denn, die betreffenden Vorschriften, Kriterien oder Verfahren sind durch ein rechtmäßiges Ziel sachlich gerechtfertigt und die Mittel sind zur Erreichung dieses Ziels angemessen und erforderlich.

Beispiel • *Mittelbare und unmittelbare Benachteiligung bei einer Stellenanzeige könnte folgendermaßen aussehen:*

„Made by EDELMANN GmbH" steht für erstklassige Qualität eines internationalen Unternehmens. Für unser Büro in München suchen wir zum nächstmöglichen Zeitpunkt eine

Teamassistentin

Ihre Aufgaben:

- Unterstützung im Tagesgeschäft und bei Sonderprojekten
- Reiseorganisation für Mitarbeiter
- Organisation von Meetings und Veranstaltungen...

Ihr Profil:

- abgeschlossene kaufmännische Berufsausbildung oder vergleichbare Qualifikationen
- Deutsch als Muttersprache
- sicherer Umgang mit MS-Office...

Unser Angebot:

Neben der Arbeit in einem jungen und dynamischen Team bieten wir Ihnen ein attraktives Gehalt, eine angenehme Arbeitsatmosphäre und individuelle Weiterbildungsmöglichkeiten.

Bitte senden Sie Ihre aussagekräftigen Bewerbungsunterlagen mit Passbild bis zum 11.04.20.. an

EDELMANN GmbH
Personalabteilung
Frau Olga Sacharow
Kennziffer: 03071981
Hauptstraße 14
80331 München

Die Stellenanzeige richtet sich nur an eine Teamassistentin. Dies ist eine ***unmittelbare Benachteiligung*** *aufgrund des Geschlechts nach § 3 (1) AGG i. V. m. § 1 AGG. Eine unterschiedliche Behandlung ist nach § 5 AGG nur erlaubt, wenn diese zum Abbau einer bereits bestehenden Ungleichheit führt. Beispielsweise werden in manchen Unternehmen Frauen im Bewerbungsverfahren bei sonst vergleichbaren Bedingungen aller Bewerber bevorzugt, um den Frauenanteil in Führungsposition im Unternehmen zu erhöhen. Dies wird als* ***„positive Maßnahmen"*** *nach § 5 AGG bezeichnet.*

Eine weitere Ausnahme vom Benachteiligungsverbot ist gegeben, wenn die beruflichen Bedingungen diese Benachteiligung nach § 8 AGG erfordern. Dies ist bei geschlechterspezifischen Stellen der Fall, wie beispielsweise bei der Suche nach einer Dipl.-Psychologin für die Betreuung von Frauen in einem Frauenhaus. Nach § 9 AGG ist die Benachteiligung erlaubt, wo die Anstellung eine bestimmte konfessionelle Zugehörigkeit erfordert, beispielsweise bei der Arbeit in einer kirchlichen Einrichtung (konfessionsgebundene Kindergärten).

Bei der vorliegenden Stellenanzeige wird Deutsch als Muttersprache gefordert. Dies deutet auf eine ***mittelbare Benachteiligung*** *aufgrund ethnischer Herkunft nach § 3 (2) AGG i. V. m. § 1 AGG. Diese Benachteiligung kann nicht durch berufliche Anforderungen gerechtfertigt werden. Korrekt wäre hier die Formulierung „sehr gute Deutschkenntnisse in Wort und Schrift."*

Die Formulierung „neben der Arbeit in einem jungen und dynamischen Team" ist problematisch. Dies könnte eine ***mittelbare Benachteiligung*** *nach § 3 (2) AGG i.V.m. § 1 AGG aufgrund des Alters darstellen, da die Formulierung so verstanden werden kann, dass jüngere Bewerber bevorzugt werden.*

Eine unterschiedliche Behandlung wegen des Alters ist nach § 10 AGG nur zulässig, wenn sie objektiv, angemessen und durch ein legitimes Ziel gerechtfertigt ist. Möchte ein Arbeitgeber eine Altersgrenze bei der Stellanzeige angeben, ist dies nur zu rechtfertigen, wenn ein Leistungsabfall aufgrund des Alters unter Berücksichtigung der konkreten Tätigkeit aufgezeigt werden kann. Beispielsweise ist „die Altershöchstgrenze von 42 Jahren bei Einsatzbeamten des Sondereinsatzkommandos aufgrund der besonderen körperlichen und geistigen Anforderungen gerechtfertigt. Die Anforderungen sind nachweislich im obersten Bereich des Breitensports an der Grenze zum Hochleistungssport anzusetzen. Ein Zusammenhang zwischen höherem Alter und abnehmender Leistungsfähigkeit kann konkret begründet und medizinisch belegt werden."[1]

---

[1] *Antidiskriminierungsstelle des Bundes: AGG-Wegweiser – Erläuterungen und Beispiele zum Allgemeinen Gleichbehandlungsgesetz, 4. Auflage, Berlin, Druckerei Arnold, S. 22*

Die Einforderung eines Passbildes bei der Stellenanzeige ist kritisch. Dies deutet auf eine ***mittelbare Benachteiligung*** *aufgrund der ethnischen Herkunft, Geschlechts oder Alters hin und könnte ein Klagegrund des Bewerbers nach einer Ablehnung sein. Daher ist davon abzusehen bei der Stellenanzeige ein Bewerberfoto einzufordern.*

Schaltet das Unternehmen für die Rekrutierung neuer Arbeitnehmer einen Personaldienstleister oder die Bundesagentur für Arbeit ein, so haftet dennoch das Unternehmen nach § 278 BGB für mögliches Fehlverhalten dieser bezüglich Stellenanzeigen, die nicht AGG-konform sind. „Das Unternehmen trifft im Falle der Fremdausschreibung die Sorgfaltspflicht, die Ordnungsmäßigkeit der Ausschreibung zu überwachen." [1]

Für den Erfolg einer Stellenanzeige ist neben der Gestaltung der Anzeige die Wahl des Anzeigenträgers abhängig, denn Stellenanzeigen müssen von der Zielgruppe gelesen werden.

Folgende Anzeigenträger eignen sich:

Anzeigenträger	Stelle	Beispiele
lokale Anzeigenblätter	Hilfstätigkeiten, Teilzeitarbeit	Stuttgarter Wochenblatt
regionale Tageszeitungen	Positionen mit guter Qualifikation, Facharbeiter, kfm. Fachkräfte, untere bis mittlere Führungsebene	• Stuttgarter Nachrichten • Hannoverscher Allgemeine • Südwest Presse
überregionale Tageszeitungen	hochqualifizierte Kräfte, höhere Führungspositionen	• Süddeutsche Zeitung • Frankfurter Rundschau • Frankfurter Allgemeine • Die Welt
Fachzeitschriften	für Spezialisten und bestimmte Branchen	• Lebensmittelzeitung • Textilwirtschaft

In Anlehnung an: Albert, Günther: Betriebliche Personalwirtschaft, 12. Auflage, Herne, Kiehl Verlag, 2013, S. 96 f.

Unternehmen nutzen neben den Printmedien zunehmend das Internet für Stellenausschreibungen. Das Internet bietet gegenüber den Printmedien für beide Seiten – Bewerber und Unternehmen – den Vorteil, dass eine günstigere und schnellere Form der Stellensuche und Stellenbesetzung möglich ist. Bei einer Stellenanzeige im Internet wird weniger Wert auf die Gestaltung gelegt, da der Bewerber über Suchbegriffe zur Stellenanzeige gelangt. Neben der Veröffentlichung der Stellenanzeige auf der eigenen Webseite besteht die Möglichkeit kommerzielle Jobbörsen, wie beispielsweise StepStone oder jobpilot, zu nutzen.

1.2.3 Berücksichtigung von schwerbehinderten Menschen bei der Personalbeschaffung

Arbeitgeber mit mehr als 20 Arbeitnehmern sind lt. § 71 ff. Sozialgesetzbuch IX (SGB IX) verpflichtet, auf mindestens 5 % der Arbeitsplätze schwerbehinderte Menschen zu beschäftigen. Ziel des Gesetzgebers ist damit, die Inklusion von schwerbehinderten Menschen zu fördern.

[1] *Arbeit und Arbeitsrecht: Die Zeitschrift für das Personal-Management, AGG-Verstöße durch Dienstleister, Sonderausgabe 2013 A 08514, 68. Jahrgang, Berlin, Huss-MEDIEN GmbH, S. 40*

„**Inklusion** (lateinisch „Enthaltensein“) bedeutet, dass alle Menschen selbstbestimmt am gesellschaftlichen Leben teilnehmen. Das heißt: Menschen mit Behinderungen müssen sich nicht mehr integrieren und an die Umwelt anpassen, sondern diese ist von vornherein so ausgestattet, dass alle Menschen gleichberechtigt leben können – egal wie unterschiedlich sie sind. Das Ideal der Inklusion ist, dass die Unterscheidung „behindert/nichtbehindert“ keine Relevanz mehr hat.“

Quelle: Masuhr, Lilian: Inklusion – was heißt das?, Zugriff am 13.01.2015 unter: http://leidmedien.de/sprache-kultur-und-politik/inklusion-was-heisst-das

Daher hat jeder Arbeitgeber bei der qualitativen Personalbeschaffung nach § 81 (1) SGB IX zu prüfen, ob eine freie Stelle im Unternehmen mit einem schwerbehinderten Menschen besetzt werden kann. Hierzu sind der Betriebs- bzw. Personalrat und die Schwerbehindertenvertretung anzuhören nach § 81 (1) 6 SGB IX.

Ergibt die Prüfung, dass die freie Stelle mit einem schwerbehinderten Menschen besetzt werden könnte, muss das Unternehmen Kontakt mit der Bundesagentur für Arbeit aufnehmen. Hier wird überprüft, ob der Arbeitsplatz mit einem schwerbehinderten Menschen besetzt werden kann, der bei der Bundesagentur für Arbeit arbeitslos gemeldet ist. Nach Eingang der Bewerbungsunterlagen müssen unverzüglich die Schwerbehindertenvertretung und der Betriebsrat bzw. der Personalrat des Unternehmens unterrichtet werden.

Öffentliche Arbeitgeber müssen bei schwerbehinderten Bewerbern oder von der Agentur für Arbeit vorgeschlagene Schwerbehinderte stets zu einem Vorstellungsgespräch einladen. Dies ist entbehrlich, wenn die fachliche Eignung des Kandidaten für die Stelle offensichtlich fehlt nach § 82 SGB IX. Die Verletzung der Einladungspflicht kann durch einen nachträglichen, späteren Vorstellungstermin nicht mehr geheilt werden.

Quelle: Arbeit und Arbeitsrecht – Die Zeitschrift für das Personal-Management: Rechte und Pflichten nach SGB XI, Sonderausgabe 2014 A 08514, 69. Jahrgang, Berlin, Huss-MEDIEN GmbH, S. 48

1.2.4 Der Betriebsrat

Der Betriebsrat ist ein von den Arbeitnehmern gewähltes Gremium, das deren Rechte und Interessen gegenüber dem Arbeitgeber vertritt.

Das **Betriebsverfassungsgesetz (BetrVG)** räumt Arbeitnehmern in Betrieben mit mindestens fünf ständigen, wahlberechtigten Arbeitnehmern lt. § 1 BetrVG das Recht ein, einen Betriebsrat zu wählen.

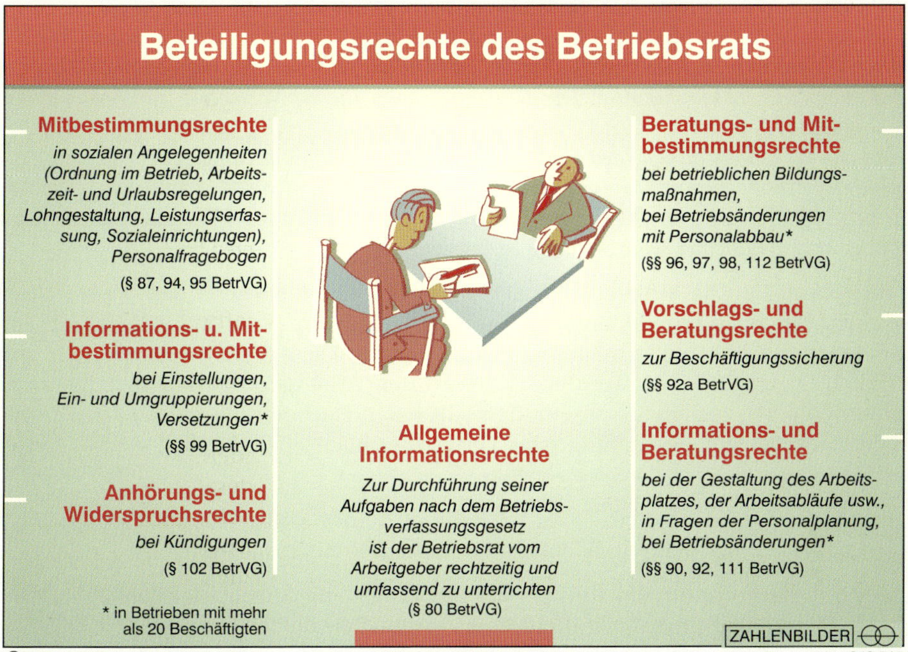

© Bergmoser + Höller Verlag AG 243 515

Die Entscheidung liegt bei der Belegschaft. Haben sich die Arbeitnehmer dazu entschlossen, ist der Arbeitgeber durch das Betriebsverfassungsgesetz fortan dazu verpflichtet, den rechtmäßig gewählten Betriebsrat an einer Vielzahl von Maßnahmen zu beteiligen, die sich auf

- **soziale** (§ 87 BetrVG)
- **personelle** (§§ 92-105 BetrVG)
- **wirtschaftliche Angelegenheiten** (§§ 106-113 BetrVG) des Betriebes erstrecken."

Quelle: Bergmoser und Höller Verlag AG, Aachen: Informationstext zur Grafik „Beteiligungsrechte des Betriebsrats"

Mitwirkungsrechte des Betriebsrats bei der Personalplanung und Personalgewinnung

Nach § 92 BetrVG hat der Arbeitgeber den Betriebsrat bei der Personalplanung zu beteiligen:

(1) Der Arbeitgeber hat den Betriebsrat über die Personalplanung, insbesondere über den gegenwärtigen und künftigen Personalbedarf sowie über die sich daraus ergebenden personellen Maßnahmen und Maßnahmen der Berufsbildung anhand von Unterlagen rechtzeitig und umfassend zu unterrichten. Er hat mit dem Betriebsrat über Art und Umfang der erforderlichen Maßnahmen und über die Vermeidung von Härten zu beraten.

(2) Der Betriebsrat kann dem Arbeitgeber Vorschläge für die Einführung einer Personalplanung und ihre Durchführung machen.

Beispiel • *Der Betriebsrat der ModernOffice KG erhält von der Personalabteilung rechtzeitig die Stellenpläne, Stellenbeschreibungen, Personalstatistiken und -kostenpläne, die diese für die Personalplanung verwendet. Anschließend setzen sich die beteiligten Parteien – Betriebsratsmitglieder und Arbeitgeber – zusammen und beraten über Art und Umfang der sich aus der Personalplanung ergebenden erforderlichen Maßnahmen. Der Betriebsrat kann hierbei Vorschläge zur Personalplanung vorlegen und den Arbeitgeber nach § 92a BetrVG bezüglich der Beschäftigungssicherung beraten. In diesem Rahmen können die Themen Förderung von Teilzeit und familienfreundliche Beschäftigungsverhältnisse angesprochen und konkrete Vorschläge vom Betriebsrat vorgebracht werden. Der Arbeitgeber ist verpflichtet die Vorschläge ernsthaft zu prüfen. Sollte er die Vorschläge des Betriebsrats ablehnen, ist er verpflichtet seine Meinung zu begründen.*

Der Betriebsrat hat die Möglichkeit nach § 93 BetrVG bei auftretendem Personalbedarf eine innerbetriebliche Stellenausschreibung zu verlangen. Von dieser Regelung ausgenommen sind Positionen von leitenden Angestellten. Diese Stellen müssen nicht innerbetrieblich ausgeschrieben werden. Kommt der Arbeitgeber dem Verlangen einer innerbetrieblichen Stellenausschreibung nicht nach, kann der Betriebsrat seine notwendige Zustimmung zur Einstellung oder Versetzung nach § 99 (2) Nr. 5 BetrVG untersagen.

Darüber hinaus kann der Betriebsrat im Rahmen seines Mitbestimmungsrechts aus folgenden Gründen von seinem Widerspruchsrecht Gebrauch machen:

- die Mindestanforderungen sind bei der Ausschreibung unbeachtet geblieben
- die Ausschreibung entspricht nicht den Vorschriften des AGG
- es wurden inner- und außerbetrieblich unterschiedliche Anforderungen genannt

In Unternehmen mit mehr als zwanzig (wahlberechtigten) Arbeitnehmern kann der Betriebsrat bei personellen Einzelmaßnahmen nach § 99 BetrVG mitbestimmen. Das bedeutet, der Arbeitgeber hat den Betriebsrat vor jeder Einstellung, Eingruppierung, Umgruppierung und Versetzung zu unterrichten und die Zustimmung des Betriebsrates zu der geplanten Maßnahme einzuholen. Der Betriebsrat hat die Möglichkeit die Zustimmung aus bestimmten Gründen gemäß § 99 (2) BetrVG zu verweigern. Zu diesen Gründen gehört beispielsweise, dass die interne Stellenausschreibung im Betrieb unterblieben ist oder die begründete Besorgnis besteht, dass infolge der personellen Maßnahme im Betrieb beschäftigte Arbeitnehmer gekündigt werden oder sonstige Nachteile erleiden, ohne dass dies aus betrieblichen oder persönlichen Gründen gerechtfertigt ist. Als Nachteil gilt bei unbefristeter Einstellung auch die Nichtberücksichtigung eines gleich geeigneten, befristeten Beschäftigten im Unternehmen.

1.2.5 Der Personalrat

Die Interessen und Rechte der Angestellten und Beamten im **öffentlichen Dienst** werden vom **Personalrat** vertreten. Die gesetzlichen Bestimmungen für den Personalrat sind im **Bundespersonalvertretungsgesetz (BPersVG)** verankert. Die Bestimmungen der jeweiligen Landespersonalvertretungsgesetze können hiervon abweichen.

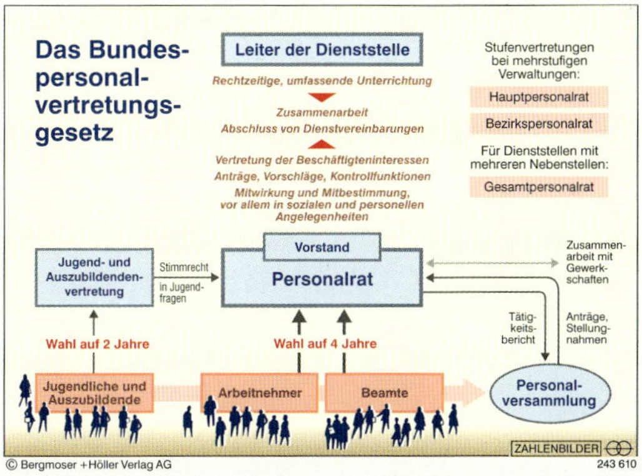

Den Arbeitnehmern und Beamten des öffentlichen Dienstes räumt das Personalvertretungsrecht eine kollektive Beteiligung an **innerdienstlichen Entscheidungen in personellen und sozialen Angelegenheiten** ein. Zu den allgemeinen Aufgaben des Personalrats gehört es, Anträge und Anregungen zugunsten der Beschäftigten an die Dienststellenleitung zu richten und die Einhaltung von Vorschriften, Dienstvereinbarungen und Tarifverträgen zu überwachen. Seine Beteiligungsrechte reichen vom Informations- und Anwesenheitsrecht über die Anhörung und Mitwirkung bis zur förmlichen Mitbestimmung. Bestimmte Fragen, z. B. Arbeitszeitpläne, Fortbildung, Einführung neuer Arbeitsmethoden, können in Dienstvereinbarungen zwischen Personalrat und Dienststelle geregelt werden.

Quelle: Bergmoder und Höller Verlag AG, Aachen: Informationstext zur Grafik „Das Bundespersonalvertretungsgesetz"

Die Grundlage einer Stellenausschreibung im öffentlichen Dienst ist das Anforderungsprofil. Die Festlegung des Anforderungsprofils liegt im öffentlichen Dienst allein beim zuständigen Vorgesetzten und gilt als verbindlich bei der Auswahl der Bewerber. Natürlich ist auch im öffentlichen Dienst das **Allgemeine Gleichbehandlungsgesetz** bei Stellenausschreibungen zu beachten.

Mitwirkungsrechte des Personalrats bei der Personalplanung und Personalgewinnung

Der Personalrat hat in folgenden Personalangelegenheiten ein Mitbestimmungsrecht:

§ 75 BPersVG

(1) Der Personalrat hat mitzubestimmen in Personalangelegenheiten der **Arbeitnehmer** bei

1. Einstellung,
2. Übertragung einer höher oder niedriger zu bewertenden Tätigkeit, Höher- oder Rückgruppierung, Eingruppierung,
3. Versetzung zu einer anderen Dienststelle,
   Umsetzung innerhalb der Dienststelle, wenn sie mit einem Wechsel des Dienstortes verbunden ist (das Einzugsgebiet im Sinne des Umzugskostenrechts gehört zum Dienstort),
4. Abordnung für eine Dauer von mehr als drei Monaten, [...]

§ 76 BPersVG

(1) Der Personalrat hat mitzubestimmen in Personalangelegenheiten der **Beamten** bei

1. Einstellung, Anstellung,
2. Beförderung, Übertragung eines anderen Amtes mit höherem Endgrundgehalt ohne Änderung der Amtsbezeichnung, Verleihung eines anderen Amtes mit anderer Amtsbezeichnung beim Wechsel der Laufbahngruppe, Laufbahnwechsel,
3. Übertragung einer höher oder niedriger zu bewertenden Tätigkeit,
4. Versetzung zu einer anderen Dienststelle, Umsetzung innerhalb der Dienststelle, wenn sie mit einem Wechsel des Dienstortes verbunden ist (das Einzugsgebiet im Sinne des Umzugskostenrechts gehört zum Dienstort),
5. Abordnung für eine Dauer von mehr als drei Monaten [...]

Der Personalrat kann nach § 77 (2) BPersVG in folgenden Fällen seine Zustimmung zu den Fällen des § 75 (1) BPersVG und des § 76 (1) BPersVG verweigern:

(2) Der Personalrat kann [...] seine Zustimmung verweigern, wenn

1. die Maßnahme gegen ein Gesetz, eine Verordnung, eine Bestimmung in einem Tarifvertrag, eine gerichtliche Entscheidung, den Frauenförderplan oder eine Verwaltungsanordnung oder gegen eine Richtlinie im Sinne des § 76 Abs. 2 Nr. 8 verstößt oder
2. die durch Tatsachen begründete Besorgnis besteht, dass durch die Maßnahme der betroffene Beschäftigte oder andere Beschäftigte benachteiligt werden, ohne dass dies aus dienstlichen oder persönlichen Gründen gerechtfertigt ist, oder
3. die durch Tatsachen begründete Besorgnis besteht, dass der Beschäftigte oder Bewerber den Frieden in der Dienststelle durch unsoziales oder gesetzwidriges Verhalten stören werde.

Auf den Punkt gebracht

Personalanforderung

↓

Erstellung eines Anforderungsprofils

↓

Stellenbeschreibung = personenneutrale schriftliche Beschreibung einer Arbeitsstelle hinsichtlich Aufgaben, Zielen, Befugnissen, Vertretungen und Anforderungen

Funktionen

für Vorgesetzte:
Basis für Zielvereinbarungsgespräche, Mitarbeiterbeurteilung und Gehaltsverhandlungen

für Stelleninhaber:
Beschreibung seiner Verantwortung, Kompetenzen und Aufgaben

↓

interne Beschaffungswege
- innerbetriebliche Stellenausschreibung
- Personalentwicklung
- Versetzung
- Mehrarbeit
- Urlaubsverschiebung

Beachtung des Allgemeinen Gleichbehandlungsgesetzes (AGG)

externe Beschaffungswege
- Stellenanzeige
- Agentur für Arbeit
- private Arbeitsvermittlung
- Arbeitnehmerüberlassung

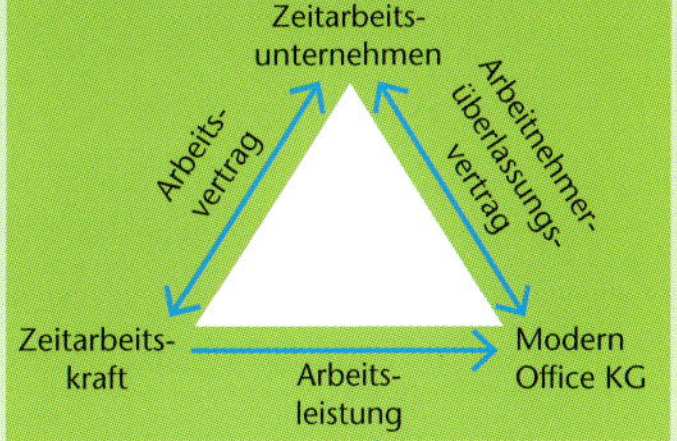

↓

Beachtung der Rechte von schwerbehinderten Menschen bei der Personalbeschaffung:
Unternehmen beschäftigt mehr als 20 Arbeitnehmer
→ 5 % der Arbeitsplätze müssen für schwerbehinderte Menschen bereitgestellt werden (Schwerbehindertenquote).

↓

Rechte des Betriebsrates bei der Personalbeschaffung:
- Informationsrecht bezüglich Personalplanung und gegenwärtigem sowie zukünftigem Personalbedarf
- Recht innerbetriebliche Stellenausschreibung zu verlangen (Ausnahme: Positionen von leitenden Angestellten) etc.

Nutzen Sie Ihr Wissen

1. a) Beschreiben und analysieren Sie das Schaubild.
   b) Erkundigen Sie sich, welche internen und externen Personalbeschaffungswege Ihr Ausbildungsbetrieb nutzt.
   c) Erkundigen Sie sich, welche Personalbeschaffungswege in Ihrem Ausbildungsbetrieb die höchsten Erfolgsquoten haben, und erklären Sie, wie diese Erfolgsquoten ermittelt werden.

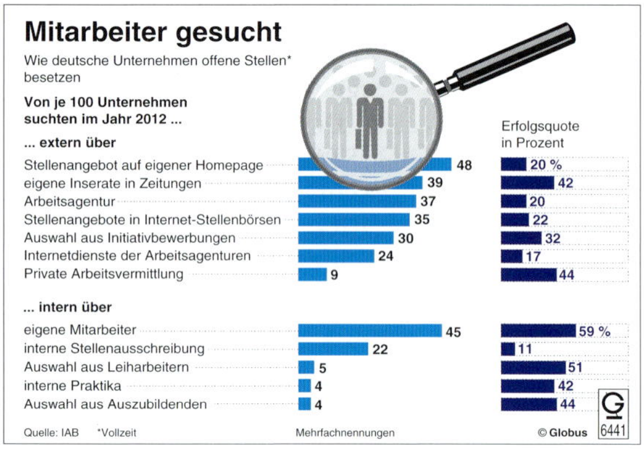

2. Filiz Özkan ist seit fünf Jahren als Sachbearbeiterin im Personal der KANUS GmbH (Donaustraße 18, 64665 Alsbach) beschäftigt. Die KANUS GmbH ist ein mittelständisches Unternehmen, welches als Hersteller innovativer Leuchten und Lichtsysteme national etabliert ist. Frau Özkan ist u. a. für die Praktikantenbetreuung verantwortlich. Seit drei Tagen lernt Frau Özkan die neue Praktikantin, Miriam Bader, in das operative Tagesgeschäft ein. Heute beschäftigen sie sich mit der qualitativen Personalbedarfsplanung. Für die Stellenbeschreibung „Verkäufer/-in im Außendienst“ (vgl. S. 460) muss noch eine Stellenanzeige erstellt werden.

   a) Erklären Sie Frau Bader, stellvertretend für Frau Özkan, welche Funktionen eine Stellenbeschreibung im Unternehmen erfüllt.
   b) Erstellen Sie, stellvertretend für Frau Özkan, die Stellenanzeige für die vakante Stelle „Verkäufer/-in im Außendienst“ (vgl. S. 460) in deutscher Sprache. Folgende Informationen liegen noch vor:

   Bei Stellenanzeige berücksichtigen

   Wir bieten:

   - neuestes Kommunikationspaket (Tablet, SmartPhone, Laptop)
   - Dienstwagen der Mittelklasse, auch zur privaten Nutzung
   - Erfolgsbeteiligung

   Der Bewerber soll seine Gehaltsvorstellung und den frühestmöglichen Eintrittstermin angeben.

   c) Frau Özkan bittet Frau Bader, eine tabellarische Übersicht bezüglich der verschiedenen internen und externen Personalbeschaffungswege sowie deren Vor- und Nachteile zu erstellen.
   d) Erläutern Sie Frau Bader, stellvertretend für Frau Özkan, die Möglichkeiten des Betriebsrats hinsichtlich der Frage interne oder externe Stellenbesetzung.
   e) Nach Anfertigung der Stellenanzeige möchte die KANUS GmbH diese in unterschiedlichen Zeitungen schalten. Begründen Sie, welche Zeitung(en) aus Ihrer Sicht infrage kommen.

3. Beurteilen Sie, ob in den vorliegenden Fällen eine Benachteiligung nach dem AGG vorliegt und die jeweiligen Kläger vor Gericht, Ihrer Meinung nach, gewinnen werden. Begründen Sie Ihre Antwort, wenn möglich, mithilfe des Gesetzes.

   a) Die FRANZ & GUSTAV GmbH sucht in einer juristischen Fachzeitschrift „eine(n) junge(n) engagierte(n) Volljuristin/Volljuristen". Die Stelle geht an einen 31-jährigen Juristen. Der 47-jährige Jurist Martin Schurrer erhält eine Absage von der FRANZ & GUSTAV GmbH. Daraufhin klagt Herr Schurrer, da seiner Meinung nach die Ausschreibung gegen das AGG verstieße.
   b) Die MAYER OHG schreibt Anfang Oktober auf ihrer Internetseite die Stelle eines Entwicklungsingenieurs (w/m) aus. Die MAYER OHG teilt die Ausschreibung nicht der Agentur für Arbeit mit und führt auch nicht das Verfahren zur besonderen Förderung schwerbehinderter Menschen durch. Zudem enthält die Stellenanzeige keine Bewerberfrist. Mitte November vergibt sie die Position; die Anzeige bleibt jedoch online. Ende Dezember bewirbt sich der schwerbehinderte Entwicklungsingenieur Herr Müller auf die Stelle und erhält eine Absage. Daraufhin klagt Herr Müller, weil die MAYER OHG die Förderungsvorschriften des SGB IX für schwerbehinderte Menschen nicht berücksichtigt und ihn dadurch benachteiligt habe.
   c) Die evangelische Stiftskirche schreibt Anfang Januar eine befristete Projektstelle „Schulung von Multiplikatorinnen/-en im Bereich der beruflichen Integration von erwachsenen Migrantinnen/-en" aus. Die Fachkraft soll ein abgeschlossenes Studium der Sozialwissenschaften/Sozialpädagogik sowie Erfahrungen in der Projektarbeit vorweisen und einer christlichen Kirche angehören. Der evangelischen Stiftskirche liegen zwei Bewerbungen vor. Zum einen bewirbt sich Frau Demet Sari (türkischer Abstammung und Muslimin). Sie ist ausgebildete Industriekauffrau mit Erfahrung in Integrationsprojekten für Menschen mit Migration und zum anderen Frau Indira Lal (indischer Abstammung und Christin). Frau Lal hat einen Hochschulabschluss als Dipl. Sozialwissenschaftlerin und ebenfalls Erfahrung mit Integrationsprojekten gesammelt. Die evangelische Stiftskirche entscheidet sich für Frau Lal. Frau Sari sieht sich unmittelbar wegen ihrer Religion sowie mittelbar durch ihre ethnische Herkunft benachteiligt und möchte eine Entschädigung nach AGG.

4. Laura Keden arbeitet als Sachbearbeiterin in der Abteilung Personal bei der Prause GmbH & Co. KG. Die Prause GmbH & Co. KG in Frankfurt ist ein Systemlieferant der internationalen Automobilindustrie auf dem Gebiet der Umformtechnik mit der Produktion von Presseteilen und einbaufertigen Komponenten. Die Mitarbeiterin Julia Leisser (Projektmanagerin Abteilung „Finanzen/Controlling") teilt Frau Keden heute mit, dass sie in der 15. Woche schwanger sei. Ende August wird sie ihre Zeit für den Mutterschutz antreten. Im Anschluss möchte sie Elternzeit für zwölf Monate beantragen.

   a) Erklären Sie, welche Möglichkeiten zur Deckung des Ersatzbedarfs der Prause GmbH & Co. KG zur Verfügung stehen. Beachten Sie hierbei die konkrete Situation.
   b) Zur Deckung des Personalbedarfs überlegt Frau Keden, die Möglichkeit der Arbeitnehmerüberlassung zu wählen. Erklären Sie, was man unter dem Begriff „Arbeitnehmerüberlassung" versteht. Benennen Sie die einzelnen beteiligten Parteien und stellen Sie in diesem Zusammenhang die vertragliche Gestaltung der Dreiecksbeziehung grafisch dar.

c) Beschreiben und analysieren Sie das Schaubild „Arbeit auf Abruf“ (vgl. S. 463).
d) Erläutern Sie mindestens drei Vor- und Nachteile dieses Personalbeschaffungsweges sowohl für die Prause GmbH & Co. KG als auch für den jeweiligen Leiharbeiter.

5.

„Betriebsrat wächst mit der Zahl der Arbeitnehmer

(...) Die Interessen der Arbeitnehmer gegenüber dem Arbeitgeber vertritt der Betriebsrat (BR); er wird alle vier Jahre gewählt – 2014 ist wieder Wahljahr, und zwar in der Zeit von März bis Mai. Wie viele Mitglieder das Gremium hat, hängt von der Zahl der wahlberechtigten Arbeitnehmer im Betrieb ab. So besteht ein Betriebsrat in Unternehmen mit bis zu 20 Beschäftigten nur aus einer Person, bei Unternehmen mit 21 bis 50 Mitarbeitern bilden drei Arbeitnehmer und Arbeitnehmerinnen den Betriebsrat (...). Von der Betriebsgröße hängt auch ab, wie viele BR-Mitglieder von ihrer regulären Tätigkeit für die BR-Arbeit freigestellt werden. Es beginnt mit einer Freistellung bei 200 bis 500 Arbeitnehmern. (...)“

Quelle: Globus, Informationstext zur Grafik „Betriebsratswahlen 2014: So groß wird der Betriebsrat“

Die Jürgen Wiskotschil KG ist ein mittelständischer Zulieferer der Automobilbranche. Das Unternehmen beschäftigt derzeit 783 Mitarbeiter. Im Mai stehen die nächsten Wahlen des Betriebsrates an.

a) Erklären Sie mithilfe des Schaubildes und des darstellenden Textes, wie viele Mitglieder bei den anstehenden Wahlen zu wählen sind.
b) Erklären Sie, was man unter dem aktiven und passiven Wahlrecht versteht.
c) Recherchieren Sie, welche Voraussetzungen erfüllt sein müssen, um das aktive und passive Wahlrecht zu besitzen. Listen Sie jeweils die Personengruppe auf, die wahlberechtigt ist.

1.3 Personal auswählen

Lernsituation

Miriam Ball sucht für die Abteilung Personal zur Unterstützung des operativen Tagesgeschäftes einen Praktikanten. Dazu hat sie eine Stellenanzeige geschaltet. In diesem Zusammenhang ergibt sich zwischen Miriam Ball und Greta Funk folgendes Gespräch:

Greta Funk: „Guten Morgen, Frau Ball. Bezüglich der ausgeschriebenen Praktikantenstelle haben wir schon einige Bewerbungen erhalten. Jetzt gilt es die „Spreu vom Weizen zu trennen". Soll ich die Bewerberauswahl treffen und alles Weitere organisieren?"

Miriam Ball: „Vielen Dank für das Angebot. Ich würde jedoch gerne Herrn Wildermuth diese Aufgabe übertragen. Ich habe ihn letzte Woche in unseren Prozess der Personalauswahl eingeführt. Ich würde gerne seine erlernten Kenntnisse überprüfen. Wenn er die Personalauswahl nach unseren festgelegten Kriterien durchführt und mir seine Auswahl fachlich und weitgehend objektiv begründen kann, dann kann ich mir gut vorstellen ihn vermehrt in unseren Prozess der Personalauswahl einzubinden."

An ...	tom.wildermuth@mo-modernoffice.com
Cc ...	
Bcc ...	
Betreff:	Personalauswahl

Guten Tag, Herr Wildermuth,

für die Abteilung Personal suche ich zur Unterstützung des operativen Tagesgeschäfts einen Praktikanten. Dazu habe ich eine Stellenanzeige geschaltet, die Sie im Anhang finden. Letzte Woche habe ich Sie in unseren Prozess der Personalauswahl eingeführt.

Mittlerweile liegen mehrere Bewerbungen vor. Zur Übung und Festigung der erlernten Kenntnisse bitte ich Sie, eine erste Vorauswahl zu treffen und mir einen begründeten Vorschlag zu unterbreiten, welchen Bewerber Sie zu einem Vorstellungsgespräch einladen würden.
Führen Sie für einen objektiven Vergleich bitte eine Nutzwertanalyse durch. Im Anhang finden Sie die bisher eingegangenen Bewerbungsunterlagen.
Lassen Sie mir Ihr Ergebnis bis 16:00 Uhr zukommen.

Beste Grüße

Miriam Ball

Anhang 1: Stellenausschreibung

ModernOffice.

Praktikum Personalwesen

Wir suchen Sie als Praktikant/-in im Personalwesen (Schwerpunkt: Personalmarketing).

AUFGABEN

- Mithilfe beim gesamten Rekrutierungsprozess, von Bewerbereingang bis zur Einstellung
- Durchführung und Organisation von Personalmarketingveranstaltungen sowie internen und externen Schulungen
- selbstständige Auswertung von Veranstaltungen und Schulungen
- Unterstützung bei der Praktikanten- und Werkstudentenbetreuung
- Terminkoordination, Erledigung allgemeiner Korrespondenz und Unterstützung im operativen Tagesgeschäft

Beginn: ab 01.09.20..
Dauer: sechs Monate

ANFORDERUNGEN

- Studium der Wirtschaftswissenschaften, Wirtschaftspädagogik, Psychologie oder eines vergleichbaren Studienganges
- idealerweise Personal als Studienschwerpunkt
- erste praktische Erfahrungen wünschenswert
- sicherer Umgang mit MS Office, idealerweise Kenntnisse in SAP R/3 HR
- gute Englischkenntnisse
- hohes Maß an Team- und Kommunikationsfähigkeit sowie sicheres Auftreten
- selbstständige und strukturierte Arbeitsweise

Bitte schicken Sie Ihre kompletten Bewerbungsunterlagen an die angegebene Adresse.

ModernOffice KG
Miriam Ball
Kennziffer MO-382
Industriestraße 10 – 14
72160 Horb am Neckar

Anhang 2: Bewerbungsunterlagen Frau Elisa Stein

Elisa Stein
Tübinger Str. 12
71732 Tamm
Mobil: 0176 763900
E-Mail: elisa.stein@gmx.de

ModernOffice KG
Industriestraße 10 – 14
72160 Horb am Neckar

Tamm, 01.08.20..

Bewerbung als Praktikantin im Bereich Personal MO-382

Sehr geehrte Frau Ball,

vielen Dank für das informative und nette Telefonat. Wie telefonisch vereinbart, erhalten Sie anbei meine Bewerbungsunterlagen.

Durch mein Studium sowie meine vielfältigen Praxiserfahrungen konnte ich bereits tiefe Einblicke in das Personalwesen gewinnen. Als meine Interessenschwerpunkte stellten sich bisher die Bereiche Personalentwicklung und Berufsausbildung heraus. Um jedoch ein genaues Bild von diesem vielseitigen Beruf gewinnen zu können, möchte ich nun ein weiteres Praktikum im Personalmarketing absolvieren. Deshalb würde ich gerne im Rahmen meines zweiten Praxissemesters wieder in Ihrem Hause ab dem 01. September 20.. für sechs Monate tätig sein.

Neben meinen Fachkenntnissen verfüge ich über sehr gute Kommunikationsfähigkeiten in deutscher und englischer Sprache. Die Arbeit im Team ist mir genauso vertraut wie eine eigenständige Arbeitsweise. Darüber hinaus verfüge ich über sehr gute MS-Office-Kenntnisse, welche ich bereits während meiner Werkstudententätigkeit bei der ModernOffice KG unter Beweis stellen konnte.

Sollten Sie Interesse an einer motivierten Praktikantin haben, würde ich mich über eine Einladung zu einem persönlichen Gespräch sehr freuen.

Mit freundlichen Grüßen

Elisa Stein

Elisa Stein

Lebenslauf

Elisa Stein
Tübinger Str. 12 * 71732 Tamm, Deutschland
0176 763900 * elisa.stein@gmx.de

Praktikum im Personalbereich

Persönliches	**Geburtsdatum:** 11. Februar 19.. (23 Jahre), Stuttgart **Familienstand:** ledig
Studium	**seit August 20..** (drei Jahre): BWL/Personalmanagement **Hochschule Pforzheim**
	Oktober 20.. bis März 20.. (eineinhalb Jahre): Wirtschaftswissenschaften **Universität Stuttgart – Hohenheim**
Praxiserfahrung	**März 20.. bis August 20..:** Erstes Praxissemester im Personalwesen für sechs Monate bei der WINTERBACH GmbH
	Hauptaufgaben: Unterstützung bei der Organisation und Durchführung des Auswahlverfahrens für Auszubildende
	November 20.. bis November 20.. (ein Jahr): Werkstudentin im Personalwesen der ModernOffice KG, Horb am Neckar
	Hauptaufgaben: Bewerbermanagement, Zeugniserstellung
Nebentätigkeiten	**Oktober 20.. bis Juli 20.. (viereinhalb Jahre):** Nebentätigkeit im Verkauf, Service, Trainerin in einem Fitnesscenter
Kenntnisse	**Computer:** gute Kenntnisse in Microsoft Word, Excel, Outlook, Lotus Notes, PowerPoint und SAP/R3
	Sprachen: Deutsch (Muttersprache), Englisch (fließend), Französisch (gut)

Tamm, 01.08.20..
Elisa Stein

Praktikantenzeugnis

Frau Elisa Stein, geboren am 11.02.19.., absolvierte vom 01.03.20.. bis zum 25.08.20.. ein Praktikum in unserem Unternehmen der WINTERBACH GmbH. Während des Praktikums war Frau Stein im Fachbereich „Human Resources" eingesetzt.

- Folgende Aufgaben hat Frau Stein im Rahmen ihres Praktikums übernommen:
  - Koordination des Recruitingprozesses für Auszubildende mit folgenden Schwerpunkten:
  - Bearbeitung von Bewerberanfragen
  - Erfassung eingehender Bewerbungen für den Ausbildungsbeginn
  - selbstständige Bearbeitung der umfangreichen Bewerberkorrespondenz für das Auswahlverfahren der Auszubildenden: Erstellen von Eingangsbestätigungen, Zwischenbescheiden, Vormerkungen und Absagen für postalische Bewerbungen und Onlinebewerbungen
  - Ansprechpartnerin für Bewerber, Ausbilder, Ausbildungsleitung, Betriebsrat, Jugendvertretung und Werksarzt
  - Organisation und aktive Mitwirkung am Auswahlverfahren für Auszubildende (Einladung, Durchführung und Betreuung der PC-Tests) und Teilnahme an mehreren Vorstellungsgesprächen
  - eigenständige Einteilung und Einladung der Bewerber zur Einstellungsuntersuchung beim Werksarzt
  - Erstellung der Ausbildungsverträge
  - Auswertung von Kennzahlen
- administrative Unterstützung im Personalmarketing der Zielgruppe Auszubildende und Schülerpraktikanten
- Mitarbeit bei der Erstellung von Arbeitszeugnissen für ausgeschiedene Mitarbeiter
- allgemeine Unterstützung im operativen Tagesgeschäft

Im Rahmen ihrer auszuübenden Tätigkeiten zeigte Frau Stein einen sicheren Umgang mit MS Office und ELIDA (Elektronische Personalakte).

Sie arbeitete sich mit großem Engagement und Interesse in die verschiedenen Aufgabenbereiche ein und setzte erworbene Fähigkeiten, Erfahrungen und Kenntnisse gut in ihrer Arbeit um. Die Arbeitsleistung von Frau Stein war durch hohe Zuverlässigkeit geprägt. Sie identifizierte sich mit ihren Aufgaben und arbeitete mit viel Engagement und Eigeninitiative.

Die Arbeitsergebnisse waren auch bei wechselnden Anforderungen und in schwierigen Fällen stets von guter Qualität. Frau Stein hat die ihr übertragenen Aufgaben zu unserer vollsten Zufriedenheit erledigt. Sie verfügt über gute Fachkenntnisse und eine fundierte Fachkompetenz.

Ihr persönliches Verhalten war stets einwandfrei. Bei Vorgesetzten und Kollegen ist sie sehr geschätzt. Frau Stein verlässt uns nach Beendigung ihres Praktikums, um ihr Studium fortzusetzen. Wir danken ihr für die stets gute und konstruktive Mitarbeit. Wir wünschen ihr für ihr Studium und den weiteren Berufs- und Lebensweg alles Gute und viel Erfolg.

ModernOffice.

Werkstudentenzeugnis

Frau Elisa Stein, geboren am 11. Februar 19.. in Stuttgart, war vom 1. November 20.. bis zum 1. November 20.. als Werkstudentin in unserer Abteilung Personal tätig.

Das Aufgabengebiet von Frau Stein umfasste:

- Unterstützung beim Bewerberprozess, vom Bewerbungseingang bis zur Einstellung u. a. mit dem Programm SAP R/3 HR
- Unterstützung im Empfangsbereich
- Erstellung von Präsentationsunterlagen
- allgemeine Unterstützung im operativen Tagesgeschäft der Abteilung Personal

Frau Stein zeichnete sich durch eine gute Lern- und Arbeitsmotivation aus. Sie verfügte über eine gute Auffassungsgabe und kam auch mit schwierigen Aufgaben gut zurecht.

Sie war eine gewissenhaft arbeitende Werkstudentin, welche die übertragenen Aufgaben planvoll und systematisch bearbeitete.

Mit der Arbeit von Frau Stein waren wir in qualitativer und quantitativer Hinsicht zufrieden. Die ihr übertragenen Aufgaben erledigte Sie zu unserer vollen Zufriedenheit.

Das Verhalten von Frau Stein gegenüber Vorgesetzten und Mitarbeitern war jederzeit einwandfrei.

Wir wünschen Frau Stein für die Zukunft alles Gute und weiterhin Erfolg bei ihrem Studium.

Horb am Neckar, 1. November 20..

ModernOffice KG

Miriam Ball

i.V. Miriam Ball
Personal

Anhang 3: Bewerbungsunterlagen Frau Ella Neumann

Bewerbungsunterlagen

für die

ModernOffice KG

für ein

Praktikum

im Bereich

Personal

Ella Neumann
Kemperstraße 156
70186 Stuttgart
ella_neumann@web.de
0176 707114732

Ella Neumann
Kemperstraße 156
70186 Stuttgart
0176 707114732
ella_neumann@web.de

ModernOffice KG
Miriam Ball
Kennziffer MO-382
Industriestraße 10 – 14
72160 Horb am Neckar

Stuttgart, 29.07.20..

Bewerbung als Praktikantin im Bereich Personal

Sehr geehrte Frau Ball,

mit sehr großem Interesse habe ich auf der Homepage der ModernOffice KG die Ausschreibung einer Praktikumsstelle im Bereich Personal gelesen und möchte mich hiermit auf diese bewerben.

In meinem Studium der technisch orientierten Betriebswirtschaftslehre an der Universität Stuttgart habe ich theoretische Grundlagen des Personalmarketings erworben. Dadurch wurde mein Interesse auf diesem Gebiet geweckt und ich habe mich, nach Ablegung des Bachelors, für die Schwerpunkte Personal und Marketing entschieden.

Nun möchte ich im Rahmen eines zweiten sechsmonatigen Fachpraktikums meine theoretischen Kenntnisse durch weitere praktische Erfahrungen und Herausforderungen ergänzen. Im Rahmen eines sechsmonatigen Fachpraktikums in der FRANKE GmbH konnte ich bereits praktische Erfahrungen im Bereich Personal sammeln. Zu meinen Aufgaben zählten u. a. das Bewerbermanagement, das Personalmarketing und die Unterstützung im operativen Tagesgeschäft. In weiteren früheren Tätigkeiten konnte ich meine Kommunikations- und Teamfähigkeit sowie Flexibilität und Belastbarkeit unter Beweis stellen.

Im Laufe meines Studiums und meiner praktischen Erfahrungen habe ich festgestellt, dass Personalmarketing der Bereich ist, in welchem ich beruflich tätig sein möchte. Daher möchte ich meine Masterarbeit auch in diesem Bereich schreiben. Die ModernOffice KG bietet für mich die idealen Voraussetzungen meine bisher erworbenen beruflichen Kenntnisse in diesem Bereich anzuwenden und zu vertiefen.

Aufgrund universitärer Verpflichtungen stehe ich Ihrem Unternehmen leider erst ab dem 7. September 20.. zur Verfügung. Ich hoffe, Ihr Interesse geweckt zu haben und freue mich über die Möglichkeit zu einem persönlichen Gespräch.

Mit freundlichen Grüßen

Ella Neumann

Lebenslauf

▸ Persönliche Daten

Name:	Ella Neumann
Geburtsdatum:	14. April 19.. (25 Jahre)
Geburtsort:	Neuruppin
Familienstand:	ledig

▸ Schulischer Werdegang

09/19..–07/20..	Karl-Friedrich-Schinkel Gymnasium Neuruppin Abschluss: Abitur Note 1,8

▸ Universitärer Werdegang

10/20..–07/20..	Universität Stuttgart Studium der technisch orientierten Betriebswirtschaftslehre Abschluss: Bachelor of Science, Note 1,5
seit 10/20..	Universität Stuttgart: Masterstudiengang Schwerpunkt: Personal und Marketing

▸ Beruflicher Werdegang

	Praktika
08/20..–09/20..	OTTO Kunststoffverarbeitung GmbH & Co. KG, Horb am Neckar Kaufmännisches Grundpraktikum in den Bereichen Vertrieb, Fertigung, Finanzbuchhaltung und Personal
seit 09/20..	Studentische Hilfskraft am Lehrstuhl für Personal
04/20..–09/20..	FRANKE GmbH in Esslingen Praktikum im Bereich Human Resources Schwerpunkte: Personalmarketing und Personalentwicklung

▸ Sprachliche Qualifikation

Schule	Englisch	(9 Jahre)
	Französisch	(5 Jahre)
Universität	Wirtschaftsenglisch	(4 Semester)

▸ Weitere Qualifikationen

EDV	sehr gute Kenntnisse in Microsoft Office

Stuttgart, 29.07.20..

Ella Neumann

FRANKE GmbH

Praktikantenzeugnis

Frau Ella Neumann, geboren am 14. April 19.. in Neuruppin, war vom 01.04.20.. bis zum 01.09.20.. als Praktikantin in unserer Abteilung Personal tätig.

Das Aufgabengebiet von Frau Neumann umfasste:
- Unterstützung in der Personalentwicklung
- Vorbereitung, Begleitung sowie Auswertung der jährlichen Beurteilungsgespräche
- Planung, Organisation, Koordination und Auswertung von internen und externen Mitarbeiterschulungen
- Planung und Organisation von Auftritten des Unternehmens auf Hochschulmessen
- Bewerbermanagement mit SAP R/3 HR
- Terminierung und Koordinierung von Vorstellungsgesprächen
- Unterstützung im operativen Tagesgeschäft

Frau Neumann zeichnete sich stets durch eine sehr gute Lern- und Arbeitsmotivation aus. Sie verfügt über eine ausgezeichnete Auffassungsgabe und kam auch mit allen schwierigen Aufgaben sehr gut zurecht.

Dank ihrer sehr guten und schnellen Auffassungsgabe und ihres enormen Einsatzes hat sich Frau Neumann in kürzester Zeit sehr gute praktische Kenntnisse angeeignet. Sie war eine äußerst gewissenhaft und selbstständig arbeitende Praktikantin, welche die ihr übertragenen Aufgaben stets planvoll und zuverlässig bearbeitete.

Die ihr übertragenen Aufgaben erledigte Sie stets zu unserer vollsten Zufriedenheit.

Ihr Verhalten gegenüber Vorgesetzten und Mitarbeitern war jederzeit vorbildlich. Auch bei unseren Kunden war Frau Neumann allseits anerkannt und geschätzt.

Frau Neumann verlässt unser Unternehmen nach Ablauf der vereinbarten Praktikumszeit. Für ihr außerordentliches Engagement danken wir ihr sehr.

Wir wünschen Frau Neumann für ihr Studium und ihren weiteren Berufs- und Lebensweg alles Gute und weiterhin viel Erfolg. Wir würden uns sehr freuen sie nach ihrem Studium in unserem Unternehmen begrüßen zu dürfen.

Esslingen, 01.09.20..

FRANKE GmbH

Otto Rabausch

i.V.

Otto Rabausch

Leiter Personal

Anhang 4: Bewerbungsunterlagen Herr Diren Cem

Diren Cem, Rosenaustraße 5, 70186 Stuttgart
Tel. 0176 30207931, E-Mail: diren.cem@gmx.de

ModernOffice KG
Miriam Ball
Kennziffer MO-382
Industriestraße 10 – 14
72160 Horb am Neckar

Stuttgart, 27.07.20..

Bewerbung als Praktikant im Bereich Personal

Sehr geehrte Frau Ball,

vielen Dank für das informative und freundliche Telefonat. Wie in unserem gestrigen Telefongespräch erklärt, bin ich sehr daran interessiert praktische Erfahrungen in Ihrem Unternehmen im Bereich Personal zu sammeln.

Seit Oktober 20.. studiere ich Wirtschaftswissenschaften an der Universität Hohenheim und befinde mich momentan im zweiten Fachsemester meines Masterstudiums. Zu meinen Schwerpunkten gehören Controlling und Personal. In den vergangenen Semestern ist es mir gelungen einen breiten theoretischen Unterbau für meine spätere berufliche Karriere aufzubauen.

Praktische Erfahrungen konnte ich bereits bei der Seils AG in der Abteilung Controlling sammeln. Dabei handelt es sich um ein Praktikum in Stuttgart, bei dem ich die Gelegenheit hatte, bei der Konzeption und Entwicklung eines Tools zur innerbetrieblichen Leistungsverrechnung mitzuarbeiten. Während dieser Tätigkeit konnte ich meine selbstständige und strukturierte Arbeitsweise unter Beweis stellen. Durch dieses Praktikum erhielt ich die Möglichkeit ein zweites Praktikum in New York, ebenfalls im Bereich Strategisches Management & Innovationen, zu absolvieren. Hier konnte ich mein Fachwissen, meine Kommunikationsfähigkeit in englischer Sprache und meine interkulturelle Kompetenz präsentieren und vertiefen.

Nun möchte ich gerne praktische Erfahrungen im Bereich Personal sammeln. Hierzu bietet die ModernOffice KG für mich die besten Voraussetzungen.

Es würde mich freuen, wenn Sie mich nach der Prüfung meiner Bewerbungsunterlagen zu einem Vorstellungsgespräch einladen.

Ich freue mich von Ihnen zu hören und verbleibe

mit freundlichen Grüßen

Diren Cem

Lebenslauf

Persönliche Daten

Name:	Diren Cem
Anschrift:	Rosenaustraße 5 70186 Stuttgart
Geburtsdatum:	27. November 19.. (25 Jahre)
Geburtsort:	Istanbul
Staatsangehörigkeit:	deutsch

Schulische Ausbildung

20..–20..	Hauptschule in Horb am Neckar, Note 1,3
20..–20..	Wirtschaftsschule in Horb am Neckar (Fachschulreife), Note 1,5
20..–20..	Wirtschaftsgymnasium Horb am Neckar (allgemeine Hochschulreife), Note 1,8

Studium

10/20..–heute	Universität Hohenheim, Studium der Wirtschaftswissenschaften Bachelor of Arts, Note 1,5 Universität Hohenheim, Masterstudiengang Schwerpunkte: Controlling und Personal

Berufstätigkeit und Praktika

seit 08.08.20..	Studentische Hilfskraft am Lehrstuhl für Controlling, Universität Hohenheim
01.07.20..–12.12.20..	**Praktikum bei der Seils AG,** Stuttgart Bereich Controlling & Finanzen: Mitarbeit bei der Konzeption und Entwicklung eines Tools zur innerbetrieblichen Leistungsverrechnung, Dokumentation und Interpretation von IFRS-Standards etc.
01.09.20..–01.01.20..	**Praktikum bei der Seils AG**, New York Bereich Strategisches Management & Innovation: Unterstützung von Projektakquisitionen, Datenerhebung und Durchführung von Benchmarkings etc.

Sprachkenntnisse:	Deutsch/Türkisch (Muttersprache) Englisch (verhandlungssicher)
EDV-Kenntnisse:	sehr gute MS-Office Kenntnisse
Hobbys:	Lesen, Fußball

Stuttgart, 27.07.20..

Diren Cem

SEILS AG

CERTIFICATE OF INTERNSHIP FOR
Cem, Diren

ASSESSMENT

QUALITY OF WORK	1 = is particularly well-developed	2 = is well-developed	3 = is developed	4 = is barely perceptible, in need of attention
Analytical and conceptual skills		X		
Willingness to learn	X			
Creativity		X		
APPROACH TO WORK				
Reliability	X			
Efficiency	X			
Flexibility		X		
MOTIVATION AND SELF-DISCIPLINE				
Commitment	X			
Purposeful manner	X			
Ability to cope with stress	X			
Ability to cope with and act upon criticism	X			
TEAM SPIRIT AND CUSTOMER ORIENTATION				
Ability to integrate	X			
Social skills	X			
Cooperation/Intercultural skills	X			
COMMUNICATIONS SKILLS				
Rhetorical skills		X		
Dialog and conflict resolution		X		

Mr. Cem was able to solve all problems successfully and showed an outstanding work quality content. He used to have always good operational skills, contributing to quick problem solving. He was always a very motivated person. Mr. Cem shows an excellent team spirit and inserted himself well into the team. We state our extraordinary satisfaction to his effort and we would like to thank him for working in our company.

Seils AG
New York, 01.01.20..

Oliver Barnes

Oliver Barnes

MO

Vorlage Nutzwert-analyse

- *Legen Sie im Plenum das Handlungsergebnis des Arbeitsauftrages fest. Was hat Tom Wildermuth zu tun?*
- *Besprechen Sie im Plenum, welche Informationen Tom Wildermuth benötigt, um den Arbeitsauftrag von Miriam Ball erfolgreich auszuführen. Wo findet er die benötigten Informationen?*
- *Formulieren Sie die Zielsetzung/-en dieser Handlungssituation.*
- *Erstellen Sie in Partnerarbeit, stellvertretend für Tom Wildermuth, die Nutzwertanalyse . Begründen Sie, welchen Bewerber Sie zum Vorstellungsgespräch einladen möchten. Verwenden Sie als Informationsquelle das Lehrbuch. Für die Analyse der Arbeitszeugnisse lesen Sie bitte den Informationstext im Lehrbuch (S. 558 ff.).*
- *Entscheiden Sie im Plenum, welches Team seine Ergebnisse präsentiert und bewerten Sie, ob die Entscheidung des Teams schlüssig und nachvollziehbar ist.*
- *Reflektieren Sie, welche Vorteile die Auswahl der Bewerber mithilfe einer Nutzwertanalyse mit sich bringt.*

Personal auswählen

Nach Eingang der Bewerbungsunterlagen erfolgt die Erfassung der Bewerberdaten im System, die Versendung der Eingangsbestätigung an den Bewerber sowie die Auswertung der Bewerbungsunterlagen.

Anhand der Bewerbungsunterlagen wird eine erste **Vorauswahl** vorgenommen. Zu den „aussagefähigen" Bewerbungsunterlagen gehören folgende Unterlagen:

- Bewerbungsschreiben
- Lebenslauf
- letztes Schulzeugnis
- Arbeitszeugnisse

Folgende zusätzliche Unterlagen können beigefügt werden:

- Referenzen (Auskunftspersonen)
- Nachweis über besuchte Kurse (z. B. Sprach- oder Computerkurse)
- polizeiliches Führungszeugnis
- Gesundheitszeugnis (z. B. bei Beamten relevant)

Die äußere Form und die Vollständigkeit der Bewerbungsunterlagen spielen bei der Vorauswahl, die in wenigen Minuten erfolgt, eine bedeutende Rolle. Das Unternehmen kann daraus Rückschlüsse auf die Persönlichkeit des Bewerbers und die Ernsthaftigkeit seiner Bewerbung ziehen.

Beispiel • *Miriam Ball sichtet die neu eingetroffenen Bewerbungsunterlagen für die ausgeschriebene Stelle als „Kauffrau/-mann für Büromanagement". Die Bewerbungsunterlagen eines Bewerbers weisen Eselsohren auf und sind unvollständig. Ohne das Bewerbungsanschreiben genauer zu lesen, legt Miriam Ball die Bewerbung auf den Absagestapel.*

Eine genauere Beurteilung erfolgt anschließend anhand der Analyse der einzelnen Bewerbungsunterlagen.

Das Bewerbungsanschreiben

Beim Bewerbungsanschreiben wird, neben der korrekten Rechtschreibung und der Einhaltung der DIN 5008, vor allem auf den Inhalt des Anschreibens Wert gelegt. Es sollte erkennen lassen, dass sich der Bewerber intensiv mit dem Unternehmen und der

Stellenanzeige auseinandergesetzt hat. Der Bewerber sollte hierbei begründen, weshalb er der geeignete Kandidat für die ausgeschriebene Stelle ist, indem er die in der Stellenanzeige genannten fachlichen und sozialen Kompetenzen im Anschreiben belegt.

Beispiel • *Ebrus Bruder, Cem Celik, hat mithilfe von Ebru ein Anschreiben für eine Stelle als Gastronomie-Außendienstmitarbeiter erstellt. Hierbei haben sie die in der Stellenanzeige genannten erforderlichen fachlichen Qualifikationen mit seinen bereits erworbenen Qualifikationen abgeglichen und seine Kompetenzen belegt.*

1. Cem Celik, Schulstraße 23, 73033 Eislingen
Telefon: 07161 33618, Mobil: 0171 3031928,
E-Mail: cem_celik@yahoo.de

Getränkehersteller Müller GmbH
Daniela Haug
Osterwaldstraße 10
80805 München

Eislingen, 08.07.20..

2. **Bewerbung als Gastronomie-Außendienstmitarbeiter für Ulm**
Ihre Stellenanzeige auf www.mueller-gmbh.de

3. Sehr geehrte Frau Haug,

mit großem Interesse habe ich die Stellenausschreibung auf Ihrer Homepage gelesen.

4. Seit April 2007 bin ich als Verkaufsberater im Außer-Haus-Markt bei der Coca-Cola Erfrischungsgetränke AG tätig und verantwortlich für die Betreuung des bestehenden Kundenstammes sowie für die Akquisition von Neukunden für das Vertriebsgebiet Stuttgart und Umgebung. Zu meinen Aufgaben gehören dabei insbesondere die Kundenberatung bezüglich ihrer Sortimentsoptimierung und Sortimentserweiterung sowie die kundenorientierte Bedarfsanalyse. Desweiteren bin ich für die organisatorische Umsetzung und die Erfolgskontrolle zuständig, wobei ich meine Organisations- und Kommunikationsfähigkeit täglich unter Beweis stelle. Da ich bereits während meiner Ausbildung zum staatlich anerkannten Betriebswirt schulbegleitend in der Szenengastronomie sowie in Restaurants tätig war, konnte ich auch umfangreiche praktische Einblicke in diesen Bereich gewinnen.

5. Aufgrund meiner langjährigen praktischen Erfahrungen und der in meinen Ausbildungen zum Groß- und Außenhandelskaufmann sowie Betriebswirt angeeigneten betriebswirtschaftlichen Fachkenntnisse, sehe ich mich in der Lage, mich mit Erfolg in Ihr Unternehmen einzubringen. Die Müller GmbH bietet für mich die idealen Voraussetzungen, mich persönlich sowie beruflich erfolgreich weiterzuentwickeln.

6. Ich würde mich freuen, meinen beruflichen Werdegang in Ihrem Unternehmen fortsetzen zu können. Für eine Einstellung stehe ich Ihnen ab dem 01.09.20.. zur Verfügung.

7. Ich freue mich von Ihnen zu hören und verbleibe

mit freundlichen Grüßen

Cem Celik

Inhalte des Bewerbungsschreibens:

1. *Kontaktdaten des Bewerbers*
2. *Betreffzeile mit Nennung der Stelle und Bewerberkennziffer, wenn in Stellenanzeige angegeben*
3. *Anrede, wenn möglich persönlich*
4. *Hinweis auf die derzeitige Beschäftigung und Erläuterung der besonderen Qualifikationen und Kenntnisse, die den Bewerber für diese Stelle qualifizieren (Abgleich mit Stellenanzeige)*
5. *Erklärung, weshalb man in diesem Unternehmen arbeiten möchte*
6. *Bekundung des Interesses an einem Vorstellungsgespräch; falls in Stellenanzeige gefordert Nennung des möglichen Eintrittstermin und der Gehaltsvorstellungen*
7. *Grußformel, Unterschrift*

Der Lebenslauf

Der Lebenslauf gibt einen ersten Einblick in den bisherigen Werdegang des Bewerbers. Heutzutage wird häufig ein tabellarischer Lebenslauf gefordert, da er einen schnellen Überblick über die bisherigen beruflichen und persönlichen Stationen des Bewerbers gewährleistet und somit für die Personalabteilung leicht auszuwerten ist. Der Aufbau des Lebenslaufs kann chronologisch oder thematisch gegliedert sein. Er bietet eine Vielzahl von Informationen. Hierzu muss er genau von der Personalabteilung analysiert werden. Der Lebenslauf ist folgenden Analysen zu unterziehen:

- Zeitfolgeanalyse
- Entwicklungsanalyse
- Branchen-/Firmenanalyse

Bei der **Zeitfolgeanalyse** überprüft der Personaler den Lebenslauf auf Lücken und auf die Häufigkeit des Arbeitsplatzwechsels. Je nach Beruf und Branche muss der Personaler abwägen, ob der Arbeitsplatzwechsel vertretbar ist oder nicht. Mehrfache, kurzfristige Arbeitsplatzwechsel sind i. d. R. eher negativ zu bewerten.

Bei der **Entwicklungsanalyse**, auch als Positionsanalyse bezeichnet, überprüft der Personaler den Lebenslauf danach, ob der bisherige berufliche Werdegang einen sinnvollen Ablauf vorweist. Berufliche Auf- und Abstiege oder ein Wechsel des Arbeitsgebietes werden dabei offengelegt und bieten die Grundlage für mögliche Fragen im Vorstellungsgespräch.

Bei der **Branchen-/Firmenanalyse** überprüft der Personaler, ob der Bewerber in einer vor-, nachgelagerten oder sogar in derselben Branche tätig ist, um daraus mögliche Kenntnisse und fachliche Qualifikationen des Bewerbers abzuleiten. Zudem wird überprüft, ob er aus einem Groß- oder Kleinbetrieb stammt. Aus dieser Information erhofft man sich Erkenntnisse darüber zu erlangen, ob sich der Bewerber in der Anonymität eines Großbetriebes oder in die geringere Spezialisierung eines Kleinbetriebes einleben kann.

Das Lichtbild vermittelt einen ersten äußeren Eindruck des Bewerbers und sollte deshalb den Bewerber von seiner besten Seite präsentieren. Für den Personaler sollte jedoch das Lichtbild aufgrund des Allgemeinen Gleichbehandlungsgesetzes keine Rolle bei seiner Personalentscheidung spielen.

Das Zeugnis

Man unterscheidet hier zwischen Schul- und Arbeitszeugnissen. Das Schulzeugnis nimmt im Laufe des Berufslebens an Aussagefähigkeit ab. Es spielt lediglich bei Schulabgängern und Bewerbern, die vor kurzem ihre Ausbildung abgeschlossen haben, eine wichtige Rolle. Denn das Schulzeugnis gehört hier zu den wenigen auswertbaren Unterlagen und gibt im Ganzen Aufschluss über die Interessengebiete, das Engagement und die Willenskraft des Bewerbers. Beim Arbeitszeugnis unterscheidet man zwischen dem einfachen (Bestätigung zur Art und Dauer der Tätigkeit) und dem qualifizierten Arbeitszeugnis (zusätzliche Angaben zu Führung und Leistung).

Analyse der Bewerbungsunterlagen

In vielen Unternehmen wird die erste Analyse der Bewerbungsunterlagen heute mittels EDV vorgenommen. Dazu sind besonders die Bewerbungen geeignet, die per E-Mail in das Unternehmen gelangen. Die Auswahl erfolgt anhand von Suchbegriffen, die auf dem Anforderungsprofil basieren. Die Ausprägung der Anforderungen kann skaliert erfasst und anschließend ausgewertet werden.

Erfolgt die Analyse der Bewerbungsunterlagen im Unternehmen nicht mittels der EDV, dann erstellen die Personaler ein Bewerberranking mithilfe der **Nutzwertanalyse**.

Die Nutzwertanalyse ist eine spezielle Methode, die bei einer Vielzahl von Entscheidungsfindungen im Unternehmen herangezogen werden kann. Sie ermöglicht eine bevorstehende Entscheidung aus verschiedenen Blickwinkeln zu betrachten. Damit wird das Treffen einer Entscheidung erleichtert, da diese auf sachlich nachvollziehbaren Tatsachen beruht. Eine so getroffene Entscheidung ist gut zu begründen.

Vorgehensweise bei der Nutzwertanalyse:

1. Zuerst werden mithilfe der Stellenanzeige bzw. des Anforderungsprofils die Kenntnisse und Fähigkeiten festgelegt, welche für die zu besetzende Stelle von Bedeutung sind.
2. Anschließend werden die Entscheidungskriterien mithilfe der Stellenanzeige bzw. des Anforderungsprofils gewichtet, denn nicht jedes Kriterium ist gleichbedeutend für die ausgeschriebene Stelle. In der Summe geben alle Kriterien zusammen 100 Punkte bzw. Prozent.
3. Anschließend wird jeder einzelne Bewerber nach den festgelegten Kriterien bewertet. Hierbei werden wieder Punkte vergeben. Folgende Punkteverteilung ist denkbar:

   Erfüllt der Bewerber das Kriterium voll, so erhält er drei Punkte, im durchschnittlichen Ausmaß zwei Punkte, einen Punkt, wenn er das Kriterium in Ansätzen und null Punkte, wenn er das Kriterium überhaupt nicht erfüllt.
4. Danach wird für jeden Bewerber pro Kriterium die gewichtete Punktzahl ermittelt, indem die Gewichtung des Kriteriums mit der Punktzahl multipliziert wird.
5. Abschließend wird die Summe der gewichteten Punkte ermittelt, um den Nutzwert festzulegen. Der Nutzwert zeigt die Eignung des Bewerbers für die zugrunde gelegte Stelle an.

Je höher die Summe der gewichteten Punkte, umso höher der Nutzwert für das Unternehmen.

Auszug aus einer Nutzwertanalyse:

Beurteilungskriterien	Gewichtung der Kriterien	Bewerber 1	
		Punkte	gewichtete Punkte
Fachwissen	30	3	90
MS-Office Kenntnisse	15	2	30
Englischkenntnisse	20	...	...
...	...		
...	...		
Summe	100		

Nach der Sichtung der Bewerbungsunterlagen erfolgt die Einladung zum Vorstellungsgespräch oder die Erstellung eines Absageschreibens. Das Unternehmen ist verpflichtet, auf seine Kosten sämtliche Bewerbungsunterlagen – mit Ausnahme des Anschreibens – die es aufgrund einer geschalteten Stellenanzeige erhalten hat, dem Bewerber zurückzusenden. Das **Absageschreiben** enthält i.d.R. keine Begründung. Unternehmen sehen davon ab und formulieren den Absagetext sehr neutral, um nicht gegen das Allgemeine Gleichbehandlungsgesetz zu verstoßen.

Viele Unternehmen laden per Brief oder per E-Mail zum Vorstellungsgespräch ein. Im **Einladungsschreiben** sollte das Datum und die Uhrzeit genannt werden. Zudem sollte dem Bewerber ein Ansprechpartner genannt werden, an den er sich wenden kann, falls er den Termin nicht wahrnehmen kann oder verschieben möchte. Zudem sollte jedes Einladungsschreiben die Regelung bezüglich der Übernahme der Vorstellungskosten beinhalten.

Das Unternehmen trägt nach § 670 BGB die Kosten für das Vorstellungsgespräch, wenn er einen Bewerber zur Vorstellung aufgefordert hat.

§ 670 BGB

Macht der Beauftragte zum Zwecke der Ausführung des Auftrags Aufwendungen, die er den Umständen nach für erforderlich halten darf, so ist der Auftraggeber zum Ersatz verpflichtet.

Zu den Vorstellungskosten zählen neben den Fahrtkosten auch Übernachtungs- und Verpflegungskosten. Um spätere Streitigkeiten zu vermeiden, sollte man im Einladungsschreiben konkret darauf hinweisen, bis zu welcher Höhe die Kosten übernommen werden, z. B. Bahnfahrt zweiter Klasse oder bei der Anfahrt mit dem Auto die Entfernungspauschale von 0,30 € pro Kilometer.

Das Unternehmen kann durch einen ausdrücklichen Hinweis im Einladungsschreiben die Vorstellungskosten auch komplett ausschließen.

Das Vorstellungsgespräch

Bei Vorstellungsgesprächen werden häufig Einstellungstests oder Assessment-Center als ergänzende Auswahlhilfen durchgeführt.

Einstellungstests lassen sich nach folgenden Testarten unterscheiden:

- **Leistungstests** beziehen sich auf Eigenschaften wie Ausdauer, Konzentration sowie Belastbarkeit und erfolgen unter Zeitdruck.
- **Intelligenztests** untersuchen Fähigkeiten, wie z. B. Raumvorstellung, sprachliche und rechnerische Gewandtheit, die den einzelnen Intelligenzfaktoren zugeordnet werden können.
- **Persönlichkeitstests** erfassen z. B. Einstellungen und soziale Verhaltensweisen des Bewerbers.

Beim **Assessment-Center** handelt es sich um ein Gruppenauswahlverfahren. Die Bewerber durchlaufen dabei mehrere berufstypische Aufgaben und Problemsituationen, die für die angestrebte Stelle von Bedeutung sind. Hierbei kann das Verhalten sowie die Denk- und Argumentationsleistung des Bewerbers vom Unternehmen überprüft werden.

Beispiele • *Für die Auswahl der Auszubildenden organisiert die ModernOffice KG ein Assessment-Center. Ebru Celik kann sich noch gut an das Assessment-Center und an die* ***Postkorbübung*** *erinnern. Bei dieser Übung musste sie eine Reihe von E-Mails mit Kundenaufträgen, Anliegen von Mitarbeitern und Vorgaben von Vorgesetzten in einer sehr knappen Zeitspanne sortieren. Dabei musste sie entscheiden, welche Aufgaben sofort zu erledigen sind und welche z. B. weitergeleitet oder zunächst unberücksichtigt bleiben können. Heute weiß Ebru, dass damit getestet wurde, wie sie mit Stress umgehen kann. Zudem wurden ihre analytischen Fähigkeiten und ihre Entscheidungsfähigkeit überprüft.*

Die Auszubildende Svenja Kolleck erinnert sich noch gut an die ***Gruppenarbeit*** *bei ihrem Assessment-Center. Dabei sollten die Bewerber eine zweitägige Betriebsreise in eine europäische Großstadt planen, d.h. die gesamte Organisation von der Abreise bis zur Rückkehr inklusive des Programms sollte festgelegt werden. Bei der gesamten Gruppenarbeit wurden die Bewerber von den Prüfern beobachtet. Die Ausbilderin, Miriam Ball, hat Svenja Kolleck erklärt, dass hierbei von den Bewerbern erwartet wird, dass sie fähig sind ein konkretes Konzept auf die Beine zu stellen. Hauptsächlich geht es darum, die zielgerichtete Arbeitsweise und Teamfähigkeit der Bewerber zu überprüfen.*

Dem Auszubildenden Tom Wildermuth gefiel der ***Kurzvortrag und das Rollenspiel*** *am besten. Mithilfe des Kurzvortrags konnte er sein Ausdrucksvermögen und seine Präsentationskompetenz unter Beweis stellen und im Rollenspiel konnte er seine Argumentationsfähigkeit und Überzeugungskraft präsentieren.*

Nach erfolgreichem Bestehen der Einstellungstests, dem Assessment-Center oder direkt nach der Analyse der Bewerbungsunterlagen erfolgt das Vorstellungsgespräch.

Erfolgreiche und professionelle Vorstellungsgespräche benötigen eine gründliche Vorbereitung. In diesem Rahmen müssen die Gesprächsteilnehmer festgelegt, eingeladen und ein Besprechungsraum reserviert werden.

Bei Vorstellungsgesprächen mit einem schwerbehinderten Menschen ist die Schwerbehindertenvertretung des Betriebes einzuladen. Er hat nach § 95 (2) Sozialgesetzbuch IX (SGB IX) das Recht an diesem teilzunehmen.

Die Gesprächsteilnehmer des Betriebes sollten sich in der **Vorbereitungsphase** das Anforderungsprofil der Stellenanzeige einprägen, die Bewerbungsunterlagen genau analysiert und mögliche Fragen notieren.

Hierbei müssen die Gesprächsteilnehmer darauf achten, dass sie nur solche Fragen notieren und später im Vorstellungsgespräch stellen, die relevante Informationen über die Eignung des Bewerbers für die ausgeschriebene Stelle liefern.

Auf unerlaubte Fragen (z. B. nach Schwangerschaft, Gewerkschaftszugehörigkeit, Mitgliedschaft in einer Partei etc.) muss der Bewerber nicht antworten. Er kann sogar von seinem Recht Gebrauch machen in diesem Fall zu lügen.

Der Verlauf des Vorstellungsgesprächs ist i.d.R. wie im Folgenden dargestellt:

In Anlehnung an: Albert, Günther: Betriebliche Personalwirtschaft, 12. Auflage, Herne, Kiehl Verlag 2013, S. 115

Aufgrund des Vorstellungsgesprächs, der Ergebnisse der Einstellungstests und des Assessment-Centers ist es dem Unternehmen möglich eine Entscheidung zu treffen. Die Entscheidung für einen Bewerber, mit Ausnahme der Einstellung von leitenden Angestellten, bedarf in Betrieben mit mehr als 20 Mitarbeitern der **Zustimmung des Betriebsrats** nach § 99 (2) BetrVG. Schweigt der Betriebsrat bei Einstellungen, so gilt dies als Zustimmung.

Der Betriebsrat kann seine Zustimmung nur dann verweigern, wenn mit der Einstellung ein in § 99 (2) BetrVG genannter Fall eintritt. Dies wäre beispielsweise dann der Fall, wenn durch die Einstellung eines neuen Mitarbeiters Nachteile für die bereits beschäftigten Arbeitnehmer befürchtet werden.

Möchte der Betriebsrat seine Zustimmung verweigern, so muss er dies **innerhalb einer Woche** *unter Angabe des Grundes tun. Der Arbeitgeber kann sich in diesem Fall an das Arbeitsgericht wenden, in der Hoffnung, dass dies die fehlende Zustimmung ersetzt. Lehnt das Arbeitsgericht die Zustimmung ebenfalls ab, so muss die Einstellung unterlassen werden.*

Nachdem der Betriebsrat sein Einverständnis gegeben hat, sollte das Unternehmen dem Bewerber schnellst möglich ein **Zusageschreiben** mit dem Arbeitsvertragsentwurf zukommen lassen.

Auf den Punkt gebracht

Personal auswählen

Eingang der Bewerbungsunterlagen

Versendung der Eingangsbestätigung

Analyse der Bewerbungsunterlagen

Anschreiben	Lebenslauf	Zeugnisse
sollte die Qualifikationen und Kenntnisse des Bewerbers widerspiegeln, die den Bewerber für die Stelle qualifizieren	– Zeitfolgeanalyse – Entwicklungsanalyse – Branchen-/Firmenanalyse	– Schulzeugnisse – Arbeitszeugnisse - einfaches Zeugnis - qualifiziertes Zeugnis

Analyse mithilfe der Entscheidungsbewertungstabelle (Nutzwertanalyse)
Merke: Je höher die Summe der gewichteten Punkte, umso höher ist der Nutzwert für das Unternehmen.

Einladungsschreiben: § 670 BGB Unternehmen trägt Kosten für Vorstellungsgespräch	**Absageschreiben:** Sämtliche Bewerbungsunterlagen – außer dem Anschreiben – müssen auf Kosten des Unternehmens zurückgesendet werden.

Auswahlverfahren

Einstellungstest = Leistungs-, Intelligenz- und Persönlichkeitstest	**Assessment-Center** = Bewerber absolvieren verschiedene Übungen. Ziel ist es, die Kompetenzen sowie die persönliche und fachliche Eignung der Bewerber bezüglich der vakanten Stelle zu ermitteln.

Vorstellungsgespräche und Entscheidung für einen Bewerber

Einholung der Zustimmung des Betriebsrats bei Betrieben mit mehr als 20 Arbeitnehmern (§ 99 (2) BetrVG)
– Widerspruchsrecht innerhalb einer Woche unter Angabe des Grundes
– Schweigen = Zustimmung

Zusageschreiben mit Arbeitsvertrag	**Absageschreiben**

Nutzen Sie Ihr Wissen

1. Erklären Sie, welche Aussagen das Bewerbungsschreiben und der Lebenslauf zulassen und wo die jeweiligen Grenzen der Aussagekraft liegen.

2. Die Müller OHG, ein mittelständisches Unternehmen in Hamburg, plant die Einführung eines Assessment-Centers.

   a) Begründen Sie, für welche Stellen Sie die Durchführung eines Assessment-Centers empfehlen würden.
   b) Erläutern Sie mithilfe von Beispielen, welche Kompetenzen und Fähigkeiten bei einem Assessment-Center überprüft werden.
   c) Erläutern Sie jeweils drei Vor- und Nachteile, die mit der Durchführung eines Assessment-Centers verbunden sind.

3. Die MAYER OHG beschäftigt mehr als 2.100 Arbeitnehmer in 25 Ländern und ist einer der bedeutenden Anbieter von Vakuumpumpen und -systemen.

   Herr Rudolf, langjähriger Abteilungsleiter im Einkauf des Unternehmens, wird aus Altersgründen zum Jahresende aus dem Unternehmen ausscheiden. Seine Stelle als „stellvertretender Einkaufsleiter weltweit“ muss somit neu besetzt werden. Die Personalsachbearbeiterin Frau Stiehr ist für das Stellenbesetzungsverfahren zuständig.

   a) Schlagen Sie angemessene Beschaffungswege für diese Stelle vor.
   b) Erklären Sie, ob der Betriebsrat der MAYER OHG in diesem Zusammenhang Rechte gelten machen kann.
   c) Die MAYER OHG hat für die vakante Stelle eine Stellenanzeige angefertigt und möchte diese in unterschiedlichen Zeitungen schalten. Begründen Sie, welche Zeitungen aus Ihrer Sicht infrage kommen.
   d) Nach der Sichtung der Bewerbungsunterlagen kommen zwei interne Mitarbeiter in die engere Auswahl. Erklären Sie, welche Gründe für die Besetzung der Stelle mit internen Mitarbeitern sprechen.
   e) Von Herrn Rudolf erhält Frau Stiehr die Einschätzung von den zwei Mitarbeitern. Fällen Sie mithilfe der vorliegenden Unterlagen, stellvertretend für Frau Stiehr, eine begründete Entscheidung, welcher Mitarbeiter zum „stellvertretenden Einkaufsleiter weltweit“ befördert werden soll.

Auszug aus der Stellenanzeige:

Für unseren Stammsitz in Hamburg suchen wir den/die

Stellvertretende/-n Einkaufsleiter/-in weltweit

Die Herausforderung:
- Mitwirkung bei der Ausarbeitung, Entwicklung und Umsetzung der aus den Unternehmenszielen abgeleiteten Einkaufsstrategien
- Mitwirkung bei der Weiterentwicklung und Implementierung der standardisierten Einkaufsprozesse innerhalb der Unternehmensgruppe
- Optimierung aller Einkaufsprozesse mit dem Ziel hohe Lieferfähigkeit und Senkung der Kosten
- Leitung internationaler Einkaufsprojekte
- arbeiten in standortübergreifenden Teams

Ihr Profil:
- erfolgreich abgeschlossenes Studium mit sehr guten betriebswirtschaftlichen Kenntnissen oder ein betriebswirtschaftliches Studium mit hohem technischem Verständnis
- mehrjährige einschlägige Berufserfahrung im internationalen Einkauf
- verhandlungssichere Englischkenntnisse
- hohes Maß an Verhandlungsgeschick
- selbstständige Arbeitsweise erforderlich
- Teamfähigkeit

Möchten Sie Spielraum für Eigeninitiative und eine langfristige persönliche Entwicklung nutzen?

Dann freuen wir uns auf Sie!

Bitte senden Sie Ihre Bewerbungsunterlagen mit der Kennziffer 4804-2101867 an folgende E-Mail-Adresse:
kira.stiehr@mayer.com

An ...	kira.stiehr@mayer.com
Cc ...	
Bcc ...	
Betreff:	Notizen zu Frau Kräuter und Herrn Becer

Guten Morgen, Frau Stiehr,

anbei meine Anmerkungen zu den beiden Bewerbern Frau Kräuter und Herrn Becer.

Frau Maja Kräuter (37 Jahre) ist seit zehn Jahren in meiner Abteilung tätig. Sie ist direkt nach Ihrem Studium „technisch orientierte Betriebswirtschaftslehre" bei der MAYER OHG eingestiegen. Sie hat mich bereits zu zahlreichen internationalen Projekten begleitet. In Gesprächen zeigt sich, dass Frau Kräuter über ein gutes Fachwissen und sichere Englischkenntnisse verfügt. Frau Kräuter arbeitet weitgehend selbstständig, sie geht an neue Aufgabenstellungen sehr planvoll heran, zeigt jedoch geringfügige Schwächen hinsichtlich ihres Zeitmanagements. Bei Lieferantenverhandlungen zeigt sich Frau Kräuter sehr geschickt. Ihre freundliche und kompetente Gesprächsführung trägt entscheidend zum Erfolg unserer Lieferantenverhandlungen bei. Innerhalb der Teamarbeit zeigt sie sich sehr aufgeschlossen und hilfsbereit den anderen Kollegen gegenüber. Sie ist fähig Aufgaben an Mitarbeiter, entsprechend ihrer Kompetenzen, zu delegieren.

Herr Gabriel Becer (40 Jahre) ist seit sechs Jahren in meiner Abteilung tätig. Nach seinem Studium zum Diplom-Ingenieur arbeitete er sieben Jahre bei einem international tätigen Unternehmen in den USA im Einkauf. Auch Herr Becer hat mich bereits zu zahlreichen internationalen Projekten begleitet. In Teambesprechungen überzeugt er immer wieder mit seinem hohem Maß an Fachwissen und seinen verhandlungssicheren Englischkenntnissen. Allerdings hat Herr Becer leichte Schwierigkeiten andere Meinungen zuzulassen und Aufgaben an Kollegen zu delegieren. Herr Becer arbeitet sehr selbstständig. Er überzeugt durch klare Zielformulierungen und planvolles Vorgehen bei neuen Aufgaben. Bei Preisverhandlungen überzeugt er stets durch sein Fachwissen und seine freundliche Art den Lieferanten gegenüber.

Bei weiteren Fragen können Sie sich gerne an mich wenden.

Mit freundlichen Grüßen

Bernd Rudolf

4. Schauen Sie sich noch einmal die Einstiegssituation in diesem Kapitel an. Die ModernOffice KG hatte ein Praktikum im Personalwesen ausgeschrieben.

Nach Rücksprache mit Frau Ball sollen Sie den von Ihnen ausgewählten Bewerber zum Vorstellungsgespräch einladen. Erstellen Sie ein Einladungsschreiben mithilfe eines Textverarbeitungsprogramms.

- Gesprächspartner: Miriam Ball und Greta Funk
- Termin: 17.08.20.., 14:30 Uhr
- Raum: 302
- aktuelle DIN-Norm beachten
- folgende Vorstellungskosten übernehmen wir: Bahnticket 2. Klasse oder 0,30 € pro Kilometer für Hin- und Rückfahrt

1.4 Arbeitsverträge erstellen

Lernsituation

Miriam Ball, Eric Schumann, Gruppenleiter der Abteilung Beschaffung „Material Kunststoffe“ und Sabine Müller, Hauptabteilungsleiterin Beschaffung, haben sich nach der Auswertung der Vorstellungsgespräche dazu entschieden Herrn Michael Rother die Stelle als „Einkäufer Material Kunststoffe“ anzubieten.

An ...	greta.funk@mo-modernoffice.com
Cc ...	
Bcc ...	
Betreff:	Arbeitsvertrag Herr Rother

Liebe Greta,

wir haben uns dazu entschieden, Herrn Michael Rother (geb. 14.04.1975) zum 01.08.20.. als „Einkäufer Material Kunststoffe“ einzustellen.

Bereite bitte einen unbefristeten Arbeitsvertrag zur Unterschrift vor. Er tritt zum 01.08.20.. die Stelle mit einer Probezeit von sechs Monaten an. Bei seinem Gehalt nehmen wir Bezug auf den Gehaltstarifvertrag der Holz und Kunststoff verarbeitenden Industrie. Danach gilt für Herrn Rother die Tarifgruppe K6. Alle anderen relevanten Informationen kannst du unserer Betriebsvereinbarung entnehmen.

Nach Aussage von Herrn Tischler sind Absatzprognosen und Beschäftigungssituation mittelfristig unsicher. Er möchte deshalb künftig unsere Arbeitsverträge entsprechend anpassen. Ergänze § 3 unserer Arbeitsverträge um die notwendige Formulierung. Damit sollte gewährleistet sein, dass wir den Arbeitnehmer auch an einem anderen Ort beschäftigen können oder mit einer anderen gleichwertigen Tätigkeit betrauen können, die seinen Vorkenntnissen und Fähigkeiten entspricht.

Ich habe mit Herrn Rother einen Termin für den 20.07.20.., um 15:00 Uhr zur Vertragsunterzeichnung vereinbart. Leider bin ich an diesem Tag doch nicht im Haus. Kannst du den Termin bitte für mich übernehmen? Vor der Vertragsunterzeichnung solltest du Herrn Rother über seine Rechte (z. B. Berechnung seines Urlaubsanspruches für dieses Jahr etc.) und Pflichten aus dem Arbeitsverhältnis aufklären.

Ich danke dir.

Beste Grüße

Miriam

Anlage 1: Stellenbeschreibung

Stellenbeschreibung

ModernOffice.

Stellenbezeichnung	*Einkäufer/-in im Bereich Material Kunststoffe*
Stelleneinordnung	– *vorgesetzte Stelle(n): Gruppenleiter Eric Schumann* – *nachgeordnete Stelle(n): ----*
Stellenaufgaben	*Der/Die Stelleninhaber/-in hat* – *Einkaufslisten zu erstellen,* – *Angebote einzuholen und zu prüfen,* – *Verhandlung zu führen, auch mit internationalen Lieferanten, sowie die Erstellung von Rahmenverträgen durchzuführen,* – *einkaufsbezogene Statistiken zu erstellen und auszuwerten,* – *den Vorgesetzten bei Sortimentserweiterungen zu beraten.*
Stellenziele	*Der/Die Stelleninhaber/-in hat seine/ihre Aufgaben so wahrzunehmen, dass* – *alle in seinem/ihrem Bereich anfallenden Aufgaben sachlich richtig, termingerecht und wirtschaftlich erledigt werden,* – *die Termine mit den Lieferanten so festgelegt werden, dass diese der Produktion rechtzeitig zur Verfügung stehen,* – *das Ansehen und der Bekanntheitsgrad des Unternehmens bei den Lieferanten gestärkt wird.*
Stellenbefugnisse	*Zeichnungsbefugnis im Rahmen der beschriebenen Aufgabenstellung i.V. oder i.A.*
Stellenvertretung	– *Der/Die Stelleninhaber/-in vertritt den zweiten Einkäufer in der Abteilung.* – *Der/Die Stelleninhaber/-in wird durch den zweiten Einkäufer vertreten.*
Stellenanforderungen	– *erfolgreicher Abschluss einer kaufmännischen Ausbildung sowie betriebswirtschaftliche Kenntnisse* – *mehrjährige Berufserfahrung im Einkauf* – *verhandlungssichere Englischkenntnisse* – *gute MS-Office und SAP R/3 Kenntnisse wären von Vorteil* – *Durchsetzungsvermögen und Kommunikationsstärke*

Anlage 2: Auszug aus dem Tarifvertrag

Tarifgehälter für kaufmännische Angestellte
Holz und Kunststoff verarbeitende Industrie

Schleswig-Holstein ab 01.03.2013 *)				Südbaden ab 01.09.2014				Thüringen ab 01.09.2014				Westfalen-Lippe ab 01.05.2014				Württemberg ab 01.09.2014			
Gruppe	Anfangsgehalt	Endgehalt	Stufen	Gruppe	Anfangsgehalt	Endgehalt	Stufen	Gruppe	Anfangsgehalt	Endgehalt	Stufen	Gruppe	Anfangsgehalt	Endgehalt	Stufen	Gruppe	Anfangsgehalt	Endgehalt	Stufen
1	1.879,00	2.210,00	3	1	1.916,00	2.370,00	4	A	1.596,92	1.916,31	3	B	2.095,00	-	1	1	1.887,00	2.370,00	4
2	2.020,00	2.376,00	3	2	2.098,00	2.759,00	4	B	1.809,85	2.129,23	3	C	2.491,00	-	1	2	2.094,00	2.759,00	4
3	2.210,00	2.763,00	3	3	2.726,00	3.153,00	4	C	2.129,23	2.555,08	3	D	2.928,00	-	1	3	2.726,00	3.153,00	4
4	2.653,00	3.316,00	3	4	3.133,00	3.566,00	4	D	2.448,61	3.023,51	3	E	3.301,00	-	1	4	3.155,00	3.566,00	4
5	3.481,00	3.868,00	3	5	3.566,00	3.840,00	3	E	2.768,00	3.257,72	3	F	3.720,00	-	1	5	3.566,00	3.840,00	3
6	3.979,00	4.421,00	3	6	4.395,00	-	1	F	3.151,26	3.832,61	3	G	4.182,00	-	1	6	4.395,00	-	1
				7	freie Vereinbarung gem. §4 Ziff. 2 GRTV			G	4.364,92	-	1	H	4.722,00	-	1	7	freie Vereinbarung gem. §4 Ziff. 2 GRTV		

*) kein aktueller Abschluss - TV in Nachwirkung

Quelle: IG Metall: Wie viel gibt es?, Zugriff am 12.11.2014 unter: www.igmetall.de/holzbearbeitende-industrie-loehne-gehaelter-und-916.htm

Michael Rother
Neckarstraße 3
72160 Horb am Neckar

Geburtsdatum: 14.04.1975
Geburtsort: Köln
Tel.: 0179 1130124
E-Mail: michael.rother@gmx.de

PS: Herr Rother hat sich für ein Jahr von der Arbeitswelt eine Auszeit gegönnt. Dies ist die Adresse seiner Eltern. Bitte frag bei eurem Gespräch nach, ob er schon eine neue Anschrift hat.

DANKE! Miriam

ModernOffice.

Betriebsvereinbarung der ModernOffice KG

(...)

3. Arbeitszeit

Die regelmäßige Arbeitszeit beträgt täglich acht Stunden, soweit im Arbeitsvertrag keine andere Regelung getroffen worden ist. Die regelmäßigen Arbeitstage sind die Wochentage von Montag bis Freitag. Die regelmäßige wöchentliche Arbeitszeit beläuft sich auf 40 Stunden.

Die Kernarbeitszeit liegt zwischen 09:00 Uhr und 15:00 Uhr. Abweichende Regelungen sind bei Bedarf mit dem Vorgesetzten abzustimmen. (...)

6. Arbeitsentgelt

Die Gehaltszahlung erfolgt bargeldlos auf das Konto des Mitarbeiters. Alle Gehaltszahlungen erfolgen am Ende des maßgeblichen Monats. Die Gehaltsabrechnung ist von dem Arbeitnehmer umgehend zu überprüfen. Fehler sind umgehend dem zuständigen Personalsachbearbeiter zu melden. (...)

7. Urlaub

Für die Gewährung von Erholungsurlaub gelten die gesetzlichen Bestimmungen. Der Urlaub soll der Erholung dienen, daher darf der Mitarbeiter während seiner Urlaubszeit keiner anderen Erwerbstätigkeit nachgehen. Urlaubsanträge müssen rechtzeitig gestellt werden, spätestens zum 5. des Vormonats, um die Planung vornehmen zu können. Bei einer ordentlichen Kündigung durch den Arbeitgeber oder den Arbeitnehmer oder bei einem Aufhebungsvertrag muss der Mitarbeiter den ihm noch zustehenden Urlaub bis zum Ausscheiden vollständig nehmen. Ist dies nicht möglich, so wird der Urlaubsanspruch abgegolten. (...)

8. Weihnachtsgeld

Die ModernOffice KG zahlt ihren Mitarbeitern ein Weihnachtsgeld in Höhe eines Monatsgehaltes. Das Weihnachtsgeld ist jeweils am 30. November zahlbar. (...)

11. Krankheit

Der Mitarbeiter hat bei Krankheit die Firma unverzüglich über die voraussichtliche Dauer zu unterrichten. Im Falle der Arbeitsverhinderung durch Krankheit, welche länger als zwei Kalendertage andauert, ist abweichend von der gesetzlichen Regelung, eine ärztliche Bescheinigung spätestens am dritten Kalendertrag vorzulegen. (...)

15. Vermögenswirksame Leistungen

Die ModernOffice KG übernimmt auf Wunsch des Mitarbeiters gegen Vorlage des Antrages auf vermögenswirksame Leistungen einen Zuschuss in Höhe von 10,00 €. (...)

MO

Vorlagen:
– Arbeitsvertrag
– Gesprächsvorlage

- *Legen Sie im Plenum die Handlungsergebnisse des Arbeitsauftrages fest. Was hat Greta Funk zu tun?*
- *Besprechen Sie im Plenum, welche Informationen Greta Funk benötigt, um die Arbeitsaufträge von Miriam Ball erfolgreich auszuführen. Wo findet sie die benötigten Informationen?*
- *Formulieren Sie die Zielsetzung/-en dieser Handlungssituation.*
- *Ergänzen Sie den derzeit von der ModernOffice KG verwendeten Arbeitsvertrag und überprüfen Sie, ob er den gesetzlichen Erfordernissen entspricht.*
- *Erstellen Sie für das bevorstehende Gespräch mit Herrn Rother eine Gesprächsvorlage bezüglich seiner Rechte und Pflichten, die sich aus dem Arbeitsverhältnis ergeben.*
- *Entscheiden Sie im Plenum, wer die Ergebnisse präsentiert und kontrollieren Sie, ob der Arbeitsauftrag sach- und fachgerecht ausgeführt wurde.*
- *Reflektieren Sie im Plenum, weshalb einzelne Schüler und Schülerinnen bei der Umsetzung des Arbeitsauftrages erfolgreicher waren als andere.*

1.4.1 Der Arbeitsvertrag

Der Arbeitsvertrag als eine Form des **Dienstvertrages** regelt die wesentlichen Rechte und Pflichten zwischen Arbeitnehmer und Arbeitgeber. Er bedarf grundsätzlich keiner bestimmten Form, d. h. es ist nicht erforderlich, dass er schriftlich vereinbart wird. Es sei denn, Gesetze, tarifliche Regelungen oder Betriebsvereinbarungen sehen die Schriftform vor.

Laut § 2 Nachweisgesetz (NachwG) ist der Arbeitgeber verpflichtet, dem Arbeitnehmer spätestens einen Monat nach dem vereinbarten Arbeitsbeginn die wesentlichen Vereinbarungen eines mündlichen Vertrages schriftlich niederzulegen und auszuhändigen. Aufgrund dessen, und damit Arbeitgeber sowie Arbeitnehmer im Zweifelsfall ein Beweismittel haben, ist zu empfehlen den Arbeitsvertrag gleich schriftlich zu schließen.

In einem **Einzelarbeitsvertrag** sollten folgende Inhalte nach § 2 (1) NachwG erfasst sein:

1. der Name und die Anschrift der Vertragsparteien,
2. der Zeitpunkt des Beginns des Arbeitsverhältnisses,
3. bei befristeten Arbeitsverhältnissen: die vorhersehbare Dauer des Arbeitsverhältnisses,
4. der Arbeitsort oder, falls der Arbeitnehmer nicht nur an einem bestimmten Arbeitsort tätig sein soll, ein Hinweis darauf, dass der Arbeitnehmer an verschiedenen Orten beschäftigt werden kann,
5. eine kurze Charakterisierung oder Beschreibung der vom Arbeitnehmer zu leistenden Tätigkeit,
6. die Zusammensetzung und die Höhe des Arbeitsentgelts einschließlich der Zuschläge, der Zulagen, Prämien und Sonderzahlungen sowie anderer Bestandteile des Arbeitsentgelts und deren Fälligkeit,
7. die vereinbarte Arbeitszeit,

8. die Dauer des jährlichen Erholungsurlaubs,
9. die Fristen für die Kündigung des Arbeitsverhältnisses,
10. ein in allgemeiner Form gehaltener Hinweis auf die Tarifverträge, Betriebs- oder Dienstvereinbarungen, die auf das Arbeitsverhältnis anzuwenden sind.

Die wichtigsten Punkte dieses Paragrafen werden im Folgenden, zum besseren Verständnis, erläutert:

Beschreibung der Tätigkeit (§ 2 (1) Nr. 5 NachwG)

Die Beschreibung der zu leistenden Tätigkeiten kann der Personaler aus der Stellenbeschreibung entnehmen.

Zusammensetzung und Höhe des Arbeitsentgelts (§ 2 (1) Nr. 6 NachwG)

Zuschläge, Zulagen, Prämien und Sonderzahlungen können die Zusammensetzung und die Höhe des Arbeitsentgelts beeinflussen.

Zuschläge erhalten Arbeitnehmer, wenn sie an Sonntagen, Feiertagen oder in der Nacht arbeiten. **Zulagen** sind Leistungen, die der Arbeitgeber zusätzlich zum vereinbarten Grundgehalt oder Grundlohn vergütet. Ein Beispiel für eine Zulage ist die Erschwerniszulage, die bei besonderem Schmutz, Hitze oder Gefahren vom Arbeitgeber gewährt werden kann.

Als **Prämien** versteht man zusätzliche Zahlungen des Arbeitgebers zum Grundlohn. Der Mitarbeiter erhält sie als Anerkennung seiner besonders erbrachten Leistung.

Beispiele für Prämienarten sind:

- **Terminprämie**: erhält der Mitarbeiter für die Einhaltung von Terminen, z. B. bei Projekten
- **Quantitätsprämie** (Mengenprämie): erhält der Mitarbeiter für eine hohe Produktionsmenge
- **Qualitätsprämie**: erhält der Mitarbeiter für qualitativ gute Arbeitsergebnisse
- **Nutzungsprämie**: erhält der Mitarbeiter bei der Verminderung von Produktionsausfällen

Zu den **Sonderzahlungen** eines Betriebes zählen beispielsweise das Weihnachtsgeld oder das Urlaubsgeld.

Einen gesetzlichen Anspruch auf Weihnachtsgeld und Urlaubsgeld gibt es nicht.

Es handelt sich hierbei um eine freiwillige finanzielle Zusatzleistung des Arbeitgebers an seine Mitarbeiter. Ein Anspruch auf diese Sonderzahlungen kann im Arbeitsvertrag, im Tarifvertrag oder in der Betriebsvereinbarung festgelegt sein.

Arbeitszeit (§ 2 (1) Nr. 7 NachwG)

Als Arbeitszeit definiert man die Zeit, in welcher der Mitarbeiter seine Arbeitskraft dem Unternehmen zur Verfügung stellt. Das **Arbeitszeitgesetz (ArbZG)** regelt die Arbeitszeit. Nach § 3 ArbZG darf die werktägliche Arbeitszeit der Arbeitnehmer acht Stunden nicht überschreiten. Sie kann auf bis zu zehn Stunden nur verlängert werden, wenn innerhalb von sechs Kalendermonaten oder innerhalb von 24 Wochen im Durchschnitt acht

Stunden werktäglich nicht überschritten werden. Dem Mitarbeiter ist nach § 4 ArbZG bei einer Arbeitszeit von mehr als sechs bis neun Stunden eine 30-minütige Pause und bei mehr als neun Stunden von 45 Minuten zu gewähren.

An dieser Stelle im Arbeitsvertrag kann auf das angewandte Arbeitszeitmodell des Unternehmens hingewiesen werden. Zu unterscheiden ist zwischen der **starren und der flexiblen Arbeitszeit**. Bei der sogenannten „starren Arbeitszeit" ist der Beginn und das Ende des Arbeitstages fest vorgegeben.

Zahlreiche Unternehmen wenden heute **flexible Arbeitszeitmodelle** an. Im Folgenden werden die gängigsten kurz vorgestellt:

Gleitzeit
Bei der gleitenden Arbeitszeit kann der Arbeitnehmer seine Arbeitszeit innerhalb einer bestimmten Bandbreite (Gleitzeit) selbst gestalten, lediglich in der Kernzeit muss er zwingend anwesend sein. Der Arbeitnehmer kann bei diesem Arbeitszeitmodell Beginn und Ende der täglichen Arbeitszeit frei gestalten. Dieses Modell gewährleistet somit dem Arbeitnehmer eine gewisse Flexibilität.

Vertrauensarbeitszeit
Dieses Arbeitszeitmodell gewinnt immer mehr an Bedeutung. Basis ist ein hohes Maß an Ehrlichkeit der Arbeitnehmer gegenüber ihrem Arbeitgeber. Der Arbeitgeber verzichtet hierbei darauf, die Anwesenheitszeiten seiner Beschäftigten im Unternehmen zu erfassen und auszuwerten. Ziel des Arbeitszeitmodells ist es, die Vertrauenskultur im Unternehmen sowie die Organisationsfähigkeit der Arbeitnehmer zu fördern.

Zu beachten ist, dass bei diesem Arbeitszeitmodell **nicht vollkommen** auf die Zeiterfassung verzichtet werden kann.

Nach § 16 (2) ArbZG ist der Arbeitgeber verpflichtet, die über die werktägliche Arbeitszeit (d. h. über acht Stunden) hinausgehende Arbeitszeit der Arbeitnehmer aufzuzeichnen.

Schichtarbeit
Vor allem in größeren Unternehmen wird oftmals in Wechselschichtarbeit gearbeitet. Unter Schichtarbeit versteht man, dass mindestens zwei Arbeitnehmer dieselbe Arbeitsaufgabe erledigen, indem sie sich nach einem feststehenden Schichtplan ablösen. Zudem liegen die Arbeitszeiten teilweise außerhalb der üblichen Arbeitszeiten.

Teilzeit
Wenn die regelmäßige Wochenarbeitszeit weniger Stunden als die Regelarbeitszeit der Vollzeitbeschäftigten beträgt, dann spricht man von Teilzeit. Der Anspruch auf Teilzeitarbeit ist im **Teilzeit- und Befristungsgesetz (TzBfG)** festgelegt.

Jobsharing
Beim Jobsharing wird ein Vollzeitarbeitsplatz auf zwei oder mehrere Teilzeitkräfte aufgeteilt, d. h. der Arbeitsplatz wird im Tagesablauf von verschiedenen Arbeitnehmern besetzt.

Dauer des Erholungsurlaubes (§ 2 (1) Nr. 8 NachwG)

Der gesetzlich festgeschriebene Mindesturlaubsanspruch ist in § 3 **Bundesurlaubsgesetz (BUrlG)** festgeschrieben. Danach sind volljährigen Arbeitnehmern mindestens 24 Werktage zu gewähren. Laut § 3 (2) BUrlG sind **Werktage** alle Kalendertage, die nicht Sonntage oder gesetzliche Feiertage sind, d. h. eine Woche hat sechs Werktage. Der Urlaubsanspruch kann im Arbeitsvertrag aber auch nach Arbeitstagen (Montag bis Freitag) festgelegt werden. Bei einer Fünftagewoche reduziert sich somit der gesetzliche Mindesturlaubsanspruch auf 20 Arbeitstage.

Für **Teilzeitbeschäftigte**, d. h. für Beschäftigte, die weniger als sechs Werktage bzw. fünf Arbeitstage in der Woche arbeiten, ist der gesetzliche Anspruch umzurechnen.

Beispiel • *Stefanie Werner ist nach ihrer Elternzeit seit Januar an drei Tagen die Woche bei der ModernOffice KG beschäftigt. Ihr Urlaubsanspruch umfasst somit zwölf Arbeitstage.*

20 Arbeitstage : 5 Arbeitstage = 4 Wochen Urlaub;
4 Wochen Urlaub · 3 Arbeitstage = 12 Arbeitstage

Bei einer Fünftagewoche reduziert sich somit der Urlaubsanspruch bei vier Arbeitstagen (drei Arbeitstagen, zwei Arbeitstagen bzw. einem Arbeitstag) auf 16 Arbeitstage (zwölf Arbeitstage, acht Arbeitstage bzw. vier Arbeitstage) Urlaub im Jahr.

Ein Teilzeitbeschäftigter, der bei einer Fünftagewoche an fünf Tagen z. B. 20 Stunden arbeitet, hat somit denselben Urlaubsanspruch wie ein Vollzeitbeschäftigter, nämlich 20 Arbeitstage. Maßgebend ist somit die Zahl der Arbeitstage pro Woche.

Nach § 4 BUrlG hat ein Arbeitnehmer bei einem neuen Arbeitgeber erstmals nach einer **Wartezeit** von sechs Monaten den gesamten Urlaubsanspruch von 24 Werk- bzw. 20 Arbeitstagen.

Nach § 5 BUrlG hat der Arbeitnehmer vor Ablauf der Wartezeit **Anspruch auf einen Teilurlaub** im Umfang von 1/12 des Jahresurlaubes für jeden vollen Monat des Bestehens des Arbeitsverhältnisses.

Beispiel • *Andreas Köstlin hat zum 01.01. seine Vollzeitstelle als Industriekaufmann bei der ModernOffice KG angetreten. Anfang April möchte er einige Tage Urlaub nehmen. Aufgrund der Wartezeit hat er im April noch keinen vollen Urlaubsanspruch von 20 Arbeitstagen. Laut § 5 BUrlG kann er jedoch pro vollem Monat des bis dahin bestehenden Arbeitsverhältnisses Teilurlaub verlangen. Rechenweg:*

20 Arbeitstage : 12 Monate = 1,66 Arbeitstage pro Monat
1,66 Arbeitstage · 3 Monate = 4,98 Arbeitstage

Andreas Köstlin hat somit einen Anspruch auf fünf Urlaubstage im April. Aufgrund von § 5 (2) BUrlG sind halbe Urlaubstage aufzurunden.

Nach § 5 (2) BUrlG sind halbe Urlaubstage aufzurunden. Eine Abrundung bei Bruchteilen, die weniger als einen Tag ausmachen, ist nicht gestattet. Dieser Urlaubsanspruch ist stundenweise zu gewähren. Im Falle des Ausscheidens des Mitarbeiters ist er anteilig abzugelten. Auf die jeweilige Dauer des Urlaubs sind bei einem Arbeitsplatzwechsel die dem Arbeitnehmer vom früheren Arbeitgeber gewährten Urlaubstage anzurechnen. Darüber hat der Arbeitgeber auf Verlangen des Arbeitnehmers eine Bescheinigung auszustellen.

Dieselbe Regelung gilt nach § 5 (1) b BUrlG, wenn der Arbeitnehmer **vor Ablauf der erfüllten Wartezeit** wieder aus dem Unternehmen **ausscheidet**.

Endet das Arbeitsverhältnis in der **ersten Hälfte des Kalenderjahres** und hat der Arbeitnehmer **seine Wartezeit erfüllt**, so hat er nach § 5 (1) c BUrlG nur einen anteiligen Urlaubsanspruch im Umfang von 1/12 des Jahresurlaubs für jeden vollen geleisteten Monat im Unternehmen.

Beispiel • *Frau Petra Seifert ist seit 30 Jahren bei der ModernOffice KG beschäftigt und wird aus Altersgründen das Unternehmen zum 30.04. verlassen. Trotz erfüllter Wartezeit hat Frau Seifert lediglich einen Urlaubsanspruch von sieben Arbeitstagen. Rechenweg:*

20 Arbeitstage : 12 Monate = 1,66 Arbeitstage
1,66 Arbeitstage · 4 Monate = 6,64 Arbeitstage

Im Umkehrschluss ergibt sich aus § 5 (1) c BUrlG bei einem Ausscheiden des Mitarbeiters in der **zweiten Jahreshälfte nach erfüllter Wartezeit**, dass er grundsätzlich den Anspruch auf den gesetzlichen Mindesturlaub von 24 Werktagen bzw. 20 Arbeitstagen hat.

Hat der Arbeitnehmer durch tarifliche Regelungen einen höheren Jahresurlaub als den gesetzlichen Mindesturlaubsanspruch von 24 Werktagen bzw. 20 Arbeitstagen, dann darf eine Zwölftelung des Urlaubsanspruches bei Ausscheiden des Arbeitnehmers in der zweiten Jahreshälfte bezüglich des Tarifurlaubes vorgenommen werden. Der gesetzliche Mindesturlaubsanspruch von 24 Werktagen bzw. 20 Arbeitstagen bleibt bestehen.

Endet das Arbeitsverhältnis bei erfüllter Wartezeit nach dem 30.06., dann hat der Arbeitnehmer immer den vollen gesetzlichen Urlaubsanspruch gemäß dem Bundesurlaubsgesetz.

Während der Zeit des gewährten Urlaubs hat der Arbeitnehmer Anspruch auf Fortzahlung der Vergütung. Diese Lohnfortzahlung wird nach § 11 BUrlG als **Urlaubsentgelt** bezeichnet.

Erkrankt ein Arbeitnehmer während des Urlaubes, so werden nach § 9 BUrlG die Tage der Arbeitsunfähigkeit nicht auf den Jahresurlaub angerechnet. Der Arbeitnehmer muss seine Krankheit mit einer ärztlichen Bescheinigung belegen.

Werdende Mütter stehen unter einem besonderen Schutz. Erhält eine Schwangere von ihrem Arzt ein Beschäftigungsverbot und hat sie ihren Urlaub noch nicht genommen oder nur teilweise genommen, so kann sie nach § 17 **Mutterschutzgesetz (MuSchG)** den Resturlaub nach Ablauf des Beschäftigungsverbots im laufenden oder im nächsten Urlaubsjahr nehmen.

Schwerbehinderte Arbeitnehmer haben nach § 125 SGB IX folgenden zusätzlichen Urlaubsanspruch:

(1) Schwerbehinderte Menschen haben Anspruch auf einen bezahlten zusätzlichen Urlaub von **fünf Arbeitstagen im Urlaubsjahr**; verteilt sich die regelmäßige Arbeitszeit des schwerbehinderten Menschen auf mehr oder weniger als fünf Arbeitstage in der Kalenderwoche, erhöht oder vermindert sich der Zusatzurlaub entsprechend. Soweit tarifliche, betriebliche oder sonstige Urlaubsregelungen für schwerbehinderte Menschen einen längeren Zusatzurlaub vorsehen, bleiben sie unberührt.

(2) **Besteht die Schwerbehinderteneigenschaft nicht während des gesamten Kalenderjahres**, so hat der schwerbehinderte Mensch für jeden vollen Monat der im Beschäftigungsverhältnis vorliegenden Schwerbehinderteneigenschaft einen **Anspruch auf ein Zwölftel des Zusatzurlaubs** nach Absatz 1 Satz 1. Bruchteile von Urlaubstagen, die mindestens einen halben Tag ergeben, sind auf volle Urlaubstage aufzurunden. Der so ermittelte Zusatzurlaub ist dem Erholungsurlaub hinzuzurechnen und kann bei einem nicht im ganzen Kalenderjahr bestehenden Beschäftigungsverhältnis nicht erneut gemindert werden.

(3) Wird die Eigenschaft als **schwerbehinderter Mensch** nach § 69 Abs. 1 und 2 **rückwirkend festgestellt**, finden auch für die **Übertragbarkeit des Zusatzurlaubs in das nächste Kalenderjahr** die dem Beschäftigungsverhältnis zugrunde liegenden urlaubsrechtlichen Regelungen Anwendung.

Kündigungsfristen des Arbeitsverhältnisses (§ 2 (1) Nr. 9 NachwG)

Die gesetzliche Grundkündigungsfrist beträgt nach § 622 Bürgerliches Gesetzbuch (BGB) vier Wochen zum 15. oder zum Monatsende und bleibt für den Arbeitnehmer unabhängig von seiner Betriebszugehörigkeit gleich lang. Nur für den Arbeitgeber verlängert sich die Kündigungsfrist bei längerer Betriebszugehörigkeit des Arbeitnehmers. Laut § 622 (3) BGB kann während einer vereinbarten Probezeit, längstens für die Dauer von sechs Monaten, das Arbeitsverhältnis mit einer Frist von zwei Wochen gekündigt werden.

Hinweis auf Tarifverträge, Betriebs- oder Dienstvereinbarungen (§ 2 (1) Nr. 10 NachwG)

Gelten für den Betrieb bestimmte tarifliche bzw. betriebliche Regelungen, so ist dies im Arbeitsvertrag zu vermerken.

Ein Tarifvertrag ist eine Vereinbarung zwischen den Arbeitgeberverbänden und den Gewerkschaften (Interessenvertreter der Arbeitnehmer).

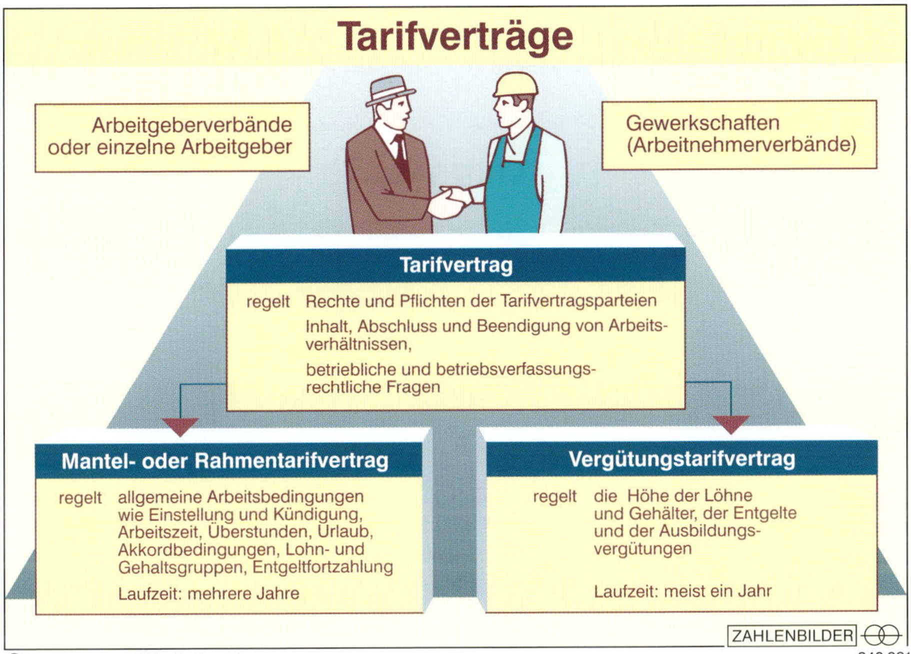

 240 021

Tarifverträge unterliegen der **Tarifautonomie**. Das heißt, die Tarifvertragsparteien haben das Recht eigenständige Regelungen der Arbeits- und Wirtschaftsbedingungen durch Tarifverträge festzulegen.

Gehört der Arbeitgeber dem Arbeitgeberverband an und ist der Arbeitnehmer Mitglied der jeweiligen Gewerkschaft, dann gilt der Tarifvertrag automatisch. Ist dies nicht der Fall, kann der Arbeitgeber dennoch mit dem Arbeitnehmer im Arbeitsvertrag vereinbaren, dass ein bestimmter Tarifvertrag auf das Arbeitsverhältnis Anwendung finden soll. Man spricht dann von Geltung des Tarifvertrages kraft einzelvertraglicher Vereinbarung („Bezugnahme"). Diese Möglichkeit besteht unabhängig davon, ob der Arbeitgeber tarifgebunden ist oder der Arbeitnehmer Gewerkschaftsmitglied ist. Das Bundesministerium für Arbeit und Soziales hat außerdem die Möglichkeit, Tarifverträge für allgemein verbindlich zu erklären. Dann haben die tariflich getroffenen Regelungen auch Gültigkeit für nicht tarifgebundene Unternehmen.

Eine Betriebsvereinbarung ist eine schriftliche Vereinbarung zwischen dem Betriebsrat und dem Arbeitgeber mit der Festlegung von verbindlichen Normen für betriebsinterne Regelungen.

Betriebsvereinbarungen sind gemeinsam zu beschließen, schriftlich niederzulegen und von beiden Seiten zu unterschreiben. Gegenstände von Betriebsvereinbarungen können beispielsweise die Durchführung von betrieblichen Bildungsmaßnahmen, personellen Auswahlrichtlinien oder Maßnahmen zur Förderung der Vermögensbildung sein.

Im öffentlichen Dienst bezeichnet man die Vereinbarung zwischen der Dienststelle und dem Personalrat als Dienstvereinbarung.

In der Praxis tritt häufig der Fall ein, dass die verschiedenen Grundlagen des Arbeitsvertrages, d. h. gesetzliche Regelungen, Tarifvertrag und Betriebsvereinbarung, untereinander nicht übereinstimmen. Dann ist fraglich, welche Regelung rechtswirksam für das Arbeitsverhältnis ist.

Zur Lösung dieses Konfliktes gilt das **Rangprinzip**, d. h. das höherrangige Recht verdrängt das nachstehende Recht.

gesetzliche Bestimmungen des Arbeitsrechts (z. B. Arbeitszeitgesetz, Bundesurlaubsgesetz, Kündigungsschutzgesetz, Entgeltfortzahlungsgesetz)

↓

tarifliche Bestimmungen **(Tarifvertrag)**

↓

betriebliche Bestimmung **(Betriebsvereinbarung)**

↓

Arbeitsvertag

Neben dem Rangprinzip ist das **Günstigkeitsprinzip** zu beachten. Dieses Prinzip besagt, dass im Falle von kollidierenden Rechtsnormen zum Schutz des Arbeitnehmers das Recht gilt, welches sich für den Arbeitnehmer günstiger auswirkt.

Beispiel • *Die MAYER OHG ist ein tarifgebundenes Unternehmen. Frau Sarah Ludwig wird zum 01.03. eingestellt. Laut Tarifvertrag steht ihr ein Stundenlohn von 16,00 € zu. Mit Frau Ludwig wurde ein Stundenlohn von 18,00 € im Arbeitsvertrag vereinbart. In diesem Fall gilt nicht das ranghöhere, sondern das nachstehende Recht, weil dieses Frau Ludwig besser stellt. Nicht zulässig wäre, wenn der vereinbarte Stundenlohn unter dem tarifvertraglich zugesicherten Stundenlohn liegen würde.*

Von den gesetzlichen Regelungen, dem anzuwendenden Tarifvertrag oder der anzuwendenden Betriebsvereinbarung darf im Arbeitsvertrag nur zum Vorteil des Arbeitnehmers abgewichen werden.

1.4.2 Arten von Arbeitsverträgen

Neben dem **unbefristeten Arbeitsvertrag**, der kein Ende des Arbeitsverhältnisses beinhaltet, werden im Folgenden der **befristete Arbeitsvertrag** und der **Teilzeitarbeitsvertrag** näher erläutert.

Der befristete Arbeitsvertrag

Bei einem befristeten Arbeitsvertrag kann eine **kalendermäßige Befristung** vorliegen, d. h. das Arbeitsverhältnis endet nach Ablauf der vereinbarten Laufzeit im Arbeitsvertrag (z. B. bis zum 30.03.). Ebenfalls möglich wäre eine **Zweckbefristung** im Arbeitsvertrag, d. h. das Arbeitsverhältnis endet aufgrund des Erreichens eines vereinbarten Zwecks („bis zum Ende des Projekts „XY").

Bei einem zweckbefristeten Arbeitsvertrag ist bei Vertragsabschluss der Zeitpunkt der Zweckerreichung noch unbekannt.

Ein befristeter Arbeitsvertrag muss nach § 14 (4) TzBfG schriftlich erfolgen, damit die Befristung wirksam ist.

Ein sachlicher Grund für einen kalendermäßig befristeten oder zweckbefristeten Arbeitsvertrag liegt nach § 14 (1) TzBfG in folgenden Fällen vor:

(1) Die Befristung eines Arbeitsvertrages ist zulässig, wenn sie durch einen sachlichen Grund gerechtfertigt ist. Ein sachlicher Grund liegt insbesondere vor, wenn

1. der betriebliche Bedarf an der Arbeitsleistung nur vorübergehend besteht,
2. die Befristung im Anschluss an eine Ausbildung oder ein Studium erfolgt, um den Übergang des Arbeitnehmers in eine Anschlussbeschäftigung zu erleichtern,
3. der Arbeitnehmer zur Vertretung eines anderen Arbeitnehmers beschäftigt wird,
4. die Eigenart der Arbeitsleistung die Befristung rechtfertigt,
5. die Befristung zur Erprobung erfolgt,
6. in der Person des Arbeitnehmers liegende Gründe die Befristung rechtfertigen,
7. der Arbeitnehmer aus Haushaltsmitteln vergütet wird, die haushaltsrechtlich für eine befristete Beschäftigung bestimmt sind, und er entsprechend beschäftigt wird oder
8. die Befristung auf einem gerichtlichen Vergleich beruht.

Der Gesetzgeber räumt jedoch die Möglichkeit einer **Befristung ohne sachlichen Grund** lt. § 14 (2) TzBfG ein:

(2) Die kalendermäßige Befristung eines Arbeitsvertrages ohne Vorliegen eines sachlichen Grundes ist bis **zur Dauer von zwei Jahren zulässig**; bis zu dieser Gesamtdauer von zwei Jahren ist auch die **höchstens dreimalige Verlängerung eines kalendermäßig befristeten Arbeitsvertrages zulässig**. Eine Befristung nach Satz 1 ist nicht zulässig, wenn mit demselben Arbeitgeber bereits zuvor ein befristetes oder unbefristetes Arbeitsverhältnis bestanden hat [...]

Ohne sachlichen Grund ist die Befristung eines Arbeitsvertrages im Allgemeinen höchstens für die Dauer von zwei Jahren zulässig.

In folgenden **speziellen Fällen** ist die kalendermäßige Befristung eines Arbeitsvertrages **ohne Vorliegen eines sachlichen Grunds** für länger als zwei Jahre zulässig:

- Bei **neugegründeten Unternehmen** können kalendermäßig befristete Arbeitsverträge bis zu einer **Dauer von vier Jahren** abgeschlossen werden. Innerhalb dieser vier Jahre ist die mehrfache Verlängerung eines kalendermäßig befristeten Arbeitsvertrages zulässig (§ 14 (2a) TzBfG).
- Bei **Arbeitnehmern, die das 52. Lebensjahr** vollendet haben, können kalendermäßig befristete Arbeitsverträge bis zu einer **Dauer von fünf Jahren** abgeschlossen werden, wenn diese unmittelbar vor Beginn des befristeten Arbeitsverhältnisses mindestens vier Monate beschäftigungslos waren, Transferkurzarbeitergeld[1] erhalten haben oder sie an einer öffentlichen geförderten Beschäftigungsmaßnahme teilgenommen haben. Bis zu einer Gesamtdauer von fünf Jahren ist auch die mehrfache Verlängerung möglich (§ 14 (3) TzBfG).

Der Teilzeitarbeitsvertrag

Nach § 2 (1) TzBfG sind Arbeitnehmer teilzeitbeschäftigt, wenn ihre regelmäßige Wochenarbeitszeit kürzer ist als die vergleichbarer vollzeitbeschäftigter Arbeitnehmer. Beschäftigte, die einer geringfügigen Beschäftigung nachgehen (sogenannte Minijobber), sind ebenfalls als Teilzeitbeschäftigte nach § 2 (2) TzBfG anzusehen.

Das TzBfG sichert Beschäftigten einen grundsätzlichen Anspruch auf Teilzeitbeschäftigung zu, wenn folgende Bedingungen erfüllt sind:

- das Arbeitsverhältnis zwischen Arbeitgeber und Arbeitnehmer besteht seit mindestens sechs Monaten (§ 8 (1) TzBfG)
- Ankündigung der beabsichtigten Teilzeitbeschäftigung erfolgt drei Monate vor dem beabsichtigten Termin (§ 8 (2) TzBfG)
- der Arbeitgeber beschäftigt mehr als 15 Arbeitnehmer (§ 8 (7) TzBfG)
- es sprechen keine betrieblichen Gründe dagegen (§ 8 (4) TzBfG)

Der Antrag auf Teilzeitarbeit kann also vom Arbeitgeber nur abgelehnt werden, wenn betriebliche Gründe dagegensprechen, wie beispielsweise unverhältnismäßig hohe Kosten.

> Grundsätzlich gelten für teilzeitbeschäftigte Arbeitnehmer die gleichen Regeln wie für andere Arbeitskräfte. Besondere gesetzliche Regelungen enthält auch das TzBfG. Es soll die Teilzeitbeschäftigung fördern und die Diskriminierung teilzeitbeschäftigter Arbeitnehmer verhindern nach § 4 (1) TzBfG.

Quelle: Arbeitsrecht-Leipzig: Teilzeitarbeitsvertrag, Zugriff am 11.01.2015 unter: http://arbeitsrecht-leipzig.de/arbeitsvertrag/arten-des-arbeitsvertrages/teilzeitarbeitsvertrag

Beispiel • *Bei der Müller OHG erhalten die Vollzeitbeschäftigten am Ende des Jahres 1000,00 € Weihnachtsgeld. Von dieser Leistung können Teilzeitbeschäftigte nicht ausgeschlossen werden, da kein „sachlicher Grund" nach § 4 (1) TzBfG ersichtlich ist. Die Teilzeitbeschäftigte Frau Gülistan Kumasci (50 % Stelle) erhält demnach ein Weihnachtsgeld in Höhe von 500,00 € nach § 4 (1) TzBfG.*

---

[1] *Das Transferkurzarbeitergeld ist eine Leistung der Bundesagentur für Arbeit. Es wird als Ersatzleistung an Arbeitnehmer gezahlt, die von Kurzarbeit betroffen sind. Dabei handelt es sich um ein arbeitsmarktpolitisches Instrument zur Vermeidung von Entlassungen.*

Das Recht auf Teilzeit

Rechtsanspruch

Nach dem Teilzeit- und Befristungsgesetz haben Arbeitnehmer in Betrieben mit mehr als 15 Mitarbeitern Anspruch auf Verringerung der Arbeitszeit, wenn ihr Arbeitsverhältnis seit mindestens 6 Monaten besteht. Arbeitgeber müssen zustimmen, wenn keine betrieblichen Gründe dagegen sprechen.

SO FUNKTIONIERT´S

Frau Meier arbeitet seit einem Jahr bei der Flexibel-AG (200 Mitarbeiter). Sie wünscht sich Teilzeit ab dem 1.1. des kommenden Jahres: 30 Stunden die Woche statt 38,5.

Fristgemäß teilt sie ihren Wunsch spätestens 3 Monate vorher, bis zum 1.10., der Flexibel-AG mit. Ihr Vorschlag: montags bis freitags je 6 Stunden.

Im Gespräch mit dem Arbeitgeber klärt sich, dass Organisation, Ablauf und Sicherheit im Betrieb nicht gestört würden.

Frau Meier erhält bis zum 1.12. (fristgemäß spätestens 1 Monat vor Beginn der beantragten Teilzeitarbeit) eine schriftl. Genehmigung zur Verringerung der Arbeitszeit ab dem 1.1.

Verbot der Diskriminierung

Teilzeitbeschäftigte dürfen nicht schlechter behandelt werden als vergleichbare Vollzeitbeschäftigte:

Gehalt und andere Geldleistungen (z.B. Urlaubsgeld)
mindestens entsprechend dem Anteil der Arbeitszeit des Teilzeitbeschäftigten an der Arbeitszeit eines Vollzeitbeschäftigten
Rechenbeispiel:

Vollzeitbeschäftigter		**Teilzeitbeschäftigter** (60 %-Stelle)
3 000 €	monatliches Bruttogehalt	(3 000 × 60) ÷ 100 = 1 800 €

Weiterbildung
Teilnahme an Weiterbildungsmaßnahmen ist auch Teilzeitbeschäftigten zu gewähren.

Rückkehr in Vollzeit

Wurde die **Teilzeit befristet**, kann der Arbeitnehmer nach Ablauf der Frist wieder Vollzeit arbeiten.

Wurde die **Teilzeit unbefristet** vertraglich vereinbart, hat der Arbeitnehmer kein Recht auf Rückkehr in Vollzeit; bei der Besetzung einer frei werdenden Stelle ist er jedoch bei gleicher Eignung bevorzugt zu berücksichtigen.

Quelle: Teilzeit- und Befristungsgesetz

1.4.3 Einstellungsdaten und -unterlagen

Bevor ein neuer Beschäftigter seine Tätigkeit aufnehmen kann, muss die Personalabteilung eine Reihe von Personalunterlagen vom Arbeitnehmer einfordern. Diese werden für die **Lohn- und Gehaltsabrechnung** und für die **Meldepflicht** benötigt.

Der Arbeitgeber ist verpflichtet den neuen Arbeitnehmer beim jeweiligen Sozialversicherungsträger anzumelden. Dazu hat er sich an die Träger der Krankenversicherung (die sogenannten Meldestellen) zu wenden. Die Anmeldung muss mit der ersten Lohn- und Gehaltsabrechnung erfolgen, **spätestens sechs Wochen** nach dem ersten Arbeitstag. Darüber hinaus sind Anmeldungen bei der Renten-, Arbeitslosen- und Pflegeversicherung nicht erforderlich, da die betreffende Krankenkasse den Gesamtsozialversicherungsbeitrag einzieht. Sie leitet die Beiträge an die zuständigen Stellen weiter.

Steuer-Identifikationsnummer und Geburtsdatum: Mithilfe der Steueridenfitkationsnummer und dem Geburtsdatum kann der Arbeitgeber alle für den Lohnsteuerabzug notwendigen Daten (Lohnsteuerklasse, Konfession, Kinderfreibetrag etc.) bei der Bundeszentrale für Steuern abfragen, die er für die Lohn- und Gehaltsabrechnung benötigt.

Sozialversicherungsausweis: Er enthält die Rentenversicherungsnummer (Sozialversicherungsnummer), den Namen und das Geburtsdatum des Arbeitnehmers. In der Regel fertigt die Personalabteilung eine Kopie an und legt diese in die Personalakte des Arbeitnehmers. Diese Daten benötigt der Arbeitgeber zur Meldung bei der Krankenkasse.

Mitgliedsbescheinigung der Krankenkasse: Diese Bescheinigung wird benötigt, um den Arbeitnehmer bei der Krankenkasse zur Sozialversicherung anzumelden.

Urlaubsbescheinigung des letzten Arbeitgebers: Sie informiert den neuen Arbeitgeber über den bereits gewährten und abgegoltenen Urlaub in dem Kalenderjahr.

Ggf. Arbeitserlaubnis: Sie wird von Arbeitnehmern benötigt, die nicht EU-Staatsangehörige sind. Nicht EU-Staatsangehörige dürfen nur in Deutschland arbeiten, wenn sie eine Aufenthaltsgenehmigung mit einer gültigen Arbeitsgenehmigung vorweisen können.

Ggf. ärztliche Bescheinigung: Minderjährige Auszubildende müssen ihrem zukünftigen Arbeitgeber eine Bescheinigung über die Durchführung der Erstuntersuchung vor Ausbildungsbeginn zukommen lassen. Der Arzt überprüft dabei, ob der Jugendliche vor bestimmten beruflichen Belastungen geschützt werden muss. Ziel dabei ist Gesundheitsschäden vorzubeugen oder eine Verschlimmerung von Vorerkrankungen oder gesundheitlichen Beschwerden zu vermeiden. Nach einem Ausbildungsjahr wird bei der Nachuntersuchung überprüft, ob sich die Beschäftigung negativ auf die Gesundheit des minderjährigen Auszubildenden ausgewirkt hat.

1.4.4 Rechte und Pflichten aus dem Arbeitsvertrag

Aus dem jeweiligen Arbeitsvertrag ergeben sich für Arbeitgeber und Arbeitnehmer bestimmte Pflichten, die gleichzeitig die Rechte des anderen Vertragspartners darstellen. Die wesentlichen gesetzlichen Bestimmungen sind im Bürgerlichen Gesetzbuch (BGB) und dem Handelsgesetzbuch (HGB) verankert.

Gesetzliche Pflichten des Arbeitnehmers	
Arbeitspflicht	Die Hauptflicht des Arbeitnehmers besteht darin, die im Arbeitsvertrag vereinbarte Arbeitsleistung persönlich und gewissenhaft am vereinbarten Ort zu erledigen.
Treuepflicht	Die Treuepflicht soll gewährleisten, dass der Arbeitnehmer dem Arbeitgeber bzw. dem Unternehmen keinen Schaden zufügt. Sie wird auch als Unterlassungspflicht bezeichnet. Zur Treuepflicht gehören: • **Verschwiegenheitspflicht:** Der Arbeitnehmer soll über geschäftliche Angelegenheiten Stillschweigen bewahren. • **Verbot der Bestechlichkeit:** Der Arbeitnehmer darf keine Schmiergelder annehmen.

Gesetzliche Pflichten des Arbeitnehmers	
	• **Wettbewerbsverbot:** Es wird zwischen dem gesetzlichen und dem vertraglichen Wettbewerbsverbot unterschieden: – Beim **gesetzlichen Wettbewerbsverbot** (§ 66 HGB) ist es dem Arbeitnehmer während des Dienstverhältnisses ohne Genehmigung des Arbeitgebers untersagt, ein eigenes Handelsgewerbe zu betreiben und Geschäfte in der Branche des Arbeitgebers zu tätigen. Ein Verstoß kann zur Schadenersatzpflicht und fristlosen Kündigung führen. – Das **vertragliche Wettbewerbsverbot** (§ 74 f. HGB) gilt für die Zeit nach Beendigung des Dienstverhältnisses. Dieses Verbot gilt jedoch nur, wenn die Vereinbarung schriftlich zwischen Arbeitgeber und Arbeitnehmer vereinbart wurde. Es kann nur für die Zeit von zwei Jahren nach Ausscheiden vereinbart werden. In diesem Fall erhält der Arbeitnehmer eine Karenzentschädigung. Zudem darf das vertragliche Wettbewerbsverbot das berufliche Fortkommen des Arbeitnehmers nicht wesentlich erschweren. Ein Verstoß kann ebenfalls zu Schadenersatzansprüchen des Arbeitgebers führen. Aus der Treuepflicht lässt sich neben der Unterlassung auch die Pflicht zum Handeln ableiten. Hierzu gehört die **Anzeige einer Arbeitsunfähigkeit:** Nach § 5 (1) Entgeltfortzahlungsgesetz (EntgFG) ist der Arbeitnehmer verpflichtet, dem Arbeitgeber die Arbeitsunfähigkeit und deren voraussichtliche Dauer unverzüglich mitzuteilen. Dauert die Arbeitsunfähigkeit länger als drei Kalendertage, hat der Arbeitnehmer spätestens am vierten Kalendertag eine ärztliche Bescheinigung über das Bestehen der Arbeitsunfähigkeit sowie deren voraussichtliche Dauer vorzulegen. *Arbeitgeber sind berechtigt die Vorlage früher zu verlangen.*

Gesetzliche Pflichten des Arbeitgebers	
Beschäftigungspflicht	Der Arbeitgeber hat den Arbeitnehmer gemäß den im Arbeitsvertrag vereinbarten Tätigkeiten zu beschäftigen.
Fürsorgepflicht	Unter die Fürsorgepflicht fällt eine Reihe von Pflichten. So hat der Arbeitgeber den Arbeitnehmer am Arbeitsplatz vor **Gefahren für Leben und Gesundheit** zu schützen (Beachtung von Unfallverhütungsvorschriften etc.) sowie für die Unterbindung von Diskriminierung, Mobbing und sexueller Belästigung zu sorgen. Er ist ebenfalls für den Schutz der persönlichen Daten verantwortlich. Außerdem hat der Arbeitgeber die **Pflicht zur Urlaubsgewährung**, d. h. dem Arbeitnehmer muss mindestens der gesetzliche Erholungsurlaub gewährt werden. Zu der Fürsorgepflicht gehört die **Zeugnispflicht**, d. h. bei Ausscheiden aus dem Unternehmen ist dem Arbeitnehmer ein einfaches Zeugnis auszustellen. Auf Wunsch des Arbeitnehmers muss ein qualifiziertes Zeugnis ausgestellt werden.

Gesetzliche Pflichten des Arbeitgebers	
Entgelt(fortzahlungs)pflicht	Der Arbeitgeber muss dem Arbeitnehmer spätestens am Ende eines Monats das Entgelt für den entsprechenden Monat überweisen. Besteht das Arbeitsverhältnis bereits mindestens vier Wochen ununterbrochen, dann hat der Arbeitgeber im Falle einer krankheitsbedingten Arbeitsunfähigkeit des Arbeitnehmers die Pflicht, das Gehalt **bis zu sechs Wochen** weiterzuzahlen. (Dies gilt nur, wenn die Arbeitsunfähigkeit vom Arbeitnehmer unverschuldet eingetreten ist, nicht bei Selbstverschuldung wie z. B. nach einem Verkehrsunfall aufgrund von Alkohol.) Ab der siebten Woche erhält der Arbeitnehmer **Krankengeld** von seiner Krankenkasse für höchstens 78 Wochen. Es beträgt 70 % des Bruttoverdienstes, aber nicht mehr als 90 % des Nettoverdienstes (§ 47 SGB V).

Auf den Punkt gebracht

Arbeitsverträge (AV)

unbefristete AV

generell formfrei

Inhalt nach § 2 (1) NachwG:
- Name und Anschrift
- Zeitpunkt des Beginns des AV
- Arbeitsort
- Beschreibung der Tätigkeit
- Zusammensetzung und Höhe des Arbeitsentgeltes
- Arbeitszeit
- Anzahl der Urlaubstage (gesetzlich 24 Werktage)
- Fristen für Kündigung
- Hinweis auf Tarifvertrag, Betriebs- oder Dienstvereinbarung, die anzuwenden ist

befristete AV
- müssen schriftlich erfolgen
- man unterscheidet zwischen

↓ kalendermäßige Befristung (01.03.20..)

↓ Ohne sachlichen Grund ist im Allgemeinen eine Befristung auf höchstens zwei Jahre zulässig. Innerhalb dieser Zeit ist die dreimalige Verlängerung zulässig

↓ **Ausnahme § 14 TzBfG:**

neugegründete Unternehmen → Befristung bis zu vier Jahren möglich

ältere Arbeitnehmer (ab 52 Jahren) → Befristung bis zu fünf Jahren möglich

↓ Zweckbefristung (Ende des Projekts)

↓ sachlicher Grund muss vorliegen § 14 (1) TzBfG

Teilzeit

Anspruch auf Teilzeitbeschäftigung unter folgenden Bedingungen:
- mindestens seit sechs Monaten beschäftigt
- fristgemäße Ankündigung des Teilzeitwunsches (spätestens drei Monate vorher)
- Mehr als 15 Beschäftigte im Unternehmen

Ablehnung

betriebliche Gründe sprechen dagegen

notwendige Unterlagen vom neuen Mitarbeiter:

- Steuer-Identifikationsnummer
- Sozialversicherungsnachweis
- Mitgliedsbescheinigung der Krankenkasse
- Urlaubsbescheinigung
- ggf. Arbeitserlaubnis
- ggf. Arztbescheinigung

Nutzen Sie Ihr Wissen

1. Erklären Sie, welche Vertragspartner beim Abschluss von folgenden Verträgen beteiligt sind:

   a) Arbeitsvertrag
   b) Tarifvertrag
   c) Betriebs- oder Dienstvereinbarung
   d) Ausbildungsvertrag

2. Die EDELMANN GmbH, ein internationales Unternehmen, beschäftigt in ihrem Büro in München 251 Arbeitnehmer. Alessia Weiß arbeitet nach ihrer Ausbildung zur „Kauffrau für Büromanagement“ als Sachbearbeiterin in der Personalabteilung der EDELMANN GmbH (Fünftagewoche). Heute erhält sie folgende E-Mail zur Bearbeitung:

An ...	alessia.weiß@edelmann.com
Cc ...	
Bcc ...	
Betreff:	Befristeter Arbeitsvertag

Guten Tag, Frau Weiß,

Herr Huband hat nach seiner erfolgreichen Abschlussprüfung als „Industriekaufmann“ einen befristeten Arbeitsvertrag für sechs Monate von uns erhalten. Nach Rücksprache mit Herrn Huband würden wir diesen Vertrag nun gerne verlängern. Könnten Sie mir bitte mitteilen, ob dies möglich ist?

Für Ihre Antwort im Voraus vielen Dank.

Mit freundlichen Grüßen

Lia-Su Günana
Abteilung Einkauf

   a) Erklären Sie mithilfe des Gesetzes, stellvertretend für Frau Weiß, wie oft und wie lange Herr Huband mit einem befristeten Arbeitsvertrag bei der EDELMANN GmbH beschäftigt werden kann.
   Herr Fauster, Auszubildender der EDELMANN GMBH, ist im Rahmen seiner Wahlqualifikation „Personalwirtschaft“ für fünf Monate in der Personalabteilung eingesetzt. Heute erklärt ihm Frau Weiß die Erstellung von Arbeitsverträgen.
   b) Erklären Sie Herrn Fauster, stellvertretend für Frau Weiß, den Unterschied zwischen unbefristeten und befristeten Arbeitsverträgen.
   c) Erläutern Sie zwei sachliche Gründe, die eine Befristung des Arbeitsverhältnisses ermöglichen.
   d) Erläutern Sie ihm, inwiefern für das Zustandekommen eines unbefristeten und eines befristeten Arbeitsvertrages die Schriftform erforderlich ist.

e) Herrn Fauster ist unklar, weshalb für Arbeitnehmer über 52 Jahre die Dauer der Befristung des Arbeitsvertrages von fünf Jahren zulässig ist. Erklären Sie Herrn Fauster, unter welchen Bedingungen eine solche Befristung möglich ist und welche Absicht der Gesetzgeber bei dieser Regelung hatte.
f) Erläutern Sie Herrn Fauster, was man unter der Meldepflicht des Arbeitgebers bei der Neueinstellung von Arbeitnehmern versteht und welche Unterlagen man für die Anmeldung bei der Krankenkasse vom Arbeitnehmer benötigt.
g) Frau Dietrich, Mitarbeiterin seit drei Jahren, teilt Frau Weiß heute (01.07.20..) mit, dass sie ihre reguläre Arbeitszeit von 40 Wochenstunden auf 20 Wochenstunden zum 01.09.20.. reduzieren möchte, da ihr Sohn Anfang September eingeschult wird. Überprüfen Sie, ob die Bedingungen für einen Anspruch auf Teilzeitbeschäftigung nach dem Gesetz erfüllt sind.
h) Der tarifliche Urlaubsanspruch bei der EDELMANN GmbH sieht 30 Arbeitstage bei Vollzeitbeschäftigten vor. Herr Fauster merkt an, dass er in der Schule gelernt hat, dass ein Arbeitnehmer einen gesetzlichen Anspruch von 24 Werktagen Urlaub hat. Er ist sich sicher, dass das Gesetz nach dem Rangprinzip, als höherrangiges Recht, die tariflichen Regelungen verdrängt.
   - Erklären Sie den Unterschied zwischen Werk- und Arbeitstagen.
   - Erläutern Sie, weshalb die EDELMANN GmbH in diesem Fall von der gesetzlichen Regelung abweichen darf.

i) Berechnen Sie, wie viel Tage Urlaub Frau Dietrich in folgenden Fällen zusteht, wenn Sie
   - an fünf Tagen die Woche von 08:00–12:00 Uhr arbeitet,
   - an drei Tagen die Woche arbeitet und zwar an zwei Tagen jeweils sechs Stunden und am dritten Tag acht Stunden

j) Die EDELMANN GmbH gewährt seinen Arbeitnehmern Urlaubs- und Weihnachtsgeld. Erklären Sie mithilfe des Gesetzes, ob Teilzeitbeschäftigte Anspruch auf diese Sonderzahlungen haben.
k) Miriam Berner ist als Minijobberin mit acht Wochenarbeitsstunden bei der EDELMANN GmbH beschäftigt. Berechnen Sie, wie hoch ihr Anspruch auf Weihnachtsgeld ist, wenn Vollzeitbeschäftigte 1.200,00 € erhalten.

3. Agatha Gutscher hat vor einem Jahr bei der GLÖCKLE OHG ihre Ausbildung zur „Kauffrau für Büromanagement" begonnen. Zurzeit ist sie in der Personalabteilung eingesetzt und unterstützt im operativen Tagegeschäft. In den nächsten Tagen soll sie mit dem Thema „Urlaubsberechnung" vertraut gemacht werden.

a) Erklären Sie Frau Gutscher den Unterschied zwischen Urlaubsentgelt und Urlaubsgeld.
b) Erklären Sie mithilfe des Bundesurlaubsgesetzes, was mit dem Anspruch auf Erholungsurlaub geschieht, wenn der Arbeitnehmer während dieses Urlaubs krank wird.
c) Berechnen Sie, wie viele Urlaubstage in den folgenden Fällen den Arbeitnehmern bei einer Fünftagewoche gesetzlich zustehen und begründen Sie Ihre Antwort mithilfe der jeweiligen Gesetze.
   - Maya Sacharow (19 Jahre) wird am 15.07. diesen Jahres ihre Abschlussprüfung zur Personaldienstleistungskauffrau ablegen.
   - Lina Beutenmüller (20 Jahre) beendet zum 30.03. diesen Jahres ihre verkürzte Ausbildung zur Kauffrau für Büromanagement.

- Amalia Rodriguez (16 Jahre, geb. am 02.03.) beginnt ihre Ausbildung zur Kauffrau für Büromanagement am 01.09. bei der GLÖCKLE OHG.
- Jens Pfeiffer und Margarete Klemm werden aus Altersgründen das Unternehmen verlassen. Herr Pfeiffer scheidet zum 30.07. aus und Frau Klemm zum 30.02.
- Herr Hintermayer hat nach seinem Studium zum Diplom-Kaufmann ein Jahr die Welt bereist. Zum 01.03. wird er seine neue Arbeitsstelle bei der GLÖCKLE OHG antreten.
- Herr Feros hat seine Anerkennung als Schwerbehinderter am 07.04. des laufenden Jahres erhalten.
- Stefanie Trunk möchte zum 01.01. von einer Vollzeitstelle auf Teilzeit (Dienstag und Donnerstag) wechseln.

d) Herr Hintermayer beantragt Anfang Juni aus familiären Gründen zwei Tage Urlaub. Erklären Sie, ab wann Herr Hintermayer erstmals einen Anspruch auf Urlaub hat und erläutern Sie zwei Gründe, die dafür sprechen ihm den Urlaub zu gewähren.

4. Herr Müller hat sein Arbeitsverhältnis zum 30.09. gekündigt. In seinem Arbeitsvertrag steht folgende Regelung zum Urlaubsanspruch.

Auszug aus dem Arbeitsvertrag:

§ 6 Urlaub

Der Arbeitnehmer hat Anspruch auf einen gesetzlichen Mindesturlaub von derzeit 20 Arbeitstagen im Kalenderjahr – ausgehend von einer Fünftagewoche. Der Arbeitgeber gewährt zusätzlich einen vertraglichen Urlaub von weiteren zwölf Arbeitstagen. Bei der Gewährung von Urlaub wird zuerst der gesetzliche Urlaub eingebracht.

Für den vertraglichen Urlaub gilt abweichend von dem gesetzlichen Mindesturlaub, dass der Urlaubsanspruch mit Ablauf des Übertragungszeitraums am 31.03. des Folgejahres auch dann verfällt, wenn er wegen Arbeitsunfähigkeit des Arbeitnehmers nicht genommen werden kann. Der gesetzliche Urlaub verfällt in diesem Fall erst 15 Monate nach Ende des Urlaubsjahres.
Bei Ausscheiden in der zweiten Jahreshälfte wird der Urlaubsanspruch gezwölftelt, wobei die Kürzung allerdings nur insoweit erfolgt, als dadurch nicht der gesetzlich vorgeschriebene Mindesturlaub unterschritten wird.

Herr Müller hat bereits zehn Arbeitstage Urlaub in diesem Jahr genommen. Erläutern Sie, ob die Formulierung im Arbeitsvertrag zulässig ist und berechnen Sie seinen verbleibenden Urlaubsanspruch.

5. Sie arbeiten nach Ihrer Ausbildung bei der BRAUN AG in der Personalabteilung. Von der Abteilungsleiterin Frau Bauer haben Sie die Urlaubanträge der Mitarbeiter ihrer Abteilung und folgenden Notizzettel erhalten.

Überprüfen Sie, ob die eingereichten Urlaubsanträge umgesetzt werden können. Es sollte folgende Mindestbesetzung unserer Abteilung gewährleistet sein:

- ich und zwei Mitarbeiter/-innen oder
- mein Stellvertreter Herr Fischer und zwei Mitarbeiter/-innen

Danke im Voraus.

Mit freundlichen Grüßen
Frau Bauer

Zur Übersichtlichkeit haben Sie die Urlaubswünsche tabellarisch dargestellt.

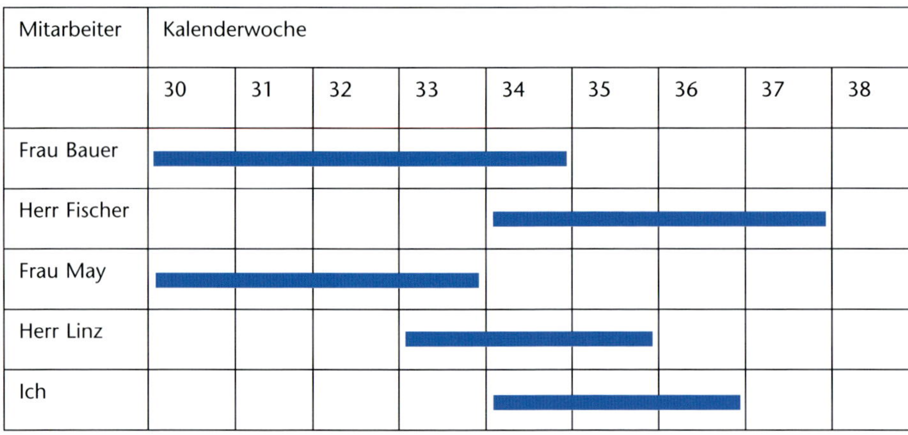

Korrigieren Sie den Urlaubsplan so, dass die Anforderungen von Frau Bauer erfüllt sind.

6. In Ihrem Unternehmen wird überlegt, die Vertrauensarbeitszeit oder die gleitende Arbeitszeit einzuführen.

   a) Erklären Sie die Besonderheiten dieser beiden Arbeitszeitmodelle.
   b) Erläutern Sie die Vor- und Nachteile, die mit diesen Arbeitszeitmodellen verbunden sind, jeweils aus Sicht des Arbeitnehmers und Arbeitgebers.

1.5 Personalakte anlegen

Lernsituation

An ...	tom.wildermuth@mo-modernoffice.com
Cc ...	
Bcc ...	
Betreff:	Personalakte

Guten Tag, Herr Wildermuth,

ich habe Ihnen die gesamten Bewerbungsunterlagen und den Schriftverkehr zwischen der Modern-Office KG und unserem neuen Mitarbeiter Herrn Rother auf den Schreibtisch gelegt. Bitte erstellen Sie die Personalakte für Herrn Rother. Wie bereits mit Ihnen besprochen, möchte ich, dass wir eine Verfahrensanweisung zum Thema Personalakte für unser Handbuch erstellen. Das Handbuch ist eine Art Nachschlagewerk, in dem Arbeitsprozesse beschrieben werden. Dies soll neuen Kollegen die Einführung in die Arbeitsprozesse erleichtern und effektives Arbeiten ermöglichen. Die Verfahrensanweisung sollte folgende Punkte enthalten:
– Aufbau der Personalakte (Welche Unterlagen gehören hinein?)
– Rechte des Mitarbeiters bezüglich seiner Personalakte

Bitte präsentieren Sie mir Ihre Arbeitsergebnisse, sobald Sie fertig sind.

Mit freundlichen Grüßen

Greta Funk

Folgende Schriftstücke sind in den Unterlagen enthalten:

- Anschreiben
- Lebenslauf
- beglaubigte Zeugnisse
- Notizen des Gruppenleiters Eric Schumann und der Personalreferentin Miriam Ball zum ersten und zweiten Vorstellungsgespräch
- gesamter E-Mail-Verkehr zwischen Herrn Rother und Greta Funk bezüglich der Terminvereinbarung
- Kopie der Einladung zum ersten Arbeitstag
- Arbeitsvertrag
- Kopie des Sozialversicherungsausweises
- Kopie der Steuer-Identifikationsnummer

- *Legen Sie im Plenum die Handlungsergebnisse des Arbeitsauftrages fest. Was hat Tom Wildermuth zu tun?*
- *Besprechen Sie im Plenum, welche Informationen Tom Wildermuth benötigt, um die Arbeitsaufträge von Greta Funk erfolgreich auszuführen. Wo findet er die benötigten Informationen?*
- *Formulieren Sie die Zielsetzung/-en dieser Handlungssituation.*
- *Entscheiden Sie in Einzelarbeit, welche Unterlagen in die Personalakte gehören und welche nicht. Begründen Sie Ihre Entscheidung kurz. Erstellen Sie anschließend die Verfahrensanweisung zum Thema „Personalakte".*
- *Entscheiden Sie im Plenum, wer seine Arbeitsergebnisse präsentiert und kontrollieren Sie, ob der Arbeitsauftrag sach- und fachgerecht ausgeführt wurde.*
- *Reflektieren Sie, weshalb bei der Arbeit mit personenbezogenen Daten das Bundesdatenschutzgesetz zu beachten ist.*

Der Arbeitgeber ist gesetzlich nicht verpflichtet eine Personalakte zu führen, die Ordnungsmäßigkeit der Personalarbeit führt jedoch in der Praxis zu ihrer Einrichtung.
Sie gehört zu den zentralen Hilfsmitteln der Personalverwaltung. Der Aufbau der Personalakte sollte gewährleisten, dass die benötigten Unterlagen schnell aufzufinden sind. Oftmals wird deshalb ein Inhaltsverzeichnis, entweder chronologisch oder nach Sachgebieten, für die Personalakte erstellt. Immer häufiger wird die „klassische" Personalakte in Papierform durch die digitale Personalakte ergänzt oder ersetzt. Diese platzsparende Variante hat mehrere Vorteile:

- der Zugriff ist von jedem beliebigen Ort möglich
- die Akten können mit einem Zugriffsschutz versehen werden, wodurch der Datenschutz gewährleistet werden kann
- die Einhaltung der Aufbewahrungsrichtlinien wird erleichtert, indem die Richtlinien pro Dokumententyp hinterlegt werden, wodurch eine versehentliche Vernichtung verhindert wird

Inhalte der Personalakte

Die Inhalte der Personalakte müssen in einem Zusammenhang mit dem Arbeitsverhältnis stehen. Die Akte beinhaltet Unterlagen, für deren Aufnahme und Aufbewahrung aus Arbeitgeber- und Arbeitnehmersicht ein berechtigtes Interesse besteht.

Inhalt und Gliederung der Personalakte haben in Unternehmen oftmals folgendes Aussehen:

persönliche Unterlagen	– Personalfragebogen – Lebenslauf – beglaubigte Schul- und Arbeitszeugnisse – ärztliches Zeugnis (z. B. bei minderjährigen Auszubildenden) – persönliche Veränderungen, z. B. Heiratsurkunde, Wohnungswechsel – usw.

vertragliche Unterlagen	– Arbeitsvertrag – Stellenbeschreibung – Vertragsänderungen – Entgeltvereinbarungen – Gewährung statusabhängiger Leistungen (z. B. Einrichtung des Arbeitszimmers) – zusätzliche Vereinbarung zum Arbeitsvertrag (z. B. Konkurrenzklausel, Verschwiegenheitserklärung) – usw.
Unterlagen zur Tätigkeit	– Beurteilungen – Fortbildungsmaßnahmen – Abmahnungen – usw.
Unterlagen zu Bezügen	– Grundentgelt – Prämien – Beförderung – Lohnsteuer, Sozialversicherungen, Krankenversicherung
Unterlagen zur Abwesenheit	– Urlaubstage
Allgemeiner Schriftverkehr	– Bundesagentur für Arbeit – Sozialversicherungsträger – usw.

In Anlehnung an: Olfert, Klaus: Personalwirtschaft, 15. Auflage, Neckargmünd, Kiehl Verlag, 2012, S. 555 f.

Bei der Führung und Arbeit mit der Personalakte muss der Arbeitgeber auf die Berücksichtigung des **Bundesdatenschutzgesetzes (BDSG)** achten. Zweck des Gesetzes ist es, dass der Arbeitnehmer durch den Umgang mit seinen personenbezogenen Daten in seiner Privatsphäre geschützt bleibt und ein Missbrauch seiner Daten verhindert wird.

Einsicht in die Personalakte dürfen nur der Beschäftigte selbst, die zuständigen Mitarbeiter der Personalabteilung und die Vorgesetzten des Beschäftigten nehmen. Sensible Daten bezüglich des Gesundheitszustandes des Arbeitnehmers, wie beispielsweise Hinweise auf Suchterkrankungen oder Depressionen, müssen nach einem Urteil des Bundesarbeitsgerichts in einem verschlossenen Umschlag in der Personalakte aufbewahrt werden.

Wenn der Arbeitgeber seine Pflicht zur sorgfältigen Aufbewahrung verletzt, greift er regelmäßig in das allgemeine Persönlichkeitsrecht seines Arbeitnehmers ein. Als Folge daraus kann der Arbeitnehmer Schadenersatz verlangen und Schmerzensgeldansprüche geltend machen.

In Unternehmen wird zur Überwachung des Datenschutzes ein **Datenschutzbeauftragter** bestellt.

Rechte des Arbeitnehmers bezüglich seiner Personalakte

Bezüglich der Personalakte hat der Gesetzgeber den Arbeitnehmer nach § 83 Betriebsverfassungsgesetz (BetrVG) mit Rechten ausgestattet. So hat der Arbeitnehmer das Recht zur Einsichtnahmen in seine Personalakte und darf, wenn er es wünscht, ein Betriebsratsmitglied zur Einsichtnahme hinzuziehen. Schwerbehinderte Arbeitnehmer haben nach § 95 (3) SGB IX das Recht, die Schwerbehindertenvertretung des Unternehmens hinzuzuziehen. In Anwesenheit eines Mitarbeiters der Personalabteilung darf der

Arbeitnehmer auch Kopien anfertigen. Eine Entnahme von Unterlagen durch den Arbeitnehmer ist jedoch verboten. Befinden sich Angaben in der Personalakte, die nach Meinung des Arbeitnehmers nicht der Wahrheit entsprechen, so hat er die Möglichkeit eine schriftliche Erklärung zum Inhalt abzugeben oder die Entfernung zu fordern. Sollten bei der Einsichtnahme Fragen zum Inhalt der Personalakte von Seiten des Arbeitnehmers aufkommen, dann hat der Arbeitgeber die Pflicht diese zu beantworten.

Es besteht kein Recht des Arbeitnehmers darauf, dass Abmahnungen aus seiner Personalakte nach einer bestimmten Zeit entfernt werden.

Ein Urteil des Bundesarbeitsgerichts vom 19.07.2012 erschwert es in Zukunft den Arbeitnehmern die Entfernung einer Abmahnung aus der Personalakte zu verlangen.

Bisher war es so, dass wenn ein Arbeitnehmer sich nach einer Abmahnung z. B. zwei oder drei Jahre korrekt verhalten hat, verlor sie ihre Warnfunktion und somit konnte der Arbeitgeber auf einen erneuten Fehltritt, zumindest aus Sicht des Arbeitnehmers, nicht mit einer Kündigung reagieren, sondern musste diesen Fehltritt erneut abmahnen. In solchen Fällen konnte der Arbeitnehmer bisher die Entfernung der Abmahnung aus der Personalakte verlangen [...] Damit ist künftig Schluss nach dem Urteil des Bundesarbeitsgerichts. Denn auch wenn sich der Arbeitgeber nach zwei oder drei Jahren nicht mehr auf die Abmahnung stützen könnte, um im Wiederholungsfall eine verhaltensbedingte Kündigung zu rechtfertigen, kann er dennoch gute Gründe für die längere Aufbewahrung der Abmahnung haben.

Quelle: Hensche, Dr. Martin: Entfernung einer Abmahnung aus der Personalakte, Zugriff am 05.10.2014 unter: www.hensche.de/Entfernung_Abmahnung_Entfernung_einer_Abmahnung_aus_Personalakte_BAG_2AZR782-11.html

Auf den Punkt gebracht

Personalakte =
über den Mitarbeiter in der Personalabteilung zusammengefasste Unterlagen
(Papierform oder digitale Form)

Inhalte:
- persönliche Unterlagen (Lebenslauf etc.)
- vertragliche Unterlagen (Arbeitsvertrag)
- Unterlagen zur Tätigkeiten
- Unterlagen zu Bezügen
- Unterlagen zur Abwesenheit
- allgemeiner Schriftverkehr

Rechte des Arbeitnehmers:
- Einsicht in die Personalakte
- Erhalt einer Erklärung zum Inhalt der Personalakte
- Abgabe einer Erklärung zum Inhalt der Personalakte
- Entfernung bzw. Herausgabe unrichtiger Angaben
- Betriebsratsmitglied kann bei Einsichtnahme hinzugezogen werden
- schwerbehinderte Arbeitnehmer können Schwerbehindertenvertreter bei Einsichtnahme hinzuziehen

Pflichten des Arbeitgebers:
Berücksichtigung des Bundesdatenschutzgesetzes bei der Führung einer Personalakte

Verletzung

Forderung von Schadenersatzanspruch und Schmerzensgeld durch Arbeitnehmer

Nutzen Sie Ihr Wissen

1. Überprüfen Sie, wie der Inhalt der Personalakten in Ihrem Betrieb gegliedert ist und ob Ihr Betrieb weitere Unterlagen aufbewahrt als die im Lehrbuch aufgeführten. Wenn ja, weshalb? Halten Sie Ihr Ergebnis schriftlich fest und begründen Sie Ihre Antwort.
2. Reflektieren Sie, ob Sie den Aufbau der Personalakte in Ihrem Betrieb als sinnvoll erachten.

1.6 Entgeltformen

Lernsituation

Bisher wurden einige Produktbestandteile im Akkord bei der ModernOffice KG gefertigt. Die Geschäftsleitung strebt eine Bezahlung nach dem Zeitlohn an. Aufgrund dessen haben die Geschäftsführer, Jens Tischler und Anja Tischler, die Betriebsratsvorsitzende Klärle Bader, Ilse Bach aus der Rechtsabteilung und Miriam Ball zu einem Gespräch geladen.

Anja Tischler: „Vielen Dank, dass Sie so kurzfristig Zeit gefunden haben. Allerdings ist uns das Thema sehr wichtig."

Klärle Bader: „Gerne. Weshalb wollten Sie uns sprechen?"

Anja Tischler: „Wie Sie wissen, werden einige unserer Produktionsmitarbeiter als Akkordarbeiter bezahlt. Die Vergangenheit hat allerdings gezeigt, dass die Ausschusszahlen sehr hoch sind und die damit verbundenen Kosten. Aufgrund dessen möchten wir eine Umstellung der Bezahlung unserer Produktionsmitarbeiter. Die Vergütung sollte nach dem Zeitlohn erfolgen. Dies müsste der Personalabteilung entgegenkommen, da die Abrechnung beim Akkordlohn sehr aufwendig ist."

Von Miriam Ball zustimmendes Nicken.

Klärle Bader (aufgebracht): „Da hat aber der Betriebsrat ein Wörtchen mitzureden. So einfach geht das nicht. Ein Wechsel des Entlohnungssystems ist mit erheblichen Lohneinbußen für meine Kollegen verbunden."

Jens Tischler: „Frau Bader, so aufgebracht kenne ich Sie gar nicht. Wir möchten nichts Schlechtes für unsere Mitarbeiter. Wir erachten einen Wechsel auch aus gesundheitlichen Gründen für sinnvoll. Akkordarbeit bringt eine erhöhte Unfallgefahr mit sich. Dies hat sich in der Vergangenheit oft gezeigt."

Anja Tischler: „Wir möchten wirklich niemanden übergehen ..."

Nach langer und heftiger Diskussion einigen sich die Gesprächsteilnehmer darauf, dass Miriam Ball bis zur nächsten Sitzung alle möglichen Entgeltformen sowie deren Vor- und Nachteile auflistet und einen begründeten Vorschlag für eine Entgeltform vorlegt.

- *Legen Sie im Plenum das Handlungsergebnis des Arbeitsauftrages fest. Welche Aufgabe wurde Miriam Ball übertragen?*
- *Besprechen Sie im Plenum, welche Kenntnisse und Informationen Sie zur Lösung des Arbeitsauftrages benötigen.*
- *Formulieren Sie im Plenum die Zielsetzung/-en der Lernsituation.*
- *Erstellen Sie, stellvertretend für Miriam Ball, die Übersicht bezüglich der Entgeltformen und entscheiden Sie, welche Entgeltform den Wünschen aller beteiligten Parteien am gerechtesten wird.*
- *Entscheiden Sie im Plenum, wer die Ergebnisse präsentiert und kontrollieren Sie, ob der Arbeitsauftrag sach- und fachgerecht ausgeführt wurde. Nehmen Sie, falls erforderlich, entsprechende Korrekturen vor.*
- *Reflektieren Sie, falls erforderlich, was Sie zukünftig besser machen müssen, um die formulierten Ziele zu erreichen.*

Folgende Entgeltformen werden unterschieden:

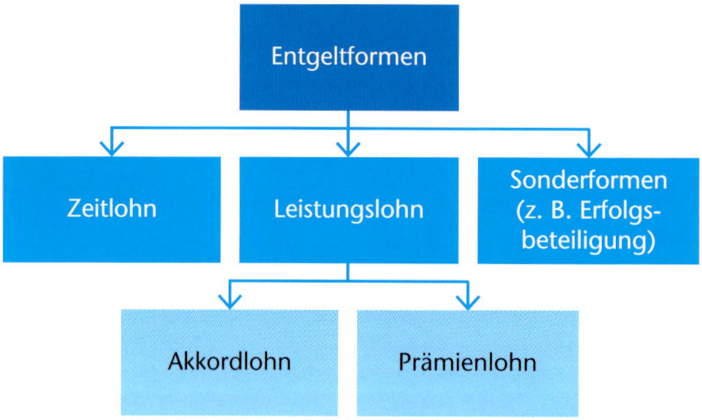

Der Zeitlohn

Beim Zeitlohn wird die im Arbeitsvertrag festgelegte Arbeitszeit vergütet. Er kann als Stundenlohn oder Monatsgehalt ausgezahlt werden. Die Stundenvergütung ist vor allem bei gewerblichen Arbeitern üblich, wohingegen kaufmännische Arbeitnehmer oftmals ein festes monatliches Gehalt erhalten. Zeitlohn wird vor allem bei Tätigkeiten gewährt, bei denen die Leistung nicht oder kaum messbar ist, die große Sorgfalt erfordern und deren Tempo durch den Arbeitnehmer nicht beeinflussbar ist. Die Berechnung erfolgt nach der Formel:

Zeitlohn = Arbeitszeit · Stundenlohn

Beispiel • *Der Werkstudent Simon Cornely erhält bei der ModernOffice KG einen Stundenlohn von 12,00 €. Diesen Monat hat er 70 Stunden gearbeitet. Somit beträgt sein Zeitlohn 840,00 €.*

Zu den **Vorteilen des Zeitlohnes** zählen, dass es hierbei zu keiner Überbeanspruchung von Mensch und Maschinen kommt. Für den Arbeitnehmer besteht im Vergleich zum Akkordlohn weniger Stress. Die Arbeit ist meistens qualitativ hochwertiger im Vergleich zum Akkordlohn, da Fehler verringert werden, die durch die Arbeitsgeschwindigkeit bei der Akkordarbeit entstehen. Die Unfallgefahren im Vergleich zur Akkordarbeit sind geringer. Außerdem kann der Arbeitnehmer bei dieser Entgeltform mit einem regelmäßigen Einkommen planen.

Zu den **Nachteilen des Zeitlohnes** zählt, dass der Leistungsanreiz zur Mehrarbeit im Vergleich zur Leistungsentlohnung geringer ist, da der Arbeitnehmer die Höhe seiner Entlohnung nicht beeinflussen kann. Zudem kann die Zufriedenheit der engagierten Arbeitnehmer sinken, da sie genauso entlohnt werden wie Arbeitnehmer, die weniger engagiert arbeiten.

Der Leistungslohn

Beim Leistungslohn unterscheidet man zwischen Akkord- und Prämienlohn.

Akkordlohn

Beim **Akkordlohn** werden die Mitarbeiter nach der erbrachten Leistungen je Zeiteinheit vergütet. Für die Einführung eines Akkordlohns müssen folgende Voraussetzungen erfüllt sein:

- der Arbeitsablauf muss gleichartig sein und sich wiederholen
- der Arbeitsablauf muss genau messbar sein, d. h. die Arbeitszeit bei Normalleistung muss genau ermittelt werden können
- der Arbeitsablauf muss für den Arbeitnehmer nach entsprechender Übung beherrschbar sein
- die Arbeitsgeschwindigkeit muss durch den Arbeitnehmer beeinflussbar sein

Basis für die Berechnung des Akkordlohns ist der **Akkordrichtsatz**.

Akkordrichtsatz = Mindestlohn (Grundlohn) + Akkordzuschlag

Der Akkordrichtsatz besteht aus dem tariflich oder betrieblich zugesicherten Mindestlohn und dem Akkordzuschlag, der meistens 15–20 % des Mindestlohns entspricht. Bei der Akkordlohnberechnung können zwei Formen angewendet werden, der Zeitakkord oder Stückakkord.

Zeitakkord

Beim **Zeitakkord** wird eine Vorgabezeit je Mengeneinheit festgelegt. Diese Vorgabezeit wird mit dem Preis pro Minute, dem sogenannten **Minutenfaktor**, und der gefertigten Stückzahl vergütet. Somit erhält man den Bruttolohn des Arbeitnehmers.

Bruttolohn = Stückzahl · Vorgabezeit · Minutenfaktor

Unter der **Vorgabezeit** ist die Zeit zu verstehen, die der Arbeitnehmer zur planmäßigen Erledigung des Arbeitsablaufes benötigen soll. Hierbei wird eine Normalleistung zugrunde gelegt. Die Vorgabezeit wird wie folgt berechnet:

Vorgabezeit = 60 Minuten : Normalleistung/Stunde
Minutenfaktor = Akkordrichtsatz (in Euro pro Stunde) : 60 Minuten

Der Zeitakkord wird hauptsächlich in der Industrie angewendet.

Stückakkord
Beim **Stückakkord** wird jedes Arbeitsstück vergütet. Der Bruttolohn wird wie folgt berechnet:

Bruttolohn = Stückgeld (Stückakkordsatz) · Stückzahl (Ist-Leistung)
Stückgeld = Akkordrichtsatz : Normalleistung/Stunde

Der Stückakkord wird vorwiegend in der Heimarbeit und im Handwerk angewendet.

Zu den **Vorteilen des Akkordlohnes** zählt, dass für den Arbeitnehmer ein Anreiz zur Mehrleistung geschaffen wird, da der Arbeitnehmer seinen Verdienst selbst beeinflussen kann. Diese Entgeltform kann zudem die Zufriedenheit des Arbeitnehmers erhöhen, da er leistungsgerecht entlohnt wird.

Zu den **Nachteilen des Akkordlohnes** zählt, dass durch den Leistungsdruck die Gefahr der Überbeanspruchung des Arbeitnehmers steigt. Die Unfallgefahr ist durch Eile des Arbeitnehmers hoch. Zudem ist im Vergleich zum Zeit- und Prämienlohn hier i. d. R. mit einer geringeren Qualität und höherer Fehlproduktion zu rechnen.

Der Prämienlohn
Wird zum Grundlohn eine Prämie gewährt, dann spricht man vom **Prämienlohn**.

Prämienlohn = Grundlohn + Prämie

Man unterscheidet hierbei zwischen qualitativen und quantitativen Prämien. Qualitative Prämien sind beispielsweise:

- **Ersparnisprämie**: Hier wird der sparsame Umgang beispielsweise mit den Roh-, Hilfs- und Betriebsstoffen belohnt.
- **Nutzungsprämie**: Sie wird für die effiziente Maschinennutzung gewährt.
- **Terminprämie**: Sie wird dem Arbeitnehmer bei Termineinhaltung oder Terminunterschreitung gewährt.
- **Unfallverhütungsprämie:** Sie wird für die Verhinderung von Arbeitsunfällen gewährt.
- **Innovationsprämie:** Sie wird für innovative Vorschläge gewährt.
- **Güteprämie:** Sie wird gewährt, wenn es zu keinem Ausschuss kommt und keine Nacharbeit geleistet werden muss.

Ein Beispiel für eine quantitative Prämie ist die **Mengenprämie**, die der Arbeitnehmer für jede Menge erhält, die über die Normalleistung hinausgeht.

„Falls mehrere Einflussgrößen gleichzeitig berücksichtigt werden sollen, kann eine **Verbundsprämie** berechnet werden. Hierzu kann ein Punktesystem entwickelt werden, das die unterschiedliche Gewichtung der einzelnen Größen vorsehen kann.“[1]

Zu den **Vorteilen des Prämienlohns** zählt beispielsweise, dass die sorgfältige Arbeit belohnt wird. Somit bietet diese Entgeltform einen Leistungsanreiz für den Arbeitnehmer. Hierdurch erhöht sich die Mitarbeiterzufriedenheit und die Fluktuationsquote im Unternehmer sinkt.

[1] *Albert, Günther: Betriebliche Personalwirtschaft, 12. Auflage, Herne, Kiehl Verlag, 2013, S. 250*

Zu den **Nachteilen des Prämienlohns** zählt, dass sich die Festlegung des Verteilungsschlüssels in der Praxis schwierig gestaltet und die Berechnung der Prämie im Vergleich zum Zeitlohn aufwendiger ist.

Die Erfolgsbeteiligung

Werden Arbeitnehmer am Erfolg des Unternehmens beteiligt, dann spricht man von der **Erfolgsbeteiligung.** Hierbei unterscheidet man zwischen:

- Ertragsbeteiligung, z. B. als Umsatzbeteiligung
- Gewinnbeteiligung, z. B. als Ausschüttungsbeteiligung
- Leistungsbeteiligung, z. B. als Kostenersparnisbeteiligung

Erfolgsbeteiligungen sollen die Arbeitnehmer stärker an das Unternehmen binden und Leistungsanreize schaffen. Damit soll die Motivation sowie die Arbeitszufriedenheit der Arbeitnehmer erhöht werden.

Der Betriebsrat

Nach § 87 BetrVG hat der Betriebsrat ein Mitbestimmungsrecht bei der Einführung und bei Änderungen von Entgeltformen.

§ 87 Mitbestimmungsrechte

(1) Der Betriebsrat hat, soweit eine gesetzliche oder tarifliche Regelung nicht besteht, in folgenden Angelegenheiten mitzubestimmen: [...]

10. Fragen der betrieblichen Lohngestaltung, insbesondere die Aufstellung von Entlohnungsgrundsätzen und die Einführung und Anwendung von neuen Entlohnungsmethoden sowie deren Änderung;

11. Festsetzung der Akkord- und Prämiensätze und vergleichbarer leistungsbezogener Entgelte, einschließlich der Geldfaktoren; [...]

(2) Kommt eine Einigung über eine Angelegenheit nach Absatz 1 nicht zustande, so entscheidet die Einigungsstelle. Der Spruch der Einigungsstelle ersetzt die Einigung zwischen Arbeitgeber und Betriebsrat.

Auf den Punkt gebracht

Entgeltformen

Leistungslohn

Zeitlohn
= Vergütung der festgelegten Arbeitszeit (Stundenlohn oder Monatsgehalt)

Erfolgsbeteiligung
= Arbeitnehmer wird am Erfolg des Unternehmens finanziell beteiligt

- Ertragsbeteiligung
- Gewinnbeteiligung
- Leistungsbeteiligung

Ziele:
- Mitarbeitermotivation
- Mitarbeiterbindung
- Leistungsanreize schaffen

Akkordlohn

Voraussetzung Arbeitsablauf:
- gleichartig
- sich wiederholend
- messbar
- für Arbeitnehmer beherrschbar
- Arbeitsgeschwindigkeit ist durch den Arbeitnehmer beeinflussbar

Prämienlohn
= Grundlohn + Prämie

Prämienarten:
- Nutzungsprämie
- Unfallprämie
- Innovationsprämie
- Güteprämie etc.

Zeitakkord

= Vorgabezeit je Mengeneinheit ist festgelegt
Bruttolohn = Stückzahl · Vorgabezeit · Minutenfaktor
Vorgabezeit = 60 Minuten : Normalleistung/Stunde
Minutenfaktor = Akkordrichtsatz : 60 Min.

Stückakkord

= für jedes Arbeitsstück ist ein Geldbetrag vorgegeben
Bruttolohn = Stückgeld (Stückakkordsatz) · Stückzahl (Ist-Leistung)
Stückgeld = Akkordrichtsatz : Normalleistung/Stunde

! Betriebsrat hat Mitbestimmungsrecht bei der Einführung und bei Änderungen von Entgeltformen (§ 87 BetrVG)

Nutzen Sie Ihr Wissen

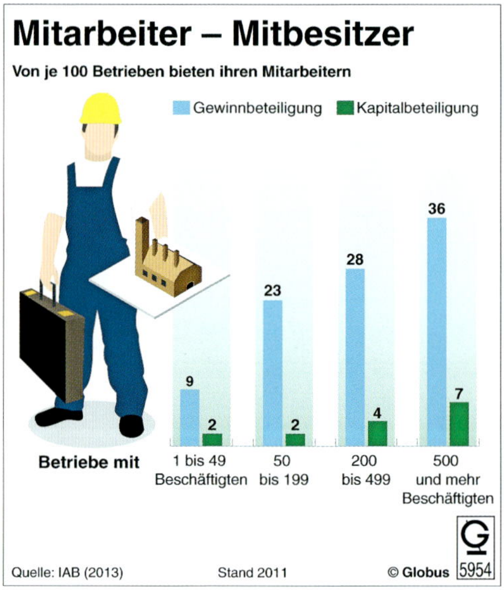

1. Beschreiben und interpretieren Sie das Schaubild.
2. Ziel der Erfolgsbeteiligung ist es die Mitarbeitermotivation zu erhöhen, die wiederrum zu einer höheren Leistungsbereitschaft führen soll. Erklären Sie, welche zwei Faktoren in der Praxis zur Zielerreichung führen.
3. Erklären Sie den Unterschied zwischen Zeit- und Leistungslohn.
4. Die Hellberg GmbH ist ein mittelständiges Unternehmen in München. Jan Kugel arbeitet als Facharbeiter täglich acht Stunden und erhält einen

Stundenlohn von 10,50 €. Bei einer Fünftagewoche hatte er diesen Monat 20 Arbeitstage.

a) Berechnen Sie Herrn Kugels Bruttolohn für diesen Monat.
b) Die Hellberg GmbH hat beschlossen ab kommenden Monat eine Unfallverhütungsprämie in Höhe von 6 % des Bruttolohnes zu zahlen. Berechnen Sie die Höhe von Herrn Kugels Bruttolohn für den kommenden Monat, wenn es zu keinen Unfällen kommt.
c) Die Geschäftsleitung überlegt Terminprämien einzuführen.
Erläutern Sie zwei mögliche Probleme, die sich daraus für das Unternehmen ergeben können.
d) Bisher erhielten die Montagemitarbeiter der Hellberg GmbH Stundenlohn. Es wird überlegt, die Montagemitarbeiter zukünftig im Akkordlohn zu bezahlen. Beschreiben Sie mindestens drei Vor- und Nachteile dieser Entgeltform aus Sicht des Arbeitnehmers und des Arbeitgebers.
e) Erklären Sie, welche Voraussetzungen erfüllt sein müssen, damit die Einführung des Akkordlohns vorgenommen werden kann.
f) Der Mindestlohn eines Montagemitarbeiters beträgt 16,00 € pro Stunde. Laut Betriebsvereinbarung wird ein Akkordzuschlag von 20 % gewährt. Die Vorgabezeit wurde auf 24 Minuten festgelegt. Ermitteln Sie das Stückgeld sowie den monatlichen Bruttolohn, wenn Jan Kugel 600 Stück in diesem Monat gefertigt hat.
g) Ermitteln Sie auf Grundlage der genannten Daten aus Aufgabe f) den Minutenfaktor.

5. Die Auszubildende Selina Scheit ist seit drei Monaten bei der Has GmbH beschäftigt. Moni Tholl ist für ihre Einarbeitung zuständig. Heute findet Selina folgende Notiz auf ihrem Schreibtisch:

> Hallo Selina,
>
> leider bin ich etwas unter Zeitdruck. Da ich dir letzte Woche erklärt habe, wie man den Bruttolohn berechnet, bitte ich dich diese Aufgabe für mich zu übernehmen.
> Hier die Daten:
>
> Mitarbeiter Raphael Schaschko, beschäftigt in der Montage im Akkord
> Grundlohn: 10,81 €, Akkordzuschlag: 20 %, Vorgabezeit pro Stück: zwei Minuten, Ist-Leistung 1.500 Stück pro Woche
>
> Vielen Dank für deine Unterstützung.
> Gruß
> Moni

Berechnen Sie den Bruttowochenlohn nach dem Stückzeitakkord unter Angabe des Akkordrichtsatzes und des Minutenfaktors.

1.7 Nettoentgelt berechnen

Lernsituation

Nachdem Tom Wildermuth in die Entgeltberechnung eingeführt wurde, soll er ab sofort Miriam Ball bei den Lohn- und Gehaltsabrechnungen der Mitarbeiter unterstützen.

An ...	tom.wildermuth@mo-modernoffice.com
Cc ...	
Bcc ...	
Betreff:	Unterstützung bei der Entgeltberechnung

Sehr geehrter Herr Wildermuth,

die Einarbeitung in das Thema Entgeltabrechnung hat sehr gut funktioniert. Zur Festigung Ihrer Kenntnisse bitte ich Sie, für die folgenden Mitarbeiter die Entgeltberechnung zu übernehmen. Ermitteln Sie nachvollziehbar, welcher Betrag den Mitarbeitern am Ende des Monats zu überweisen ist.

Alle relevanten Informationen können Sie aus den Personalstammdaten entnehmen. Zudem finden Sie im Anhang eine E-Mail von Herrn Albert. Ich habe Herrn Albert zur Klärung seiner Fragen bereits zu einem Informationsgespräch eingeladen. Bitte erstellen Sie für dieses Treffen eine Gesprächsvorlage. Ich möchte gerne, dass Sie dieses Gespräch führen. Natürlich werde ich zu Ihrer Unterstützung anwesend sein.
Lassen Sie mir Ihre Ergebnisse bis heute Nachmittag 15:00 Uhr zur Kontrolle zukommen.

Mit freundlichen Grüßen

Miriam Ball

E-Mail Anhang

An ...	miriam.ball@mo-modernoffice.com
Cc ...	
Bcc ...	
Betreff:	Fragen zur Gehaltsabrechnung

Sehr geehrte Frau Ball,

wie bereits telefonisch mit Ihnen besprochen, befürchte ich, dass Ihnen bei meiner Entgeltermittlung ein Fehler unterlaufen ist, da mein überwiesenes Nettogehalt zu niedrig ist. Bitte teilen Sie mir einen Termin mit, an dem wir meine Gehaltsabrechnung analysieren können.

Zudem möchte ich gerne in die private Krankversicherung wechseln, da ich seit zwei Monaten über der Versicherungspflichtgrenze liege.

Ich freue mich von Ihnen zu hören und bedanke mich im Voraus für Ihre Bemühungen.

Mit freundlichen Grüßen

Markus Albert

Auszug aus den Personalstammdaten

Name, Vorname (Alter)	Hammori, Ina (24 Jahre)	Stoffregen, Holger (22 Jahre)	Albert, Markus (43 Jahre)	Steinbach, Leandro (49 Jahre)
Bruttogehalt	2.510,00 €	3.010,00 €	5.000,00 €	6.530,00 €
Familienstand	ledig	ledig	geschieden	verheiratet
Anzahl der Kinder	1 Kind	–	–	2 Kinder
Lohnsteuer	250,00 €	410,00 €	600,00 €	1000,00 €
Religionszugehörigkeit	–	evangelisch	katholisch	–
AG-Anteil vL lt. Betriebsvereinbarung	10,00 €	10,00 €	10,00 €	10,00 €
AN-Anteil	30,00 €	30,00 €	30,00 €	30,00 €
Sonstiges	Hat zu Beginn des Monats einen Vorschuss in Höhe von 500,00 € erhalten.	Erhält für diesen Monat einen Überstundenzuschlag von 190,00 €.	Sachbezug in Form eines Firmenwagens. Monatliche Rate 450,00 €.	Sachbezug in Form eines Firmenwagens in Höhe von 500,00 € pro Monat. Reisekostenrückerstattung 300,00 €.

MO

- Formular zur Lohn- und Gehaltsabrechnung
- Formular Gesprächsvorlage
- Methodenblatt Rollenspiele

- *Legen Sie im Plenum die Handlungsergebnisse des Arbeitsauftrages fest. Was hat Tom Wildermuth zu tun?*
- *Besprechen Sie im Plenum, welche Informationen Tom Wildermuth benötigt, um die Arbeitsaufträge von Miriam Ball erfolgreich auszuführen. Wo findet er die benötigten Informationen?*
- *Formulieren Sie die Zielsetzung/-en dieser Handlungssituation.*
- *Ermitteln Sie in Einzelarbeit die Überweisungsbeträge für die jeweiligen Mitarbeiter und erstellen Sie eine Gesprächsvorlage für das bevorstehende Treffen mit Herrn Albert. Verwenden Sie als Informationsquelle das Lehrbuch.*
- *Entscheiden Sie im Plenum, wer die Ergebnisse der Nettoentgeltermittlung präsentiert. Kontrollieren Sie, ob der Arbeitsauftrag sach- und fachgerecht ausgeführt wurde.*
- *Wählen Sie zwei Mitschüler aus, die das Treffen mit Herrn Albert auf Grundlage ihrer Gesprächsvorlage in einem Rollenspiel darstellen. Beurteilen Sie, ob Herrn Alberts Fragen fachlich richtig und vollständig geklärt wurden.*
- *Reflektieren Sie im Plenum, weshalb einzelne Gespräche erfolgreicher waren als andere.*
- *Bewerten Sie, was Sie zukünftig besser machen müssen, damit Sie die formulierten Ziele erreichen. Notieren Sie hierzu zwei Entwicklungsaufgaben.*

Die Höhe des Bruttoeinkommens kann der Arbeitnehmer aus seinem Arbeitsvertrag entnehmen. Mit einem Blick auf sein Konto am Ende des Monats weiß er, wie viel Nettoentgelt er monatlich erhält.

Die Ermittlung des Nettoentgelts ist eine Aufgabe des Personalwesens.

Vereinfacht setzt sich die Gehaltsabrechnung des Arbeitnehmers folgendermaßen zusammen:

Bruttolohn/Bruttogehalt
+ vermögenswirksame Leistungen des Arbeitgebers
+ Zuschläge und Zulagen
+ Sachbezug (geldwerter Vorteil)
= gesamter Bruttolohn/Bruttogehalt
– Steuern (Lohnsteuer, Kirchensteuer, Solidaritätszuschlag)
– Sozialversicherungsbeiträge (Kranken-, Pflege-, Renten- und Arbeitslosenversicherung)
= Nettoentgelt
– vermögenswirksame Leistungen (Überweisungsbetrag)
– Sachbezug (geldwerter Vorteil)
– Vorschuss (nur bei entsprechender Gewährung)
– Lohn- und Gehaltspfändung
+ steuer- und beitragsfreie Reisekostenrückerstattung
= Überweisungsbetrag

Bruttolohn und Bruttogehalt

Grundsätzlich unterschiedet man zwischen Löhnen und Gehältern. Löhne werden z. B. gewerblichen Arbeitern gezahlt und sind abhängig von der geleisteten Arbeit. Somit kann die Lohnhöhe monatlich variieren. Gehälter erhalten z. B. kaufmännische Angestellte und sind i.d.R. von der Anzahl der Arbeitstage und der tatsächlich erbrachten Leistung unabhängig. Das Monatsgehalt ist somit fix.

Vermögenswirksame Leistungen

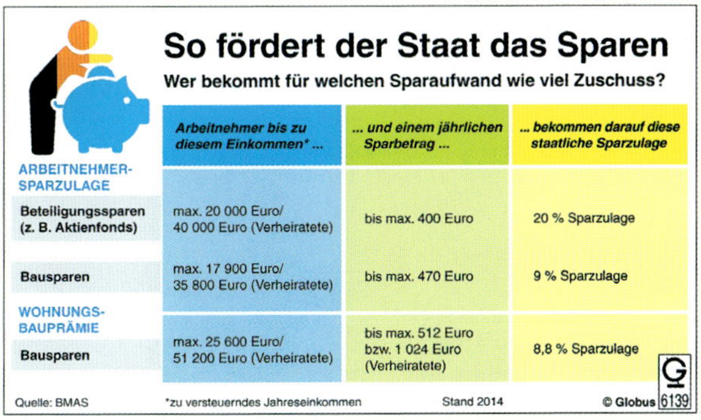

So fördert der Staat das Sparen

Wer bekommt für welchen Sparaufwand wie viel Zuschuss?

	Arbeitnehmer bis zu diesem Einkommen …*	*… und einem jährlichen Sparbetrag …*	*… bekommen darauf diese staatliche Sparzulage*
ARBEITNEHMER-SPARZULAGE			
Beteiligungssparen (z. B. Aktienfonds)	max. 20 000 Euro/ 40 000 Euro (Verheiratete)	bis max. 400 Euro	20 % Sparzulage
Bausparen	max. 17 900 Euro/ 35 800 Euro (Verheiratete)	bis max. 470 Euro	9 % Sparzulage
WOHNUNGS-BAUPRÄMIE			
Bausparen	max. 25 600 Euro/ 51 200 Euro (Verheiratete)	bis max. 512 Euro bzw. 1 024 Euro (Verheiratete)	8,8 % Sparzulage

Quelle: BMAS *zu versteuerndes Jahreseinkommen Stand 2014 © Globus 6139

Der Staat hilft auch beim Sparen. Hierzu gibt es mehrere Förderinstrumente wie das Schaubild zeigt. So kann der Mitarbeiter beispielsweise einen VL-Sparvertrag (VL = Vermögenswirksame Leistungen) abschließen. Dies teilt der Arbeitnehmer seinem Arbeitgeber mit, der dann einen Teil des Lohns bzw. Gehalts auf den Sparvertrag überweist. Oftmals gibt der Arbeitgeber hierzu auch einen Zuschuss. Es handelt sich dabei um Beträge von 6,45 bis 40 Euro pro Monat. Für die meisten Anlageformen gibt es eine staatliche Prämie. Der Arbeitgeberzuschuss und die Zulage vom Staat machen das Sparen für den Arbeitnehmer besonders attraktiv. Voraussetzung ist allerdings, dass der Arbeitnehmer bestimmte Einkommensgrenzen, wie das Schaubild zeigt, nicht überschreitet. Um die Arbeitnehmersparzulage zu erhalten, muss der Sparer einen entsprechenden Antrag mit seiner Steuererklärung beim Finanzamt und den Antrag auf Wohnungsbauprämie bei seiner Bausparkasse einreichen. Ausgezahlt werden die Prämien und Zulagen erst nach Ablauf der Sperrfrist (Spardauer) von sechs bzw. sieben Jahren.

Quelle: dpa infografik GmbH, Hamburg

Die vermögenswirksamen Leistungen sind steuer- und sozialabgabenpflichtig und müssen deshalb zum Bruttogehalt/-lohn dazugezählt werden.

Zuschläge und Zulagen

Zuschläge erhalten Arbeitnehmer, wenn sie an Sonntagen, Feiertagen oder in der Nacht arbeiten (SFN-Zuschläge). Diese Zuschläge sind bis zu einem Grundlohn von 50,00 € pro Stunde steuerfrei.

Unabhängig von der steuerlichen Bewertung müssen jedoch Sozialversicherungsbeiträge ab einem Grundlohn von 25,00 € pro Stunde auf diese Zuschläge entrichtet werden.

Die Tabelle enthält die steuer- und beitragsfreien Anteile der SFN-Zuschläge auf Grundlage des steuerlichen Maximalbetrages von 50,00 € (vgl. § 3b (2) EStG).

	maximal steuerfrei	maximal beitragsfrei
Grundzuschlag Nachtarbeit 25 % (20–0 Uhr und 4 Uhr–6 Uhr)	12,50 €	6,25 €
(erhöhter) Nachtzuschlag 40 % (0–4 Uhr)	20,00 €	10,00 €
Sonntag 50 %	25,00 €	12,50 €
Feiertag 125 %	62,50 €	31,25 €
Weihnachten/1. Mai 150 %	75,00 €	37,50 €

Beispiel • *Ein Arbeitnehmer erhält einen 20%igen Zuschlag für Nachtarbeit auf seinen Grundlohn von 30,00 €.*

Der Zuschlag in Höhe von 6,00 € (= 20 % von 30,00 €) übersteigt nicht das maximal beitragsfreie Volumen von 6,25 € (= 25 % von 25,00 €). Es übersteigt ebenfalls nicht das maximale steuerfreie Volumen von 12,50 € (25 % von 50,00 €). Der Zuschlag bleibt also in voller Höhe beitrags- und steuerfrei.

Zulagen sind Leistungen, die der Arbeitgeber zusätzlich zum vereinbarten Grundgehalt oder Grundlohn vergütet. Ein Beispiel für eine Zulage ist die Erschwerniszulage, die bei besonderem Schmutz, Hitze oder Gefahren vom Arbeitgeber gewährt werden kann.

Zulagen sind immer steuer- und sozialabgabenpflichtig.

Sachbezug (geldwerter Vorteil)

Ein Sachbezug, auch geldwerter Vorteil genannt, ist eine Einnahme des Arbeitnehmers, die vom Arbeitgeber getragen wird und nicht aus Geld besteht. Hierzu gehört das verbilligte Kantinenessen sowie der privat nutzbare Firmenwagen.

Sachbezüge sind steuer- und sozialabgabenpflichtig.

Steuern

Dem Arbeitgeber werden vom gesamten Bruttolohn/Bruttogehalt folgende drei Steuern abgezogen:

- Lohnsteuer
- Kirchensteuer
- Solidaritätszuschlag

Lohnsteuer

Die Lohnsteuer ist keine eigenständige Steuer, sondern eine Erhebungsform der Einkommensteuer. Sie wird auf Einkünfte aus nicht selbstständiger Arbeit erhoben. Ihre Höhe ist neben dem Bruttoeinkommen abhängig vom Familienstand, der Anzahl der Kinder und kann durch bestimmten Lohnsteuerfreibeträgen (z. B. Werbungskosten etc.) gemindert werden.

Insgesamt gibt es **sechs Lohnsteuerklassen**. Die Einteilung in eine Steuerklasse und die damit verbundene Steuerbelastung ist abhängig von den persönlichen Lebensverhältnissen des Beschäftigten.

Lohnsteuerklasse	gilt für:
I	alleinstehende Arbeitnehmer (ledig, verwitwet, geschieden oder dauernd getrennt lebend) Arbeitnehmer, die in einer eingetragenen Lebenspartnerschaft leben verheiratete Arbeitnehmer mit im Ausland lebendem Ehepartner
II	alleinerziehende Arbeitnehmer mit mindestens einem Kind im Haushalt
III	verheiratete Arbeitnehmer, wenn der Ehepartner nicht berufstätig ist oder die Steuerklasse V gewählt hat
IV	verheiratete Arbeitnehmer, wenn beide berufstätig sind und nicht Steuerklasse III oder V gewählt haben
V	verheiratete berufstätige Arbeitnehmer, wenn der andere Ehepartner die Steuerklasse III gewählt hat
VI	– Arbeitnehmer, die mehrere Beschäftigungsverhältnisse haben. Für die zweite und jede weitere Beschäftigung erhalten sie die Steuerklasse VI. – Arbeitnehmer, die ihrem Arbeitgebern die elektronischen Lohnsteuerabzugsmerkmale noch nicht vorgelegt haben

Die Ermittlung der Lohnsteuerabzüge sowie die Höhe der zu leistenden Kirchensteuer und des Solidaritätszuschlags erfolgt heutzutage in Unternehmen häufig auf elektronischem Weg mithilfe von speziellen Softwareprogrammen. Die Beträge können jedoch auch aus der Lohnsteuertabelle abgelesen werden.

Abzüge an Lohnsteuer, Solidaritätszuschlag (SolZ) und Kirchensteuer (8%, 9%) in den Steuerklassen

Lohn/ Gehalt bis €*	I – VI			ohne Kinderfreibeträge			I, II, III, IV		mit Zahl der Kinderfreibeträge . . .																	
									0,5			1			1,5			2			2,5			3**		
		LSt	SolZ	8%	9%		LSt		SolZ	8%	9%	SolZ	8%	9%	SolZ	8%	9%	SolZ	8%	9%	SolZ	8%	9%	SolZ	8%	9%
3 476,99	I,IV	586,91	32,28	46,95	52,82	I	586,91		27,–	39,28	44,19	22,–	32,–	36,–	17,24	25,08	28,21	12,74	18,54	20,85	8,50	12,36	13,91	0,23	6,57	7,39
	II	550,58	30,28	44,04	49,55	II	550,58		25,10	36,52	41,08	20,19	29,37	33,04	15,53	22,59	25,41	11,13	16,19	18,21	6,98	10,16	11,43	–	4,58	5,15
	III	319,50	17,57	25,56	28,75	III	319,50		13,50	19,64	22,09	2,40	13,92	15,66	–	8,58	9,65	–	4,05	4,55	–	0,30	0,34	–	–	–
	V	943,08	51,86	75,44	84,87	IV	586,91		29,61	43,07	48,45	27,–	39,28	44,19	24,47	35,59	40,04	22,–	32,–	36,–	19,58	28,49	32,05	17,24	25,08	28,21
	VI	979,33	53,86	78,34	88,13																					
3 479,99	I,IV	587,83	32,33	47,02	52,90	I	587,83		27,05	39,35	44,27	22,04	32,06	36,06	17,28	25,14	28,28	12,78	18,59	20,91	8,53	12,42	13,97	0,36	6,62	7,45
	II	551,50	30,33	44,12	49,63	II	551,50		25,15	36,58	41,15	20,23	29,43	33,11	15,57	22,65	25,48	11,16	16,24	18,27	7,02	10,21	11,48	–	4,63	5,21
	III	320,16	17,60	25,61	28,81	III	320,16		13,53	19,69	22,15	2,53	13,97	15,71	–	8,64	9,72	–	4,09	4,60	–	0,33	0,37	–	–	–
	V	944,16	51,92	75,53	84,97	IV	587,83		29,65	43,14	48,53	27,05	39,35	44,27	24,51	35,66	40,11	22,04	32,06	36,06	19,63	28,55	32,12	17,28	25,14	28,28
	VI	980,41	53,92	78,43	88,23																					
3 482,99	I,IV	588,66	32,37	47,09	52,97	I	588,66		27,10	39,42	44,34	22,08	32,12	36,13	17,32	25,20	28,35	12,81	18,64	20,97	8,57	12,47	14,03	0,48	6,67	7,50
	II	552,33	30,37	44,18	49,70	II	552,33		25,19	36,65	41,23	20,27	29,49	33,17	15,61	22,71	25,55	11,20	16,30	18,33	7,05	10,26	11,54	–	4,67	5,25
	III	320,83	17,64	25,66	28,87	III	320,83		13,57	19,74	22,21	2,66	14,02	15,77	–	8,68	9,76	–	4,12	4,63	–	0,36	0,40	–	–	–
	V	945,25	51,98	75,62	85,07	IV	588,66		29,70	43,21	48,61	27,10	39,42	44,34	24,56	35,72	40,19	22,08	32,12	36,13	19,67	28,61	32,18	17,32	25,20	28,35
	VI	981,50	53,98	78,52	88,33																					
3 485,99	I,IV	589,50	32,42	47,16	53,05	I	589,50		27,14	39,48	44,42	22,12	32,18	36,20	17,36	25,26	28,41	12,86	18,70	21,04	8,61	12,52	14,09	0,60	6,72	7,56
	II	553,16	30,42	44,25	49,78	II	553,16		25,24	36,71	41,30	20,31	29,55	33,24	15,65	22,76	25,61	11,24	16,35	18,39	7,09	10,31	11,60	–	4,72	5,31
	III	321,50	17,68	25,72	28,93	III	321,50		13,61	19,80	22,27	2,76	14,06	15,82	–	8,72	9,81	–	4,16	4,68	–	0,38	0,43	–	–	–
	V	946,33	52,04	75,70	85,16	IV	589,50		29,75	43,27	48,68	27,14	39,48	44,42	24,60	35,78	40,25	22,12	32,18	36,20	19,71	28,67	32,25	17,36	25,26	28,41
	VI	982,58	54,04	78,60	88,43																					
3 488,99	I,IV	590,41	32,47	47,23	53,13	I	590,41		27,19	39,55	44,49	22,16	32,24	36,27	17,40	25,31	28,47	12,89	18,76	21,10	8,64	12,58	14,15	0,73	6,77	7,61
	II	554,–	30,47	44,32	49,86	II	554,–		25,28	36,78	41,37	20,35	29,61	33,31	15,69	22,82	25,67	11,27	16,40	18,45	7,12	10,36	11,66	–	4,76	5,36
	III	322,16	17,71	25,77	28,99	III	322,16		13,64	19,85	22,33	2,90	14,12	15,88	–	8,77	9,86	–	4,20	4,72	–	0,42	0,47	–	–	–
	V	947,41	52,10	75,79	85,26	IV	590,41		29,80	43,34	48,76	27,19	39,55	44,49	24,64	35,85	40,33	22,16	32,24	36,27	19,75	28,73	32,32	17,40	25,31	28,47
	VI	983,66	54,10	78,69	88,52																					
3 491,99	I,IV	591,25	32,51	47,30	53,21	I	591,25		27,23	39,62	44,57	22,21	32,30	36,34	17,44	25,37	28,54	12,93	18,82	21,17	8,68	12,63	14,21	0,85	6,82	7,67
	II	554,83	30,51	44,38	49,93	II	554,83		25,33	36,84	41,45	20,40	29,68	33,39	15,73	22,88	25,74	11,32	16,46	18,52	7,16	10,42	11,72	–	4,80	5,40
	III	322,83	17,75	25,82	29,05	III	322,83		13,68	19,90	22,39	3,03	14,17	15,94	–	8,81	9,91	–	4,22	4,75	–	0,45	0,50	–	–	–
	V	948,50	52,16	75,88	85,36	IV	591,25		29,84	43,41	48,83	27,23	39,62	44,57	24,69	35,92	40,41	22,21	32,30	36,34	19,79	28,79	32,39	17,44	25,37	28,54
	VI	984,75	54,16	78,78	88,62																					
3 494,99	I,IV	592,08	32,56	47,36	53,28	I	592,08		27,28	39,68	44,64	22,25	32,37	36,41	17,48	25,43	28,61	12,97	18,87	21,23	8,72	12,68	14,27	0,98	6,87	7,73
	II	555,75	30,56	44,46	50,01	II	555,75		25,37	36,91	41,52	20,44	29,74	33,45	15,77	22,94	25,80	11,35	16,52	18,58	7,20	10,47	11,78	–	4,85	5,45
	III	323,50	17,79	25,88	29,11	III	323,50		13,72	19,96	22,45	3,16	14,22	16,–	–	8,85	9,95	–	4,26	4,79	–	0,48	0,54	–	–	–
	V	949,58	52,22	75,96	85,46	IV	592,08		29,89	43,48	48,91	27,28	39,68	44,64	24,73	35,98	40,47	22,25	32,37	36,41	19,84	28,86	32,46	17,48	25,43	28,61
	VI	985,83	54,22	78,86	88,72																					
3 497,99	I,IV	593,–	32,61	47,44	53,37	I	593,–		27,32	39,74	44,71	22,29	32,43	36,48	17,52	25,49	28,67	13,01	18,92	21,29	8,75	12,74	14,33	1,10	6,92	7,78
	II	556,50	30,60	44,52	50,08	II	556,50		25,41	36,97	41,59	20,48	29,80	33,52	15,81	23,–	25,87	11,39	16,57	18,64	7,23	10,52	11,83	–	4,90	5,51
	III	324,16	17,82	25,93	29,17	III	324,16		13,75	20,–	22,50	3,26	14,26	16,04	–	8,89	10,–	–	4,30	4,84	–	0,50	0,56	–	–	–
	V	950,58	52,28	76,04	85,55	IV	593,–		29,93	43,54	48,98	27,32	39,74	44,71	24,78	36,04	40,55	22,29	32,43	36,48	19,88	28,92	32,53	17,52	25,49	28,67
	VI	986,83	54,27	78,94	88,81																					
3 500,99	I,IV	593,83	32,66	47,50	53,44	I	593,83		27,37	39,81	44,78	22,34	32,50	36,56	17,56	25,55	28,74	13,05	18,98	21,35	8,79	12,79	14,39	1,23	6,97	7,84
	II	557,41	30,65	44,59	50,16	II	557,41		25,46	37,04	41,67	20,52	29,86	33,59	15,85	23,06	25,94	11,43	16,62	18,70	7,26	10,57	11,89	–	4,94	5,56
	III	324,83	17,86	25,98	29,23	III	324,83		13,78	20,05	22,55	3,40	14,32	16,11	–	8,94	10,06	–	4,34	4,88	–	0,54	0,61	–	–	–
	V	951,66	52,34	76,13	85,64	IV	593,83		29,98	43,61	49,06	27,37	39,81	44,78	24,82	36,10	40,61	22,34	32,50	36,56	19,92	28,98	32,60	17,56	25,55	28,74
	VI	988,–	54,34	79,04	88,92																					

Quelle: Stollfuß Tabellen, Gesamtabzug 2015, Monat, Allgemeine Tabelle, 99. Auflage, Stollfuß Medien, Bonn 2014, S. T 61

Kinderfreibetrag
Eltern werden vom Staat finanziell unterstützt. Damit möchte der Staat erreichen, dass Eltern genug Geld für die Grundversorgung ihres Kindes übrig haben. Kindergeld sowie der Kinderfreibetrag sind steuerbegünstigt.

> Der Unterschied zwischen diesen staatlichen Unterstützungen liegt darin, dass das Kindergeld monatlich ausgezahlt wird und beim Kinderfreibetrag das Finanzamt die steuerfreien 7.008 Euro rückwirkend von dem zu versteuernden Jahreseinkommen abzieht.
>
> Eltern dürfen jedoch nur eine Form der Steuererleichterung bekommen, Kindergeld oder Kinderfreibetrag. Allerdings sollten Eltern auf jeden Fall Kindergeld beantragen. Denn erstens bekommen sie das Kindergeld jeden Monat auf ihr Konto überwiesen und zweitens geht das Finanzamt bei allen Eltern davon aus, dass sie Kindergeld beantragt und erhalten haben. Nachdem der Arbeitnehmer seine Steuererklärung ans Finanzamt abgegeben hat, rechnet das Finanzamt den Betrag des Kindergeldes mit ein und prüft, was für den Arbeitnehmer günstiger ist und womit der Staat ihn und seine Familie mehr unterstützt (Günstigerprüfung).

Quelle: Lohnsteuerhilfeverein – Vereinigte Lohnsteuerhilfe e. V.: Wie funktioniert das mit dem Kinderfreibetrag?, Zugriff am 07.10.2014 unter: www.vlh.de/wissen-service/steuer-abc/wie-funktioniert-das-mit-dem-kinderfreibetrag.html

Der Arbeitnehmer kann für jedes Kind einen Kinderfreibetrag eintragen lassen, dieser wirkt sich steuermindernd auf die Kirchensteuer und den Solidaritätszuschlag aus. Sind beide Elternteile berufstätig, kann sich jeder 0,5 Kinderfreibetrag pro Kind eintragen lassen.

Kirchensteuer
Die Höhe der vom Kirchenmitglied zu entrichtenden Kirchensteuer bemisst sich nach der Lohn- bzw. Einkommensteuer. Sie beträgt in Baden-Württemberg und Bayern 8 % und in allen anderen Bundesländern 9 %.

Solidaritätszuschlag
Der Solidaritätszuschlag wird als Ergänzungsabgabe erhoben und beträgt 5,5 % der zu zahlenden Lohn- bzw. Einkommensteuer. „Er ist eine allgemein unbefristete Steuer des Bundes. Alle steuerpflichtigen Bürgerinnen und Bürger müssen ihn zahlen - unabhängig von ihrem Wohnort. Die Einnahmen aus dem Solidaritätszuschlag – im Jahr 2014 waren dies rund 14 Milliarden Euro - fließen ausschließlich dem Bund zu. Der ‚Soli' wird unbefristet erhoben. So hat es das Bundesverfassungsgericht entschieden. Die Erhebung oder Änderung des Soli bedarf daher nicht der Zustimmung des Bundesrates. Die Einnahmen aus dem Solidaritätszuschlag sind entgegen der weit verbreiteten Annahme nicht zweckgebunden, sondern werden für sämtliche staatlichen Aufgaben - etwa für den Ausbau der Infrastruktur - verwendet. Hierzu gehört natürlich auch der weitere Ausbau der Infrastruktur in Ostdeutschland.“[1]

Die einbehaltenen Steuern werden spätestens am zehnten Tag nach Ablauf jedes Kalendermonats vom Arbeitgeber an das Finanzamt auf elektronischem Weg abgeführt.

---

[1] *Die Bundesregierung: Ost und West zahlen den "Soli", veröffentlicht am 27.11.2014 unter: www.bundesregierung.de/Content/DE/Artikel/2014/11/2014-11-27-solidaritaetszuschlag.htm*

Sozialversicherungen

Dem Arbeitnehmer werden Beiträge zur Kranken-, Pflege-, Renten- und Arbeitslosenversicherung von seinem sozialversicherungspflichtigen Bruttogehalt/-lohn abgezogen. Diese Versicherungsbeiträge werden vom Arbeitgeber und Arbeitnehmer getragen.

Krankenversicherung

Die Krankenversicherung ist in Deutschland eine Pflichtversicherung. Der Beitragssatz beträgt im Jahr 2015 14,6 %. Davon haben der Arbeitgeber und der Arbeitnehmer jeweils 7,3 % zu tragen.

Zu den Leistungen der Krankenversicherung gehören

- Sachleistungen (z. B. Medikamente),
- Dienstleistungen (z. B. ärztliche und zahnärztliche Behandlungen) und
- Geldleistungen (Krankengeld und Mutterschaftsgeld).

Krankengeld

Bei krankheitsbedingter Arbeitsunfähigkeit des Arbeitnehmers zahlt die Krankenkasse dem Arbeitnehmer ab der siebten Woche Krankengeld. Es beträgt 70 % des Bruttoverdienstes, aber nicht mehr als 90 % des Nettoverdienstes (§ 47 SGB V).

Mutterschaftsgeld

Für werdende Mütter besteht eine Mutterschutzfrist. Innerhalb dieser Frist (sechs Wochen vor und acht Wochen, bei Früh- und Mehrlingsgeburten bis zum Ablauf von zwölf Wochen, nach der Entbindung) dürfen sie nicht beschäftigt werden.

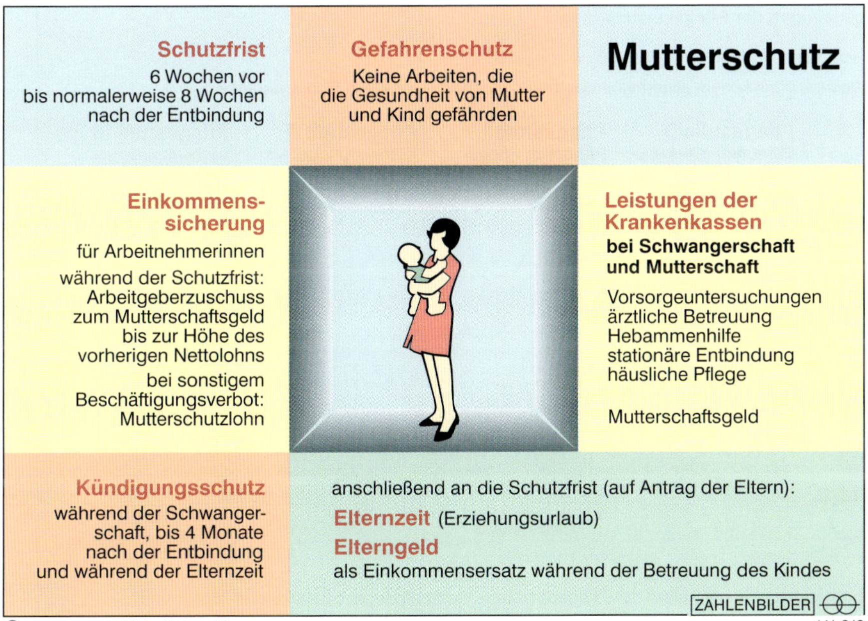

Während dieser Zeit haben sie Anspruch auf Mutterschaftsgeld. Die Höhe des Mutterschaftsgeldes ist abhängig von dem durchschnittlichen Nettoeinkommen der letzten drei abgerechneten Kalendermonate. Bei gesetzlich Versicherten zahlt die Krankenkasse

13,00 € pro Kalendertag und der Arbeitgeber leistet den restlichen Betrag bis zur Höhe des Nettogehalts/-lohns. Privat Versicherte erhalten kein Mutterschaftsgeld von ihrer Krankenkasse. Sie erhalten in der Mutterschutzfrist ihr Nettogehalt minus 13,00 € pro Arbeitstag von ihrem Arbeitgeber.

Private Krankenversicherung

Die Möglichkeit in eine private Krankenversicherung zu wechseln ist abhängig vom **Jahresbruttoeinkommen** des Arbeitnehmers. Maßgeblich ist hierbei die **Versicherungspflichtgrenze.** Die Versicherungspflichtgrenze liegt im Jahr 2015 bei 54.900,00 € jährlich. Wer **ein Jahr über der Versicherungsgrenze** verdient hat, kann sich, wenn er es wünscht, bei einer privaten Krankenversicherung versichern.

Die **Beitragsbemessungsgrenze** bei der Kranken- und Pflegeversicherung liegt im Jahr 2015 bundeseinheitlich bei 49.500,00 € jährlich bzw. 4.125,00 € monatlich.

„Die Beitragsbemessungsgrenze gibt das Maximum an, bis zu dem die Sozialversicherungsbeiträge erhoben werden. Der über diesen Grenzbetrag hinausgehende Teil eines Einkommens ist beitragsfrei.“[1]

Pflegeversicherung

Die Pflegeversicherung bietet eine Absicherung im Falle der Pflegebedürftigkeit an (siehe Schaubild). Der **Beitragssatz** liegt im Jahr 2015 bei 2,35 %. Davon haben Arbeitgeber und Arbeitnehmer jeweils 1,175 % zu tragen. Kinderlose Arbeitnehmer, die das 23. Lebensjahr vollendet haben, zahlen einen Zuschlag von 0,25 %.

Die Pflegeversicherung

Monatliche Leistungen der Pflegeversicherung

■ für körperlich Hilfebedürftige
■ für Bedürftige mit erheblichem allgemeinen Betreuungsbedarf – vor allem Demenzkranke

	Pflegestufe 0 Personen mit erheblich eingeschränkter Alltagskompetenz	**Pflegestufe I** (erheblich Pflegebedürftige)	**Pflegestufe II** (Schwerpflegebedürftige)	**Pflegestufe III** (Schwerstpflegebedürftige)
Häusliche Pflege **Sachleistungen*** für ambulante Pflegedienste	231 Euro	468 Euro + 221 Euro	1 144 Euro + 154 Euro	1 612 Euro (Härtefälle 1 955 Euro)
Pflegegeld* für ehrenamtlich tätige Pflegepersonen, z. B. Angehörige	123 Euro	244 Euro + 72 Euro	458 Euro + 87 Euro	728 Euro
Vollstationäre Pflege in Heimen (pauschal)		1 064 Euro	1 330 Euro	1 612 Euro (Härtefälle 1 995 Euro)

Ergänzende Leistungen u. a. bei Ausfall der Pflegepersonen, Kurzzeitpflege, teilstationärer Tages- und Nachtpflege, zusätzlicher Betreuung von Demenzkranken, Pflege in ambulant betreuten Wohngruppen; Kombinationen von Sach- und Geldleistungen möglich

*jeweils Maximalbeträge Quelle: Bundesministerium für Gesundheit Stand 2015 © Globus 10032

[1] *Presse- und Informationsamt der Bundesregierung (Hrsg): SOZIALVERSICHERUNG, Neue Bemessungsgrenzen für 2015, Zugriff am 16.10.2014 unter: www.bundesregierung.de/Content/DE/Artikel/2014/10/2014-10-15-rechengroessen-sozialversicherung.htm*

In Sachsen gibt es eine Sonderregelung. Hier zahlt der Arbeitnehmer 1,675 % und der Arbeitgeber lediglich 0,675 % Der Beitragszuschlag für kinderlosen Arbeitnehmer beträgt ebenfalls 0,25 %.

Die **Beitragsbemessungsgrenze** liegt bei der Pflegeversicherung, ebenfalls wie bei der Krankenversicherung, bundeseinheitlich bei 49.500,00 € jährlich bzw. 4.125,00 € monatlich.

Rentenversicherung
Alle Personen, die in einem beruflichen, unselbstständigen Beschäftigungsverhältnis stehen oder sich in der Berufsausbildung befinden, sind in der Rentenversicherung versicherungspflichtig. Eine Ausnahmeregelung besteht für Beamte.

Der **Beitragssatz** liegt im Jahr 2015 bei 18,7 %. Davon haben Arbeitgeber und Arbeitnehmer jeweils 9,35 % zu tragen.

Die **Beitragsbemessungsgrenze** für die Rentenversicherung liegt in den alten Bundesländern bei 72.600,00 € bzw. 6.050,00 € pro Monat und in den neuen Bundesländern bei 62.400,00 € bzw. 5.200,00 € pro Monat.

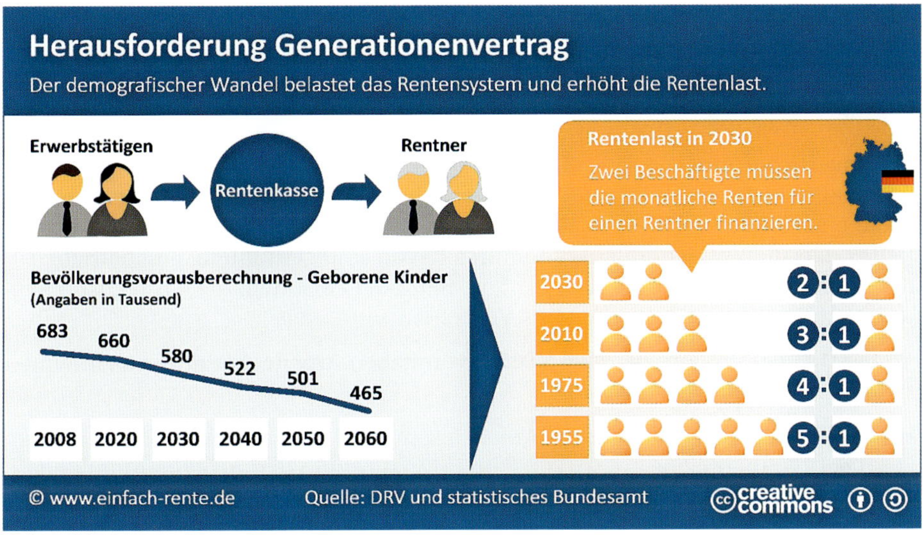

Das Schaubild zeigt, dass das System der sozialen Sicherung u.a. durch den demografischen Wandel vor großen Herausforderungen steht. Die Renten werden über das sogenannte **Umlageverfahren** finanziert. Das bedeutet, dass die eingezahlten Rentenversicherungsbeiträge der heutigen Arbeitnehmer nicht wie ein Sparvermögen verzinst werden, sondern sie den heutigen Rentnern ausgezahlt werden. Deshalb spricht man auch vom **Generationenvertrag**. Durch die sinkende Geburtenzahl und die steigende Lebenserwartung kommt das System jedoch ins Schwanken. Die **betriebliche und private Altersvorsorge** gewinnt somit zunehmend an Bedeutung.

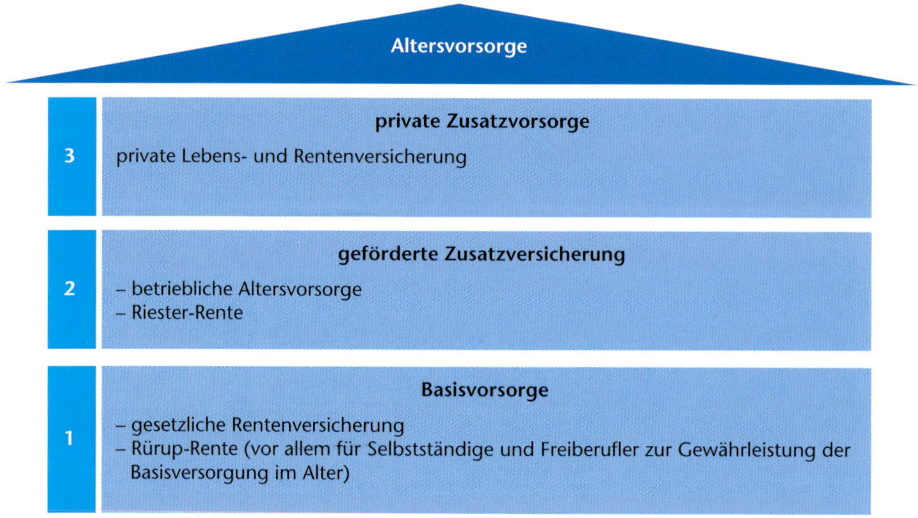

Die drei Schichten der Altersvorsorge in Deutschland

Arbeitslosenversicherung

Die Arbeitslosenversicherung ist eine Pflichtversicherung. In ihr sind alle Personen versichert, die einer bezahlten Beschäftigung nachgehen. Das betrifft Arbeiter ebenso wie Angestellte oder Auszubildende. Ausgenommen davon sind geringfügig Beschäftigte. Für besondere Personengruppen, z. B. Beamte, Soldaten oder Personen, die das reguläre Rentenalter erreicht haben, besteht ebenfalls Versicherungsfreiheit.

Der Beitragssatz liegt im Jahr 2015 bei 3 %. Davon haben Arbeitgeber und Arbeitnehmer jeweils 1,5 % zu leisten.

Die **Beitragsbemessungsgrenze** für die Arbeitslosenversicherung liegt in den alten Bundesländern bei 72.600,00 € bzw. 6.050,00 € pro Monat und in den neuen Bundesländern bei 62.400,00 € bzw. 5.200,00 € pro Monat.

Zu den Leistungen der Arbeitslosenversicherung gehören beispielsweise

- Arbeitslosengeld I und Arbeitslosengeld II,
- Kurzarbeitergeld,
- Maßnahmen zur Verbesserung der Eingliederungsaussichten,
- Umschulungen und
- Bewerbertraining.

Sämtliche Sozialversicherungsbeiträge müssen am drittletzten Bankarbeitstag eines jeden Monats an die Krankenkasse abgeführt werden.

elle
ion
iltlich

Auf den Punkt gebracht

Nettoentgelt ermitteln (Stand 2015)

Bruttolohn/-gehalt

+ Vermögenswirksame Leistungen des Arbeitgebers
+ Zuschläge (nur teilweise steuer- und sozialabgabenpflichtig)
+ Zulagen (steuer- und sozialabgabenpflichtig)
+ Sachbezüge (z. B. privat nutzbares Firmenfahrzeug) (steuer- und sozialabgabenpflichtig)

= gesamter Bruttolohn

– Lohnsteuer (abhängig von Familienstand, Zahl der Kinder und Freibeträge)

Kinderfreibetrag mindert auch die zu zahlenden Beiträge zur Kirchensteuer und zum Solidaritätszuschlag.

– Kirchensteuer (Baden-Württemberg, Bayern 8 % von Lohnsteuer, restliche Bundesländer 9 %)

– Solidaritätszuschlag (5,5 % von Lohnsteuer)

Überweisung spätestens am zehnten Tag nach Ablauf des Monats an Finanzamt

– Krankenversicherung* (7,3 % vom gesamten Bruttolohn, max. von Beitragsbemessungsgrenze 4.125,00 €)

– Pflegeversicherung (– 1,175 % vom gesamten Bruttolohn, max. von Beitragsbemessungsgrenze 4.125,00 €
kinderlose Arbeitnehmer über 23 Jahre zahlen 1,425 %
Ausnahme Sachsen: * 1,625 % vom gesamten Bruttolohn
* kinderlose Arbeitnehmer über 23 Jahre 1,875 %)

– Rentenversicherung (9,35 % vom gesamten Bruttolohn, max. von Beitragsbemessungsgrenze:
* alte Bundesländer: 6.050,00 € pro Monat
* neue Bundesländer: 5.200,00 € pro Monat)

– Arbeitslosenversicherung (– 1,5 % vom gesamten Bruttolohn, max. von Beitragsbemessungsgrenze:
* alte Bundesländer: 6.050,00 € pro Monat
* neue Bundesländer: 5.200,00 € pro Monat)

Überweisung am drittletzten Bankarbeitstag des Monats an die Krankenkasse

Nettoentgelt

* Krankenversicherung: Versicherungspflichtgrenze liegt bundesweit bei 54.900,00 € jährlich, bzw. 4.575,00 € monatlich. Arbeitnehmer, die ein Jahr über der Versicherungspflichtgrenze liegen, können in die private Krankenkasse wechseln.

Nutzen Sie Ihr Wissen

1. Die 17-jährige Paulina Scholz macht eine Ausbildung zur Kauffrau für Büromanagement bei der SEILS AG. Derzeit ist sie im Rahmen ihrer Wahlqualifikationen in der Abteilung „Human Resources“ eingesetzt. Die Auszubildenden treffen sich wöchentlich zur innerbetrieblichen Schulung. Paulina hat die Anweisung erhalten, eine Präsentation über die Probleme des deutschen Sozialversicherungssystems zu erstellen. In einer Fachzeitschrift hat sie gelesen, dass der Standort Deutschland langfristig nur wettbewerbsfähig bleiben kann, wenn das deutsche Sozialversicherungssystem reformiert wird. Diesen Zusammenhang versteht Paulina nicht.

   a) Erklären Sie den Zusammenhang zwischen den Problemen des deutschen Sozialversicherungssystems und der Wettbewerbsfähigkeit des Standorts Deutschland.
   b) Erläutern Sie mithilfe des Schaubildes „Herausforderung Generationenvertrag“ auf S. 541, was unter dem sogenannten Umlageverfahren zu verstehen ist und welche Probleme sich in Zukunft daraus ergeben.

   Bei Paulinas Vortrag merkt der Ausbilder Herr Röhlich an, dass eine Versorgungslücke im Alter nur durch private und betriebliche Vorsorge vermieden werden kann.

   c) Erklären Sie, was man unter dem Begriff „Versorgungslücke“ versteht, und erläutern Sie, wie der Staat versucht, private Vorsorge zu fördern.

Markus Rempfer, Auszubildender der SEILS AG, stellt bei der anschließenden Fragerunde folgende Frage: „Die gesetzliche Rentenversicherung hat enorme Schwierigkeiten. Ist es daher nicht sinnvoll, aus der gesetzlichen Rentenversicherung auszutreten und sich seine Altersvorsorge ausschließlich privat aufzubauen?"

d) Beantworten Sie, stellvertretend für Paulina, die Frage von Markus.

2. Erstellen Sie ein Kurzreferat über Ihren Betrieb zum Thema „betriebliche Altersvorsorge".

3. Nach ihrer Ausbildung zur Kauffrau für Büromanagement arbeitet Daniela Köck bei der WINTERBACH GmbH als Sachbearbeiterin in der Personalabteilung.

   a) Frau Neuhäuser aus der Abteilung „Verwaltung" verdient brutto 4.400,00 €. Sie ist verheiratet, gesetzlich krankenversichert und hat keine Kinder. Berechnen Sie, stellvertretend für Frau Köck, den Arbeitnehmer- und Arbeitgeberanteil zur Sozialversicherung.
   b) Frau Neuhäuser ist der Unterschied zwischen Beitragsbemessungsgrenze und Versicherungspflichtgrenze unklar. Erklären Sie, stellvertretend für Frau Köck, Frau Neuhäuser den Unterschied.
   c) Telefonisch teilt Frau Neuhäuser heute mit, dass sie in der 13. Woche schwanger ist. Der voraussichtliche Geburtstermin ist der 10.04.20.. .
      - Berechnen Sie, stellvertretend für Frau Köck, die Mutterschutzfrist.
      - Erklären Sie, ob sich die Mutterschutzfrist ändert, wenn Frau Neuhäuser Zwillinge erwarten.
      - Wenn ja, berechnen Sie die Mutterschutzfrist.

4. Geben Sie an, welche Steuerklasse den jeweiligen Mitarbeitern der KIEGER GmbH zuzuordnen ist.

   a) Nika Fischer (45 Jahre) ist verheiratet und hat keine Kinder. Aufgrund eines schweren Skiunfalls ist ihr Mann berufsunfähig.
   b) Melanie Klose (23 Jahre) ist geschieden und hat ein Kind mit ihrem Ex-Mann. Das Kind lebt bei ihr.
   c) Ferda Günana (30 Jahre) ist verheiratet mit Göksal Günana. Sie haben keine Kinder. Herr Günana arbeitet als Projektmanager in Dubai.
   d) Nicole Branca (32 Jahre) und Davide Branca (39 Jahre) sind verheiratet und haben keine Kinder. Beide erhalten ungefähr das gleiche Bruttogehalt.
   e) Jens Pfeiffer (35 Jahre) ist verheiratet mit Sandra Pfeiffer (32 Jahre). Das Ehepaar hat ein Kind. Herr Pfeiffer verdient wesentlich mehr als seine Ehefrau.

5. a) Analysieren Sie das Schaubild und erklären Sie, was man unter einem Minijob versteht.

   b) Erklären Sie, welches Problem entstehen kann, wenn der Verdienst unter 175, 00 € liegt.

Regeln für Minijobs

So viel Prozent des Verdienstes sind bei geringfügiger Beschäftigung als Steuern oder Sozialabgaben vom Arbeitnehmer und/oder Arbeitgeber abzuführen:

	Lohnsteuer (pauschal)[1, 2]	Krankenversicherung	Rentenversicherung
450-Euro-Minijob, gewerblich und in Privathaushalten Verdiensthöchstgrenze: durchschnittlich 450 Euro im Monat			
insgesamt	2 %	5 %	18,7 % (mind. jedoch 32,73 Euro)[3]
davon zahlt der … … Arbeitgeber	2 %	13 % (gewerbl.) bzw. 5 % (privat)	15 % (gewerbl.) bzw. 5 % (privat)
… Arbeitnehmer	–	–	3,7 % (gewerbl.) bzw. 13,7 % (privat) bei Verdienst unter 175 Euro: 32,73 € abzgl. Arbeitg.-Anteil
Kurzfristiger Minijob von Anfang an auf 3 Monate oder 70 Tage im Jahr begrenzt, Verdiensthöchstgrenze: keine			
insgesamt	25 %[4]	–	–
davon zahlt der … … Arbeitgeber	25 %[4]	–	–
… Arbeitnehmer	–	–	–

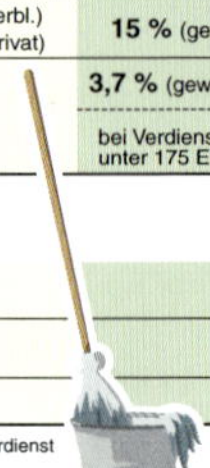

[1] bei 450-Euro-Minijob: Arbeitgeber-Pauschale kann durch Abzug vom Verdienst auf Arbeitnehmer umgewälzt werden
[2] alternativ kann auch die normale Besteuerung gewählt werden
[3] 18,7 % von 175 Euro (Mindestentgelt, das zur Berechnung herangezogen wird, auch wenn der tatsächliche Verdienst darunter liegt)
[4] zzgl. Solidaritätszuschlag und Kirchensteuer

Stand 2015
Angaben für den Regelfall

Quelle: Minijob-Zentrale © Globus 10057

1.8 Abmahnung formulieren

Lernsituation

Miriam Ball hat sich heute krank gemeldet und Greta Funk befindet sich den gesamten Vor- und Nachmittag in Terminen. Tom Wildermuth ist daher allein im Büro.

Das Telefon klingelt.

Tom Wildermuth: „ModernOffice KG, Tom Wildermuth, guten Morgen."

Hamid Tabibi: „Guten Morgen, Herr Wildermuth. Hier spricht Hamid Tabibi aus der Abteilung Lager. Könnte ich bitte mit Frau Ball oder Frau Funk sprechen?"

Tom Wildermuth: „Beide Damen sind momentan leider nicht im Büro. Kann ich Ihnen vielleicht weiterhelfen?"

Hamid Tabibi: „Nun, es geht um das Verhalten von zwei Mitarbeitern. Herr Klein erscheint seit einigen Wochen verspätetet zur Arbeit. Gestern und heute (15./16.02.20..) ist er ohne Angabe eines Grundes auch erst um 10:30 Uhr gekommen. Bereits nach seiner zweiten Verspätung habe ich ihn mündlich ermahnt. Ich habe allerdings das Gefühl, dass er mich überhaupt nicht ernst nimmt. Daher möchte ich Herrn Klein mit der heutigen Verspätung eine schriftliche Abmahnung zukommen lassen. Dieses Verhalten kann ich nicht länger dulden."

Tom Wildermuth: „Da verstehe ich Sie absolut."

Hamid Tabibi: „Dasselbe gilt für meinen Mitarbeiter Herrn Engelhardt. Seit Monaten ist er immer wieder für zwei bis drei Tage krankgeschrieben. Auffällig ist, dass es immer diejenigen Tage sind, an denen große Aufträge für unsere Abteilung anstehen. Auch ihm möchte ich eine schriftliche Abmahnung erteilen. Ich muss in diesen beiden Fällen einen klaren Standpunkt vertreten. Nur so kann ich gegenüber meinen anderen Mitarbeitern glaubwürdig auftreten."

Tom Wildermuth: „Herr Tabibi, ich verstehe Ihre Aufregung. Ich bin im Moment allerdings allein im Büro und bin mir nicht sicher, ob man aus den von Ihnen genannten Gründen eine Abmahnung erteilen kann. Frau Funk ist noch bis 17:00 Uhr in einem Termin. Ist es in Ordnung, wenn ich ihr von Ihren Fällen berichte und Frau Funk Sie zurückruft?"

Hamid Tabibi: „Ich würde dieses Problem gerne so schnell wie möglich klären. Wäre es möglich, dass Sie sich erkundigen, ob man aus den genannten Gründen eine Abmahnung erteilen kann? Wenn ja, dann könnten Sie die Schriftstücke gleich aufsetzten, sodass Frau Funk Ihre Arbeit nur noch kurz zur Kontrolle überfliegen muss. Es ist mir wirklich sehr wichtig, dass ich die Abmahnungen den beiden Mitarbeitern noch heute schriftlich zukommen lassen kann."

Tom Wildermuth: „In Ordnung, ich werde mich darüber informieren. Sollten die Abmahnungen möglich sein, werde ich sie gleich aufsetzen."

Hamid Tabibi: „Vielen Dank Herr Wildermuth. Ich erwarte dann heute noch den Rückruf von Ihnen oder von Frau Funk. Auf Wiederhören."

Tom Wildermuth: „Ich werde mich auf jeden Fall bei Ihnen telefonisch melden. Herr Tabibi. Auf Wiederhören."

Auszug aus den Personalakten:

Herr Otto Klein

Personalien:
Alter: 56 Jahre
Familienstand: geschieden
Kinder: zwei Töchter (30 und 25 Jahre)
Betriebszugehörigkeit: seit 01.01.19.. (20 Jahre)
Anschrift: Martin-Schleyer-Straße 12, 33602 Bielefeld

Besonderheiten:

Herr Peter Engelhardt

Personalien:
Alter: 45 Jahre
Familienstand: verheiratet
Kinder: ein Sohn (3 Jahre)
Betriebszugehörigkeit: seit 01.07.20.. (15 Jahre)
Anschrift: Haußmannstraße 14, 33602 Bielefeld

Besonderheiten:

MO

– Gesprächsvorlage
– Methodenblatt Rollenspiele

- *Fassen Sie das Handlungsergebnis der Lernsituation zusammen. Welche Aufgabe hat Herr Tabibi Tom Wildermuth übertragen?*
- *Besprechen Sie im Plenum, wie Sie an Tom Wildermuths Stelle vorgehen würden, um den Arbeitsauftrag zu lösen.*
- *Formulieren Sie im Plenum einen gemeinsamen Lösungsweg und die Zielsetzungen dieser Lernsituation.*
- *Recherchieren Sie, stellvertretend für Tom Wildermuth, ob in den vorliegenden Fällen einen Abmahnung ausgesprochen werden kann. Begründen Sie Ihr Ergebnis für das bevorstehende Telefongespräch mit Hamid Tabibi in einer Gesprächsvorlage.*
- *Sollte eine Abmahnung für einen oder beide Fälle möglich sein, so erstellen Sie das/die Abmahnungsschreiben.*
- *Wählen Sie zwei Mitschüler aus, die das Telefongespräch zwischen Tom Wildermuth und Hamid Tabibi in einem Rollenspiel darstellen. Beurteilen Sie, ob Hamid Tabibis Fragen fachlich richtig beantwortet wurden.*
- *Entscheiden Sie im Plenum, wer sein Abmahnungsschreiben präsentiert und kontrollieren Sie, ob das Schreiben rechtskonform und unterschriftsreif ist.*
- *Reflektieren Sie im Plenum, weshalb eine Abmahnung schriftlich erfolgen sollte.*
- *Bewerten Sie, was Sie zukünftig besser machen müssen, damit Sie die formulierten Ziele erreichen. Notieren Sie hierzu eine Entwicklungsaufgabe.*

Ein Verstoß des Arbeitnehmers gegen seine vertraglichen Pflichten kann zu einer Abmahnung durch den Arbeitgeber führen.

Es kann immer nur ein Verhalten abgemahnt werden, das vom Arbeitnehmer steuerbar ist.

Eine Abmahnung erfüllt folgende Funktionen:

- **Hinweisfunktion**: Die Abmahnung hat die Funktion den Arbeitnehmer auf sein vertragswidriges Verhalten hinzuweisen.
- **Warn- und Androhungsfunktion:** Die Abmahnung soll den Arbeitnehmer warnen und ihm verdeutlichen, dass er mit einer Kündigung zu rechnen hat, wenn er weiterhin seinen vertraglichen Verpflichtungen nicht nachkommt. Die Abmahnung sollte hierbei als positives Instrument zur Aufrechterhaltung des Arbeitsverhältnisses angesehen werden.
- **Dokumentationsfunktion:** Die Abmahnung hält das vertragswidrige Verhalten des Arbeitnehmers fest. Sie ist sowohl mündlich als auch schriftlich wirksam. Aufgrund der Beweispflicht im Falle eines Kündigungsschutzprozesses bei einer späteren Kündigung, ist es jedoch ratsam, eine Abmahnung schriftlich festzuhalten und in der Personalakte aufzubewahren.

Das Abmahnungsschreiben muss folgende Punkte beinhalten:

- Das Schreiben muss auf das konkrete vertragswidrige Verhalten hinweisen. Hierbei ist das vertragswidrige Verhalten unter Angabe des Datums und des Ortes möglichst genau zu beschreiben.
- Das gewünschte, vertragskonforme Verhalten muss dargestellt werden.
- Es muss die Aufforderung enthalten sein, sich künftig vertragsgemäß zu verhalten.
- Es muss darüber informiert werden, dass mit arbeitsrechtlichen Konsequenzen bis hin zur Kündigung beim Wiederholungfall zu rechnen ist.

Zu beachten ist, dass isolierte Vorfälle unbedingt stets einzeln abgemahnt werden. Von sogenannten Sammelabmahnungen ist abzuraten. Der Arbeitgeber riskiert sonst, dass bei formellen Fehlern lediglich eines der Vorfälle die gesamte Abmahnung unwirksam ist. In der Regel ist die Abmahnung eine notwendige Voraussetzung dafür, dass der Arbeitgeber dem Arbeitnehmer eine **ordentliche verhaltensbedingte Kündigung** (z. B. häufige Unpünktlichkeit, unentschuldigtes Fehlen, Verstoß gegen Alkohol- und Rauchverbot etc.) aussprechen kann. Auch **außerordentliche verhaltensbedingte Kündigungen** (z. B. Diebstahl, Betrug etc.) bedürfen nach aktueller Rechtsprechung der Arbeitsgerichte meistens einer vorherige Abmahnung.

Das Bundesarbeitsgericht betont in seiner aktuellen Rechtsprechung, „dass auch erhebliche Pflichtverstöße [,] wie z.B. eine kriminelle Handlung des Arbeitnehmers [,] kein ausreichender Grund für eine außerordentliche fristlose Kündigung sind, wenn der angerichtete Schaden gering ist (Bagatelldiebstahl, Bagatellbetrug), wenn das Arbeitsverhältnis zuvor lange Zeit ohne Beanstandungen durchgeführt wurde und wenn der Pflichtverstoß ein „einmaliger Ausrutscher“ war. In solchen Fällen muss der Arbeitgeber sogar einen Diebstahl oder einen Betrug abmahnen, d.h. kann aus diesem Grund nicht kündigen.“[1]

Ein gravierendes Fehlverhalten des Arbeitnehmers kann im Wiederholungsfall bereits nach einmaliger Abmahnung zur Kündigung führen. Es handelt sich um einen Mythos, dass eine Kündigung erst nach dreimaliger Abmahnung des Fehlverhaltens erfolgen kann.

---

[1] *Dr. Martin Hensche: Abmahnung, Zugriff am 18.01.2015 unter: www.hensche.de/Rechtsanwalt_Arbeitsrecht_Handbuch_Abmahnung.html#tocitem8*

Eine konkrete Frist bis zu der eine Abmahnung nach dem vertragswidrigen Verhalten des Arbeitnehmers erfolgen soll, gibt es nicht. Das Recht des Arbeitgebers, ein Fehlverhalten des Mitarbeiters abzumahnen, kann jedoch verwirken, wenn der Arbeitnehmer sich nach der Pflichtverletzung während eines längeren Zeitraums pflichtgemäß verhalten hat oder er aus den Umständen des Einzelfalls ableiten kann, dass der Arbeitgeber auf die Pflichtverletzung nicht mehr mit einer Abmahnung reagieren wird, z. B. wenn der Arbeitnehmer inzwischen befördert wurde.

Arbeitgeber sollten daher eine Abmahnung nach dem vertragswidrigen Verhalten zeitnah aussprechen.

Auf den Punkt gebracht

Abmahnung = Möglichkeit zur Rüge von Vertragsverstößen im Arbeitsverhältnis
mögliche Gründe: unentschuldigtes Fehlen, Verstoß gegen Alkohol- und Rauchverbot, kundenschädigendes Verhalten, private Internetnutzung etc.

Funktionen

Hinweisfunktion	Warn- und Androhungsfunktion	Dokumentationsfunktion
soll Arbeitnehmer auf vertragswidriges Verhalten hinweisen	soll Arbeitnehmer auf die Folgen seines vertragswidrigen Verhaltens hinweisen, d. h. keine Verhaltensänderung kann zur Kündigung führen	– Abmahnung hält vertragswidriges Verhalten des Arbeitnehmers fest – Abmahnung sollte aufgrund der Beweispflicht im Falle eines Kündigungsschutzprozesses schriftlich erfolgen, ist jedoch auch mündlich möglich

! Abmahnung ist **notwendige Voraussetzung** für eine ordentliche verhaltensbedingte Kündigung
außerordentliche verhaltensbedingte Kündigung bedürfen oftmals auch einer vorherigen Abmahnung !

1.9 Kündigungen durchführen und Arbeitszeugnisse erstellen

Lernsituation

An ...	tom.wildermuth@mo-modernoffice.com
Cc ...	
Bcc ...	
Betreff:	Personalabbauplanung

Guten Tag, Herr Wildermuth,

die Personalbedarfsplanung hat aufgrund der Einführung der Just-in-time-Lieferung eine Personalüberdeckung in der Abteilung „Lager Bielefeld" von zwei Stellen ergeben. Inzwischen hat uns Herr Tabibi seine Bemerkungen zu den einzelnen Mitarbeitern zugesendet.

Bitte überprüfen Sie anhand des KSchG, ob eine Kündigung von zwei Mitarbeitern in der Abteilung möglich wäre. Bitte stellen Sie Ihre Ergebnisse zu jedem Mitarbeiter übersichtlich zusammen und geben Sie mir eine begründete Rückmeldung, welche Mitarbeiter Ihrer Meinung nach entlassen werden könnten.

Mit freundlichen Grüßen

Miriam Ball

Auszug aus den Personalakten:

Herr Otto Klein

Personalien:

Alter: 56 Jahre
Familienstand: geschieden
Kinder: zwei Töchter (30 und 25 Jahre)
Betriebszugehörigkeit: seit 01.01.19.. (20 Jahre)
Anschrift: Martin-Schleyer-Straße 12, 33602 Bielefeld

Besonderheiten: Abmahnung wegen häufiger Unpünktlichkeit

Herr Peter Engelhardt

Personalien:

Alter: 45 Jahre
Familienstand: verheiratet
Kinder: ein Sohn (3 Jahre)
Betriebszugehörigkeit: seit 01.07.20.. (15 Jahre)
Anschrift: Haußmannstraße 14, 33602 Bielefeld

Besonderheiten:

Herr Semih Acar

Personalien:

Alter: 35 Jahre
Familienstand: verheiratet
Kinder: ein Kind
Betriebszugehörigkeit: seit 01.08.20.. (zwei Jahre)
Anschrift: Marienplatz 5, 33602 Bielefeld

Besonderheiten: hat Elternzeit für zwei Monate beantragt und tritt sie in fünf Wochen an

Herr Leopold Teinacher

Personalien:

Alter: 48 Jahre
Familienstand: geschieden
Kinder: keine Kinder
Betriebszugehörigkeit: seit 01.07.20.. (vier Jahre)
Anschrift: Artur-Ladebeck-Straße 15, 33602 Bielefeld

Besonderheiten: Mitglied des Betriebsrats,
nächste Wahlen stehen im kommenden Jahr an (01.03.20..)

Herr Martin Steinbach

Personalien:

Alter: 50 Jahre
Familienstand: geschieden
Kinder: keine Kinder
Betriebszugehörigkeit: seit 01.08.20.. (15 Jahre)
Anschrift: Olgastraße 5, 33602 Bielefeld

Besonderheiten: vor zwölf Monaten Abmahnung erhalten wegen Bagatelldiebstahl

An ...	miriam.ball@mo-modernoffice.com
Cc ...	
Bcc ...	
Betreff:	Informationen über alle Mitarbeiter

Sehr geehrte Frau Ball,

wie von Ihnen gewünscht, erhalten Sie anbei Informationen zu meinen Mitarbeitern.

Herr Otto Klein ist gestern und heute Vormittag (02./03.03.20.., jeweils 11:00 Uhr) zum wiederholten Mal verspätet im Unternehmen erschienen. Ich bitte Sie, ihm nochmals eine Abmahnung aufgrund seines Fehlverhaltens zukommen zu lassen. Dieses Verhalten kann ich nicht länger dulden. Ich denke, die dritte Abmahnung wird auch bald fällig sein. Dann können wir uns von Herrn Klein trennen.

Herr Peter Engelhardts bisherigen Leistungsbeurteilungen waren gut. Jedoch musste ich im letzten halben Jahr immer wieder feststellen, dass seine Leistungsbereitschaft erheblich nachgelassen hat. Herr Engelhardt ist auffällig oft krank. Vor allem an Tagen, an denen große Arbeitsbelastungen in unserer Abteilung anstehen.

Herr Semih Acar ist seit zwei Jahren bei uns beschäftigt. Er arbeitet sehr produktiv und effizient. Mit seiner Leistung bin ich sehr zufrieden. Zudem hat er sich sehr gut ins Team integriert. Ich fände es sehr schade ihn zu verlieren. Allerdings denke ich, dass wir uns aufgrund seiner kurzen Betriebszugehörigkeit schnell von ihm trennen könnten.

Mit Herrn Leopold Teinacher bin ich voll zufrieden. Er hat wenig Fehlzeiten, ist sehr teamfähig und liefert sehr gute Arbeitsergebnisse. Aufgrund der bevorstehenden Umstellungsmaßnahme, vor allem in seinem Tätigkeitsbereich, sehe ich die Möglichkeit der Einsparung seiner Stelle.

Mit der Leistung von Herrn Martin Steinbach bin ich zufrieden. Er arbeitet sehr gewissenhaft und hat kaum Fehltage. Teamarbeit liegt ihm allerdings nicht.

Bei weiteren Fragen können Sie sich jederzeit bei mir melden.

Beste Grüße

Hamid Tabibi

- *Legen Sie im Plenum das Handlungsergebnis des Arbeitsauftrages fest. Was hat Tom Wildermuth zu tun?*
- *Besprechen Sie im Plenum, welche Informationen Tom Wildermuth benötigt, um die Arbeitsaufträge von Miriam Ball erfolgreich auszuführen. Wo findet er die benötigten Informationen?*
- *Formulieren Sie die Zielsetzung/-en dieser Handlungssituation.*
- *Entscheiden Sie in Einzelarbeit, welchen Mitarbeitern gekündigt werden soll und begründen Sie Ihre Entscheidung in der von Miriam Ball gewünschten Form.*

- *Wählen Sie einen Mitschüler aus, der sein Arbeitsergebnis präsentiert. Überprüfen Sie, ob der Arbeitsauftrag fachlich richtig ausgeführt wurde. Nehmen Sie, falls notwendig, entsprechende Korrekturen vor.*
- *Reflektieren Sie im Plenum, ob das Kündigungsschutzgesetz für alle Unternehmen bindend ist.*
- *Besprechen Sie im Plenum, welche Probleme es bei der Umsetzung des Arbeitsauftrages gab und analysieren Sie mögliche Gründe dafür.*

Ein Arbeitsverhältnis kann aus unterschiedlichen Gründen beendet werden. Dies zeigt das folgende Schaubild:

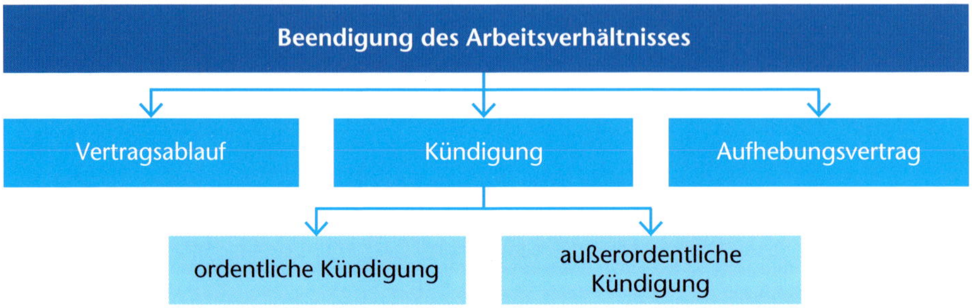

Eine **Kündigung** ist eine einseitige empfangsbedürftige Willenserklärung. Nach § 623 BGB muss eine Kündigung schriftlich erfolgen, wobei die elektronische Form ausgeschlossen ist.

Der Arbeitnehmer soll durch das **Kündigungsschutzgesetz (KSchG)** vor Nachteilen der Kündigung geschützt werden. Das Kündigungsschutzgesetz gilt allerdings nur unter folgenden Voraussetzungen für den Arbeitnehmer:

- Der Arbeitnehmer ist länger als sechs Monate in demselben Unternehmen ohne Unterbrechung beschäftigt, d. h. seine Wartezeit ist erfüllt, wenn er das Kündigungsschreiben erhält.
- Das Unternehmen des Arbeitnehmers beschäftigt mehr als zehn Arbeitnehmer (ohne die Auszubildenden).

Folgende Arten der Kündigung lassen sich unterscheiden:

- ordentliche Kündigung
- außerordentliche Kündigung

Ordentliche Kündigung

Bei der ordentlichen Kündigung wird das Arbeitsverhältnis nach der **Einhaltung einer Kündigungsfrist** aufgelöst.

§ 622 BGB regelt die **gesetzlichen Kündigungsfristen**:

(1) Das Arbeitsverhältnis eines Arbeiters oder eines Angestellten (Arbeitnehmers) kann mit einer Frist von vier Wochen zum Fünfzehnten oder zum Ende eines Kalendermonats gekündigt werden.

(2) Für eine Kündigung durch den Arbeitgeber beträgt die Kündigungsfrist, wenn das Arbeitsverhältnis in dem Betrieb oder Unternehmen

1. zwei Jahre bestanden hat, einen Monat zum Ende eines Kalendermonats,
2. fünf Jahre bestanden hat, zwei Monate zum Ende eines Kalendermonats,
3. acht Jahre bestanden hat, drei Monate zum Ende eines Kalendermonats,
4. zehn Jahre bestanden hat, vier Monate zum Ende eines Kalendermonats,
5. zwölf Jahre bestanden hat, fünf Monate zum Ende eines Kalendermonats,
6. 15 Jahre bestanden hat, sechs Monate zum Ende eines Kalendermonats,
7. 20 Jahre bestanden hat, sieben Monate zum Ende eines Kalendermonats.

Bei der Berechnung der Beschäftigungsdauer werden Zeiten, die vor der Vollendung des 25. Lebensjahrs des Arbeitnehmers liegen, nicht berücksichtigt.

(3) Während einer vereinbarten Probezeit, längstens für die Dauer von sechs Monaten, kann das Arbeitsverhältnis mit einer Frist von zwei Wochen gekündigt werden.

(4) Von den Absätzen 1 bis 3 abweichende Regelungen können durch Tarifvertrag vereinbart werden. Im Geltungsbereich eines solchen Tarifvertrags gelten die abweichenden tarifvertraglichen Bestimmungen zwischen nicht tarifgebundenen Arbeitgebern und Arbeitnehmern, wenn ihre Anwendung zwischen ihnen vereinbart ist.

(5) Einzelvertraglich kann eine kürzere als die in Absatz 1 genannte Kündigungsfrist nur vereinbart werden,

1. wenn ein Arbeitnehmer zur vorübergehenden Aushilfe eingestellt ist; dies gilt nicht, wenn das Arbeitsverhältnis über die Zeit von drei Monaten hinaus fortgesetzt wird;
2. wenn der Arbeitgeber in der Regel nicht mehr als 20 Arbeitnehmer ausschließlich der zu ihrer Berufsbildung Beschäftigten beschäftigt und die Kündigungsfrist vier Wochen nicht unterschreitet.

Bei der Feststellung der Zahl der beschäftigten Arbeitnehmer sind teilzeitbeschäftigte Arbeitnehmer mit einer regelmäßigen wöchentlichen Arbeitszeit von nicht mehr als 20 Stunden mit 0,5 und nicht mehr als 30 Stunden mit 0,75 zu berücksichtigen. Die einzelvertragliche Vereinbarung längerer als der in den Absätzen 1 bis 3 genannten Kündigungsfristen bleibt hiervon unberührt.

(6) Für die Kündigung des Arbeitsverhältnisses durch den Arbeitnehmer darf keine längere Frist vereinbart werden als für die Kündigung durch den Arbeitgeber.

Laut § 622 (2) BGB werden bei der Berechnung der Beschäftigungsdauer Zeiten, die vor der Vollendung des 25. Lebensjahr liegen, nicht berücksichtigt. Diese Regelung des § 622 (2) BGB verstößt nach der Rechtsprechung des Europäischen Gerichtshofs (EuGH) gegen das Allgemeine Gleichbehandlungsgesetz. Das bedeutet:

Bei der Berechnung von Kündigungsfristen müssen auch Beschäftigungszeiten vor dem 25. Lebensjahr berücksichtigt werden.

In **Tarifverträgen** dürfen die Tarifpartner eine abweichende Regelung bezüglich der Kündigungsfristen vereinbaren. Hierbei können die Kündigungsfristen nach § 622 (4) BGB verlängert, aber auch verkürzt werden.

Eine **einzelvertragliche Kündigungsfrist** ist zulässig, wenn die gesetzlichen Kündigungsfristen nicht verkürzt werden. Eine Verlängerung der gesetzlichen Kündigungsfristen ist demnach arbeitsvertraglich möglich. Jedoch darf nach § 622 (5) BGB die Kündigungsfrist für den Arbeitnehmer nicht länger sein als für den Arbeitgeber.

Kündigungen sind nach dem Kündigungsschutzgesetz nur sozial gerechtfertigt, d. h. zulässig, wenn sie personen-, verhaltens- oder betriebsbedingt sind.

Personenbedingte Kündigung
Bei der personenbedingten Kündigung liegt der Grund in der Person des Arbeitnehmers und kann von diesem nicht beeinflusst werden. Der Beschäftigte möchte, aber kann seiner Leistungspflicht nicht nachkommen. Beispiele für eine personenbedingte Kündigung sind:

- dauerhaft verminderte Leistungsfähigkeit
- fehlende Fähigkeiten und Eigenschaften
- lang anhaltende Krankheit

Damit eine personenbedingte Kündigung wirksam ist, sind folgende vier Voraussetzungen zu erfüllen:

1. Es muss feststehen, dass der Arbeitnehmer aufgrund seiner persönlichen Fähigkeiten und Eigenschaften künftig nicht in der Lage ist, seine arbeitsvertraglichen Pflichten zu erfüllen. Diese Voraussetzung nennen die Juristen kurz **„negative Prognose“.**
2. Es muss feststehen, dass es dadurch zu einer **erheblichen Beeinträchtigung der betrieblichen oder wirtschaftlichen Interessen des Arbeitgebers** kommt. Diese Voraussetzung nennt man Interessenbeeinträchtigung.
3. Es darf **keine Weiterbeschäftigungsmöglichkeit** des Arbeitnehmers auf einem anderen freien Arbeitsplatz **in dem Betrieb oder dem Unternehmen** geben, d. h., es darf keine andere Einsatzmöglichkeit geben, bei der sich die mangelnde Eignung des Arbeitnehmers nicht oder kaum bemerkbar machen würde.
4. Schließlich muss eine **Interessenabwägung** vorgenommen werden. Sie muss zugunsten des Arbeitgebers ausgehen, d. h. sie muss ergeben, dass ihm bei einer umfassenden Abwägung der beiderseitigen Interessen unter Berücksichtigung der Dauer und des bisherigen Verlaufs das Arbeitsverhältnisses die oben festgestellte Beeinträchtigung seiner Interessen (siehe Punkt 2.) nicht mehr weiter zugemutet werden kann.

Quelle: Hensche, Dr. Martin: Kündigung – Personenbedingte Kündigung, Zugriff am 18.01.2015 unter: www.hensche.de/Rechtsanwalt_Arbeitsrecht_Handbuch_Kuendigung_Personenbedingt.html

Verhaltensbedingte Kündigung
Bei der verhaltensbedingten Kündigung liegt der Grund im Verhalten des Arbeitnehmers. Mit seinem Verhalten verstößt der Arbeitnehmer gegen Pflichten des Arbeitsvertrages. Beispiele für eine verhaltensbedingte Kündigung sind:

- Arbeitsverweigerung
- ständiges Zuspätkommen
- unerlaubte Internetnutzung

- Vortäuschung der Arbeitsunfähigkeit
- Verletzung der Geheimhaltungspflicht
- Diebstahl

Vor einer verhaltensbedingten Kündigung ist grundsätzlich eine **Abmahnung** erforderlich.

Betriebsbedingte Kündigung
Bei der betriebsbedingten Kündigung liegen die Gründe in dringenden betrieblichen Erfordernissen, die einer Weiterbeschäftigung des Arbeitnehmers entgegenstehen. Beispiele für eine betriebsbedingte Kündigung:

- Absatzschwierigkeiten
- Umsatzrückgang
- Rationalisierungsmaßnahmen
- Umstellung oder Einstellung der Produktion

Die betriebsbedingte Kündigung ist nach dem Kündigungsschutzgesetz nur sozial gerechtfertigt, wenn der Arbeitgeber bei seiner Auswahl des Arbeitnehmers folgende soziale Kriterien nach § 1 (3) KSchG beachtet hat:

- Dauer der Beschäftigung
- Lebensalter
- Unterhaltspflichten
- Schwerbehinderung

Der Arbeitgeber ist verpflichtet dem Arbeitnehmer, wenn dieser es verlangt, die Gründe für die getroffene Sozialauswahl anzugeben.

Von der Sozialauswahl können Arbeitnehmer nach § 1 (3) KSchG ausgenommen werden, wenn ihre Weiterbeschäftigung im berechtigten betrieblichen Interesse liegt, z. B. aufgrund ihrer Kenntnisse, Fähigkeiten und Leistungen oder zur Sicherung einer ausgewogenen Personalstruktur des Betriebes.

Außerordentliche Kündigung

Bei der außerordentlichen Kündigung wird das Arbeitsverhältnis mit sofortiger Wirkung beendet. Nach § 626 (1) BGB ist eine außerordentliche Kündigung nur möglich, wenn ein wichtiger Grund vorliegt und die Einhaltung der Kündigungsfrist für einen der Beteiligten unzumutbar ist.

§ 626 Fristlose Kündigung aus wichtigem Grund

(1) Das Dienstverhältnis kann von jedem Vertragsteil aus wichtigem Grund ohne Einhaltung einer Kündigungsfrist gekündigt werden, wenn Tatsachen vorliegen, auf Grund derer dem Kündigenden unter Berücksichtigung aller Umstände des Einzelfalles und unter Abwägung der Interessen beider Vertragsteile die Fortsetzung des Dienstverhältnisses bis zum Ablauf der Kündigungsfrist oder bis zu der vereinbarten Beendigung des Dienstverhältnisses nicht zugemutet werden kann.

(2) Die Kündigung kann nur innerhalb von zwei Wochen erfolgen. Die Frist beginnt mit dem Zeitpunkt, in dem der Kündigungsberechtigte von den für die Kündigung maßgebenden Tatsachen Kenntnis erlangt. Der Kündigende muss dem anderen Teil auf Verlangen den Kündigungsgrund unverzüglich schriftlich mitteilen.

Die fristlose Kündigung ist nach § 626 (2) BGB nur wirksam, wenn sie innerhalb von zwei Wochen nach Kenntnisnahme des wichtigen Grundes erfolgt.

Wichtige **Gründe für eine außerordentliche Kündigung** können beispielsweise sein:

für den Arbeitgeber	für den Arbeitnehmer
– Beleidigungen – sexuelle Belästigung – erhebliche Tätlichkeiten – Annahme von Schmiergeldern – Androhung von Krankheit – beharrliche Arbeitsverweigerung – Diebstahl	– sexuelle Belästigung – Tätlichkeiten – Beleidigungen – wiederholt unpünktliche Zahlung des Arbeitsentgelts – Nichtabführung von Sozialabgaben

Außerordentliche verhaltensbedingte Kündigungen wegen Diebstahl oder Betrug bedürfen nach aktueller Rechtsprechung der Arbeitsgerichte einer vorherigen Abmahnung, wenn der Arbeitgeber dadurch einen sehr geringen Schaden davonträgt, das Arbeitsverhältnis bisher ohne Beanstandung durchgeführt wurde und es sich somit um einen „einmaligen Ausrutscher" handelt.

Arbeitnehmergruppen, die einem besonderen Kündigungsschutz unterstehen

Die nachfolgenden aufgeführten Personengruppen genießen einen besonderen Kündigungsschutz. Ihnen kann nur unter erschwerten Bedingungen gekündigt werden.

	Schutz vor ordentlicher Kündigung	Schutz vor außerordentlicher Kündigung
Auszubildende	Nach Ablauf der Probezeit (mindestens einen höchstens vier Monate) ist eine ordentliche Kündigung nicht mehr möglich nach § 22 (2) BBiG.	Nach Ablauf der Probezeit besteht bei einem wichtigen Grund kein Kündigungsschutz nach § 22 (2) BBiG. Die Kündigung muss innerhalb von zwei Wochen nach Bekanntwerden des Fehlverhaltens erfolgen.
Mitglieder des Betriebsrates, der Jugend- und Auszubildendenvertretung, Schwerbehindertenvertretung	Sie dürfen während der Amtszeit und innerhalb eines Jahres danach nicht ordentlich gekündigt werden nach § 78a BetrVG, § 15 KSchG, § 96 (3) SGB IX i.V.m. § 15 KSchG.	Für eine außerordentliche Kündigung ist nicht nur die Anhörung des Betriebsrates notwendig, sondern seine ausdrückliche Zustimmung erforderlich. Die Zustimmung des Betriebsrates kann durch eine gerichtliche Entscheidung ersetzt werden § 15 (2) KSchG.
Schwangere, Mütter und Väter	Nach § 9 Mutterschutzgesetz ist die Kündigung einer Schwangeren oder einer Mutter bis zum Ablauf von vier Monaten nach der Entbindung unzulässig. Dies ist dann der Fall, wenn der Arbeitgeber von der Schwangerschaft Kenntnis hatte oder innerhalb von zwei Wochen nach der Kündigung davon Kenntnis erlangt hat. Zudem besteht für Mütter und Väter während der Elternzeit und bis zu acht Wochen vor deren Beginn ein Kündigungsschutz nach § 18 Bundeselterngeld- und Elternzeitgesetz (BEEG). Eine außerordentliche Kündigung ist in dieser Zeit verboten.	

	Schutz vor ordentlicher Kündigung	Schutz vor außerordentlicher Kündigung
Schwerbehinderte (50 % Erwerbsminderung)	Für die ordentliche Kündigung von schwerbehinderten Arbeitnehmern bedarf es der Zustimmung des Integrationsamtes nach § 85 SGB IX. Erst mit der Zustimmung des Integrationsamtes kann die Kündigung für wirksam erklärt werden.	Für die außerordentliche Kündigung bedarf es ebenfalls der Zustimmung des Integrationsamtes nach § 91 SGB IX. Der Arbeitgeber kann die Zustimmung zur Kündigung nur innerhalb von zwei Wochen nach § 91 (2) SGB IX beantragen. Die Frist beginnt mit dem Zeitpunkt, an dem der Arbeitgeber von den für die Kündigung maßgebenden Tatsachen Kenntnis erlangt.

Beteiligungsrechte des Betriebsrates bei Kündigungen

Laut § 102 BetrVG muss der Betriebsrat vor jeder Kündigung angehört werden.

Eine ausgesprochene Kündigung ohne Anhörung des Betriebsrats ist unwirksam.

Der Betriebsrat hat die Möglichkeit gegen eine ordentliche Kündigung innerhalb einer Woche und gegen eine außerordentliche Kündigung innerhalb von drei Tragen schriftlich zu widersprechen. Der Arbeitgeber kann zwar trotz des Widerspruches die Kündigung aussprechen, der Arbeitnehmer hat jedoch bei einer **ordentlichen Kündigung** lt. § 102 (5) BetrVG das Recht, im Rahmen einer Kündigungsschutzklage, seine Weiterbeschäftigung zu verlangen und zwar zu unveränderten Arbeitsbedingungen bis zum rechtskräftigen Abschluss des Rechtsstreites.

Äußert sich der Betriebsrat innerhalb der Frist nicht, so gilt sein Schweigen als Zustimmung.

Klage des Arbeitnehmers gegenüber einer Kündigung

Jeder Arbeitnehmer hat das Recht gegen seine Kündigung gerichtliche Schritte einzuleiten. Dies muss er nach § 4 KSchG innerhalb von drei Wochen nach Zugang der schriftlichen Kündigung vor dem zuständigen Arbeitsgericht tun.

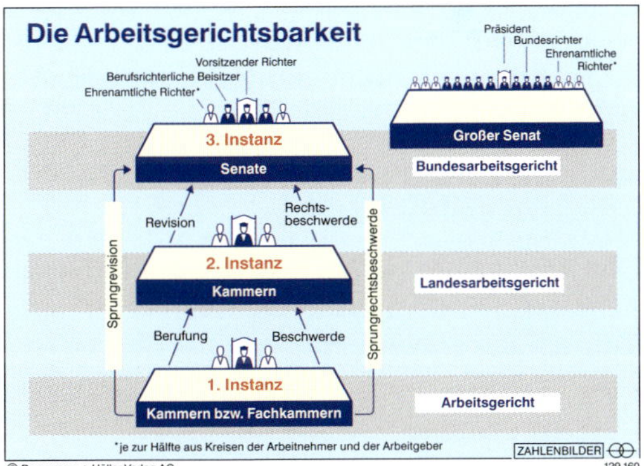

© Bergmoser + Höller Verlag AG 129 160

Die Arbeitsgerichte als **Fachgerichte für Arbeitssachen** sind zuständig in bürgerlich-rechtlichen Streitigkeiten zwischen Arbeitnehmer und Arbeitgeber sowie für die Streitigkeiten zwischen den Tarifvertragsparteien. Sie betreffen insbesondere die Bereiche des Tarifvertragsrechts, des Kündigungsrechts und des Mitbestimmungsrechts.

In erster Instanz besteht kein Anwaltszwang. Die Parteien können sich in allen Instanzen auch durch die Gewerkschaft oder aber Arbeitgeberverbände vertreten lassen. Das Verfahren vor dem Arbeitsgericht unterliegt einem besonderen Beschleunigungsgrundsatz. Das heißt, das Arbeitsgericht muss versuchen, die Sachen möglichst schnell zu verhandeln. Hierfür hat es die Möglichkeit, den Parteien kurze Fristen zu setzen und in einer dem Hauptverfahren vorgeschalteten Güteverhandlung den Streit schnell zu klären.

Quelle: Thüringer Justizministerium: Arbeitsgerichtsbarkeit, Zugriff am 18.01.2015 unter: www.thueringen.de/th4/justiz/behoerdenundeinrichtungen/gerichte/arbeitsgerichtsbarkeit

Arbeitspapiere und Abmeldungen

Folgende Arbeitspapiere muss der Arbeitgeber dem Arbeitnehmer bei Beendigung des Arbeitsverhältnisses aushändigen:

- einfaches oder, wenn vom Arbeitnehmer gefordert, qualifiziertes Arbeitszeugnis
- Urlaubsbescheinigung, aus welcher ersichtlich ist, wie viele Urlaubstage dem Arbeitnehmer im laufenden Kalenderjahr bereits gewährt wurden
- Arbeitsbescheinigung für die Bundesagentur für Arbeit, falls der Arbeitnehmer Arbeitslosengeld I beantragt
- überlassene Papiere bei Arbeitsantritt (z. B. Zeugnisse)
- Bescheinigung der übermittelten Werte (Lohnsteuerbescheinigung) an das Finanzamt
- ggf. Sozialversicherungsausweis
- ggf. Arbeitserlaubnis

Der Arbeitgeber sollte die Arbeitspapiere idealerweise am letzten Arbeitstag des Arbeitnehmers aushändigen.

Zudem muss der Arbeitgeber folgende Abmeldungen vornehmen und Daten übermitteln:

- Abmeldung des bisherigen Arbeitnehmers bei dessen Krankenkasse innerhalb von sechs Wochen nach Ausscheiden
- elektronische Abmeldung des bisherigen Arbeitnehmers bei der Bundeszentrale für Steuern
- Übermittlung der Lohnsteuerbescheinigung an das Finanzamt

Arbeitszeugnisse erstellen

Der Arbeitgeber ist nach § 109 Gewerbeordnung (GewO) bei Ausscheiden des Arbeitnehmers aus dem Unternehmen verpflichtet, ein einfaches Zeugnis zu erstellen. Auf Wunsch des Arbeitnehmers muss der Arbeitgeber ein qualifiziertes Zeugnis erstellen.

§ 109 Zeugnis

(1) Der Arbeitnehmer hat bei Beendigung eines Arbeitsverhältnisses Anspruch auf ein schriftliches Zeugnis. Das Zeugnis muss mindestens Angaben zu Art und Dauer der Tätigkeit (einfaches Zeugnis) enthalten. Der Arbeitnehmer kann verlangen, dass sich die Angaben darüber hinaus auf Leistung und Verhalten im Arbeitsverhältnis (qualifiziertes Zeugnis) erstrecken.

(2) Das Zeugnis muss klar und verständlich formuliert sein. Es darf keine Merkmale oder Formulierungen enthalten, die den Zweck haben, eine andere als aus der äußeren Form oder aus dem Wortlaut ersichtliche Aussage über den Arbeitnehmer zu treffen.

(3) Die Erteilung des Zeugnisses in elektronischer Form ist ausgeschlossen.

Anspruch auf ein Zwischenzeugnis hat der Arbeitnehmer nur bei einem berechtigten Interesse, z. B. wenn der Vorgesetzte wechselt oder eine längere Arbeitsunterbrechung aufgrund von Elternzeit bevorsteht. Das **einfache Zeugnis** ist wertfrei und enthält lediglich Angaben zu Art und Dauer der Tätigkeit. Im **qualifizierten Zeugnis** hingegen werden auch die Leistung und das Verhalten des Arbeitnehmers aufgeführt. Es müssen die Zeugnisgrundsätze der Wahrheit und des Wohlwollens berücksichtigt werden.

Als oberster Grundsatz des Zeugnisrechts ist jedoch das Gebot der Zeugniswahrheit anzusehen, d.h. negative Vorkommnisse während des Arbeitsverhältnisses müssen im Arbeitszeugnis berücksichtigt werden. Geschieht dies nicht, kann ein neuer Arbeitgeber von dem bisherigen Arbeitgeber u. U. Schadenersatz verlangen.

Das Zeugnis muss auf der anderen Seite so formuliert sein, dass das weitere Fortkommen des Arbeitgebers nicht erschwert wird.

Vielen Arbeitgebern fällt der „Spagat" zwischen diesen Grundsätzen schwer. Dadurch wird in der Praxis oftmals ein Zeugnis geschönt.

Die Leistungsbeurteilung umfasst folgende Kriterien:

- Arbeits- und Leistungsbereitschaft
- Selbstständigkeit
- Qualität der Arbeit
- Arbeitsökonomie, Arbeitstempo
- Belastbarkeit
- Eigeninitiative
- Entscheidungsfähigkeit
- Urteils- und Ausdrucksfähigkeit

In der Praxis hat sich in den letzten Jahrzehnten eine sogenannte Zufriedenheitsformel für die Leistungsbeurteilung verbreitet. Mithilfe dieser Formel wird die Gesamtnote der erbrachten Leistung ausgedrückt.

Leistungsbeurteilung	
stets zu unserer vollsten Zufriedenheit	sehr gut (1)
stets zu unserer vollen Zufriedenheit	gut (2)
stets zu unserer Zufriedenheit	befriedigend (3)
zur Zufriedenheit	unterdurchschnittlich (4)
im Großen und Ganzen zu unserer Zufriedenheit	mangelhaft (5)
Er/Sie hat sich bemüht, die übertragenen Aufgaben zu unserer Zufriedenheit zu erledigen.	ungenügend (6)

Quelle: Arbeit und Arbeitsrecht: Die Zeitschrift für das Personal-Management, Arbeitszeugnisse, A 08514, 68. Jahrgang, 6/13, S. 342

In Verhaltensbeurteilungen werden i. d. R. folgende Punkte bewertet:

- Führungsqualitäten
- Kooperations- und Kompromissfähigkeit
- Kritikfähigkeit
- Verhalten gegenüber Vorgesetzten, Kollegen und Geschäftspartnern

Auch hier wird mit Steigerungsmerkmalen wie „stets“, „immer“, „durchweg“ und „ausnahmslos“ gearbeitet.

Verhaltensbeurteilung	
stets vorbildlich	sehr gut (1)
vorbildlich und stets einwandfrei	gut (2)
stets einwandfrei	befriedigend (3)
ohne Tadel	unterdurchschnittlich (4)

Quelle: Arbeit und Arbeitsrecht: Die Zeitschrift für das Personal-Management, Arbeitszeugnisse, A 08514, 68. Jahrgang, 6/13, S. 342

Entscheidend bei der Verhaltensbeurteilung ist auch, ob die Beurteilung für alle Personengruppen gilt oder einige von der Beurteilung ausgenommen werden. So hat beispielsweise die Formulierung „Sein/Ihr persönliches Verhalten gegenüber Kollegen war stets einwandfrei“ zu bedeuten, dass das Verhalten des Arbeitnehmers gegenüber seiner Vorgesetzten und Geschäftspartner zu beanstanden ist.

Das Zeugnis sollte auf dem üblichen Firmenbriefpapier ausgestellt sein und vom Aussteller eigenhändig unterschrieben werden. Ferner muss das Ausstellungsdatum dem Tag entsprechen, an welchem der Arbeitnehmer aus dem Unternehmen ausscheidet. Dies ist für das berufliche Fortkommen des Arbeitnehmers wichtig. Andernfalls könnten potenzielle neue Arbeitgeber auf einen Streit bezüglich des Zeugnisinhaltes schließen.

Nach der aktuellsten Rechtsprechung des Bundesarbeitsgerichts ist der Arbeitgeber zur Formulierung einer Schlussformel nicht verpflichtet. Sollte der Arbeitnehmer mit der formulierten Schlussformel nicht zufrieden sein, kann er die Streichung dieser Schlussformel aus seinem Arbeitszeugnis verlangen, nicht jedoch eine Umformulierung.

Auf den Punkt gebracht

Arbeitgeber möchte Arbeitnehmer kündigen

Anhörung des Betriebsrats
- schriftliches Widerspruchsrecht (ordentliche Kündigung = eine Woche; außerordentliche Kündigung = drei Tage)
- Schweigen gilt als Zustimmung

Definition: Kündigung ist eine einseitige empfangsbedürftige Willenserklärung

ordentliche Kündigung
= Einhaltung einer Kündigungsfrist

besonderen Kündigungsschutz genießen:
- Auszubildende
- Mitglieder des Betriebsrats
- JAV-Mitglieder
- Schwerbehindertenvertreter
- Schwangere, Väter und Mütter
- Schwerbehinderte

außerordentliche Kündigung
= ohne Einhaltung einer Kündigungsfrist
- **Voraussetzung:** wichtiger Grund muss vorliegen
- muss innerhalb von zwei Wochen nach Kenntnisnahme des wichtigen Grundes erfolgen

Arbeitnehmer hat Recht Klage beim Arbeitsgericht innerhalb von drei Wochen einzureichen

Arbeitnehmer verlässt Unternehmen (letzter Arbeitstag)

auszuhändigende Arbeitspapiere:
- Zeugnis (einfaches oder qualifiziertes Zeugnis), dabei sind Zeugnisgrundsätze, Wahrheit & Wohlwollen zu berücksichtigen
- Arbeitsbescheinigung
- Urlaubsbescheinigung
- ggf. Sozialversicherungsausweis
- Lohnsteuerbescheinigung
- ggf. Arbeitserlaubnis
- überlassene Papiere bei Arbeitsantritt

Kündigungsgesetz (KSchG) ist anzuwenden, wenn:
- Betriebszugehörigkeit des Arbeitnehmers > sechs Monate
- Unternehmen > zehn Arbeitnehmer

Kündigungen nach KSchG nur zulässig, wenn:
- **personenbedingt**, d. h. Kündigungsgrund liegt in der Person
- **verhaltensbedingt**, d. h. Kündigungsgrund liegt im Verhalten der Person (mindestens eine Abmahnung erforderlich)
- **betriebsbedingt**, d. h. Kündigung liegt in dringenden betrieblichen Erfordernissen

Bei betriebsbedingter Kündigung muss **eine Sozialauswahl** nach folgenden Kriterien erfolgen:
- Dauer der Betriebszugehörigkeit
- Lebensalter
- Unterhaltspflichten
- Schwerbehinderung

Nutzen Sie Ihr Wissen

1. Rufen Sie sich noch einmal die Lernsituation dieses Kapitels in Erinnerung. Die ModernOffice KG möchte sich von zwei Mitarbeitern aus der Abteilung „Lager" trennen. Inzwischen liegt Miriam Ball folgende zusätzliche Information vor:

04.03.20..

Hallo Greta,

Herr Steinbach wurde beim Diebstahl von Materialien im Wert von 5.000,00 € ertappt. Leite bitte alle weiteren Maßnahmen ein. Setze in diesem Zusammenhang die Kündigungsschreiben für beide Mitarbeiter der Abteilung „Lager" auf.
Danke im Voraus.

Gruß
Miriam

a) Erklären Sie, was Miriam Ball mit „allen weiteren Maßnahmen" meint.
b) Neben Herrn Steinbach soll auch Herrn Klein gekündigt werden. Verfassen Sie ein angemessenes Kündigungsschreiben für die beiden Mitarbeiter der Abteilung „Lager", das der Situation Rechnung trägt.
c) Erstellen Sie eine Checkliste bezüglich der Arbeitspapiere, die Sie den Mitarbeitern am letzten Arbeitstag aushändigen sollten.

d) Herr Klein ist, obwohl der Betriebsrat zugestimmt hat, mit der Kündigung nicht einverstanden. Erklären Sie, welche Möglichkeiten Herr Klein hat, um gegen die Kündigung vorzugehen.

e) Nachdem Greta Funk Herrn Steinbach sein qualifiziertes Arbeitszeugnis ausgehändigt hat, verlangt dieser, dass sie sein Zeugnis um den Zusatz „er war ein zuverlässiger und ehrlicher Mitarbeiter" ergänzt. Nehmen Sie hierzu aus rechtlicher Sicht Stellung.

2. Nach seiner Ausbildung zum Kaufmann für Büromanagement wurde Marius Luger als Personalsachbearbeiter bei der Müller OHG übernommen. Seit sechs Monaten ist er nun in der Personalabteilung tätig.

Aufgrund von Umstrukturierungsmaßnahmen in der Lohnbuchhaltung muss bis spätestens 31.07. ein Arbeitnehmer entlassen werden. Von dem Abteilungsleiter Herrn Herzog hat er eine kurze Leistungsbeurteilung der Mitarbeiter erhalten. Alle anderen relevanten Daten entnimmt Herr Luger heute (01.03.20..) den Personalstammblättern der Mitarbeiter.

An ...	marius.luger@mueller.com
Cc ...	
Bcc ...	
Betreff:	Kurze Leistungsbeurteilung meiner Mitarbeiter

Sehr geehrter Herr Luger,

wie von Ihnen gewünscht, erhalten Sie eine kurze Leistungsbeurteilung meiner Mitarbeiter.

Herr Maximilian Scheid:
- durchschnittliche Arbeitsqualität
- mittelmäßige Arbeitsgeschwindigkeit
- arbeitet sehr unkonzentriert und macht daher häufig Flüchtigkeitsfehler
- Bei Aufgaben, die über das operative Tagesgeschäft hinausgehen, arbeitet er sehr unselbstständig.
- hat Probleme sich ins Team zu integrieren

Frau Tamara Kopp:
- gute Arbeitsqualität und sehr motiviert
- gute Teamfähigkeit

Frau Samra Samardzic:
- durchschnittliche Arbeitsqualität
- mittelmäßige Belastbarkeit und Ausdauer
- gut im Team integriert
- sehr gute Anpassungsfähigkeit

Herr Christian Scheit:
- konstante und gute Arbeitsqualität
- hohe Belastbarkeit und Ausdauer
- gute Teamfähigkeit
- selbstständige Arbeitsweise

Bei weiteren Fragen können Sie sich jederzeit bei mir melden.

Mit freundlichen Grüßen

Axel Herzog

Herr Maximilian Scheid

Personalien:
Alter: 56 Jahre
Familienstand: verheiratet
Kinder: zwei Söhne (17 und 21 Jahre)
Betriebszugehörigkeit: seit 01.01.20.. (8 Jahre)
Anschrift: Libanonstraße 90, 70186 Stuttgart

Besonderheiten:

Frau Tamara Kopp

Personalien:
Alter: 21 Jahre
Familienstand: ledig
Kinder: keine
Betriebszugehörigkeit: seit 01.09.20.. (zwei Jahre)
Anschrift: Auerstraße 5, 70165 Stuttgart

Besonderheiten: Auszubildende

Frau Samra Samardzic

Personalien:
Alter: 33 Jahre
Familienstand: verheiratet
Kinder: keine
Betriebszugehörigkeit: seit 01.02.20.. (sechs Jahre)
Anschrift: Leibnizstraße 20, 73054 Eislingen

Besonderheiten: Schwerbehindertenvertreterin bis 01.03.20.. (diesen Jahres)

Herr Christian Scheit

Personalien:
Alter: 31 Jahre
Familienstand: ledig
Kinder: keine
Betriebszugehörigkeit: seit 01.07.20.. (vier Jahre)
Anschrift: Rosenaustraße 5, 70376 Bad Cannstatt

Besonderheiten: Ausbildereignungsprüfung erfolgreich abgelegt

a) Entscheiden Sie, stellvertretend für Herrn Luger, welcher Mitarbeiter entlassen werden soll. Begründen Sie Ihre Entscheidung.
b) Formulieren Sie, stellvertretend für Herrn Luger, das Kündigungsschreiben.

3. Ebrus Freundin Marie Engelhardt ist 16 Jahre alt und macht seit fünf Monaten eine Ausbildung zur Kauffrau für Büromanagement bei der WINTERBACH GmbH. Bei einem gemeinsamen Abendessen erzählt Marie, wie unglücklich sie in ihrem Ausbildungsbetrieb ist. Sie berichtet, dass sie bereits mehrmals während der Arbeitszeit auf die Kinder ihrer Chefin aufpassen musste. Außerdem ist die Chefin nicht sehr freundlich zu Marie. Beim kleinsten Fehler wird Marie von ihr beschimpft und beleidigt. Marie erklärt, dass sie sich schon darüber Gedanken gemacht hat, die Ausbildung abzubrechen. Sie ist jedoch unsicher, ob dies überhaupt möglich ist. Ihre Tante hat ihr angeboten, in ihrem Betrieb die Ausbildung fortzusetzen.

   a) Erklären Sie mithilfe des BBiG, ob für Marie die Möglichkeit besteht, dieselbe Ausbildung bei ihrer Tante fortzusetzen.
   b) Erklären Sie mithilfe des BBiG, wie die Ausgangsituation in folgenden Fällen zu beurteilen ist:
      - Sie will das Ausbildungsverhältnis kündigen und eine Ausbildung als Industriekauffrau bei ihrer Tante beginnen.
      - Sie will die Ausbildung zwar in der gleichen Branche, aber an einem anderen Ort fortsetzen, da sie mit ihren Eltern umziehen wird.

4. Niklas Leibfried arbeitet nach seiner Ausbildung zum Kaufmann für Büromanagement bei der Mayer GmbH. Die Mayer GmbH beschäftigt 103 Arbeitnehmer sowie zwei Auszubildende. Heute erhält er folgende E-Mail von dem Geschäftsführer Herr Mayer:

An ...	niklas.leibfried@mayergmbh.com
Cc ...	
Bcc ...	
Betreff:	Kündigung

Sehr geehrter Herr Leibfried,

Herr Glöckle (50 Jahre), Einkäufer und Betriebsratsmitglied, ist seit sieben Jahren bei uns beschäftigt. Er ist heute erneut dabei ertappt worden, wie er Drucker auf eigene Rechnung über uns einkauft und diese in seinem Freundes- und Bekanntenkreis veräußert. Bereits in der Vergangenheit hat er bezüglich desselben Fehlverhaltens von uns eine Abmahnung erhalten. Bitte teilen Sie mir mit, ob eine ordentliche Kündigung im vorliegenden Fall möglich ist. Dieses Fehlverhalten kann ich nicht länger dulden.

Außerdem müssen wir, aufgrund von betrieblichen Erfordernissen, die Abteilung „Wartung" schließen und uns von Herrn Schlick trennen, da es für seine Kenntnisse und Fähigkeiten keine geeignete Beschäftigung mehr in unserem Unternehmen gibt. Herr Schlick (50 % schwerbehindert) ist 42 Jahre alt und seit fünf Jahren bei uns beschäftigt. Bitte überprüfen Sie, ob Herrn Schlick gekündigt werden kann. Wenn ja, welche Besonderheiten sind in seinem Fall zu berücksichtigen?

Danke für Ihre Unterstützung im Voraus.

Mit freundlichen Grüßen

Gerhard Mayer

a) Beantworten Sie, stellvertretend für Herrn Leibfried, Herrn Mayers Fragen in einem E-Mail-Schreiben. Begründen Sie Ihre Antworten mithilfe des jeweiligen Gesetzes.

b) Frau Brunner ist 30 Jahre alt und seit sieben Jahren bei der Mayer GmbH beschäftigt. Aus betrieblichen Gründen soll ihr zum 30.09. gekündigt werden.
   - Erklären Sie, welche gesetzliche Kündigungsfrist in diesem Fall gilt und wann ihr das Kündigungsschreiben spätestens zugestellt werden muss.
   - Erläutern Sie, ob die Möglichkeit besteht, die gesetzliche Kündigungsfrist zu verkürzen.

c) Beschreiben und analysieren Sie die Karikatur.

d) Der Nachweis, dass das Kündigungsschreiben rechtzeitig zugegangen ist, stellt eine wichtige Voraussetzung im Kündigungsschutzprozess dar. Beschreiben Sie mindesten drei Möglichkeiten, wie Sie den Zugang der Kündigungserklärung sicherstellen können.

5. Alexandro Schuler, seit fünf Jahren bei der KIEGER GmbH beschäftigt, hat Pflegezeit beantragt und wird daher für ein Jahr die Arbeit bei der KIEGER GmbH unterbrechen. Er beantragt ein Zwischenzeugnis bei seinem Vorgesetzten und der Personalabteilung. Frau Fabritius, Personalreferentin, verweigert ihm die Ausstellung eines Zwischenzeugnisses.

   Erklären Sie, ob Herr Schuler einen Anspruch auf die Ausstellung eines Zwischenzeugnisses hat.

6. Bruno Beck scheidet zum 30.10.2015 aus dem Unternehmen aus. Sein qualifiziertes Zeugnis erhält er am 14.04.2016 mit demselben Ausstellungsdatum. Seine Leistung wird mit folgender Formulierung beschrieben: „Herr Beck hat die ihm übertragenen Aufgaben stets zu unserer vollen Zufriedenheit erledigt." Das Zeugnis endet mit der Schlussformel: „Wir wünschen Herrn Beck für die Zukunft alles Gute."

   Herr Beck ist mit der Schlussformel nicht einverstanden und möchte eine Umformulierung beantragen, da er der Auffassung ist, dass die Schlussformel nicht zur Leistungsbeurteilung passt. Außerdem beantragt er bei der Personalabteilung, dass sie das Ausstellungsdatum auf den 30.10.2015 datiert. Die Personalabteilung weigert sich.

   a) Erklären Sie, mit welcher Note seine Gesamtleistung beurteilt wird.
   b) Begründen Sie, ob Herr Beck einen Anspruch auf die gewünschten Änderungen hat.

1.10 Personalstatistik durchführen

Lernsituation

Im Rahmen ihrer Ausbildung ist Ebru Celik im zweiten Ausbildungsjahr für fünf Monate in der Personalabteilung eingesetzt. Sie soll heute die Personalstatistik aktualisieren.

An ...	ebru.celik@mo-modernoffice.com
Cc ...	
Bcc ...	
Betreff:	Personalstatistik durchführen

Guten Morgen, Frau Celik,

ermitteln Sie bitte anhand der aktuellen Zahlen die Kennzahlen Fehlzeitenquote, Krankheitsausfallquote, Überstundenquote, Fluktuationsquote und Schwerbehindertenquote.
Stellen Sie mir Ihre Ergebnisse in einem Kurzbericht dar. Beurteilen Sie die ermittelten Werte. Sollte es zu SOLL-IST-Abweichungen kommen, dann führen Sie mögliche Gründe für diese auf und unterbreiten Sie mögliche Verbesserungsvorschläge.

Alle relevanten Daten finden Sie im Anhang. Vielen Dank im Voraus.

Mit freundlichen Grüßen

Miriam Ball

Anhang 1

durchschnittliche Zahl der Arbeitnehmer	790
Personalabgänge	89
gesamte Soll-Stunden (ohne Feiertage)	1.580.000
Überstunden	85.462
Fehlzeiten durch Krankheit (in Stunden)	71.957
Fehlzeiten durch Urlaub (in Stunden)	167.124
Fehlzeiten Sonstiges (in Stunden)	304

Anhang 2

ModernOffice.

Hausmitteilung

Von	Abteilung
Gustav Krug	Entwicklung
An	**Abteilung**
Miriam Ball	Personal

Betrifft

Schwerbehindertenquote

Nachricht

Guten Tag, Frau Ball,

die ModernOffice KG hat im Vorjahr 24 schwerbehinderte Arbeitnehmer beschäftigt, somit lag unsere Schwerbehindertenquote bei 3 %. Im Vergleich zum Vorjahr hat sich die Zahl um vier Mitarbeiter erhöht. In diesem Zusammenhang möchte ich Sie daran erinnern, dass wir lt. § 71 ff. Sozialgesetzbuch IX verpflichtet sind auf mindestens 5 % der Arbeitsplätze schwerbehinderte Menschen zu beschäftigen. Die Ausgleichszahlung (Schwerbehindertenabgabe) von 105,00 € je Monat wird voraussichtlich daher auch dieses Jahr fällig. Prinzipiell sind wir allerdings auf einem guten Weg, da unsere Quote vor drei Jahren noch unter 2 % lag.

Ich freue mich auf eine weitere erfolgreiche Zusammenarbeit. Bei Rückfragen können Sie sich jederzeit bei mir melden.

Viele Grüße

Gustav Krug
(Vertreter der Schwerbehinderten)

Anhang 3

Kennzahlen	Berechnung	Vorjahr (VJ)	Berichtsjahr (BJ)	Veränderung	Branchen-Wert (BW) SOLL-Wert	Abweichung von BW
Fehlzeitenquote		13 %			12 %	
Krankheitsausfallquote		3,8 %			3,9 %	
Überstundenquote		4,6 %			3,8 %	
Fluktuationsquote		8,0 %			12 %	
Schwerbehindertenquote						

MO

Tabelle für die Kennzahlenberechnung (Anhang 3)

- *Legen Sie im Plenum die Handlungsergebnisse des Arbeitsauftrages fest. Was hat Ebru Celik zu tun?*
- *Besprechen Sie im Plenum, welche Informationen Ebru Celik benötigt, um die Arbeitsaufträge von Miriam Ball erfolgreich auszuführen. Wo findet sie die benötigten Informationen?*
- *Formulieren Sie die Zielsetzung/-en dieser Handlungssituation.*
- *Ermitteln Sie in Einzelarbeit die Kennzahlen und erstellen Sie den Kurzbericht für Ebru Celik. Verwenden Sie als Informationsquelle das Lehrbuch.*
- *Entscheiden Sie im Plenum, wer die Ergebnisse präsentiert und kontrollieren Sie, ob der Arbeitsauftrag sach- und fachgerecht ausgeführt wurde.*
- *Reflektieren Sie, was Sie zukünftig besser machen müssen, damit Sie die formulierten Ziele erreichen werden.*

Die Erfassung, Darstellung und Auswertung des Geschehens im Personalbereich mithilfe von Kennzahlen ist Ziel der **Personalstatistik**. Diese Kennzahlen bilden die Grundlage für die Personalplanung und Personalpolitik im Unternehmen. Mithilfe der Kennzahlen lassen sich Schwachstellen und Fehlentwicklungen im Unternehmen aufdecken.

Dazu müssen die ermittelten Kennzahlen mit den Branchenkennzahlen oder mit den eigenen festgelegten SOLL-Werten verglichen werden. Schneidet das Unternehmen bei diesem Vergleich schlecht ab, müssen anschließend die Ursachen für diese Fehlentwicklung herausgefunden und Maßnahmen zur Erreichung der gewünschten SOLL-Werte geplant werden.

Nach geraumer Zeit sollte ein erneuter Vergleich der SOLL-IST Werte durchgeführt werden, um den Erfolg der Maßnahmen zu messen.

Im Folgenden werden einige Personalkennzahlen vorgestellt:

Schwerbehindertenquote (in %) =	$\frac{\text{Zahl der Schwerbehinderten} \cdot 100}{\text{gesamter Personalbestand}}$
Fluktuationsquote (in %) =	$\frac{\text{Zahl der Personalabgänge} \cdot 100}{\text{durchschnittlicher Personalbestand}}$
Fehlzeitenquote (in %) =	$\frac{\text{Fehlzeiten (in Stunden oder Tagen)} \cdot 100}{\text{Soll-Arbeitszeit (in Stunden oder Tagen)}}$
Krankheitsausfallquote (in %) =	$\frac{\text{Krankheitsausfall (in Stunden oder Tagen)} \cdot 100}{\text{Soll-Arbeitszeit (in Stunden oder Tagen)}}$
Überstundenquote (in %) =	$\frac{\text{Zahl der Überstunden} \cdot 100}{\text{Soll-Arbeitszeit (in Stunden)}}$

Die Fehlzeitenquote kann in die Krankheitsausfall-, Urlaubs- und Unfallquote aufgeteilt werden. Untersuchungen zeigen, dass es einen Zusammenhang zwischen Fluktuation und Fehlzeiten bei der Unzufriedenheit der Arbeitnehmer gibt. Die Tendenz zeigt, dass jüngere Arbeitnehmer bei Unzufriedenheit zur Kündigung neigen, wohingegen sich bei älteren Arbeitnehmern bei Unzufriedenheit die Fehlzeiten erhöhen.

Auf den Punkt gebracht

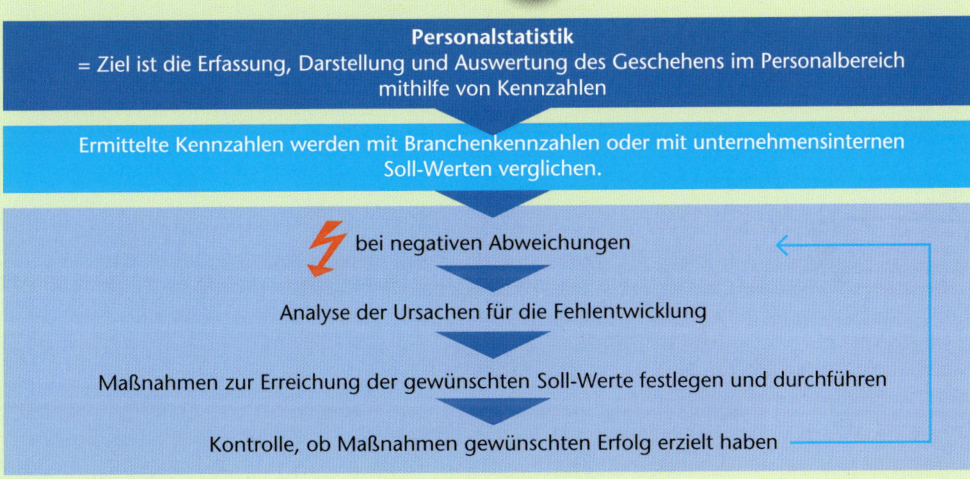

Nutzen Sie Ihr Wissen

1. Um den Arbeitsprozess in Zukunft zu erleichtern, soll Ebru Celik für die Personalstatistik die Berechnung der Kennzahlen in einem Tabellenkalkulationsprogramm vornehmen (vgl. S. 568).

   a) Erstellen Sie die Tabelle sowie die dazugehörigen Formeln stellvertretend für Ebru Celik in einem Tabellenkalkulationsprogramm.

   b) Stellen Sie die Entwicklung der jeweiligen Kennzahlen grafisch dar.

2.

„Fehlzeiten und Fluktuation – Kennzahl für Zufriedenheit und Motivation im Unternehmen

Fehlzeiten und Fluktuationen sind für den Unternehmer ärgerlich und teuer. Kundenaufträge geraten durch den Ausfall einzelner Mitarbeiter in Gefahr, wenn diese nicht durch Mehrarbeit der Kollegen oder das Einstellen einer Ersatzkraft ausgeglichen werden können. (...) Wie können sowohl Fehlzeiten als auch Fluktuation im Unternehmen verringert werden?

Spricht man allgemein von Fehlzeiten, so meint man im Wesentlichen Krankheits- und unbegründete Fehltage. Bei häufigen unentschuldigten Fehltagen kann man mit großer Sicherheit von Arbeitsunlust oder sogar „innerer Kündigung" ausgehen.

Warum jemand der Arbeit fernbleibt, kann aber sowohl im privaten als auch im betrieblichen Umfeld begründet sein. Um Fehlzeiten zu reduzieren, müssen hier die wahren Gründe erforscht und Problemfelder beseitigt werden. (...)

Rückkehrgespräche: Eine Möglichkeit zur Einflussnahme

Ein wesentliches Führungsinstrument zur Bekämpfung von Fehlzeiten stellt das Rückkehrgespräch dar. Sie erleichtern dem genesenen Mitarbeiter die Rückkehr in das Unternehmen und können in diesen Gesprächen möglicherweise Ursachen für Erkrankungen oder Unfälle feststellen. (...) Ziehen Sie Konsequenzen aus den Rückkehrgesprächen! Liegen Fehl- und Krankheitsursachen im betrieblichen Umfeld oder in zwischenmenschlichen Konflikten im Unternehmen, versuchen Sie diese konsequent abzustellen. Liegen die Fehlzeitursachen eher im persönlichen Bereich, so überlegen Sie, inwieweit Sie Ihrem Mitarbeiter Unterstützung zukommen lassen können. (...)

Fluktuation: Ursachen und Kosten

(...) Fluktuation ist teuer! Neben Kosten, die im Zusammenhang mit der Beendigung des Beschäftigungsverhältnisses entstehen, betrifft das aber auch die Kosten für die Neubesetzung der Stelle (Ausschreibung, Auswahlverfahren, Einarbeitungskosten etc.). Als Folge der Mehrbelastung der übrigen Mitarbeiter bei Minderbesetzung sinkt die Motivation und es kommt zu Qualitätseinbußen. Gehen qualifizierte Mitarbeiter, so geht mit ihnen auch oft ein Teil des Know-hows des Unternehmens. (...) Die Bandbreite der Ursachen kann also von schlechtem Arbeitsklima, Nichtakzeptanz der Kollegen, unzureichendem Führungsstil, fehlenden Entwicklungsmöglichkeiten bis hin zu besseren Verdienstchancen und einem interessanteren Aufgabenfeld in einem anderen Unternehmen reichen. Unerwünschte Fluktuation lässt sich nicht immer vermeiden. Jedoch sollten potenzielle Anlässe zur Fluktuation aufgedeckt und nach Möglichkeit beseitigt werden.

Vorbeugende Maßnahmen

Vorbeugende Maßnahmen zur Verminderung der Fehlzeiten und Fluktuation gibt es eine Menge. Kurz gefasst kann man sagen: Sorgen Sie dafür, dass Ihren Mitarbeitern die Arbeit in Ihrem Unternehmen und mit ihrem Chef Spaß macht! Je größer die Arbeitszufriedenheit, desto geringer der Krankenstand! (...) Sorgen Sie dafür, dass Ihre Mitarbeiter sich entsprechend ihren Wünschen und Fähigkeiten im Unternehmen entwickeln können! (...) Bauen Sie ein Vertrauensverhältnis zu Ihren Mitarbeitern auf! Merken Ihre Mitarbeiter, dass Sie ihnen vertrauen und auf sie bauen, fällt es ihnen schwerer, aus nichtigen Gründen der Arbeit fernzubleiben! Jemand, der weiß, welche wichtige Rolle er für das Unternehmen spielt und welche Verluste durch sein Wegbleiben entstehen, wird sich auf alle Fälle schwertun, den Entschluss zum Wechseln zu fassen. Sorgen Sie für die Einhaltung des Arbeits- und Gesundheitsschutzes und drängen Sie auf die Einhaltung der Unfallver-hütungsvorschriften! Investitionen in diesem Bereich machen sich haushoch bezahlt. Überzeugen Sie Ihre Mitarbeiter von der Bedeutung ihrer Gesundheit für ihre berufliche und private Zukunft!“

Quelle: Management-Center Handwerk (MCH) der Landes-Gewerbeförderungsstelle des NRW Handwerks (LGH): Fehlzeiten und Fluktuation – Kennzahl für Zufriedenheit und Motivation im Unternehmen, Zugriff am 23.03.2015 unter: www.lgh.de/upload/pdf/MCH/Publikationen/Fehlzeiten_und_Fluktuation.pdf

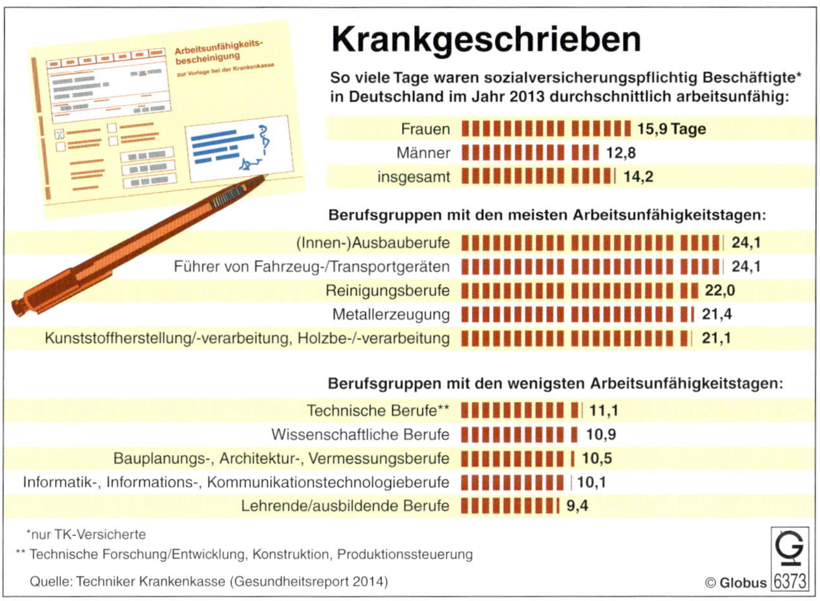

a) Beschreiben und analysieren Sie das Schaubild.
b) Erklären Sie mithilfe des Artikels, wie Arbeitgeber die wahren Gründe für einen hohen Krankenstand im Unternehmen ermitteln können und welche Möglichkeiten sie ergreifen können, um die Fehlzeitenquote im Unternehmen zu senken.
c) Fluktuation im Unternehmen ist mit Kosten verbunden. Nennen Sie mögliche Gründe für eine hohe Fluktuationsquote und entwickeln Sie mithilfe des Artikels konkrete Vorschläge zur Reduzierung der Fluktuation.

3. Die 17-jährige Tatjana Beck macht eine Ausbildung zur Kauffrau für Büromanagement bei der BERNER KG. Derzeit ist Tatjana in der Personalabteilung eingesetzt. Heute soll Tatjana in das Thema „Personalstatistik“ eingeführt werden. Erklären Sie, was man unter Personalstatistik versteht und zu welchem Zweck Personaldaten erfasst und ausgewertet werden.

4. Erstellen Sie ein Kurzreferat über Ihren Ausbildungsbetrieb zum Thema „Personalstatistik". Berücksichtigen Sie dabei folgende Fragestellungen:

   a) Welche Kennzahlen werden in Ihrem Ausbildungsbetrieb erfasst und ausgewertet?
   b) Mit welchen Werten (Branchenkennzahlen und/oder internen SOLL-Werten) werden die ermittelten Kennzahlen verglichen?
   c) Welche Maßnahmen wurden bisher in Ihrem Ausbildungsbetrieb eingeleitet, um die Kennzahlen zu verbessern?
   d) Nach welchem Zeitraum wird in Ihrem Ausbildungsbetrieb ein Vergleich der SOLL-IST-Werte durchgeführt, um den Erfolg der durchgeführten Maßnahmen zu messen?

1.11 Personalentwicklung fördern

Lernsituation

An ...	ebru.celik@mo-modernoffice.com
Cc ...	
Bcc ...	
Betreff:	Präsentation „Personalentwicklung"

Guten Tag, Frau Celik,

mithilfe einer anonymen Mitarbeiterbefragung und durch Mitarbeitergespräche konnten wir die Ursachen für den Anstieg der Fluktuationsrate und Krankheitsquote herausfinden.
Die Befragung hat ergeben, dass unsere qualifizierten Mitarbeiter in unserem Unternehmen keine beruflichen Entwicklungsmöglichkeiten sehen. Vor allem Hochschulabsolventen verlassen uns bereits nach sehr kurzer Zeit. Ältere Kollegen hingegen fühlen sich teilweise duch die neue Technologie im Unternehmen überfordert. Außerdem konnten wir feststellen, dass in unserem Unternehmen die Führungsstile der Führungskräfte sehr unterschiedlich sind. Der Gruppenleiter David Müller trifft nach Aussage seiner Mitarbeiter offenbar alle Entscheidungen alleine. Die Mitarbeiter berichten, dass er auf Anregungen oder gar Widerspruch recht aggressiv reagiert. Eine persönliche und fachliche Wertschätzung erfahren diese Mitarbeiter nicht. Der autoritäre Führungsstil von Herrn Müller hat bei seinen Mitarbeitern zu einer sehr demotivierenden Arbeitshaltung geführt. Dies spiegelt sich im hohen Krankenstand sowie in der ansteigenden Zahl der Kündigungen wider.

Die Geschäftsführung sieht hier umgehenden Handlungsbedarf. Übermorgen habe ich mit der Geschäftsführung zu diesem Thema ein Meeting. Bitte erstellen Sie für mich eine Präsentation zum Thema „Personalentwicklung". Stellen Sie dabei die gängigsten Personalentwicklungsmaßnahmen dar und formulieren Sie konkrete Lösungsansätze für unsere Probleme.

Mit freundlichen Grüßen

Miriam Ball

andbuch
owerPoint

- *Legen Sie im Plenum die Handlungsergebnisse des Arbeitsauftrages fest. Was hat Ebru Celik zu tun?*
- *Besprechen Sie im Plenum, welche Informationen Ebru Celik benötigt, um die Arbeitsaufträge von Miriam Ball erfolgreich auszuführen. Wo findet sie die benötigten Informationen?*
- *Formulieren Sie die Zielsetzung/-en dieser Handlungssituation.*
- *Erstellen Sie in Einzelarbeit die Präsentation für Ebru Celik. Verwenden Sie als Informationsquelle das Lehrbuch.*
- *Tauschen Sie sich mit einem anderen Mitschüler aus und vergleichen Sie Ihre Präsentationen. Kontrollieren Sie, ob Sie den Arbeitsauftrag vollständig, formgerecht und begründet ausgeführt haben. Nehmen Sie, falls notwendig, entsprechende Korrekturen und Ergänzungen vor.*
- *Wählen Sie im Plenum einen Mitschüler aus, der seine Präsentation vorführt. Bewerten Sie die Präsentation hinsichtlich des Inhaltes und der Darstellungsform. Diskutieren Sie im Plenum begründet, wo es evtl. Verbesserungs- und Optimierungsbedarf gibt.*
- *Reflektieren Sie im Plenum, weshalb einzelne Mitschüler erfolgreicher waren als andere bei der Erstellung der Präsentation.*
- *Notieren Sie zwei Entwicklungsaufgaben, die Sie bei der nächsten Arbeit mit dem Präsentationsprogramm PowerPoint umsetzen möchten.*

Personalentwicklung fördern

Qualifizierte und motivierte Arbeitnehmer tragen wesentlich zum Unternehmenserfolg bei. Zum unverzichtbaren Standard moderner Personalarbeit gehören heute die Erweiterung von beruflichen Kenntnissen und die Anpassung an die sich laufend verändernden Anforderungen der beruflichen Praxis durch betriebliche Fortbildungen.

Die Globalisierung und der Wandel von einer Industrie- zu einer Wissens- und Informationsgesellschaft stellen die Arbeitnehmer und Arbeitgeber vor neue berufliche Herausforderungen. Die damit einhergehenden Veränderungen der Arbeitsplatzanforderungen, beispielsweise durch technischen Fortschritt, führen dazu, dass das einmal erworbene Fachwissen veraltet. Wissen und die Fähigkeit, das erworbene Wissen anzuwenden, müssen durch lebenslanges Lernen immer angepasst und erweitert werden.

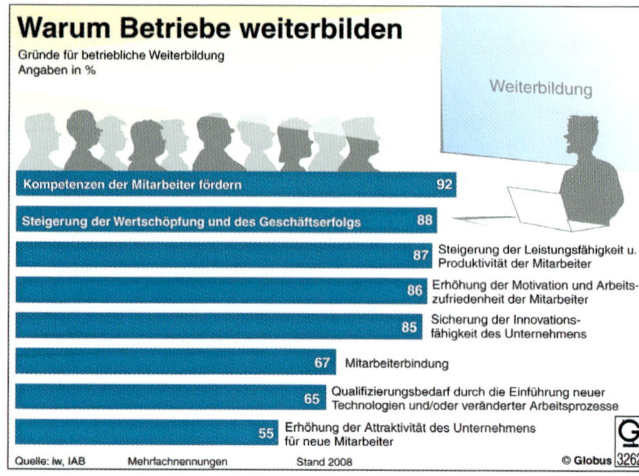

Die Veränderungen der Arbeitswelt führen dazu, dass viele Unternehmen die Personalentwicklung innerhalb ihres Unternehmens fördern. Neben externen Faktoren können auch interne Faktoren dazu beitragen, dass Personalentwicklungsmaßnahmen ergriffen werden, z. B. bei einem schlechten Betriebsklima im Zusammenhang mit einer hohen Fluktuationsquote.

Personalentwicklung umfasst alle Maßnahmen zur Erhaltung und Verbesserung der Qualifikationen der Arbeitnehmer.

Personalentwicklung umfasst u. a. die Personalbildung und die Personalförderung.

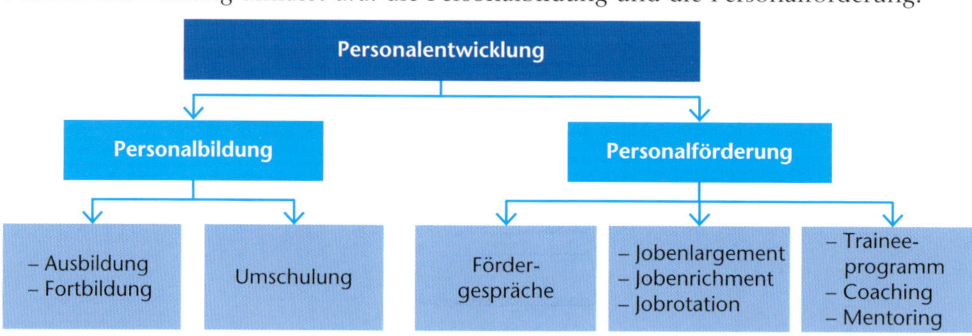

Personalbildung

Personalbildung bzw. **berufliche Weiterbildung** umfasst alle Lernprozesse, die zur Erweiterung der Fähigkeiten sowie zur Verbesserung der beruflichen Qualifikationen (**Fortbildung**) oder beruflichen Neuausrichtung (**Umschulung**) des Arbeitnehmers beitragen.

Bei der beruflichen Fortbildung unterscheidet man zwischen Anpassungs- und Aufstiegsfortbildung.

Beispiele • ***Anpassungsfortbildung:*** *Die ModernOffice KG erhält in letzter Zeit immer häufiger Bewerbungsunterlagen in englischer Sprache. Um auf diese Bewerbungsunterlagen sach- und fachgerecht reagieren zu können, möchte die Personalsachbearbeiterin, Greta Funk, einen firmeninternen Englischkurs belegen.*

Aufstiegsfortbildung: *Günther Mötsch ist als Mechatroniker bei der ModernOffice KG tätig. Seit September besucht er den IHK-Lehrgang „Industriemeister Mechatronik". Der Lehrgang ist berufsbegleitend und dauert zweieinhalb Jahre. Ziel des Lehrganges ist es, dass Herr Mötsch nach erfolgreicher Teilnahme u.a. qualifiziert ist unterschiedliche Sach-, Organisations- und Führungsaufgaben wahrzunehmen.*

Personalförderung

Die beiden Ziele der Personalförderung bestehen darin die Arbeitnehmer in ihrer persönlichen Entwicklung im Unternehmen zu unterstützen und die Personalkosten langfristig zu senken, indem das Potenzial der Arbeitnehmer optimal ausgenutzt wird. Damit ist gewährleistet, dass alle zu erledigenden betrieblichen Aufgaben vom Arbeitnehmer sachgerecht ausgeführt werden.

Die Basis für jegliche Fördermaßnahmen bildet das **Fördergespräch**. Es wird oftmals mit dem jährlichen Beurteilungs- und Zielvereinbarungsgespräch geführt.

Das **Beurteilungsgespräch** ist vergangenheitsbezogen. Hier wird mit dem Arbeitnehmer besprochen, welche Aufgaben er sehr gut gemeistert hat und welche weniger erfolgreich waren. Grundlage bilden die Zielvereinbarungen des letzten Beurteilungs- und Zielvereinbarungsgespräches zwischen Arbeitnehmer und Arbeitgeber. Beim Zielvereinbarungsgespräch werden Ziele und daraus resultierende Leistungsbeiträge des Arbeitnehmers für das Unternehmen vereinbart. Die Ziele müssen gemeinsam und vor allem eindeutig formuliert werden, damit es nicht zu Missverständnissen kommt. Die Anwendung der SMART-Formel (siehe Lernfeld 7) bei der Zielformulierung hat sich hierbei als besonders hilfreich erwiesen. Anschließend kann gemeinsam analysiert werden, weshalb einzelne Aufgaben bzw. Ziele dem Mitarbeiter nicht gelungen sind. Liegt der Grund beispielsweise in der mangelnden Qualifikation des Mitarbeiters, dann können Personalentwicklungsmaßnahmen vereinbart werden, z.B. eine Anpassungsfortbildung.

Bei dem Fördergespräch hingegen werden die Erwartungen des Mitarbeiters erkundet und die Förderungsmöglichkeiten im Unternehmen aufgezeigt. Im Ergebnis sollten konkrete Förderungsmaßnahmen zwischen Arbeitnehmer und Arbeitgeber vereinbart werden.

Folgende Förderungsmaßnahmen können vereinbart werden:

Jobenlargement (Arbeitserweiterung)

Beim Jobenlargement übernimmt der Arbeitnehmer zusätzlich qualitativ gleichwertige Aufgaben, d.h. es handelt sich hierbei um eine Aufgabenerweiterung. Durch diese Förderungsmaßnahme kann die Arbeitszufriedenheit sowie die Mitarbeiterbindung im Unternehmen erhöht werden.

Jobenrichment (Arbeitsbereicherung)

Beim Jobenrichment übernimmt der Arbeitnehmer anspruchsvollere Aufgaben. Dadurch kommt es zu einer qualitativen Aufwertung des Arbeitsplatzes. Durch diese Förderungsmaßnahme können ebenfalls Arbeitszufriedenheit und Motivation des Mitarbeiters erhöht werden.

Jobrotation (Arbeitsplatzwechsel)
Bei der Jobrotation wird der Arbeitnehmer in unterschiedliche Bereiche des Unternehmens eingesetzt, um seine beruflichen Kenntnisse zu erweitern. Vorteil dieser Förderungsmaßnahme ist, dass der Arbeitnehmer bessere Kenntnisse über die abteilungsübergreifenden Arbeitszusammenhänge gewinnt. Er erwirbt dadurch die Fähigkeit abteilungsübergreifende Probleme effizient zu lösen. Gleichzeitig kann dadurch einer gewissen Arbeitsmonotonie entgegengewirkt werden, was wiederum zur Erhöhung der Motivation und Mitarbeiterbindung führen kann. Jobrotation wird meistens beim Aufbau von Führungskräften eingesetzt.

Traineeprogramm
Ein geplanter Arbeitsplatzwechsel erfolgt auch beim sogenannten Traineeprogramm, das sich in den meisten Fällen an Hochschulabsolventen richtet. Traineeprogramme dauern in der Regel zwölf bis 24 Monate. Hierbei durchläuft der Trainee für jeweils einige Monate unterschiedliche Abteilungen des Unternehmens. Ziel dieser Fördermaßnahme ist es, eine vielseitig einsetzbare Nachwuchskraft für das Unternehmen aufzubauen.

Coaching
Unter dem klassischen Coaching versteht man den Vorgesetzten als sogenannten „Trainer" seiner Arbeitnehmer, die er entwicklungsorientiert betreut. Seit mehreren Jahren versteht man unter Coaching daneben auch die Betreuung von Führungskräften durch interne oder externe Berater.

Die Anlässe für ein Coaching sind vielfältig. So kann beispielsweise die erstmalige Übernahme einer Führungsaufgabe ebenso zu einem Coaching führen wie die Einführung eines neuen Managementkonzeptes, persönliche Konflikte mit Kollegen und Arbeitnehmern oder die Beseitigung von persönlichen Schwachpunkten.

„Hauptinstrument des Coaching ist das Gespräch. Darin werden Sachfragen, Reaktionen im sozialen Umfeld, das Verhalten, die Gefühle und Einstellungen der Fach- bzw. Führungskraft, Ziele, Strategien, Konflikte und Widerstände erläutert. Es kommt somit alles zur Sprache, was mit den Aufgaben der Fach- bzw. Führungskraft, mit ihrer Person und Performance, ihrem Selbstbild und ihrem Selbstmanagement zusammenhängt.

Der Coach fungiert hier als „sozialer Spiegel" der Fach- bzw. Führungskraft."[1]

Mentoring
Beim Mentoring beraten erfahrene Führungskräfte neu eingestellte oder mit veränderten Aufgaben ausgestattete Arbeitnehmer (Mentee) über einen längeren Zeitraum. Die Führungskraft gibt dabei ihr Fachwissen an den Arbeitnehmer weiter und erleichtert ihm somit die Einarbeitung.

---

1 *Olfert, Klaus: Personalwirtschaft, 15. Auflage, Neckargmünd, Kiehl Verlag, 2012, S. 487*

Auf den Punkt gebracht

Personalentwicklung = alle Maßnahmen, die zur Erhaltung und Verbesserung der Qualifikation der Arbeitnehmer dienen

Personalbildung

- **Ausbildung, Fortbildung**
  - Anpassungsfortbildung
  - Aufstiegsfortbildung
- **Umschulung**
  = berufliche Neuausrichtung z. B. aufgrund von Krankheit

Personalförderung

- **Fördergespräche**
  = Besprechung der Entwicklungsmöglichkeiten des Arbeitnehmers im Unternehmen
- **Jobenlargement (Arbeitserweiterung)**
  = Übernahme von zusätzlichen qualitativ gleichwertigen Aufgaben
- **Jobenrichment (Arbeitsbereicherung)**
  = Übernahme von anspruchsvolleren Aufgaben
- **Jobrotation (Arbeitsplatzwechsel)**
  = Einsatz des Arbeitnehmers in unterschiedlichen Bereichen zur Erweiterung seiner Kenntnisse
- **Traineeprogramm**
  i. d. R. für Hochschulabsolventen, Einsatz in unterschiedlichen Abteilungen des Unternehmens zur Vorbereitung auf eine Fach- oder Führungsposition
- **Coaching**
  Betreuung von Führungskräften durch interne oder externe Berater zur Erweiterung ihrer Kompetenzen
- **Mentoring**
  Erfahrene Führungskräfte geben anderen Arbeitnehmern beratende Hilfestellung z. B. bei der Übernahme von neuen Aufgaben

Nutzen Sie Ihr Wissen

1. Herr Schiller, Leiter Human Resources der EinsPlus GmbH, möchte zur Verbesserung der Mitarbeitermotivation die interne Personalentwicklung des Unternehmens ausbauen. In einem Vortrag stellt er die verschiedenen Personalentwicklungsmöglichkeiten seinen Abteilungsleitern vor.

   a) Herr Weller, Leiter Controlling, ist aufgrund der damit verbundenen Kosten gegen dieses Vorhaben. Führen Sie mithilfe des Schaubildes auf S. 574 Warum Betriebe weiterbilden" vier Argumente auf, weshalb berufliche Personalentwicklungsmaßnahmen aus Arbeitgebersicht notwendig sind.

b) Frau Müller, Leiterin Verwaltung, ist total begeistert von Herrn Schillers Vorhaben. Sie beschließt, alle Mitarbeiter ihrer Abteilung zu einem Englischkurs (Niveau A1) anzumelden. Begründen Sie, ob Sie diese Personalentwicklungsmaßnahme für sinnvoll erachten.
c) Während des Vortrages von Herrn Schiller fallen die Begriffe Jobenlargement und Jobrotation. Erklären Sie, was man unter diesen Begrifflichkeiten versteht, und geben Sie jeweils zwei Vor- und Nachteile an.

Herr Hellberg, Leiter Kosten- und Leistungsrechnung, merkt an, dass Arbeitnehmer nicht immer gerne bereit sind, an betrieblichen Personalentwicklungsmaßnahmen teilzunehmen.

d) Erläutern Sie zwei mögliche Gründe für dieses Verhalten.
e) Schlagen Sie zwei mögliche betriebliche Maßnahmen vor, um die Fortbildungsbereitschaft der Arbeitnehmer bei der EinsPlus GmbH zu erhöhen.
f) Frau Müller ist der Unterschied zwischen der Anpassungs- und Aufstiegsfortbildung unklar. Erklären Sie ihr den Unterschied mithilfe von Praxisbeispielen.

2. Beschreiben und analysieren Sie das Schaubild.

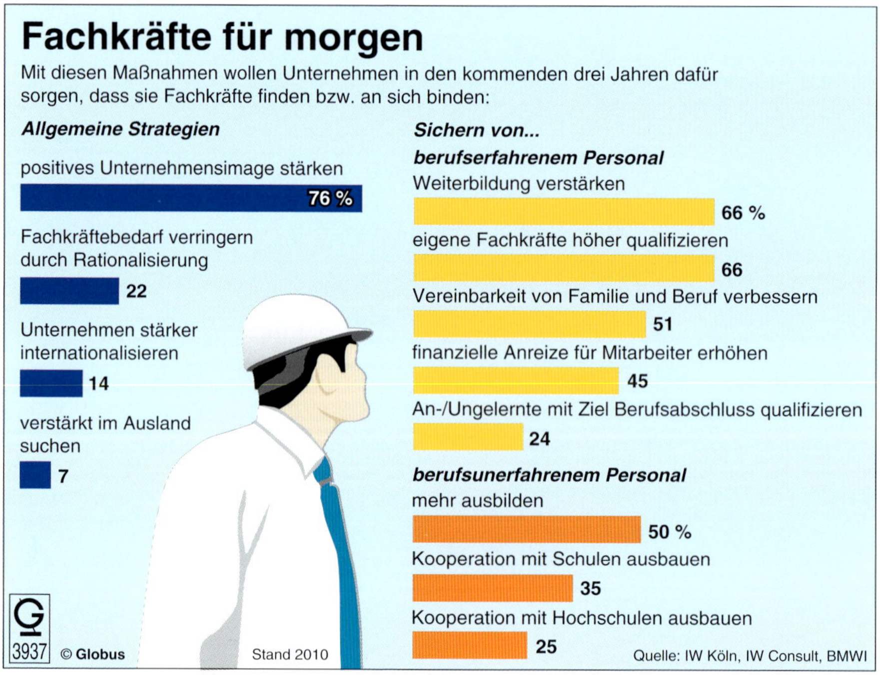

3.

Lebenslanges Lernen wird immer wichtiger

Knapp jeder zweite Erwerbstätige nimmt an einer Weiterbildung teil, um im Beruf am Ball zu bleiben. Experten erklären, warum das zu wenig ist.

Viele müssen gar nicht lange überlegen. Dann fällt ihnen eine Veränderung in ihrem persönlichen Arbeitsalltag ein. Da ist ein neues Betriebssystem, das ganz anders aussieht als das alte. Es gibt ein neues Gerät, das den alten Arbeitsablauf verkürzt. Da sind neue Kommunikationskanäle, die neue Fähigkeiten verlangen. Scheinbar von einem Tag auf den anderen verändert sich die eigene Arbeitswelt – und plötzlich schleicht sich das Gefühl ein, nicht mehr up to date zu sein.

Anforderungen ändern sich immer schneller

Auf der Höhe der Zeit zu bleiben, ist laut Prof. Lutz Bellmann vom Institut für Arbeitsmarkt- und Berufsforschung eine der wesentlichen Herausforderungen an den Berufstätigen von morgen. «Denn die Bedingungen am Arbeitsplatz wandeln sich immer schneller.» Der technische Fortschritt und die Internationalisierung des Wirtschaftslebens zwinge viele Firmen dazu, sich immer neu anzupassen. Das bringe auch viele Veränderungen für die Arbeitnehmer mit sich und die Notwendigkeit, sich permanent weiterzubilden.

Weiterbildung sichert den Arbeitsplatz

«Niemand darf heute mehr damit rechnen, seinen Arbeitsplatz für die nächsten zwanzig Jahre zu haben», sagt Bellmann. Es sei auch unwahrscheinlich, dass jemand, der heute in den Beruf einsteigt, über dreißig oder vierzig Jahre dieselbe Arbeit macht. Umso wichtiger sei es, dafür zu sorgen, auf der Höhe der Zeit zu bleiben. «Früher war Weiterbildung im Job eher die Kür, heute ist sie eine Notwendigkeit.»

Motive für die Weiterbildung: Mehr Geld, besserer Job

Weiterbildung - das ist ein vager Begriff. Gemeint ist damit jedes Dazulernen nach dem ersten Berufsabschluss. Abgesehen von dem erhöhten Anpassungsdruck sind die Motive für einen Fernlehrgang, ein Seminar oder einen Workshop seit Jahren immer die gleichen: «Einer möchte etwas für seine Karriere tun, der nächste will mehr Geld verdienen, der Dritte will in seinem Job besser werden, und der Vierte will sich vor Arbeitslosigkeit schützen», sagt Knut Diekmann, zuständig für den Bereich Weiterbildung beim Deutschen Industrie- und Handelskammertag (DIHK). (...)

Eine Weiterbildung pro Jahr

«Googeln», rät die Karriereberaterin Svenja Hofert. Sie empfiehlt, sich einmal pro Jahr hinzusetzen und nach Stellenausschreibungen zu suchen, die auf die derzeitige Position passen. «Spätestens, wenn dort etwas verlangt wird, das ich nicht beherrsche, sollte ich mich weiterbilden.» Als Ziel könnten sich Berufstätige setzen, eine Weiterbildung pro Jahr zu machen. Das müsse nicht immer eine fachliche Fortbildung sein. Gut sei auch, Soft Skills wie Teamarbeit zu schulen. Wer sich zu diesem jährlichen Modernisierungskurs zwingt, läuft weniger Gefahr, irgendwann hinterherzuhinken. Gut sei auch, bei Gehaltsverhandlungen nach einem Weiterbildungsbudget zu fragen. In vielen Firmen hätten Mitarbeiter pro Jahr einen bestimmten Freibetrag zur Verfügung, den sie für Weiterbildungen nutzen können.

Schnell handeln

«Wichtig ist, sich nicht erst weiterzubilden, wenn die Probleme da sind und ein Arbeitnehmer droht, den Anschluss zu verpassen», sagt Prof. Bellmann. Besser sei, kontinuierlich am Ball zu bleiben. Dabei sind einige Gruppen weniger aktiv als andere. «Es sind vor allem Geringqualifizierte, Frauen in Teilzeitpositionen und Berufstätige mit Migrationshintergrund, die sich laut Statistik weniger stark als andere Berufstätige weiterbilden», sagt Diekmann vom DIHK. Sie sollten deshalb besonders darauf achten, dass sie den Anschluss nicht verpassen. Aber auch alle anderen sollten sich ranhalten, sagt Knut Diekmann. «Die Zeit, in der man dachte, nach der Schule liegen die Prüfungen hinter einem, ist definitiv vorbei.»

Quelle: Berlin.de: Lebenslanges Lernen wird immer wichtiger, Zugriff am 21.03.2015 unter: www.berlin.de/special/jobs-und-ausbildung/weiterbildung-und-sprachkurse/2979459-963496-lebenslanges-lernen-wird-immer-wichtiger.html

Wie im Zeitungsartikel erwähnt wird, gewinnt die Notwendigkeit lebenslangen Lernens zunehmend an Bedeutung.

a) Erklären Sie, welche Faktoren die Notwendigkeit des lebenslangen Lernens begründen.
b) Erläutern Sie, weshalb aus Arbeitnehmersicht Weiterbildungsmaßnahmen sinnvoll sind.
c) Erklären Sie, welche Auswirkungen die Notwendigkeit des lebenslangen Lernens auf ihre berufliche Zukunft hat. Erstellen Sie in diesem Zusammenhang eine Übersicht bezüglich der beruflichen Fortbildungsmöglichkeiten für den Beruf „Kauffrau/-mann für Büromanagement“ und geben Sie an, welche Fortbildungsmöglichkeiten Sie nach der Ausbildung anstreben.

Sachwortverzeichnis

Bildquellenverzeichnis

ADAC e.V., München: S. 57.1

Bergmoser & Höller Verlag AG, Aachen: S. 445, 464, 469, 471, 509, 539, 557

Bildredaktion1.de, Schneider-Albert, Troisdorf: S. 78.1, 119.2, 155.1, 351.13, 351.14, 360.1, 430.1, 432.1, 432.2, 435.1-5, 438.2, 441.13, 441.14, 441.17, 441.18, 441.20, 441.21, 441.23, 441.28

BITKOM, Berlin: S. 104.2

Bundesagentur für Arbeit, Nürnberg: S. 441.8

Bundeskartellamt, Bonn: S. 64.2

Cosmos Lebensversicherung-Aktiengesellschaft, Saarbrücken: S. 133

Crossvertise GmbH, Hannover: S. 94.1

Deutsche Postbank AG, Bonn: S. 124

Deutscher Werberat, Berlin: S. 144, 147.1, 147.2

dpa Infografik GmbH, Hamburg: S. 29, 31, 32, 33.1, 36, 92, 98, 104.1, 109.1, 109.2, 113, 145, 154, 156.1, 156.2, 452, 455, 463, 474, 476, 513, 530, 535, 540, 544, 571, 574, 578

dpa picture alliance, Hamburg: S. 58

Eurostat, Luxemburg: S. 99

Euwico GmbH, Wiesenfeld: S. 91.1

Fotolia Deutschland GmbH, Berlin: S. 11.1, 442 (Karin & Uwe Annas), S. 11.2, 480, 550.1 (Daniel Ernst), S. 11.3, 170.1-4, 351.7, 374 (contrastwerkstatt), S. 21.1, 40.2 (Stauke), S. 21.2, 102.1 (treety), S. 21.3, 102.2 (Rudie), S. 21.4, 102.3 (mpfphotography), S. 21.5 (Oliver Boehmer - bluedesign®), S. 21.6, 119.1, 546.2, 549.2 (Edler von Rabenstein), S. 21.7, 150.1 (ty), S. 37 (Viktor Cap), S. 40.1 (JackieF), S. 42.1 (Kadmy), S. 42.2 (haveseen), S. 42.3 (Photocreo Bednarek), S. 43 (p!xel 66), S. 47 (Dariusz T. Oczkowicz), S. 48 (andrewgenn), S. 54.1 (bilderstoeckchen), S. 62 (bramgino), S. 65 (Minerva Studio), S. 67 (Jeanette Dietl), S. 77 (minicel73), S. 86.1 (Naeblys), S. 86.2 (iko), S. 89.1 (Kitch Bain), S. 89.2, 473 (Photomorphic Pte. Ltd.), S. 91.2 (zhu difeng), S. 97.1, 117 (Sergey Nivens), S. 97.2 (glashaglasha), S. 97.3 (Sebastian Kaulitzki), S. 97.4, 123.1, 351.15, 425 (vgstudio), S. 98.1, 98.3 (Julien Eichinger), S. 98.2, 98.4 (AbsentAnna), S. 109.2 (Mopic), 109.3 (diego), 112.1 (bluedesign), 115.1 (mindscanner), 135.1 (bruno 135_406), 135.2 (zdshooter), 140.2 (Minerva Studio), 143.1 (Maxim_Kazmin), 148.1 (almebwaster), 157.1 (Anne Kartin Figge), 157.2 (jdarius), 157.3 (industrieblick), 159 (Eisenhans), 162.1, 165.1 (TTstudio), 162.3, 165.2, 351.3, 368.1, 370 (WavebreakmediaMicro), 162.3, 165.3 (alswart), 180 (agneskantaruk), 192.2 (www.studiolamagica.de), 211.1 (photofranz), 212.1, 230 (piai), S. 229 (LVDesign), S. 351.1 (Andrei Nekrassov), S. 351.2, 395 (Picture Factory), S. 351.4, 351.16, 378.2, 380, 388, 437.1, 438.1 (www.foto-und-mehr.de), S. 351.5, 387, 441.2 (puckillustrations), S. 351.6, 358.1. 389.1 (Kalim), S. 351.8, 351.9, 351.1, 352.2, 354.1, 354.2, 361.3, 361.4 (JiSign), S. 351.10, 351.11, 361.1, 361.2, 361.5, 361.6, 371, 382.1, 382.2, 383.1, 383.2, 416.1, 416.2 (Kirsty Pargeter), 351.12, 411 (AMATHIEU), S. 351.13.1, 351.13.3,430.1.1, 430.1.3 (Pekchar), S. 351.13.2, 430.1.2 (DeoSum), 351.17 (Marco2811), S. 351.18, 441.4 (Jürgen Priewe), S. 441.10 (matttilda), S. 355.1, 355.2

(koya979), S. 359.1 (Sonja Janson), S. 360.2 (Nico Stengert), S. 363.1 (Kim Schneider), S. 369 (Peter Atkins), S. 378.1 (stockphoto-graf), S. 389.2 (iko), S. 389.3 (pressmaster), S. 405 (Gajus), S. 407 (tovovan), S. 427 (palau83), S. 441.1, 441.19 (DOC RABE Media), S. 441.3 (PictureP.), S. 441.5 (fotodo), 441.6 (Isis Ixworth), 441.7 (fotomek), 441.9 (Bobo), 441.11 (Two Brains Studio), 441.12 (SZ-Designs), S. 441.15 (emerge), S. 441.16, 441.25 (Ralf Kleemann), S. 441.22 (Axel Bueckert), S. 441.24 (Michael Brown), 441.26 (Jakob Jirsák), 441.27 (dondesigns), 477, 488 (Jeanette Dietl), 483 (Robert Kneschke), S. 525 (Tatjana Balzer), S. 532, 545 (michaeljung@463.com), S. 546.1, 549.1 (fotodesogn-jegg.de), S. 550.2, 550.3 (Janina Dierks), S. 566 (vizafoto)

GfK SE, Nürnberg: S. 38.1, S. 150.2

Grafstat Uwe W. Diener, Ratingen: S. 50.1

Höfer Presstechnik GmbH, Taiskirchen (Österreich): S. 327

IG Metall, Frankfurt am Main: S. 502

Institut der deutschen Wirtschaft Köln e.V./ifo: S. 453

Kalaydo Gm,bH & Co. KG, Köln: S. 54.2

König + Neurath AG, Karben: S. 9.1-4, 51.1, 51.2, 83.1, 83.2, 95.1, 158, 161, 184, 364, 437.2

Leibniz-Institut für Wirtschaftsforschung, München: S. 33.2

Lumpi Immobilien Service GmbH, Salzburg: S. 21.2

Motor Presse GmbH & Co. KG, Stuttgart: S. 64.1

Statistisches Bundesamt, Wiesbaden: S. 541

Steelcase Werndl AG, Rosenheim: S. 8.1, 22.1, 26.1, 60, 61, 97.5, 97.6

Stollfuss Medien, Bonn: S. 537

Thomas Plaßmann in Arbeit und Arbeitsrecht: Die Zeitschrift für das Personal Management: S. 565

TÜV Rheinland AG, Köln: S. 15.1-4

XING AG, Hamburg: S. 106